"十三五"国家重点出版物出版规划项目

现代机械工程系列精品教材

教育部普通高等教育精品教材

普通高等教育"十一五"国家级规划教材

机械制造工艺学

第4版

主　编　王先逵

参　编（按章节顺序排名）

　　　　贾云福　张世昌　张福润

　　　　吴博达　王宛山

主　审　王小华　于骏一

U0241070

机械工业出版社

本书是 1995 年 11 月出版的《机械制造工艺学》一书的第 4 版, 是根据近年来机械制造技术的发展, 同时保持"机械制造工艺及设备专业教学指导委员会"制订的教学计划和课程教学大纲编写的。全书内容共分七章, 即绪论、机械加工工艺规程设计、机床夹具设计、机械加工精度及其控制、机械加工表面质量及其控制、机器装配工艺过程设计、机械制造工艺理论和技术的发展。

本书作为机械工程系列精品教材, 力求精益求精、尽善尽美, 在保证基本内容的基础上, 为反映现代制造技术的发展, 增加了一些新内容; 理论联系实际, 多用实例、图、表等来表述, 贯彻国家新的制图标准, 而且每章均有一定数量的习题与思考题, 便于学生思考, 掌握内容要点。

本书主要作为高等院校"机械设计制造及其自动化"专业的本科教材, 也可供从事机械制造业的工程技术人员和参加自学考试的考生参考。

本书的教师版课件仍由天津大学张冠伟教授修订升级。

本书第 1 版曾荣获国家机械工业局 1999 年科学技术进步奖三等奖, 第 2 版荣获教育部普通高等教育精品教材, 并列入普通高等教育"十一五"国家级规划教材。第 3 版又被列入"十三五"国家重点出版物出版规划项目。

图书在版编目（CIP）数据

机械制造工艺学/王先逵主编. —4 版. —北京：机械工业出版社, 2019.8（2024.12 重印）

"十三五"国家重点出版物出版规划项目 现代机械工程系列精品教材
教育部普通高等教育精品教材 普通高等教育"十一五"国家级规划教材
ISBN 978-7-111-62438-7

Ⅰ. ①机… Ⅱ. ①王… Ⅲ. ①机械制造工艺-高等学校-教材
Ⅳ. ①TH16

中国版本图书馆 CIP 数据核字（2019）第 062724 号

机械工业出版社（北京市百万庄大街 22 号 邮政编码 100037）
策划编辑：刘小慧 责任编辑：刘小慧 王勇哲 朱琳琳 任正一
责任校对：张晓蓉 封面设计：张 静
责任印制：张 博
北京华宇信诺印刷有限公司印刷
2024 年 12 月第 4 版第 13 次印刷
184mm×260mm · 26.75 印张 · 665 千字
标准书号：ISBN 978-7-111-62438-7
定价：75.00 元

电话服务 网络服务
客服电话：010-88361066 机 工 官 网：www.cmpbook.com
　　　　　010-88379833 机 工 官 博：weibo.com/cmp1952
　　　　　010-68326294 金 书 网：www.golden-book.com
封底无防伪标均为盗版 机工教育服务网：www.cmpedu.com

第 4 版前言

时光荏苒，转眼间《机械制造工艺学》一书根据机械工业出版社的要求又要修订出版了。本书自 1995 年 11 月出版以来，经 2007 年 1 月和 2013 年 1 月两次修订，现在就是第 3 次修订了。本书第 1 版曾荣获国家机械工业局 1999 年科学技术进步奖三等奖，第 2 版曾荣获教育部普通高等教育精品教材，并列入普通高等教育"十一五"国家级规划教材，2017 年又被列入"十三五"国家重点出版物出版规划项目。这些荣誉无时不在鞭策着我们更加努力工作，以满足广大教师、学生和其他读者的要求。

2015 年我国提出了"中国制造 2025"，立足国情，立足现实，制造业要特别重视创新性、智能性、精密性三性和重大型、尖端型、高端型三型，力争通过"三步走"实现制造强国的战略目标。第一步：力争用十年时间（2016—2025 年），迈入制造强国行列。提出了"中国制造 2025"所实施的十大重点工程，并特别提出了智能制造。第二步：到 2035 年，我国制造业整体达到世界制造强国阵营中等水平。第三步：新中国成立 100 年时，制造大国的地位更加巩固，综合实力进入世界制造强国前列。我们编写的教材应适应这一形势要求，结合实际，急国家之所需。

这次修订，除通常的要求外，力求明确做到以下几点：

（1）系统　这次修订保持了原有基本内容和经典内容的论述，总体论述机械制造工艺系统，又明确形成了有四条主线共七章的结构体系：第一条主线是机械加工工艺规程和机床夹具设计，第二条主线是机械加工精度和表面质量及其控制，第三条主线是机器装配工艺过程设计，第四条主线是机械制造工艺理论和技术的发展。虽然各部分的内容范围不同，分量不等，但都很重要，构成了工艺学这个整体，反映了当代制造工艺的发展态势，使学生和读者能多多受益。

（2）实践　"机械制造工艺学"是一门实践性很强的课程，没有实践环节的配合是学不好的，机械制造专业原为五年制，教学计划中有基础课、专业基础课和专业课三大部分，认识、生产和毕业三种实习，工艺、机床、刀具、夹具等多种课程设计以及"真刀真枪"的毕业设计，对学生在能力和知识上的培养作用显著。当前如何培养学生的实践能力十分重要，在这方面教材有着举足轻重的作用，应当重视并有所改进。

（3）新颖　社会总是在前进，总是不断地提出需求，因此教学就要跟上，教材总要不断修订，就要精益求精，尽善尽美，不断创新，这是永恒的要求。在新颖上，除贯彻新的国家标准外，还要结合"中国制造 2025"及智能制造这一重点，为此本书编写了一些相关内容以飨读者。

（4）精品　教材是与学生接触最多的良友，因此理所当然地都应该是精品。但是要编写一本好教材很不容易，需要多方面的条件和多年的努力，特别是在专业、教学计划经常变化的情况下，难度会更大。

　　本书主要作为高等院校"机械设计制造及其自动化"专业本科生的教材，也可供广大从事机械制造业的工程技术人员自学参考。

　　本版具体章节的编写人员如下：第一章和第七章由清华大学王先逵教授编写；第二章由大连理工大学贾云福教授编写；第三章由天津大学张世昌教授编写；第四章由华中科技大学张福润教授编写；第五章由教育部吴博达教授编写；第六章由东北大学王宛山教授编写。本书由清华大学王先逵教授任主编，大连理工大学王小华教授和吉林大学于骏一教授任主审。两位主审对本书的编写提出了许多宝贵意见，在此深表谢意！

　　本版的教师版课件仍由天津大学张冠伟教授修订。

　　由于编者水平有限，书中会有错误和不当之处，恳请广大同行和读者批评指正。

编　者

2019 年 1 月

第3版前言

《机械制造工艺学》第2版自2007年1月出版以来，在将近5年时间内，共印刷了13次，6万多册。在这期间荣获教育部普通高等教育精品教材，被列入普通高等教育"十一五"国家级规划教材，并由天津大学编写、制作了配套的教师版课件，受到广大读者的欢迎，这是难能可贵和没有想到的事。

时过境迁，制造技术有了飞速发展，教育改革使教学计划和课程设置都有了较大的变化，教材也要相应进行修订。在这种形势下，机械工业出版社提出了编写《机械制造工艺学》第3版的要求，并对读者进行了调研，整理出读者对第2版的意见，于今年3月份开始，组织了修订工作。值得庆贺的是编审者原班人马均健在，不少人还仍在第一线工作，因此修订工作思想统一，进展顺利。

这次修订仍保持第1版原有的基本内容和风格，以机械加工工艺和装配工艺为主线，高标准要求进行编写，力求做到"系""实""精""新"四点。

1. "系"是调整了系统。从总的系统来看可以分为四大部分，第一部分是加工工艺的基本理论和方法，从"绪论"开始，先论述"机械加工工艺规程设计"，对工艺提出全面要求，其后再论述"机床夹具及其设计原理"，在"工艺规程"和"夹具"的基础上论述和分析机械加工质量及其控制问题；第二部分是"机械加工精度及其控制"和"机械加工表面质量及其控制"，这是机械制造工艺的核心理论问题；第三部分是"机器装配工艺过程设计"；第四部分是"机械制造工艺理论和技术的发展"。虽然内容不多，但反映了新工艺和新技术。

2. "实"是加强了实践，理论联系实际。在"机械加工工艺规程设计"一章中增加了典型零件加工工艺规程的制定，在"机械加工精度及其控制""机器装配工艺过程设计"等章节中增加了不少实例，以供学生学习时参考。考虑到学生在学习夹具设计时，要看懂一些复杂的二维图形困难较大，因此将一些复杂的二维夹具图用三维图表示，则比较形象、清楚。

3. "精"是强调了精品。本书已是教育部普通高等教育精品教材，在此基础上应该精益求精、尽善尽美，因此对全书进行了精心校订，对一些不适当的提法、论述以及文字、图、表上的错误进行了认真修改，提高了教材质量。

4. "新"是增强了新意。社会在发展，科学在进步，在全书修订中增加一些新内容，删减一些旧内容是非常必要的。例如，在"机器装配工艺过程设计"一章中，由于虚拟装配技术发展很快，故对这部分内容做了较大的补充。另外，国家标准也在不断更新，全书贯彻了新的国家标准，如对表面结构的图形符号贯彻 GB/T 131—2006 标准。

有关课程研究对象和任务、课程的主要内容、特点和学习方法等均可参考第2版前言。

第 3 版的教师版课件仍由天津大学张冠伟教授和张世昌教授进行修订。

本版具体章节的编写人员是:第一章和第七章由清华大学王先逵教授编写;第二章由大连理工大学贾云福教授编写;第三章由天津大学张世昌教授编写;第四章由华中科技大学张福润教授编写;第五章由教育部吴博达教授编写;第六章由东北大学王宛山教授编写。本书由清华大学王先逵教授任主编,大连理工大学王小华教授和吉林大学于骏一教授任主审。两位主审对本书的编写提出了许多宝贵意见,在此谨向他们表示衷心的感谢!

由于编者水平有限,书中难免存在错误和不足之处,恳请广大同行和读者批评指正。

编 者

第 2 版前言

一、课程教材出版背景

《机械制造工艺学》自 1995 年 11 月出版以来，已印刷了 20 次，共 9 万余册，受到广大读者欢迎，这对编者是一个很大的鼓舞和鞭策。鉴于此，机械工业出版社要求进行修订。在出版社的积极组织下，于 2004 年 7 月 4 日在沈阳东北大学召开了第 2 版教材修订会议。难能可贵的是参加第 1 版编写工作的全体编审者都出席了会议。会上讨论了修订原则，一致认为应保持第 1 版原有的基本内容和风格，以机械加工工艺和装配工艺为主线，保证教材的先进性、科学性和实用性，并请天津大学机械工程系配做教师版计算机辅助课件。

本书在编写过程中力求贯彻以下基本思想：

1) 近 20 年来，信息技术的发展推动了制造技术的进步，现代（先进）制造技术成为全世界发展的重点，因此应反映这一时代的变化，使教材具有先进性。

2) 目前，大多数高等工科院校的机械制造专业已将"切削原理和刀具""金属切削机床""机械制造工艺学"和"机床夹具设计原理"等课程综合为"机械制造原理"或"机械制造基础"等课程，但也有不少院校仍坚持单独开设"机械制造工艺学"课程，因此本书仍保持第 1 版原有的基本内容和风格，以机械加工工艺和装配工艺为主线，按高标准要求进行编写。

3) 保证教材的实用性、科学性。采用分析、归纳的方法，尽量多用图、表来表达叙述性的内容，以培养学生的综合分析能力。

4) 理论联系实际，注意多用典型实例分析，以便于学生牢固掌握基本内容。

5) 每章均有一定数量的习题与思考题，以培养学生的思考能力，掌握每章内容要点和方法。

6) 近年来，名词术语、代（符）号、量和单位等均有变化，本书均采用国家新的标准。

本书是根据机械制造工艺及设备专业指导委员会所制定的大纲编写的，课程应配有实验、习题、生产实习和课程设计等教学环节，才能有好的教学效果。课程的主要内容包括"机械制造工艺学"和"机床夹具设计原理"两大部分，共分绪论、机械加工精度及其控制、机械加工表面质量及其控制、机械加工工艺规程设计、机器装配工艺过程设计、机床夹具设计、机械制造工艺理论和技术的发展 7 章。第 2 版与第 1 版相比，其基本内容和风格相同，但做了一些改变：

1) 在体系结构上进行了调整。将原"绪论"变为第一章，更新了机械制造工程学科发展的内容，反映了近年来的发展概况；同时将生产过程、生产类型、工件加工时的定位和基准等工艺基本知识等内容放在这一章，使系统性更好一些。

章节顺序重新进行了安排，将原第一章"机械加工工艺规程设计"安排在第四章；将原第三章"机床夹具设计原理"安排在第六章，从而使体系上更加符合认知规律。

2) 近年来，制造技术有了很大的发展，因此在内容上增加了一些新知识、新技术和新观点，如制造永恒性、广义制造论、全面质量控制、数控加工工艺、机器的虚拟装配，以及大规模定制制造、绿色制造、集成电路制造和印制电路板制造等，并加强了表面质量及其控制、计算机辅助夹具设计等内容，同时改进了习题及思考题。

因此在总字数基本不变的情况下，拓宽了"绪论"内容，在有关章节中增加了数控机床加工和计算机控制内容，同时在机械制造工艺发展部分中增加了一些实际知识。

3) 适应现代教学要求，增加了习题、思考题等，并由天津大学机械工程系配做教师版计算机辅助课件。该课件不仅可以帮助教师备课，同时还提供了开放式平台，教师可利用其编制新课件。

本书主要作为普通高等院校机械工程及自动化专业的教材，也可供自学考试、电视大学、业余大学、职工大学等学生使用，同时可供从事机械制造业的工程技术人员参考。

参加本书编写的人员有：第一章绪论和第七章机械制造工艺技术的发展由清华大学王先逵教授编写；第二章机械加工精度及其控制由华中科技大学张福润教授编写；第三章机械加工表面质量及其控制由教育部吴博达教授编写；第四章机械加工工艺规程设计由大连理工大学贾云福教授编写；第五章机器装配工艺过程设计由东北大学王宛山教授编写；第六章机床夹具设计由天津大学张世昌教授编写。本书由清华大学王先逵教授任主编，大连理工大学王小华教授和吉林大学于骏一教授任主审。两位主审对本书的编写提出了许多宝贵意见，在此谨向他们表示衷心感谢！

二、课程研究对象和任务

"机械制造工艺学"课程在我国首次于1953年由苏联专家节门杰夫教授在清华大学正式讲授，经过我国学者多年来的努力，其内容不断充实和发展，它已与"金属切削原理""金属切削刀具""金属切削机床"等课程一同成为机械制造专业的主干课。

"机械制造工艺学"的研究对象是机械产品的制造工艺，包括零件加工和装配两方面，其指导思想是在保证质量的前提下达到高生产率、经济性（包括利润和经济效益）。课程的研究重点是工艺过程，同样也包括零件加工工艺过程和装配工艺过程。工艺是使各种原材料、半成品成为产品的方法和过程。各种机械的制造方法和过程的总称为机械制造工艺。工艺是生产中最为活跃的因素，它既是构思和想法，又是实在的方法和手段，并落实在由工件、刀具、机床、夹具所构成的工艺系统中，所以它包含和涉及的范围很广，需要多门学科知识的支持，同时又和生产实际联系十分紧密。

课程的主要任务有以下几点：

1) 掌握机械加工和装配方面的基本理论和知识，如零件加工时的定位理论、工艺和装配尺寸链理论、加工精度理论等。

2) 了解影响加工质量的各项因素，学会分析、研究加工质量的方法。

3）学会制定零件机械加工工艺过程和部件、产品装配工艺过程的方法。

4）掌握机床夹具设计的基本理论和方法。

5）了解当前制造技术的发展及一些重要的先进制造技术，认识制造技术的作用和重要性。

三、课程的主要内容、特点和学习方法

课程的主要内容有：

（1）加工质量分析　包括机械加工精度和机械加工表面质量两部分。在加工精度部分，分析了影响加工精度的因素、质量的全面控制、加工误差的统计分析及提高加工精度的途径，强调了误差的检测与补偿和加工误差综合分析实例；在表面质量部分，分析了影响表面质量的因素及其控制，阐述了表面改性处理以及防治机械振动的方法等问题。

（2）零件机械加工工艺过程制定　论述了零件机械加工工艺过程制定的指导思想、内容、方法和步骤，分析了余量、工艺尺寸链等问题，并阐述了成组技术、数控加工技术和计算机辅助工艺过程设计等先进制造技术内容。同时进行了制定工艺过程的实例分析。

（3）装配工艺过程设计　论述了装配工艺过程的制定及典型部件装配举例、结构的装配工艺性、装配工艺方法和装配尺寸链、机器人与装配自动化等内容，同时增加了虚拟装配等新技术。

（4）机床夹具设计原理和方法　加强了成组夹具、随行夹具和计算机辅助夹具设计等内容，以适应当前制造自动化的需求。

（5）机械制造工艺技术的发展　从精密工程和纳米技术、制造系统自动化的角度论述了现代制造工艺技术、先进制造模式，并增加了集成电路和印制电路板制造技术，扩大了制造工艺的范围。

本课程的特点可归纳为以下几点：

1）"机械制造工艺学"是一门专业课，随着科学技术和经济的发展，课程内容需要不断更新和充实。由于制造工艺是非常复杂的，影响因素很多，课程在理论上和体系上正在不断地完善和提高。

2）课程的实践性很强，与生产实际的联系十分密切，有了实践知识才能在学习时理解得比较深入和透彻，因此要注意实践知识的学习和积累。

3）课程具有工程性，有不少设计方法方面的内容，需要从工程应用的角度去理解和掌握。

4）要掌握课程的内容，需要有习题、课程设计、实验、实习等各环节的相互配合。每个教学环节都是重要的，必不可少的。各教学环节之间应密切结合和有机联系，形成一个整体。

5）每一门课程都有先修课程的要求，在学习"机械制造工艺学"时应具备"金属工艺学""金工实习""互换性与技术测量基础""金属切削原理""金属切削刀具""金属切削机床"等知识。当前教学计划和课程设置变化很大，因此本课程应在"工程

X

训练"和"机械制造基础"等培训和授课后再学习，则效果可能更好些。

在课程的学习方法上应根据个人情况而定，这里只能提出一些基本方法供参考。

1）注意掌握基本概念，如工件在加工时的定位、尺寸链的产生、加工精度和加工表面质量等。有些概念的建立是很不容易的。

2）注意学习一些基本方法，如工艺尺寸链和装配尺寸链的方法、制定零件加工工艺过程和机器装配工艺过程的方法、机床夹具设计方法等，并通过设计等环节来加深理解和掌握。

3）注意和实际相结合，要向实际学习，积累实际知识。

4）要重视与课程有关的各教学环节的学习，使之产生相辅相成的效果。

由于编者水平有限，书中难免有不少错误和不足之处，恳请广大同行和读者批评指正。

编　者

第1版前言

1992年9月在杭州召开的"机械制造工艺及设备专业教学指导委员会会议"决定，为了适应机械制造业的发展和专业教学改革的需要，要新编一本《机械制造工艺学》大学本科教材。在这以前，专业教学指导委员会曾对我国近年来高等院校编写的《机械制造工艺学》教材进行了评审，在此基础上决定由清华大学、大连理工大学、天津大学、华中理工大学、吉林工业大学、东北大学承担编写，由清华大学王先逵教授任主编。

本书在编写过程中力求贯彻以下基本思想：

1）在保证基本内容的基础上，删除一些过时的内容，增加新内容，以反映现代制造技术的发展。

2）尽量多用图、表来表达叙述性的内容，以培养学生的综合分析能力。

3）理论联系实际，注意多用典型实例分析，以便牢固掌握基本内容。

4）每章均有一定数量的习题和思考题，以培养学生的思考能力，掌握要点。

5）贯彻名词术语、代（符）号、量和单位等现行国家标准。

本书是根据专业教学指导委员会所制定的大纲编写的，课堂讲授为66学时，课程应配有实验、习题、生产实习和课程设计等教学环节。由于近年来"机床夹具设计原理"大多放在"机械制造工艺学"中讲授，故仍按此处理，并将工艺与夹具在内容上有机结合起来。

本书主要作为高等院校机械制造工艺及设备专业的教材，也可供自学考试、电视大学、函授大学、业余大学、职工大学等学生使用，同时可供从事机械制造业的工程技术人员参考。

本书由清华大学王先逵任主编，参加具体章节的编写人员有：绪论：清华大学王先逵；第一章：大连理工大学贾云福；第二章：天津大学张世昌；第三章：华中理工大学张福润；第四章：吉林工业大学吴博达；第五章：东北大学王宛山；第六章：清华大学王先逵。全书由大连理工大学王小华、吉林工业大学于骏一主审，他们对书稿提出了不少宝贵意见，在此谨向他们表示衷心感谢。

由于编者水平有限，书中难免有不少错误和不足之处，恳请读者批评指正。

编　者

1995年2月

目 录

绪　论

第一节　机械制造工程学科的发展

一、制造的永恒性

（一）机械制造技术的发展

现代制造技术或先进制造技术是 20 世纪 80 年代提出来的，但它的工作基础已经历了半个多世纪。最初的制造是靠手工来完成的，以后逐渐用机械代替手工，以达到提高产品质量和生产率的目的，同时也为了解放劳动力和减轻繁重的体力劳动，因此出现了机械制造技术。机械制造技术有两方面的含义：其一是指用机械来加工零件（或工件）的技术，更明确地说是在一种机器上用切削方法来加工，这种机器通常称为机床、工具机或工作母机。另一方面是指制造某种机械的技术，如汽车、涡轮机等。此后，由于在制造方法上有了很大的发展，除用机械方法加工外，还出现了电加工、光学加工、电子加工、化学加工等非机械加工方法，因此，人们把机械制造技术简称为制造技术。

可以认为：先进制造技术是将机械、电子、信息、材料、能源和管理等方面的技术，进行交叉、融合和集成，综合应用于产品全生命周期的制造全过程，包括市场需求、产品设计、工艺设计、加工装配、检测、销售、使用、维修、报废处理等，以实现优质、敏捷、高效、低耗、清洁生产，快速响应市场的需求。

制造技术是一个永恒的主题，是设想、概念、科学技术物化的基础和手段，是国家经济与国防实力的体现，是国家工业化的关键。制造业的发展和其他行业一样，随着国际、国内形势的变化，有高潮期也有低潮期，有高速期也有低速期，有国际特色也有民族特色，但必须加以重视，而且要持续不断地向前发展。

（二）制造技术的重要性

制造技术的重要性是不言而喻的，它有以下四个方面的意义。

1. 社会发展与制造技术密切相关

现代制造技术是当前世界各国研究和发展的主题，特别是在市场经济繁荣的今天，它更占有十分重要的地位。

人类的发展过程就是一个不断制造的过程，在人类发展的初期，为了生存，制造了石器，以便于狩猎。此后，相继出现了陶器、铜器、铁器和一些简单的机械，如刀、剑、弓、箭等兵器，锅、壶、盆、罐等用具，犁、磨、碾、水车等农用工具，这些工具和用具的制造

2

过程都是简单的，主要围绕生活必需和存亡征战，制造资源、规模和技术水平都非常有限。随着社会的发展，制造技术的范围和规模在不断扩大，技术水平也在不断提高，向文化、艺术、工业发展，出现了纸张、笔墨、活版、石雕、珠宝、钱币、金银饰品等制造技术。到了资本主义社会和社会主义社会，出现了大工业生产，使得人类的物质生活和文明有了很大的提高，对精神和物质有了更高的要求，科学技术有了更快、更新的发展，从而与制造技术的关系就更为密切。蒸汽机制造技术的问世带来了工业革命和大工业生产，内燃机制造技术的出现和发展形成了现代汽车、火车和舰船，喷气涡轮发动机制造技术促进了现代喷气客机和超音速飞机的发展，集成电路制造技术的进步左右了现代计算机的水平，纳米技术的出现开创了微型机械的先河，因此，人类的活动与制造密切相关，人类活动的水平受到了制造水平的极大约束，宇宙飞船、航天飞机、人造卫星以及空间工作站等制造技术的出现，使人类的活动走出了地球，走向了太空。

2. 制造技术是科学技术物化的基础

从设想到现实，从精神到物质，是靠制造来转化的，制造是科学技术物化的基础，科学技术的发展反过来又提高了制造的水平。信息技术的发展并引入到制造技术，使制造技术产生了革命性的变化，出现了制造系统和制造科学，从此制造就以系统这一新概念问世，它由物质流、能量流和信息流组成，物质流是本质，能量流是动力，信息流是控制，制造技术与系统论、方法论、信息论、控制论、共生论和协同论相结合就形成了新的制造学科，即制造系统工程学，其体系结构如图1-1所示，制造系统是制造技术发展的新里程碑。

协同论（协同学）一词可追溯到古希腊语，意为协同作用的科学，1969年德国斯图加特大学赫尔曼·哈肯教授提出了协同学概念，出版了《协同学导论》等书，主要内容是探讨生命系统等复杂系统的运动演化规律，其主要理论有：序参数、役使原理、耗散理论等。现代制造系统是一个复杂系统，在网络环境下所形成的扩展企业在生产制造和管理等方面是一个复杂的闭环系统，需要应用协同论的理论来解决产品开发中所遇到的问题，因此它是制造系统又一个重要的理论基础，是制造模式继集成制造、并行工程后的又一重要发展。

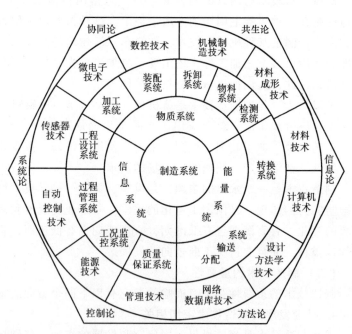

图 1-1　制造系统工程学的体系结构

科学技术的创新和构思需要实践，实践是检验真理的唯一标准，人类对飞行的欲望和需求由来已久，经历了无数的挫折与失败，通过了多次的构思和实验，最后才获得成功。实验就是一种物化手段和方法，生产是一种成熟的物化过程。

3. 制造技术是所有工业的支柱

制造技术的涉及面非常广，冶金、建筑、水利、机械、电子、信息、运载、农业等各个行业都要有制造业的支持，如冶金行业需要冶炼、轧制设备，建筑行业需要塔吊、挖掘机和推土机等工程机械，因此，制造业是一个支柱产业，在不同的历史时期有不同的发展重点，但需要制造技术的支持是永恒的。当然，各个行业有其本身的主导技术，如农业需要生产粮、棉等农产品，有很多的农业生产技术，但现代农业就少不了农业机械的支持，制造技术成为其重要组成部分。因此，制造技术既有普遍性、基础性的一面，又有特殊性、专业性的一面，制造技术既有共性，又有个性。

4. 国力和国防的后盾

一个国家的国力主要体现在政治实力、经济实力、军事实力上，而经济和军事实力与制造技术的关系十分密切，只有在制造上是一个强国，才能在军事上是一个强国，一个国家不能靠外汇去购买别国的军事装备来保卫自己，必须有自己的军事工业。有了国力和国防才有国际地位，才能立足于世界。

第二次世界大战以后，日本、德国等国家一直重视制造业，因此，国力得以很快恢复，经济实力处于世界前列。从20世纪30年代开始一直在制造技术上处于领先地位的美国，由于在20世纪50、60年代未能重视它而每况愈下。克林顿总统执政后，迅速把制造技术提到了重要日程上，决心夺回霸主地位，其间推行了"计算机集成制造系统"和"21世纪制造企业战略"，提出了集成制造、敏捷制造、虚拟制造和并行工程、"两毫米工程"等举措，促进了先进制造技术的发展，同时对美国的工业生产和经济复苏产生了重大影响。

二、广义制造论

广义制造是20世纪制造技术的重要发展。它是在机械制造技术的基础上发展起来的。长期以来，由于设计与工艺分家，制造被定位于加工工艺，这是一种狭义制造的概念，随着社会发展和科技进步，需要综合、融合和复合多种技术去研究和解决问题，特别是集成制造技术的问世，提出了广义制造，亦称之为"大制造"，它体现了制造概念的扩展。

广义制造概念的形成过程主要有以下几方面原因。

(一) 工艺和设计一体化

它体现了工艺和设计的密切结合，形成了设计工艺一体化，设计不仅是指产品设计，而且包括工艺设计、生产调度设计和质量控制设计等。

人类的制造技术大体上可分为三个阶段，有三个重要的里程碑。

1. 手工业生产阶段

起初，制造主要靠工匠的手艺来完成，加工方法和工具都比较简单，多靠手工、畜力或极简单的机械，如凿、劈、锯、碾和磨等来加工，制造的手段和水平比较低，为个体和小作坊生产方式；有简单的图样，也可能只有构思，基本是体脑结合，设计与工艺一体，技术水平取决于制造经验，基本上适应了当时人类发展的需求。

2. 大工业生产阶段

由于经济发展和市场需求，以及科学技术的进步，制造手段和水平有了很大的提高，形成了大工业生产方式。

生产发展与社会进步使制造进行了大分工，首先是设计与工艺分开了，单元技术急速发展又形成了设计、装配、加工、监测、试验、供销、维修、设备、工具和工装等直接生产部门和间接生产部门，加工方法丰富多彩，除传统加工方法，如车、钻、刨、铣和磨等外，非传统加工方法，如电加工、超声波加工、电子束加工、离子束加工、激光束加工均有了很大发展。同时，出现了以零件为对象的加工流水线和自动生产线，以部件或产品为对象的装配流水线和自动装配线，适应了大批大量生产的需求。

这一时期从18世纪开始至20世纪中叶发展很快，且十分重要，它奠定了现代制造技术的基础，对现代工业、农业、国防工业的成长和发展影响深远。由于人类生活水平的不断提高和科学技术日新月异的发展，产品更新换代的速度不断加快，因此，快速响应多品种单件小批生产的市场需求就成了一个突出矛盾。

3. 虚拟现实工业生产阶段

要快速响应市场需求，进行高效的单件小批生产，可借助于信息技术、计算机技术、网络技术，采用集成制造、并行工程、计算机仿真、虚拟制造、动态联盟、协同制造、电子商务等举措，将设计与工艺高度结合，进行计算机辅助设计、计算机辅助工艺设计和数控加工，使产品在设计阶段就能发现在加工中的问题，进行协同解决。同时，可集全世界的制造资源来进行全世界范围内的合作生产，缩短了上市时间，提高了产品质量。这一阶段充分体现了体脑高度结合，对手工业生产阶段的体脑结合进行了螺旋式的上升和扩展。

虚拟现实工业生产阶段采用强有力的软件，在计算机上进行系统完整的仿真，从而可以避免在生产加工时才能发现的一些问题及其造成的损失。因此，它既是虚拟的，又是现实的。

（二）材料成形机理的扩展

在传统制造工艺中，人为地将零件的加工过程分为热加工和冷加工两个阶段，而且是以冷去除加工和热变形加工为主，主要是利用力、热原理。但现在已从加工成形机理来分类，明确地将加工工艺分为去除加工、结合加工和变形加工，材料成形机理的范畴见表1-1。

表1-1 材料成形机理的范畴

分类		加工机理	加 工 方 法
去除加工		力学加工	切削加工、磨削加工、磨粒流加工、磨料喷射加工、液体喷射加工
		电物理加工	电火花加工、电火花线切割加工、等离子体加工、电子束加工、离子束加工
		电化学加工	电解加工
		物理加工	超声波加工、激光加工
		化学加工	化学铣削、光刻加工
		复合加工	电解磨削、超声电解磨削、超声电火花电解磨削、化学机械抛光
结合加工	附着加工	物理加工	物理气相沉积、离子镀
		热物理加工	蒸镀、熔化镀
		化学加工	化学气相沉积、化学镀
		电化学加工	电镀、电铸、刷镀
	注入加工	物理加工	离子注入、离子束外延
		热物理加工	晶体生长、分子束外延、渗碳、掺杂、烧结
		化学加工	渗氮、氧化、活性化学反应
		电化学加工	阳极氧化
	连接加工		激光焊接、化学粘接、快速成形制造、卷绕成形制造

（续）

分类	加工机理	加 工 方 法
变形加工	冷、热流动加工	锻造、辊锻、轧制、挤压、辊压、液态模锻、粉末冶金
	黏滞流动加工	金属型铸造、压力铸造、离心铸造、熔模铸造、壳型铸造、低压铸造、负压铸造
	分子定向加工	液晶定向

1. 去除加工

去除加工又称为分离加工，是从工件上去除一部分材料而成形。

2. 结合加工

结合加工是利用物理和化学方法将相同材料或不同材料结合（bonding）在一起而成形，是一种堆积成形、分层制造方法。

按结合机理和结合强弱又可分为附着（deposition）、注入（injection）和连接（jointed）三种。

1）附着又称为沉积，是在工件表面上覆盖一层材料，是一种弱结合，典型的加工方法是镀。

2）注入又称为渗入，是在工件表层上渗入某些元素，与基体材料产生物化反应，以改变工件表层材料的力学性质，是一种强结合，典型的加工方法有渗碳、氧化等。

3）连接又称为接合，是将两种相同或不相同的材料通过物化方法连接在一起，可以是强结合，也可以是弱结合，如激光焊接、化学粘接等。

3. 变形加工

变形加工又称为流动加工，是利用力、热、分子运动等手段使工件产生变形，改变其尺寸、形状和性能，如锻造、铸造等。

（三）制造技术的综合性

现代制造技术是一门以机械为主体，交叉融合了光、电、信息、材料、管理等学科的综合体，并与社会科学、文化、艺术等关系密切。

制造技术的综合性首先表现在机、光、电、声、化学、电化学、微电子和计算机等的结合，而不是单纯的机械。

人造金刚石、立方氮化硼、陶瓷、半导体和石材等新材料的问世形成了相应的加工工艺学。

制造与管理已经不可分割，管理和体制密切相关，体制不协调会制约制造技术的发展。

近年来发展起来的工业设计学科是制造技术与美学、艺术相结合的体现。

哲学、经济学、社会学会指导科学技术的发展，现代制造技术有质量、生产率、经济性、产品上市时间、环境和服务等多项目标的要求，靠单纯技术是难以实现的。

（四）制造模式的发展

计算机集成制造技术最早称为计算机综合制造技术，它强调了技术的综合性，认为一个制造系统至少应由设计、工艺和管理三部分组成，体现了"合-分-合"的螺旋上升。长期以来，由于科技、生产的发展，制造越来越复杂，人们已习惯了将复杂事物分解为若干单方面事物来处理，形成了"分工"，这是正确的。但与此同时忽略了各方面事物之间的有机联系，当制造更为复杂时，不考虑这些有机联系就不能解决问题，这时，集成制造的概念应运而生，一时间受到了极大的重视。

计算机集成制造技术是制造技术与信息技术结合的产物，集成制造系统首先强调了信息集成，即计算机辅助设计、计算机辅助制造和计算机辅助管理的集成，集成有多个方面和层次，如功能集成、信息集成、过程集成和学科集成等，总的思想是从相互联系的角度去统一解决问题。

其后在计算机集成制造技术发展的基础上出现了柔性制造、敏捷制造、虚拟制造、网络制造、智能制造和协同制造等多种制造模式，有效地提高了制造技术的水平，扩展了制造技术的领域。"并行工程""协同制造"等概念及其技术和方法，强调了在产品全生命周期中能并行有序地协同解决某一环节所发生的问题，即从"点"到"全局"，强调了局部和全面的关系，在解决局部问题时要考虑其对整个系统的影响，而且能够协同解决。

（五）产品的全生命周期

制造的范畴从过去的设计、加工和装配发展为产品的全生命周期，包括需求分析、设计、加工、销售、使用和报废等，如图1-2所示。

（六）丰富的硬软件工具、平台和支撑环境

长期以来，人们对制造的概念多停留在硬件上，对制造技术来说，主要有各种装备和工艺装备等，现代制造不仅在硬件上有了很大的突破，而且在软件上得到了广泛应用。

现代制造技术应包括硬件和软件两大方面，并且应在丰富的硬软件工具、平台和支撑环境的支持下才能工作。硬软件要相互配合才能发挥作用，而且不可分割，如计算机是现代制造技术中不可缺少的设备，但它必须有相应的操作系统、办公软件和工程应用软件（如计算机辅助设计、计算机辅助制造等）的支持才能投入使用；又如网络，其本身

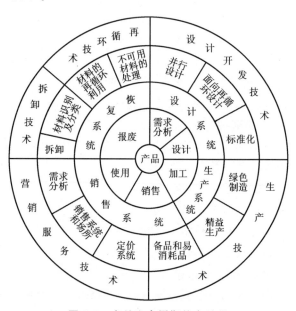

图1-2　产品生命周期的全过程

有通信设备、光缆等硬件，但同时也必须有网络协议等软件才能正常运行；再如数控机床，它是由机床本身和数控系统两大部分组成的，而数控系统除数控装置等硬件外，必须有程序编制软件才能使机床进行加工。

软件需要专业人员才能开发，单纯的计算机软件开发人员是难以胜任的，因此，除通用软件外，制造技术在其专业技术的基础上，发展了相应的软件技术，并成为制造技术不可分割的组成部分，同时形成了软件产业。

三、机械制造科学技术的发展

机械制造科学技术的发展主要沿着"广义制造"或称"大制造"的方向发展，其具体

发展方向如图 1-3 所示。当前，发展的重点是创新设计、并行设计、现代成形和改性技术、材料成形过程仿真和优化、高速与超高速加工、精密工程与纳米技术、数控加工技术、集成制造技术、虚拟制造技术、协同制造技术和工业工程等。

当前值得开展的制造技术可结合汽车、运载装置、模具、芯片、微型机械和医疗器械等进行反求工程、高速加工、纳米技术、模块化功能部件、使能技术软件、并行工程和数控系统等研究。

我国已是一个制造大国，世界制造中心将可能要转移到我国，这对我国的制造业是一次机遇和挑战。要形成世界制造中心就必须掌握先进的制造技术，掌握核心技术，要有很高的制造技术水平，才能不受制于人，才能从制造大国走向制造强国。

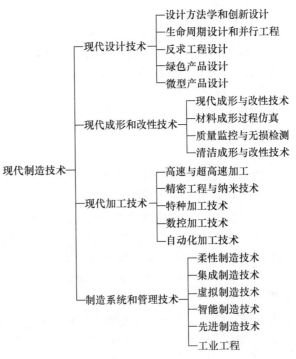

图 1-3　机械制造科学技术的发展方向

第二节　生产过程、工艺过程与工艺系统

一、机械产品生产过程

机械产品生产过程是指从原材料开始到成品出厂的全部劳动过程，它不仅包括毛坯的制造，零件的机械加工、特种加工和热处理，机器的装配、检验、测试和涂装等主要劳动过程，还包括专用工具、夹具、量具和辅具的制造，机器的包装，工件和成品的储存和运输，加工设备的维修，以及动力（电、压缩空气、液压等）供应等辅助劳动过程。

由于机械产品的主要劳动过程都使被加工对象的尺寸、形状和性能产生了一定的变化，即与生产过程有直接关系，因此称为直接生产过程，亦称为工艺过程。而机械产品的辅助劳动过程虽然未使加工对象产生直接变化，但也是非常必要的，因此称为辅助生产过程。所以，机械产品的生产过程由直接生产过程和辅助生产过程组成。

随着机械产品复杂程度的不同，其生产过程可以由一个车间或一个工厂完成，也可以由多个车间或工厂协作完成。

二、机械加工工艺过程

（一）机械加工工艺过程的概念

机械加工工艺过程是机械产品生产过程的一部分，是直接生产过程，其原意是指采用金属切削刀具或磨具来加工工件,使之达到所要求的形状、尺寸、表面粗糙度和力学物理性能,成为合格零件的生产过程。由于制造技术的不断发展,现在所说的加工方法除切削和磨削外,还包括其他加工方法,如电加工、超声加工、电子束加工、离子束加工、激光束加工,以及化学加工等加工方法。

(二) 机械加工工艺过程的组成

机械加工工艺过程由若干个工序组成。机械加工中的每一个工序又可依次细分为安装、工位、工步和走刀。

1. 工序

机械加工工艺过程中的工序是指一个(或一组)工人在同一个工作地点对一个(或同时对几个)工件连续完成的那一部分工艺过程。根据这一定义,只要工人、工作地点、工作对象(工件)之一发生变化或不是连续完成,则应称为另一个工序。因此,同一个零件,同样的加工内容可以有不同的工序安排。例如,图 1-4 所示阶梯轴零件的加工内容是:加工小端面;对小端面钻中心孔;加工大端面;对大端面钻中心孔;车大端面外圆;对大端倒角;车小端面外圆,对小端面倒角;铣键槽;去毛刺。这些加工内容可以安排在两个工序中完成(表 1-2);也可以安排在四个工序中完成(表 1-3);还可以有其他安排。工序安排和工序数目的确定与零件的技术要求、零件的数量和现有工艺条件等有关。显然,工件在四个工序中完成时,精度和生产率均较高。

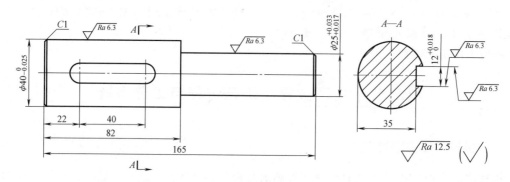

图 1-4　阶梯轴零件

表 1-2　阶梯轴第一种工序安排方案

工序号	工 序 内 容	设备
1	加工小端面,对小端面钻中心孔;粗车小端外圆,对小端倒角;加工大端面,对大端面钻中心孔;粗车大端外圆,对大端倒角;精车外圆	车床
2	铣键槽,手工去毛刺	铣床

表 1-3　阶梯轴第二种工序安排方案

工序号	工 序 内 容	设备
1	加工小端面,对小端钻中心孔;粗车小端外圆,对小端倒角	车床
2	加工大端面,对大端钻中心孔;粗车大端外圆,对大端倒角	车床
3	精车外圆	车床
4	铣键槽,手工去毛刺	铣床

2. 安装

如果在一个工序中需要对工件进行几次装夹，则每次装夹下完成的那部分工序内容称为一个安装。例如，表 1-2 中的工序 1，在一次装夹后尚需有三次调头装夹，才能完成全部工序内容，因此该工序共有四个安装；表 1-2 中工序 2 是在一次装夹下完成全部工序内容，故该工序只有一个安装（详见表 1-4）。

表 1-4　工序和安装

工序号	安装号	工 序 内 容	设备
1	1	车小端面，钻小端中心孔；粗车小端外圆，倒角	车床
	2	车大端面，钻大端中心孔；粗车大端外圆，倒角	
	3	精车大端外圆	
	4	精车小端外圆	
2	1	铣键槽，手工去毛刺	铣床

3. 工位

在工件的一次安装中，通过分度（或移位）装置，使工件相对于机床床身变换加工位置，则把每一个加工位置上的安装内容称为工位。在一个安装中，可能只有一个工位，也可能需要有几个工位。

图 1-5 所示为通过立轴式回转工作台使工件变换加工位置的例子，即多工位加工。在该例中，共有四个工位，依次为装卸工件、钻孔、扩孔和铰孔，实现了在一次装夹中同时进行钻孔、扩孔和铰孔加工。

可以看出，如果一个工序只有一个安装，并且该安装中只有一个工位，则工序内容是安装内容，同时也就是工位内容。

4. 工步

加工表面、切削刀具、切削速度和进给量都不变的情况下所完成的工位内容，称为一个工步。

按照工步的定义，带回转刀架的机床（转塔车床、加工中心），其回转刀架的一次转位所完成的工位内容应属一个工步，此时若有几把刀具同时参与切削，则该工步称为复合工步。图 1-6 所示为立轴转塔车床回转刀架示意图，图 1-7 所示为用该刀架加工齿轮内孔及外

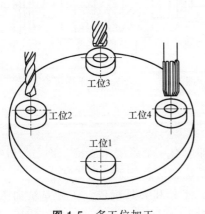

图 1-5　多工位加工

工位 1—装卸工件　工位 2—钻孔　工位 3—扩孔　工位 4—铰孔

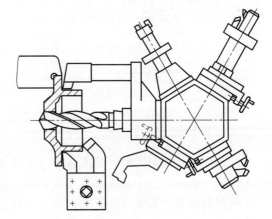

图 1-6　立轴转塔车床回转刀架示意图

圆的一个复合工步。

在工艺过程中，复合工步已有广泛应用。例如，图 1-8 所示为在龙门刨床上，通过多刀刀架将四把刨刀安装在不同高度上进行刨削加工；图 1-9 所示为在钻床上用复合钻头进行钻孔和扩孔加工；图 1-10 所示为在铣床上，通过铣刀的组合，同时完成几个平面的铣削加工等。可以看出，应用复合工步主要是为了提高工作效率。

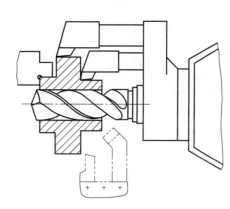

图 1-7　立轴转塔车床的一个复合工步

图 1-8　刨平面复合工步

5. 走刀

切削刀具在加工表面上切削一次所完成的工步内容，称为一次走刀。一个工步可包括一次或数次走刀。当需要切去的金属层很厚，不可能在一次走刀下切完，则需分几次走刀。走刀次数又称为行程次数。

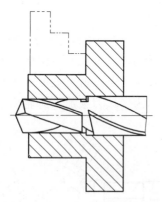

图 1-9　钻孔、扩孔复合工步

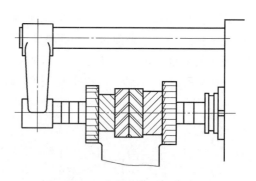

图 1-10　组合铣刀铣平面复合工步

三、机械加工工艺系统

零件进行机械加工时，必须具备一定的条件，即要有一个系统来支持，称之为机械制造工艺系统。通常，一个系统由物质分系统、能量分系统和信息分系统所组成。

机械制造工艺系统的物质分系统由工件、机床、工具和夹具组成。工件是被加工对象。机床是加工设备，如车床、铣床、磨床等，也包括钳工台等钳工设备。工具是各种刀具、磨具、检具，如车刀、铣刀、砂轮等。夹具是指机床夹具，如果加工时是将工件直接装夹在机床工作台上，也可以不要夹具。因此，一般情况下，工件、机床和工具是不可少的，而夹具是可有可无的。

在用一般的通用机床加工时，多为手工操作，未涉及信息技术，而现代的数控机床、加工中心和生产线，则和信息技术关系密切，因此，有了信息分系统。

能量分系统是指动力供应。

机械加工工艺系统可以是单台机床，如自动机床、数控机床和加工中心等，也可以是由多台机床组成的生产线。

第三节 生产类型与工艺特点

一、生产纲领

企业根据市场需求和自身的生产能力制定生产计划。在计划期内，应当生产的产品产量和进度计划称为生产纲领。计划期为一年的生产纲领称为年生产纲领。通常零件的年生产纲领计算公式为

$$N = Qn(1+\alpha\%+\beta\%) \tag{1-1}$$

式中　N——零件的年生产纲领（件/年）；

　　　Q——产品的年产量（台/年）；

　　　n——每台产品中，该零件的数量（件/台）；

　　　$\alpha\%$——备品率；

　　　$\beta\%$——废品率。

年生产纲领是设计或修改工艺规程的重要依据，是车间（或工段）设计的基本文件。

生产纲领确定后，还应该确定生产批量。

二、生产批量

生产批量是指一次投入或产出的同一产品或零件的数量。零件生产批量的计算公式为

$$n' = \frac{NA}{F} \tag{1-2}$$

式中　n'——每批中的零件数量；

　　　N——零件的年生产纲领规定的零件数量；

　　　A——零件应该储备的天数；

　　　F——一年中工作日天数。

确定生产批量的大小是一个相当复杂的问题，应主要考虑以下几方面的因素。

1）市场需求及趋势分析。应保证市场的供销量，还应保证装配和销售有必要的库存。

2）便于生产的组织与安排。保证多品种产品的均衡生产。

3）产品的制造工作量。对于大型产品，其制造工作量较大，批量可能应少些，而中、小型产品的批量可大些。

4）生产资金的投入。批量小些，次数多些，投入的资金少，有利于资金的周转。

5）制造生产率和成本。批量大些，可采用一些先进的专用高效设备和工具，有利于提高生产率和降低成本。

三、生产类型及其工艺特点

根据工厂（或车间、工段、班组、工作地）生产专业化程度的不同，可将它们按大量生产、成批生产和单件生产三种生产类型来分类。其中，成批生产又可分为大批生产、中批生产和小批生产。显然，产量越大，生产专业化程度应该越高。表 1-5 按重型机械、中型机械和轻型机械的年生产量列出了各种生产类型的规范，可见对重型机械来说，其大量生产的数量远小于轻型机械的数量。

表 1-5　各种生产类型的规范

生产类型	零件的年生产纲领/（件/年）		
	重型机械	中型机械	轻型机械
单件生产	≤5	≤20	≤100
小批生产	>5～100	>20～200	>100～500
中批生产	>100～300	>200～500	>500～5000
大批生产	>300～1000	>500～5000	>5000～50000
大量生产	>1000	>5000	>50000

从工艺特点上看，小批量生产和单件生产的工艺特点相似，大批生产和大量生产的工艺特点相似，因此生产上常按单件小批生产、中批生产和大批大量生产来划分生产类型，并且按这三种生产类型归纳它们的工艺特点（表 1-6）。可以看出，生产类型不同，其工艺特点有很大差异。

表 1-6　各种生产类型的工艺特点

类型 / 特点 / 项目	单件小批生产	中批生产	大批大量生产
加工对象	经常变换	周期性变换	固定不变
毛坯的制造方法及加工余量	木模手工造型，自由锻。毛坯精度低，加工余量大	部分铸件用金属型；部分锻件用模锻。毛坯精度中等、加工余量中等	广泛采用金属型机器造型、压铸、精铸、模锻。毛坯精度高、加工余量小
机床设备及其布置形式	通用机床，按类别和规格大小，采用机群式排列布置	部分采用通用机床，部分采用专用机床，部分布置成流水线，部分布置成机群式	广泛采用专用机床，按流水线或自动线布置
夹具	通用夹具或组合夹具，必要时采用专用夹具	广泛使用专用夹具，可调夹具	广泛使用高效率的专用夹具
刀具和量具	通用刀具和量具	按零件产量和精度，部分采用通用刀具和量具，部分采用专用刀具和量具	广泛使用高效率的专用刀具和量具

（续）

项目　特点 　　类型	单件小批生产	中批生产	大批大量生产
工件的装夹方法	划线找正装夹，必要时采用通用夹具或专用夹具装夹	部分采用划线找正，广泛采用通用或专用夹具装夹	广泛使用专用夹具装夹
装配方法	广泛采用配刮	少量采用配刮，多采用互换装配法	采用互换装配法
操作工人平均技术水平	高	一般	低
生产率	低	一般	高
成本	高	一般	低
工艺文件	用简单的工艺过程卡管理生产	有较详细的工艺规程，用工艺过程卡管理生产	详细制定工艺规程，用工序卡、操作卡及调整卡管理生产

随着技术进步和市场需求的变换，生产类型的划分正在发生着深刻的变化，传统的大批量生产，往往不能适应产品及时更新换代的需要，而单件小批生产的生产能力又跟不上市场需求，因此各种生产类型都朝着生产过程柔性化的方向发展。成组技术（包括成组工艺、成组夹具）为这种柔性化生产提供了重要的基础。

第四节　工件加工时的定位和基准

一、工件的定位

（一）工件的装夹

在零件加工时，要考虑的重要问题之一就是如何将工件正确地装夹在机床上或夹具中。所谓装夹有两个含义，即定位和夹紧，有些书中将装夹称为安装。

定位是指确定工件在机床（工作台）上或夹具中占有正确位置的过程，通常可以理解为工件相对于切削刀具或磨具的一定位置，以保证加工尺寸、形状和位置的要求。夹紧是指工件在定位后将其固定，使其在加工过程中能承受重力、切削力等且保持定位位置不变。

工件在机床或夹具中的装夹主要有三种方法。

1. 夹具中装夹

这种装夹是将工件装夹在夹具中，由夹具上的定位元件来确定工件的位置，由夹具上的夹紧装置进行夹紧。夹具则通过定位元件安装到机床的一定位置上，并用夹紧元件夹紧。

图 1-11 所示为双联齿轮装夹在插齿机夹具上加工齿形的情况。定位心轴 3 和基座 4 是该夹具的定位元件，夹紧螺母 1 及螺杆 5 是其夹紧元件，它们都装在插齿机的工作台上。工件以内孔套定位在心轴 3 上，其间有一定的配合要求，以保证齿形加工面与内孔的同轴度，同时又以大齿轮端面紧靠在基座 4 上，以保证齿形加工面与大齿轮端面的垂直度，从而完成定位。再用夹紧螺母 1 将工件压紧在基座 4 上，从而保证了夹紧。这时双联齿轮的装夹就完成了。

这种装夹方法由夹具来保证定位夹紧，易于保证加工精度要求，操作简单方便，效率高，应用十分广泛。但需要制造或购买夹具，因此多用于成批、大批和大量生产中。

2. 直接找正装夹

由操作工人直接在机床上利用百分表、划线盘等工具进行工件的定位，俗称找正，然后夹紧工件，称为直接找正装夹。如图1-12所示为直接找正装夹，将双联齿轮工件装在心轴上，当工件孔径大，心轴直径小，其间无配合关系，则不起定位作用，这时靠百分表来检测齿圈外圆表面找正。找正时，百分表顶在齿圈外圆上，插齿机工作台慢速回转，停转时调整工件与心轴在径向的相对位置，经过反复多次调整，即可使齿圈外圆与工作台回转中心线同轴。如果双联齿轮的外圆和内孔同轴，则可保证齿形加工与工件内孔的同轴度。

这种装夹方法通常可省去夹具的定位元件部分，比较经济，但必须要有夹紧装置。由于其装夹效率较低，大多用于单件小批生产中。当加工精度要求非常高，用夹具也很难保证定位精度时，这种直接找正装夹可能是唯一可行的方案。

3. 划线找正装夹

这种装夹方法是事先在工件上划出位置线、找正线和加工线，找正线和加工线通常相距5mm。装夹时按找正线进行找正，即为定位，然后再进行夹紧。图1-13所示为一个长方形工件在单动卡盘上，用划线盘按欲加工孔的找正线进行装夹的情况。

划线找正装夹所需设备比较简单，适应性强，但精度和生产效率均较低，通常划线精度为0.1mm左右，因此多用于单件小批生产中的复杂铸件或铸件精度较低的粗加工工序。

上述三种装夹方法中都涉及如何定位的问题，这就需要论述工件的定位原理及其实现方法。

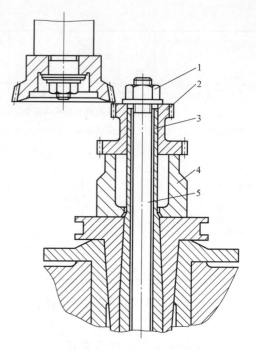

图 1-11　夹具中装夹

1—夹紧螺母　2—双联齿轮（工件）
3—定位心轴　4—基座　5—螺杆

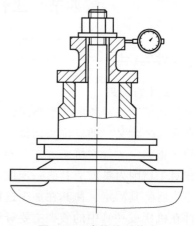

图 1-12　直接找正装夹

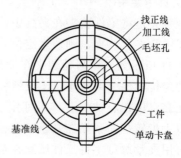

图 1-13　划线找正装夹

（二）定位原理

1. 六点定位原理

一个物体在空间可以有六个独立的运动，以图 1-14 所示的长方体自由度为例，它在直角坐标系中可以有三个方向的直线移动和绕三个方向的转动。三个方向的直线移动分别是沿 x、y、z 轴的平移，记为 $\vec{x}$、$\vec{y}$、$\vec{z}$；三个方向的转动分别是绕 x、y、z 轴的旋转，记为 $\hat{x}$、$\hat{y}$、$\hat{z}$。通常把上述六个独立运动称为六个自由度。

工件的定位就是采取一定的约束措施来限制自由度，通常可用约束点和约束点群来描述，而且一个自由度只需要一个约束点来限制。例如，一个长方体工件在定位时（图1-15），可在其底面布置三个不共线的约束点 1、2、3，在侧面布置两个约束点 4、5，并在端面布置一个约束点 6，则约束点 1、2、3 可以限制 $\vec{z}$、$\hat{x}$ 和 $\hat{y}$ 三个自由度，约束点 4、5 可以限制 $\vec{x}$ 和 $\hat{z}$ 两个自由度，约束点 6 可以限制 $\vec{y}$ 一个自由度，从而完全限制了长方体工件的六个自由度，这时工件被完全定位。

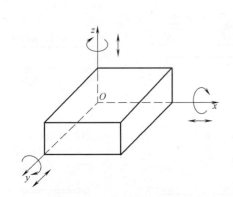

图 1-14　自由度示意图

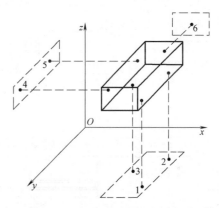

图 1-15　长方体工件的六点定位

采用六个按一定规则布置的约束点来限制工件的六个自由度，实现完全定位，称为六点定位原理。

2. 工件的实际定位

在实际定位中，通常用接触面积很小的支承钉作为约束点，如图 1-16 所示。由于工件的形状是多种多样的，都用支承钉来定位显然不合适，因此更可行的是用支承板、圆柱销、心轴、V 形块等作为约束点群来限制工件的自由度。表 1-7 总结了典型定位元件的定位分析。

值得提出的是：定位元件所限制的自由度与其大小、长度、数量及其组合有关。

（1）长短关系　如短圆柱销限制两个自由度，长圆柱销限制四个自由度。短 V 形块限制两个自由度，长 V 形块限制四个自由度等。

（2）大小关系　一个矩形支承板限制三个自由度，一个条形支承板限制两个自由度，一个支承钉限制一个自由度等。

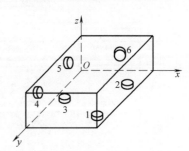

图 1-16　长方体工件的实际定位

（3）数量关系 一个短 V 形块限制两个自由度，两个短 V 形块限制四个自由度等。

（4）组合关系 一个短 V 形块限制两个自由度，两个短 V 形块的组合限制四个自由度，这是一种定位元件数量和所限制自由度成比例的组合关系。一个条形支承板限制两个自由度，两个条形支承板的组合，由于其相当于一个矩形支承板，因此限制三个自由度，这是一种不成比例的组合关系。有些定位元件，如表 1-7 中用圆锥孔定位时，从固定（前）顶尖的定位来分析，限制了 $\vec{x}$、$\vec{y}$、$\vec{z}$ 三个自由度，而从浮动顶尖来分析，通常是限制了 $\vec{y}$、$\vec{z}$ 两个自由度，而如果将浮动后顶尖和前顶尖组合起来一起分析，则可认为是限制了 $\hat{y}$、$\hat{z}$ 两个自由度，因此其所限制的自由度与定位元件的组合有关，视具体定位情况而定，这是又一种组合关系，如图 1-17 所示。表 1-7 在用圆锥销的定位中也有类似情况。

表 1-7 典型定位元件的定位分析

工件的定位面		夹具的定位元件			
平面	支承钉	定位情况	一个支承钉	两个支承钉	三个支承钉
		图示	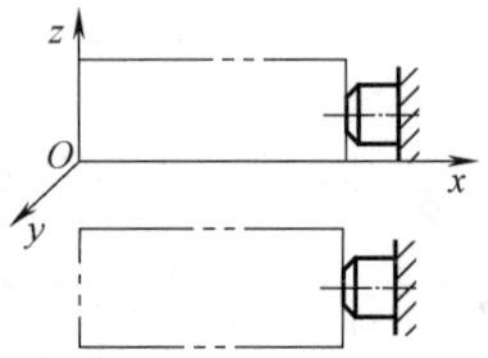	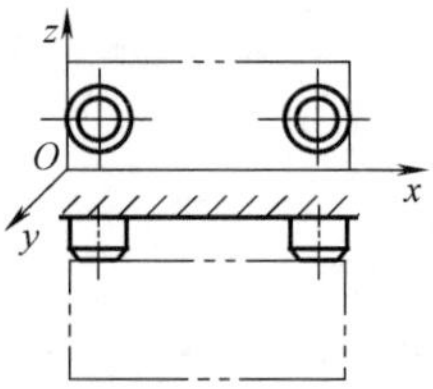	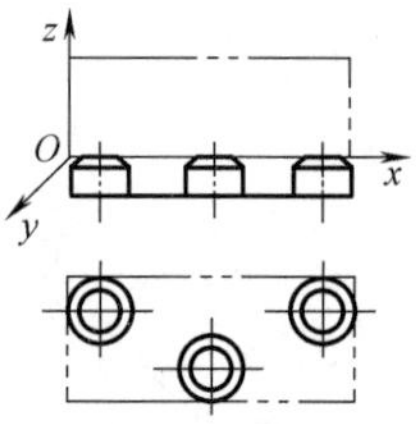
		限制的自由度	$\vec{x}$	$\vec{y}\ \hat{y}$	$\vec{z}\ \hat{x}\ \hat{y}$
	支承板	定位情况	一块条形支承板	两块条形支承板	块矩形支承板
		图示	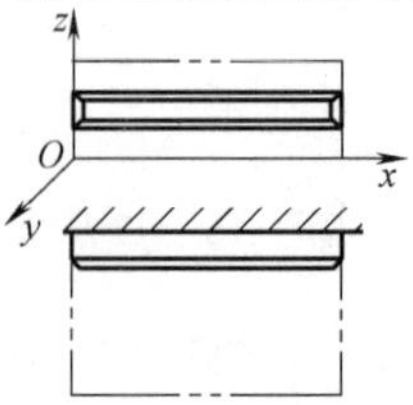	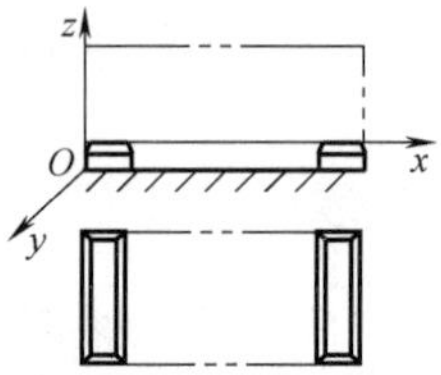	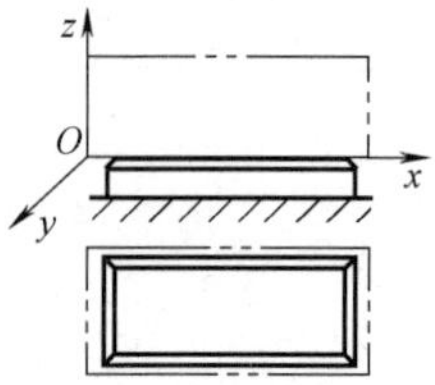
		限制的自由度	$\vec{y}\ \hat{z}$	$\vec{z}\ \hat{x}\ \hat{y}$	$\vec{z}\ \hat{x}\ \hat{y}$
圆柱孔	圆柱销	定位情况	短圆柱销	长圆柱销	两段短圆柱销
		图示	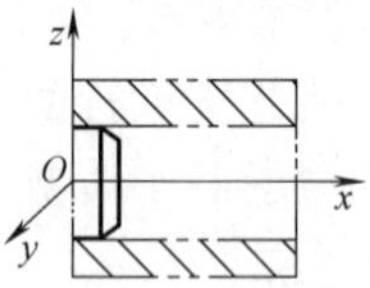	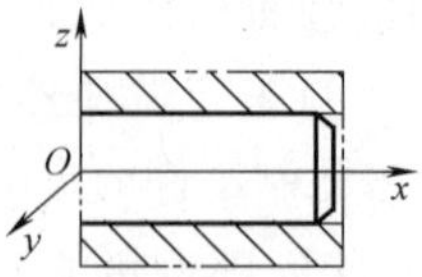	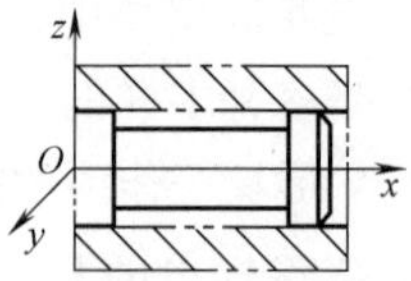
		限制的自由度	$\vec{y}\ \vec{z}$	$\vec{y}\ \vec{z}\ \hat{y}\ \hat{z}$	$\vec{y}\ \vec{z}\ \hat{y}\ \hat{z}$
		定位情况	菱形销	长销小平面组合	短销大平面组合
		图示	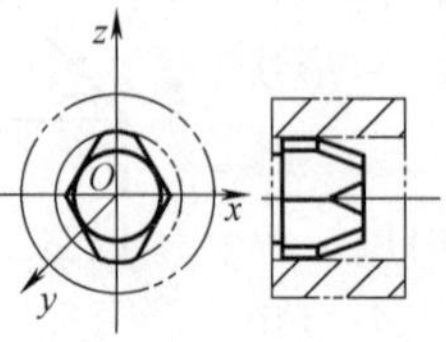	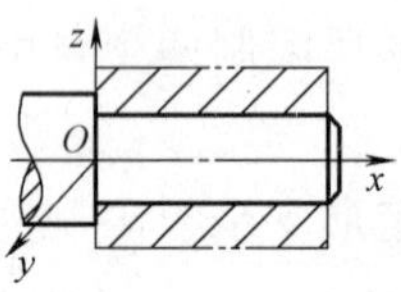	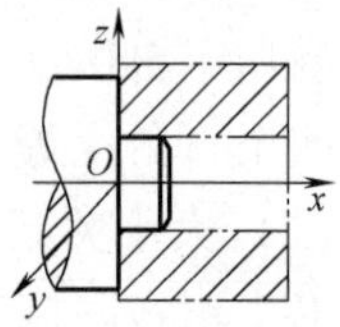
		限制的自由度	$\vec{z}$	$\vec{x}\ \vec{y}\ \vec{z}\ \hat{y}\ \hat{z}$	$\vec{x}\ \vec{y}\ \vec{z}\ \hat{y}\ \hat{z}$

工件的定位面		夹具的定位元件			
圆孔	圆锥销	定位情况	固定锥销	浮动锥销	固定锥销与浮动锥销组合
		图示	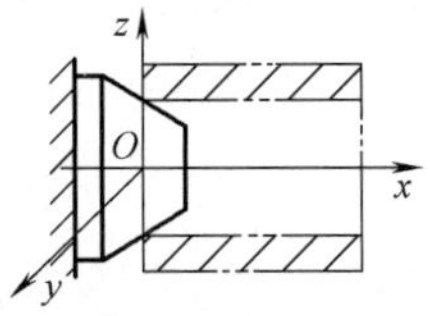	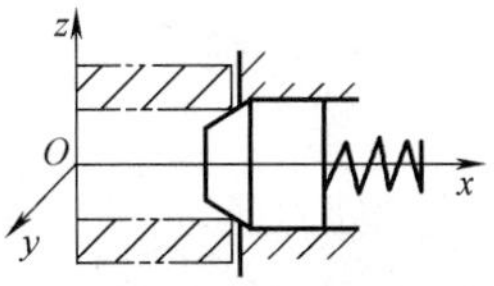	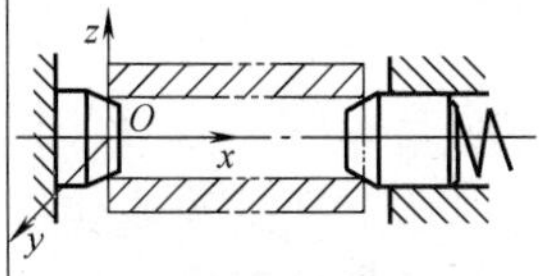
		限制的自由度	$\vec{x}\ \vec{y}\ \vec{z}$	$\vec{y}\ \vec{z}$ 或 $\hat{y}\ \hat{z}$	$\vec{x}\ \vec{y}\ \vec{z}\ \hat{y}\ \hat{z}$
	心轴	定位情况	长圆柱心轴	短圆柱心轴	小锥度心轴
		图示	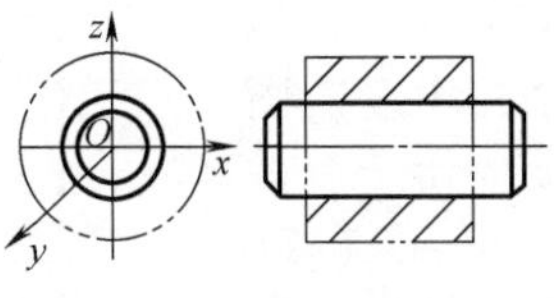	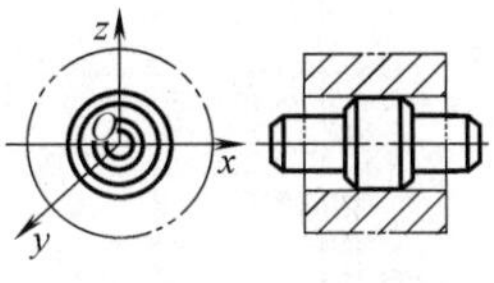	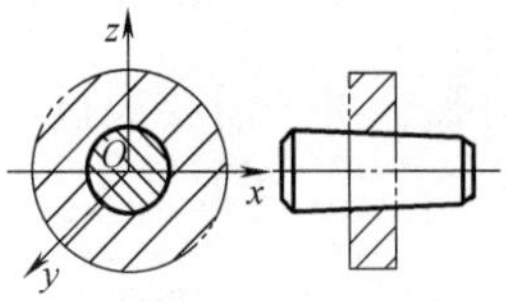
		限制的自由度	$\vec{x}\ \vec{z}\ \hat{x}\ \hat{z}$	$\vec{x}\ \vec{z}$	$\vec{x}\ \vec{z}$
外圆柱面	V形块	定位情况	一块短V形块	两块短V形块	一块长V形块
		图示	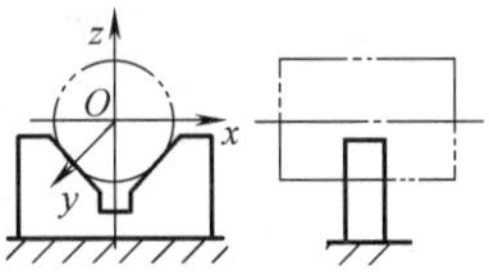	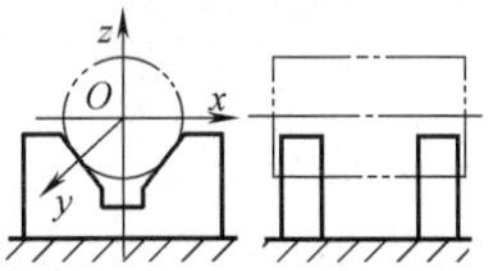	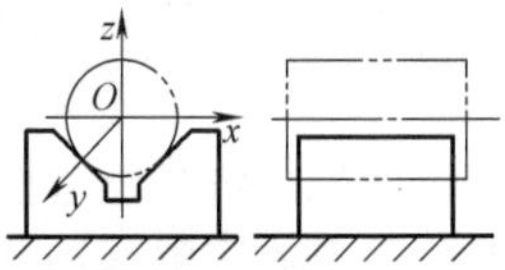
		限制的自由度	$\vec{x}\ \vec{z}$	$\vec{x}\ \vec{z}\ \hat{x}\ \hat{z}$	$\vec{x}\ \vec{z}\ \hat{x}\ \hat{z}$
	定位套	定位情况	一个短定位套	两个短定位套	一个长定位套
		图示	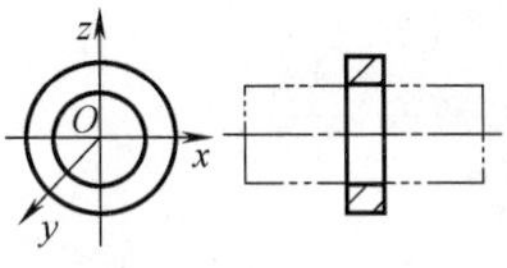	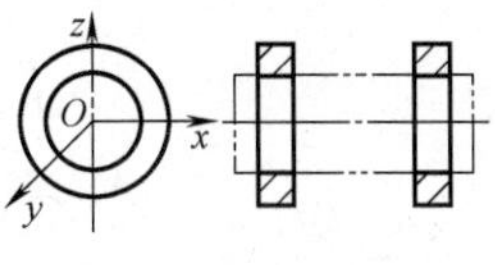	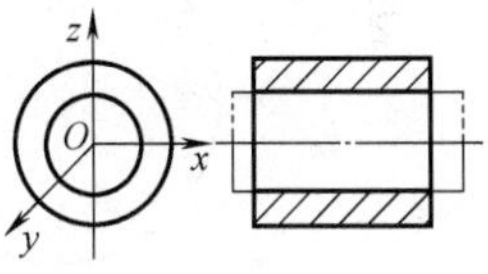
		限制的自由度	$\vec{x}\ \vec{z}$	$\vec{x}\ \vec{z}\ \hat{x}\ \hat{z}$	$\vec{x}\ \vec{z}\ \hat{x}\ \hat{z}$
圆锥孔	锥顶尖和锥度心轴	定位情况	固定顶尖	浮动顶尖	锥度心轴
		图示	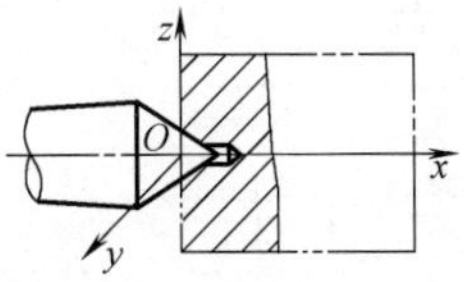	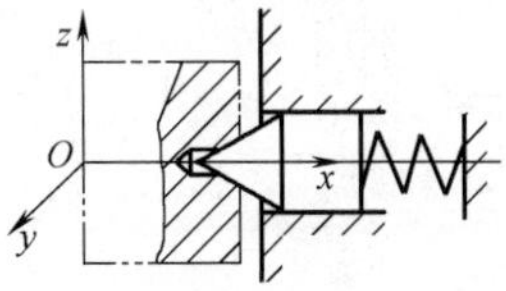	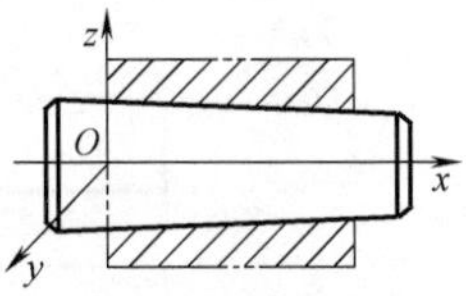
		限制的自由度	$\vec{x}\ \vec{y}\ \vec{z}$	$\vec{y}\ \vec{z}$ 或 $\hat{y}\ \hat{z}$	$\vec{x}\ \vec{y}\ \vec{z}\ \hat{y}\ \hat{z}$

3. 完全定位和不完全定位

工件定位时，要根据被加工面的尺寸、形状和位置要求来决定，有的需要限制六个自由度，有的不需要将六个自由度均限制住。

（1）完全定位 限制了六个自由度。图1-18所示为工件的完全定位，是在一个长方体工件上加工一个不通槽，槽要对中，故要限制 $\vec{x}$ 、$\hat{z}$ 两个自由度；槽有深度要求，故要限

制 $\vec{z}$ 一个自由度；不通槽有一定长度，故要限制 $\vec{y}$ 一个自由度；同时槽底要与其工件底面平行，故要限制 $\hat{x}$、$\hat{y}$ 两个自由度，因此一共要限制六个自由度，即为完全定位。

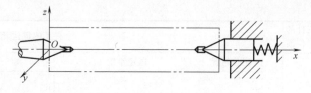

图 1-17 组合关系对自由度限制的影响

（2）不完全定位 仅限制了一至五个自由度。图 1-19 所示为工件的不完全定位。图 1-19a 所示为在一个球体上加工一个平面，因其只有高度尺寸要求，因此只需限制 $\vec{z}$ 一个自由度。图 1-19b 所示为在一个球体上加工一个通过球心的径向孔，由于需要通过球心，故需限制 $\vec{x}$、$\vec{y}$ 两个自由度。图 1-19c 所示为在一个长方形工件上铣一个平面，该面应与底面平行，且有厚度要求，故需限制 $\vec{z}$、$\hat{x}$、$\hat{y}$ 三个自由度。图 1-19d 所示为在一个圆柱上铣键槽，由于键槽要通过轴线，且有深度要求，故要限制 $\vec{x}$、$\vec{z}$、$\hat{x}$、$\hat{z}$ 四个自由度。图 1-19e 所示为在一个长方体上加工一个直通槽，由于槽要对

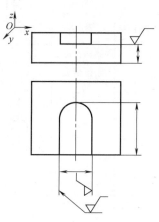

图 1-18 工件的完全定位

中，且有深度要求，同时槽底应与底面平行，故要限制 $\vec{x}$、$\vec{z}$、$\hat{x}$、$\hat{y}$、$\hat{z}$ 五个自由度。上述五个例子所限制的自由度均小于六个，都属于不完全定位。

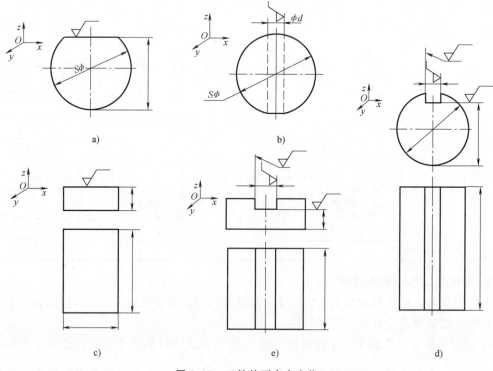

图 1-19 工件的不完全定位

应当指出：有些加工虽然按加工要求不需要限制某些自由度，但从承受夹紧力、切削力、加工调整方便等角度考虑，可以多限制一些自由度，这是必要的，也是合理的，故称为附加自由度。图 1-20 所示为附加自由度的例子，是在一个球形工件上加工一个平面，从定位分析只需限制 $\vec{z}$ 一个自由度，但为了加工时装夹方便，易于对刀和控制加工行程等，可限制两个自由度（图 1-20a），甚至可限制三个自由度（图 1-20b）。

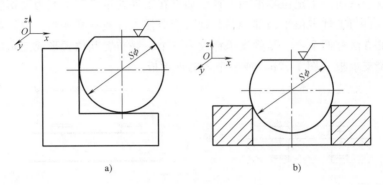

图 1-20　附加自由度

4. 欠定位和过定位

（1）欠定位　在加工时根据被加工面的尺寸、形状和位置要求，应限制的自由度未被限制，即约束点不足，这样的情况称为欠定位。欠定位的情况下是不能保证加工要求的，因此是绝对不允许的。图 1-21 所示为工件的欠定位，是在一个长方体工件上加工一个台阶面，该面宽度为 B，距底面高度为 A，且与底面平行。图 1-21a 中只限制了 $\vec{z}$、$\hat{x}$、$\hat{y}$ 三个自由度，不能保证尺寸 B 及其侧面与工件右侧面的平行度，为欠定位。必须增加图 1-21b 所示的一个条形支承板，以增加限制 $\vec{x}$、$\hat{z}$ 两个自由度，即一共限制五个自由度才行。

值得提出的是：在分析工件定位时，当所限制的自由度少于六个，则要判定是欠定位，还是不完全定位。如果是欠定位，则必须要将应限制的自由度限制住；如果是不完全定位，则是可行的。

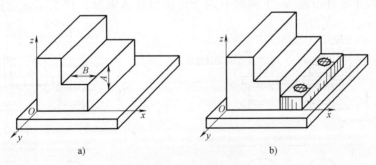

图 1-21　工件的欠定位

（2）过定位　工件定位时，一个自由度同时被两个或两个以上的约束点（夹具定位元件）所限制，称为过定位，或重复定位，也称为定位干涉。

由于过定位可能会破坏定位，因此一般也是不允许的。但如果工件定位面的尺寸、形状和位置精度高，表面粗糙度值小，而夹具的定位元件制造质量又高，则这时不但不会影响定位，而且还会提高加工时工件的刚度，在这种情况下过定位是允许的。

下面来分析几个过定位的实例及其解决过定位的方法。

如图1-22a所示，工件的一个定位平面只需要限制三个自由度，如果用四个支承钉来支承，则由于工件平面或夹具定位元件的制造精度问题，实际上只能有其中的三个支承钉与工件定位平面接触，从而产生定位不准和不稳。如果在工件的重力、夹紧力或切削力的作用下强行使四个支承钉与工件定位平面都接触，则可能会使工件或夹具变形，或两者均变形。解决这一过定位的方法有两个：一是将支承钉改为三个，并布置其位置形成三角形。二是将定位元件改为两个支承板（图1-22b）或一个大的支承板。

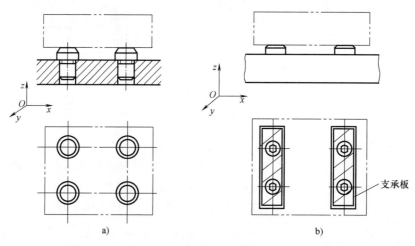

图1-22　平面定位的过定位

图1-23所示为一面两孔组合定位的过定位例子，工件的定位面为其底平面和两个孔，夹具的定位元件为一个支承板和两个短圆柱销，考虑了定位组合关系，其中支承板限制了 $\vec{z}$、$\widehat{x}$、$\widehat{y}$ 三个自由度，短圆柱销1限制了 $\vec{x}$、$\vec{y}$ 两个自由度，短圆柱销2限制了 $\vec{x}$ 和 $\widehat{z}$ 两个自由度，因此在自由度 $\vec{x}$ 上同时有两个定位元件的限制，产生了过定位。在装夹时，

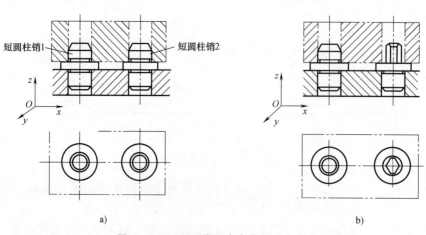

图1-23　一面两孔组合定位的过定位

由于工件上的两孔或夹具上的两个短圆柱销在直径或间距尺寸上有误差，则会产生工件不能定位（即装不上），如果要装上，则只能是短圆柱销或工件产生变形。解决的方法是将其中的一个短圆柱销改为菱形销（现为短圆柱销2，图1-23b），且其削边方向应在 x 向，即可消除在自由度 $\overrightarrow{x}$ 上的干涉。

图1-24所示为孔与端面组合定位的过定位，其中图1-24a为长销大端面，长销可限制 $\overrightarrow{y}$、$\overrightarrow{z}$、$\widehat{y}$ 和 $\widehat{z}$ 四个自由度，大端面限制 $\overrightarrow{x}$、$\widehat{y}$ 和 $\widehat{z}$ 三个自由度，显然 $\widehat{y}$ 和 $\widehat{z}$ 自由度被重复限制，产生过定位。解决的方法有三个：①采用大端面和短销组合定位（图1-24b）。②采用长销和小端面组合定位（图1-24c）。③仍采用大端面和长销组合定位，但在大端面上装一个球面垫圈，以减少两个自由度的重复约束（图1-24d）。

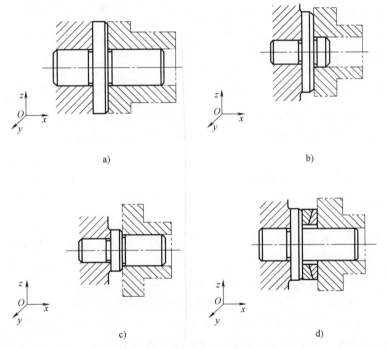

a)

b)

c)

d)

图 1-24 孔与端面组合定位的过定位

值得提出的是：在不完全定位和欠定位的情况下，不一定就没有过定位，因为过定位取决于是否存在重复定位，而不是看所限制自由度的多少。

5. 定位分析方法

工件加工时的定位分析有一定难度，需要掌握一些方法，才能事半功倍。

从分析思路上来看，有正向分析法和逆向分析法，即既可以从限制了哪些自由度的角度来分析，也可以从哪些自由度未被限制的角度来分析，前者称为正向分析法，后者称为逆向分析法。两种方法均可应用，在分析欠定位时，用逆向分析法可能更好些。

（1）总体分析法　总体分析法是从工件定位的总体来分析限制了哪些自由度。图1-25所示为在立方体工件上加工一个不通槽，分析其定位情况就可以发现它只限制了 $\overrightarrow{x}$、$\overrightarrow{z}$、

$\overset{\curvearrowright}{x}$、$\overset{\curvearrowright}{y}$、$\overset{\curvearrowright}{z}$五个自由度，但从加工面的尺寸、形状和位置要求来看，应限制六个自由度。槽在 y 方向的位置尚需限制其自由度，因此为欠定位。所以总体分析法易于判别是否存在欠定位。

（2）分件分析法　分件分析法是分别从各个定位面的所受约束来分析受限制的自由度。分析图 1-25 所示的定位情况，可知矩形支承板 1 限制了 $\vec{z}$、$\overset{\curvearrowright}{x}$、$\overset{\curvearrowright}{y}$ 三个自由度，左边的条形支承板 2 右侧面限制了 $\vec{x}$、$\overset{\curvearrowright}{z}$ 两个自由度，右边的条形支承板 3 左侧面又限制了 $\vec{x}$、$\overset{\curvearrowright}{z}$ 两个自由度，因此在这两个自由度上有重复定位，为过定位。分件分析法易于判别是否有过定位。

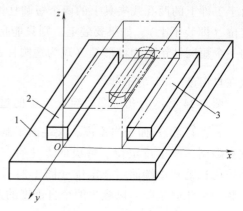

图 1-25　定位分析方法
1—矩形支承板　2、3—条形支承板

这里着重说明：一个自由度只需要一个约束就可以了。在图 1-25 中，$\vec{x}$、$\overset{\curvearrowright}{z}$ 只需一个条形支承板就能约束，因为有了条形支承板 2，工件在 $\vec{x}$、$\overset{\curvearrowright}{z}$ 上的位置已被定位，看起来工件向左移动被限制，但向右尚可移动，这已不是定位问题，应由夹紧来保证工件定位面与夹具定位元件的接触。

在进行分件分析时，先分析限制自由度比较多的定位元件（通常为主定位元件），再逐步分析限制自由度比较少的定位元件，这样有利于分析定位中组合关系对自由度限制的影响。

从上述分析可知，图 1-25 所示的定位情况是不完全定位、欠定位和过定位。可见欠定位和过定位可能会同时存在。

综上所述，在设计定位方案时可从以下几方面考虑：

1）根据加工面的尺寸、形状和位置要求确定所需限制的自由度。

2）在定位方案中，利用总体分析法和分件分析法来分析是否有欠定位和过定位，分析中应注意定位的组合关系，若有过定位，应分析其是否允许。

3）从承受切削力、夹紧力、重力，以及为装夹方便、易于加工尺寸调整等角度考虑在不完全定位中是否应有附加自由度的限制。

二、基准

从设计和工艺两方面来分析，基准可分为设计基准和工艺基准两大类。有关基准的分类如图 1-26 所示。

（一）设计基准

设计者在设计零件时，根据零件在装配结构中的装配关系和零件本身结构要素之间的相互位置关系，确定标注尺寸（含角度）的起始位置，这些起始位置可以是点、线或面，称之为设计基准。简言之，设计图样上所用的基准就是设计基准。图 1-27 所示为一台阶轴的设计，其中对尺寸 A 来说，面 1 和面 3 是它的设计基准；对尺寸 B 来说，面 1 和面 4 是它的设计基准；中心线 2 是所有直径的设计基准。

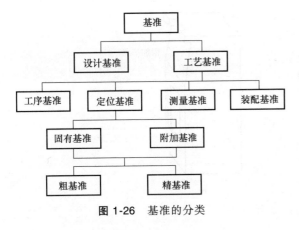

图 1-26　基准的分类

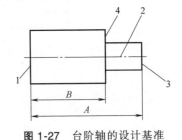

图 1-27　台阶轴的设计基准

（二）工艺基准

零件在加工工艺过程中所用的基准称为工艺基准。工艺基准又可进一步分为工序基准、定位基准、测量基准和装配基准。

1. 工序基准

在工序图上用来确定本工序所加工面加工后的尺寸、形状和位置的基准，称为工序基准。如图 1-28 所示台阶轴的工序基准，对于轴向尺寸，在加工时通常是先车端面 1，再调头车端面 3 和环面 4，这时所选用的工序基准为端面 3，直接得到的加工尺寸为 A 和 C。对尺寸 A 来说，端面 1、3 均为其设计基准，因此它的设计基准与工序基准是重合的。对于尺寸 B 来说，它没有直接得到，而是通过尺寸 A−C 间接得到的，因此其设计基准与工序基准是不重合的，由于尺寸 B 是间接得到的，在此多了一个加工尺寸 A 的误差环节。

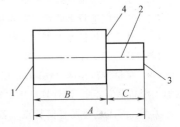

图 1-28　台阶轴的工序基准

在确定工序基准时主要应考虑如下三个方面的问题：①首先考虑选择设计基准为工序基准，避免基准不重合所造成的误差。②若不能选择设计基准为工序基准，则必须保证零件设计尺寸的技术要求。③所选工序基准应尽可能用于定位，即为定位基准，并便于工序尺寸的检验。

2. 定位基准

在加工时用于工件定位的基准，称为定位基准。定位基准是获得零件尺寸、形状和位置的直接基准，占有很重要的地位，定位基准的选择是加工工艺中的难题。定位基准可分为粗基准和精基准，又可分为固有基准和附加基准。

固有基准是零件上原来就有的表面，而附加基准是根据加工定位的要求在零件上专门制造出来的，如轴类零件车削时所用的顶尖孔（图 1-29a），又如床身零件由于背部是斜面，不便定位，在毛坯铸造时专门做出的两个凸台（图 1-29b），都是附加基准。

3. 测量基准

工件测量时所用的基准，称为测量基准。

4. 装配基准

零件在装配时所用的基准，称为装配基准。

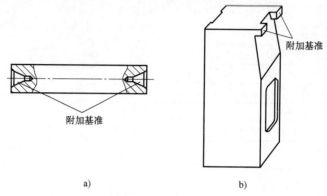

图 1-29 附加基准

习题与思考题

1-1 试述制造的永恒性。

1-2 试论述制造技术的重要性。

1-3 试述广义制造论的含义。

1-4 从材料成形机理来分析，加工工艺方法可分为哪几类，它们各有何特点？

1-5 现代制造技术的发展有哪些方向？

1-6 什么是机械加工工艺过程？什么是机械加工工艺系统？

1-7 什么是工序、安装、工位、工步和走刀？

1-8 某机床厂年产 CA6140 车床 2000 台，已知每台车床只有一根主轴，主轴零件的备品率为 14%，机械加工废品率为 4%，试计算机床主轴零件的年生产纲领。从生产纲领来分析，试说明主轴零件属于何种生产类型，其工艺过程有何特点。若按国家劳动法法定每年节假日 11 天，每周工作 5 天，一年有 365−(52×2+11)＝250 个工作日，一月按 21 个工作日来计算，试计算主轴零件月平均生产批量。

1-9 试述工件装夹的含义。在机械加工中有哪几种装夹工件的方法？简述每种装夹方法的特点及其应用场合。

1-10 何谓六点定位原理？何谓完全定位和不完全定位？何谓欠定位和过定位？试举例说明。

1-11 在图 1-30 中，注有"$\sqrt{}$"的表面为待加工表面，试分别确定其应限制的自由度。

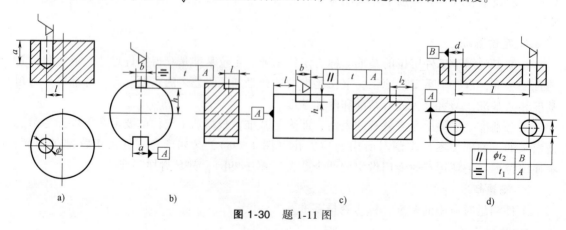

a)   b)   c)   d)

图 1-30 题 1-11 图

1-12 根据六点定位原理，试用总体分析法和分件分析法分别分析图 1-31 中六种加工定位方案所限制的自由度，并分析是否有欠定位和过定位，其过定位是否允许。

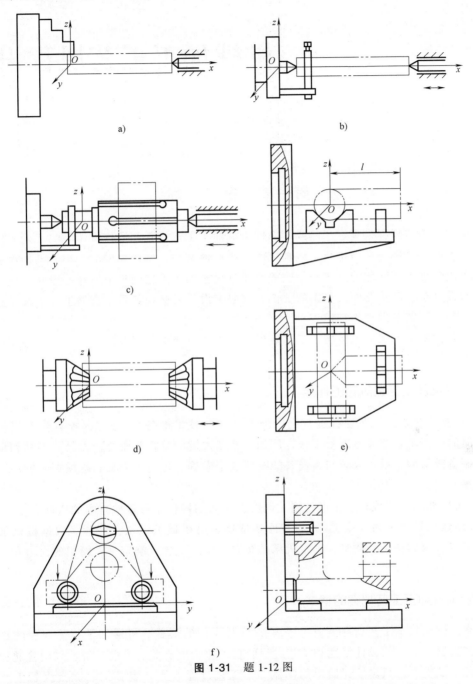

图 1-31 题 1-12 图

1-13 何谓基准？基准分哪几类？试述各类基准的含义及其相互间的关系。

1-14 基准可以是点、线和面，工艺基准是否也可以是点、线和面？

第二章
机械加工工艺规程设计

第一节 概 述

机械加工工艺规程是规定产品或零部件机械加工工艺过程和操作方法等的工艺文件，是一切有关生产人员都应严格执行、认真贯彻的纪律性文件。生产规模的大小、工艺水平的高低以及解决各种工艺问题的方法和手段都要通过机械加工工艺规程来体现。因此，机械加工工艺规程设计是一项重要而又严肃的工作。它要求设计者必须具备丰富的生产实践经验和广博的机械制造工艺基础理论知识。

经过审批确定下来的机械加工工艺规程，不得随意变更，若要修改与补充，必须经过认真讨论和重新审批。

一、机械加工工艺规程的作用

1）根据机械加工工艺规程进行生产准备（包括技术准备）。在产品投入生产以前，需要做大量的生产准备和技术准备工作。例如，技术关键的分析与研究；刀具、夹具和量具的设计、制造或采购；设备改装与新设备的购置或定做等。这些工作都必须根据机械加工工艺规程来展开。

2）机械加工工艺规程是生产计划、调度，工人的操作、质量检查等的依据。

3）新建或扩建车间（或工段），其原始依据也是机械加工工艺规程。根据机械加工工艺规程确定机床的种类和数量，确定机床的布置和动力配置，确定生产面积的大小和工人的数量等。

二、机械加工工艺规程的格式

通常，机械加工工艺规程被填写成表格（卡片）的形式。机械加工工艺规程的详细程度与生产类型、零件的设计精度和工艺过程的自动化程度有关。一般来说，采用普通加工方法的单件小批生产，只需填写简单的机械加工工艺过程卡片（表2-1）；大批大量生产类型要求有严密、细致的组织工作，因此各工序都要填写机械加工工序卡片（表2-2）。对有调整要求的工序要有调整卡，检验工序要有检验卡。对于技术要求高的关键零件的关键工序，即使是用普通加工方法的单件小批生产，也应制定较为详细的机械加工工艺规程（包括填写工序卡和检验卡等），以确保产品质量。若机械加工工艺过程中有数控工序或全部由数控工序组成，则不管生产类型如何，都必须对数控工序做出详细规定，填写数控加工工序卡、

表 2-1 机械加工工艺过程卡片

		机械加工工艺过程卡片			产品型号		零件图号				
					产品名称		零件名称			共 页	第 页
材料牌号		毛坯种类		毛坯外形尺寸		每毛坯可制件数		每台件数		备注	

工序号	工序名称	工 序 内 容		车间	工段	设备	工艺装备		工时	
									准终	单件
描 图										
描 校										
底图号										
装订号							设计（日期）	审核（日期）	标准化（日期）	会签（日期）
	标记	处数	更改文件号	签字	日期	标记	处数	更改文件号	签字	日期

表 2-2 机械加工工序卡片

机械加工工序卡片	产品型号		零件图号			共 页	第 页
	产品名称		零件名称				

车 间	工序号	工序名称		材料牌号
毛坯种类	毛坯外形尺寸	每毛坯可制件数	每台件数	
设备名称	设备型号	设备编号	同时加工件数	
夹具编号	夹具名称		切削液	
工位器具编号	工位器具名称		工序工时	
			准终	单件

工步号	工步内容	工艺设备	主轴转速 /(r/min)	切削速度 /(m/min)	进给量 /(mm/r)	切削深度 /mm	进给次数	工步工时	
								机动	辅助

			设计 (日期)	审核 (日期)	标准化 (日期)	会签 (日期)
描 图						
描 校						
底图号						
装订号						
标记	处数	更改文件号	签字	日期	标记	处数 更改文件号 签字 日期

刀具卡等必要的与编程有关的工艺文件，以利于编程和指导操作。

三、机械加工工艺规程的设计原则、步骤和内容

1. 机械加工工艺规程的设计原则

设计机械加工工艺规程应遵循如下原则：

1）可靠地保证零件图上所有技术要求的实现。在设计机械加工工艺规程时，如果发现图样上某一技术要求规定得不恰当，只能向有关部门提出建议，不得擅自修改图样，或不按图样上的要求去做。

2）必须能满足生产纲领的要求。

3）在满足技术要求和生产纲领要求的前提下，一般要求工艺成本最低。

4）尽量减轻工人的劳动强度，确保生产安全。

2. 设计机械加工工艺规程的步骤和内容

（1）阅读装配图和零件图　了解产品的用途、性能和工作条件，熟悉零件在产品中的地位和作用。

（2）工艺审查　审查图样上的尺寸、视图和技术要求是否完整、正确和统一；找出主要技术要求和分析关键的技术问题；审查零件的结构工艺性。

所谓零件的结构工艺性是指在满足使用要求的前提下，制造该零件的可行性和经济性。功能相同的零件，其结构工艺性可以有很大差异。所谓结构工艺性好，是指在一定的工艺条件下，既能方便制造，又有较低的制造成本。表 2-3 列举了在常规工艺条件下零件结构工艺性定性分析的例子，供设计零件和对零件结构工艺性分析时参考。

（3）熟悉或确定毛坯　确定毛坯的主要依据是零件在产品中的作用和生产纲领以及零件本身的结构。常用毛坯的种类有：铸件、锻件、型材、焊接件和冲压件等。毛坯的选择通常由产品设计者来完成，工艺人员在设计机械加工工艺规程之前，首先要熟悉毛坯的特点。例如，对于铸件，应了解其分型面、浇口和铸钢件冒口的位置，以及铸件公差和起模斜度等。这些都是设计机械加工工艺规程时不可缺少的原始资料。毛坯的种类和质量与机械加工关系密切。例如，精密铸件、压铸件、精密锻件等，毛坯质量好，精度高，它们对保证加工质量、提高劳动生产率和降低机械加工工艺成本有重要作用。当然，这里所说的降低机械加工工艺成本是以提高毛坯制作成本为代价的。因此，在选择毛坯的时候，除了要考虑零件的作用、生产纲领和零件的结构以外，还必须综合考虑产品的制作成本和市场需求。

表 2-3　零件结构工艺性分析举例

序号	零件结构		
	工艺性不好	工艺性好	
1	孔离箱壁太近：①钻头在圆角处易引偏；②箱壁高度尺寸大，需用加长钻头才能钻孔	a)　　b)	①加长箱耳，不需加长钻头即可钻孔。②将箱耳设计在某一端，则不需加长箱耳，可方便加工

（续）

序号		零 件 结 构		
		工艺性不好	工艺性好	
2	车螺纹时，螺纹根部易打刀；工人操作紧张，且不能清根			留有退刀槽，可使螺纹清根，操作相对容易，可避免打刀
3	插键槽时，底部无退刀空间，易打刀			留出退刀空间，避免打刀
4	键槽底与左孔母线齐平，插键槽时，插到左孔表面			左孔尺寸稍加大，可避免划伤左孔
5	小齿轮无法加工，插齿无退刀空间			大齿轮可滚齿或插齿，小齿轮可以插齿加工
6	两端轴颈需磨削加工，因砂轮圆角而不能清根	Ra 0.4　　Ra 0.4	Ra 0.4　　Ra 0.4	留有砂轮越程槽，磨削时可以清根
7	斜面钻孔，钻头易引偏			只要结构允许，留出平台，可直接钻孔
8	外圆和内孔有同轴度要求，由于外圆需在两次装夹下加工，同轴度不易保证	ϕa　ϕb　A　◎ $\phi 0.02$ A	或	可在一次装夹下加工外圆和内孔，同轴度要求易得到保证
9	锥面需磨削加工，磨削时易碰伤圆柱面，并且不能清根	Ra 0.4	Ra 0.4	可方便地对锥面进行磨削加工

（续）

序号	零件结构		
	工艺性不好		工艺性好
10	加工面设计在箱体内，加工时调整刀具不方便，观察也困难		加工面设计在箱体外部，加工方便
11	加工面高度不同，需两次调整刀具加工，影响生产率		加工面在同一高度，一次调整刀具可加工两个平面
12	三个空刀槽的宽度有三种尺寸，需用三种不同尺寸的刀具加工		空刀槽宽度尺寸相同，使用同一刀具即可加工
13	同一端面上的螺纹孔尺寸相近，需换刀加工，加工不方便，装配也不方便		尺寸相近的螺纹孔，改为同一尺寸螺纹孔，可方便加工和装配
14	①内形和外形圆角半径不同，需换刀加工。②内形圆角半径太小，刀具刚度差		①内形和外形圆角半径相同，减少换刀次数，提高生产率。②增大圆角半径，可以用较大直径立铣刀加工，增大刀具刚度
15	加工面大，加工时间长，并且零件尺寸越大，平面度误差越大		加工面减小，节省工时，减少刀具损耗，并且容易保证平面度要求
16	孔在内壁出口遇阶梯面，孔易钻偏，或钻头折断		孔的内壁出口为平面，易加工，易保证孔轴线的位置度

（续）

序号	零件结构		
	工艺性不好	工艺性好	
17	以 A 面为基准加工 B 面，由于 A 面小，定位不可靠	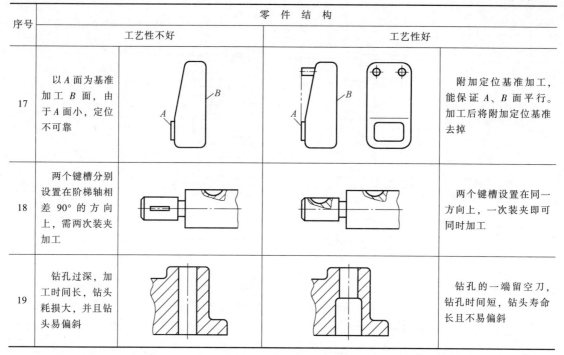	附加定位基准加工，能保证 A、B 面平行。加工后将附加定位基准去掉
18	两个键槽分别设置在阶梯轴相差 90° 的方向上，需两次装夹加工		两个键槽设置在同一方向上，一次装夹即可同时加工
19	钻孔过深，加工时间长，钻头耗损大，并且钻头易偏斜		钻孔的一端留空刀，钻孔时间短，钻头寿命长且不易偏斜

（4）拟定机械加工工艺路线　这是制定机械加工工艺规程的核心。其主要内容有：选择定位基准、确定加工方法、安排加工顺序以及安排热处理、检验和其他工序等。

机械加工工艺路线的最终确定，一般要通过一定范围的论证，即通过对几条工艺路线的分析与比较，从中选出一条适合本厂条件的，确保加工质量、高效和低成本的最佳工艺路线。

（5）确定满足各工序要求的工艺装备（包括机床、夹具、刀具和量具等）　对需要改装或重新设计的专用工艺装备应提出具体设计任务书。

（6）确定各主要工序的技术要求和检验方法

（7）确定各工序的加工余量、计算工序尺寸和公差

（8）确定切削用量

（9）确定时间定额

（10）填写工艺文件

第二节　工艺路线的制定

一、定位基准的选择

零件在加工前为毛坯，所有的面均为毛面，开始加工时只能选用毛面为基准，称为粗基准。以后选已加工面为定位基准，称为精基准。

1. 粗基准的选择

粗基准的选择对零件的加工会产生重要的影响，下面先分析一个简单的例子。

图 2-1 所示零件的毛坯，在铸造时孔 3 和外圆 1 难免有偏心。加工时，如果采用不加工的外圆面 1 作为粗基准装夹工件（夹具装夹，用自定心卡盘夹住外圆 1）进行加工，则加工面 2 与不加工外圆 1 同轴，可以保证壁厚均匀，但是加工面 2 的加工余量则不均匀，如图 2-1a所示。

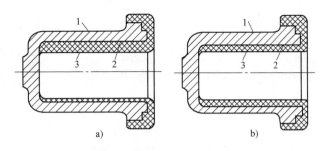

图 2-1 两种粗基准选择对比

a）以外圆 1 为粗基准：孔的余量不均，但加工后壁厚均匀

b）以内孔 3 为粗基准：孔的余量均匀，但加工后壁厚不均匀

1—外圆 2—加工面 3—孔

如果采用该零件的毛坯孔 3 作为粗基准装夹工件（直接找正装夹，用单动卡盘夹住外圆 1，按毛坯孔 3 找正）进行加工，则加工面 2 与该面的毛坯孔 3 同轴，加工面 2 的余量是均匀的，但是加工面 2 与不加工的外圆 1 不同轴，即壁厚不均匀，如图 2-1b 所示。

由此可见，粗基准的选择将影响到加工面与不加工面的相互位置，或影响到加工余量的分配，所以，正确选择粗基准对保证产品质量有重要影响。

在选择粗基准时，一般应遵循的原则为：

（1）保证相互位置要求 如果必须保证工件上加工面与不加工面的相互位置要求，则应以不加工面作为粗基准。例如，图 2-1 中的零件，一般要求壁厚均匀，因此图 2-1a 的选择是正确的。又如图 2-2 所示的拨杆，由于要求 $\phi22H9$ 孔与 $\phi40mm$ 外圆同轴，因此在钻 $\phi22H9$ 孔时应选择 $\phi40mm$ 外圆作为粗基准。

（2）保证加工面加工余量合理分配 如果必须首先保证工件某重要加工面的余量均匀，则应选择该加工面的毛坯面为粗基准。例如，在车床床身加工中，导轨面是最重要的加工面，它不仅精度要求高，而且要求导轨面有均匀的金相组织和较高的耐磨性，因此希望加工时导轨面去除余量要小而且均匀。此时应以导轨面为粗基准，先加工

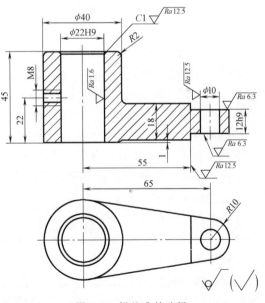

图 2-2 粗基准的选择

底面，然后再以底面为精基准，加工导轨面（图 2-3a）。这样就可以保证导轨的加工余量均匀。否则，若违反本条原则，必将造成导轨余量不均匀（图 2-3b）。

（3）便于工件装夹 选择粗基准时，必须考虑定位准确，夹紧可靠以及夹具结构简单、操作方便等问题。为了保证定位准确，夹紧可靠，要求选用的粗基准尽可能平整、光洁，有足够大的尺寸，不允许有锻造飞边，铸造浇、冒口或其他缺陷。

（4）粗基准一般不得重复使用 如果能使用精基准定位，则粗基准一般不应被重复使

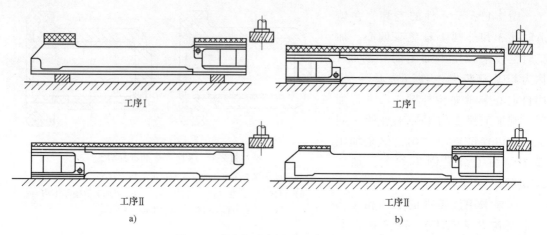

工序Ⅰ 工序Ⅰ

工序Ⅱ 工序Ⅱ

a) b)

图 2-3 床身加工粗基准选择正误对比

a) 正确 b) 不正确

用。这是因为若毛坯的定位面很粗糙，在两次装夹中重复使用同一粗基准，就会造成相当大的定位误差（有时可达几毫米）。例如，图 2-4 所示的零件为铸件，其内孔、端面及 3×ϕ7mm 孔都需要加工。若工艺安排为先在车床上加工大端面，钻、镗 ϕ16H7 孔及 ϕ18mm 退刀槽，再在钻床上钻 3×ϕ7mm 孔，并且两次装夹都选不加工面 ϕ30mm 外圆为基准（都是粗基准），则 ϕ16H7 孔的中心线与 3×ϕ7mm 的定位尺寸 ϕ48mm 圆柱面轴线必然有较大偏心。如果第二次装夹用已加工出来的 ϕ16H7 孔和端面作精基准，就能较好地解决上述偏心问题。

有的零件在前几道工序中虽然已经加工出一些表面，但对某些自由度的定位来说，仍无精基准可以利用，在这种情况下，使用粗基准来限制这些自由度，不属于重复使用粗基准。例如，在图 2-5a 所示的零件中，

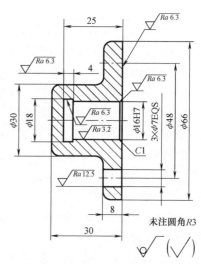

图 2-4 不重复使用粗基准举例

虽然在第一道工序中已将 ϕ15H7 孔和端面加工好了，但在钻 2×ϕ6mm 孔时，为了保证钻孔与毛坯外形对称，除了用 ϕ15H7 孔和端面作精基准定位外，仍需用粗基准来限制绕 ϕ15H7 孔轴线回转的自由度（图 2-5b）。

上述选择粗基准的四条原则，每一原则都只说明一个方面的问题。在实际应用中，划线找正装夹可以兼顾这四条原则，夹具装夹则不能同时兼顾。这就要根据具体情况，抓住主要矛盾，解决主要问题。

2. 精基准的选择

选择精基准时要考虑的主要问题是如何保证设计技术要求的实现以及装夹准确、可靠和方便。为此，一般应遵循的五条原则为：

（1）基准重合原则 应尽可能选择被加工面的设计基准为精基准，称为基准重合原则。

在对加工面位置尺寸有决定作用的工序中，特别是当位置公差的值要求很小时，一般不应违反这一原则。否则就必然会产生基准不重合误差（详见本章第四节），增大加工难度。

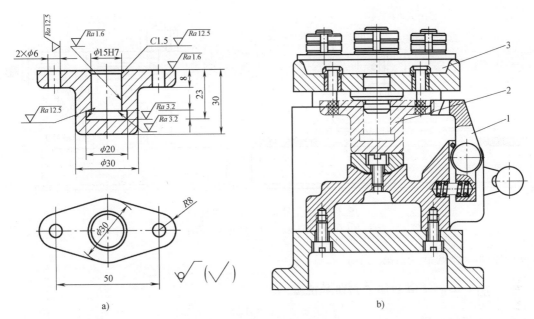

图 2-5 利用粗基准补充定位的例子

a) 工件简图 b) 加工简图

1—V 形爪 2—工件 3—滑柱钻模

（2）统一基准原则 当工件以某一精基准定位时，可以比较方便地加工大多数（或所有）其他加工面，应尽早地把这个基准面加工出来，并达到一定精度，以后工序均以它为精基准加工其他加工面，称为统一基准原则（见本章第七节实例二）。

采用统一基准原则可以简化夹具设计，减少工件搬动和翻转次数。在自动化生产中广泛使用这一原则。

应当指出，统一基准原则常会带来基准不重合的问题。在这种情况下，要针对具体问题进行认真分析，在可以满足设计要求的前提下，决定最终选择的精基准。

（3）互为基准原则 某些位置度要求很高的表面，常采用互为基准反复加工的办法来达到位置度要求，称为互为基准原则。

（4）自为基准原则 旨在减小表面粗糙度值、减小加工余量和保证加工余量均匀的工序，常以加工面本身为基准进行加工，称为自为基准原则。

例如，图 2-6 所示的床身导轨面的磨削工序，用固定在磨头上的百分表 3，找正工件上的导轨面。当工作台纵向移动时，调整工件 1 下部的四个楔铁 2，使百分表的指针基本不动为止，夹紧工件，加工导轨面，即以导轨面自身为基准进行加工。工件下面的四个楔铁只起支承作用。再如，拉孔、推孔、珩磨孔、铰孔、浮动镗刀块镗孔等都是自为基准加工的典型例子。

（5）便于装夹原则 所选择的精基准，应能保证定位准确、可靠，夹紧机构简单，操作方便，称为便于装夹原则。

在上述五条原则中，前四条都有它们各自的应用条件，唯有最后一条，即便于装夹原则是始终不能违反的。在考虑工件如何定位的同时必须认真分析如何夹紧工件，遵守夹紧机构

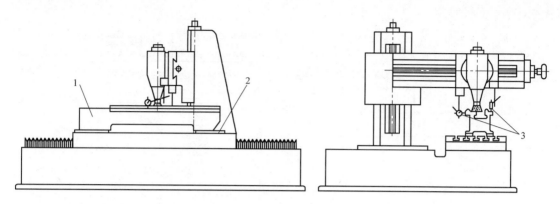

图 2-6　床身导轨面自为基准定位
1—工件　2—楔铁　3—找正用百分表

的设计原则（详见第三章第三节）。

二、加工经济精度与加工方法的选择

1. 加工经济精度

各种加工方法（车、铣、刨、磨、钻、镗、铰等）所能达到的加工精度和表面粗糙度，都是有一定范围的。任何一种加工方法，只要精心操作、细心调整、选择合适的切削用量，其加工精度就可以得到提高，加工表面粗糙度值就可以减小。但是，随着加工精度的提高和表面粗糙度值的减小，所耗费的时间与成本也会随之增加。

生产上加工精度的高低是用其可以控制的加工误差的大小来表示的。加工误差小，则加工精度高；加工误差大，则加工精度低。统计资料表明，加工误差和加工成本之间成反比例关系，如图 2-7 所示，δ 表示加工误差，S 表示加工成本。可以看出：对一种加工方法来说，加工误差小到一定程度（如曲线中 A 点的左侧）后，加工成本提高很多，加工误差却降低很少；加工误差大到一定程度后（如曲线中 B 点的右侧），加工误差增大很多，加工成本却降低很少。这说明一种加工方法在 A 点的左侧或 B 点的右侧应用都是不经济的。例如，在表面粗糙度 Ra 值小于 $0.4\mu m$ 的外圆加工中，通常用磨削加工方法而不用车削加工方法。因为车削加工方法不经济。但是，对于表面粗糙度 Ra 值为 $1.6 \sim 25\mu m$ 的外圆加工，则多用车削加工方法而不用磨削加工方法，因为这时车削加工方法又是经济的了。实际上，每种加工方法都有一个加工经济精度的问题。

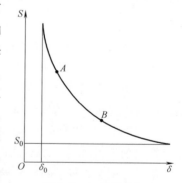

图 2-7　加工误差与加工成本的关系

所谓加工经济精度是指在正常加工条件下（采用符合质量标准的设备、工艺装备和标准技术等级的工人，不延长加工时间）所能保证的加工精度和表面粗糙度。

2. 加工方法的选择

根据零件加工面（平面、外圆、孔、复杂曲面等）、零件材料和加工精度以及生产率的要求，考虑工厂（或车间）现有工艺条件，考虑加工经济精度等因素，选择加工方法。例如，①φ50mm 的外圆，材料为 45 钢，尺寸公差等级是 IT6，表面粗糙度 Ra 值为 0.8μm，其终加工工序应选择精磨。②非铁金属材料宜选择切削加工方法，不宜选择磨削加工方法，因为非铁金属易堵塞砂轮工作面。③为了满足大批大量生产的需要，齿轮内孔通常多采用拉削加工方法加工。表 2-4～表 2-6 介绍了各种加工方法的加工经济精度，供选择加工方法时参考。

表 2-4　外圆加工中各种加工方法的加工经济精度及表面粗糙度

加工方法	加工情况	加工经济精度（IT）	表面粗糙度 Ra 值/μm	加工方法	加工情况	加工经济精度（IT）	表面粗糙度 Ra 值/μm
车	粗车	12～13	10～80	抛光			0.008～1.25
	半精车	10～11	2.5～10	研磨	粗研	5～6	0.16～0.63
	精车	7～8	1.25～5		精研	5	0.04～0.32
	金刚石车（镜面车）	5～6	0.005～1.25		精密研	5	0.008～0.08
铣	粗铣	12～13	10～80	超精加工	精	5	0.08～0.32
	半精铣	11～12	2.5～10		精密	5	0.01～0.16
	精铣	8～9	1.25～5	砂带磨	精磨	5～6	0.02～0.16
车槽	一次行程	11～12	10～20		精密磨	5	0.008～0.04
	二次行程	10～11	2.5～10	滚压		6～7	0.16～1.25
外磨	粗磨	8～9	1.25～10				
	半精磨	7～8	0.63～2.5				
	精磨	6～7	0.16～1.25				
	精密磨（精修整砂轮）	5～6	0.08～0.32				
	镜面磨	5	0.008～0.08				

注：加工非铁金属时，表面粗糙度 Ra 值取小值。

表 2-5　孔加工中各种加工方法的加工经济精度及表面粗糙度

加工方法	加工情况	加工经济精度（IT）	表面粗糙度 Ra 值/μm	加工方法	加工情况	加工经济精度（IT）	表面粗糙度 Ra 值/μm
钻	φ15mm 以下	11～13	5～80	镗	粗镗	12～13	5～20
	φ15mm 以上	10～12	20～80		半精镗	10～11	2.5～10
扩	粗扩	12～13	5～20		精镗（浮动镗）	7～9	0.63～5
	一次扩孔（铸孔或冲孔）	11～13	10～40		金刚镗	5～7	0.16～1.25
	精扩	9～11	1.25～10	内磨	粗磨	9～11	1.25～10
铰	半精铰	8～9	1.25～10		半精磨	9～10	0.32～1.25
	精铰	6～7	0.32～5		精磨	7～8	0.08～0.63
	手铰	5	0.08～1.25		精密磨（精修整砂轮）	6～7	0.04～0.16
拉	粗拉	9～10	1.25～5	珩	粗珩	5～6	0.16～1.25
	一次拉孔（铸孔或冲孔）	10～11	0.32～2.5		精珩	5	0.04～0.32
	精拉	7～9	0.16～0.63	研磨	粗研	5～6	0.16～0.63
推	半精推	6～8	0.32～1.25		精研	5	0.04～0.32
	精推	6	0.08～0.32		精密研	5	0.008～0.08
				挤	滚珠扩孔器、圆柱扩孔器、挤压头	6～8	0.01～1.25

注：加工非铁金属时，表面粗糙度 Ra 值取小值。

表2-6　平面加工中各种加工方法的加工经济精度及表面粗糙度

加工方法	加工情况	加工经济精度（IT）	表面粗糙度 Ra 值/μm	加工方法	加工情况		加工经济精度（IT）	表面粗糙度 Ra 值/μm
周铣	粗铣	11～13	5～20	平磨	粗磨		8～10	1.25～10
	半精铣	8～11	2.5～10		半精磨		8～9	0.63～2.5
	精铣	6～8	0.63～5		精磨		6～8	0.16～1.25
端铣	粗铣	11～13	5～20		精密磨		6	0.04～0.32
	半精铣	8～11	2.5～10	刮	25×25mm² 内点数	8～10		0.63～1.25
	精铣	6～8	0.63～5			10～13		0.32～0.63
车	半精车	8～11	2.5～10			13～16		0.16～0.32
	精车	6～8	1.25～5			16～20		0.08～0.16
	细车（金刚石车）	6～7	0.008～1.25			20～25		0.04～0.08
刨	粗刨	11～13	5～20	研磨	粗研		6	0.16～0.63
	半精刨	8～11	2.5～10		精研		5	0.04～0.32
	精刨	6～8	0.63～5		精密研		5	0.008～0.08
	宽刀精刨	6～7	0.008～1.25	砂带磨	精磨		5～6	0.04～0.32
插		8～13	2.5～20		精密磨		5	0.008～0.04
拉	粗拉（铸造或冲压表面）	10～11	5～20	滚压			7～10	0.16～2.5
	精拉	6～9	0.32～2.5					

注：加工非铁金属时，表面粗糙度 Ra 值取小值。

3. 机床的选择

一般来说，产品变换周期短，普通机床加工有困难或无法加工的复杂曲线、曲面，应选数控机床；产品基本不变的大批大量生产，宜选用专用组合机床。由于数控机床特别是加工中心价格昂贵，因此，在新购置设备时，还必须考虑企业的经济实力和投资的回收期限（详见本章第六节）。无论是普通机床还是数控机床，它们的精度都有高、低之分。高精度机床与普通精度机床的价格相差很大，因此，应根据零件的精度要求，选择精度适中的机床。选择时，可查阅产品目录或有关手册来了解各种机床的精度。

对那些有特殊要求的加工面，例如，相对于工厂工艺条件来说，尺寸特别大或尺寸特别小，技术要求高，加工有困难，就需要考虑是否需要外协加工，或者增加投资，增添设备，开展必要的工艺研究，以扩大工艺能力，满足加工要求。

三、典型表面的加工路线

外圆、内孔和平面加工量大而面广，习惯上把机器零件的这些表面称为典型表面。根据这些表面的精度要求选择一个最终的加工方法，然后辅以先导工序的预加工方法，就组成一条加工路线。长期的生产实践积累了一些比较成熟的加工路线，熟悉这些加工路线对编制工艺规程具有指导作用。

1. 外圆表面的加工路线

零件的外圆表面主要采用下列四条基本加工路线来加工（图2-8）。

（1）粗车—半精车—精车　这是应用最广的一条加工路线。只要工件材料可以切削加工，公差等级≤IT7，表面粗糙度 Ra 值≥0.8μm 的外圆表面都可以在这条加工路线中加工。如果加工精度要求较低，可以只取粗车；也可以只取粗车—半精车。

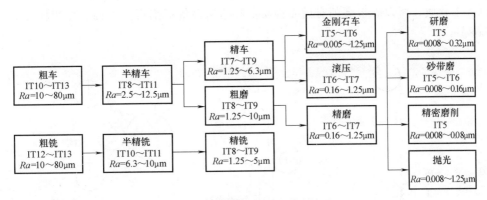

图 2-8 外圆表面的加工路线框图

（2）粗车—半精车—粗磨—精磨　对于钢铁材料，特别是对半精车后有淬火要求，公差等级≤IT6，表面粗糙度 Ra 值≥0.16μm 的外圆表面，一般可安排在这条加工路线中加工。

（3）粗车—半精车—精车—金刚石车　这条加工路线主要适用于工件材料为非铁金属（如铜、铝），不宜采用磨削加工方法加工的外圆表面。

金刚石车是在精密车床上用金刚石车刀进行车削。精密车床的主运动系统多采用液体静压轴承或空气静压轴承，进给运动系统多采用液体静压导轨或空气静压导轨，因而主运动平稳，进给运动比较均匀，少爬行，可以有比较高的加工精度和比较小的表面粗糙度值。目前，这种加工方法已用于尺寸精度为 0.01μm 和表面粗糙度 Ra 值为 0.005μm 的超精密加工中。

（4）粗车—半精车—粗磨—精磨—研磨、砂带磨、抛光以及其他超精加工方法　这是在前面加工路线（2）的基础上又加进其他精密、超精密加工或光整加工工序。这些加工方法多以减小表面粗糙度值、提高尺寸精度、形状精度为主要目的，有些加工方法，如抛光、砂带磨等则以减小表面粗糙度值为主。

图 2-9 所示为用于外圆研磨的研具示意图。研具材料一般为铸铁、铜、铝或硬木等。研磨剂一般为氧化铝、碳化硅、金刚石、碳化硼以及氧化铁、氧化铬微粉等，用切削液和添加剂混合而成。根据研磨对象的材料和精度要求来选择研具材料和研磨剂。研磨时，工件做回转运动，研具做轴向往复运动（可以手动，也可以机动）。研具和工件表面之间应留有适当的间隙（一般为 0.02～0.05mm），以存留研磨剂。可调研具（轴向开口）磨损后通过调整间隙来改变研具尺寸，不可调研具磨损后只能改制来研磨较大直径的外圆。为改善研磨质量，还需精心调整研磨用量，包括研磨压力和研磨速度的调整。

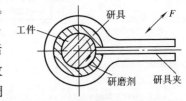

图 2-9 外圆研磨的研具示意图

砂带磨削是以粘满砂粒的砂带高速回转，工件缓慢转动并做送进运动对工件进行磨削加工的加工方法。图 2-10a、b 所示为闭式砂带磨削原理图，图 2-10c 所示为开式砂带磨削原理图，其中图 2-10a 和 c 所示为通过接触轮，使砂带与工件接触。可以看出其磨削方式和砂轮磨削类似，但磨削效率可以很高。图 2-10b 所示为砂带直接和工件接触（软接触），主要用于减小表面粗糙度值的加工。由于砂带基底质软，接触轮也是在金属骨架上浇注橡胶做成的，也属于软质，所以砂带磨削有抛光性质。超精密砂带磨削可使工件表面粗糙度 Ra 值达到 $0.008\mu m$。

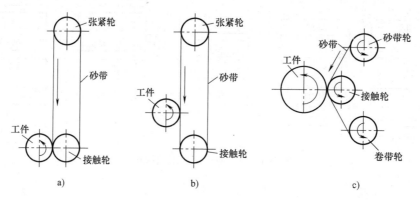

图 2-10　砂带磨削原理图

a）闭式砂带（接触轮接触式）　b）闭式砂带（软接触）　c）开式砂带（接触轮接触式）

抛光是用敷有细磨粉或软膏磨料的布轮、布盘或皮轮、皮盘等软质工具，靠机械滑擦和化学作用，减小工件表面粗糙度值的加工方法。这种加工方法去除余量通常小到可以忽略，不能提高尺寸和位置精度。

2. 孔的加工路线

图 2-11 所示为常见孔的加工路线框图，可分为四条基本的加工路线。

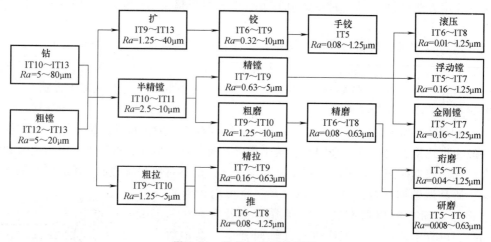

图 2-11　孔的加工路线框图

（1）钻—粗拉—精拉　这条加工路线多用于大批大量生产盘套类零件的圆孔、单键孔和花键孔加工。其加工质量稳定、生产效率高。当工件上没有铸出或锻出毛坯孔时，第一道工序需安排钻孔；当工件上已有毛坯孔时，则第一道工序需安排粗镗孔，以保证孔的位置精度。如果模锻孔的精度较好，也可以直接安排拉削加工。拉刀是定尺寸刀具，经拉削加工的孔一般为 IT7 的基准孔（H7）。

（2）钻—扩—铰—手铰　这是一条应用最为广泛的加工路线，在各种生产类型中都有应用，多用于中、小孔加工。其中扩孔有纠正位置精度的能力，铰孔只能保证尺寸、形状精度和减小孔的表面粗糙度值，不能纠正位置精度。当对孔的尺寸精度、形状精度要求比较高时，表面粗糙度值要求又比较小时，往往安排一次手铰加工。有时，用端面铰刀手铰，可用来纠正孔的轴线与端面之间的垂直度误差。铰刀也是定尺寸刀具，所以经过铰孔加工的孔一般也是 IT7 的基准孔（H7）。

（3）钻或粗镗—半精镗—精镗—浮动镗或金刚镗　下列情况下的孔，多在这条加工路线中加工：

1）单件小批生产中的箱体孔系加工。

2）位置精度要求很高的孔系加工。

3）在各种生产类型中，直径比较大的孔，如 φ80mm 以上，毛坯上已有位置精度比较低的铸孔或锻孔。

4）材料为非铁金属的加工。

在这条加工路线中，当工件毛坯上已有毛坯孔时，第一道工序安排粗镗，无毛坯孔时则第一道工序安排钻孔。后面的工序视零件的精度要求，可安排半精镗，亦可安排半精镗—精镗或安排半精镗—精镗—浮动镗，半精镗—精镗—金刚镗。

浮动镗刀块属于定尺寸刀具，它安装在镗刀杆的方槽中，沿镗刀杆径向可以滑动（图 2-12），其加工精度较高，表面粗糙度值较小，生产效率高。浮动镗刀块的结构如图 2-13 所示。

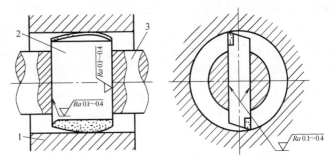

图 2-12　镗刀块在镗杆方槽内可以滑动

1—工件　2—镗刀块　3—镗杆

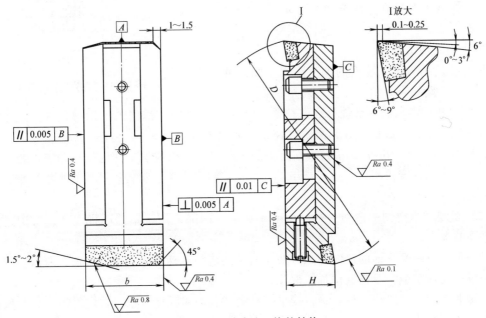

图 2-13　浮动镗刀块的结构

42

金刚镗是指在精密镗头上安装刃磨质量较好的金刚石刀具或硬质合金刀具进行高速、小进给精镗孔加工。金刚镗床也有精密和普通之分。精密金刚镗指金刚镗床的镗头采用空气（或液体）静压轴承，进给运动系统采用空气（或液体）静压导轨，镗刀采用金刚石镗刀进行高速、小进给镗孔加工。

（4）钻或粗镗—半精镗—粗磨—精磨—研磨或珩磨　这条加工路线主要用于淬硬零件加工或精度要求高的孔加工。其中，研磨孔是一种精密加工方法。研磨孔用的研具是一个圆棒。研磨时工件做回转运动，研具做往复进给运动。有时亦可工件不动，研具同时做回转和往复进给运动，同外圆研磨一样，需要配置合适的研磨剂。

珩磨是一种常用的孔加工方法。用细粒度砂条组成珩磨头，加工时工件不动，珩磨头回转并做往复进给运动。珩磨头需经精心设计和制作，有多种结构，图 2-14 所示为珩磨的工作原理图。

珩磨头砂条数量为 2～8 根不等，它们均匀地分布在圆周上，靠机械或液压作用涨开在工件表面上，产生一定的切削压力。经珩磨后的工件表面呈网纹状。珩磨加工范围宽，通常能加工的孔径为 1～1200mm，对机床精度要求不高。若无珩磨机，可利用车床、镗床或钻床进行珩孔加工。珩磨精度与前道工序的精度有关。一般情况下，经珩磨后的尺寸和形状精度可提高一级，表面粗糙度 Ra 值可达 0.04～1.25μm。

对上述孔的加工路线做两点补充说明：①上述各条孔加工路线的终加工工序，其加工精度在很大程度上取决于操作者的操作水平（刀具刃磨、机床调整和对刀等）。②对以微米为单位的特小孔加工，需要采用特种加工方法，如电火花打孔、激光打孔、电子束打孔等。有关这方面的知识，可根据需要查阅有关资料。

3. 平面的加工路线

图 2-15 所示为常见平面的加工路线框图，可按如下五条基本加工路线来介绍。

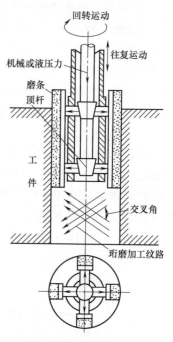

图 2-14　珩磨的工作原理图

（1）粗铣—半精铣—精铣—高速精铣　在平面加工中，铣削加工用得最多。这主要是因为铣削生产率高。近代发展起来的高速铣，其公差等级比较高（IT6～IT7），表面粗糙度值也比较小（$Ra=0.16～1.25μm$）。在这条加工路线中，视被加工面的精度和表面粗糙度的技术要求，可以只安排粗铣，或安排粗、半精铣；粗、半精、精铣以及粗、半精、精、高速精铣。

（2）粗刨—半精刨—精刨—宽刀精刨或刮研　刨削适用于单件小批生产，特别适合于窄长平面的加工。

刮研是获得精密平面的传统加工方法。由于刮研的劳动量大，生产率低，所以在批量生产的一般平面加工中，常被磨削加工取代。

同铣平面的加工路线一样，可根据平面精度和表面粗糙度要求，选定终工序，截取前半部分作为加工路线。

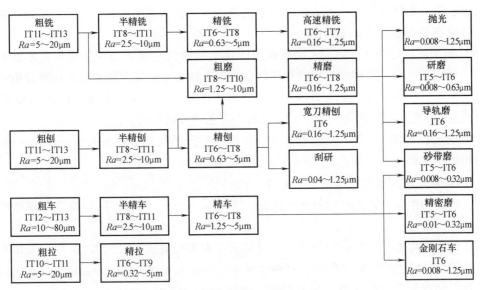

图 2-15　平面的加工路线框图

（3）粗铣（刨）—半精铣（刨）—粗磨—精磨—研磨、导轨磨、砂带磨或抛光　如果被加工平面有淬火要求，则可在半精铣（刨）后安排淬火。淬火后需要安排磨削工序，视平面精度和表面粗糙度要求，可以只安排粗磨，也可只安排粗磨—精磨，还可以在精磨后安排研磨或精密磨等。

（4）粗拉—精拉　这条加工路线，生产率高，适用于有沟槽或有台阶面的零件。例如，某些内燃机气缸体的底平面、连杆体和连杆盖半圆孔以及分界面等就是在一次拉削中直接完成的。由于拉刀和拉削设备昂贵，因此这条加工路线只适合在大批大量生产中采用。

（5）粗车—半精车—精车—金刚石车　这条加工路线主要用于非铁金属零件的平面加工，这些平面有时就是外圆或孔的端面。如果被加工零件是钢铁材料，则精车后可安排精密磨、砂带磨或研磨、抛光等。

四、工艺顺序的安排

零件上的全部加工面应安排在一个合理的加工顺序中加工，这对保证零件质量、提高生产率、降低加工成本都至关重要。

1. 工艺顺序的安排原则

（1）先加工基准面，再加工其他表面　这条原则有两个含义：①工艺路线开始安排的加工面应该是选作定位基准的精基准面，然后再以精基准定位，加工其他表面。例如，精度要求较高的轴类零件（机床主轴、丝杠，汽车发动机曲轴等），其第一道机械加工工序就是铣端面，钻中心孔，然后以顶尖孔定位加工其他表面。再如，箱体类零件（车床主轴箱，汽车发动机中的气缸体、气缸盖、变速器壳体等）也都是先安排定位基准面的加工（多为一个大平面，两个销孔），再加工其他平面和孔系。②为了保证一定的定位精度，当加工面的精度要求很高时，精加工前一般应先精修一下精基准。

（2）一般情况下，先加工平面，后加工孔　这条原则的含义是：①当零件上有较大的平面可作定位基准时，可先加工出来作定位面，以面定位，加工孔。这样可以保证定位稳定、准确，装夹工件往往也比较方便。②在毛坯面上钻孔，容易使钻头引偏，若该平面需要加工，则应在钻孔之前先加工平面。

（3）先加工主要表面，后加工次要表面　这里所说的主要表面是指设计基准和主要工作面，而次要表面是指键槽、螺纹孔等其他表面。次要表面和主要表面之间往往有相互位置要求。因此，一般要在主要表面达到一定的精度之后，再以主要表面定位加工次要表面。要注意的是，"后加工"的含义并不一定是整个工艺过程的最后。

（4）先安排粗加工工序，后安排精加工工序　对于精度和表面粗糙度要求较高的零件，其粗、精加工应该分开（详见本节六、加工阶段的划分）。

2. 热处理工序及表面处理工序的安排

为了改善切削性能而进行的热处理工序（如退火、正火、调质等），应安排在切削加工之前。

为了消除内应力而进行的热处理工序（如人工时效、退火、正火等），最好安排在粗加工之后。有时为了减少运输工作量，对精度要求不太高的零件，把去除内应力的人工时效或退火安排在切削加工之前（即在毛坯车间）进行。

为了改善材料的物理力学性质，在半精加工之后、精加工之前常安排淬火，淬火—回火，渗碳淬火等热处理工序。对于整体淬火的零件，淬火前应将所有需要加工的表面加工完。因为淬硬之后，再切削就有困难了。对于那些变形小的热处理工序（如高频感应淬火、渗氮），有时允许安排在精加工之后进行。

对于高精度精密零件（如量块、量规、铰刀、样板、精密丝杠、精密齿轮等），在淬火后安排冷处理（使零件在低温介质中继续冷却到-80℃）以稳定零件的尺寸。

为了提高零件表面的耐磨性或耐蚀性而安排的热处理工序，以及以装饰为目的而安排的热处理工序和表面处理工序（如镀铬、阳极氧化、镀锌、发蓝处理等）一般都放在工艺过程的最后。

3. 其他工序的安排

检查、检验工序，去飞边、平衡、清洗工序等也是工艺规程的重要组成部分。

检查、检验工序是保证产品质量合格的关键工序之一。每个操作工人在操作过程中和操作结束以后都必须自检。在工艺规程中，下列情况下应安排检查工序：①零件加工完毕之后。②从一个车间转到另一个车间的前后。③工时较长或重要的关键工序的前后。

除了一般性的尺寸检查（包括几何公差的检查）以外，X射线检查、超声波探伤检查等多用于工件（毛坯）内部的质量检查，一般安排在工艺过程的开始。磁力探伤、荧光检验主要用于工件表面质量的检验，通常安排在精加工的前后进行。密封性检验、零件的平衡、零件重量检验一般安排在工艺过程的最后阶段进行。

切削加工之后，应安排去飞边处理。零件表层或内部的飞边，影响装配操作、装配质量，以至会影响整机性能，因此应给以充分重视。

工件在进入装配之前，一般都应安排清洗。工件的内孔、箱体内腔易存留切屑，清洗时要特别注意。研磨、珩磨等光整加工工序之后，砂粒易附着在工件表面上，要认真清洗，否则会加剧零件在使用中的磨损。采用磁力夹紧工件的工序（如在平面磨床上用电磁吸盘夹紧工件），工件被磁化，应安排去磁处理，并在去磁后进行清洗。

五、工序的集中与分散

同一个工件，同样的加工内容，可以安排两种不同形式的工艺规程：一种是工序集中，另一种是工序分散。所谓工序集中，是使每个工序中包括尽可能多的工步内容，因而使总的工序数目减少，夹具的数目和工件的安装次数也相应减少。所谓工序分散，是将工艺路线中的工步内容分散在更多的工序中去完成，因而每道工序的工步少，工艺路线长。

工序集中有利于保证各加工面间的相互位置精度要求，有利于采用高生产率机床，节省装夹工件的时间，减少工件的搬动次数；工序分散可使每个工序使用的设备和夹具比较简单，调整、对刀也比较容易，对操作工人的技术水平要求较低。由于工序集中和工序分散各有特点，所以在生产上都有应用。

传统的流水线、自动线生产多采用工序分散的组织形式（个别工序也有相对集中的形式，如对箱体类零件采用专用组合机床加工孔系）。这种组织形式可以实现高生产率生产，但是适应性较差，特别是那些工序相对集中、专用组合机床较多的生产线，转产比较困难。

采用数控机床（包括加工中心、柔性制造系统）以工序集中的形式组织生产，除了具有上述优点以外，生产适应性强，转产容易，特别适合于多品种、小批量生产的成组加工（详见本章第八节、第九节）。

当对零件的加工精度要求比较高时，常需要把工艺过程划分为不同的加工阶段，在这种情况下，工序必然相对比较分散。

六、加工阶段的划分

当零件的精度要求比较高时，若将加工面从毛坯面开始到最终的精加工或精密加工都集中在一个工序中连续完成，则难以保证零件的精度要求，或浪费人力、物力资源。这是因为：

1）粗加工时，切削层厚，切削热量大，无法消除因热变形带来的加工误差，也无法消除因粗加工留在工件表层的残余应力产生的加工误差。

2）后续加工容易把已加工表面划伤。

3）不利于及时发现毛坯的缺陷。若在加工最后一个表面时才发现毛坯有缺陷，则前面的加工就白白浪费了。

4）不利于合理地使用设备。把精密机床用于粗加工，会使精密机床过早地丧失精度。

5）不利于合理地使用技术工人。让高技术工人完成粗加工任务是人力资源的一种浪费。

因此，通常可将高精度零件的工艺过程划分为几个加工阶段。根据精度要求不同，可以划分为：

（1）粗加工阶段　在粗加工阶段，以高生产率去除加工面多余的金属。

（2）半精加工阶段　在半精加工阶段减小粗加工中留下的误差，使加工面达到一定的精度，为精加工做好准备。

（3）精加工阶段　在精加工阶段，应确保尺寸、形状和位置精度以及表面粗糙度达到或基本达到图样规定的要求。

（4）精密、光整加工阶段　对精度要求很高的零件，在工艺过程的最后安排珩磨或研磨、精密磨、超精加工或其他特种加工方法加工，以达到零件最终的精度要求。

高精度零件的中间热处理工序，自然地把工艺过程划分为几个加工阶段。

零件在上述各加工阶段中加工，可以保证有充足的时间消除热变形和粗加工产生的残余应力，使后续加工精度提高。另外，在粗加工阶段发现毛坯有缺陷时，就不必进行下一加工阶段的加工，避免浪费。此外还可以合理地使用设备：低精度机床用于粗加工，精密机床专门用于精加工，以保持精密机床的精度水平；合理地安排人力资源，让高技术工人专门从事精密、超精密加工，这对保证产品质量，提高工艺水平都是十分重要的。

第三节　加工余量、工序尺寸及公差的确定

一、加工余量的概念

1. 加工总余量（毛坯余量）与工序余量

毛坯尺寸与零件设计尺寸之差称为加工总余量。加工总余量的大小取决于加工过程中各个工步切除金属层厚度的大小。每一工序所切除的金属层厚度称为工序余量。加工总余量和工序余量的关系可表示为

$$Z_0 = Z_1 + Z_2 + \cdots + Z_n = \sum_{i=1}^{n} Z_i \tag{2-1}$$

式中　　Z_0——加工总余量；

　　　　Z_i——工序余量；

　　　　n——机械加工工序数目。

其中，Z_1 为第一道粗加工工序的加工余量。它与毛坯的制造精度有关，实际上是与生产类型和毛坯的制造方法有关。毛坯制造精度高（如大批大量生产的模锻毛坯），则第一道粗加工工序的加工余量小，若毛坯制造精度低（如单件小批生产的自由锻毛坯），则第一道粗加工工序的加工余量就大（具体数值可参阅有关的毛坯余量手册）。其他机械加工工序余量的大小将在本节稍后做专门分析。

工序余量还可定义为相邻两工序公称尺寸之差。按照这一定义，工序余量有单边余量和双边余量之分。零件非对称结构的非对称表面，其加工余量为单边余量（图 2-16a），可表示为

$$Z_i = l_{i-1} - l_i \tag{2-2}$$

式中　　Z_i——本道工序的工序余量；

　　　　l_i——本道工序的公称尺寸；

　　　　l_{i-1}——上道工序的公称尺寸。

零件对称结构的对称表面，其加工余量为双边余量（图 2-16b），可表示为

$$2Z_i = l_{i-1} - l_i \tag{2-3}$$

回转体表面（内、外圆柱面）的加工余量为双边余量，对于外圆表面（图 2-16c）有

$$2Z_i = d_{i-1} - d_i \tag{2-4}$$

对于内圆表面（图 2-16d）有

$$2Z_i = D_i - D_{i-1} \tag{2-5}$$

由于工序尺寸有公差，所以加工余量也必然在某一公差范围内变化。其公差大小等于本

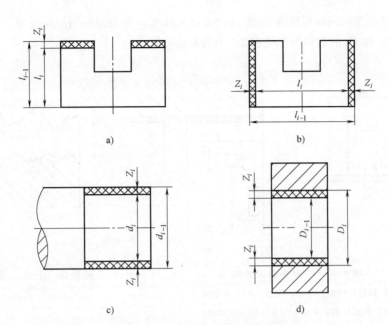

图 2-16 单边余量与双边余量

道工序的工序尺寸公差与上道工序的工序尺寸公差之和。因此，工序余量有公称余量（简称余量）、最大余量和最小余量之别，如图 2-17 所示。从图中可以知道：被包容件的余量 Z_b（本工序加工余量）包含上道工序的工序尺寸公差。余量公差可表示为

$$T_Z = Z_{max} - Z_{min} = T_b + T_a \tag{2-6}$$

式中　T_Z——工序余量公差；

　　　Z_{max}——工序最大余量；

　　　Z_{min}——工序最小余量；

　　　T_b——加工面在本道工序的工序尺寸公差；

　　　T_a——加工面在上道工序的工序尺寸公差。

一般情况下，工序尺寸的公差按"入体原则"标注，即对被包容尺寸（轴的外径，实体长、宽、高），其最大加工尺寸就是公称尺寸，上极限偏差为零。对包容尺寸（孔的直径、槽的宽度），其最小加工尺寸就是公称尺寸，下极限偏差为零。毛坯尺寸公差

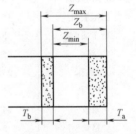

图 2-17 被包容件的加工余量及公差

按双向对称极限偏差形式标注。图 2-18a、b 分别表示了被包容件（轴）和包容件（孔）的工序尺寸、工序尺寸公差、工序余量和毛坯余量之间的关系。其中，加工面安排了粗加工、半精加工和精加工。$d_坯$（$D_坯$）、d_1（D_1）、d_2（D_2）和 d_3（D_3）分别为毛坯粗、半精、精加工工序尺寸；$T_坯/2$、T_1、T_2 和 T_3 分别为毛坯粗、半精、精加工工序尺寸公差；Z_1、Z_2 和 Z_3 分别为粗、半精、精加工工序余量，Z_0 为毛坯余量。

2. 工序余量的影响因素

工序余量的影响因素比较复杂，除前述第一道粗加工工序余量与毛坯制造精度有关以外，其他工序的工序余量主要有以下几个方面的影响因素。

（1）上工序的尺寸公差 T_a　如图 2-18 所示，本工序的加工余量包含上工序的工序尺寸公差，即本工序应切除上工序可能产生的尺寸误差。

（2）上工序产生的表面粗糙度 Rz 值（轮廓最大高度）和表面缺陷层深度 H_a（图2-19） 各种加工方法的 Rz 和 H_a 的数值可参见表2-7中的实验数据。

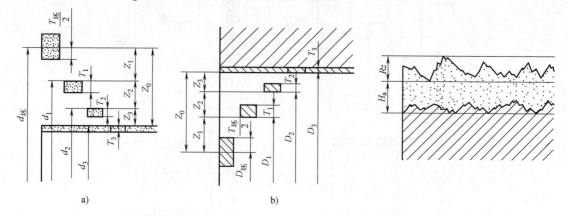

a)   b)

图2-18 工序余量示意图

a）被包容件粗、半精、精加工的工序余量

b）包容件粗、半精、精加工的工序余量

图2-19 工件表层结构示意图

表2-7 各种加工方法的表面粗糙度 Rz（轮廓最大高度）和表面缺陷层深度 H_a 的数值

（单位：μm）

加工方法	Rz	H_a	加工方法	Rz	H_a
粗车内外圆	15~100	40~60	磨端面	1.7~15	15~35
精车内外圆	5~40	30~40	磨平面	1.5~15	20~30
粗车端面	15~225	40~60	粗刨	15~100	40~50
精车端面	5~54	30~40	精刨	5~45	25~40
钻	45~225	40~60	粗插	25~100	50~60
粗扩孔	25~225	40~60	精插	5~45	35~50
精扩孔	25~100	30~40	粗铣	15~225	40~60
粗铰	25~100	25~30	精铣	5~45	25~40
精铰	8.5~25	10~20	拉	1.7~35	10~20
粗镗	25~225	30~50	切断	45~225	60
精镗	5~25	25~40	研磨	0~1.6	3~5
磨外圆	1.7~15	15~25	超精加工	0~0.8	0.2~0.3
磨内圆	1.7~15	20~30	抛光	0.06~1.6	2~5

（3）上工序留下的空间误差 e_a 这里所说的空间误差是指如图2-20所示的轴线直线度误差和表2-8所列的各种位置误差。形成上述误差的情况各异，有的可能是由上道工序加工方法带来的，有的可能是热处理后产生的，也有的可能是毛坯带来的，虽然经前面工序加工，但仍未得到完全纠正。因此，其量值大小需根据具体情况进行具体分析。有的可查表确定，有的则需抽样检查，进行统计分析。

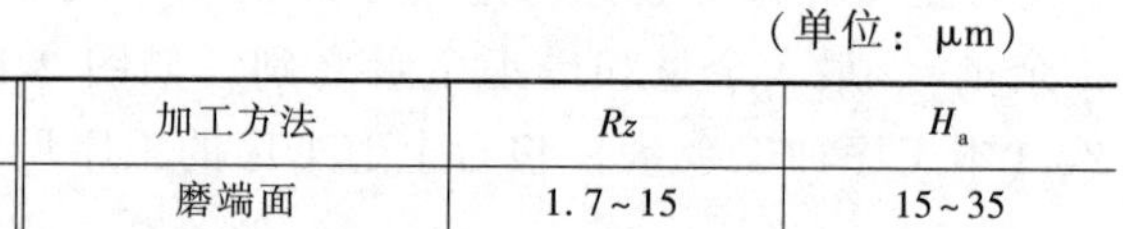

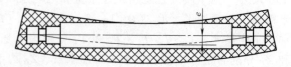

图2-20 轴线弯曲造成余量不均

表 2-8　零件各项位置精度对加工余量的影响

位置精度	简　图	加工余量	位置精度	简　图	加工余量
对称度	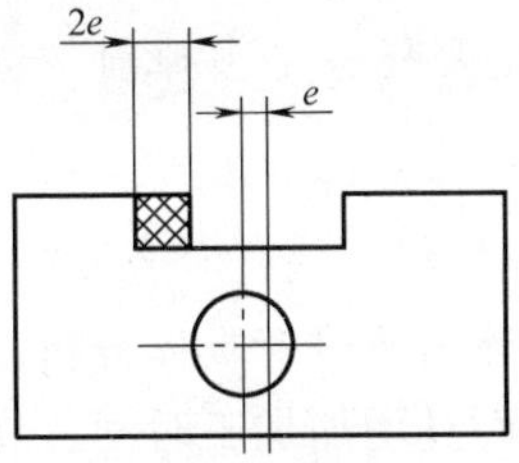	$2e$	轴线偏心 (e)	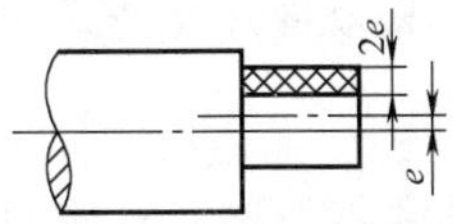	$2e$
位置度	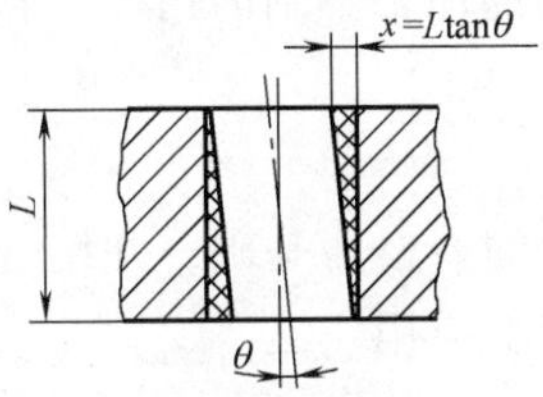 $x = L\tan\theta$	$x = L\tan\theta$	平行度 (a)	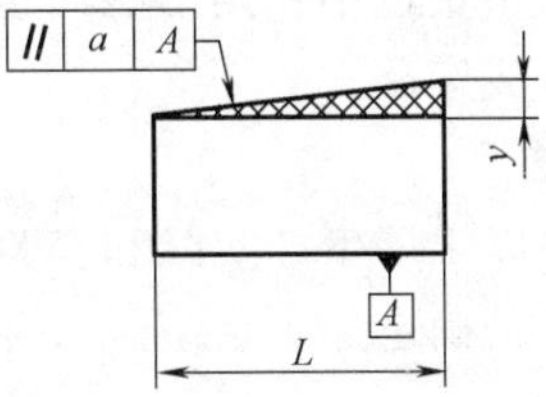	$y = a$
	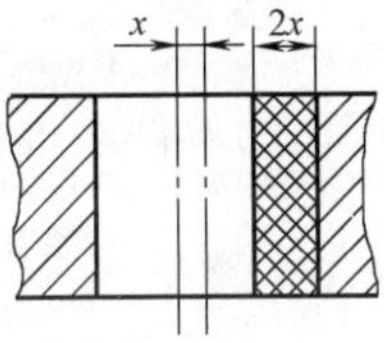	$2x$	垂直度 (b)	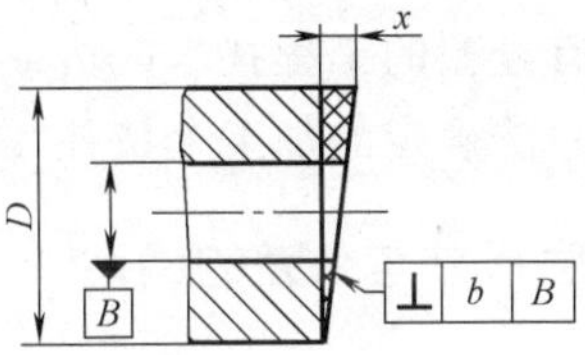	$x = b$

（4）本工序的装夹误差 ε_b　由于这项误差会直接影响加工面与切削刀具的相对位置，所以加工余量中应包括这项误差。

由于空间误差和装夹误差都是有方向的，所以要采用矢量相加的方法取矢量和的模进行余量计算。

综合上述各影响因素，可有如下余量计算公式：

1）对于单边余量

$$Z_b = T_a + Rz + H_a + \left| e_a + \varepsilon_b \right| \tag{2-7}$$

2）对于双边余量

$$Z_b = T_a/2 + Rz + H_a + \left| e_a + \varepsilon_b \right| \tag{2-8}$$

二、加工余量的确定

确定加工余量的方法有三种：计算法、查表法和经验法。

1. 计算法

在影响因素清楚的情况下，计算法比较准确。要做到对余量影响因素清楚，必须具备一定的测量手段和掌握必要的统计分析资料。只有掌握了各种误差的大小，才能进行余量的比较准确的计算。

在应用式（2-7）和式（2-8）时，要针对具体的加工方法进行简化。例如：

1）采用浮动镗刀块镗孔或采用浮动铰刀铰孔或采用拉刀拉削孔，这些加工方法不能纠正孔的位置误差，因此式（2-8）可简化为

$$Z_b = T_a/2 + H_a + Rz \tag{2-9}$$

2）无心外圆磨床磨削外圆无装夹误差，故

$$Z_b = T_a/2 + H_a + Rz + |e_a|\qquad(2\text{-}10)$$

3）研磨、珩磨、超精加工、抛光等光整加工工序，其主要任务是去掉前一道工序所留下的表面痕迹，其余量计算公式为

$$Z_b = Rz\qquad(2\text{-}11)$$

总之，计算法不能离开具体的加工方法和条件，要对具体情况进行具体分析。不准确的计算会使加工余量过大或过小。余量过大，不仅浪费材料，而且增加加工时间，增大机床和刀具的负荷；余量过小，则不能纠正上工序的误差，造成局部加工不到的情况，影响加工质量，甚至会造成废品。

2. 查表法

此法主要以工厂生产实践和实验研究积累的经验所制成的表格为基础，并结合实际加工情况加以修正，确定加工余量。这种方法方便、迅速，生产上应用广泛。

3. 经验法

由一些有经验的工程技术人员或工人根据经验确定加工余量的大小。由于主观上怕出废品，所以经验法确定的加工余量往往偏大。这种方法多在人工操作的单件小批生产中采用。

三、工序尺寸与公差的确定

生产中绝大部分加工面都是在基准重合（工艺基准和设计基准重合）的情况下进行加工的。所以，掌握基准重合情况下工序尺寸与公差的确定过程非常重要。

1）确定各加工工序的加工余量。

2）从终加工工序开始，即从设计尺寸开始，到第一道加工工序，逐次加上每道加工工序余量，可分别得到各工序公称尺寸（包括毛坯尺寸）。

3）除终加工工序以外，其他各加工工序按各自所采用加工方法的加工经济精度确定工序尺寸公差（终加工工序尺寸公差按设计要求确定）。

4）填写工序尺寸并按"入体原则"标注工序尺寸及公差。

例如，某轴直径为 $\phi50\text{mm}$，其公差等级为 IT5，表面粗糙度 Ra 值要求为 $0.04\mu\text{m}$，并要求高频感应淬火，毛坯为锻件。其工艺路线为：粗车—半精车—高频感应淬火—粗磨—精磨—研磨。现在来计算各工序的工序尺寸及公差。

先用查表法确定加工余量。由工艺手册查得：研磨余量为 0.01mm，精磨余量为 0.1mm，粗磨余量为 0.3mm，半精车余量为 1.1mm，粗车余量为 4.5mm，由式（2-1）可得加工总余量为 6.01mm，取加工总余量为 6mm，把粗车余量修正为 4.49mm。

计算各加工工序公称尺寸。研磨后工序公称尺寸为 50mm（设计尺寸）；其他各工序公称尺寸依次为

精磨	$50\text{mm} + 0.01\text{mm} = 50.01\text{mm}$
粗磨	$50.01\text{mm} + 0.1\text{mm} = 50.11\text{mm}$
半精车	$50.11\text{mm} + 0.3\text{mm} = 50.41\text{mm}$
粗车	$50.41\text{mm} + 1.1\text{mm} = 51.51\text{mm}$
毛坯	$51.51\text{mm} + 4.49\text{mm} = 56\text{mm}$

确定各工序的加工经济精度和表面粗糙度。由表 2-4 查得：研磨后为 IT5，$Ra = 0.04\mu m$（零件的设计要求）；精磨后选定为 IT6，$Ra = 0.16\mu m$；粗磨后选定为 IT8，$Ra = 1.25\mu m$；半精车后选定为 IT11，$Ra = 5\mu m$；粗车后选定为 IT13，$Ra = 16\mu m$。

根据上述加工经济精度查公差表，将查得的公差数值按"入体原则"标注在工序公称尺寸上。查工艺手册可得锻造毛坯公差为±2mm。

为清楚起见，把上述计算和查表结果汇总于表 2-9 中，供参考。

表 2-9 工序尺寸、公差、表面粗糙度及毛坯尺寸的确定

工序名称	工序间余量 /mm	工 序		工序公称尺寸 /mm	标注工序尺寸公差 /mm
		经济精度/mm	表面粗糙度 Ra 值 /μm		
研磨	0.01	h5 ($^{0}_{-0.011}$)	0.04	50	$\phi 50^{0}_{-0.011}$
精磨	0.1	h6 ($^{0}_{-0.016}$)	0.16	50+0.01 = 50.01	$\phi 50.01^{0}_{-0.016}$
粗磨	0.3	h8 ($^{0}_{-0.039}$)	1.25	50.01+0.1 = 50.11	$\phi 50.11^{0}_{-0.039}$
半精车	1.1	h11 ($^{0}_{-0.16}$)	5	50.11+0.3 = 50.41	$\phi 50.41^{0}_{-0.16}$
粗车	4.49	h13 ($^{0}_{-0.39}$)	16	50.41+1.1 = 51.51	$\phi 51.51^{0}_{-0.39}$
毛坯（锻造）		±2		51.51+4.49 = 56	$\phi 56 \pm 2$

在工艺基准无法同设计基准重合的情况下，确定了工序余量之后，需通过工艺尺寸链进行工序尺寸和公差的换算。具体换算方法将在工艺尺寸链中介绍。

第四节 工艺尺寸链

在工艺过程中，由同一零件上的与工艺相关的尺寸所形成的尺寸链称为工艺尺寸链。在工艺尺寸链中，直线尺寸链和平面尺寸链用得最多，故本节针对直线尺寸链和平面尺寸链在工艺过程中的应用和求解进行介绍。

一、直线尺寸链

在工艺尺寸链中，全部组成环平行于封闭环的尺寸链称为直线尺寸链。

1. 直线尺寸链的基本计算公式

（1）极值法计算公式

1）封闭环的公称尺寸等于各组成环公称尺寸的代数和，即

$$L_0 = \sum_{i=1}^{m} \xi_i L_i \qquad (2\text{-}12)$$

式中 L_0——封闭环的公称尺寸；

L_i——组成环的公称尺寸；

ξ_i——第 i 个组成环传递系数，对于直线尺寸链，$|\xi_i| = 1$；

m——组成环的环数。

2）封闭环的公差等于各组成环的公差之和，即

$$T_0 = \sum_{i=1}^{m} |\xi_i| T_i \tag{2-13}$$

式中　T_0——封闭环的公差；

　　　T_i——组成环的公差。

3）封闭环的上极限偏差等于所有增环的上极限偏差之和减去所有减环的下极限偏差之和，即

$$ES_0 = \sum_{p=1}^{l} ES_p - \sum_{q=l+1}^{m} EI_q \tag{2-14}$$

式中　ES_0——封闭环的上极限偏差；

　　　ES_p——增环的上极限偏差；

　　　EI_q——减环的下极限偏差；

　　　l——增环环数。

4）封闭环的下极限偏差等于所有增环的下极限偏差之和减去所有减环的上极限偏差之和，即

$$EI_0 = \sum_{p=1}^{l} EI_p - \sum_{q=l+1}^{m} ES_q \tag{2-15}$$

式中　EI_0——封闭环的下极限偏差；

　　　EI_p——增环的下极限偏差；

　　　ES_q——减环的上极限偏差。

（2）概率法计算公式

1）将极限尺寸换算成平均尺寸，即

$$L_\Delta = \frac{L_{max} + L_{min}}{2} \tag{2-16}$$

式中　L_Δ——平均尺寸；

　　　L_{max}——上极限尺寸；

　　　L_{min}——下极限尺寸。

2）将极限偏差换算成中间极限偏差，即

$$\Delta = \frac{ES + EI}{2} \tag{2-17}$$

式中　Δ——中间极限偏差；

　　　ES——上极限偏差；

　　　EI——下极限偏差。

3）封闭环中间极限偏差的平方等于各组成环中间极限偏差平方之和，即

$$T_{oq} = \sqrt{\sum_{i=1}^{m} T_i^2} \tag{2-18}$$

式中　T_{oq}——封闭环的中间极限偏差。

2. 直线尺寸链在工艺过程中的应用

（1）工艺基准和设计基准不重合时工艺尺寸的计算

1）测量基准和设计基准不重合。例如，某车床主轴箱体Ⅲ轴孔和Ⅳ轴孔的中心距为（127±0.07）mm（图2-21a），该尺寸不便直接测量，拟用游标卡尺直接测量两孔内侧或外侧母线之间的距离来间接保证中心距的尺寸要求。已知Ⅲ轴孔直径为 $\phi 80^{+0.004}_{-0.018}$ mm，Ⅳ轴孔直径为 $\phi 65^{+0.030}_{0}$ mm。现决定采用外卡尺测量两孔内侧母线之间的距离。为求得该测量尺寸，需要按尺寸链的计算步骤计算尺寸链。其尺寸链图如图2-21b所示。其中，$L_0 = (127 \pm 0.07)$ mm；$L_1 = 40^{+0.002}_{-0.009}$ mm；L_2 为待求测量尺寸；$L_3 = 32.5^{+0.015}_{0}$ mm。L_1、L_2、L_3 为增环；L_0 为封闭环。

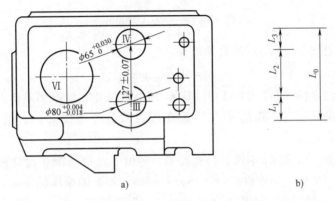

图 2-21 主轴箱体Ⅲ、Ⅳ轴孔中心距测量尺寸链

把上述已知数据代入式（2-12）、式（2-14）和式（2-15）中可得：$L_2 = 54.5^{+0.053}_{-0.061}$ mm。只要实测结果在 L_2 的公差范围之内，就一定能够保证Ⅲ轴孔和Ⅳ轴孔中心距的设计要求。

但是，按上述计算结果，若实测结果超差，却不一定都是废品。这是因为直线尺寸链的极值算法考虑的是极限情况下各环之间的尺寸联系，从保证封闭环的尺寸要求来看，这是一种保守算法，计算结果可靠。但是，正因为保守，计算中便隐含有假废品问题。如在本例中，若两孔的直径尺寸都做在公差的上限，即半径尺寸 $L_1 = 40.002$ mm，$L_3 = 32.515$ mm，则 L_2 的尺寸便允许做成 $L_2 = (54.5 - 0.087)$ mm。因为此时，$L_1 + L_2 + L_3 = 126.93$ mm，恰好是中心距设计尺寸的下极限尺寸。

生产中为了避免假废品的产生，在发现实测尺寸超差时，应实测其他组成环的实际尺寸，然后在尺寸链中重新计算封闭环的实际尺寸。若重新计算结果超出了封闭环设计要求的范围，便可确认为废品，否则仍为合格品。

由此可见，产生假废品的根本原因在于测量基准和设计基准不重合。组成环环数越多，公差范围越大，出现假废品的可能性越大。因此，在测量时应尽量使测量基准和设计基准重合。

2）定位基准和设计基准不重合。图2-22a表示了某零件高度方向的设计尺寸。生产中，按大批量生产，采用调整法加工 A、B、C 面。其工艺安排是前面工序已将 A、B 面加工好（互为基准加工），本

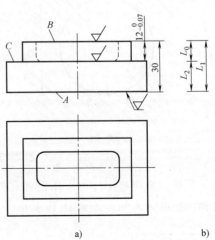

图 2-22 定位基准和设计基准不重合举例

工序以 A 面为定位基准加工 C 面。因为 C 面的设计基准是 B 面，定位基准与设计基准不重合，所以需进行尺寸换算。

所画尺寸链图如图 2-22b 所示。在这个尺寸链中，因为调整法加工可直接保证的尺寸是 L_2，所以 L_0 就只能间接保证了。L_0 是封闭环，L_1 为增环，L_2 为减环。

在设计尺寸中，L_1 未注公差（公差等级低于 IT13，允许不标注公差），L_2 需经计算才能得到。为了保证 L_0 的设计要求，首先必须将 L_0 的公差分配给 L_1 和 L_2。这里按等公差法进行分配[⊖]。令

$$T_1 = T_2 = \frac{T_{0L}}{2} = 0.035\text{mm}$$

按"入体原则"标注 L_1（或 L_2）的公差得

$$L_1 = 30_{-0.035}^{0}\text{mm}$$

由式（2-12）、式（2-14）和式（2-15）计算 L_2 的公称尺寸和极限偏差得 $L_2 = 18_{0}^{+0.035}\text{mm}$。

加工时，只要保证了 L_1 和 L_2 的尺寸都在各自的公差范围之内，就一定能满足 $L_0 = 12_{-0.070}^{0}\text{mm}$ 的设计要求。

从本例可以看出，L_1 和 L_2 本没有公差要求，但由于定位基准和设计基准不重合，就有了公差的限制，增加了加工的难度。封闭环公差越小，加工的难度就越大。本例若采用试切法，则 L_0 的尺寸可直接得到，不需要求解尺寸链。但同调整法相比，试切法生产率低。

（2）一次加工满足多个设计尺寸要求的工艺尺寸计算　一个带有键槽的内孔，其设计尺寸如图 2-23a 所示。该内孔有淬火处理的要求，因此有如下工艺安排：

1）镗内孔至 $\phi 49.8_{0}^{+0.046}\text{mm}$。

2）插键槽。

3）淬火处理。

4）磨内孔，保证内孔直径 $\phi 50_{0}^{+0.030}\text{mm}$ 并间接保证键槽深度 $53.8_{0}^{+0.30}\text{mm}$ 两个设计尺寸的要求。

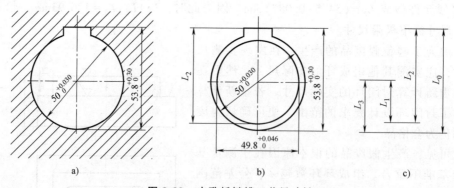

图 2-23　内孔插键槽工艺尺寸链

显然，插键槽工序可采用已镗孔的下切线为基准，用试切法保证插键槽深度。这里，插键槽深度尚为未知，需经计算求出。磨孔工序应保证磨削余量均匀（可按已镗孔找正夹

⊖ 分配封闭环公差的方法还有等精度法、概率等精度法和概率等公差法。这些方法在工艺尺寸链中都多有应用，因篇幅所限，不再列举。

紧），因此其定位基准可以认为是孔的中心线。这样，孔 $\phi 50^{+0.030}_{0}$ mm 的定位基准与设计基准重合，而键槽深度 $53.8^{+0.30}_{0}$ mm 的定位基准与设计基准不重合。因此，磨孔可直接保证孔的设计尺寸要求，而键槽深度的设计尺寸就只能间接保证了。

将有关工艺尺寸标注在图 2-23b 中，按工艺顺序画工艺尺寸链图如图 2-23c 所示。在尺寸链图中，键槽深度的设计尺寸 L_0 为封闭环，L_2 和 L_3 为增环，L_1 为减环。画尺寸链图时，先从孔的中心线（定位基准）出发，画镗孔半径 L_1，再以镗孔下母线为基准画插键槽深度 L_2，以孔中心线为基准画磨孔半径 L_3，最后用键槽深度的设计尺寸 L_0 使尺寸链封闭。其中 $L_0 = 53.8^{+0.30}_{0}$ mm，$L_1 = 24.9^{+0.023}_{0}$ mm，$L_3 = 25^{+0.015}_{0}$ mm，L_2 为待求尺寸。求解该尺寸链得 $L_2 = 53.7^{+0.285}_{+0.023}$ mm。

从本例可以看出：

1）把镗孔中心线看作是磨孔的定位基准是一种近似计算，因为磨孔和镗孔是在两次装夹下完成的，存在同轴度误差。只是，当该同轴度误差很小时，即同其他组成环的公差相比，小于一个数量级，才允许做上述近似计算。若该同轴度误差不是很小，则应将同轴度也作为一个组成环画在尺寸链图中。

设本例中磨孔和镗孔的同轴度公差为 0.05mm（工序要求），则在尺寸链中应注成：$L_4 = 0 \pm 0.025$ mm。此时的工艺尺寸链如图 2-24 所示，求解此工艺尺寸链得：$L_2 = 53.7^{+0.260}_{+0.048}$ mm。

可以看出，正是由于尺寸链中多了一个同轴度组成环，使得插键槽工序的键槽深度 L_2 的公差减小，减小的数值正好等于该同轴度公差。

此外，按设计要求，键槽深度的公差范围是 0~0.30mm，但是，插键槽工序却只允许按 0.023~0.285mm（不含同轴度公差），或 0.048~0.260mm（含同轴度公差）的公差范围来加工。究其原因，仍然是工艺基准与设计基准不重合。因此，在考虑工艺安排的时候，应尽量使工艺基准与设计基准重合，否则会增加制造难度。

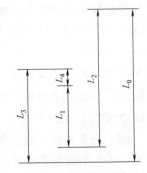

图 2-24 内孔插键槽含同轴度公差工艺尺寸链

2）正确地画出尺寸链图，并正确地判定封闭环是求解尺寸链的关键。画尺寸链图时，应按工艺顺序从第一个工艺尺寸的工艺基准出发，逐个画出全部组成环，最后用封闭环封闭尺寸链图。封闭环有如下特征：①封闭环一定是工艺过程中间接保证的尺寸。②封闭环的公差值最大，它等于各组成环公差之和。

（3）表面淬火、渗碳层深度及镀层、涂层厚度工艺尺寸链　对那些要求淬火或渗碳处理，加工精度要求又比较高的表面，常在淬火或渗碳处理之后安排磨削加工。为了保证磨后有一定厚度的淬火层或渗碳层，需要进行有关的工艺尺寸计算。

图 2-25a 所示的偏心轴零件，表面 P 的表层要求渗碳处理，渗碳层深度规

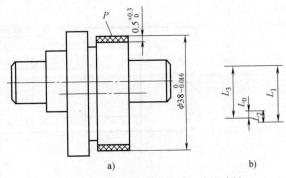

图 2-25 偏心轴渗碳磨削工艺尺寸链

55

定为 $0.5 \sim 0.8 \mathrm{mm}$，为了保证对该表面提出的加工精度和表面粗糙度要求，其工艺安排如下：

1）精车 P 面，保证尺寸 $\phi 38.4_{-0.1}^{0} \mathrm{mm}$。

2）渗碳处理，控制渗碳层深度。

3）精磨 P 面，保证尺寸 $\phi 38_{-0.016}^{0} \mathrm{mm}$，同时间接保证渗碳层深度 $0.5 \sim 0.8 \mathrm{mm}$。

根据上述工艺安排，画出工艺尺寸链图如图 2-25b 所示。因为磨后渗碳层深度为间接保证的尺寸，所以是尺寸链的封闭环，用 L_0 表示。L_2、L_3 为增环，L_1 为减环。各环尺寸：$L_0 = 0.5_0^{+0.3} \mathrm{mm}$；$L_1 = 19.2_{-0.05}^{0} \mathrm{mm}$；$L_2$ 为磨前渗碳层深度（待求）；$L_3 = 19_{-0.008}^{0} \mathrm{mm}$。求解该尺寸链得 $L_2 = 0.7_{+0.008}^{+0.25} \mathrm{mm}$。

从这个例子可以看出，这类问题的分析和前述一次加工满足多个设计尺寸要求的分析类似。在精磨 P 面时，P 面的设计基准和工艺基准都是轴线，而渗碳层深度 L_0 的设计基准是磨后 P 面的外圆母线，设计基准与定位基准不重合，才有了上述工艺尺寸计算问题。

有的零件表层要求涂（或镀）一层耐磨或装饰材料，涂（或镀）后不再加工，但有一定精度要求。例如，图 2-26a 所示轴套类零件的外表面要求镀铬，镀层厚度规定为 $0.025 \sim 0.04 \mathrm{mm}$，镀后不再加工，并且外径尺寸为 $\phi 28_{-0.045}^{0} \mathrm{mm}$。这样，镀层厚度和外径尺寸公差要求只能通过控制电

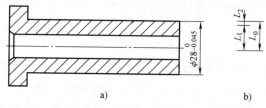

图 2-26 轴套镀铬工艺尺寸链

镀时间来保证，其工艺尺寸链如图 2-26b 所示。其中，L_0（轴套半径）是封闭环，L_1 和 L_2 都是增环，各环的尺寸是：$L_0 = 14_{-0.0225}^{0} \mathrm{mm}$，$L_1$ 是镀前磨削工序的工序尺寸（待求），$L_2 = 0.025_0^{+0.015} \mathrm{mm}$。求解该尺寸链得：$L_1 = 13.975_{-0.0225}^{-0.015} \mathrm{mm}$。于是镀前磨削工序的工序尺寸可注成 $\phi 27.95_{-0.045}^{-0.03} \mathrm{mm}$。

（4）余量校核 在工艺过程中，加工余量过大会影响生产率，浪费材料，并且对精加工工序还会影响加工质量。但是，加工余量也不能过小，过小则有可能造成零件表面局部加工不到，产生废品。因此，校核加工余量，对加工余量进行必要的调整是制定工艺规程不可缺少的工艺工作。

例如，在图 2-27a 所示的零件中，其轴向尺寸 $(30 \pm 0.02) \mathrm{mm}$ 的工艺安排为：

1）精车 A 面，自 B 处切断，保证两端面距离尺寸 $L_1 = (31 \pm 0.1) \mathrm{mm}$。

2）以 A 面定位，精车 B 面，保证两端面距离尺寸 $L_2 = (30.4 \pm 0.05) \mathrm{mm}$，精车余量为 Z_2。

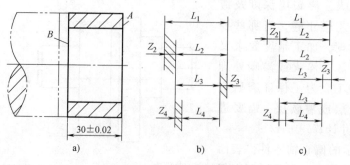

图 2-27 加工余量校核举例

3）以 B 面定位磨 A 面，保证两端面距离尺寸 $L_3 = (30.15 \pm 0.02)$ mm，磨削余量为 Z_3。

4）以 A 面定位磨 B 面，保证最终轴向尺寸 $L_4 = (30 \pm 0.02)$ mm，磨削余量为 Z_4。

现在对上述工艺安排中的 Z_2、Z_3 和 Z_4 进行余量校核。先按上述工艺顺序，将有关工艺尺寸（含余量）画在图 2-27b 中，再将其分解为三个公称尺寸链（图 2-27c）。在公称尺寸链中，加工余量只能通过测量加工前和加工后的实际尺寸间接求出，因此是封闭环。

在以 Z_2 为封闭环的尺寸链中，可求出 $Z_2 = (0.6 \pm 0.15)$ mm；在以 Z_3 为封闭环的尺寸链中，可求出 $Z_3 = (0.25 \pm 0.07)$ mm；在以 Z_4 为封闭环的尺寸链中，可求出 $Z_4 = (0.15 \pm 0.04)$ mm。

从计算结果可知，磨削余量偏大，应该进行适当的调整。余量调整的主要依据是各工序（特别是重点工序）的加工经济精度、工人的操作水平以及现场测量条件等。调整结果如下：

在图 2-27b 中，令 $Z_4 = (0.1 \pm 0.04)$ mm，则在含 Z_4 的公称尺寸链中可求得 $L_3 = (30.1 \pm 0.02)$ mm。Z_3 与前工序精车的加工经济精度有关，暂令精车后的尺寸为 $L_2 = (30.25 \pm 0.05)$ mm，可求得 $Z_3 = (0.15 \pm 0.07)$ mm。令 Z_2 不变，于是在含 Z_2 的公称尺寸链中可求得 L_1 的工序尺寸为 $L_1 = (30.85 \pm 0.1)$ mm，或写成 $L_1 = 30.8^{+0.15}_{-0.05}$ mm。

经上述调整后，加工余量的大小相对合理一些，由此可见，余量调整是一项重要而又细致的工作，常需要反复进行。

3. 工序尺寸与加工余量计算图表法

当零件在同一方向上加工尺寸较多，并需多次转换工艺基准时，建立工艺尺寸链，进行余量校核都会遇到困难，并且容易出现错误。图表法能准确地查找出全部工艺尺寸链，并且能把一个复杂的工艺过程用箭头直观地在表内表示出来，列出有关计算结果。因此该法清晰、明了、信息量大。下面结合一个具体的例子介绍这种方法。

加工图 2-28 所示零件，其轴向有关表面的工艺安排如下：

1）轴向以 D 面定位粗车 A 面，又以 A 面为基准（测量基准）粗车 C 面，保证工序尺寸 L_1 和 L_2（图 2-29）。

2）轴向以 A 面定位，粗车和精车 B 面，保证工序尺寸 L_3；粗车 D 面，保证工序尺寸 L_4。

3）轴向以 B 面定位，精车 A 面，保证工序尺寸 L_5；精车 C 面，保证工序尺寸 L_6。

4）用靠火花磨削法磨 B 面，控制磨削余量 Z_7。

从上述工艺安排可知，A、B、C 面各经过两次加工，都经过了基准转换。要正确得出各个表面在每次加工中的余量和余量变动范围，以及计算工序尺寸和公差都不是很容易的。图 2-29 给出了用图表法计算的结果。其作图和计算过程如下：

（1）绘制加工过程尺寸联系图 按适当比例将工件简图绘于图表左上方，标注出与计算有关的轴向设计尺寸。从与计算有关的各个端面向下（向表内）引竖线，每条竖线代表不同加工阶段中有余量差别的不同加工面。在表的左边，按加工过程从上到下，严格地排出加工顺序；在表的右边列出需要计算的项目。

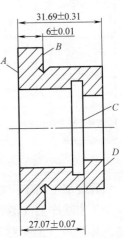

图 2-28 某轴套零件的轴向尺寸

58

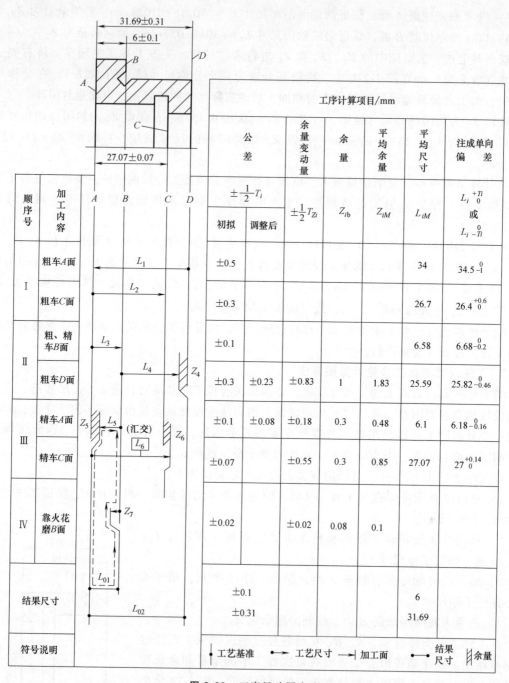

图 2-29 工序尺寸图表法

然后按加工顺序，在对应的加工阶段画出规定的加工符号：箭头指向加工面；箭尾用圆点画在工艺基准上（测量基准或定位基准）；加工余量用带剖面线的符号示意，并画在加工区"入体"位置上；对于加工过程中间接保证的设计尺寸（称结果尺寸，即尺寸链的封闭环）注在其他工艺尺寸的下方，其两端均用圆点标出（图表中的 L_{01} 和 L_{02}）；对于工艺基准和设计基准重合，不需要进行工艺尺寸换算的设计尺寸，用方框框出（图表中的 L_6）。

把上述作图过程归纳为几条规定：①加工顺序不能颠倒，与计算有关的加工内容不能遗漏。②箭头要指向加工面，箭尾圆点落在工艺基准上。③加工余量按"入体"位置示意，被余量隔开的上方竖线为加工前的待加工表面。这些规定不能违反，否则计算将会出错。按上述作图过程绘制的图形称为尺寸联系图。

（2）工艺尺寸链查找　在尺寸联系图中，从结果尺寸的两端出发向上查找，遇到圆点（工艺基准面）不拐弯继续往上查找，遇到箭头拐弯，逆箭头方向水平找工艺基准面，直至两条查找路线汇交为止。查找路线路径的尺寸是组成环，结果尺寸是封闭环。

这样，在图 2-29 中，沿结果尺寸 L_{01} 两端向上查找，可得到由 L_{01}、Z_7 和 L_5 组成的一个工艺尺寸链（图中用带箭头的虚线示出）。在该尺寸链中，结果尺寸 L_{01} 是封闭环，Z_7 和 L_5 是组成环（图 2-30a）。沿结果尺寸 L_{02} 两端向上查找，可得到由 L_{02}、L_4 和 L_5 组成的另一个工艺尺寸链，L_{02} 是封闭环，L_4 和 L_5 是组成环（图 2-30b）。

除 Z_7（靠火花磨削余量）以外，沿 Z_4、Z_5、Z_6 两端分别往上查找，可得到如图 2-30c、d、e 所示的三个以加工余量为封闭环的工艺尺寸链。

因为靠火花磨削是操作者根据磨削火花的大小，凭借经验直接磨去一定厚度的金属，磨掉金属的多少与前道工序和本道工序的工序尺寸无关。所以靠火花磨削余量 Z_7 在由 L_{01}、Z_7 和 L_5 组成的工艺尺寸链中是组成环，而不是封闭环。

（3）计算项目栏的填写　图 2-29 所示的右边列出了一些计算项目的表格，该表格是为计算有关工艺尺寸而专门设计的，其填写过程如下：

1）初步选定工序公差 T_i，必要时可做适当调整。确定工序余量 Z_{ib}。

2）根据工序公差计算余量变动量 T_{Zi}。

3）根据工序余量和余量变动量，计算平均余量 Z_{iM}。

4）根据平均余量计算平均工序尺寸。

5）将平均工序尺寸和平均公差改注成公称尺寸和上、下极限偏差的形式。

下面对填写时可能会遇到的几方面问题做一说明。

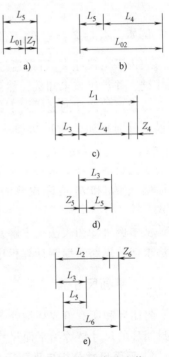

图 2-30　按图表法查找的工艺尺寸链

在确定工序公差时，若工序尺寸就是设计尺寸，则该工序公差取图样标注的公差（图 2-29 中工序尺寸 L_6），对中间工序尺寸（图 2-29 中的 L_1、L_2、L_3、L_4、L_5、Z_7）的公差，可按加工经济精度或根据实际经验初步拟定，靠磨余量 Z_7 的公差，取决于操作者的技术水平，本例中取 $Z_7 = (0.1 \pm 0.02)$ mm。将初拟公差填入工序尺寸公差初拟项中。

将初拟工序尺寸公差代入结果尺寸链中（图 2-30a、b），当全部组成环公差之和小于或等于图样规定的结果尺寸的公差（封闭环的公差）时，则初拟公差可以肯定下来，否则需对初拟公差进行修正。修正的原则之一是首先考虑缩小公共环的公差；原则之二是考虑实际加工可能性，优先缩小那些不会给加工带来很大困难的组成环的公差。修正的依据仍然是使全部组成环公差之和等于或小于图样给定的结果尺寸的公差。

59

在图 2-30a、b 所示的尺寸链中，按初拟工序公差验算，结果尺寸 L_{01} 和 L_{02} 均超差。考虑到 L_5 是两个尺寸链的公共环，先缩小 L_5 的公差至 ±0.08mm，并将压缩后的公差分别代入两个尺寸链中重新验算，L_{01} 不超差，L_{02} 仍超差。在 L_{02} 所在的尺寸链中，考虑到缩小 L_4 的公差不会给加工带来很大困难，故将 L_4 的公差缩小至 ±0.23mm，再将其代入 L_{02} 所在的尺寸链中验算，不超差。于是，各工序尺寸公差便可以确定下来，并填入"调整后"一栏中去。

本工序加工余量 Z_{ib}，通常是根据手册和现有资料并结合实际经验修正确定的。

表内余量变动量一项，是由余量所在的尺寸链，根据式（2-13）计算求得。例如，在图 2-30c 所示的尺寸链中

$$T_{Z4} = T_1 + T_3 + T_4 = \pm(0.5 + 0.1 + 0.23)\,\text{mm} = \pm 0.83\,\text{mm}$$

表内平均余量一项是按下式求出的，即

$$Z_{iM} = Z_{ib} + \frac{1}{2}T_{Zi}$$

例如，$Z_{5M} = Z_{5b} + \dfrac{1}{2}T_{Z5} = (0.3 + 0.18)\,\text{mm} = 0.48\,\text{mm}$。

表内平均尺寸 L_{iM} 可以通过尺寸链计算得到。在各尺寸链中，先找出只有一个未知数的尺寸链，并求出该未知数，然后逐个将所有未知尺寸求解出来。亦可利用工艺尺寸联系图，沿着拟求尺寸两端的竖线向下找后面工序与其有关的工序尺寸和平均加工余量，再将这些工序尺寸分别和加工余量相加或相减，求出拟求工序尺寸。例如，在图 2-29 中，平均尺寸 $L_{3M} = L_{5M} + Z_{5M}$，$L_{5M} = L_{01M} + Z_{7M}$，$L_{2M} = L_{6M} + Z_{5M} - Z_{6M}$ 等。

表内最后一项要求将平均工序尺寸改注成公称尺寸和上、下极限偏差的形式。按"入体原则"，L_2 和 L_6 应注成单向正极限偏差形式，L_1、L_3、L_4 和 L_5 应注成单向负极限偏差形式。

从本例可知图表法是求解复杂工艺尺寸的有效工具，但其求解过程仍然十分烦琐。按图表法求解的思路，编制计算程序，用计算机求解，可以保证计算准确，节省计算时间。

二、平面尺寸链

封闭环和所有组成环均处于同一平面或几个互相平行的平面内，其中某些组成环不平行于封闭环的尺寸链称为平面尺寸链。

1. 平面尺寸分析与平面尺寸链的计算

用坐标镗床或数控镗铣床加工模板、模具或箱体孔系，常需处理平面尺寸链问题。模板、模具或箱体上孔的位置尺寸有如下四种标注方法：①直接标注坐标尺寸（图 2-31a 中 O_1 孔的坐标尺寸 $X_1 \pm T_{X1}/2$、$Y_1 \pm T_{Y1}/2$）。②标注两孔中心距和中心连线与坐标轴之间的夹角（图 2-31a 中 O_2 孔的位置尺寸 $L \pm T_L/2$ 和 α）。③标注两孔中心距和一个坐标尺寸（图 2-31b 中 O_2 孔的位置尺寸 $L \pm T_L/2$ 和 L_X）。④标注两个中心距（图 2-31b 中 O_3 孔的位置尺寸 $A \pm T_A/2$ 和 $B \pm T_B/2$）。对于用第一种标注方法标注的孔，可在坐标镗床上直接按两个坐标尺寸加工或在数控镗铣床上直接按两个坐标尺寸编程；对于用第二种或第三种标注方法标注的孔，则应将中心距换算成坐标尺寸后，再用坐标镗床或数控镗铣床加工。在这里，中心距与中心距在坐标轴上的投影构成一个平面尺寸链（图 2-31c）。在该平面尺寸链中，中心距 L 是间接得到的尺寸，是封闭环。中心距 L 在坐标轴上的投影 L_X、L_Y 是组成环。

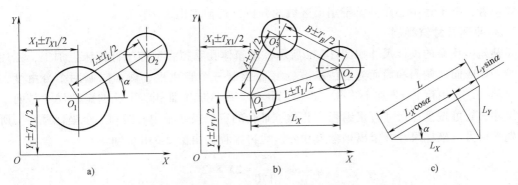

图 2-31 箱体孔隙尺寸的标注方法

a) O_1 孔的坐标尺寸注法和 O_2 孔的位置尺寸注法 1 b) O_2 孔的位置尺寸注法 2

和 O_3 孔的位置尺寸注法 c) O_2 孔的位置尺寸链

可以看出

$$L_X = L\cos\alpha, \quad L_Y = L\sin\alpha \tag{2-19}$$

$$L = L_X\cos\alpha + L_Y\sin\alpha \tag{2-20}$$

封闭环的公差带为一矩形区域（图 2-32a），得

$$T_L = T_{LX}\cos\alpha + T_{LY}\sin\alpha \tag{2-21}$$

其中

$$T_{LX} = T_L\cos\alpha, \quad T_{LY} = T_L\sin\alpha \tag{2-22}$$

式（2-21）和式（2-22）分别表示了封闭环（中心距）和组成环（中心距在坐标轴上的投影）之间的公差关系。当已知组成环公差 T_{LX}、T_{LY}，用式（2-21）可求出封闭环的公差 T_L。当已知封闭环公差，用式（2-22）可求出组成环的公差。可以看出，只要坐标尺寸 L_X、L_Y 在各自的公差范围之内变动，中心距尺寸 L（封闭环）就不会超出设计要求的公差。

在第二种标注方法中，如果设计上既对中心距提出公差要求，也对中心连线和坐标轴之间的夹角提出公差要求，则孔的位置公差带为一扇形区域（图 2-32b）。此时若仍用坐标镗床或数控镗铣床进行加工，其坐标尺寸公差只能求出近似值。当中心距和中心连线与坐标轴之间夹角的精度要求比较高时，可采用带有分度装置的机床，通过分度装置来保证夹角公差要求，同时变中心距为坐标尺寸，从而就直接保证了中心距的尺寸公差要求。

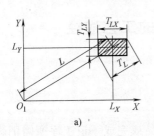 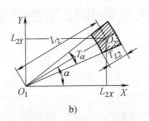 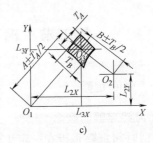

图 2-32 平面尺寸链公差带图

在上述孔的位置尺寸的第四种标注方法中，如果两个中心距之一有公差要求，则仍可按上述中心距公差带矩形区域的分析，求出坐标尺寸公差。如果两个中心距都有公差要求，则孔的位置公差带为圆曲线围成的四边形（图 2-32c），其坐标尺寸公差可按两中心矩中公差

值较小者，按上述中心距公差带矩形区域的分析，近似求出。

2. 平面尺寸链举例

某箱体孔系的设计尺寸如图 2-33a 所示。该箱体孔系拟在数控坐标镗床上加工，工序安排为：以底面、侧面和后面为定位基准（底面限制三个自由度，侧面限制两个自由度，后面限制一个自由度），先加工Ⅰ孔，再加工Ⅱ孔，最后加工Ⅲ孔。Ⅰ孔的定位尺寸是两个坐标尺寸，故可按坐标尺寸直接编程。Ⅱ孔、Ⅲ孔的定位尺寸是中心距和一个坐标尺寸，所以要先求出另一坐标尺寸并求出坐标尺寸公差后再编程。由图 2-33b 可知

$$\alpha = \cos^{-1}\frac{153}{170} = 25.842°$$

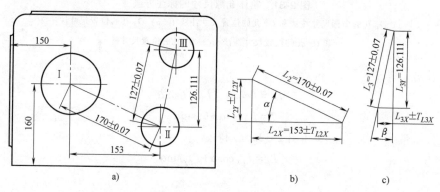

图 2-33　平面尺寸链举例

$$L_{2Y} = L_2 \sin\alpha = 74.1\text{mm}$$

$$T_{L2X} = T_{L2} \cos\alpha = \pm 0.063\text{mm}$$

$$T_{L2Y} = T_{L2} \sin\alpha = \pm 0.031\text{mm}$$

由图 2-33c 可知

$$\beta = \arccos\frac{126.111}{127} = 6.783°$$

$$L_{3X} = L_3 \sin\beta = 15\text{mm}$$

$$T_{L3X} = T_{L3} \sin\beta = \pm 0.008\text{mm}$$

$$T_{L3Y} = T_{L3} \cos\beta = \pm 0.069\text{mm}$$

第五节　时间定额和提高生产率的工艺途径

一、时间定额

1. 时间定额的概念

所谓时间定额是指在一定生产条件下，规定生产一件产品或完成一道工序所需消耗的时间。它是安排作业计划、进行成本核算、确定设备数量、人员编制以及规划生产面积的重要根据。因此，时间定额是工艺规程的重要组成部分。

时间定额定得过紧，容易诱发忽视产品质量的倾向，或者会影响工人的工作积极性和创造性。时间定额定得过松就起不到指导生产和促进生产发展的积极作用。因此合理地制定时

间定额对保证产品质量、提高劳动生产率和降低生产成本都是十分重要的。

2. 时间定额的组成

（1）基本时间 $t_{基}$　直接改变生产对象的尺寸、形状、相对位置，以及表面状态或材料性质等的工艺过程所消耗的时间，称为基本时间。

对于切削加工来说，基本时间是切去金属所消耗的机动时间。机动时间可通过计算的方法来确定。不同的加工面，不同的刀具或不同的加工方式、方法，其计算公式不完全一样。但是计算公式中一般都包括切入、切削加工和切出时间。例如，图 2-34 所示的车削加工，其基本时间的计算公式为

$$t_{基} = \frac{l+l_1+l_2}{fn} i \qquad (2-23)$$

$$i = \frac{Z}{a_p}, \quad n = \frac{1000v}{\pi D}$$

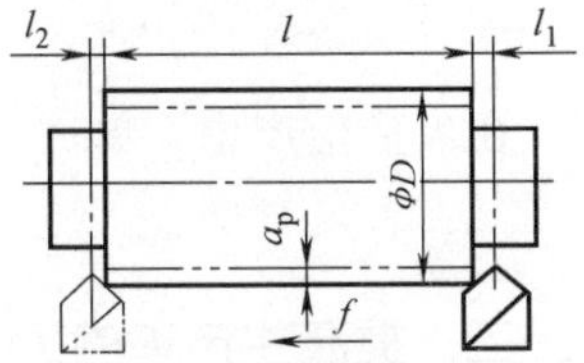

图 2-34　计算基本时间举例

式中　l——加工长度（mm）；

　　l_1——刀具的切入长度（mm）；

　　l_2——刀具的切出长度（mm）；

　　i——进给次数；

　　Z——加工余量（mm）；

　　a_p——背吃刀量（mm）；

　　f——进给量（mm/r）；

　　n——机床主轴转速（r/min）；

　　v——切削速度（m/min）；

　　D——加工直径（mm）。

各种不同情况下机动时间的计算公式可参考有关手册，针对具体情况予以确定。

（2）辅助时间 $t_{辅}$　为实现工艺过程而必须进行的各种辅助动作所消耗的时间，称为辅助时间。这里所说的辅助动作包括：装、卸工件，开动和停止机床，改变切削用量，测量工件尺寸以及进刀和退刀动作等。若这些动作由数控系统控制机床自动完成，则辅助时间可与基本时间一起，通过程序的运行精确得到。若这些动作由人工操作完成，辅助时间确定的方法主要有两种：①在大批量生产中，可先将各辅助动作分解，然后查表确定各分解动作所消耗的时间，并进行累加。②在中小批生产中，可按基本时间的百分比进行估算，并在实际中修改百分比，使之趋于合理。

上述基本时间和辅助时间的总和称为操作时间。

（3）布置工作地时间 $t_{布置}$　为使加工正常进行，工人照管工作地（如更换刀具、润滑机床、清理切屑、收拾工具等）所消耗的时间，称为布置工作地时间，又称为工作地点服务时间。该时间一般按操作时间的 2%～7% 来计算。

（4）休息和生理需要时间 $t_{休}$　工人在工作班内，为恢复体力和满足生理需要所消耗的时间，称为休息和生理需要时间。该时间一般按操作时间的 2% 来计算。

（5）准备与终结时间 $t_{准终}$　工人为了生产一批产品和零、部件，进行准备和结束工作

所消耗的时间，称为准备与终结时间。这里所说的准备和结束工作包括：在加工进行前熟悉工艺文件、领取毛坯、安装刀具和夹具、调整机床和刀具等必须准备的工作，加工一批工件终了后需要拆下和归还工艺装备，发送成品等结束工作。如果一批工件的数量为 n，则每个零件所分摊的准备与终结时间为 $t_{准终}/n$。可以看出，当 n 很大时，$t_{准终}/n$ 就可忽略不计。

3. 单件时间和单件工时定额计算公式

（1）单件时间　单件时间的计算公式为

$$T_{单件} = t_{基} + t_{辅} + t_{布置} + t_{休} \tag{2-24}$$

（2）单件工时定额　单件工时定额的计算公式为

$$T_{定额} = T_{单件} + t_{准终}/n \tag{2-25}$$

在大量生产中，单件工时定额可忽略 $t_{准终}/n$，即

$$T_{定额} = T_{单件}$$

二、提高生产率的工艺途径

在机械制造范围内，围绕提高生产率开展的科学研究、技术革新和技术改造活动一直很活跃，并取得了大量成果，推动了机械制造业的不断发展，使得机械制造业的面貌不断地发生新的变化。

研究如何提高生产率，实际上就是研究怎样才能减少工时定额。因此，可以从时间定额的组成中寻求提高生产率的工艺途径。

1. 缩短基本时间

（1）提高切削用量，缩短基本时间　提高切削用量的主要途径是进行新型刀具材料的研究与开发。

刀具材料经历了碳素工具钢—高速钢—硬质合金等几个发展阶段。在每一个发展阶段中，都伴随着生产率的大幅度提高。就切削速度而言，在 18 世纪末到 19 世纪初的碳素工具钢时代，切削速度仅为 $6\sim12\text{m/min}$。20 世纪初出现了高速钢刀具，使得切削速度提高了 $2\sim4$ 倍。第二次世界大战以后，硬质合金刀具的切削速度又在高速钢刀具的基础上提高了 $2\sim5$ 倍。可以看出，新型刀具材料的出现，使得机械制造业发生了阶段性的变化，一方面，生产率达到了一个新的高度，另一方面，原以为不能加工或不可加工的材料，可以加工了。

近代出现的立方氮化硼和人造金刚石等新型刀具材料，使刀具切削速度高达 $600\sim1200\text{m/min}$。这里需要说明两点：①随着新型刀具材料的出现，有许多新的工艺性问题需要研究，如刀具如何成形、刀具成形后如何刃磨等。②随着切削速度的提高，必须有相应的机床设备与之配套，如提高机床主轴转速、增大机床的功率和提高机床的制造精度等。

在磨削加工方面，高速磨削、强力磨削和砂带磨的研究成果，使得生产率有了大幅度提高。高速磨削的砂轮速度已高达 $80\sim125\text{m/s}$（普通磨削的砂轮速度仅为 $30\sim35\text{m/s}$）；缓进给强力磨削的磨削深度达 $6\sim12\text{mm}$；砂带磨同铣削加工相比，切除同样金属余量的加工时间仅为铣削加工的 $1/10$。

缩短基本时间还可在刀具结构和刀具的几何参数方面进行深入研究，如群钻在提高生产率方面的作用就是典型的例子。

（2）采用复合工步缩短基本时间　复合工步能使几个加工面的基本时间重叠，节省基本时间。

1）多刀单件加工。在各类机床上采用多刀加工的例子很多，图2-35所示为在卧式车床上安装多刀刀架实现多刀加工的例子。图2-36所示为在组合钻床上采用多把孔加工刀具，同时对箱体零件的孔系进行加工。图2-37所示为在铣床上应用多把铣刀同时加工零件上的不同表面。图2-38所示为在磨床上采用多个砂轮同时对零件上的几个表面进行磨削加工。

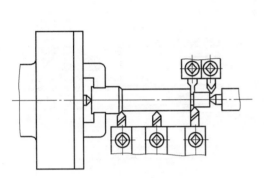

图2-35 多刀车削加工

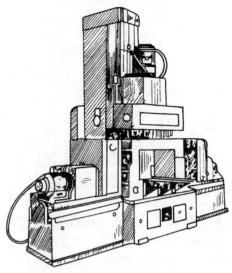

图2-36 在专用多轴组合钻床上钻孔

2）单刀多件或多刀多件加工。将工件串联装夹或并联装夹进行多件加工，可有效地缩短基本时间。

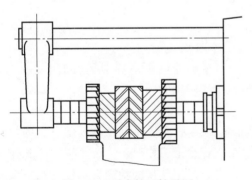

图2-37 组合铣刀铣平面

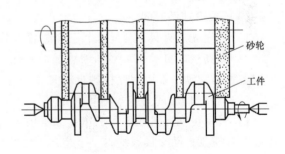

图2-38 曲轴多砂轮磨削

串联加工可节省切入和切出时间。例如，图2-39所示为在滚齿机上同时装夹两个齿轮进行滚齿加工。显然，同加工单个齿轮相比，其切入和切出时间减少一半。在车床、铣床、刨床以及平面磨床等其他机床上采用多件串联加工都能明显减少切入和切出时间，提高生产效率。

并联加工是将几个相同的零件平行排列、装夹，一次进给同时对一个表面或几个表面进行加工。图2-40所示为在铣床上采用并联加工方法同时对三个零件加工的例子。

有串联亦有并联的加工称为串并联加工。图2-41a所示为在立轴平面磨床上采用串并联加工方法，对43个零件进行加工的例子。图2-41b所示为在立式铣床上采用串并联加工方法对两种不同的零件进行加工的例子。

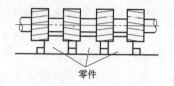

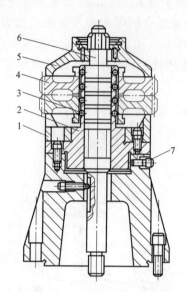

图 2-39 两个齿轮串联装夹加工

1—定位支座　2—心轴　3—滚珠　4—工件

5—压板　6—拉杆　7—调整螺钉

图 2-40 并联加工

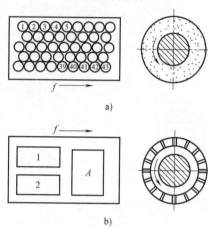

图 2-41 串并联加工

2. 减少辅助时间和使辅助时间与基本时间重叠

在单件时间中，辅助时间所占比例一般都比较大，特别是在大幅度提高切削用量之后，基本时间显著减少，辅助时间所占的比例更大。因此，不能忽视辅助时间对生产率的影响。可以采取措施直接减少辅助时间，或使辅助时间与基本时间重叠来提高生产率。

（1）减少辅助时间

1）采用先进夹具和自动上、下料装置，减少装、卸工件的时间。

2）提高机床自动化水平，缩短辅助时间。例如，在数控机床（特别是加工中心）上，前述各种辅助动作都由程序控制自动完成，有效地减少了辅助时间。

（2）使辅助时间与基本时间重叠

1）采用可换夹具或可换工作台，使装夹工件的时间与基本时间重叠。例如，有的加工中心配有托盘自动交换系统，一个装有工件的托盘在工作台上工作时，另一个则位于工作台外装、卸工件。再如，在卧式车床、磨床或齿轮机床上，采用几根心轴交替工作，当一根装好工件的心轴在机床上工作时，可在机床外对另外一根心轴装夹工件。

2）采用转位夹具或转位工作台，可在加工中完成工件的装卸。例如，在图 2-42a 中，Ⅰ工位为加工工位，Ⅱ工位为装卸工件工位，可实现在Ⅰ工位加工的同时对Ⅱ工位装卸工件，使装卸工件的时间与基本时间重叠。又如，在图 2-42b 中，Ⅰ工位用于装夹工件，Ⅱ工位和Ⅲ工位用于加工工件的四个表面，Ⅳ工位为卸工件，也可以同时实现加工与装卸工件。

3）用回转夹具或回转工作台进行连续加工。在各种连续加工方式中都有加工区和装卸工件区，装卸工件的工作全部在连续加工过程中进行。例如，图 2-43 所示为在双轴立式铣床上采用连续加工方式进行粗铣和精铣，在装卸区及时装卸工件，在加工区不停顿地进行加工。

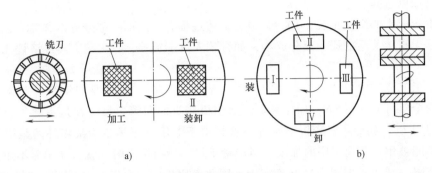

图 2-42 转位加工

4）采用带反馈装置的闭环控制系统来控制加工过程中的尺寸，使测量与调整都在加工过程中自动完成。常用的测量器件有光栅、磁尺、感应同步器、脉冲编码器和激光位移器等。

3. 减少布置工作地时间

在减少对刀和换刀时间方面采取措施，以减少布置工作地时间。例如，采用高度对刀块、对刀样板或对刀样件对刀，使用微调机构调整刀具的进刀位置以及使用对刀仪对刀等。

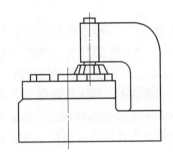

减少换刀时间的另一重要途径是研制新型刀具，提高刀具的使用寿命。例如，在车、铣加工中广泛采用高耐磨性的机夹可转位硬质合金刀片和陶瓷刀片，以减少换刀次数，节省换刀时间。

4. 减少准备与终结时间

在中小批生产的工时定额中，准备与终结时间占有较大比例，应给予充分注意。实际上，准备与终结时间的多

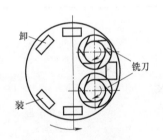

图 2-43 立铣连续加工

少，与工艺文件是否详尽清楚、工艺装备是否齐全、安装与调整是否方便等有关。采用成组工艺和成组夹具可明显缩短准备与终结时间，提高生产率（见本章第九节和第三章第五节）。在数控工序中，全部工序内容应详尽清楚，这样可以减少编程错误，缩短编写程序和调试程序的时间（见本章第八节）。程序经运行通过后，应附以详细说明，以方便工人阅读，从而缩短加工前的准备时间。

第六节 工艺方案的比较与技术经济指标

通常有两种方法来分析工艺方案的技术经济问题，其一是对同一加工对象的几种工艺方案进行比较；其二是计算一些技术经济指标，再加以分析。

一、工艺方案的比较

当用于同一加工内容的几种工艺方案均能保证所要求的质量和生产率指标时，一般可通

过经济评比加以选择。

零件生产成本的组成见表 2-10。其中与工艺过程有关的那一部分成本称为工艺成本，而与工艺过程无直接关系的那一部分成本，如行政人员工资等，在工艺方案经济评比中可不予考虑。

在全年工艺成本中包含两种类型的费用，见式（2-26），一种是与年产量 N 同步增长的费用，称为全年可变费用 VN，如材料费、通用机床折旧费等；另一种是不随年产量变化的全年不变费用 C_n，如专用机床折旧费等。这是由于专用机床是专为某零件的某道加工工序所用，它不能被用于其他工序的加工，当产量不足，负荷不满时，就只能闲置不用。由于设备的折旧年限（或年折旧费用）是确定的，因此专用机床的全年费用不随年产量变化。

零件（或工序）的全年工艺成本 S_n 为

$$S_n = VN + C_n \tag{2-26}$$

式中　V——每件零件的可变费用（元/件）；

　　　N——零件的年产量（年生产纲领）（件）；

　　　C_n——全年的不变费用（元）。

图 2-44a 所示的直线 I、II 与 III 分别表示三种加工方案。方案 I 采用通用机床加工；方案 II 采用数控机床加工；方案 III 采用专用机床加工。三种方案的全年不变费用 C_n 依次递增，而每件零件的可变费用 V 则依次递减。

表 2-10　零件生产成本的组成

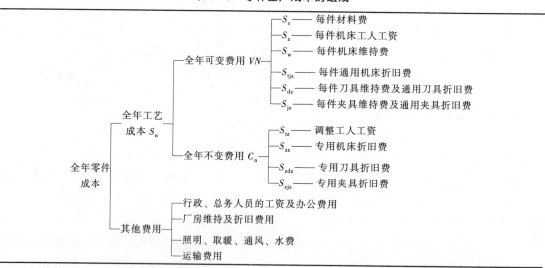

注：有些费用是随生产批量而变化的，如调整费、用于在制品占用资金等，在一般情况下不予单列。

单个零件（或单个工序）的工艺成本 S_d 为

$$S_d = V + \frac{C_n}{N} \tag{2-27}$$

其图形为一双曲线，如图 2-44b 所示。

对加工内容相同的几种工艺方案进行经济评比时，一般可分为下列两种情况。

1）当需评比的工艺方案均采用现有设备，或其基本投资相近时，工艺成本即可作为衡量各种工艺方案经济性的依据。各方案的取舍与加工零件的年生产纲领有密切关系，如

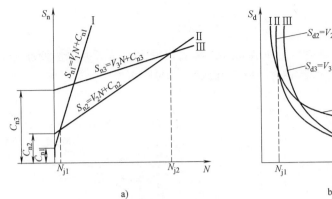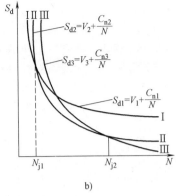

a) b)

图 2-44 工艺成本与年产量的关系

a）全年工艺成本 b）单件工艺成本

Ⅰ—通用机床 Ⅱ—数控机床 Ⅲ—专用机床

图 2-44a 所示。

临界年产量 N_j 由计算确定，由

$$S_n = V_1 N_j + C_{n1} = V_2 N_j + C_{n2}$$

得

$$N_j = \frac{C_{n2} - C_{n1}}{V_1 - V_2} \tag{2-28}$$

可以看出，当 $N < N_{j1}$ 时，宜采用通用机床；当 $N > N_{j2}$ 时，宜采用专用机床；而数控机床介于两者之间。

当工件的复杂程度增加时，如具有复杂型面的零件，则不论年产量为多少，采用数控机床加工在经济上都是合理的，如图 2-45 所示。当然，在同一用途的各种数控机床之间，仍然需要进行经济上的比较与分析。

2）当需评比的工艺方案基本投资差额较大时，单纯比较其工艺成本是难以全面评定其经济性的，必须同时考虑不同方案的基本投资差额的回收期。回收期是指第二方案多花费的投资，需要多长时间才能由于工艺成本的降低而收回来。投资回收期可用下式求得：

$$\tau = \frac{K_2 - K_1}{S_{n1} - S_{n2}} = \frac{\Delta K}{\Delta S_n} \tag{2-29}$$

式中 τ——投资回收期（年）；

ΔK——基本投资差额（又称为追加投资）（元）；

ΔS_n——全年生产费用节约额（又称为追加投资年度补偿额）（元/年）。

投资回收期必须满足以下要求：

① 回收期应小于所采用设备或工艺装备的使用年限。

② 回收期应小于该产品由于结构性能或市场需求等因素所决定的生产年限。

③ 回收期应小于国家所规定的标准回收期，如采用新夹具的标准回收期常定为 2～3 年；采用新机床的标准回收期常定为 4～6 年。

因此，考虑追加投资后的临界年产量 N_j' 应由下列关系式计算确定，即

$$S_n = V_1 N_j' + C_{n1} = V_2 N_j' + C_{n2} + \Delta S_n$$

$$N'_j = \frac{(C_{n2} + \Delta S_n) - C_{n1}}{V_1 - V_2} \qquad (2\text{-}30)$$

对比式（2-28）与式（2-30），并结合图 2-46 可以看出，当考虑追加投资时，相当于在纵坐标轴的 C_{n2} 上再增加一线段 ΔS_n，其长度由式（2-29）决定。

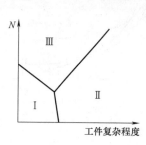

图 2-45　工件复杂程度与机床选择
Ⅰ—通用机床　Ⅱ—数控机床
Ⅲ—专用机床

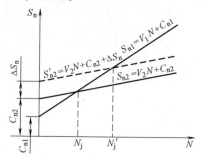

图 2-46　临界年产量和追加
投资临界年产量

二、技术经济指标

当新建或扩建车间时，在确定了主要零件的工艺规程、工时定额、设备需要量和厂房面积等以后，通常要计算车间的技术经济指标，如单位产品所需劳动量（工时及台时）、单位工人年产量（台数、重量、产值或利润）、单位设备的年产量、单位生产面积的年产量等。在车间设计方案完成后，总是要将上述指标与国内外同类产品的加工车间的同类指标进行比较，以衡量其设计水平。

有时，在现有车间制定工艺规程也计算一些技术经济指标，如劳动量（工时及台时）、工艺装备系数（专用工、夹、量具与机床数量之比）、设备构成比（专用机床、通用机床及数控机床的构成比）、工艺过程的分散与集中程度（用一个零件的平均工序数目来表示）等。

第七节　实　　例

一、机械加工工艺规程设计实例

图 2-47 所示为某汽油机冷却水泵叶轮（以下简称叶轮）的零件图。下面对该叶轮进行机械加工工艺规程设计。

（一）阅读装配图（略）和零件图

该汽油机年产量是 30000 台，属于大批生产类型。

汽油机冷却水泵的功用是对冷却水加压。本例冷却水泵是离心式水泵，工作时叶轮旋转，在离心力的作用下，冷却水在冷却系统中循环流动。为了提高水泵的工作效率，要解决好轴向密封问题。为此，对有关零件（主要是泵体和叶轮）的制造提出了相关的技术要求。

叶轮的主要技术要求是：

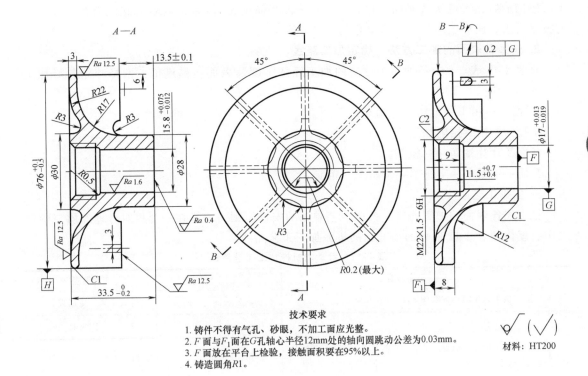

技术要求
1. 铸件不得有气孔、砂眼，不加工面应光整。
2. F 面与 F_1 面在 G 孔轴心半径12mm处的轴向圆跳动公差为0.03mm。
3. F 面放在平台上检验，接触面积要在95%以上。
4. 铸造圆角 $R1$。

材料：HT200

图 2-47 叶轮零件图

1）H 面对 G 孔轴线径向圆跳动公差为 0.2mm。

2）F 面与 F_1 面在 G 孔轴心半径 12mm 处的轴向圆跳动公差为 0.03mm。

3）F 面的表面粗糙度 Ra 值为 $0.4\mu m$，在平台上检验，要求接触面在 95% 以上。

上述第一条技术要求是希望叶轮能回转平稳。第二和第三条技术要求主要是针对叶轮的轴向密封条件而提出来的。在安排加工工艺过程时，对上述技术要求要给予足够的重视。中心孔 G 为非圆孔，其尺寸精度和表面粗糙度均有较高要求，它的轴线是 H、F、F_1 面位置度的设计基准，所以，中心孔 G 的加工就成为安排工艺过程的重点之一。

从叶轮的零件图中还可以知道，该叶轮是铸铁件，其不加工面是光整的。

（二）制定机械加工工艺路线

1. 选择定位基准

由于 G 孔轴线是 H、F、F_1 面位置度的设计基准，所以根据精基准选择的基准重合原则，应选 G 孔为精基准。又根据工序顺序的安排原则：①先加工基准面，再加工其他表面。②先加工平面，后加工孔。第一道工序应安排车大端面，钻 G 孔。于是，如何选择第一道工序的粗基准，就成为首先要考虑的问题。因为，在水泵中叶轮为旋转件，所以，加工时应追求壁厚均匀（质量均匀）。根据粗基准选择的相互位置要求原则，选不加工的外圆面为粗基准，钻 G 孔，以满足壁厚均匀的要求。第二道工序安排拉中心孔 G，经过一次拉削走刀，使该非圆孔成形并达到技术要求。该工序的定位基准是已钻 G 孔本身，属于精基准选择的自为基准原则，以保证拉削余量均匀。此后，就以 G 孔为统一精基准加工其他表面。在加工工序的最后，安排研磨 F 面工序，以达到表面粗糙度 Ra 值为 $0.4\mu m$ 和接触面在 95% 以上的技术要求。研磨工序的定位基准也是自为基准。

2. 选择各表面的加工方法，确定加工路线

查表 2-4 ~ 表 2-6 中各种加工方法的加工经济精度及表面粗糙度值，选择叶轮各待加工表面的加工路线如下：

F_1 面——粗车—半精车—精车；

G 孔——钻—拉削加工；

H 面及叶片端面——粗车；

F 面——粗车—半精车—半精磨—粗研。

3. 安排工艺顺序

把上述各表面的加工路线，按照工艺顺序的安排原则，安排在一个相对合理的加工顺序之中，就得到表 2-11 所列的该叶轮的机械加工工艺路线。

表 2-11 叶轮的机械加工工艺路线

工序号	工序内容	定位基准	工艺装备
1	粗车、半精车大端面 F_1，钻 G 孔	小端外圆面，F 面	卧式车床、专用夹具
2	拉 G 孔	G 孔（自为基准）	拉床、专用夹具
3	车叶片外圆面 H，粗车、半精车小端面 F，车叶片端面	G 孔、F_1 面	卧式车床、专用夹具
4	精车大端面 F_1	G 孔、F 面	卧式车床、专用夹具
5	精磨小端面 F	大端面 F_1	平面磨床、电磁吸盘
6	去磁处理		
7	扩孔、倒角	G 孔、F 面	钻床、专用夹具
8	攻螺纹	G 孔、F 面	钻床、专用夹具
9	研磨小端面 F	小端面 F（自为基准）	研磨平台
10	清洗		
11	成品检验，入库		通用量具

从表可知，工艺过程的最后安排了清洗工序。工件经研磨后，表面会留有研磨剂，若不清洗干净，就会影响工件的使用寿命。

4. 确定满足工序要求的工艺装备

根据工厂现有的工艺条件，确定满足工序要求的工艺装备（包括机床、夹具、刀具和量具等）。

5. 确定各加工工序的加工余量，计算工序尺寸和公差

因为加工 F 面和 F_1 面都经过基准转换，所以采用图表法计算和确定各工序的工序尺寸、公差和加工余量。图 2-48 给出了计算结果。其中，工序余量是经查表后做适当调整得出的。工序公差是按加工经济精度查表，也经适当调整后得出的。余量变动量是经余量尺寸链计算得出的。按图表法查找的结果尺寸链如图 2-49a、b、c 所示，余量尺寸链如图 2-49d、e 所示。平均余量是按下式计算得出的：

$$Z_{iM} = Z_{ib} + T_{Zi}/2$$

在图 2-49 中，L_1、L_2 和 L_3 的工序余量与毛坯尺寸有关，而毛坯尺寸最终由铸造工艺决定。研磨工序的研磨余量 Z_6 在尺寸链中是组成环，因为研磨余量的大小只与操作者的经验有关，而与前道工序和本道工序的工序尺寸无关。

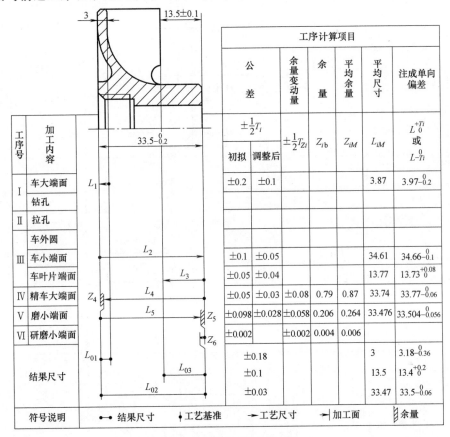

工序号	加工内容		工序计算项目					
			公差 $\pm\frac{1}{2}T_i$		余量变动量 $\pm\frac{1}{2}T_{Zi}$	余量 Z_{ib}	平均余量 Z_{iM}	平均尺寸 L_{iM}	注成单向偏差 L^{+Ti}_0 或 L^0_{-Ti}
			初拟	调整后					
I	车大端面	L_1	±0.2	±0.1				3.87	$3.97^0_{-0.2}$
	钻孔								
II	拉孔								
III	车外圆								
	车小端面	L_2	±0.1	±0.05				34.61	$34.66^0_{-0.1}$
	车叶片端面	L_3	±0.05	±0.04				13.77	$13.73^{+0.08}_0$
IV	精车大端面	L_4 Z_4	±0.05	±0.03	±0.08	0.79	0.87	33.74	$33.77^0_{-0.06}$
V	磨小端面	L_5 Z_5	±0.098	±0.028	±0.058	0.206	0.264	33.476	$33.504^0_{-0.056}$
VI	研磨小端面	Z_6	±0.002		±0.002	0.004	0.006		
	结果尺寸	L_{01}	±0.18					3	$3.18^0_{-0.36}$
		L_{03}	±0.1					13.5	$13.4^{+0.2}_0$
		L_{02}	±0.03					33.47	$33.5^0_{-0.06}$
符号说明		◄─► 结果尺寸 ▸ 工艺基准 ─► 工艺尺寸 ⊢ 加工面 ║ 余量							

图 2-48 叶轮工序尺寸图解

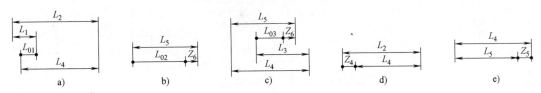

图 2-49 按图表法查找的叶轮工艺尺寸链

6. 确定各工序的技术要求和检验方法

7. 确定时间定额

先对实际操作时间进行测定和分析，再同定额员、技术工人共同讨论确定。

8. 工艺信息的汇总

把上述工艺信息汇总到一起，就得到表 2-12 所列的叶轮机械加工工艺过程简表，为填写工序卡片做准备。表中的工序图应含有本工序的定位基准、工序尺寸以及对本工序提出的技术要求等。

表 2-12　叶轮机械加工工艺过程简表

工序号	工序名称	机　床	工序简图	夹　具
1	粗车、半精车大端面，钻孔	CA6140		气动自定心卡盘
2	拉孔	L6110		自位支承
3	车外圆，粗车、半精车小端面，车叶片端面	CA6140		心轴
4	精车大端面	CA6140		心轴

（续）

工序号	工序名称	机 床	工 序 简 图	夹 具
5	精磨小端面	M7120D	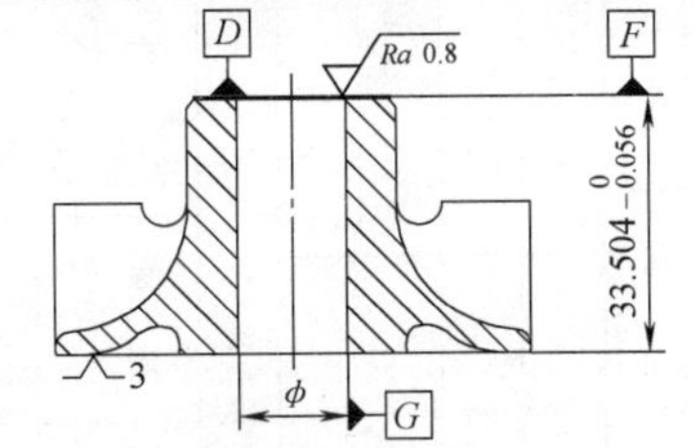 技术要求 F面在G孔轴心半径12mm处的轴向圆跳动公差为0.03mm。	电磁吸盘
6	去磁处理			
7	扩孔倒角	Z535	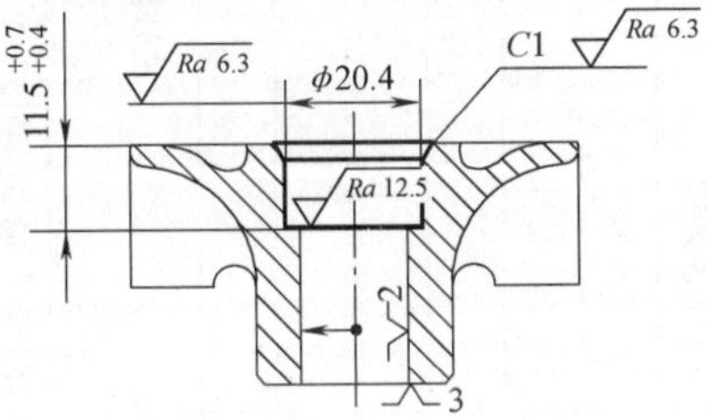	心轴
8	攻螺纹	Z535	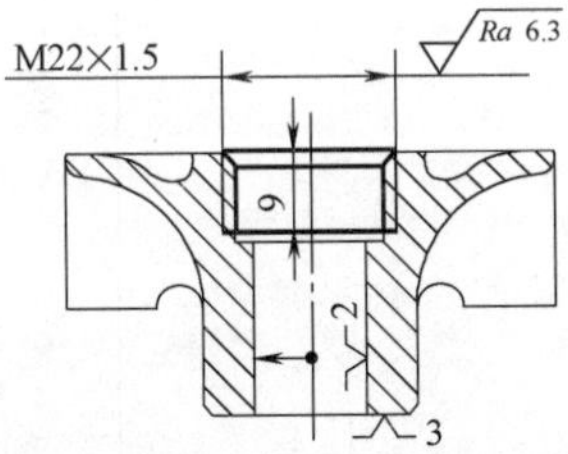	心轴
9	研磨小端面		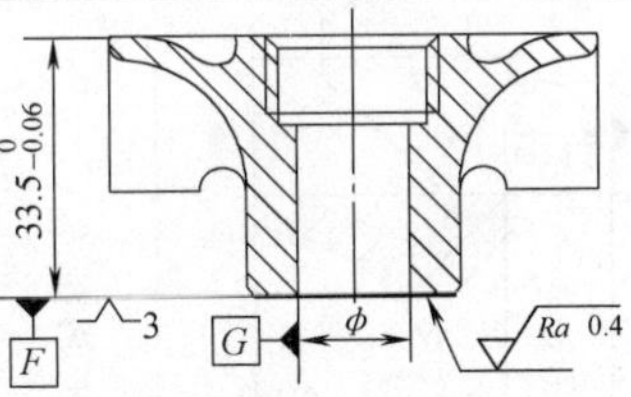 技术要求 在平台上检验F面，接触面积应在95%以上。	研磨平台
10	清洗			
11	成品检验，入库			通用量具

注：1. 在工序简图中，本工序加工面用粗实线，不加工面用细实线表示。

2. 按 JB/T 5061—2006 规定，∨ ∨2∨3∨4是定位符号，指向定位面，分别代表限制一、二、三、四个自由度。￬是手动夹紧符号，Ｄ是电磁夹紧符号。

9. 填写工序卡片

由于本产品属于大批生产，故每道工序都要填写工序卡片，形成工艺规程文件。表2-13给出了第一道工序叶轮机械加工工序卡片。

76

表 2-13 叶轮机械加工工序卡片

机械加工工序卡片		产品型号		零件图号				共 1 页	第 1 页
		产品名称	汽油机	零件名称	冷却水泵叶轮				

车间	工序号	工序名称	材料牌号
车间	1	粗车、半精车大端面、钻孔	HT200

毛坯种类	毛坯外形尺寸	每毛坯可制件数	每台件数
铸件	ϕ84mm×42mm	1	1

设备名称	设备型号	设备编号	同时加工件数
普通车床	CA6140		1

夹具编号	夹具名称		切削液
	气动自定心卡盘		

工位器具编号	工位器具名称	工序工时/min	
		准终	单件
	125mm×0.02mm游标卡尺		2

工步号	工步内容	其他工艺装备	主轴转速/(r/min)	切削速度/(m/min)	进给量/(mm/r)	切削深度/mm	进给次数	工步工时/min 机动	工步工时/min 辅助
1	粗车大端面 F_1	气动自定心卡盘；YG6 75°偏头端面车刀；125mm×0.02mm游标卡尺	560	132	0.3	4	1	0.30	0.3
2	半精车大端面 F_1，保证尺寸 $3.97_{-0.2}^{0}$mm	125mm×0.02mm游标卡尺	710	189	0.15	1	1	0.45	0.2
3	钻 ϕ14.3mm孔 G	W18Cr4V锥柄麻花钻 ϕ14.3mm×200mm	800	36.6	0.25		1	0.33	0.3

			设计（日期）	审核（日期）	标准化（日期）	会签（日期）
标记	处数	更改文件号	签字	日期	标记	处数	更改文件号	签字	日期

描 图

描 校

底图号

装订号

二、机械加工工艺过程实例分析

车床主轴箱箱体的结构复杂，加工面多，技术要求较高，其制造质量对机床的工作精度、工作性能以及装配劳动量都有很大影响。所以，车床主轴箱箱体的机械加工工艺过程比较典型。下面以 CA6140 型卧式车床主轴箱箱体为例分析其机械加工工艺过程。

（一）CA6140 型卧式车床主轴箱箱体的主要技术要求

图 2-50 所示为 CA6140 型卧式车床主轴箱箱体（以下简称主轴箱箱体）的零件简图。可以看出，主轴箱箱体的加工面主要是平面和孔。主要技术要求都是围绕着孔、孔系和平面而提出的。主要技术要求如下：

1. 轴孔的尺寸精度、形状精度和孔系的位置精度

轴孔支承孔的公差等级为 IT6 ~ IT7。Ⅵ 轴（主轴）支承孔的圆度公差为 0.006 ~ 0.008mm；Ⅵ 轴三孔的同轴度公差为 $\phi0.024$mm。用检验棒检验其余各轴孔的同轴度，要求转动轻快。凡与齿轮啮合有关的轴孔轴线间都有尺寸精度要求和平行度要求，其轴心距公差等级为 IT8 ~ IT9，其平行度公差分别为 （0.04：300）mm 和 （0.05：400）mm。Ⅵ 轴孔轴线对装配基准面 M、N 的平行度公差为 （0.1：600）mm。Ⅵ 轴孔止推面（$\phi160$K6 孔内端面）轴向圆跳动公差为 0.006mm。

2. 平面度和平面间的位置度

R、M、N、P、Q 面的平面度公差为 0.04mm。N 面对 M 面和 P、Q 面对 M、N 面的垂直度公差均为 （0.1：300）mm。

3. 孔和平面的表面粗糙度

Ⅵ 轴孔的表面粗糙度 Ra 值为 0.2 ~ 0.4μm，其他各支承孔以及主要平面的表面粗糙度 Ra 值应不大于 1.6μm。Ⅵ 轴孔内止推面的表面粗糙度 Ra 值为 1.6μm，其他孔内端面表面粗糙度 Ra 值应不大于 3.2μm。

（二）主轴箱箱体机械加工工艺过程

表 2-14 给出了大批量生产主轴箱箱体的机械加工工艺过程。在该过程中既充分考虑了实现技术要求的有关技术问题，也充分体现了大批量生产的工艺特点。现就有关工艺问题进行讨论。

表 2-14 主轴箱箱体机械加工工艺过程

工序号	工序内容	定位基准	机 床
1	粗铣 R 面（顶面）	Ⅵ轴孔与Ⅰ轴孔	立式铣床
2	钻、扩、铰 R 面上两定位销孔（2×$\phi18$H7），钻该面螺纹底孔	R 面，Ⅵ轴孔和中间隔壁	摇臂钻床
3	粗铣 M、N、O、P、Q 面	R 面及两定位销孔	龙门铣床
4	磨 R 面	M 面（底面）	立轴圆台平面磨床
5	粗镗各纵向孔	R 面及两定位销孔	双工位组合镗床
6	时效处理		
7	半精镗、精镗各纵向孔	R 面及两定位销孔	双工位组合镗床
8	精细镗主轴孔	R 面及Ⅲ-Ⅴ轴孔和定位销孔	专用机床
9	钻、扩、铰横向孔及攻螺纹	R 面及两定位销孔	组合机床
10	钻 M、P、Q 各面上的孔，攻螺纹	R 面及两位销孔	组合机床
11	磨 M、N、O、P、Q 面	R 面及两定位销孔	组合平面磨床
12	钳工去飞边，修锐边		钳工工作台
13	清洗		清洗机
14	检验		检验平台

1. 定位基准

（1）精基准 这是一个应用统一基准原则的典型机械加工工艺过程。所用的统一精基

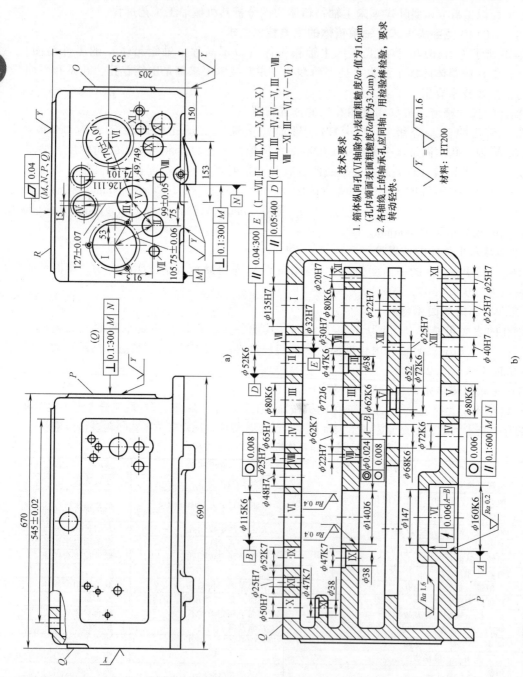

技术要求

1. 箱体纵向孔(Ⅵ轴除外)表面粗糙度 Ra 值为1.6μm (孔内端面表面粗糙度 Ra 值为3.2μm)。
2. 各轴线上的轴承孔应同轴，用检验棒检验，要求转动轻快。

$$Y = \sqrt{} \quad \sqrt{Ra\,1.6}$$

材料：HT200

图 2-50 CA6140 型卧式车床主轴箱箱体的零件简图
a) 外形简图 b) 纵向孔系展开图

准是 R 面（顶面）和 R 面上的两个销孔（这两个销孔是根据工艺需要而专门设计的定位基准，即附加基准），通常称为一面两孔定位（详见第三章）。表 2-14 所列的工序 1、2 先加工出统一基准，工序 3 用它作为精基准加工 M、N、O、P、Q 各平面。在工序 4 中，利用加工后的 M 面（底面）为基准，精修一次 R 面，然后再以提高精度后的统一基准，在后面的工序中加工所有的孔和平面。

从零件图中可以知道，M、N 面是 Ⅵ 轴孔的设计基准。按基准重合原则，本应选 M、N 面为统一精基准，本例却选择了 R 面和 R 面上的两个销孔。这是因为箱体内的隔壁上有支承孔需要加工，为保证其加工精度，必须在隔壁旁安装镗刀杆的导向支承架，以提高镗刀杆的刚度。若选择 M、N 面为统一精基准定位，箱口朝上，只能采用悬挂式导向支承架（图 2-51），它的刚度差，影响加工精度，而且每加工一个工件都要伴随着导向支承架的一次装卸，严重影响了生产率。而以 R 面和 R 面上的两个销孔定位，则箱口朝下。在这种情况下，镗刀杆的导向支承架可以直接固定在夹具体上（图 2-52），既提高了支承刚度，又方便了工件的装夹。因此，这是综合了加工精度和生产率两方面的因素而做出的选择。然而，这一选择会带来基准不重合误差，只能通过提高 R 面至 M 面的尺寸精度（工序 4 磨 R 面）和提高两定位销孔的加工精度（工序 2 钻、扩、铰 $2\times\phi18H7$ 孔），来消除基准不重合误差的影响。另外，箱口朝下，无法观察加工情况，也无法在箱体内测量尺寸和调整刀具。本例采用定尺寸刀具和自动循环的组合机床，来稳定加工过程，从而减少因无法观察加工情况、无法测量尺寸和调整刀具带来的影响。由此可见，工艺方案与加工精度和生产率两方面的工艺因素密切相关。任何一个工艺方案都不会是十全十美的，往往需要进行认真的分析与比较，在主要问题的解决中确定一个相对合理的工艺方案。

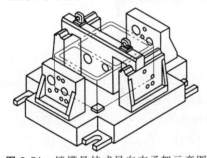

图 2-51　镗模悬挂式导向支承架示意图

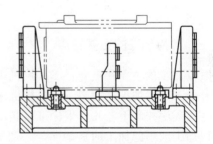

图 2-52　一面两孔定位镗模简图

（2）粗基准　本例第一道工序选择 Ⅵ 轴孔和远离 Ⅵ 轴孔的 Ⅰ 轴孔为粗基准，分别限制四个自由度和一个自由度（图 2-53），加工 R 面。第二道工序以 R 面为精基准限制三个自由度，以 Ⅵ 轴孔和箱体内的隔壁为粗基准分别限制两个自由度和一个自由度，加工两个销孔。这样选择粗基准可以保证 Ⅵ 轴孔的加工余量是均匀的，但是能不能保证其他各加工面都有适当的加工余量，能否保证不加工的内部空间满足装配尺寸的要求，这是一个与毛坯精度有关的工艺问题。

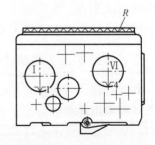

图 2-53　加工 R 面的粗基准

在毛坯铸造过程中，把形成各轴孔以及内壁的型芯组装成一个整体，达到一定的精度，并准确安放到形成外形的砂型中，用于铸造铸件。这样铸造出来的铸件，其各轴孔之间以及轴孔与平面之间有较高的尺寸精度和相互位置精度。因此，只要 Ⅵ 轴孔的加工余量均匀，其他各轴孔以及与Ⅵ轴孔轴线平行的平面就能分配到适当的加工余量。与Ⅵ轴孔轴线垂直的平面，其轴向位置将由箱体隔壁限制的一个自由度得到确定。这样，上述粗基准的选择既满足了Ⅵ轴孔（重要孔）的加工余量均匀，也满足了其他工艺要求。

2. 各表面的加工方法和加工路线

本例采用生产率较高的铣削和磨削方法加工平面。铸出孔（大孔）采用镗削加工方法，不铸孔（小孔）安排钻、扩、铰或钻孔、扩孔、攻螺纹。Ⅵ轴孔的加工路线是粗镗—半精镗—精镗—精细镗，其他大孔的加工路线是粗镗—半精镗—精镗。

3. 工艺顺序

从表2-14中可以看出，本例安排的加工顺序符合先加工基准面，再加工其他表面；先加工平面，后加工孔；先安排粗加工工序，后安排精加工工序等工艺顺序的安排原则。因此，只要采取一些必要的工艺措施，就能够加工出符合要求的主轴箱。

4. 其他工艺措施

为了加工出符合要求的主轴箱，本例采取了一系列的其他工艺措施。

1）采用专用镗模，使孔系的位置精度只取决于镗模和镗杆的制造精度。

2）精心设计、制作定尺寸刀具，以保证尺寸精度的要求。

3）专门设计、制作专用机床、专用组合机床和专用夹具。

4）广泛采用复合工步。用多刀同时对多平面、多孔进行加工。

5）选用技术高的工人对精加工工序的加工过程进行精心操作与管理。

第八节　数控加工工艺设计

一、数控加工的主要特点

数控加工的主要特点有：①数控机床传动链短、刚度高，可通过软件对加工误差进行校正和补偿，因此加工精度高。②数控机床是按设计好的程序进行加工的，加工尺寸的一致性好。③在程序控制下，几个坐标可以联动并能实现多种函数的插补运算，所以能完成普通机床难以加工或不能加工的复杂曲线、曲面及型腔等。此外，有的数控机床（加工中心）带自动换刀系统和装置、转位工作台以及可自动交换的动力头等，在这样的数控机床上可实现工序的高度集中，生产率比较高，并且夹具数量少，夹具的结构也相对简单。由于数控加工有上述特点，所以在安排工艺过程时，有时要考虑安排数控加工。

二、数控加工工序设计

如前所述，如果在工艺过程中安排有数控工序，则不管生产类型如何都需要对该工序的工艺过程做出详细规定，形成工艺文件，指导数控程序的编制，指导工艺准备工作和工序的验收。从工艺角度来看数控工序，其主要设计内容和普通工序没有差别。这些内容包括定位基准的选择，加工方法的选择，加工路线的确定，加工阶段的划分，加工余量及工序尺寸的确定，刀具的选择以及切削用量的确定等。但是，数控工序设计必须满足数控加工的要求，其工艺安排必须做到具体、细致。

1. 建立工件坐标系

数控机床的坐标系统已标准化。标准坐标系统是右手直角笛卡儿坐标系统。工件坐标系的坐标轴对应平行于机床坐标系的坐标轴,其坐标原点就是编程原点。因此,工件坐标系的建立与编程中的数值计算有关。为简化计算,坐标原点可选择在工序尺寸的尺寸基准上。

在工件坐标系内可以使用绝对坐标编程,也可以使用相对坐标编程。在图 2-54 中,从 A 点到 B 点的坐标尺寸可以表示为 B(25,25),即以坐标原点为基准的绝对坐标尺寸;也可以表示为 B(15,5),这是以 A 点为基准的相对坐标尺寸。

2. 编程数值计算

数控机床具有直线和圆弧插补功能。当工件的轮廓是由直线和圆弧组成时,在数控程序中只要给出直线与圆弧的交点、切点(简称基点)坐标值,加工中遇到直线,刀具将沿直线指向直线的终点,遇到圆弧将以圆弧的半径为半径指向圆弧的终点。当工件轮廓是由非圆曲线组成时,通常的处理方法是用直线段或圆弧段去逼近非圆曲线,通过计算直线段或圆弧段与非圆曲线的交点(简称节点)的坐标值来体现逼近结果。随着逼近精度的提高,这种计算的工作量会很大,需要借助计算机来完成。因此,编程前根据零件尺寸计算出基点或节点的坐标值,是不可少的工艺工

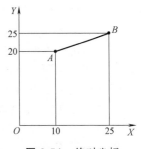

图 2-54 绝对坐标与相对坐标

作。除此之外,编程前应将单向偏差标注的工艺尺寸换算成对称偏差标注;当粗、精加工集中在同一工序中完成时,还要计算工步之间的加工余量、工步尺寸及公差等。

3. 确定对刀点、换刀点、切入点和切出点

为了使工件坐标系与机床坐标系建立确定的尺寸联系,加工前必须对刀。对刀点应直接与工序尺寸的尺寸基准相联系,以减少基准转换误差,保证工序尺寸的加工精度。通常选择在离开工序尺寸基准一个塞尺的距离,用塞尺对刀,以免划伤工件。此外,还应考虑对刀方便,以确保对刀精度。

由于数控工序集中,常需要换刀。若用机械手换刀,则应有足够的换刀空间,避免发生干涉,确保换刀安全。若采用手工换刀,则应考虑换刀方便。

切入点和切出点的选择也是设计数控工序时应该考虑的一个问题。刀具应沿工件的切线方向切入和切出(图 2-55),以避免在工件表面留下刀痕。

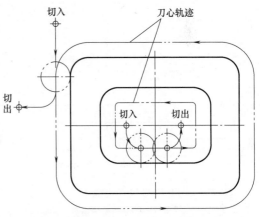

图 2-55 立铣刀切入、切出

4. 划分加工工步

由于数控工序集中了更多的加工内容,所以工步的划分和工步设计就显得非常重要,它将影响到加工质量和生产率。例如,同一表面是否需要安排粗、精加工;不同表面的先后加工顺序应该怎样安排;如何确定刀具的加工路线等。所有这些工艺问题都要按一般工艺原则给出确定的答案。同时还要为各工步选择加工刀具(包括选择刀具类型、刀具材料、刀具尺寸以及刀柄和连接件),分配加工余量,确定切削用量等。

此外,数控工序还应确定是否需要有工步间的检查,何时安排检查;是否需要考虑误差补偿;是否需要切削液,何时开关切削液等。总之,在数控工序设计中要回答加工过程中可能遇到的各种工艺问题。

三、数控编程简介

根据数控工序设计，按照所用数控系统的指令代码和程序格式，正确无误地编制数控加工程序是实现数控加工的关键环节之一。数控机床将按照编制好的程序对零件进行加工。可以看出，数控编程工作是重要的，没有数控编程，数控机床就无法工作。数控编程方法分为手工编程和自动编程。手工编程是根据数控机床提供的指令由编程人员直接编写的数控加工程序。手工编程适合于简单程序的编制。自动编程分为①由编程人员用自动编程语言编制源程序，计算机根据源程序自动生成数控加工程序；②利用 CAD/CAM 软件，以图形交互方式生成工件几何图形，系统根据图形信息和相关的工艺信息自动生成数控加工程序。自动编程适合于计算量大的复杂程序的编制。

1. 数控程序代码及其有关规定

目前，国际上通用的数控程序指令代码有两种标准，一种是国际标准化组织（ISO）标准，另一种是美国电子工业协会（EIA）标准。我国规定了等效于 ISO 标准的准备功能 G 代码和辅助功能 M 代码（表 2-15 和表 2-16）。G 代码分为模态代码（时序有效代码）和非模

表 2-15　准备功能 G 代码

代码 (1)	功能保持到被取消或被同样字母表示的程序指令所代替 (2)	功能仅在所出现的程序段内有作用 (3)	功　能 (4)	代码 (1)	功能保持到被取消或被同样字母表示的程序指令所代替 (2)	功能仅在所出现的程序段内有作用 (3)	功　能 (4)
G00	a		点定位	G46	# (d)	#	刀具偏置+/-
G01	a		直线插补	G47	# (d)	#	刀具偏置-/-
G02	a		顺时针方向圆弧插补	G48	# (d)	#	刀具偏置-/+
G03	a		逆时针方向圆弧插补	G49	# (d)	#	刀具偏置0/+
G04		*	暂停	G50	# (d)	#	刀具偏置0/-
G05	#	#	不指定	G51	# (d)	#	刀具偏置+/0
G06	a		抛物线插补	G52	# (d)	#	刀具偏置-/0
G07	#	#	不指定	G53	f		直线偏移，注销
G08		*	加速	G54	f		直线偏移 X
G09		*	减速	G55	f		直线偏移 Y
G10~G16	#	#	不指定	G56	f		直线偏移 Z
G17	c		XY 平面选择	G57	f		直线偏移 XY
G18	c		XZ 平面选择	G58	f		直线偏移 XZ
G19	c		YZ 平面选择	G59	f		直线偏移 YZ
G20~G32	#	#	不指定	G60	h		准确定位 1（精）
G33	a		螺纹切削，等螺距	G61	h		准确定位 2（中）
G34	a		螺纹切削，增螺距	G62	h		快速定位（粗）
G35	a		螺纹切削，减螺距	G63		*	攻螺纹
G36~G39	#	#	永不指定	G64~G67	#	#	不指定
G40	d		刀具补偿/刀具偏置注销	G68	# (d)	#	刀具偏置，内角
G41	d		刀具补偿—左	G69	# (d)	#	刀具偏置，外角
G42	d		刀具补偿—右	G70~G79	#	#	不指定
G43	# (d)	#	刀具偏置—正	G80	e		固定循环注销
G44	# (d)	#	刀具偏置—负	G81~G89	e		固定循环
G45	# (d)	#	刀具偏置+/+	G90	j		绝对尺寸

（续）

代码 （1）	功能保持到 被取消或被 同样字母表 示的程序指 令所代替 （2）	功能仅 在所出 现的程 序段内 有作用 （3）	功 能 （4）	代码 （1）	功能保持到 被取消或被 同样字母表 示的程序指 令所代替 （2）	功能仅 在所出 现的程 序段内 有作用 （3）	功 能 （4）
G91	j		增量尺寸	G95	k		主轴每分钟进给
G92		*	预置寄存	G96	l		恒线速度
G93	k		时间倒数，进给率	G97	l		每分钟转数（主轴）
G94	k		每分钟进给	G98~G99	#	#	不指定

注：1. #号：如选作特殊用途，必须在程序格式中说明。
2. 如在直线切削控制中没有刀具补偿，则 G43~G52 可指定作其他用途。
3. 在（2）列中加括号的字母（d）可以被同列中没有加括号的字母 d 注销或代替，亦可被有括号的字母（d）注销或代替。
4. G45~G52 的功能可用于机床上任意两个预定的坐标。
5. 控制机上没有 G53~G59、G63 功能时，可以指定作其他用途。

态代码。表中字母 a、c、d、…、k 所对应的 G 代码为模态代码。它表示该代码一经被使用就一直有效（如 a 组中的 G00），后续程序再用时可省略不写，直到出现同组其他的 G 代码（如 G03）时才失效。G 代码表中的 "*" 号表示该代码为非模态代码，它只在程序段内有效，下一程序段需要时必须重写。

表 2-16　辅助功能 M 代码

代码 （1）	功能开始时间		功能保持到被 注销或被适当 程序指令代替 （4）	功能仅在所出 现的程序段内 有作用 （5）	功 能 （6）
	与程序段指令 运动同时开始 （2）	在程序段指令 运动完成后开始 （3）			
M00		*		*	程序停止
M01		*		*	计划停止
M02		*		*	程序结束
M03	*		*		主轴顺时针方向
M04	*		*		主轴逆时针方向
M05		*	*		主轴停止
M06	#	#		*	换刀
M07	*		*		2 号切削液开
M08	*		*		1 号切削液开
M09		*	*		切削液关
M10	#	#	*		夹紧
M11	#	#	*		松开
M12	#	#	#	#	不指定
M13	*		*		主轴顺时针方向，切削液开
M14	*		*		主轴逆时针方向，切削液开
M15	*			*	正运动
M16	*			*	负运动
M17~M18	#	#	#	#	不指定
M19		*	*		主轴定向停止
M20~M29	#	#	#	#	永不指定

83

（续）

代码 （1）	功能开始时间		功能保持到被 注销或被适当 程序指令代替 （4）	功能仅在所出 现的程序段内 有作用 （5）	功　能 （6）
	与程序段指令 运动同时开始 （2）	在程序段指令 运动完成后开始 （3）			
M30		*		*	纸带结束
M31	#	#		*	互锁旁路
M32~M35	#	#	#	#	不指定
M36	*		*		进给范围 1
M37	*		*		进给范围 2
M38	*		*		主轴速度范围 1
M39	*		*		主轴速度范围 2
M40~M45	#	#	#	#	如有需要作为齿轮换档， 此外不指定
M46~M47	#	#	#	#	不指定
M48		*	*		注销 M49
M49	*		*		进给率修正旁路
M50	*		*		3 号切削液开
M51	*		*		4 号切削液开
M52~M54	#	#	#	#	不指定
M55	*		*		刀具直线位移，位置 1
M56	*		*		刀具直线位移，位置 2
M57~M59	#	#	#	#	不指定
M60		*		*	更换工件
M61	*		*		工件直线位移，位置 1
M62	*		*		工件直线位移，位置 2
M63~M70	#	#	#	#	不指定
M71	*		*		工件角度位移，位置 1
M72	*		*		工件角度位移，位置 2
M73~M89	#	#	#	#	不指定
M90~M99	#	#	#	#	永不指定

注：1. #号表示如选作特殊用途，必须在程序格式中说明。

2. M90~M99 可指定为特殊用途。

辅助功能代码即 M 代码，用来指定机床或系统的某些操作或状态，如机床主轴的起动与停止，切削液的开与关，工件的夹紧与松夹等。

除上述 G 代码和 M 代码以外，ISO 标准还规定了主轴转速功能 S 代码，刀具功能 T 代码，进给功能 F 代码和尺寸字地址码 X、Y、Z、I、J、K、R、A、B、C 等，供编程时选用。

标准中，指令代码功能分为指定、不指定和永不指定三种情况，所谓"不指定"是准备以后再指定，"永不指定"是指生产厂可自行指定。

由于标准中的 G 代码和 M 代码有"不指定"和"永不指定"的情况存在，加上标准中标有"#"号代码亦可选作其他用途，所以不同数控系统的数控指令含义就可能有差异。编程前，必须仔细阅读所用数控机床的说明书，熟悉该数控机床数控指令代码的定义和代码使用规则，以免出错。

2. 程序结构与格式

数控程序由程序号和若干个程序段组成。程序号由地址码和数字组成，如 O5501。程序段由一个或多个指令组成，每条指令为一个数据字，数据字由字母和数字组成。例如：

$$N05 \quad G00 \quad X-10.0 \quad Y-10.0 \quad Z8.0 \quad S1000 \quad M03 \quad M07$$

为一个程序段，其中，数据字 N05 为程序段顺序号；数据字 G00 使刀具快速定位到某一点；X、Y、Z 为坐标尺寸地址码，其后的数字为坐标数值，坐标数值带 +、-符号，+号可以省略；S 为机床主轴转速代码，S1000 表示机床主轴转速为 1000r/min；M03 规定主轴顺时针旋转；M07 规定开切削液。在程序段中，程序段的长度和数据字的个数可变，而且数据字的先后顺序无严格规定。

上面程序段中带有小数点的坐标尺寸表示的是毫米长度。在数据输入中，若漏输入小数点，有的数控系统认为该数值为脉冲数，其长度等于脉冲数乘以脉冲当量。因此，在输入数据或检查程序时对小数点要给予特别关注。

四、数控加工工序综合举例

图 2-56 所示为某零件的零件图，图中 A、B 面和外形 85mm×56mm 四面已加工。本工序拟采用立式数控铣床加工凸台的四面和 C 面。试编写该工序的加工程序。

根据零件图的尺寸和技术要求，选用直径为 ϕ20mm 的高速钢立铣刀加工，把加工过程分为粗铣和精铣两个工步。图 2-57a 是该工序的工序简图。图中标明了所选择的坐标系，示意了对刀位置和切入、切出方式以及切入、切出点，给出了刀具示意图和刀心轨迹图。按刀心轨迹在工件坐标系内计算

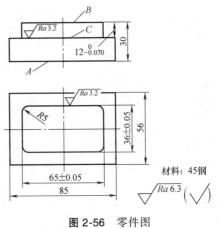

图 2-56 零件图

了各基点的绝对坐标（图 2-57b）。根据工艺手册的推荐，确定切削用量：主轴转速为 500r/min，进给速度为 120mm/min。精加工余量定为 0.5mm。

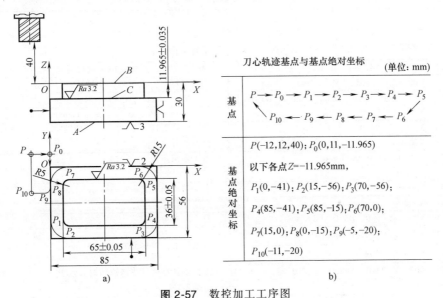

刀心轨迹基点与基点绝对坐标	
	(单位：mm)
基点	$P \rightarrow P_0 \rightarrow P_1 \rightarrow P_2 \rightarrow P_3 \rightarrow P_4 \rightarrow P_5$ $P_{10} \leftarrow P_9 \leftarrow P_8 \leftarrow P_7 \leftarrow P_6$
基点绝对坐标	$P(-12,12,40)$；$P_0(0,11,-11.965)$ 以下各点 Z=-11.965mm, $P_1(0,-41)$；$P_2(15,-56)$；$P_3(70,-56)$； $P_4(85,-41)$；$P_5(85,-15)$；$P_6(70,0)$； $P_7(15,0)$；$P_8(0,-15)$；$P_9(-5,-20)$； $P_{10}(-11,-20)$

a)   b)

图 2-57 数控加工工序图

按精加工工步编写的加工程序见表 2-17。

表 2-17 按精加工工步编程

程　　序	程序段说明
O008	程序号
N01　G92　X-12.0　Y12.0　Z40.0	对刀点 P（2mm 塞尺对刀）
N02　G90　G00　X0.0　Y11.0　Z-11.965	绝对坐标，快速移动至 P_0
N03　G01　Y-41.0　S500　M03　F120　M08	直线插补至 P_1；主轴转速为 500r/min，顺时针；进给速度为 120mm/min；开切削液
N04　G03　X15.0　Y-56.0　R15.0	逆时针圆弧插补至 P_2（左下角圆角）
N05　G01　X70.0	直线插补至 P_3
N06　G03　X85.0　Y-41.0　R15.0	右下角圆角至 P_4
N07　G01　Y-15.0	直线插补至 P_5
N08　G03　X70.0　Y0.0　R15.0	右上角圆角至 P_6
N09　G01　X15.0	直线插补至 P_7
N10　G03　X0.0　Y-15.0　R15.0	左上角圆角至 P_8
N11　G02　X-5.0　Y-20.0　R5.0	退出加工，关切削液
N12　G01　X-11.0　M09	
O008	程序号
N13　G00　X-12.0　Y12.0　Z40.0	快速返回对刀点 P
N14　M05	主轴停转
N15　M30	程序结束

　　粗加工工步应留出精加工工步的加工余量（0.5mm），可通过刀心轨迹的移动来实现。可以看出，粗加工中所有基点的数值需要随刀心轨迹的移动而重新计算，这是很麻烦的。实际上，可以利用数控系统提供的刀具补偿功能，按凸台轮廓的实际尺寸编程，加工时刀具偏移一个刀具半径（本例中刀具向前进方向的右边偏移 10mm），即可加工出合格的零件。

　　表 2-18 是为上述工序编写的具有刀具补偿功能的加工程序。程序中，将刀具半径 10mm 设置在存储器中，当要把该程序用于粗加工时，只要将存储器中的刀具半径数值修改为 10.5mm，不需要修改程序中各基点的坐标值。

表 2-18 利用数控系统的刀具补偿功能编程

程　　序	程序段说明
O008	程序号
#101 = 10	刀具半径为 10mm
N01　G92　X-22.0　Y42.0　Z40.0	对刀点 P（X 方向，2mm 塞尺对刀）
N02　G90　G00　Z-11.965　S500　M03	绝对坐标 Z 方向下刀，主轴顺时针转动
N03　G17　G42　G00　X0.0　Y22.0　M08　D101	刀具右偏 10mm，在 XY 平面内快进，开切削液
N04　G01　Y-31.0　F120	直线插补至 P_1，进给速度为 120mm/min
N05　G03　X5.0　Y-36.0　R5.0	逆时针圆弧插补至 P_2（左下角圆角）
N06　G01　X60.0	直线插补至 P_3
N07　G03　X65.0　Y-31.0　R5.0	右下角圆角至 P_4
N08　G01　Y-5.0	直线插补至 P_5
N09　G03　X60.0　Y0.0　R5.0	右上角圆角至 P_6
N10　G01　X5.0	直线插补至 P_7
N11　G03　X0.0　Y-5.0　R5.0	左上角圆角至 P_8
N12　G02　X-15.0　Y-20.0　R15.0	退出加工，关切削液
N13　G01　X-21.0　M09	
N14　G40　G00　X-22.0　Y42.0　Z40.0	注销刀具补偿，快速返回对刀点 P
N15　M05	主轴停转
N16　M30	程序结束

编程人员应熟悉所用数控系统提供的各种编程功能,掌握更多的编程技巧,把程序编写得更好。

五、工序安全与程序试运行

数控工序的工序安全问题不容忽视。数控工序的不安全因素主要来源于加工程序中的错误。将一个错误的加工程序直接用于加工是很危险的。例如,程序中若将 G01 错误地写成 G00,即把本来是进给指令错误地输入成快进指令,则必然会发生撞刀事故。再如,在立式数控钻铣床上,若将工件坐标系设在机床工作台台面上,程序中错误地把 G00 后的 Z 坐标数值写成 0.00 或负值,则刀具必将与工件或工作台相撞。另外,程序中的任何坐标数据错误都会导致产生废品或发生其他安全事故等。因此,对编写完的程序一定要经过认真检查和校验,进行首件试加工。只有确认程序无误后,才可投入使用。

第九节 成组加工工艺设计

一、成组技术的基本原理

随着科学技术飞跃发展及市场竞争日益激烈,机械产品的更新速度越来越快,产品品种日益增多,每种产品的生产批量越来越少。据统计,多品种中小批生产企业约占机械工业企业总数的 75%~80%。由于那些按传统生产方式组织生产的中小批生产企业劳动生产率低,生产周期长,产品成本高,因此在市场竞争中常处于不利的地位。

事实上,不同的机械产品,虽然其用途和功能各不相同,但是每种产品中所包含的零件都可以分为以下三类:

(1) A 类 复杂件或特殊件,这类零件在产品中数量少,但结构复杂,产值高。不同产品的 A 类零件之间差别很大,因而再用性低。例如,机床床身、主轴箱箱体、床鞍以及各种发动机中的一些大件等均属于此类。

(2) B 类 相似件,这类零件在产品中的种类多,数量大,其特点是相似程度高,多为中等复杂程度,如各种轴、套、法兰盘、支座、盖板和齿轮等。

(3) C 类 简单件或标准件,这类零件结构简单,再用性高,多为低值件。例如,螺钉、螺母、垫圈等,一般均已组织大量生产。

相似件在功能结构和加工工艺等方面存在着大量的相似特征,充分利用这种客观存在的相似性特征,将本来各不相同、杂乱无章的多种生产对象组织起来,按相似性分类成族(组),并按族制定加工工艺进行生产制造,这就是成组工艺。由于成组工艺扩大了生产批量,因而便于采用高效率的生产方式组织生产,从而显著提高了劳动生产率。成组技术就是在成组工艺基础上发展起来的一项新技术,它在设计、经营和管理等其他领域都有应用。

二、零件的分类编码

所谓零件的分类编码就是用数字来描绘零件的名称、几何形状、工艺特征、尺寸和精度等,使零件名称和特征数字化。这些代表零件名称和特征的每一位数字被称为特征码。

目前,世界上采用的分类编码系统有几十种,我国于 1984 年制定了"机械零件分类编码系统(JLBM—1 系统)"。该系统由名称类别矩阵、形状及加工码、辅助码三部分共 15

个码位组成（图2-58）。其中第一～二码位为名称类别矩阵（表2-19）；第三～九码位为形状及加工（表2-20、表2-21）；第十、第十一、第十二码位分别为材料、毛坯原始形状和热处理（表2-22）；第十三和第十四码位为主要尺寸；第十五码位为精度（表2-23）。其编码示例如图2-59所示。

表 2-19 名称类别矩阵（第一～二码位）

第一位	零件类型	第二位									
		0	1	2	3	4	5	6	7	8	9
0	轮盘类	盘、盖	防护盖	法兰盘	带轮	手轮捏手	离合器体	分度盘刻度盘环	滚轮	活塞	其他 0
1	环套类	垫圈片	环、套	螺母	衬套轴套	外螺纹套直管接头	法兰套	半联轴器	液压缸气缸		其他 1
2	销、杆、轴类	销、堵短圆柱	圆杆圆管	螺杆螺栓螺钉	阀杆阀芯活塞杆	短轴	长轴	蜗杆丝杠	手把手柄操纵杆		其他 2
3	齿轮类	圆柱外齿轮	圆柱内齿轮	锥齿轮	蜗轮	链轮棘轮	螺旋锥齿轮	复合齿轮	圆柱齿条		其他 3
4	异形件	异形盘套	弯管接头弯头	偏心件	扇形件弓形件	叉形接头叉轴	凸轮凸轮轴	阀体			其他 4
5	专用类										其他 5
6	杆条类	杆、条	杠杆摆杆	连杆	撑杆拉杆	扳手	键镶（压）条	梁	齿条	拨叉	其他 6
7	板块类	板、块	防护板盖板、门板	支承板垫板	压板连接板	定位块棘爪	导向块滑块、板	阀块分油器	凸轮板		其他 7
8	座架类	轴承座	支座	弯板	底座机架	支架					其他 8
9	箱壳体类	罩、盖	容器	壳体	箱体	立柱	机身	工作台			其他 9

（第一位：0～4为回转类零件；6～9为非回转类零件）

表 2-20 回转类零件分类表（第三～九码位）

码位	第三位	第四位	第五位	第六位	第七位	第八位	第九位
特征	外部形状及加工		内部形状及加工		平面、曲面加工		辅助加工（非同轴线孔、成形、刻线）
项号	基本形状	功能要素	基本形状	功能要素	外（端）面	内面	
0	光滑	无	无轴线孔	无	无	无	无
1	单向台阶	环槽	非加工孔	环槽	单一平面不等分平面	单一平面不等分平面	均布孔 轴向
2	单一轴线 双向台阶	螺纹	通孔 光滑单向台阶	螺纹	平行平面等分平面	平行平面等分平面	径向
3	球、曲面	1+2	双向台阶	1+2	槽、键槽	槽、键槽	非均布孔 轴向
4	正多边形	锥面	不通孔 单侧	锥面	花键	花键	径向
5	非圆对称截面	1+4	双侧	1+4	齿形	齿形	倾斜孔
6	弓、扇形或4、5以外	2+4	球、曲面	2+4	2+5	3+5	多种孔组合
7	多轴线 平行轴线	1+2+4	深孔	1+2+4	3+5或4+5	4+5	成形
8	弯曲、相交轴线	传动螺纹	相交孔平行孔	传动螺纹	曲面	曲面	机械刻线
9	其他	其他	其他	其他	其他	其他	其他

表 2-21 非回转类零件分类表（第三~九码位）

码位 / 特征 / 项号	第三位 总体形状	第四位 平面加工	第五位 曲面加工	第六位 外形要素加工	第七位 主孔及要素加工	第八位 内部平面加工	第九位 辅助加工（辅助孔、成形）
	外部形状及加工				主孔、内部形状及加工		辅助加工（辅助孔、成形）
0	轮廓边缘由直线组成	无	无	无	无	无	无
1	板条 无弯曲：轮廓边缘由直线和曲线组成	一侧平面及台阶平面	回转面加工	外部一般直线沟槽	光滑、单向台阶或单向不通孔	单一轴向沟槽	圆周排列的孔
2	板或条与圆柱体组合	两侧平行平面及台阶平面	回转定位槽	直线定位导向槽	双向台阶双向不通孔	多个轴向沟槽	直线排列的孔
3	有弯曲：轮廓边缘由直线或直线+曲线组成	直交面	一般曲线沟槽	直线定位导向凸起	平行轴线	内花键	两个方向配置孔
4	板或条与圆柱体组合	斜交面	简单曲面	1+2	垂直或相交轴线	内等分平面	多个方向配置孔
5	块状	两个两侧平行平面（即四面需加工）	复合曲面	2+3	单一轴线	1+3	单个方向排列的孔
6	有分离面	2+3 或 3+5	1+4	1+3 或 1+2+3	多轴线	2+3	多个方向排列的孔
7	箱壳座架 无分离面：矩形体组合	六个平面需加工	2+4	齿形齿纹	有其他功能要素（功能锥、功能槽、球面、曲面等）单一轴线	异形孔	无辅助孔
8	矩形体与圆柱体组合	斜交面	3+4	刻线	多轴线	内腔平面及窗口平面加工	有辅助孔
9	其他	其他	其他	其他	其他	其他	其他

表 2-22 材料、毛坯、热处理分类表（第十~十二码位）

码位 / 特征 / 项号	第十位 材料	第十一位 毛坯原始形状	第十二位 热处理
0	灰铸铁	棒材	无
1	特殊铸铁	冷拉材	发蓝
2	普通碳钢	管材（异形管）	退火、正火及时效
3	优质碳钢	型材	调质
4	合金钢	板材	淬火
5	铜和铜合金	铸件	高、中、工频淬火
6	铝和铝合金	锻件	渗碳+4 或 5
7	其他非铁金属及其合金	铆焊件	渗氮处理
8	非金属	铸塑成型件	电镀
9	其他	其他	其他

表 2-23 主要尺寸、精度分类表（第十三~十五码位）

码位		第十三位			第十四位			第十五位
特征		主要尺寸						精度
		直径或宽度 (D 或 B)/mm			长 度 (L 或 A)/mm			
		大型	中型	小型	大型	中型	小型	
项号	0	≤14	≤8	≤3	≤50	≤18	≤10	低精度
	1	>14~20	>8~14	>3~6	>50~120	>18~30	>10~16	中等精度: 内、外回转面加工
	2	>20~58	>14~20	>6~10	>120~250	>30~50	>16~25	平面加工
	3	>58~90	>20~30	>10~18	>250~500	>50~120	>25~40	1+2
	4	>90~160	>30~58	>18~30	>500~800	>120~250	>40~60	高精度: 外回转面加工
	5	>160~400	>58~90	>30~45	>800~1250	>250~500	>60~85	内回转面加工
	6	>400~630	>90~160	>45~65	>1250~2000	>500~800	>85~120	4+5
	7	>630~1000	>160~440	>65~90	>2000~3150	>800~1250	>120~160	平面加工
	8	>1000~1600	>440~630	>90~120	>3150~5000	>1250~2000	>160~200	4 或 5，或 6 加 7
	9	>1600	>630	>120	>5000	>2000	>200	超高精度

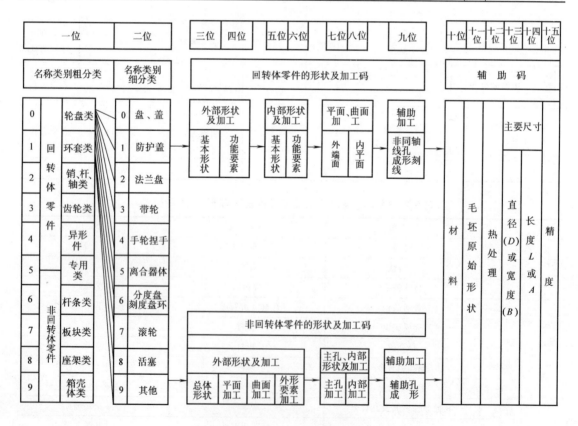

图 2-58 JLBM—1 分类编码系统

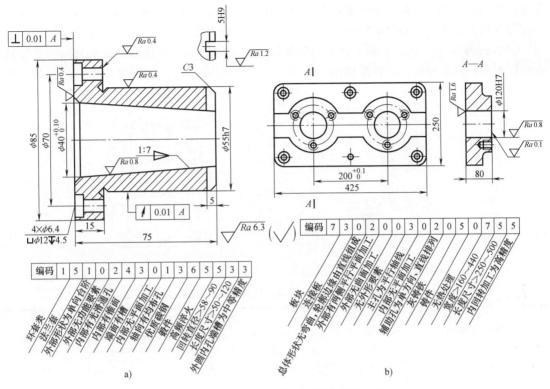

图 2-59　JLBM—1 分类编码系统编码示例

a) 回转类零件　名称：锥套　材料：45 钢锻件　b) 非回转体零件　名称：座　材料：HT150

三、成组工艺

1. 零件组（族）的划分

零件分类成组的方法主要有：视检法、生产流程分析法和编码分类法等。

（1）视检法　视检法是由有经验的技术人员直接根据零件的相似特征进行分类。由于这种分类法要完全凭借个人的经验，因此难免带有片面性。

（2）生产流程分析法　直接按零件的加工工艺分类，把加工工艺相同的零件划在同一组中。这时，主要考虑零件制造过程的相似性，而不拘泥于零件结构的相似性。例如，图 2-60 所示的一组零件，从设计角度看似乎没有共同之处，但从工艺角度看，这几个零件都是铸件，都要加工一个垂直于端面的中孔，使用相同的机床，可以归属于同一零件加工组。

生产流程分析法划分零件组时只需要零件的工艺信息，按工艺过程和使用设备的相似程度对零件进行分组。具体步骤有：

1）整理零件清单、每种零件的工艺路线卡及其所用设备清单。

2）将零件按工艺过程类别分组，将工序（主要的）类型、数目和顺序完全一致的放在一起，称为基本组。

3）将基本组合并成零件组或生产单元。并组的原则是尽量减少跨组加工的零件，即保证在生产单元内能完成进入该单元的零件的全部或大部分工序。

4）调整机床负荷。根据工厂生产纲领和零件工时定额，计算出生产单元中各机床的负荷率，然后进行负荷平衡。通过在各生产单元间调整部分零件的办法调整负荷率，使各生产单元的负荷大致相等，并尽量使每一单元内的设备负荷达到平衡。

表 2-24 是用生产流程分析法分组的简单示例，可以看出，这种分类法能同时产生零件组和机床组，形象直观，且容易操作。

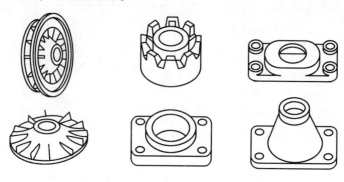

图 2-60　一组外形不同而工艺相似的零件

表 2-24　生产流程分析法的零件分组

机床	零件号																			
	1	2	3	4	5	6	7	8	9	10	11	12	13	14	15	16	17	18	19	20
车　床	✓	✓		✓	✓		✓	✓	✓		✓	✓		✓	✓		✓	✓	✓	✓
立式铣床	✓	✓		✓			✓		✓		✓			✓						✓
卧式铣床			✓					✓				✓			✓		✓	✓	✓	
刨　床			✓			✓				✓			✓			✓				
钻　床	✓	✓	✓	✓		✓	✓	✓	✓		✓	✓	✓	✓		✓	✓	✓		
外圆磨床	✓	✓		✓						✓			✓		✓			✓		✓
平面磨床			✓			✓							✓		✓					
镗　床			✓							✓			✓							

机床	零件号																			
	1	2	20	7	11	14	9	5	4	18	12	8	17	15	19	3	13	6	16	10
车　床	✓	✓	✓	✓	✓	✓	✓	✓												
立式铣床	✓	✓	✓	✓	✓	✓	✓	✓												
钻　床	✓	✓	✓	✓	✓	✓														
外圆磨床	✓	✓	✓				✓													
车　床									✓	✓	✓	✓	✓	✓	✓					
卧式铣床									✓	✓	✓	✓	✓	✓						
钻　床									✓	✓	✓	✓	✓							
外圆磨床									✓	✓	✓		✓							
刨　床																✓	✓	✓	✓	✓
钻　床																✓	✓	✓	✓	✓
平面磨床																✓	✓	✓		
镗　床																✓	✓			✓

（3）编码分类法　根据零件编码划分零件组的方法主要有：特征码位法、码域法和特征位码域法。

1）特征码位法　在零件编码时，凡规定码位的码值相同者归属于一组，称为特征码位法。例如，在图2-61中，若选1、2、6、7、14、15码位为特征码位编码时，只要这几个码位的码值相同就归为一组。其他码位可为全码域任一码值。

2）码域法　对码位的码值规定一个码域（范围），当零件的码位值均在规定的码域内则可归为一组，称为码域法。在图2-62中，码位1选定码域为2，其码值为1和2；码位2选定码域为4，其码值为0~3；依次类推。未做特别规定的码位为全码域。只要零件的编码属于上述码域，就可归属于一组。

3）特征位码域法　特征位码域法是前述两种方法的综合。如图2-63所示，其中码位3、5为特征码位，其余码位有的规定了码域，有的仍为全码域。这种分类法既考虑了零件分类的主要特征，也放宽了对零件相似性的要求。

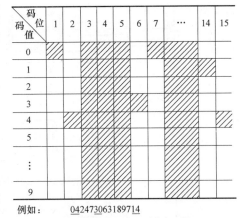

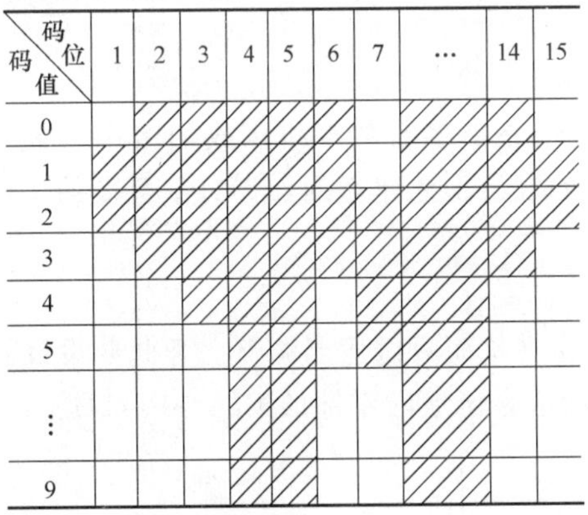

例如：042473063189714

零件 043583023155814 可分为一组

043693083215614

图2-61　特征码位法分类

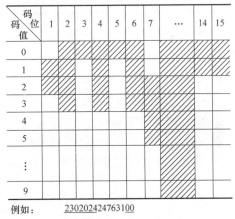

例如：230241476318922

零件 233351382315511 可分为一组

111782498563432

图2-62　码域法分类

例如：230202424763100

零件 120000335823111 可分为一组

220203436983210

图2-63　特征位码域法分类

2. 设计主样件和制定典型工艺

在零件划分为组（族）以后，每组选定一个能包括该组全部结构要素的零件作为主样件（多半是假想件，或称虚拟零件），并对其编制工艺规程。如图2-64所示，主样件的工艺规程适用于组内所有零件。

3. 成组工艺的生产组织形式

（1）成组单机　一台可完成或基本完成组内所有零件加工的机床。它可以是独立的成组加工机床或成组加工柔性制造单元，如图2-65a所示。

（2）成组加工机床和普通机床混合生产线　主要用于零件的相似程度较小，且其中有较复杂的零件，需要多台机床才能完成全部工序的情况，如图2-65b所示。

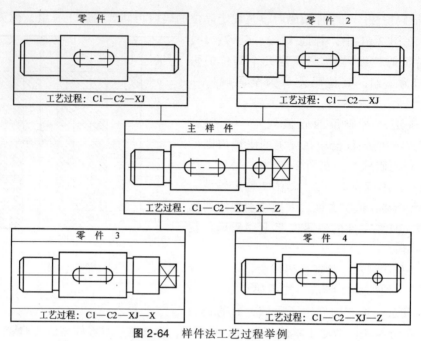

图 2-64 样件法工艺过程举例

C1—车一端外圆、端面、倒角　C2—调头车另一端外圆、端面、倒角

XJ—铣键槽　X—铣平面　Z—钻径向孔

（3）成组柔性制造生产线　成组柔性制造生产线是由多台数控机床或加工中心或柔性制造单元组成的成组柔性制造系统。它是按零件组的成组工艺建立的加工对象可变的生产系统，可实现自动化成组加工，如图 2-65c 所示。

4. 设计成组工艺装备

在实施成组加工中，当工件变换时，一般不更换夹具而只做适当调整。为此要设计合理的成组夹具（详见第三章第五节）。同时，还要设计适合于组内零件加工的专用刀具。

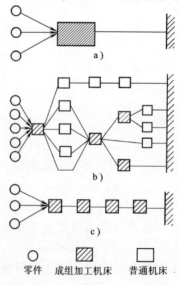

○ 零件　▨ 成组加工机床　□ 普通机床

图 2-65 成组工艺的生产组织形式

第十节　计算机辅助工艺过程设计

计算机辅助工艺过程设计（Computer Aided Process Planning，CAPP）是指用计算机编制零件的加工工艺规程。

长期以来，工艺规程编制是由工艺人员凭经验进行的。如果由几位工艺人员各自编制同一零件的工艺规程，其方案一般各不相同，而且很可能都不是最佳方案。这是因为工艺设计涉及的因素多，因果关系错综复杂。计算机辅助工艺过程设计改变了依赖个人经验编制工艺规程的状况，它不仅提高了工艺规程设计的质量，而且使工艺人员从烦琐、重复的工作中摆脱出来，能集中精力去考虑提高工艺水平和产品质量问题。

计算机辅助工艺过程设计（CAPP）是联系计算机辅助设计（CAD）和计算机辅助制造（CAM）系统之间的桥梁。

一、计算机辅助工艺过程设计的基本方法

目前国内外研制的许多 CAPP 系统，大体可分为三种类型：样件法、创成法和综合法，其中样件法又称为变异法、派生法。

1. 样件法

在成组技术的基础上，将同一零件组中所有零件的主要型面特征合成主样件，再按主样件制定出适合本厂条件的典型工艺规程，并以文件的形式存储在计算机中，如图 2-66a 所示的"准备阶段"。当需编制一个新零件的工艺规程时，计算机会根据该零件的成组编码识别它所属的零件组，并调用该族主样件的典型工艺文件。然后根据输入的型面编码、尺寸和表面粗糙度等参数，从典型工艺文件中筛选出有关工序，并进行切削用量计算。对所编制的工艺规程，还可以通过人机对话方式进行修改，最后输出零件的工艺规程，如图 2-66b 所示的"编制阶段"。样件法原理简单，易于实现，但它是以前人的经验为基础的。而且所编制的工艺规程通常只局限于特定的工厂和产品。

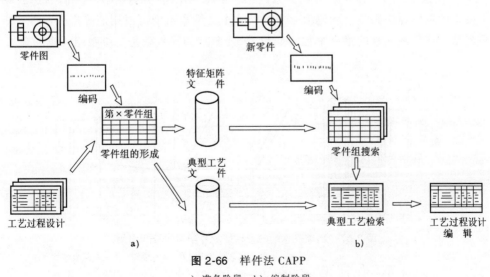

图 2-66　样件法 CAPP

a) 准备阶段　b) 编制阶段

2. 创成法

利用对各种工艺决策制定的逻辑算法语言自动地生成工艺规程。创成法只要求输入零件的图形和工艺信息，如材料、毛坯、表面粗糙度、加工精度要求等，计算机便自动地分析组成该零件的各种几何要素，对每个几何要素规定相应的加工要素（如加工方法、加工顺序等逻辑关系），以及各几何要素之间的逻辑关系（例如，先粗加工，后精加工；先加工定位基准面，后加工其他表面等原则）。即由计算机按照决策逻辑和优化公式，在不需要人工干预的条件下制定工艺规程。

由于组成复杂零件的几何要素很多，每一种要素可用不同的加工方法实现，它们之间的顺序又可以有多种组合方案，因此，工艺过程设计历来是一项经验性强而制约条件多的工作，往往要依靠工艺人员多年积累的丰富经验和知识做出决策，而不能仅仅依靠计算。为此，人们将人工智能的原理和方法引入到计算机辅助工艺过程设计中来，产生了 CAPP 专家系统。它不仅弥补了样件法 CAPP 的不足，而且更加符合实际，具有更大的灵活性和适应性。

尽管如此，目前利用创成法来制定工艺过程尚局限于某一特定类型的零件，其通用系统尚待研究。

3. 综合法

以样件法为主、创成法为辅，如其工序设计用样件法，而工步设计用创成法等。此方法综合考虑了样件法和创成法的优缺点，兼取两者之长，因此是很有发展前途的。

二、样件法 CAPP

1. 各种工艺信息的数字化

（1）零件编码的矩阵化　首先，按照所选用的零件分类编码系统（如 JLBM—1），将本厂生产的零件进行编码。为了使零件按其编码输入计算机后能够找到相应的零件组（族），必须先将零件的编码转换为矩阵，如图 2-67 所示零件按 JLBM—1 系统编码为 25270 03004 67679，为了形成该零件的矩阵，首先需将该零件编码的一维数组转换成二维数组（表 2-25）。在这个二维数组中，数组元素的第一个数表示编码的数位序号（码位），第二个数表示该零件编码在该码位上的码值。于是，这个二维数组就可以用矩阵来表示了。矩阵列的序号就是二维数组元素的第一个数（码位），矩阵行的序号就是二维数组元素的第二个数

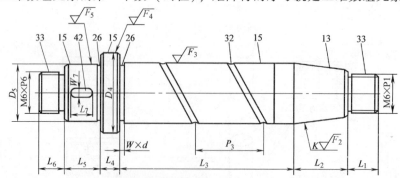

图 2-67 轴类零件组的主样件及其型面代号和编码

型面尺寸代号：D—直径　L—长度　K—锥度　W—槽宽或键宽　d—槽深　F—表面粗糙度等级

型面编码：13—外锥面　15—外圆面　26—退刀槽　32—油槽　33—外螺纹　42—键槽

表 2-25　零件编码转换

一维数组	2	5	2	7	0	0	3	0	0	4	6	7	6	7	9
二维数组	1, 2	2, 5	3, 2	4, 7	5, 0	6, 0	7, 3	8, 0	9, 0	10, 4	11, 6	12, 7	13, 6	14, 7	15, 9

（码值），如图 2-68a 所示。矩阵中行和列的交点即矩阵元素由"1"和"0"组成，"1"代表了二维数组的一个元素，表示该零件具有相应的结构—工艺特征，"0"则表示该零件不具有与此相应的结构—工艺特征。由于这个由"1"和"0"元素组成的矩阵反映了零件的结构—工艺特征，因此称为零件的特征矩阵。

	1	2	3	4	5	6	7	8	9	10	11	12	13	14	15
0	0	0	0	0	1	1	0	1	1	0	0	0	0	0	0
1	0	0	0	0	0	0	0	0	0	0	0	0	0	0	0
2	1	0	1	0	0	0	0	0	0	0	0	0	0	0	0
3	0	0	0	0	0	1	0	0	0	0	0	0	0	0	0
4	0	0	0	0	0	0	0	0	0	1	0	0	0	0	0
5	0	1	0	0	0	0	0	0	0	0	0	0	0	0	0
6	0	0	0	0	0	0	0	0	0	0	1	0	1	0	0
7	0	0	0	1	0	0	0	0	0	0	1	0	1	0	0
8	0	0	0	0	0	0	0	0	0	0	0	0	0	0	0
9	0	0	0	0	0	0	0	0	0	0	0	0	0	0	1

a)

	1	2	3	4	5	6	7	8	9	10	11	12	13	14	15
0	0	0	1	1	1	1	1	1	1	0	1	1	0	0	0
1	0	0	1	1	0	0	0	0	0	0	0	0	0	0	0
2	1	0	1	1	0	0	0	0	0	1	0	1	0	0	0
3	0	0	0	1	0	0	0	0	0	1	0	0	0	0	0
4	0	0	0	1	0	0	0	0	0	1	0	0	1	0	1
5	0	1	0	1	0	0	0	0	0	0	1	1	1	0	0
6	0	0	0	1	0	0	0	0	0	0	1	1	1	1	0
7	0	0	0	1	0	0	0	0	0	0	0	1	0	0	0
8	0	0	0	0	0	0	0	0	0	0	0	0	0	0	0
9	0	0	0	0	0	0	0	0	0	0	0	0	0	0	1

b)

图 2-68　特征矩阵

a) 零件　b) 零件组

（2）零件组特征的矩阵化　将同一零件组内所有零件的编码都转换成特征矩阵，并叠加起来，就得到零件组的特征矩阵，如图 2-68b 所示。

（3）主样件的设计　为了使主样件能更好地反映整个零件组的结构—工艺特征，需要对组内零件进行结构—工艺特征方面的频谱分析，频数大的特征必须反映到主样件上，频数小的特征可以舍去，使主样件既能反映绝大部分特征，又不至于过于复杂。

一般可从型面、尺寸及工艺特征等诸方面进行频谱分析，如图 2-69 所示为某一轴类零件组型面特征的频谱分析图。可以看出，频数较多的有外圆柱面、沉割槽、倒角和外螺纹等，频数较少的是成形表面和滚花。因此，在设计主样件时，可以不包括成形表面和滚花，有需要时可通过插入操作对计算机输出的工艺规程进行修改。

采用类似的方法也可对尺寸及工艺特征（包括型面参数和加工工序）进行频谱分析。

（4）零件型面的数字化 零件的编码虽然表示了零件的结构—工艺特征，但是它不能表示零件的所有表面。机械加工的工序工步必须针对零件的每个具体表面，因此必须对零件的每个表面编码。如图 2-67 所示，其中用 33 表示外螺纹，13 表示外锥面，15 表示外圆面等。

（5）工序工步名称的数字化 为使计算机能按统一的方法调出工序和工步的名称，必须对所有工序工步按其名称进行统一编码。假设某一 CAPP 系统有 99 个不同工步，就可用 1、2、…、99 这 99 个数来表示这些工步的编码，如用 32、33 分别表示粗车、精车，44 表示磨削等。热处理、检验等非机械加工工序以及装夹、调头装夹等操作也当作一个工步编码，如用 1 表示装夹，5 表示检验，10 表示调头装夹，14 表示钻中心孔等。

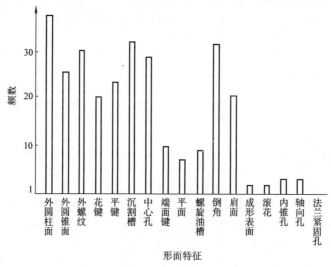

图 2-69 某一轴类零件组型面特征的频谱分析图

有了零件各种型面和各种工步的编码之后，就可用一个（N×4）的矩阵来表示零件的综合加工工艺路线，如图 2-70a 所示。图 2-70b 所示为一个简单零件综合工艺路线的示例。矩阵中的行是以工步为单位的，每一个工步占一行。总工步数就决定了矩阵的行数。矩阵中第一列为工序的序号，多工步工序的工序号是相同的。矩阵中第二列为工序中工步的序号。第三列为该工步所加工零件表面的型面编码。如果该工步不是加工零件型面的操作，则用"0"表示。第四列为该工步名称编码。由图 2-70b 中矩阵第一、二列可知，该工艺路线由 4 道工序组成，其中第一、二工序都有 4 个工步。在第三列中，"0"表示该工步不加工零件型面，15 表示外圆面，13 表示外锥面。第四列中工步编码的含义已在前面讲过。由此可见，图 2-70b 所示的矩阵描述了一个由圆柱面与圆锥面组成的零件综合加工工艺路线，即①装夹，钻中心孔，粗、精车外圆面。②调头装夹，钻中心孔，粗、精车外圆锥面。③磨外圆面。④检验。

实际零件的工艺路线虽然可以很复杂，但其原理是相同的。

（6）工序工步内容的数字化 如图 2-71 所示，矩阵中的每一行表示一个工步，矩阵的总行数由总的工步数确定。矩阵的第一列为工步的序号，第二列为工步的名称编码，第三、四列是该工步所用机床和刀具的编码，第五、六列为该工步所采用的进给量和背吃刀量数值，第七、八列为用于计算切削数据和基本时间的公式编码，第九列为该工步所属工序编码。

以上各种工艺信息的数字化方法，只是一种原理性的介绍，对于每个具体的 CAPP 软件，还会有其各自的特点。

2. CAPP 的数据库

各种工艺信息经过数字化以后，便形成了大量的数据，这些数据必须以文件的形式集合起来，存在存储器中，形成数据库，以备检索和调用。典型的文件有：成组编码特征矩阵文件、典型工艺（主样件工艺）文件、工艺数据文件等。

a)

一 工序号
二 组成每个工序的工步号
三 工序或工步加工的型面编码
四 所属工序或工步的总编码

b)

1	1	0	1
1	2	0	14
1	3	15	32
1	4	15	33
2	1	0	10
2	2	0	14
2	3	13	32
2	4	13	33
3	1	15	44
4	1	0	5

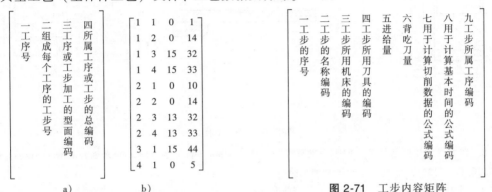

图 2-70　主样件综合加工工艺路线矩阵
a）矩阵内容　b）矩阵示例

一 工步的序号
二 工步的名称编码
三 工步所用机床的编码
四 工步所用刀具的编码
五 进给量
六 背吃刀量
七 用于计算切削数据的公式编码
八 用于计算基本时间的公式编码
九 工步所属工序编码

图 2-71　工步内容矩阵

习题与思考题

2-1　何谓机械加工工艺规程？工艺规程在生产中起何作用？

2-2　简述机械加工工艺过程卡和工序卡的主要区别以及它们的应用场合。

2-3　简述机械加工工艺过程的设计原则、步骤和内容。

2-4　试分析图 2-72 所示零件有哪些结构工艺性问题，并提出正确的改进意见。

2-5　图 2-73 所示为车床主轴箱体的一个视图，其中Ⅰ孔为主轴孔，是重要孔，加工时希望余量均匀。试选择加工主轴孔的粗、精基准。

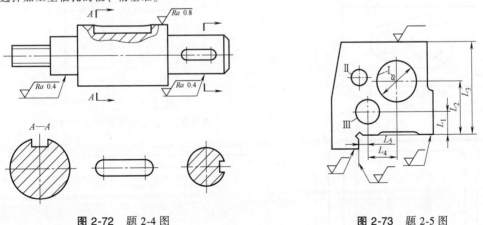

图 2-72　题 2-4 图

图 2-73　题 2-5 图

2-6　试分别选择图 2-74 所示各零件的粗、精基准（其中，图 2-74a 所示为齿轮零件简图，毛坯为模锻件；图 2-74b 所示为液压缸体零件简图，毛坯为铸件；图 2-74c 所示为飞轮简图，毛坯为铸件）。

2-7　何谓加工经济精度？选择加工方法时应考虑的主要问题有哪些？

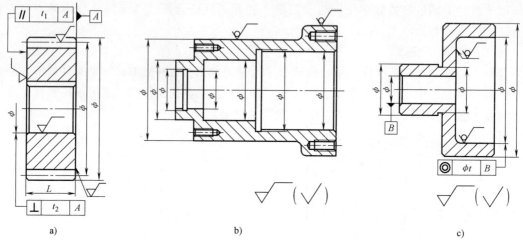

图 2-74 题 2-6 图

2-8 在大批量生产条件下，加工一批直径为 $\phi25_{-0.008}^{0}$ mm、长度为 58mm 的光轴，其表面粗糙度 Ra 值小于 0.16μm，材料为 45 钢，试安排其加工路线。

2-9 图 2-75 所示箱体零件的两种工艺安排如下：

（1）在加工中心上加工 粗、精铣底面；粗、精铣顶面；粗镗、半精镗、精镗 ϕ80H7 孔和 ϕ60H7 孔；粗、精铣两端面。

（2）在流水线上加工 粗刨、半精刨底面，留精刨余量；粗、精铣两端面；粗镗、半精镗 ϕ80H7 孔和 ϕ60H7 孔，留精镗余量；粗刨、半精刨、精刨顶面；精镗 ϕ80H7 和 ϕ60H7 孔；精刨底面。

试分别分析上述两种工艺安排有无问题，若有问题需提出改进意见。

2-10 何谓毛坯余量？何谓工序余量？影响工序余量的因素有哪些？

2-11 图 2-76 所示小轴是大量生产，毛坯为热轧棒料，经过粗车、精车、淬火、粗磨、精磨后达到图样要求。现给出各工序的加工余量及工序尺寸公差，见表 2-26。毛坯的尺寸公差为±1.5mm。试计算工序尺寸，标注工序尺寸公差，计算精磨工序的最大余量和最小余量。

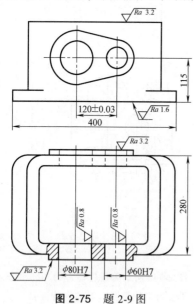

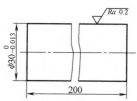

图 2-76 题 2-11 图

表 2-26 加工余量及工序尺寸公差

（单位：mm）

工序名称	加工余量	工序尺寸公差
粗车	3.00	0.210
精车	1.10	0.052
粗磨	0.40	0.033
精磨	0.10	0.013

图 2-75 题 2-9 图

2-12 欲在某工件上加工 $\phi72.5^{+0.03}_{0}$ mm 孔，其材料为 45 钢，加工工序：扩孔；粗镗孔；半精镗、精镗孔；精磨孔。已知各工序尺寸及公差如下：

精磨—$\phi72.5^{+0.03}_{0}$ mm； 半精镗—$\phi70.5^{+0.19}_{0}$ mm； 扩孔—$\phi64^{+0.46}_{0}$ mm；

精镗—$\phi71.8^{+0.046}_{0}$ mm； 粗镗—$\phi68^{+0.3}_{0}$ mm； 模锻孔—$\phi59^{+1}_{-2}$ mm。

试计算各工序加工余量及余量公差。

2-13 在图 2-77 所示工件中，$L_1 = 70^{-0.025}_{-0.050}$ mm，$L_2 = 60^{0}_{-0.025}$ mm，$L_3 = 20^{+0.15}_{0}$ mm，L_3 不便直接测量，试重新给出测量尺寸，并标注该测量尺寸的公差。

2-14 图 2-78 所示为某零件的一个视图，其中槽深为 $5^{+0.3}_{0}$ mm，该尺寸不便直接测量，为检验槽深是否合格，可直接测量哪些尺寸？试标出它们的尺寸及公差。

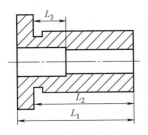

图 2-77 题 2-13 图

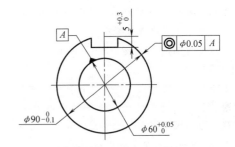

图 2-78 题 2-14 图

2-15 某齿轮零件，其轴向设计尺寸如图 2-79 所示，试根据下述工艺方案标注各工序尺寸的公差：

1）车端面 1 和端面 4。

2）以端面 1 为轴向定位基准车端面 3；直接测量端面 4 和端面 3 之间的距离。

3）以端面 4 为轴向定位基准车端面 2，直接测量端面 1 和端面 2 之间的距离（提示：属于公差分配问题）。

2-16 图 2-80 所示小轴的部分工艺过程：车外圆至 $\phi30.5^{0}_{-0.1}$ mm，铣键槽深度为 H^{+T}_{0}，热处理，磨外圆至 $\phi30^{+0.036}_{+0.015}$ mm。设磨后外圆与车后外圆的同轴度公差为 $\phi0.05$ mm，求保证键槽深度为 $4^{+0.2}_{0}$ mm 的铣槽深度 H^{+T}_{0}。

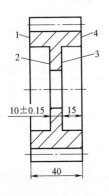

图 2-79 题 2-15 图

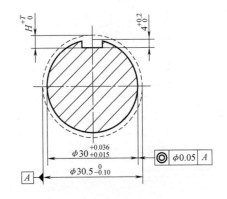

图 2-80 题 2-16 图

2-17 一批小轴其部分工艺过程：车外圆至 $\phi20.6^{0}_{-0.04}$ mm，渗碳淬火，磨外圆至 $\phi20^{0}_{-0.02}$ mm。试计算

保证淬火层深度为 0.7~1.0mm 的渗碳工序渗入深度 t。

2-18　图 2-81a 所示为某零件轴向设计尺寸简图，其部分工序如图 2-81b、c、d 所示。试校核工序图上所标注的工序尺寸及公差是否正确，如有错误，应如何改正?

2-19　拟用数控镗铣床加工某箱体孔系，该箱体 O_1、O_2 孔的位置尺寸如图 2-82 所示，试确定镗孔顺序，并计算有关坐标尺寸及坐标尺寸公差。

2-20　何谓劳动生产率? 提高机械加工劳动生产率的工艺措施有哪些?

2-21　何谓时间定额? 何谓单件时间? 如何计算单件时间?

2-22　何谓生产成本与工艺成本? 两者有何区别? 比较不同工艺方案的经济性时，需要考虑哪些因素?

2-23　简述数控加工的主要特点。

2-24　简述在数控工序设计中有哪些必须考虑的主要问题。

2-25　拟在立式数控铣床上对图 2-83 所示零件铣槽，试编制该工序的加工程序（假定其他表面已按技术要求加工好）。

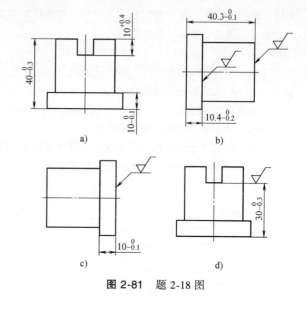

图 2-81　题 2-18 图

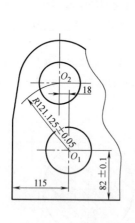

图 2-82　题 2-19 图

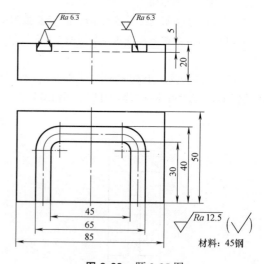

图 2-83　题 2-25 图

2-26　成组技术最适合于哪些生产类型的工厂采用? 它能提高生产率的原因何在?

2-27　试按 JLBM—1 编码系统对图 2-84 所示的零件进行编码。

2-28　何谓 CAPP? 一个 CAPP 系统一般包括哪几个组成部分?

2-29　样件法与创成法 CAPP 在原理上有何异同? 各有何优缺点? 各适合于何种场合?

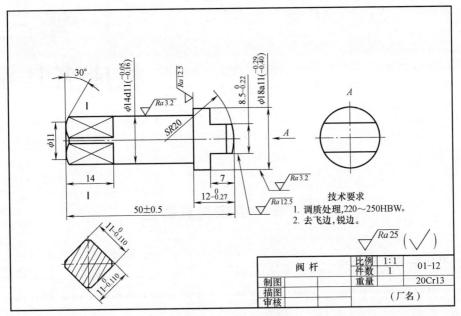

技术要求
1. 调质处理,220~250HBW。
2. 去飞边,锐边。

阀 杆	比例	1:1	01-12
	件数	1	
制图		重量	20Cr13
描图			
审核		（厂名）	

图 2-84　题 2-27 图

103

第三章
机床夹具设计

第一节　机床夹具概述

一、机床夹具及其组成

机床夹具是在机床上装夹工件的一种装置，其作用是使工件相对于机床和刀具有一个正确的位置，并在加工过程中保持这个位置不变。

图 3-1 所示为一个在铣床上使用的夹具。其中图 3-1a 所示为在该夹具上加工的连杆零件工序图，图 3-1b 为夹具实体图，图 3-1c 为夹具装配图。工序要求工件以一面两孔定位，分四次安装铣削大头孔两端面处的共八个槽。工件以端面安放在夹具底板 4 的定位面 N 上，大、小孔分别套在圆柱销 5 和菱形销 1 上，并用两个压板 7 压紧。夹具通过两个定向键 3 在铣床工作台上定位，并通过夹具底板 4 上的两个 U 形槽，用 T 形槽螺栓和螺母紧固在工作台上。铣刀相对于夹具的位置则用对刀块 2 调整。为防止夹紧工件时压板转动，在压板的一侧设置了止动销 11。

由图 3-1 可以看出机床夹具的基本组成部分，主要有：

（1）定位元件或装置　用以确定工件在夹具上的位置，如图 3-1 中的夹具底板 4（顶面 N）、圆柱销 5 和菱形销 1。

（2）刀具导向元件或装置　用以引导刀具或调整刀具相对于夹具定位元件的位置，如图 3-1 中的对刀块 2。

（3）夹紧元件或装置　用以夹紧工件，如图 3-1 中的压板 7、螺母 9、螺栓 10 等。

（4）连接元件　用以确定夹具在机床上的位置并与机床相连接，如图 3-1 中的定向键 3、夹具底板 4 的 U 形槽等。

（5）夹具体　用以连接夹具各元件或装置，使之成为一个整体，并通过它将夹具安装在机床上，如图 3-1 中的夹具底板 4。

（6）其他元件或装置　除上述（1）～（5）以外的元件或装置，如某些夹具上的分度装置、防错（防止工件错误安装）装置、安全保护装置，为便于卸下工件而设置的顶出器等。图 3-1 中的止动销 11 也属于此类元件。

二、机床夹具的功能

机床夹具的主要功能如下：

1）保证加工质量。使用机床夹具的首要任务是保证加工精度，特别是保证被加工工件

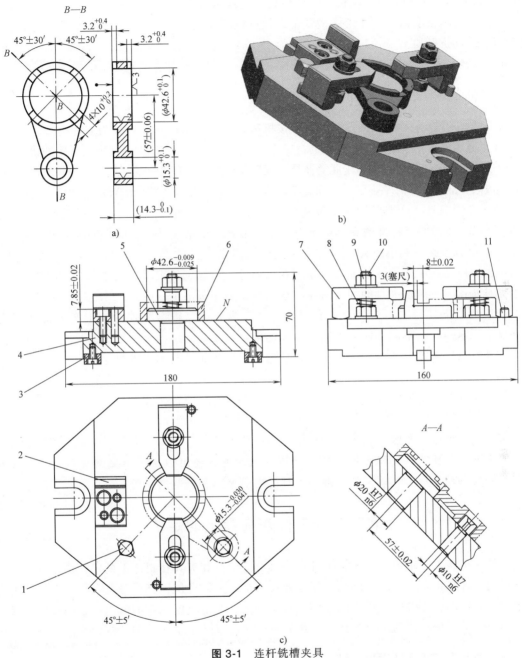

图 3-1 连杆铣槽夹具

1—菱形销 2—对刀块 3—定向键 4—夹具底板 5—圆柱销
6—工件 7—压板 8—弹簧 9—螺母 10—螺栓 11—止动销

加工面与定位面之间以及待加工表面相互之间的位置精度。在使用机床夹具后，这种精度主要依靠夹具和机床来保证，而不再依赖于工人的技术水平。

2）提高生产效率，降低生产成本。使用夹具后可减少划线、找正等辅助时间，且易实现多件、多工位加工。在现代机床夹具中，广泛采用气动、液动等机动夹紧装置，可使辅助时间进一步减少。

3）扩大机床工艺范围。在机床上使用夹具可使加工变得方便，并可扩大机床的工艺范围。例如，在车床或钻床上使用镗模，可以代替镗床镗孔；又如，使用靠模夹具，可在车床或铣床上进行仿形加工。

4）减轻工人劳动强度，保证安全生产。

三、机床夹具的分类

机床夹具可以有多种分类方法。通常按机床夹具的使用范围，可分为五种类型。

（1）通用夹具　如在车床上常用的自定心卡盘、单动卡盘、顶尖，铣床上常用的机用平口钳、分度头、回转工作台等均属于此类夹具。该类夹具由于具有较大的通用性，故得其名。通用夹具一般已标准化，并由专业工厂（如机床附件厂）生产，常作为机床的标准附件提供给用户。

（2）专用夹具　这类夹具是针对某一工件的某一工序而专门设计的，因其用途专一而得名。图 3-1 所示的连杆铣槽夹具就是一个专用夹具。专用夹具广泛应用于批量生产中。

（3）可调整夹具和成组夹具　这类夹具的特点是夹具的部分元件可以更换，部分装置可以调整，以适应不同零件的加工。用于相似零件成组加工的夹具，通常称为成组夹具。与成组夹具相比，可调整夹具的加工对象不很明确，适用范围更广一些。

（4）组合夹具　这类夹具由一套标准化的夹具元件，根据零件的加工要求拼装而成。就好像搭积木一样，不同元件的不同组合和连接可构成不同结构和用途的夹具。夹具用完以后，元件可以拆卸重复使用。这类夹具特别适合于新产品试制和小批量生产。

（5）随行夹具　这是一种在自动线或柔性制造系统中使用的夹具。工件安装在随行夹具上，除完成对工件的定位和夹紧外，还载着工件由输送装置送往各机床，并在各机床上被定位和夹紧。

机床夹具也可以按照加工类型和机床类型来分类，可分为车床夹具、铣床夹具、钻床夹具、镗床夹具、磨床夹具和数控机床夹具等。机床夹具还可以按其夹紧装置的动力源来分类，可分为手动夹具、气动夹具、液动夹具、电磁夹具和真空夹具等。

第二节　工件在夹具上的定位

工件在机床上的定位实际包括工件在夹具上的定位和夹具在机床上的定位两个方面。本节只讨论工件在夹具上的定位问题。至于夹具在机床上的定位，其原理与工件在夹具上的定位相同，具体内容可参照本章第四节中的有关部分。关于定位原理的概念在第一章中已做介绍，本节着重讨论具体的定位方法、常用的定位元件以及定位误差的分析计算。

一、常用定位方法与定位元件

1. 工件以平面定位

平面定位的主要形式是支承定位。夹具上常用的支承元件有以下几种。

（1）固定支承　固定支承有支承钉和支承板两种形式。图 3-2a、b、c 所示为国家标准规定的三种支承钉，其中 A 型多用于精基准面的定位，B 型多用于粗基准面的定位，C 型多用于工件侧面定位。图 3-2d、e 所示为国家标准规定的两种支承板，其中 B 型用得较多，A 型由于不利于清屑，常用于工件的侧面定位。

（2）可调支承　支承点的位置可以调整的支承称为可调支承。图 3-3 所示为几种常见的可调支承。当工件定位表面不规整或工件批与批之间毛坯尺寸变化较大时，常使用可调支承。可调支承也可用作成组夹具的调整元件。

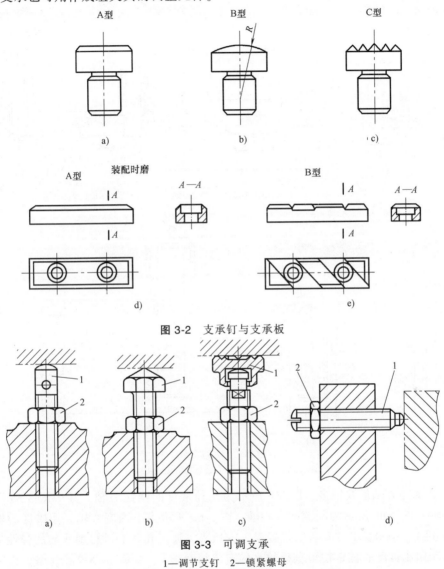

图 3-2　支承钉与支承板

图 3-3　可调支承
1—调节支钉　2—锁紧螺母

（3）自位支承　自位支承在定位过程中，支承点可以自动调整其位置以适应工件定位表面的变化。图 3-4 所示为常见的几种自位支承形式。自位支承通常只限制一个自由度，即实现一点定位。自位支承常用于毛坯表面、断续表面、阶梯表面以及有角度误差的平面定位。

（4）辅助支承　辅助支承是在工件完成定位后才参与支承的元件，它不起定位作用，而只起支承作用，常用于在加工过程中加强被加工部位的刚度（图 3-25）。辅助支承有多种形式，图 3-5 所示为其中的三种。其中第一种（图 3-5a）结构简单，但转动支承 1 时，可能因摩擦力而带动工件。第二种（图 3-5b）结构避免了第一种结构的缺点，转动螺母 2，支承 1 只上下移动。这两种结构动作较慢，且用力不当会破坏工件已定好的位置。图 3-5c 所示为自动调节支承，靠弹簧 3 的弹力使支承 1 与工件接触，转动手柄 4 将支承 1 锁紧。

2. 工件以圆柱孔定位

工件以圆柱孔定位通常属于定心定位（定位基准为孔的轴线），夹具上相应的定位元件是心轴和定位销。

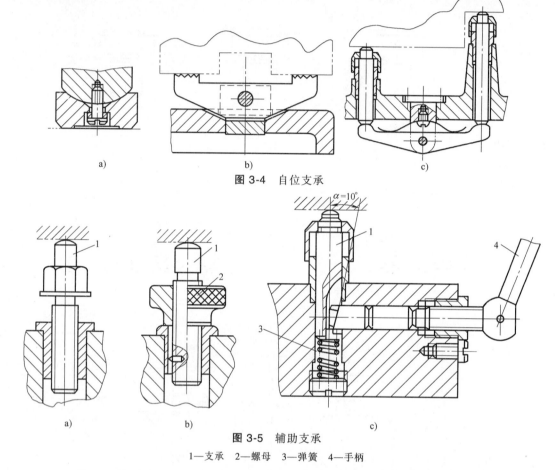

图 3-4　自位支承

图 3-5　辅助支承

1—支承　2—螺母　3—弹簧　4—手柄

（1）心轴　心轴形式很多，图 3-6 所示为几种常见的刚性心轴。其中图 3-6a 所示为过盈配合心轴，图 3-6b 所示为间隙配合心轴，图 3-6c 所示为小锥度心轴。小锥度心轴的锥度为 1：5000～1：1000。工件安装时轻轻敲入或压入，通过孔和心轴接触表面的弹性变形来夹紧工件。使用小锥度心轴定位可获得较高的定位精度。

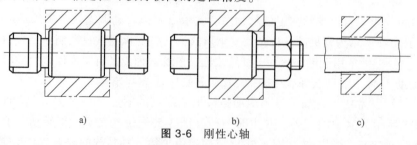

图 3-6　刚性心轴

除了刚性心轴外，在生产中还经常采用弹性心轴、液塑心轴（图 3-38）、自动定心心轴（图 3-35）等。这些心轴在工件定位的同时将工件夹紧，使用方便。

工件在心轴上定位通常限制了除绕工件自身轴线转动和沿工件自身轴线移动以外的四个自由度，是四点定位。

（2）定位销　图 3-7 所示为国际标准规定的圆柱定位销，其工作部分直径 d 通常根据加工要求和考虑便于装夹，按 g6、g7、f6 或 f7 制造。定位销与夹具体的连接可采用过盈配合（图 3-7a、b、c），也可以采用间隙配合（图 3-7d）。圆柱定位销通常限制工件的两个自由度。

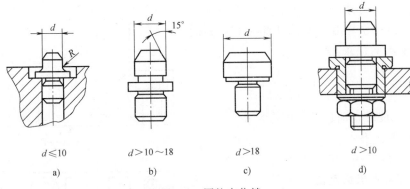

图 3-7　圆柱定位销

当要求孔销配合只在一个方向上限制工件的自由度时，可使用菱形销，如图 3-8a 所示。

工件也可以用圆锥销定位，如图 3-8b、c 所示。其中图 3-8b 多用于毛坯孔定位，图 3-8c 多用于光孔定位。圆锥销一般限制工件的三个移动自由度。

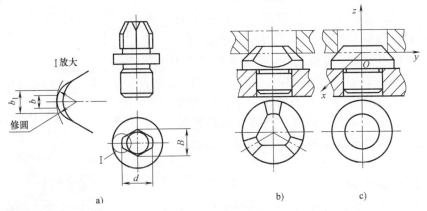

图 3-8　菱形销与圆锥销

3. 工件以外圆表面定位

工件以外圆表面定位有两种形式：定心定位和支承定位。工件以外圆表面定心定位的情况与圆柱孔定位相似，只是用套筒或卡盘代替了心轴或圆柱销（图 3-9a），用锥套代替了锥销（图 3-9b）。

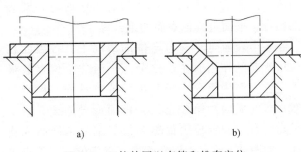

图 3-9　工件外圆以套筒和锥套定位

工件以外圆表面支承定位常用的定位元件是 V 形块。V 形块两斜面之间的夹角 α 通常取 60°、90°和 120°，其中 90°用得最多。90°V 形块的结构已标准化，如图 3-10 所示。使用 V 形块定位不仅对中性好，并可以用于非完整外圆表面的定位。

V 形块有长短之分，长 V 形块（或两个短 V 形块的组合）限制工件的四个自由度，短 V 形块则限制工件的两个自由度。V 形块又有固定与活动之分，活动 V 形块在可移动方向上对工件不起定位作用。

V 形块在夹具上的安装尺寸 T 是 V 形块的主要设计参数，该尺寸常用作 V 形块测量和调整的依据。由图 3-10 可以求出

$$T = H + \frac{1}{2}\left[\frac{D}{\sin(\alpha/2)} - \frac{N}{\tan(\alpha/2)}\right] \quad (3\text{-}1)$$

式中　D——工件或心轴直径的平均尺寸。

当 $\alpha = 90°$ 时，有

$$T = H + 0.707D - 0.5N$$

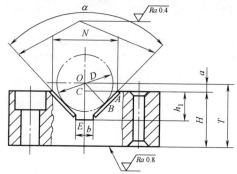

4. 工件以其他表面定位

工件除了以平面、圆柱孔和外圆表面定位外，有时也用其他形式的表面定位。图 3-11 所示为工件以锥孔定位的例子，锥度心轴限制了工件除绕自身轴线转动之外的五个自由度。

图 3-12 所示为工件（齿轮）以渐开线齿面定位的例子。三个定位圆柱 6（称为节圆柱）均布（或近似均布）插入齿间，实现分度圆定位。在推杆 1 的作用下，弹性薄膜盘 2 向外突出，带动三个卡爪 4 张开，可以安放工件。工件就位后，推杆 1 收回，弹性薄膜盘 2 在自身弹性回复力的作用下，带动卡爪 4 收缩，将工件夹紧。该夹具广泛用于齿轮热处理后的磨孔工序中，可保证齿轮孔与齿面之间的同轴度。

5. 定位表面的组合

实际生产中经常遇到的不是单一表面定位，而是几个定位表面的组合。常见的定位表面组合有平面与平面的组合，平面与孔的组合，平面与外圆表面的组合，平面与其他表面的组合等。

在多个表面同时参与定位的情况下，各表面在定位中所起的作用有主次之分。一般称定位点数最多的定位表面为第一定位基准面或支承面，称定位点数次多的表面为第二定位基准面或导向面，对于定位点数为一的定位表面称为第三定位基准面或止动面。如图 3-1 所示，连杆端面三点定位，定位点数

图 3-10　V 形块

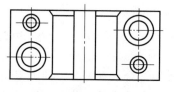

图 3-11　工件以锥孔定位

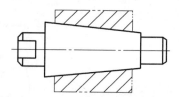

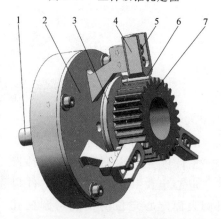

图 3-12　工件以渐开线齿面定位

1—推杆　2—弹性薄膜卡盘　3—保持架　4—卡爪
5—螺钉　6—节圆柱　7—工件（齿轮）

110

最多，是工件的第一定位基准面；连杆大头孔两点定位，是工件的第二定位基准面；连杆小头孔只有一点定位，是工件的第三定位基准面。

在分析多个表面定位情况下各表面限制的自由度时，分清主次定位面很有必要。例如，图 3-13 所示的轴类零件在机床前后顶尖上定位时，应首先确定前顶尖限制的自由度，它们分别是 $\vec{x}$、$\vec{y}$ 和 $\vec{z}$，然后再分析后顶尖限制的自由度。孤立地看，由于后顶尖可以在 z 方向上移动，故限制 $\vec{x}$ 和 $\vec{y}$ 两个移动自由度。但若与前顶尖一起考虑，则后顶尖实际限制的是 $\widehat{x}$ 和 $\widehat{y}$ 两个转动自由度。

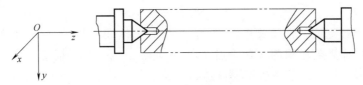

图 3-13 工件在两顶尖上定位

6. 一面两孔定位

在加工箱体类零件时常采用一面两孔（一个大平面和垂直于该平面的两个圆孔）组合定位，夹具上相应的定位元件是一面两销（图 3-1）。为了避免由于过定位引起的工件安装时的干涉，两销中的一个应采用菱形销。菱形销的宽度可以通过几何关系求出。

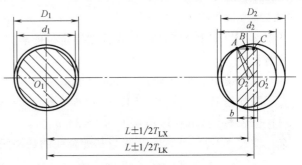

图 3-14 菱形销的宽度计算

参考图 3-14，考虑极端情况：两孔中心距为最大（$L+1/2T_{LK}$），两销中心距最小（$L-1/2T_{LX}$），两孔直径均为最小（分别为 D_1 和 D_2），两销直径均为最大（分别为 $d_1 = D_1 - \Delta_{1\min}$ 和 $d_2 = D_2 - \Delta_{2\min}$）。由 $\triangle AO_2B$ 和 $\triangle AO_2'C$ 可得

$$\overline{AO_2'}^2 - \overline{AC}^2 = \overline{AO_2}^2 - \overline{AB}^2$$

即

$$\left(\frac{D_2}{2}\right)^2 - \left[\frac{b}{2} + \frac{1}{2}(T_{LK}+T_{LX})\right]^2 = \left(\frac{D_2 - \Delta_{2\min}}{2}\right)^2 - \left(\frac{b}{2}\right)^2$$

整理后得

$$b = \frac{D_2\Delta_{2\min}}{T_{LK}+T_{LX}}$$

考虑到孔 1 与销 1 之间间隙的补偿作用，上式变为

$$b = \frac{D_2\Delta_{2\min}}{T_{LK}+T_{LX}-\Delta_{1\min}} \tag{3-2}$$

式中 b——菱形销宽度；

D_1、D_2——与圆柱销和菱形销配合孔的最小直径；

Δ_{1min}、Δ_{2min}——孔 1 与销 1，孔 2 与销 2 的最小间隙；

T_{LK}、T_{LX}——两孔中心距和两销中心距的公差。

在实际生产中，由于菱形销的尺寸已标准化，因而常按下面步骤进行两销设计。

1）确定两销中心距尺寸及公差。取工件上两孔中心距的公称尺寸为两销中心距的公称尺寸，其公差取工件孔中心距公差的 $\dfrac{1}{5} \sim \dfrac{1}{3}$，即令 $T_{LX} = \left(\dfrac{1}{5} \sim \dfrac{1}{3} \right) T_{LK}$。

2）确定圆柱销直径及其公差。取相应孔的最小直径作为圆柱销直径的公称尺寸，其公差一般取 g6 或 f7。

3）确定菱形销宽度、直径及其公差。首先按有关标准（表 3-1）选取菱形销的宽度 b；然后按式（3-2）计算菱形销与其配合孔的最小间隙 Δ_{2min}；再计算菱形销直径的公称尺寸 $d_2 = D_2 - \Delta_{2min}$；最后按 h6 或 h7 确定菱形销的直径公差。

表 3-1　菱形销的结构尺寸 （单位：mm）

d	>3~6	>6~8	>8~20	>20~25	>25~32	>32~40	>40~50
B	$d-0.5$	$d-1$	$d-2$	$d-3$	$d-4$	$d-5$	$d-6$
b	1	2	3	3	3	4	5
b_1	2	3	4	5	5	6	8

注：d、B、b、b_1 的含义如图 3-8a 所示。

【例 3-1】　计算图 3-1 所示夹具两销定位的有关尺寸。

【解】

1）取两销中心距为 57 ± 0.02mm。

2）取圆柱销直径为 $d_1 = \phi 42.6 \text{g6} = \phi 42.6^{-0.009}_{-0.025}$mm。

3）按表 3-1 选取菱形销宽度为 $b = 3$mm。

4）按式（3-2）计算菱形销与其配合孔的最小间隙为

$$\Delta_{2min} = \frac{(T_{LK} + T_{LX} - \Delta_{1min})\, b}{D_2} = \frac{(0.12 + 0.04 - 0.009) \times 3}{15.3} \text{mm} = 0.03\text{mm}$$

5）按 h6 确定菱形销的直径公差，最后得

$$d_2 = \phi 15.3^{-0.030}_{-0.041}\text{mm}$$

二、定位误差计算

1. 定位误差的概念

定位误差是由于工件在夹具上（或机床上）定位不准确而引起的加工误差。例如，在一根轴上铣键槽，要求保证槽底至轴线的距离 H。若采用 V 形块定位，键槽铣刀按规定尺寸 H 调整好位置（图 3-15）。实际加工时，由于工件外圆直径尺寸有大有小，会使外圆中心位置发生变化。若不考虑加工过程中产生的其他加工误差，仅由于工件圆

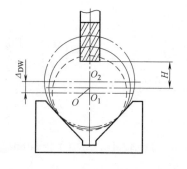

图 3-15　定位误差

心位置的变化也会使工序尺寸 H 发生变化。此变化量（即加工误差）是由于工件的定位而引起的，故称为定位误差，常用 Δ_{DW} 表示。

定位误差的来源主要有两方面：①由于工件的定位表面或夹具上的定位元件制作不准确而引起的定位误差，称为基准位置误差，常用 Δ_{JW} 表示。例如，图 3-15 所示定位误差就是由于工件定位面（外圆表面）尺寸不准确而引起的。②由于工件的工序基准与定位基准不重合而引起的定位误差，称为基准不重合误差，常用 Δ_{JB} 表示。例如，图 3-16 所示工件以底面定位铣台阶面，要求保证尺寸 a，即工序基准为工件顶面。若刀具已调整好位置，则由于尺寸 b 的误差会使工件顶面位置发生变化，从而使工序尺寸 a 产生误差。

在采用调整法加工时，工件的定位误差实质上就是工序基准在加工尺寸方向上的最大变动量。因此，计算定位误差首先要找出工序尺寸的工序基准，然后求其在加工尺寸方向上的最大变动量即可。计算定位误差可以采用几何方法，也可以采用微分方法。

2. 用几何方法计算定位误差

采用几何方法计算定位误差通常要画出工件的定位简图，并在图中夸张地画出工件变动的极限位置，然后运用三角几何知识，求出工序基准在工序尺寸方向上的最大变动量，即为定位误差。

【例 3-2】 图 3-17 所示为孔销间隙配合时的定位误差。若工件的工序基准为孔心，试确定孔销间隙配合时的定位误差。

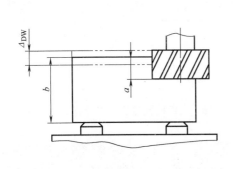

图 3-16 由于基准不重合引起的定位误差

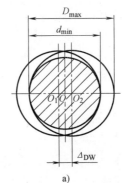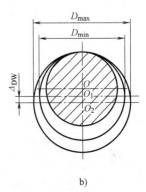

a)　　　　　　b)

图 3-17 孔销间隙配合时的定位误差

【解】 如图 3-17a 所示，当工件孔径为最大，定位销直径为最小时，孔心在任意方向上的最大变动量均为孔与销的最大间隙，即无论工序尺寸方向如何（只要工序尺寸方向垂直于孔的轴线），孔销间隙配合的定位误差为

$$\Delta_{DW} = D_{max} - d_{min} \tag{3-3}$$

式中　　Δ_{DW}——定位误差；

D_{max}——工件上定位孔的最大直径；

d_{min}——夹具上定位销的最小直径。

在某些特殊情况下，工件上的孔可能与夹具上的定位销保持固定边接触（图 3-17b）。此时可求出由于孔径变化造成孔心在接触点与销中心连线方向上的最大变动量为

$$\frac{1}{2}(D_{max} - D_{min}) = \frac{1}{2}T_D$$

即孔径公差的一半。若工件的工序基准仍然是孔心，且工序尺寸方向与固定接触点和销中心连线方向相同，则孔销间隙配合并保持固定边接触的情况下，其定位误差的计算公式为

113

$$\Delta_{DW} = \frac{1}{2}(D_{max} - D_{min}) = \frac{1}{2}T_D \tag{3-4}$$

式中　D_{max}、D_{min}——分别为定位孔的最大、最小直径；

　　　　T_D——孔径公差。

在这种情况下，孔在销上的定位实际上已由定心定位转变为支承定位的形式，定位基准变成了孔的一条母线（图3-17b所示为孔的上母线）。此时的定位误差是由于定位基准与工序基准不重合造成的，属于基准不重合误差，与销直径公差无关。

【例3-3】　求如图3-1所示工件在其夹具上加工时的定位误差。

【解】　考查工件上与使用夹具有关的工序尺寸及工序要求（即工序位置尺寸和位置度要求）有：①槽深$3.2^{+0.4}_{0}$mm；②槽中心线与大小头孔中心连线的夹角$45°\pm30'$。③槽中心平面过大头孔轴线（此项要求工序图上未注明，但实际存在）。下面对这三项要求的定位误差分别进行讨论。

1）第一项要求。工序基准为槽顶端面，而定位基准为与槽顶端面相对的另一端面，存在基准不重合误差，其值为两端面距离尺寸公差，即0.1mm。且定位端面已加工过，其基准位置误差可近似认为等于零。故对于该项要求，定位误差为

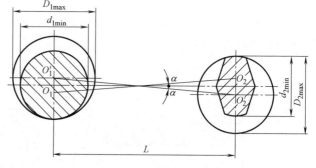

图3-18　一面两孔定位误差计算

$$\Delta_{DW} = \Delta_{JB} = 0.1mm$$

2）第二项要求。工序基准为两孔中心连线，与定位基准一致，不存在基准不重合误差。下面计算基准位置误差。图3-18示意画出了工件两孔中心连线$O'_1O'_2$与夹具上两销中心连线O_1O_2偏移的情况（图中画出一个极端位置，另一个极端位置只画出孔心连线）。当两孔直径均为最大，而两销直径均为最小时，可能出现的最大偏移角为

$$\alpha = \arctan\left(\frac{D_{1max} - d_{1min} + D_{2max} - d_{2min}}{2L}\right)$$

由此得到一面两孔定位时转角定位误差的计算公式为

$$\Delta_{DW} = \pm\arctan\left(\frac{D_{1max} - d_{1min} + D_{2max} - d_{2min}}{2L}\right) \tag{3-5}$$

式中　D_{1max}、D_{2max}——工件上与圆柱销和菱形销配合孔的最大直径；

　　　d_{1min}、d_{2min}——夹具上圆柱销和菱形销的最小直径；

　　　　　　L——两孔（两销）中心距。

将本例中的参数代入式（3-5），可得

$$\Delta_{DW} = \pm\arctan\left(\frac{0.1 + 0.025 + 0.1 + 0.041}{2\times57}\right) \approx \pm8'$$

3）第三项要求。工序基准为大头孔轴线，与定位基准重合，故只计算基准位置误差。

该项误差等于孔销配合的最大间隙，即

$$\Delta_{DW} = \Delta_{JW} = D_{1max} - d_{1min} = （0.1+0.025） \, mm = 0.125mm$$

3. 用微分方法计算定位误差

如前所述，定位误差实质上就是工序基准在加工尺寸方向上的最大变动量。这个变动量相对于公称尺寸而言是个微量，因而可将其视为某个公称尺寸的微分。找出以工序基准为端点的在加工尺寸方向上的某个公称尺寸，对其进行微分，就可以得到定位误差。下面以 V 形块定位为例进行说明。

【例 3-4】 工件在 V 形块上定位铣键槽（图 3-19），试计算其定位误差。

【解】 工件在 V 形块上定位铣键槽时，与夹具有关的两项工序尺寸和工序要求是：①槽底至工件外圆中心的距离 H（图 3-19a），或槽底至工件外圆下母线的距离 H_1（图 3-19b），或槽底至工件外圆上母线的距离 H_2（图 3-19c）。②键槽两侧面对外圆中心的对称度。

对于第二项要求，若忽略工件的圆度误差和 V 形块的角度误差，可以认为工序基准（工件外圆中心）在水平方向上的位置变动量为零，即使用 V 形块对外圆表面定位时，在垂直于 V 形块对称面方向上的定位误差为零。下面计算第一项要求的定位误差。

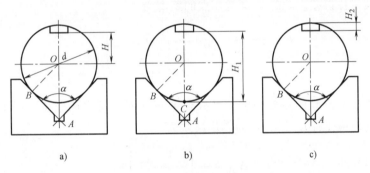

a)　　　　　　　　b)　　　　　　　　c)

图 3-19　V 形块定位误差计算

首先考虑第一种情况（工序基准为圆心 O，图 3-19a），可以写出 O 点至加工尺寸方向上某一固定点（如 V 形块两斜面交点 A）的距离为

$$\overline{OA} = \frac{\overline{OB}}{\sin\dfrac{\alpha}{2}} = \frac{d}{2\sin\dfrac{\alpha}{2}}$$

式中　d——工件外圆直径；

　　　α——V 形块两斜面夹角。

对上式求全微分，得

$$d(\overline{OA}) = \frac{1}{2\sin\dfrac{\alpha}{2}}d(d) - \frac{d\cos\dfrac{\alpha}{2}}{4\sin^2\left(\dfrac{\alpha}{2}\right)}d(\alpha)$$

用微小增量代替微分，并将尺寸（包括直线尺寸和角度尺寸）误差视为微小增量，且考虑到尺寸误差可正可负，各项误差取绝对值，得到工序尺寸 H 的定位误差为

$$\Delta_{DW} = \frac{T_d}{2\sin\frac{\alpha}{2}} + \frac{d\cos\frac{\alpha}{2}}{4\sin^2\left(\frac{\alpha}{2}\right)}T_\alpha \qquad (3\text{-}6)$$

式中　　T_d、T_α——工件外圆直径公差和 V 形块的角度公差。

　　若忽略 V 形块的角度公差（实际上，在支承定位的情况下，定位元件的误差——此处为 V 形块的角度公差，可以通过调整刀具相对于夹具的位置来进行补偿），可以得到工件以外圆表面在 V 形块上定位，当工序基准为外圆中心时，在垂直方向（图 3-19 中尺寸 H 方向）上的定位误差为

$$\Delta_{DW} = \frac{T_d}{2\sin\frac{\alpha}{2}} \qquad (3\text{-}7)$$

　　若工件的工序基准为外圆表面的下母线 C（相应的工序尺寸为 H_1，图 3-19b），则可用相同方法求出其定位误差。此时 C 点至 A 点的距离为

$$\overline{CA} = \overline{OA} - \overline{OC} = \frac{d}{2}\left(\frac{1}{\sin\frac{\alpha}{2}} - 1\right)$$

取全微分，并忽略 V 形块的角度公差，可得到 V 形块对外圆表面定位，当工序基准为外圆表面下母线时（对应工序尺寸 H_1）的定位误差为

$$\Delta_{DW} = \frac{T_d}{2}\left(\frac{1}{\sin\frac{\alpha}{2}} - 1\right) \qquad (3\text{-}8)$$

用完全相同的方法还可以求出当工序基准为外圆表面上母线时（对应工序尺寸 H_2）的定位误差为

$$\Delta_{DW} = \frac{T_d}{2}\left(\frac{1}{\sin\frac{\alpha}{2}} + 1\right) \qquad (3\text{-}9)$$

　　使用微分方法计算定位误差，在某些情况下要比几何方法简明。

　　需要指出的是定位误差一般总是针对成批生产，并采用调整法加工的情况而言。在单件生产时，若采用调整法加工（如采用样件或对刀规对刀），或在数控机床上加工时，同样存在定位误差问题。但若采用试切法加工时，一般不考虑定位误差。

第三节　工件的夹紧

一、对夹紧装置的要求

夹紧装置是夹具的重要组成部分。在设计夹紧装置时，应注意满足以下要求：

1）在夹紧过程中应能保持工件定位时所获得的正确位置。

2）夹紧力大小适当。夹紧机构应能保证在加工过程中工件不产生松动或振动，同时又要避免工件产生不适当的变形和表面损伤。夹紧机构一般应有自锁作用。

3）夹紧装置应操作方便、省力和安全。

4）夹紧装置的复杂程度和自动化程度应与生产批量和生产方式相适应。结构设计应力求简单、紧凑，并尽量采用标准化元件。

二、夹紧力的确定

夹紧力包括大小、方向和作用点三个要素，下面分别予以讨论。

1. 夹紧力方向的选择

夹紧力方向的选择一般应遵循以下原则：

1）夹紧力的作用方向应有利于工件的准确定位，而不能破坏定位。为此一般要求主要夹紧力应垂直指向主要定位面。如图 3-20 所示，在直角支座零件上镗孔，要求保证孔与端面的垂直度，则应以端面 A 作为第一定位基准面，此时夹紧力的作用方向应如图 3-20 中 F_{j1} 所示。若要求保证孔的轴线与支座底面平行，则应以底面 B 作为第一定位基准面，此时夹紧力作用方向应如图 3-20 中 F_{j2} 所示。否则，由于 A 面与 B 面的垂直度误差，将会引起孔轴线相对于 A 面（或 B 面）的位置误差。实际上，在这种情况下，由于夹紧力作用方向不当，将会使工件的主要定位基准面发生转换，从而产生定位误差。

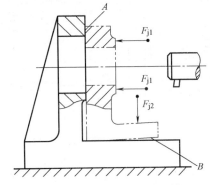

图 3-20 夹紧力作用方向的选择

2）夹紧力作用方向应尽量与工件刚度大的方向相一致，以减小工件夹紧变形。如图 3-21 所示的薄壁套筒的夹紧，它的轴向刚度比径向刚度大。若如图 3-21a 所示，用自定心卡盘夹紧套筒，将会使工件产生很大变形。若改变成图 3-21b 所示的形式，用螺母轴向夹紧工件，则不易产生变形。

3）夹紧力作用方向应尽量与切削力、工件重力方向一致，以减小所需夹紧力。如图 3-22a 所示，夹紧力 F_{j1} 与主切削力方向一致，切削力由夹具固定支承承受，此时所需夹紧力较小。若采用图 3-22b 所示的方式，则夹紧力至少要大于切削力。

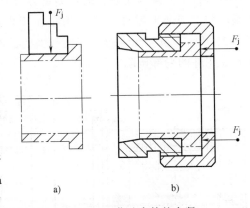

图 3-21 薄壁套筒的夹紧

2. 夹紧力作用点的选择

夹紧力作用点的选择是指在夹紧力作用方向已确定的情况下，确定夹紧元件与工件接触点的位置和接触点的数目。一般应注意以下几点。

1）夹紧力作用点应正对支承元件或位于支承元件所形成的支承面内，以保证工件已获得的定位不变。如图 3-23 所示，夹紧力作用点不正对支承元件，产生了使工件翻转的力矩，有可能破坏工件的定位。夹紧力的正确位置应如图 3-23 中虚线箭头所示。

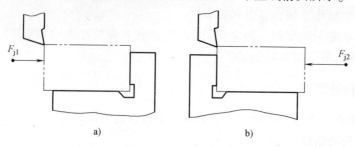

图 3-22 夹紧力与切削力方向

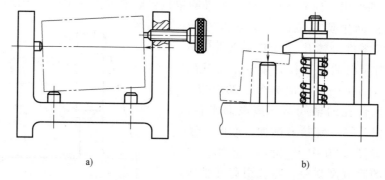

图 3-23 夹紧力作用点的位置

2）夹紧力作用点应处于工件刚度较好的部位，以减小工件夹紧变形。如图 3-24a 所示，夹紧力作用点在工件刚度较差的部位，易使工件产生变形。如改为图 3-24b 所示的情况，不但作用点处工件刚度较好，而且夹紧力均匀分布在环形接触面上，可使工件整体和局部变形都很小。对于薄壁零件，增加均布作用点的数目，是减小工件夹紧变形的有效方法。如图 3-24c所示，夹紧力通过一厚度较大的锥面垫圈作用在工件的薄壁上，使夹紧力均匀分布，防止了工件的局部压陷。

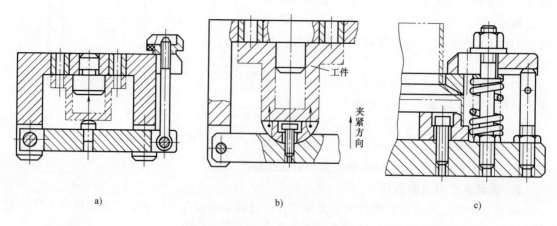

图 3-24 夹紧力作用点与工件变形

3）夹紧力作用点应尽量靠近加工面，以减小切削力对工件造成的翻转力矩。必要时应在工件刚度差的部位增加辅助支承并施加夹紧力，以减小切削过程中的振动和变形。如图 3-25 所示零件加工部位刚度较差，在靠近切削部位增加辅助支承并施加夹紧力，可有效防止切削过程中的振动和变形。

3. 夹紧力大小的估算

估算夹紧力的一般方法是将工件视为分离体，并分析作用在工件上的各种力，再根据力系平衡条件，确定保持工件平衡所需的最小夹紧力，最后将最小夹紧力乘以一适当的安全系数，即得到所需的夹紧力。

图 3-26 所示为在车床上用自定心卡盘装夹工件车外圆的情况。加工部位的直径为 d，装夹部位的直径为 d_0。取工件为分离体，忽略次要因素，只考虑主切削力 F_c 所产生的力矩与卡爪夹紧力 F_j 所产生的力矩相平衡，可列出如下关系式

$$F_c \frac{d}{2} = 3F_{jmin} \mu \frac{d_0}{2}$$

式中 μ——卡爪与工件之间的摩擦系数；

F_{jmin}——所需的最小夹紧力。

由上式可得

$$F_{jmin} = \frac{F_c d}{3\mu d_0}$$

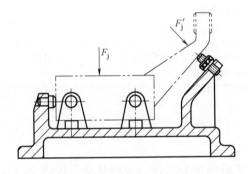

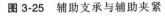

图 3-25 辅助支承与辅助夹紧

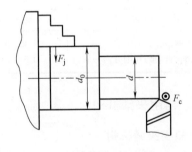

图 3-26 车削时夹紧力的估算

将最小夹紧力乘以安全系数 k，得到所需的夹紧力为

$$F_j = k \frac{F_c d}{3\mu d_0} \tag{3-10}$$

图 3-27 所示为工件铣削加工示意图，当开始铣削时的受力情况最为不利。此时在力矩 $F_a L$ 的作用下有使工件绕 O 点转动的趋势，与之相平衡的是作用在 A、B 点上的夹紧力的反力所构成的摩擦力矩。根据力矩平衡条件有

$$\frac{1}{2}F_{jmin}\mu(L_1+L_2) = F_a L$$

由此可求出最小夹紧力为

$$F_{jmin} = \frac{2F_a L}{\mu(L_1+L_2)}$$

119

考虑安全系数，最后有

$$F_j = \frac{2kF_a L}{\mu(L_1 + L_2)} \qquad (3-11)$$

式中　　F_j——所需夹紧力（N）；

　　　　F_a——作用力（总切削力在工件平面上的投影）（N）；

　　　　μ——夹具支承面与工件之间的摩擦系数；

　　　　k——安全系数；

L、L_1、L_2——有关尺寸（图3-27）（mm）。

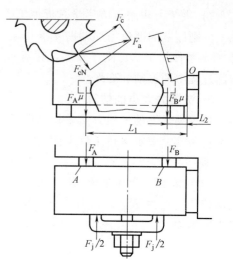

图 3-27　铣削时夹紧力估算

安全系数通常取 1.5 ~ 2.5。精加工和连续切削时取小值，粗加工或断续切削时取大值。当夹紧力与切削力方向相反时，可取 2.5 ~ 3。

摩擦系数主要取决于工件与夹具支承件或夹紧件之间的接触形式，具体数值见表 3-2。

由上述两个例子可以看出夹紧力的估算是很粗略的。这是因为：①切削力大小的估算本身就是很粗略的。②摩擦系数的取值也是近似的。因此，在需要准确确定夹紧力时，通常需要采用实验方法。

表 3-2　不同表面的摩擦系数

接触表面特征	摩擦系数	接触表面特征	摩擦系数
光滑表面	0.15 ~ 0.25	直沟槽，方向与切削方向垂直	0.4 ~ 0.5
直沟槽，方向与切削方向一致	0.25 ~ 0.35	交错网状沟槽	0.6 ~ 0.8

三、常用夹紧机构

1. 斜楔夹紧机构

图 3-28a 所示为采用斜楔夹紧的翻转式钻模。取斜楔为分离体，分析其所受作用力（图 3-28b），并根据力平衡条件，得到直接采用斜楔夹紧时的夹紧力为

$$F_j = \frac{F_x}{\tan\varphi_1 + \tan(\alpha + \varphi_2)} \qquad (3-12)$$

式中　　F_j——可获得的夹紧力（N）；

　　　　F_x——作用在斜楔上的原始力（N）；

　　　　φ_1——斜楔与工件之间的摩擦角（°）；

　　　　φ_2——斜楔与夹具体之间的摩擦角（°）；

　　　　α——斜楔的楔角（°）。

斜楔自锁条件为

$$\alpha \leqslant \varphi_1 + \varphi_2 \qquad (3-13)$$

2. 螺旋夹紧机构

图 3-29 所示为几种简单的螺旋夹紧机构。其中图 3-29a 为螺钉直接夹紧，图 3-29b 为螺

旋杠杠夹紧，图 3-29c 为钩形压板夹紧，图 3-29d 为一种弹性压块，用于工件的侧面夹紧。

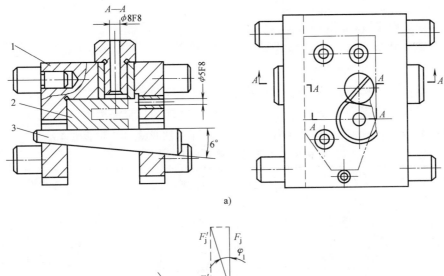

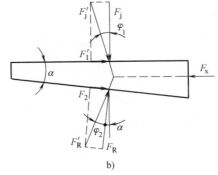

图 3-28 斜楔夹紧的翻转式钻模及斜楔受力分析
1—夹具体 2—工件 3—斜楔

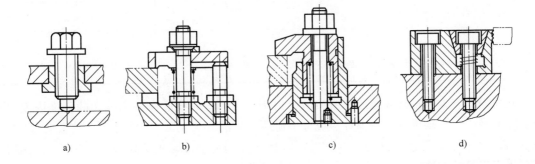

图 3-29 螺旋夹紧示例

螺旋可以视为绕在圆柱体上的斜楔，因此可以从斜楔夹紧力计算公式直接导出螺旋夹紧力的计算公式为

$$F_j = \frac{F_x L}{\dfrac{d_0}{2}\tan(\alpha + \varphi_1') + r'\tan\varphi_2} \tag{3-14}$$

式中 F_j——沿螺旋轴向作用的夹紧力（N）；

F_x——作用在扳手上的力（N）；

L——作用力的力臂（mm）；

d_0——螺纹中径（mm）；

α——螺纹升角（°）；

φ'_1——螺纹副的当量摩擦角（°）；

φ_2——螺杆（或螺母）端部与工件（或压板）之间的摩擦角（°）；

r'——螺杆（或螺母）端部与工件（或压板）之间的当量摩擦半径（mm）。

当量摩擦角（φ'_1）和当量摩擦半径（r'）的计算方法见表3-3和表3-4。

表 3-3　当量摩擦角的计算公式

	管螺纹	梯形螺纹	矩形螺纹
螺纹形状			
φ'_1	$\varphi'_1 = \tan^{-1}(1.15\tan\varphi_1)$	$\varphi'_1 = \tan^{-1}(1.03\tan\varphi_1)$	$\varphi'_1 = \varphi_1$

表 3-4　当量摩擦半径的计算公式

	I	II	III
压块形状			
r'	$r' = 0$	$r' = \dfrac{2(R^3 - r^3)}{3(R^2 - r^2)}$	$r' = R \cdot \dfrac{1}{\tan\dfrac{\beta}{2}}$

在使用式（3-14）计算螺旋夹紧力时，由于 φ'_1 与 φ_2 的数值在一个很大的范围内变化，要获得准确的结果很困难。目前许多设计手册所给出的有关夹紧力的数值，大多是以摩擦系数 $\mu = 0.1$ 为依据计算的，这与实际情况出入较大。当需要准确地确定螺旋夹紧力时，通常需要采用实验的方法。

图3-30a所示为组装8mm系列组合夹具时，为确定作用在螺栓上的力矩与夹紧力之间的关系所进行的实验。作用在螺母上的力矩由力矩扳手控制，螺栓夹紧力通过粘贴在螺栓上的应变片5来测定。对于不同的螺栓、螺母、支承组合所做的160件次实验结果表明，力矩 T_s 和夹紧力 F_j 之间存在着明显的线性关系，其回归方程为

$$F_j = k_t T_s \tag{3-15}$$

式中　F_j——螺栓夹紧力（N）；

k_t——力矩系数（mm^{-1}）；

T_s——作用在螺母上的力矩（N·mm）。

图 3-30b 所示为 k_t 值的实验分布。在上述实验中，k_t 的平均值为 0.4mm^{-1}，标准差 $S_k = 0.024\ \text{mm}^{-1}$。若取 95% 的置信度，则在该实验条件下，当力矩一定时，夹紧力的变化范围为 ±20%。

螺旋夹紧机构结构简单，易于制造，增力比大，自锁性能好，是手动夹紧中应用最广的夹紧机构。螺旋夹紧机构的缺点是动作较慢。为提高其工作效率，常采用一些快撤装置。图 3-31 所示为两种快撤螺旋夹紧装置，其中图 3-31a 所示为带开口垫圈的螺母夹紧装置；图 3-31b 所示的螺杆上开有直槽，转动手柄松开工件后，将螺杆上的直槽对准螺钉 2，即可迅速拉出螺杆。

3. 偏心夹紧机构

图 3-32 所示为三种偏心夹紧机构。其中图 3-32a 所示为直接利用偏心轮夹紧工件，图 3-32b、3-32c 所示为偏心压板夹紧机构。

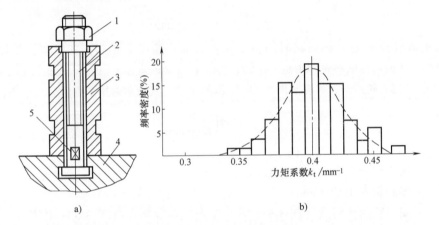

a)   b)

图 3-30 力矩与夹紧力的关系

a）实验装置 b）k_t 值实验分布

1—螺母 2—螺栓 3—支承 4—基础板 5—应变片

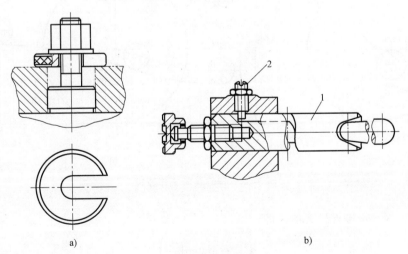

a)   b)

图 3-31 快撤螺旋夹紧装置

1—螺杆 2—螺钉

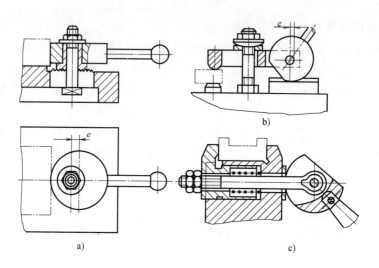

图 3-32　偏心夹紧机构

　　偏心夹紧机构靠偏心轮回转时回转半径变大而产生夹紧作用，其原理和斜楔工作时斜面高度由小变大而产生的斜楔作用是一样的。实际上，可将偏心轮视为一楔角变化的斜楔，将图 3-33a 所示的圆偏心轮展开，可得到图 3-33b 所示的图形。其楔角可用下面的公式求出：

$$\alpha = \arctan\left(\frac{e\sin\gamma}{R - e\cos\gamma}\right) \tag{3-16}$$

式中　α——偏心轮的楔角（°）；

　　　e——偏心轮的偏心量（mm）；

　　　R——偏心轮的半径（mm）；

　　　γ——偏心轮的作用点（图 3-33a 中的 X 点）与起始点（图 3-33a 中的 O 点）之间的圆弧所对应的圆心角（°）。

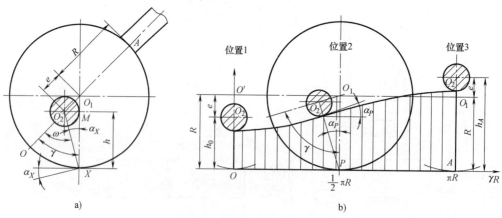

图 3-33　偏心夹紧工作原理

　　当 $\gamma = 90°$ 时，α 接近最大值，即

$$\alpha_{\max} \approx \arctan\left(\frac{e}{R}\right) \tag{3-17}$$

　　根据斜楔自锁条件：$\alpha \leqslant \varphi_1 + \varphi_2$，此处 φ_1、φ_2（图中未注）分别为轮周作用点处与转轴

处的摩擦角。忽略转轴处的摩擦，并考虑最不利的情况，可得到圆偏心夹紧的自锁条件为

$$\frac{e}{R} \leqslant \tan\varphi_1 = \mu_1 \tag{3-18}$$

式中 μ_1 ——轮周作用点处的摩擦系数。

偏心夹紧的夹紧力可用下式进行估算

$$F_j = \frac{F_s L}{\rho\left[\tan(\alpha+\varphi_2)+\tan\varphi_1\right]} \tag{3-19}$$

式中 F_j ——夹紧力（N）；

F_s ——作用在手柄上的原始力（N）；

L ——作用力的力臂（mm）；

ρ ——偏心转动中心到作用点之间的距离（mm）；

α ——偏心轮楔角，参考式（3-16）（°）；

φ_1 ——轮周作用点处的摩擦角（°）；

φ_2 ——转轴处的摩擦角（°）。

偏心夹紧的优点是结构简单，操作方便，动作迅速；缺点是自锁性能较差，增力比较小。这种机构一般常用于切削平稳且切削力不大的场合。

4. 铰链夹紧机构

图 3-34a 所示为铰链夹紧机构。其夹紧力可以用下式计算（图 3-34b）：

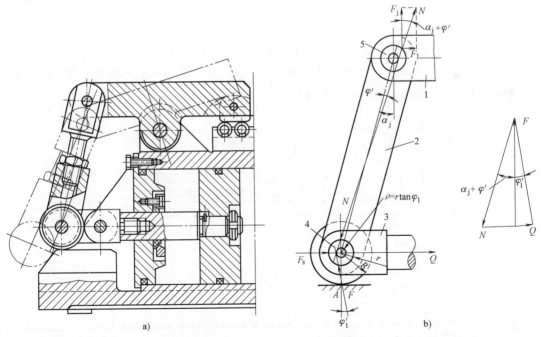

图 3-34 铰链夹紧机构及其受力分析

1—压板 2—连杆 3—拉杆 4、5—销轴

$$F_j = \frac{F_s}{\tan(\alpha_j+\varphi')+\tan\varphi_1'} \tag{3-20}$$

式中 F_j ——夹紧力（N）；

F_s——原始作用力（N）；

α_j——夹紧时铰链臂（连杆）的倾斜角（°）；

φ'——铰链臂两端铰链处的当量摩擦角（°）；

φ_1'——滚子支承面当量摩擦角（°）。

其中

$$\varphi' = \arctan\left(\frac{2r}{l}\tan\varphi_1\right) \tag{3-20a}$$

$$\varphi_1' = \arctan\left(\frac{r}{R}\tan\varphi_1\right) \tag{3-20b}$$

式中　r——铰链和滚子轴承半径（mm）；

　　　l——臂上两铰链孔中心距（mm）；

　　　R——滚子半径（mm）；

　　　φ_1——铰链轴承和滚子轴承的摩擦角（°）。

铰链夹紧机构的优点是动作迅速，增力比大，并易于改变力的作用方向；缺点是自锁性能差。这种机构多用于机动夹紧机构中。

5. 定心夹紧机构

定心夹紧机构是一种同时实现对工件定心定位和夹紧的夹紧机构，即在夹紧过程中，能使工件相对于某一轴线或某一对称面保持对称性。定心夹紧机构按其工作原理可分为两大类：

（1）以等速移动原理工作的定心夹紧机构　如斜楔定心夹紧机构、杠杆定心夹紧机构等。图 3-35 所示为斜楔定心夹紧心轴。拧动螺母 1 时，由于斜面 A、B 的作用，使两组活块 3 同时等距外伸，直至每组三个活块与工件孔壁接触，使工件得到定心夹紧。反向拧动螺母 1，活块在弹簧 2 的作用下缩回，工件被松开。

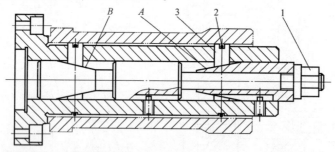

图 3-35 斜楔式定心夹紧心轴
1—螺母　2—弹簧　3—活块

图 3-36 所示为一螺旋定心夹紧机构。螺杆 3 的两端分别有螺距相等的左、右旋螺纹，转动螺杆，通过左、右旋螺纹带动两个 V 形块 1 和 2 同步向中心移动，从而实现工件的定心夹紧。叉形件 7 可用来调整对称中心的位置。

（2）以均匀弹性变形原理工作的定心夹紧机构　如弹簧夹头、弹性薄膜盘（图 3-12）、液塑定心夹紧机构、碟形弹簧定心夹紧机构、折纹薄壁套定心夹紧机构等。

图 3-37 所示为一种常见的弹簧夹头结构。其中 3 为夹紧元件——弹簧套筒，它是一个

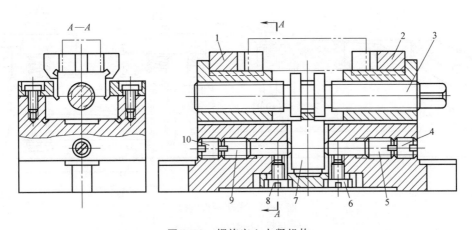

图 3-36 螺旋定心夹紧机构

1、2—V 形块　3—螺杆　4、5、6—螺钉　7—叉形件　8、9、10—螺钉

127

带锥面的薄壁弹性套,带锥面的一端开有三个或四个轴向槽。弹簧套筒由卡爪 A、弹性部分(称为簧瓣) B 和导向部分 C 三部分组成。拧紧螺母 2,在斜面的作用下,卡爪 A 收缩,将工件 4 定心夹紧。松开螺母 2,卡爪 A 弹性回复,工件 4 被松开。弹簧夹头结构简单,定心精度可达 $0.04 \sim 0.1$mm。由于弹簧套筒变形量不宜过大,故对工件的定位基准有较高要求,其公差一般应控制在 0.5mm 之内。

图 3-38 所示为一种利用夹紧元件均匀变形来实现自动定心夹紧的心轴——液塑心轴。转动螺钉 2,推动柱塞 1,挤压液体塑料 3,使薄壁套 4 扩张,将工件定心并夹紧。这种心轴有较好的定心精度,但由于薄壁套扩张量有限,故要求工件定位孔精度在 8 级以上。

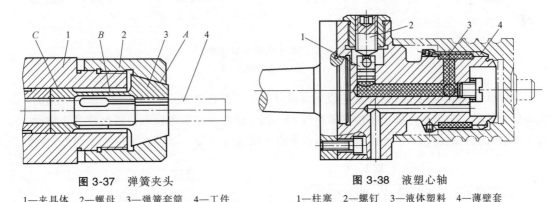

图 3-37 弹簧夹头

1—夹具体　2—螺母　3—弹簧套筒　4—工件

图 3-38 液塑心轴

1—柱塞　2—螺钉　3—液体塑料　4—薄壁套

6. 联动夹紧机构

当需要对一个工件上的几个点或需要对多个工件同时进行夹紧时,为减少装夹时间,简化机构,常采用各种联动夹紧机构。这种机构要求从一处施力,可同时在几处对一个或几个工件进行夹紧。

图 3-39a 所示的联动夹紧机构,夹紧力作用在两个相互垂直的方向上,称为双向联动夹紧;图 3-39b 所示的联动夹紧机构,两个夹紧点的夹紧力方向相同,称为平行联动夹紧。在图 3-39 所示的夹紧机构中,两夹紧点上夹紧力的大小可通过改变杠杆臂 L_1 和 L_2 的长度来调整。

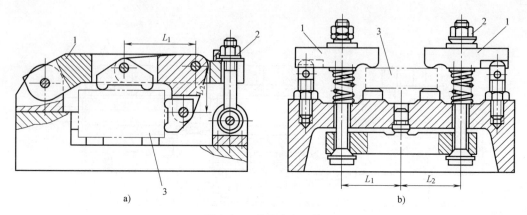

图 3-39 联动夹紧机构

1—压板 2—螺母 3—工件

图 3-40 所示为多件联动夹紧机构。其中图 3-40a 为串联形式，称为连续式；图 3-40b 为并联形式，称为平行式。

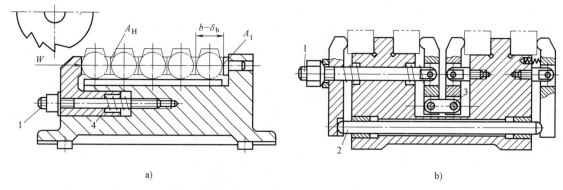

图 3-40 多件联动夹紧机构

1—螺杆 2—顶杆 3—销轴 4—弹簧

在设计联动夹紧机构时，一般应设置浮动环节，以使各夹紧点获得均匀一致的夹紧力，这在多件夹紧时尤为重要。采用刚性夹紧机构时，因工件外径有制造误差，将会使各工件受力不均，严重时会出现图 3-41b 所示的情况。若采用浮动压板（图 3-41a），工件将得到均匀夹紧。

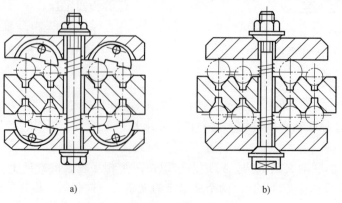

图 3-41 多件联动夹紧正误对比

第四节　各类机床夹具

一、车床与圆磨床夹具

车床与圆磨床夹具主要用于加工零件的内外圆柱面、圆锥面、回转成形面、螺纹及端平面等。

1. 车床夹具的类型与典型结构

根据工件的定位基准和夹具本身的结构特点，车床夹具可分为以下四类：

1）以工件外圆表面定位的车床夹具，如各类夹盘和夹头。

2）以工件内圆表面定位的车床夹具，如各种心轴。

3）以工件顶尖孔定位的车床夹具，如顶尖、拨盘等。

4）用于加工非回转体的车床夹具，如各种弯板式、花盘式车床夹具。

当工件定位表面为单一圆柱表面或与待加工表面相垂直的平面时，可采用各种通用车床夹具，如自定心卡盘、单动卡盘、顶尖或花盘等。当工件定位面较为复杂或有其他特殊要求时，应设计专用车床夹具。

图 3-42 所示为一弯板式车床夹具，用于加工轴承座零件的孔和端面。工件 3 以底面和两孔在弯板 6 上定位，用两个压板 5 夹紧。为了控制端面尺寸，夹具上设置了测量基准（测量圆柱 2 的端面）。同时设置了平衡块 1，以平衡弯板及工件引起的偏重。

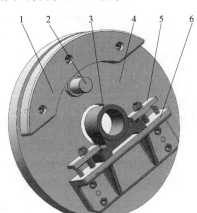

图 3-42　弯板式车床夹具
1—平衡块　2—测量圆柱　3—工件
4—夹具体　5—压板　6—弯板

图 3-43 所示为一花盘式车床夹具，用于加工连杆零件的小头孔。工件 6 以已加工好的大头孔（4 点）、端面（1 点）和小头外圆（1 点）定位，夹具上相应的定位元件是弹性胀套 3、夹具体 1 上的定位凸台 2 和活动 V 形块 7。工件安装时，首先使连杆大头孔与弹性胀套 3 配合，大头孔端面与夹具体定位凸台 2 接触；然后转动调节螺杆 8，活动 V 形块 7，使其与工件小头孔外圆对中；最后拧紧螺钉 4，使锥套 5 向夹具体方向移动，弹性胀套 3 胀开，对工件大头孔定位并同时夹紧。

2. 车床夹具设计要点

（1）车床夹具总体结构　车床夹具大多安装在机床主轴上，并与主轴一起做回转运动。为了保证夹具工作平稳，夹具结构应尽量紧凑，重心应尽量靠近主轴端，且夹具（连同工件）轴向尺寸不宜过大，一般应小于其径向尺寸。对于弯板式车床夹具

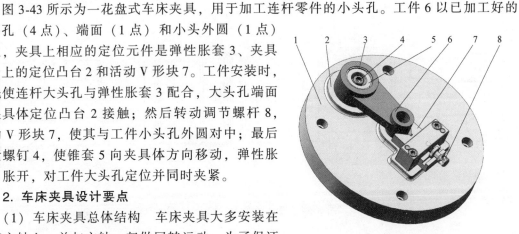

图 3-43　花盘式车床夹具
1—夹具体　2—定位凸台　3—弹性胀套
4—螺钉　5—锥套　6—工件
7—活动 V 形块　8—调节螺杆

和偏重的车床夹具，应很好地进行平衡。通常可采用加平衡块（配重）的方法进行平衡（图3-42件1）。为保证安全，夹具上所有元件或机构不应超出夹具体的外廓，必要时可加防护罩。此外，要求车床夹具的夹紧机构要能提供足够的夹紧力，且有可靠的自锁性，以确保工件在切削过程中不会松动。

（2）夹具与机床的连接　车床夹具与机床主轴的连接方式取决于机床主轴轴端的结构及夹具的体积和精度要求。图3-44所示为几种常见的连接方式。图3-44a所示的夹具体以长锥柄安装在主轴孔内，这种方式定位精度高，但刚度较差，多用于小型车床夹具与主轴的连接。图3-44b所示夹具以端面 A 和圆孔 D 在主轴上定位，孔与主轴轴颈的配合一般取 H7/h6。这种连接方式制造容易，但定位精度不高。图3-44c所示夹具以端面 T 和短锥面 K 定位，这种安装方式不但定心精度高，而且刚度好。需要注意的是，这种定位方式属于过定位。故要求制造精度很高，通常要对夹具体上的端面和孔进行配磨加工。

车床夹具还经常使用过渡盘与机床主轴连接。过渡盘与机床的连接与上面介绍的夹具体与主轴的连接方法相同。过渡盘与夹具的连接大都采用止口（一个大平面加一短圆柱面）连接方式。当车床上使用的夹具需要经常更换时，或同一套夹具需要在不同机床上使用时，采用过渡盘连接是很方便的。为减小由于增加过渡盘而造成的夹具安装误差，可在安装夹具时，对夹具定位面（或在夹具上专门做出的找正环面）进行找正。

3. 圆磨床夹具

圆磨床夹具与车床夹具相类似，车床夹具的设计要点同样适合于外圆磨床和内圆磨床夹具，只是夹具精度要求更高。图3-12中的薄膜卡盘是一个在内圆磨床上使用的夹具。该夹具通过弹性薄膜盘带动卡爪，并经过三个等分（或近似等分）的节圆柱将工件定心夹紧。卡爪的径向位置可以调整，以适应不同直径的工件。卡爪的调整方法是：松开紧固螺钉5，使卡爪4背面的齿纹在齿槽上移动几个齿，再重新旋紧螺钉5将其紧固。卡爪每次调整后，需在机床上就地修磨卡爪的工作面，以保证卡爪工作面与机床同轴。三个节圆柱装在保持架3内，组成一个卡环，使节圆柱不致掉落。节圆柱直径及其分布圆大小需根据被加工齿轮的模数和齿数确定，其计算可参考有关设计手册。

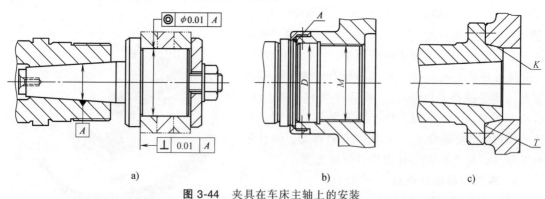

a)　　　　　　　　　　b)　　　　　　　　c)

图 3-44　夹具在车床主轴上的安装

二、钻床夹具和镗床夹具

钻床夹具因大都具有刀具导向装置，习惯上又称为钻模，主要用于孔加工。在机床夹具中，钻模占有很大的比例。

1. 钻模类型与典型结构

钻模根据其结构特点可分为固定式钻模、回转式钻模、翻转式钻模、盖板式钻模和滑柱式钻模等。

（1）固定式钻模 固定式钻模在加工中相对于工件的位置保持不变。这类钻模多在立式钻床、摇臂钻床和多轴钻床上使用。图 3-88 所示为一固定式钻模，用于加工连杆零件（图 3-84）上的螺纹底孔 $\phi 7$mm 和螺钉过孔 $\phi 9$mm。

（2）回转式钻模 图 3-45 所示为一回转式钻模，用于加工扇形工件上三个有角度关系的径向孔。图 3-45a 所示为回转式钻模的投影图，图 3-45b 所示为其结构分解图。工件 7 在定位心轴 3 上定位，拧紧螺母 4，通过开口垫圈 5 将工件夹紧。转动手柄 19，可将分度盘 2 松开。此时用捏手 21 将定位销 27 从分度盘 2 的定位套 1 中拔出，使分度盘 2 连同工件 7 一起回转 20°，将定位销 27 重新插入定位套 1a 或 1b，即实现了分度。再将手柄 19 转回，锁紧分度盘 2，即可进行加工。

回转式钻模的结构特点是夹具具有分度装置，某些分度装置已标准化（如立轴或卧轴回转工作台），设计回转式钻模时可以充分利用这些装置。图 3-46 所示为利用立轴式通用回转工作台构成回转式钻模的一个实例。工件 5 以底面、中孔和键槽在定位盘 3 和心轴 4 上定位，用螺母 6 经开口垫圈 7 夹紧。铰链式钻模板 8 的支架 9 固定在立轴回转工作台的底座上。手柄 10 使转盘松开或锁紧手柄 1，用来升降分度用的定位销。此处立轴式回转工作台即是夹具的分度装置，也是夹具体。

（3）翻转式钻模 图 3-28a 所示为一翻转式钻模，用于加工工件上 $\phi 8$mm 和 $\phi 5$mm 两个孔。加工时，工件连同夹具一起翻转。对需要在多个方向上钻孔的工件，使用这种钻模非常方便。但加工过程中由于需要人工进行翻转，故夹具连同工件一起的重量不能很大。

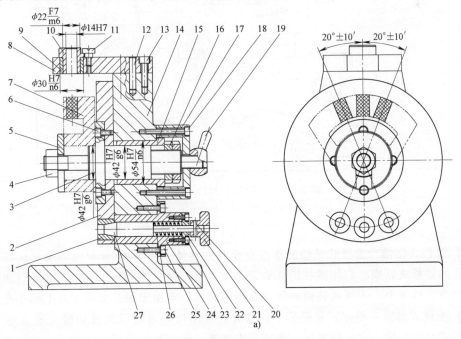

图 3-45 回转式钻模

a）回转式钻模投影图

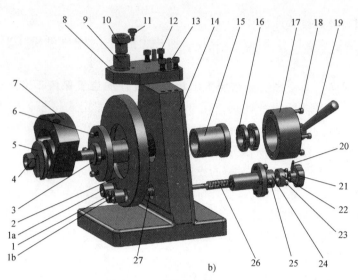

图 3-45 回转式钻模（续）

b）回转式钻模分解图

1、1a、1b—定位套 2—分度盘 3—定位心轴 4—螺母 5—开口垫圈 6、13、18、23、25—螺钉 7—工件
8—钻模板 9—钻套衬套 10—可换钻套 11—钻套螺钉 12—圆柱销 14—夹具体 15—心轴衬套
16—圆螺母 17—端盖 19—手柄 20—连接销 21—捏手 22—小盖 24—滑套 26—弹簧 27—定位销

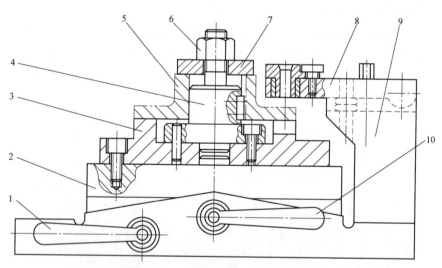

图 3-46 立轴式通用转台应用实例

1、10—手柄 2—立轴式通用回转工作台 3—定位盘 4—心轴 5—工件
6—螺母 7—开口垫圈 8—铰链式钻模板 9—支架

（4）盖板式钻模 盖板式钻模的特点是没有夹具体。图 3-47 所示为加工车床溜板箱上
多个小孔的盖板式钻模，它用圆柱销 2 和菱形销 4 在工件 3 的两孔中定位，并通过四个支承
钉 5 安放在工件 3 上。盖板式钻模的优点是结构简单，多用于加工大型工件上的小孔。

（5）滑柱式钻模 滑柱式钻模是一种具有升降模板的通用可调整钻模。图 3-48 所示为
手动滑柱式钻模结构，它由钻模板、滑柱、夹具体、传动和锁紧机构组成，这些结构已标准
化并形成系列。使用时，只需根据工件的形状、尺寸和定位夹紧要求，设计、制造与之相配

的专用定位、夹紧装置和钻套，并将其安装在夹具基体上即可。图 3-49 所示为其应用实例。

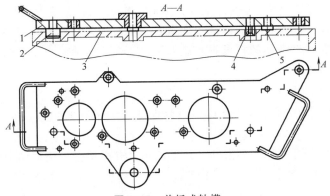

图 3-47　盖板式钻模

1—钻模板　2—圆柱销　3—工件　4—菱形销　5—支承钉

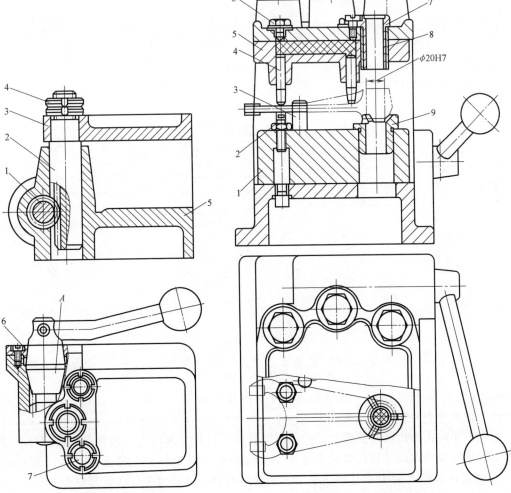

图 3-48　手动滑柱式钻模

1—斜齿轮轴　2—齿条轴　3—钻模板　4—螺母
5—夹具体　6—锥套　7—滑柱

图 3-49　滑柱式钻模实例

1—底座　2—可调支承　3—挡销　4—压柱　5—压柱体
6—螺塞　7—钻套　8—衬套　9—定位

滑柱式钻模的钻模板上升到一定高度时或压紧工件后应能自锁。在手动滑柱式钻模中多采用锥面锁紧机构。如图 3-48 所示，压紧工件后，作用在斜齿轮上的反作用力在齿轮轴上引起轴向力，使锥体 A 在夹具体的内锥孔中楔紧，从而锁紧钻模板。当加工完毕后，将钻模板升到一定高度，此时钻模板的自重作用使齿轮轴产生反向轴向力，使锥体 A 与锥套 6 的锥孔楔紧，钻模板也被锁死。

2. 钻模设计要点

（1）钻套　钻套是引导刀具的元件，用以保证被加工孔的位置，并防止加工过程中刀具的偏斜。

钻套按其结构特点可分为四种类型：固定钻套、可换钻套、快换钻套和特殊钻套。

1）固定钻套（图 3-50a）。固定钻套直接压入钻模板或夹具体的孔中，位置精度高；但磨损后不易拆卸，故多用于中小批量生产。

2）可换钻套（图 3-50b）。可换钻套以间隙配合安装在衬套中，而衬套则压入钻模板或夹具体的孔中。为防止钻套在衬套中转动，加一固定螺钉。可换钻套磨损后可以更换，故多用于大批量生产。

3）快换钻套（图 3-50c）。快换钻套具有快速更换的特点，更换时不需拧动螺钉，只要将钻套逆时针方向转动一个角度，使螺钉头对准钻套缺口，即可取下钻套。快换钻套多用于同一孔需要多个工步（如钻、扩、铰等）加工的情况。

上述三种钻套均已标准化，其规格参数可查阅夹具设计手册。

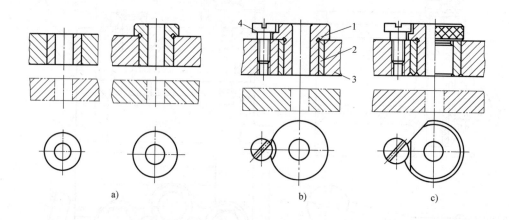

图 3-50　钻套

a）固定钻套　b）可换钻套　c）快换钻套

1—钻套　2—衬套　3—钻模板　4—螺钉

4）特殊钻套（图 3-51）。特殊钻套用于特殊加工场合，如在斜面上钻孔，在工件凹陷处钻孔，钻多个小间距孔等。此时无法使用标准钻套，可根据特殊要求设计专用钻套。

钻套中导向孔的孔径及其偏差应根据所引导的刀具尺寸来确定。通常取刀具的上极限尺寸作为引导孔的公称尺寸，孔径公差依加工精度确定。钻孔和扩孔时通常取 F7，粗铰时取 G7，精铰时取 G6。若钻套引导的不是刀具的切削部分而是导向部分，常取配合 H7/f7、H7/g6 或 H6/g5。

钻套高度 H（图 3-52）直接影响钻套的导向性能，同时影响刀具与钻套之间的摩擦情

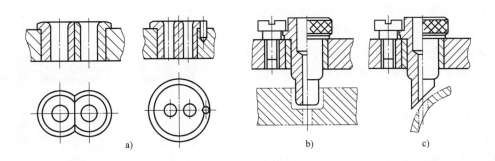

图 3-51　特殊钻套

况，通常取 $H=(1\sim2.5)d$。对于精度要求较高的孔、直径较小的孔和刀具刚性较差时应取较大值。

　　钻套与工件之间一般应留有排屑间隙，此间隙不宜过大，以免影响导向作用。一般可取 $h=(0.3\sim1.2)d$。加工铸铁、黄铜等脆性材料时可取小值；加工钢等韧性材料时应取较大值。当孔的位置精度要求很高时，也可取 $h=0$。

　　（2）钻模板　钻模板用于安装钻套。钻模板与夹具体的连接方式有固定式、铰链式、分离式和悬挂式等几种。

　　图 3-45 所示回转式钻模采用固定式钻模板。这种钻模板直接固定在夹具体上，结构简单，精度较高。当使用固定式钻模板装卸工件有困难时，可采用铰链式钻模板。图 3-46所示钻模即采用了铰链式钻模板。这种钻模板通过铰链与支座或夹具体连接，由于铰链处存在间隙，因而精度不高。

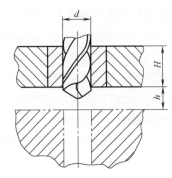

图 3-52　钻套高度与容屑间隙

　　图 3-53 所示为分离式钻模板，这种钻模板是可以拆卸的，工件每装卸一次，钻模板也要装卸一次。与铰链式钻模板相似，分离式钻模板也是为了装卸工件方便而设计的，但精度可以高一些。

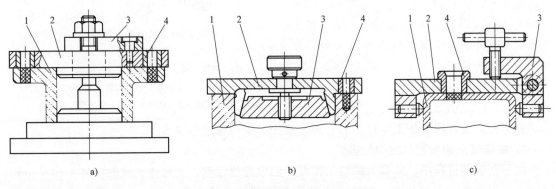

图 3-53　分离式钻模板
1—工件　2—钻模板　3—夹紧元件　4—钻套

　　图 3-54 所示为悬挂式钻模板，这种钻模板悬挂在机床主轴上，并随主轴一起靠近或离开工件，它与夹具体的相对位置由滑柱来保证。这种钻模板多与组合机床的多轴头连用。

（3）夹具体 钻模的夹具体一般不设定位或导向装置，夹具通过夹具体底面安放在钻床工作台上，可直接用钻套找正并用压板夹紧（或在夹具体上设置耳座用螺栓夹紧）。对于翻转式钻模，通常要求在相当于钻头送进方向设置支脚（图3-28）。支脚可以直接在夹具体上做出，也可以做成装配式。支脚一般应有四个，以检查夹具安放是否歪斜。支脚的宽度（或直径）一般应大于机床工作台T形槽的宽度。

3. 镗床夹具

具有刀具导向的镗床夹具，习惯上称为镗模，镗模与钻模有很多相似之处。

图3-55所示为双面导向镗模，用于镗削箱体零件端面上两组同轴孔。工件5的底面A及底面上两孔与夹具底板支承面B及B面上的两销（圆柱销+菱形销）配合，实现完全定位，并用压板7夹紧。压板7的一端做成开口形式，以实现快速夹紧。关节螺柱10可以绕铰链支座11回转，以便于装卸工件。安装镗刀的镗杆由镗套2支承并导向，四个镗套分别安装在镗模支架4和9上。镗模支架安放在工件的两侧，这种导向方式称为双面导向。在双面导向的情况下，要求镗杆与机床主轴浮动连接。此时，镗杆的回转精度完全取决于两镗套的精度，而与机床主轴回转精度无关。

为了便于夹具在机床上安装，镗模底座上设有耳座，在镗模底座侧面还加工出细长的找正基面（图3-55中的G面），用于找正夹具定位元件或导向元件的位置以及夹具在机床上安装的位置。

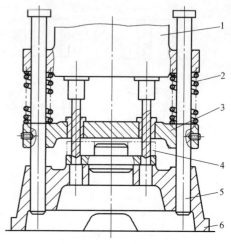

图3-54 悬挂式钻模板
1—横梁 2—弹簧 3—钻模板 4—工件
5—滑柱 6—夹具体

图3-55 双面导向镗模
1—底板 2—镗套 3—镗套螺钉 4、9—镗模支架
5—工件（箱体）端面 6—螺柱 7—压板 8—螺母
10—关节螺柱 11—铰链支座
A—工件底面 B—夹具支承面 G—找正基面

三、铣床夹具

铣床夹具主要用于加工零件上的平面、键槽、缺口及成形表面等。

1. 铣床夹具的类型与典型结构

由于在铣削过程中，夹具大都与工作台一起做进给运动，而铣床夹具的整体结构又与铣削加工的进给方式密切相关，故铣床夹具常按铣削的进给方式分类，一般可分为直线进给式、圆周进给式和仿形进给式三种。

直线进给式铣床夹具用得最多，根据夹具上同时安装工件的数量，又可分为单件铣夹具和多件铣夹具。图3-56所示为铣工件斜面的单件铣夹具。工件5以一面两孔定位，为保证夹紧力作用方向指向主要定位面，压板2和8的前端做成球面。联动机构既使操作简便，又使两个压板夹紧力均衡。为了确定对刀圆柱 4 及圆柱定位销与菱形销 6 的位置，在夹具上设置了工艺孔 O。

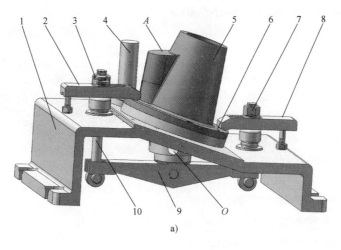

a)

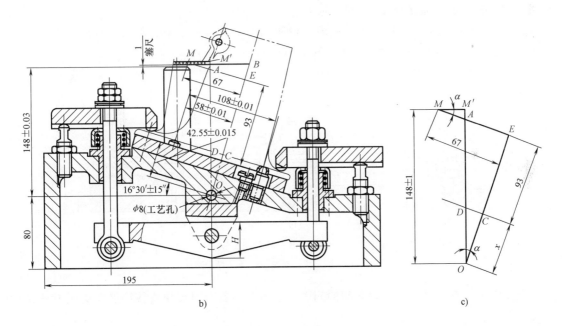

b)   c)

图 3-56 铣斜面夹具

a）夹具实体图 b）夹具结构图 c）工艺尺寸计算简图

1—夹具体 2、8—压板 3—圆螺母 4—对刀圆柱 5—工件 6—菱形销 7—夹紧螺母 9—杠杆 10—螺柱

A—加工面 O—工艺孔

图 3-57 所示为铣轴端方头的多件铣夹具，一次安装四个工件同时进行加工。为了提高生产率，且保证各工件获得均匀一致的夹紧力，夹具采用了联动夹紧机构并设置了相应的浮动环节（球面垫圈 4 与压板 6）。

加工时采用四把三面刃铣刀同时铣削四个工件方头的两个侧面，铣削完成后，取下楔铁 8，将回转座 2 转过 90°，再用楔铁 8 将回转座 2 定位并夹紧，即可铣削工件的另外两个侧面，即实现了一次安装完成两个工位的加工。

2. 铣床夹具设计要点

（1）铣床夹具总体结构 铣削加工的切削力较大，又是断续切削，加工中易引起振动，故要求铣床夹具受力元件要有足够的强度和刚度。夹紧机构所提供的夹紧力应足够大，且有较好的自锁性能。为了提高夹具的工作效率，应尽量采用机动夹紧或联动夹紧机构，并在可能的情况下，采用多件夹紧和多件加工。

（2）对刀装置 对刀装置用来确定夹具相对于刀具的位置。铣床夹具的对刀装置主要由对刀块和塞尺构成。图 3-58 所示为几种常用的对刀块。其中图 3-58a 所示为高度对刀块，用于加工平面时对刀；图

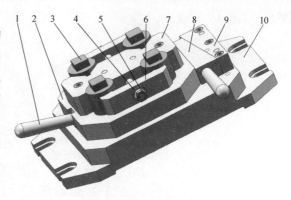

图 3-57　铣轴端方头夹具
1—手柄　2—回转座　3—工件　4—球面垫圈
5—夹紧螺母　6—压板　7—V 形定位块
8—楔铁　9—固定楔块　10—夹具体

3-58b所示为直角对刀块，用于加工键槽或台阶面时对刀；图 3-59c 所示为成形对刀块，当采用成形铣刀加工成形表面时，可用此种对刀块对刀。

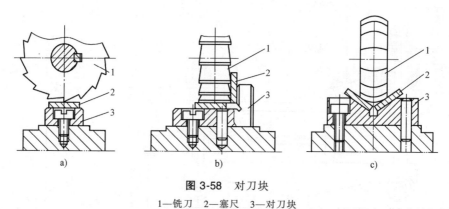

a)　　　　　　　　　　b)　　　　　　　　　　c)

图 3-58　对刀块
1—铣刀　2—塞尺　3—对刀块

塞尺用于检查刀具与对刀块之间的间隙，以避免刀具与对刀块直接接触而造成刀具或对刀块的损伤。

（3）夹具体 铣床夹具的夹具体要承受较大的切削力，故要求有足够的强度、刚度和稳定性。通常在夹具体上要适当地布置筋板，夹具体的安装面要足够大，且尽可能采用周边接触的形式。

铣床夹具通常通过定向键与铣床工作台 T 形槽的配合来确定夹具在铣床工作台上的方位。图 3-59 所示为定向键的结构（图 3-59a）及应用情况（图 3-59b）。定向键与夹具体的配合多采用 H7/h6。为了提高夹具的安装精度，定向键的下部（与工作台 T 形槽的配合部分）可留有余量以进行修配，或在安装夹具时使定向键一侧与工作台 T 形槽靠紧，以消除配合间隙的影响。铣床夹具大都在夹具体上设计有耳座，并通过 T 形槽螺栓将夹具紧固在工作台上。

铣床夹具的设计要点同样适合于刨床夹具，其中主要方面也适用于平面磨床夹具。

四、加工中心机床夹具

1. 加工中心机床夹具特点

加工中心是一种带有刀库和自动换刀功能的数控镗铣床。加工中心机床夹具与一般铣床或镗床夹具相比，具有以下特点：

（1）功能简化　一般铣床或镗床夹具具有四种功能，即定位、夹紧、导向和对刀。加工中心机床由于有数控系统的准确控制，加之机床本身的高精度和高刚性，刀具位置可以得到很好的保证。因此，加工中心机床使用的夹具只需具备定位和夹紧两种功能，就可以满足加工要求，使夹具结构得到简化。

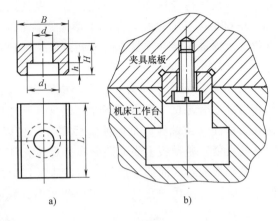

图 3-59　定向键

（2）完全定位　一般铣床或镗床夹具在机床上的安装只需要"定向"，常采用定向键（如图 3-1 中的件 3）或找正基面（图 3-55 中的 G 面）确定夹具在机床上的角向位置。而加工中心机床夹具在机床上不仅要确定其角向位置，还要确定其坐标位置，即要实现完全定位。这是因为加工中心机床夹具定位面与机床原点之间有严格的坐标尺寸要求，以保证刀位的准确（相对于夹具和工件）。

（3）开敞结构　加工中心机床的加工工作属于典型的工序集中，工件一次装夹就可以完成多个表面的加工。为此，夹具通常采用开敞式结构，以免夹具各部分（特别是夹紧部分）与刀具或机床运动部件发生干涉和碰撞。有些定位元件可以在工件定位时参与，而当工件夹紧后被卸去，以满足多面加工的要求。

（4）快速重调　为了尽量减少机床加工对象转换时间，加工中心机床使用的夹具通常要求能够快速更换或快速重调。为此，夹具安装时一般采用无校正定位方式。对于相似工件的加工，则常采用可调整夹具，通过快速调整（或快速更换元件），使一套夹具可以同时适应多种零件的加工。

2. 加工中心机床夹具的类型

加工中心机床可使用的夹具类型有多种，如专用夹具、通用夹具、可调整夹具等。由于加工中心机床多用于多品种和中小批量生产，故应优先选用通用夹具、组合夹具和通用可调整夹具。

加工中心机床使用的通用夹具与普通机床使用的通用夹具基本结构相同，但精度要求较高，且一般要求能在机床上准确定位。图 3-60

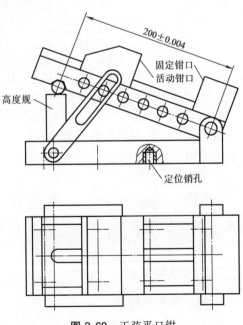

图 3-60　正弦平口钳

所示为在加工中心机床上使用的正弦平口钳。该夹具利用正弦规原理，通过调整高度规的高度，可以使工件获得准确的角度位置。夹具底板设置了 12 个定位销孔，孔的位置度误差不大于 0.005mm，通过孔与专用 T 形槽定位销的配合，可以实现夹具在机床工作台上的完全定位。为保证工件在夹具上的准确定位，平口钳的钳口以及夹具上其他基准面的位置精度要求达到 0.003∶100。

图 3-61 所示为专门为加工中心机床设计的通用可调整夹具系统，该系统由图示的基础件和另外一套定位、夹紧调整件组成。基础板内装立式油缸和卧式油缸，通过从上面或侧面把双头螺柱（或螺杆）旋入油缸活塞杆，可以将夹紧元件与油缸活塞连接起来，以实现对工件的夹紧。基础板上表面还分布有定位孔和螺孔，并开有 T 形槽，可以方便地安装定位元件。基础板通过底面的定位销，与机床工作台的槽或孔配合，实现夹具在机床上的定位。工件加工时，对不用的孔（包括定位孔和螺孔），需用螺塞封盖，以防切屑或其他杂物进入。

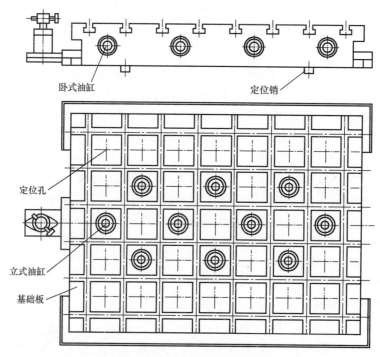

图 3-61　通用可调整夹具系统

组合夹具（特别是孔系列组合夹具）目前在加工中心机床上得到广泛应用。有关组合夹具的结构、特点，将在下一节中介绍。

第五节　柔性夹具

所谓柔性夹具是指具有加工多种不同工件能力的夹具，包括组合夹具、可调整夹具等。

一、组合夹具

1. 组合夹具的特点
组合夹具是一种根据被加工工件的工艺要求，利用一套标准化的元件组合而成的夹具。

夹具使用完毕后，可以将元件方便地拆开，清洗后存放，待再次组装时使用。组合夹具具有以下优点：

1）灵活多变，万能性强，根据需要可以组装成多种不同用途的夹具。

2）可大大缩短生产准备周期。组装一套中等复杂程度的组合夹具只需要几个小时，这是制造专用夹具无法相比的。

3）可减少专用夹具设计、制造工作量，并可减少材料消耗。

4）可减少专用夹具库存空间，改善夹具管理工作。

由于以上优点，组合夹具在单件小批生产以及新产品试制中得到广泛应用。

与专用夹具相比，组合夹具的不足是体积较大，显得笨重。此外，为了组装各种夹具，需要一定数量的组合夹具元件储备，即一次性投资较大。为此，可在各地区建立组装站，以解决中小企业无力建立组装室的问题。

2. 组合夹具的类型

目前使用的组合夹具有两种基本类型，即槽系组合夹具和孔系组合夹具。槽系组合夹具元件间靠键和槽（键槽和 T 形槽）定位，孔系组合夹具则通过孔与销配合来实现元件间的定位。

图 3-62 所示为一套组装好的槽系组合夹具元件分解图。其中标号表示出槽系组合夹具

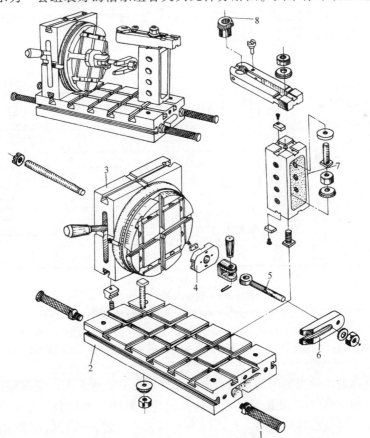

图 3-62 槽系组合夹具元件分解图

1—其他件　2—基础件　3—合件　4—定位件　5—紧固件　6—压紧件　7—支承件　8—导向件

的八人类元件，包括基础件2、支承件7、定位件4、导向件8、压紧件6、紧固件5、合件3及其他件1。各类元件的名称基本体现了各类元件的功能，但在组装时又可灵活地交替使用。合件是若干元件所组成的独立部件，在组装时不能拆卸。合件按其功能又可分为定位合件、导向合件、分度合件等。图3-62中的件3为端齿分度盘，属于分度合件。

图3-63所示为铣拨叉槽组合夹具。工件以φ24H7孔及其端面以及大圆弧面定位。在方形基础板1上并排安装多槽大长方支承5和小长方支承b13，再在其上安装侧中孔定位支承12。在件12的侧面螺孔中拧入两个螺钉14，装回转压板15。在侧中孔定位支承12的中间孔中装入定位销17，定位销大外圆与工件φ24H7孔配合。在双头螺柱16上拧一个圆螺母18，之后将双头螺柱16穿过定位销17和件12拧入回转压板15中间的螺孔，再用圆螺母18将定位销17紧固。装在支承5上的圆形定位盘4用作工件角度定向，圆形定位盘4的位置尺寸57mm和74.63mm是通过几何计算得到的。厚六角螺母8和10用作可调支承，承受切削力。工件在夹具上定位后，先用六角螺母20压紧，再调整可调支承点。

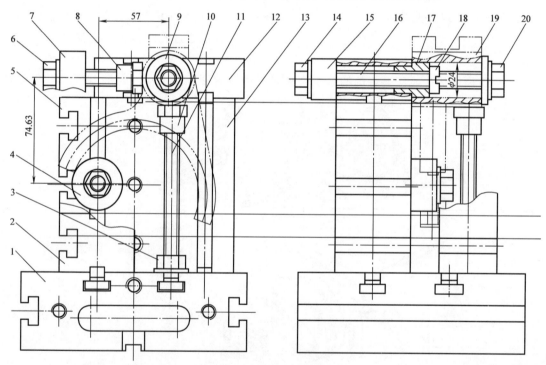

图3-63　铣拨叉槽组合夹具

1—方形基础板　2—小长方支承a　3、20—六角螺母　4—φ40mm圆形定位盘　5—大长方支承　6—螺钉
7—右支承角铁　8、10—厚六角螺母　9—垫圈　11—槽用螺栓　12—侧中孔定位支承　13—小长方支承b
14—螺钉　15—回转压板　16—双头螺柱　17—φ24mm圆形定位销　18—圆螺母　19—工件

孔系组合夹具的元件类别与槽系组合夹具相似，也分为八大类，但没有导向件，而增加了辅助件。图3-64所示为部分孔系组合夹具元件的分解图。可以看出孔系组合夹具元件间以孔、销定位和以螺纹联接的方法。孔系组合夹具元件上定位孔的精度为H6，定位销的精度为k5，孔心距误差为±0.01mm。

与槽系组合夹具相比，孔系组合夹具具有精度高、刚度好、易于组装等特点，特别是它可以方便地提供数控编程的基准——编程原点，因此在数控机床上得到广泛应用。

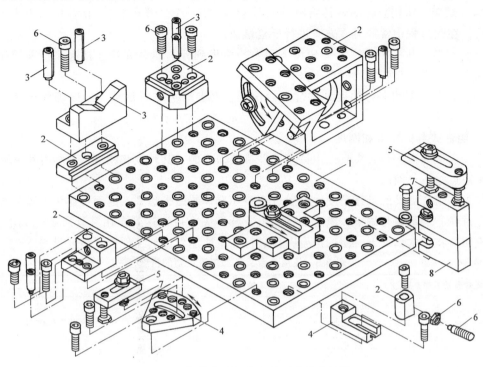

图 3-64 部分孔系组合夹具元件的分解图

1—基础件 2—支承件 3—定位件 4—辅助件 5—压紧件 6—紧固件

7—其他件 8—合件

图 3-65 所示为在卧式加工中心机床上使用的孔系组合夹具。工件以底面以及底面的侧面和端面凸缘定位，加工侧面和端面上各孔。由于凸缘具有一定弧度，增加了切边圆柱支承做角向定位，同时切边圆柱支承也可以作为对刀参考点。

3. 组合夹具的组装

组合夹具的组装过程是一个复杂的脑力劳动和体力劳动相结合的过程，其实质与专用夹具的设计与装配过程是一样的。一般过程如下：

（1）熟悉原始资料 它包括阅读零件图（工序图），了解加工零件的形状、尺寸、公差、技术要求以及所用的机床、刀具情况，并查阅以往类似夹具的记录。

（2）构思夹具结构方案 根据加工要求选择定位元件、夹紧元件、导向元件、基础元件等（包括特殊情况下设计的专用件），构思夹具结构，拟订组装方案。

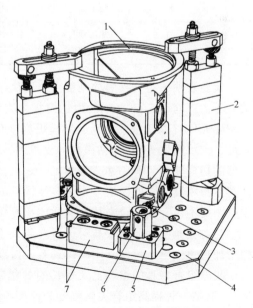

图 3-65 孔系组合夹具

1—工件 2—组合压板 3—调节螺栓

4—方形基础板 5—方形定位连接板

6—切边圆柱支承 7—台阶支承

143

（3）组装计算 如角度计算、坐标尺寸计算、结构尺寸计算等。

（4）试装 将构思好的夹具结构用选用的元件搭一个"样子"，以检验构思方案是否正确可行。在此过程中常需对原方案进行反复修改。

（5）组装 按一定顺序（一般由下而上，由里到外）将各元件连接起来，并同时进行测量和调整，最后将各元件固定下来。

（6）检验 对组装好的夹具进行全面检查，必要时可进行试加工，以确保组装的夹具满足加工要求。

4．组合夹具的精度和刚度

不少人认为由于组合夹具是由许多元件拼装而成的，其精度和刚度都不如专用夹具。其实这种观点是不全面的。

首先，组合夹具的最终精度大都通过调整和选择装配来达到，因而可避免误差累加的问题。经过精心的组装与调整，组合夹具的组装精度完全可以达到专用夹具所能达到的精度。经验表明，在正常情况下，使用组合夹具进行加工所能保证的工件位置精度见表 3-5。

表 3-5 使用组合夹具加工可达到的精度

组合夹具类型	加工精度内容	误差值/mm
钻夹具	钻、铰两孔中心距	±0.05
	钻、铰两孔平行度（或垂直度）	0.05/100
	被加工孔与定位面的垂直度（或平行度）	0.05/100
镗夹具	两孔中心距	±0.02
	两孔平行度（或垂直度）	0.01/100
	同轴孔的同轴度	0.01/100
车夹具	加工面与定位面的距离	±0.03
	加工面与定位面的平行度或垂直度	0.03/100
铣、刨夹具	加工面与定位面的平行度或垂直度	0.04/100
	斜面角度	±2′

实验表明，组合夹具的刚度主要取决于组合夹具元件本身的刚度，而与所用元件的数量关系不大。对图 3-66 所示的由钻模板、支承和基础板组合结构所做的静刚度实验表明，夹具主要元件（基础板、支承、钻模板）变形占总变形量的 75%～95%（取决于钻模板的伸出长度、支承高度等），而钻模板与支承件、支承件与钻模板结合部的变形（包括定位键与 T 形槽的切向变形）只占总变形量的 5%～25%。这说明，若不考虑夹具元件因开 T 形槽等而使其本身刚度下降的因素，则拼装结构刚度和整体结构刚度相差不多。若考虑组合夹具元件本身刚度不足，则组合夹具与同样体积专用夹具相比刚度要差一些。

当对夹具刚度要求较高时，可在组装上采取措施。如图 3-67 所示，在钻模板组装结构中增加直角支承，可使其刚度得到有效提高。

我国组合夹具的组装工人在长期的组装实践中提出了一种组装组合夹具的"六点组装法"。这是一种提高组合夹具刚度和保证组合夹具使用精度的行之有效的组装方法。其实质是运用夹具设计中的六点定位原理，在组装过程中通过装键或元件组合的方法使夹具元件在与加工精度有关的方向上的自由度得到完全限制，而不是仅仅依靠螺栓紧固来确定其位置。图 3-68a 所示为用一般方法组装的角度结构，图 3-68b 所示为用六点组装法组装的角度结构。

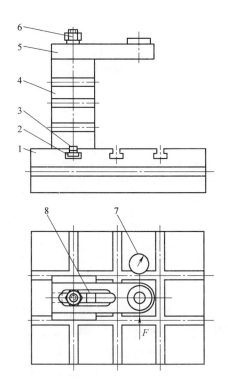

图 3-66 组合夹具静刚度实验

1—基础板 2—T形槽用螺栓 3、8—定位键
4—支承 5—钻模板 6—夹紧螺母 7—千分表

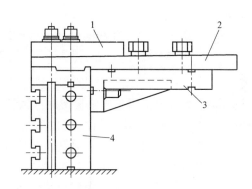

图 3-67 提高钻模板组装结构刚度的方法（一）

1—压板 2—钻模板 3—直角支承
4—长方形

在图 3-68b 所示的结构中，规定的角度值是通过选配元件尺寸而获得的。在尺寸 A、B 确定的条件下，通过计算可求出 H 的数值，按 H 值选配长方形支承 2，即可获得所需的角度。至于方形支承 9、12 在水平方向上的位置，也由 A 值确定。为使其准确定位，增加了方形支承 15（其尺寸 H_1 也可通过计算求出），并采用伸长板 11 将件 1、9、12 和 15 紧固在一起。实际表明，用上述两种不同角度结构所构成的铣床夹具在工作一段时间以后，图 3-68a 所示结构的角度值发生了变化，而图 3-68b 所示结构的角度值则始终未变。

二、可调整夹具

可调整夹具具有小范围的柔性，它一般通过调整部分装置或更换部分元件，以适应具有一定相似性的不同零件的加工。这类夹具在成组技术中得到广泛应用，此时又被称为成组夹具。

1. 可调整夹具的特点

可调整夹具在结构上由基础部分和可调整部分两大部分组成。基础部分是组成夹具的通用部分，在使用中固定不变，通常包括夹具体、夹紧传动装置和操作机构等。此部分结构主要根据被加工零件的轮廓尺寸、夹紧方式以及加工要求等确定。可调整部分通常包括定位元件、夹紧元件、刀具引导元件等。更换工件品种时，只需对该部分进行调整或更换元件，即可进行新的加工。

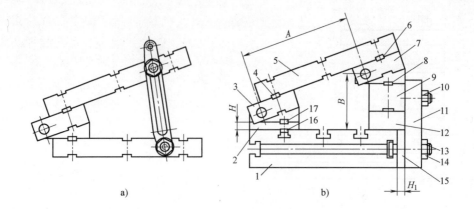

图 3-68 提高钻模板组装结构刚度的方法（二）

1—方形基础板 2—长方形支承 3、7—折合板 4、6、8、16、17—平键 5—简式
方基础板 9、12、15—方形支承 10、14—螺母 11—伸长板 13—槽用螺栓

　　图 3-69a 所示为一用于成组加工的可调整车床夹具，图 3-69b 所示为利用该夹具加工的部分零件工序示意图。零件以内孔和左端面定位，用弹簧胀套夹紧，加工外圆和右端面。在该夹具中，夹具体 1 和接头 2 是夹具的基础部分，其余各件均为可调整部分。被加工零件根据定位孔径的大小分成五个组，每组对应一套可换的夹具元件，包括夹紧螺钉、定位锥体、顶环和定位环，而弹簧胀套则需根据零件的定位孔径来确定。

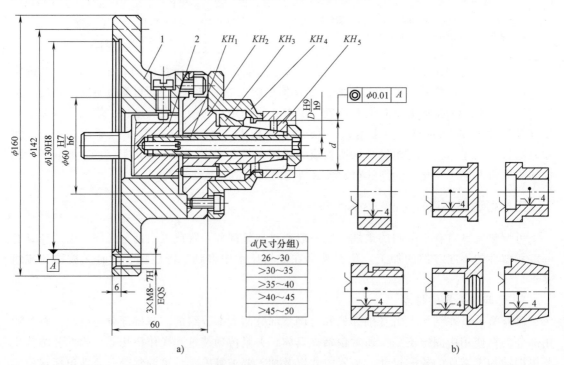

d(尺寸分组)
26～30
>30～35
>35～40
>40～45
>45～50

图 3-69 可调整车床夹具

1—夹具体 2—接头 KH_1—夹紧螺钉 KH_2—定位锥体 KH_3—顶环 KH_4—定位环 KH_5—弹簧胀套

图 3-70a 所示为一可调整钻模，用于加工图 3-70b 所示零件上垂直相交的两径向孔。工件以内孔和端面在定位支承 2 上定位，旋转夹紧捏手 4，带动锥头滑柱 3 将工件夹紧。转动调节旋钮 1，带动微分螺杆，可调整定位支承端面到钻套中心的距离 C，此值可直接从刻度盘上读出。微分螺杆用紧固手柄 6 锁紧。该夹具的基础部分包括夹具体、钻模板、调节旋钮、夹紧捏手、紧固手柄等；夹具的可调整部分包括定位支承、滑柱、钻套等。更换定位支承 2 并调整其位置，可适应不同零件的定位要求。更换钻套 5 则可加工不同直径的孔。

2. 可调整夹具的调整方式

可调整夹具通常采用四种调整方式：更换式、调节式、综合式和组合式。

（1）更换式 采用更换夹具元件的方法，实现不同零件的定位、夹紧、对刀或导向。图 3-69 所示的可调整车床夹具就是完全采用更换夹具元件的方法，实现不同零件的定位和夹紧。这种调整方法的优点是使用方便、可靠，且易于获得较高的精度。缺点是夹紧所需更换元件的数量大，使夹具制造费用增加，并给保管工作带来不便。此法多用于夹具上精度要求较高的定位和导向元件的调整。

（2）调节式 借助于改变夹具上可调元件位置的方法，实现不同零件的装夹和导向。图 3-70 所示的可调整钻模中，位置尺寸 C 就是通过调节螺杆来保证的。采用调节方法所用的元件数量少，制造成本较低，但调整需要花费一定时间，且夹具精度受调节精度的影响。此外，活动的调节元件会降低夹具刚度，故多用于加工精度要求不高和切削力较小的场合。

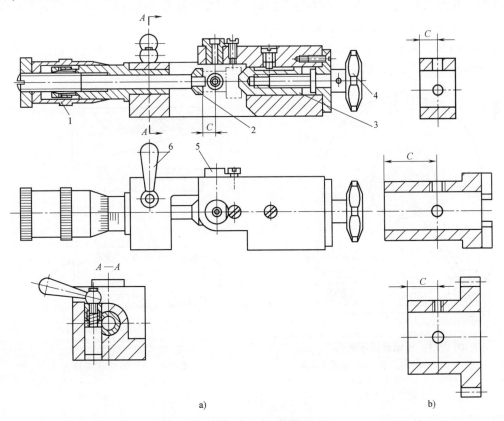

a)   b)

图 3-70 可调整钻模

1—调节旋钮 2—定位支承 3—滑柱 4—夹紧捏手 5—钻套 6—紧固手柄

（3）综合式 在实际中常常综合应用上述两种方法，即在同一套可调整夹具中，既采用更换元件的方法，又采用调节方法。图 3-70 所示的可调整钻模就属于综合调整方式。

（4）组合式 将一组零件的有关定位或导向元件同时组合在一个夹具体上，以适应不同零件的加工需要。图 3-71 所示的可调整拉床夹具就属于组合调整方式。该夹具用于拉削三种不同杆类零件的花键孔。由于每种零件的花键孔均有角向位置要求，故在夹具上设置了三个不同的角向定位元件——两个菱形销 6 和一个挡销 4。拉削不同工件时，分别安装不同的角向定位元件即可。组合方式由于避免了元件的更换和调节，节省了夹具调整时间。但此类夹具应用范围有限，常用于零件品种数较少而加工数量较大的情况。

3. 可调整夹具的设计

可调整夹具的设计方法与专用夹具的设计方法基本相同，主要区别在于其加工对象不是一个零件，而是一组相似的零件。因此设计时，需对所有加工对象进行全面分析，以确定夹具最优的装夹方案和调整形式。可调整夹具的可调整部分是设计的重点和难点，设计者应按选定的调整方式，设计或选用可换件、可调件以及相应的调整机构，并在满足零件装夹和加工要求的前提下，力求使夹具结构简单、紧凑、调整使用方便。

三、其他柔性夹具

除了上面介绍的组合夹具和可调整夹具外，近年来还发展了多种形式的柔性夹具，如适应性夹具、仿生式夹具、模块化程序控制夹具以及相变夹具等。适应性夹具是将夹具定位元件和夹紧元件分解为更小的元素，使之适应工件形状的连续变化。仿生式夹具由机器人末端操纵件演变而来，通常利用形状记忆合金实现工件装夹。模块化程序控制夹具通过伺服控制机构，变动夹具元件的位置装夹工件。下面仅对相变夹具进行简要介绍。

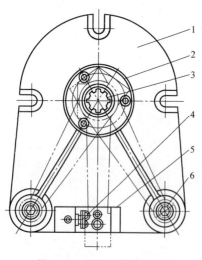

图 3-71 可调整拉床夹具

1—夹具体 2—支承法兰盘 3—球面支承套
4—挡销 5—支承块 6—菱形销

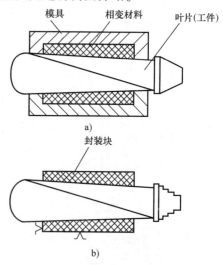

图 3-72 封装块式柔性夹具

利用某些材料具有可控相变的物理性质（从液相转变成固相，再从固相变回液相），可以方便地构造柔性夹具。图 3-72 所示为用叶片曲面定位加工叶片根部榫头的封装块式柔性夹具。先将工件置于模具中，并使其处于正确的位置，然后注入液态相变材料（图 3-72a），待液态相变材料固化后从模具中将工件连同封装块一起取出。再将封装块安装在夹具上，即可加工叶片根部榫头（图 3-72b）。加工后再进行固液转变，使工件与相变材料分离。

常用的可控固液两相转变材料有水基材料、石蜡基材料和低熔点合金等。目前应用较多的是 Sn、Pb 等低熔点合金。

相变夹具特别适合于定位表面形状复杂，且刚度较差的工件的装夹。其缺点是相应过程耗时、耗能，且工件表面残余附着物不易清理，某些相变材料在相变过程中还会产生污染。

为避免上述相变夹具的负面作用，近年来研究出了伪相变材料，主要有磁流变材料（Magnetorheological Fluids）和电流变材料（Electror heological Fluids）。这些材料在正常情况下处于流动状态，但在磁场或电场作用下则变为固态。与上述相变材料相比，用磁（电）流变材料构成的夹具具有如下优点：

1）速度快。相变过程可以在瞬间（毫秒数量级）完成。

2）成本低。磁（电）流变材料本身价格较低，使用装置也不复杂，且磁（电）流变材料可以反复利用。

3）易操作。相变可以在室温下进行，且操作简单，无污染。

图 3-73 所示为一种伪相变材料液态床式夹具，床中布有以铁磁微粒为基础的磁流变液（体积分数 50%），在磁流变液中放入夹具元件。当有磁场作用时，磁流变液迅速固化，使夹具元件固定，便可对工件进行定位和夹紧，并进行加工。加工完毕后，关闭磁场，磁流变液即刻恢复流动状态，工件可以方便地取出。

伪相变夹具的主要缺点是伪相变材料的强度较低，屈服应力较小，因而多用于定位面形状复杂，且切削力较小的场合。

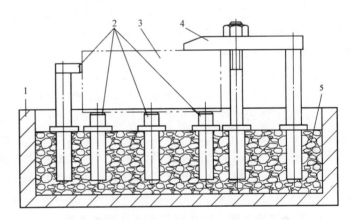

图 3-73 伪相变材料液态床式夹具
1—箱体 2—定位件 3—工件 4—压板 5—磁流变液

第六节 机床专用夹具的设计步骤和方法

本节着重介绍专用夹具的设计步骤和方法，并讨论与此有关的一些问题。

一、专用夹具设计的基本要求

专用夹具设计的基本要求可以概括为如下几个方面。

（1）保证工件加工精度 这是夹具设计的最基本要求，其关键是正确地确定定位方案、夹紧方案、刀具导向方式及合理确定夹具的技术要求。必要时应进行误差分析与计算。

（2）夹具结构方案应与生产纲领相适应 在大批量生产时应尽量采用快速、高效的夹具结构，如多件夹紧、联动夹紧等，以缩短辅助时间；对于中、小批量生产，则要求在满足夹具功能的前提下，尽量使夹具结构简单、制造方便，以降低夹具的制造成本。

（3）操作方便、安全、省力　如采用气动、液压等夹紧装置，以减轻工人劳动强度，并可较好地控制夹紧力。夹具操作位置应符合工人操作习惯，必要时应有安全防护装置，以确保使用安全。

（4）便于排屑　切屑积集在夹具中，会破坏工件的正确定位；切屑带来的大量热量会引起夹具和工件的热变形；切屑的清理又会增加辅助时间。切屑积集严重时，还会损伤刀具甚至引发工伤事故。故排屑问题在夹具设计中必须给以充分注意，在设计高效机床和自动线夹具时尤为重要。

（5）有良好的结构工艺性　设计的夹具要便于制造、检验、装配、调整和维修等。

二、专用夹具设计的一般步骤

专用夹具设计的一般步骤如下。

1. 研究原始资料，明确设计要求

在接到夹具设计任务书后，首先要仔细地阅读被加工零件的零件图和装配图，清楚了解零件的作用、结构特点、所用材料及技术要求；其次要认真地研究零件的工艺规程，充分了解本工序的加工内容和加工要求；必要时还应了解同类零件加工所用过的夹具及其使用情况，作为设计时的参考。

2. 拟订夹具结构方案，绘制夹具结构草图

拟订夹具结构方案应主要考虑以下问题：根据零件加工工艺所给的定位基准和六点定位原理，确定工件的定位方法并选择相应的定位元件；确定刀具的引导方式，设计引导装置或对刀装置，确定工件的夹紧方法，并设计夹紧机构；确定其他元件或装置的结构形式；考虑各种元件或装置的布局，确定夹具的总体结构。为使设计的夹具先进、合理，常需拟订几种结构方案，进行比较，从中择优。在构思夹具结构方案时，应绘制夹具结构草图，以帮助构思，并检查方案的合理性和可行性，同时也为进一步绘制夹具总图做好准备。

3. 绘制夹具总图，标注有关尺寸及技术要求

夹具总图应按国家标准绘制，比例尽量取 1∶1，这样可使绘制的夹具图具有良好的直观性。对于很大的夹具，可使用 1∶2 或 1∶5 的比例，夹具很小时，可使用 2∶1 的比例。夹具总图在清楚地表达夹具工作原理和结构的前提下，视图应尽可能少，主视图应取操作者实际工作位置。

绘制夹具总图可参考如下顺序进行：用假想线（双点画线）画出工件轮廓（注意将工件视为透明体，不挡夹具），并画出定位面、夹紧面和加工面（加工面可用粗实线或网格线表示）；画出定位元件及刀具引导元件；按夹紧状态画出夹紧元件及夹紧机构（必要时用假想线画出夹紧元件的松开位置）；绘制夹具体和其他元件，将夹具各部分连成一体；标注必要的尺寸、配合和技术条件；对零件编号，填写零件明细栏和标题栏。

4. 绘制零件图

对夹具总图中的非标准件均需绘制零件图。零件图视图的选择应尽可能与零件在夹具总图上的工作位置相一致。

图 3-74 所示为一夹具设计过程示例。该夹具用于加工连杆零件的小头孔，图 3-74a 所示

为工序简图。零件材料为 45 钢，毛坯为模锻件，年产量为 500 件，所用机床为 Z525 立式钻床。主要设计过程如下：

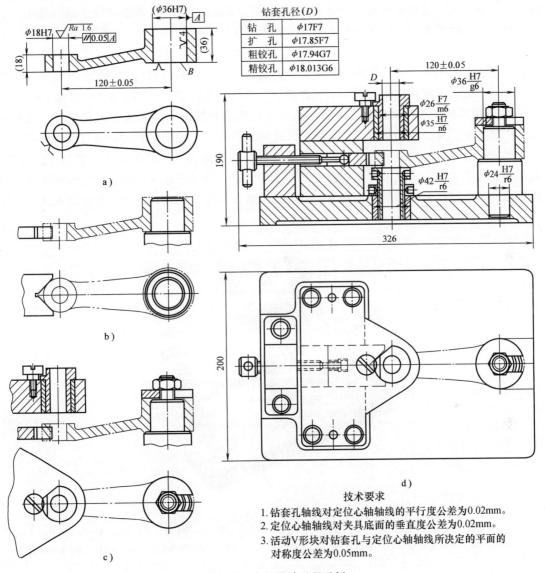

钻套孔径(D)	
钻孔	$\phi17F7$
扩孔	$\phi17.85F7$
粗铰孔	$\phi17.94G7$
精铰孔	$\phi18.013G6$

技术要求
1. 钻套孔轴线对定位心轴轴线的平行度公差为0.02mm。
2. 定位心轴轴线对夹具底面的垂直度公差为0.02mm。
3. 活动V形块对钻套孔与定位心轴轴线所决定的平面的对称度公差为0.05mm。

图 3-74 夹具设计过程示例

1）精度与批量分析。本工序有一定的位置精度要求，属于批量生产，使用夹具加工是适当的。考虑到生产批量不是很大，因此夹具结构应尽可能简单，以降低成本（具体分析从略）。

2）确定夹具结构方案。

① 确定定位方案，选择定位元件。本工序加工要求保证的位置精度主要是中心距（120±0.05）mm 及平行度公差 0.05mm。根据基准重合原则，应选 $\phi36H7$ 孔为主要定位基准，即工序简图中规定的定位基准是恰当的。为使夹具结构简单，采用间隙配合的刚性心轴加小端面的定位方式（若端面 B 与孔 A 垂直度误差较大，则端面处应加球面垫圈）。同时为

保证小头孔处壁厚均匀，采用活动 V 形块来确定工件的角向位置，如图 3-74b 所示。

② 确定导向装置。本工序小头孔的精度要求较高，一次装夹要完成钻—扩—粗铰—精铰四个工步，故采用快换钻套（机床上相应地采用快换夹头）；又考虑到要求结构简单，且能保证精度，故采用固定钻模板，如图 3-74c 所示。

③ 确定夹紧机构。理想的夹紧方式应使夹紧力作用在主要定位面上，本例中可采用可胀心轴、液塑心轴等，但这样做会使夹具结构复杂，成本较高。为简化结构，确定采用螺纹夹紧，即在心轴上直接做出一段螺纹，并用螺母和开口垫圈锁紧，如图 3-74c 所示。

④ 确定其他装置和夹具体。为了保证加工时工艺系统的刚度和减小工件变形，应在靠近工件加工部位增加辅助支承。夹具体的设计应通盘考虑，使上述各部分通过夹具体联系起来，形成一套完整的夹具。此外，还应考虑夹具与机床的连接。因为是在立式钻床上使用，夹具安装在工作台上可直接用钻套找正并用压板固定，故只需在夹具体上留出压板压紧的位置即可。又考虑到夹具的刚度和安装的稳定性，将夹具体底面设计成周边接触的形式，如图 3-74d 所示。夹具实体分解图如图 3-75 所示。

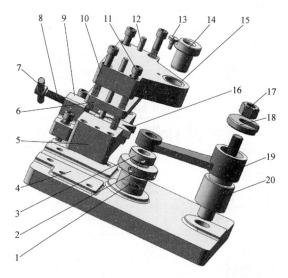

图 3-75　钻铰连杆小头孔夹具分解图

1—螺套　2—锁紧螺母　3—可调支承　4—夹具底板　5—支座　6—中间盖　7—手把　8—调节螺杆
9—螺母座　10—钻模板　11—螺钉　12—圆柱销　13—钻套螺钉　14—快换钻套　15—衬套　16—V 形块
17—夹紧螺母　18—开口垫圈　19—工件（连杆）　20—圆柱定位销

3）在绘制夹具草图的基础上绘制夹具总图，标注尺寸和技术要求，如图 3-74d 所示。

4）对零件进行编号，填写明细栏和标题栏，绘制零件图（略）。

三、夹具设计中的几个重要问题

1. 夹具设计的经济性分析

对于零件加工中的某一个工序，是否使用夹具，使用什么类型的夹具（通用夹具、专用夹具、可调整夹具、组合夹具等），以及在确定使用专用夹具或可调整夹具的情况下，设计什么档次的夹具，这些问题在设计夹具时必须认真考虑。除了从保证加工质量的角度考虑外，还应做经济性分析，以确保所设计的夹具在经济上合理。具体内容可参考有关文献。

2. 成组设计思想的采用

以相似性原理为基础的成组技术在设计、制造、管理等方面均有广泛的应用，夹具设计也不例外。在夹具设计中应用成组技术的主要方法是根据夹具的名称、类别、所用机床、服务对象、结构形式、尺寸规格、精度等级等来对夹具及夹具零部件进行分类编码，并将设计图样及有关资料分类存放。当设计新夹具时，首先要对已有的夹具进行检索，找出编码相同或相近的夹具，或对其进行小的修改，或取其部分结构，或供设计时参考。在设计夹具零部件时，亦可采用相同的方法，或直接将已有的夹具零部件拿来使用，或在原有图样的基础上进行小的改动。不论采用哪种方式，均可大大减轻设计工作量，加快设计进度。

此外，在夹具设计中采用成组技术原理，有利于夹具设计的标准化和通用化。例如，图3-69 所示车床夹具本身是为成组加工服务的，但完全可以将其标准化后，作为一种专用的或通用的可调整夹具使用，以适应更多品种零件加工的需要。

3. 夹具总图上尺寸及技术条件的标注

夹具总图上标注尺寸及技术要求主要是为了便于拆零件图、便于夹具装配和检验。为此，应有选择地标注尺寸和技术要求。通常，在夹具总图上应标注以下内容：

1) 夹具外形轮廓尺寸。
2) 与夹具定位元件、导向元件及夹具安装基准面有关的配合尺寸、位置尺寸及公差。
3) 夹具定位元件与工件的配合尺寸。
4) 夹具导向元件与刀具的配合尺寸。
5) 夹具与机床的连接尺寸及配合。
6) 其他重要配合尺寸。

夹具上有关尺寸公差和几何公差通常取工件上相应公差的 $1/5 \sim 1/2$。当生产批量较大时，考虑到夹具磨损，应取较小值；当工件本身精度较高，为使夹具制造不十分困难，可取较大值。当工件上相应的公差为自由公差时，夹具的有关尺寸公差常取 ±0.1mm 或 ±0.05mm，角度公差（包括位置公差）常取±10′或±5′。确定夹具公差带时，还应注意保证夹具的平均尺寸与工件上相应的平均尺寸一致，即保证夹具上有关尺寸的公差带刚好落在工件上相应尺寸公差带的中间。

夹具总图上标注的技术条件通常有以下几方面：

1) 定位元件与定位元件定位表面之间的相互位置精度要求。
2) 定位元件的定位表面与夹具安装面之间的相互位置精度要求。
3) 定位元件的定位表面与引导元件工作表面之间的相互位置精度要求。
4) 引导元件与引导元件工作表面之间的相互位置精度要求。
5) 定位元件的定位表面或引导元件的工作表面对夹具找正基准面的位置精度要求。
6) 与保证夹具装配精度有关的或与检验方法有关的特殊技术要求。

表 3-6 列举了几种常见夹具的技术要求。夹具总图尺寸及技术条件标注示例如图 3-74d 所示。

4. 夹具结构工艺性分析

在分析夹具结构工艺性时，应重点考虑以下问题。

(1) 夹具零件结构工艺性　与一般零件结构工艺性相同，首先要尽量选用标准件和通用件，以降低设计和制造费用；其次要考虑加工的工艺性和经济性，详见第二章有关内容。

（2）夹具最终精度保证方法　专用夹具制造精度要求较高，又属于单件生产，因此大都采用调整、修配、装配后加工以及在机床上就地加工等工艺方法来达到最终精度要求。在设计夹具时，必须适应这一工艺特点，以利于夹具的制造、装配、检验和维修。

表 3-6　夹具技术要求举例

夹具简图	技术要求	夹具简图	技术要求
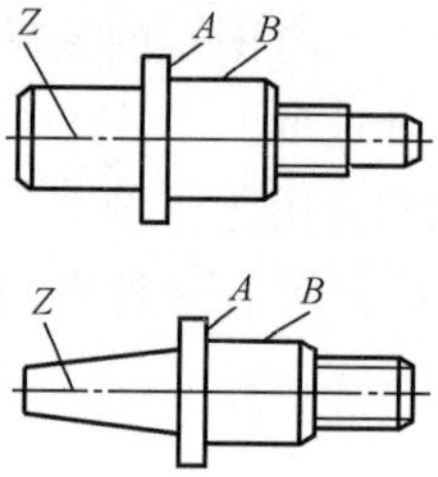	1. A 面对 Z 轴线（锥面或顶尖孔连线）的垂直度公差 2. B 面对 Z 轴线（锥面或顶尖孔连线）的同轴度公差	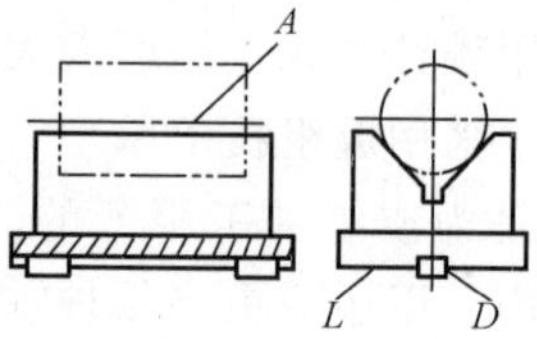	1. 检验棒轴线 A 对 L 面的平行度公差 2. 检验棒轴线 A 对 D 面的平行度公差
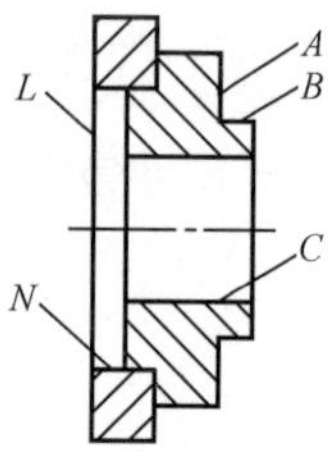	1. A 面对 L 面的平行度公差 2. B 面对止口面 N 的同轴度公差 3. B 面对 C 面的同轴度公差 4. B 面轴线对 A 面的垂直度公差	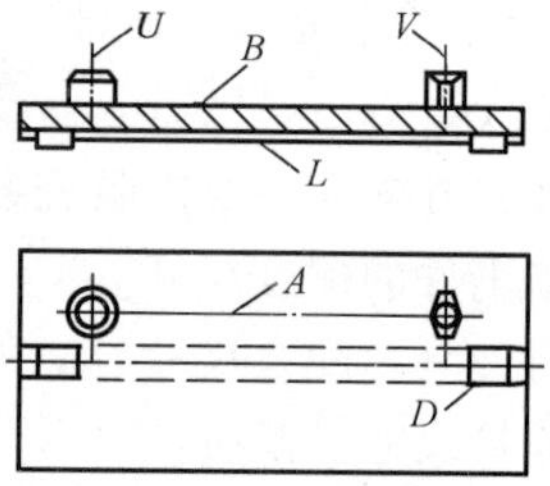	1. B 面对 L 面的平行度公差 2. A 连线对 D 面的平行度公差 3. U、V 轴线对 L 面的垂直度公差
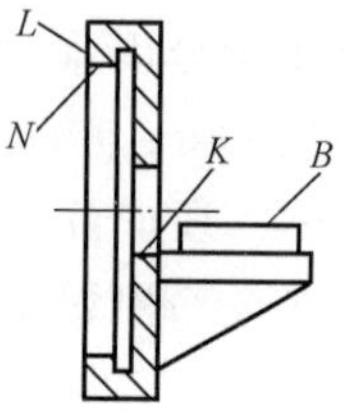	1. B 面对 L 面的垂直度公差 2. K 面（找正孔）对 N 面的同轴度公差 3. N 面轴线对 L 面的垂直度公差	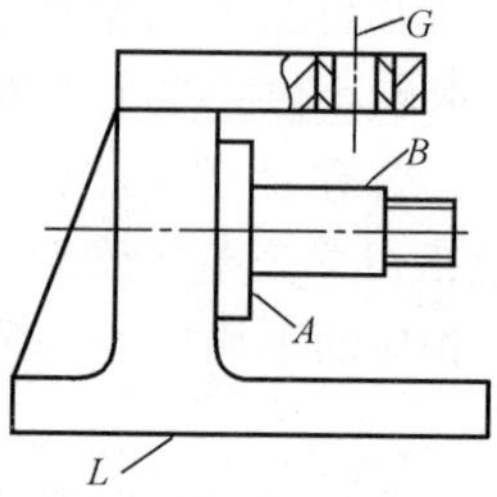	1. B 面对 L 面的平行度公差 2. G 轴线对 L 面的垂直度公差 3. B 面轴线对 A 面的垂直度公差 4. G 轴线对 B 面轴线的最大偏移量
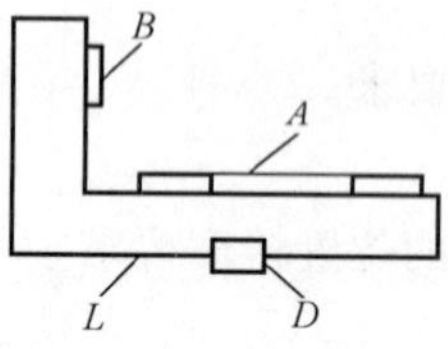	1. A 面对 L 面的平行度公差 2. B 面对 D 面的平行度公差 3. D 面对 L 面的垂直度公差	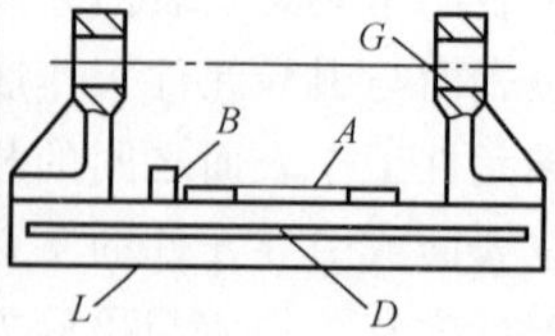	1. A 面对 L 面的平行度公差 2. G 面轴线对 A 面的平行度公差 3. G 面轴线对 D 面的平行度公差 4. B 面对 D 面的垂直度公差

如图 3-76 所示镗模，要求保证工件定位面 A 与夹具底面 L 平行。若直接通过加工后的装配来保证，则根据尺寸链原理，支承板 3 的高度及上下表面的平行度、夹具底板 4 上下表面的平行度均要很好地保证，这样做会给加工带来困难。如果改为将支承板安装在夹具底板上以后，再加工 A 面，不但可以容易地保证 A 面对 L 面的平行度要求，而且可降低夹具制造

费用。又如，该夹具中轴线 C 与支承面 A 的距离尺寸 H 及平行度要求，均可通过对镗模支架 1 和 2 的调整及修配来达到。这样做既给加工带来方便，也使夹具最终精度容易得到保证。

（3）夹具的测量与检验　在确定夹具结构尺寸及公差时，应同时考虑夹具的有关尺寸及几何公差的检验方法。夹具上有关位置尺寸及其误差的测量方法通常有三种，即直接测量法、间接测量法和辅助测量法。如在图 3-76 中，测量轴线 C 与支承面 A 的位置尺寸 H，可以在两镗模支架孔中插入一根检验棒，然后测量检验棒上母线至 A 面的距离，再减去检验棒的半径尺寸，即得到尺寸 H 的数值。这种方法属于直接测量法。当采用直接测量法有困难时，可采用间接测量法。如要测量图 3-76 中 B 面与轴线 C 的平行度，可利用夹具底板上的找正基面 D 进行间接测量，即首先测出 B 面对 D 面的平行度误差，再测出轴线 C 对 D 面的平行度误差，最后经计算可得到 B 面与轴线 C 的平行度误差。

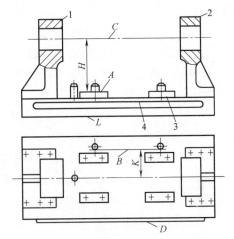

图 3-76　夹具装配精度的保证
1、2—镗模支架　3—支承板　4—支承底板

当采用上述两种方法均有困难时，还可以采用辅助测量法。在使用夹具加工工件上的斜面或斜孔时经常会出现这样的情况，此时零件图上所给的尺寸在夹具上无法测量，需在夹具上设置辅助测量基准，进行辅助测量。如图 3-56a 所示的铣斜面夹具，用于加工工件上与定位面成 $16°30'$ 的斜面，并保证斜面上 M 点的坐标尺寸 67mm 和 93mm。与这两个尺寸相对应的夹具尺寸无法测量。为此在夹具上设置了一个直径为 $\phi8$mm 的工艺孔。此工艺孔设在工件主轴线的延长线上，并与定位面保持一定的距离 x。若对刀块顶面至工艺孔中心 O 点的距离已经确定，则通过简单的几何关系，可求出 x 的数值。由图 3-56b 可列出方程为

$$M'O = (ME - AE)\sin\alpha + \frac{EO}{\cos\alpha}$$

将有关数值代入得

$$148 + 1 = [67 - (93 + x)\tan16°30']\sin16°30' + \frac{93 + x}{\cos16°30'}$$

解上述方程可求出

$$x = 42.55\text{mm}$$

按此值在夹具体上做出工艺孔，再按工艺孔调整对刀块的高度尺寸 148mm 及圆柱销至工艺孔的距离 58mm，即可使夹具达到设计要求。上述的测量方法属于辅助测量法。在加工空间斜面（加工面和定位面在两个投影面上均有角度关系）或空间斜孔（孔的轴线在两个投影面上均与定位面构成角度关系）时，情况更复杂一些，此时需使用测量球作为辅助测量基准，并需进行空间角度和坐标计算，这里不再详述。

5. 夹具精度分析

夹具的主要功能是保证零件加工的位置精度。使用夹具加工时，影响被加工零件位置精

度的误差因素主要有三个方面。

（1）定位误差　工件安装在夹具上位置不准确或不一致，用 Δ_{DW} 表示，如前所述。

（2）夹具制造与装夹误差　包括夹具制造误差（定位元件与导向元件的位置误差、导向元件本身的制造误差、导向元件之间的位置误差、定位面与夹具安装面的位置误差等）、夹紧误差（夹紧时夹具或工件变形所产生的误差）、导向误差（对刀误差、刀具与引导元件偏斜误差等）。该项误差用 Δ_{ZZ} 表示。

（3）加工过程误差　在加工过程中由于工艺系统（除夹具外）的几何误差、受力变形、热变形、磨损以及各种随机因素所造成的加工误差，用 Δ_{GC} 表示。

上述各项误差中，第一项与第二项与夹具有关，第三项与夹具无关。显然，为了保证零件的加工精度，应使

$$\Delta_{DW}+\Delta_{ZZ}+\Delta_{GC} \leqslant T \tag{3-21}$$

式中　T——零件有关的位置公差。

式（3-21）即为确定和检验夹具精度的基本公式。通常要求给 Δ_{GC} 留 1/3 的零件公差，即应使夹具有关误差限定在零件公差 2/3 的范围内。当零件生产批量较大时，为了保证夹具的使用寿命，在制定夹具公差时，还应考虑留有一定的夹具磨损公差。

【例 3-5】　对图 3-74d 所示夹具的精度进行验算。

【解】　首先考虑工件两孔中心距（120±0.05）mm 要求，影响该项精度的与夹具有关的误差因素主要如下：

1）定位误差。该夹具的定位基准与设计基准一致，基准不重合误差为零。基准位置误差取决于心轴与工件大头孔的配合间隙。由配合尺寸 $\phi36H7/g6$，可确定最大配合间隙为 0.05mm，该值即为定位误差。

2）夹具制造与安装误差。该项误差包括：①钻模板衬套轴线与定位心轴轴线的距离误差，此值为 ±0.01mm。②钻套与衬套的配合间隙，由配合尺寸 $\phi26F7/m6$ 可确定其最大间隙为 0.033mm。③钻套孔与外圆的同轴度误差，按标准钻套取值为 0.012mm。

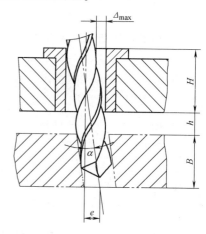

图 3-77　刀具引偏量计算

④刀具引偏量。采用钻套引导刀具时，刀具引偏量可按下式计算（图 3-77）

$$e = \left(\frac{H}{2}+h+B \right) \frac{\Delta_{max}}{H} \tag{3-22}$$

式中　e——刀具引偏量；

H——钻套高度；

h——排屑间隙；

B——钻孔深度；

Δ_{max}——刀具与钻套之间的最大间隙。

本例中，钻套孔径为 $\phi18.013G6$，精铰刀直径尺寸 $\phi18^{+0.013}_{+0.002}$ mm，可确定 $\Delta_{max} = 0.028$mm。将 $H=48$mm，$h=12$mm，$B=18$mm 代入式（3-22），可求得 $e=0.0315$mm。

上述各项误差都是按最大值计算的。实际上各项误差不可能都出现最大值，而且各项误

差方向也不可能都一样。考虑到上述各项误差的随机性，采用概率算法计算总误差是恰当的，即有

$$\Delta_C = \sqrt{0.05^2 + 0.02^2 + 0.033^2 + 0.012^2 + 0.0315^2}\ \text{mm} \approx 0.072\text{mm}$$

式中　Δ_C——与夹具有关的加工误差总和。

该误差已大于零件上孔距公差（0.1mm）的2/3，留给加工过程的误差不足1/3，因而不尽合理。为使 Δ_C 控制在零件孔距公差的2/3之内，可适当提高夹具元件的制造精度。例如，将定位心轴直径改为 $\phi36g5$，则定位误差变为0.045mm，将钻套与衬套的配合尺寸改为 $\phi26F6/m6$，则最大配合间隙为0.025mm。此时可求出 $\Delta_C = 0.065$mm，符合要求。

实际上，上述计算中，定位误差、引偏量、最大间隙等考虑的都是极端情况，而同时出现极端情况的可能性极小。一套夹具能否达到预期的设计要求，最终还要通过实测来确定。

其次再来分析两孔平行度要求。影响该项精度的与夹具有关的误差因素主要如下：

1）定位误差。本例中定位基准与设计基准重合，因此只有基准位置误差，其值为工件大头孔轴线对夹具心轴轴线的最大偏转角

$$\alpha_1 = \frac{\Delta_{1\max}}{H_1} = \frac{0.045}{36}$$

式中　α_1——孔轴间隙配合时，轴线最大偏转角；

　　$\Delta_{1\max}$——工件大头孔与夹具心轴的最大配合间隙；

　　H_1——夹具心轴长度。

2）夹具制造与安装误差。该项误差主要包括两项：①钻套轴线对定位心轴轴线的平行度误差，由夹具标注的技术要求可知该项误差为 $\alpha_2 = 0.02/48$。②刀具引偏量，由图3-77可求出刀具最大偏斜角为 α，令 $\alpha_3 = \alpha$，则有

$$\alpha_3 = \frac{\Delta_{\max}}{H} = \frac{0.028}{48}$$

上述各项误差同样具有随机性，仍按概率算法计算，可求得影响平行度要求的与夹具有关的误差总和为

$$\alpha_c = \sqrt{\alpha_1^2 + \alpha_2^2 + \alpha_3^3} = 0.00144 \approx 0.026/18$$

该项误差小于零件相应公差（0.05/18）的2/3，夹具设计没有问题。

应该说明的是，上述精度分析方法只是近似的，可供设计时参考。要得到更准确的结果，需要通过实验获得。

第七节　计算机辅助夹具设计

一、计算机辅助夹具设计系统工作原理

计算机辅助夹具设计（Computer Aided Fixture Design，CAFD）是指在人的设计思想指导下，利用计算机系统协助人来完成部分或大部分夹具设计工作。

计算机协助人来完成的夹具设计工作主要是设计中属于事务性的那一部分工作，如设计计算、查阅手册、绘制图形等。而夹具设计中创造性的劳动还需要人来完成。

目前，实际应用的计算机辅助夹具设计系统主要有两种工作方式，即变异式夹具 CAD 系统和交互式夹具 CAD 系统，如图 3-78 所示。

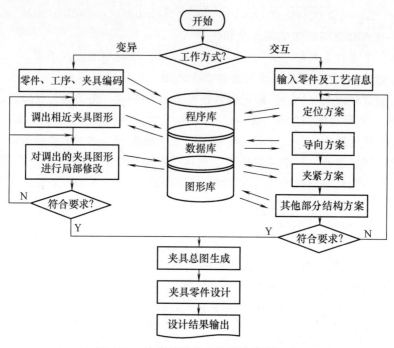

图 3-78 计算机辅助夹具设计系统框图

变异式夹具 CAD 系统与变异式 CAPP 系统的工作原理相类似，也是以成组技术为基础，通过对工件、工序、夹具的编码，查找与要设计的夹具相类似的夹具，并在此基础上进行修改，生成所需的夹具。

交互式夹具 CAD 系统与人工设计夹具过程相类似，设计人员利用计算机软、硬件资源，进行夹具方案构思、计算、绘图，完成夹具设计工作。

计算机辅助夹具设计不仅可以大大提高夹具设计工作的效率，缩短夹具设计周期，而且可以提高设计质量，使传统的主要靠经验类比和估算的夹具设计方法逐渐向科学的、精确的计算和模拟方法转变。此外，采用计算机辅助夹具设计还可为夹具的计算机辅助制造提供必要的信息，并有利于实现设计和制造的集成。

二、计算机辅助夹具设计系统应用软件设计

夹具 CAD 系统软件有三种类型，即系统软件、支撑软件和应用软件。

（1）系统软件　它包括操作系统、窗口系统、语言编译系统等。

（2）支撑软件　它包括绘图软件、几何造型软件、数值计算软件、工程分析软件、数据库管理系统等。

以上两类软件是夹具 CAD 系统运行的环境和基础，又称为工作平台。

（3）应用软件　计算机辅助夹具设计系统应用软件是其独有的，也是其核心。它是在系统软件和支撑软件的基础上，结合夹具设计特点而开发的、服务于夹具设计的专用软件。应用软件通常以程序、数据或图形的方式存储在计算机辅助夹具设计系统的程序库、数据库或图形库中，并通过夹具设计流程程序加以调用。

下面分别对程序库、数据库和图形库进行简要介绍。

1. 程序库

程序库是指夹具设计中全部设计计算程序的集合，主要包括以下内容：

1）定位元件尺寸设计计算及定位精度分析程序。

2）导向、对刀元件尺寸设计计算及导向精度分析程序。

3）夹紧力计算及夹紧元件尺寸设计计算程序。

4）夹具体及其他元件尺寸设计计算程序。

5）用于夹具设计中平面及空间角度和坐标设计计算程序。

6）特殊夹具（如节圆卡盘、薄模卡盘等）的设计计算程序。

7）夹具设计系统流程程序。

上述各种程序均以文件的形式存储在程序库中，或通过夹具设计流程程序自动调用，或采用菜单方式，由设计人员以交互方式直接调用。

例如，若确定采用一面两孔定位方案，则设计人员可以从定位方法菜单中选择"一面两孔定位"选项，即可调用一面两孔定位设计计算程序。此时，计算机屏幕上首先显示一面两孔定位简图（图3-79），并以菜单方式引导设计人员输入原始参数，如两孔直径及公差、两孔中心距尺寸及公差、工序尺寸及公差、工序位置公差等。

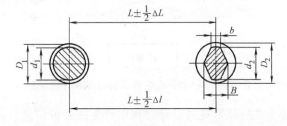

输入： 孔1：直径 $D_1=$ ，直径上极限偏差$ES_1=$ ，直径下极限偏差$EI_1=$ ，
（工件） 孔2：直径 $D_2=$ ，直径上极限偏差$ES_2=$ ，直径下极限偏差$EI_2=$ ，
两孔中心距$L=$ ，中心距偏差$\pm\Delta l=$ ，
工序公差：两轴连线方向 $T(X)=$ ，
垂直两轴连线方向 $T(Y)=$ ，
转角 $T(Angle)=$ 。

图 3-79 一面两孔定位信息输入界面

原始参数输入并经检验无误后，系统将自动运行一面两孔定位设计计算程序，并给出设计结果：两销直径及公差、两销中心距尺寸及公差、菱形销宽度尺寸等。对输出的设计结果，设计人员还可根据实际情况进行修正。修正后的数据重新输入计算机，重新运行有关程序，并重新显示计算结果。

图 3-80 所示为一面两孔定位设计计算程序框图。

夹具 CAD 系统程序库的建立，除了要开发夹具设计计算所需要的各种程序外，还需要研制相应的库管理程序，以使程序库有效地进行工作。

2. 数据库

数据库通常是指以一定组织方式存储在一起的相互有关数据的集合，它能以最佳方式、最少冗余为多种用途服务。计算机辅助夹具设计系统的数据库具有两种功能，一是存储夹具

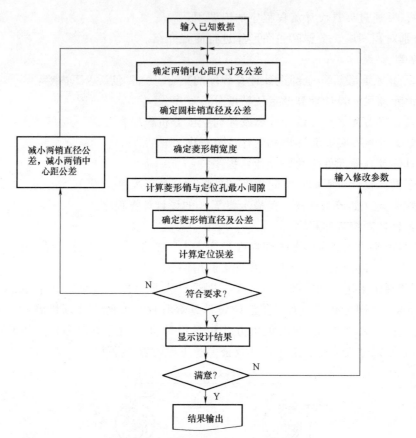

图 3-80 一面两孔定位设计计算程序框图

设计所用到的各种数据，二是保留夹具设计过程中产生的各种信息。

夹具设计所用到的数据主要包括两大类：一类是标准夹具元件的结构尺寸及公差；另一类是夹具设计中使用的各种表格数据、公式及线图数据等。这两类数据的存储均可利用现有的通用数据库系统来实现。其主要工作是建立数据二维表。

如图 3-81 所示为带肩固定钻套，其结构尺寸见表 3-7。该表实际上对应了数据库中数据的关系框架，即确定了带肩固定钻套数据文件结构。进一步的工作仅仅是增加标识项及用数据库语言对各数据项进行定义，包括各项数据的名称、类型、宽度等。

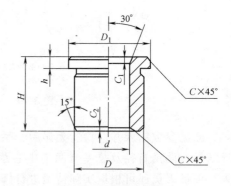

图 3-81 带肩固定钻套

表 3-7 带肩固定钻套参数表

d	公差配合	D	公差配合	D_1	H	h	C	⋯
⋮	⋮	⋮	⋮	⋮	⋮	⋮	⋮	⋯
>5~6	F7	10	n6	13	10, 16	3	0.5	⋯
>6~8	F7	12	n6	15	10, 16	3	0.5	⋯
⋮	⋮	⋮	⋮	⋮	⋮	⋮	⋮	⋯

3. 图形库

图形库用于存储夹具设计中的各种图形。主要包括：

1）标准夹具元件图形，如定位元件、导向元件、支承元件等。

2）夹具设计时用到的通用机械零件图形，如螺钉、螺母、垫圈、轴承等。

3）夹具体等非标准夹具元件图形。

4）各类典型夹具装配图。

5）各类典型夹具部件结构图形，如夹紧机构、分度机构等。

6）夹具设计时用到的各种专用符号图形，如定位、夹紧符号等。

图形库中图形的生成方法主要有两种：

（1）直接输入法 利用图形软件的绘图命令，采用交互方式生成图形。这种方法主要用于生成非标准件图形和难于用程序生成的图形。在绘制夹具装配图时，也常用此种方法对拼接的图形进行补充和修改。

（2）参数法 许多标准夹具元件、组件及通用机械零件，虽然尺寸不一样，但其结构形式相同，因而可用一种专用程序来生成其图形。例如，图 3-81 所示的带肩固定钻套，其各部分尺寸均由参数 d 确定。因而只要给定参数 d，便可由程序自动生成相应的钻套图形。参数法生成图形的优点是在图形库中不必存储大量的元件图形，而只存储生成元件图形的程序，从而可大大减少图形库占用的存储空间。

目前许多图形软件都具有参数化造型（绘图）功能，利用这些软件进行二次开发，可以方便地实现参数法图形生成。

在使用参数法生成图形时，“参数”的获得主要有两种方法：一种方法是在设计过程中，按系统菜单提示，交互输入元件结构尺寸。这种方法主要用于生成非标准件图形，或需要对标准元件的某些结构尺寸进行修改时使用。另一种方法是利用夹具数据库中的数据驱动生成图形。对应于每一种标准夹具元件，数据库中都有一个相应的数据文件，文件中每一条记录对应于一定结构参数的元件图形数据。在夹具设计过程中，根据标准夹具元件的主要结构参数（关键字）检索出该参数对应的元件记录，即获得一组夹具元件的结构尺寸，再调用图形生成程序，即可生成所需的夹具元件图形。

图 3-82 显示了利用 SolidWorks 软件生成固定钻套实体图形的工作原理，其“参数”的获取采用的方法就是上述的后一种方法，即利用夹具数据库中的数据驱动生成图形的方法。

三、夹具装配体及装配图的转换

生成夹具装配体并进一步将其转换为二维夹具装配图是计算机辅助夹具设计的核心。鉴于三维图形软件得到越来越广泛的使用，下面结合一个基于 SolidWorks 软件的计算机辅助夹具设计

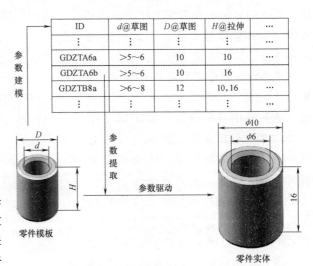

ID	d@草图	D@草图	H@拉伸	...
⋮	⋮	⋮	⋮	...
GDZTA6a	>5～6	10	10	...
GDZTA6b	>5～6	10	16	...
GDZTB8a	>6～8	12	10,16	...
⋮	⋮	⋮	⋮	...

图 3-82　固定钻套实体图形的工作原理

系统（TD-CAFD）对夹具装配体的生成及二维装配图的转换进行简要说明。

1. 夹具元件图形的编目与检索

夹具装配体是有关夹具元件实体在三维空间的有序集合。为了生成夹具装配体，首先要解决夹具元件图形的编目与检索问题。实际上设计者在建立图形库时，通常已对夹具元件按其类型、功能进行分类、编目。在使用时，一般只需利用图形软件的自定义"菜单"功能，编制一个夹具设计用的菜单文件，即可通过点菜方式，方便地调出所需的夹具元件图形，并按要求将其置于夹具装配体的指定位置上。菜单多采用分级形式，如图 3-83 所示。

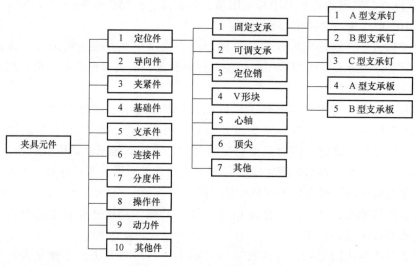

图 3-83 夹具元件图形分级菜单

2. 夹具装配体的生成

夹具装配体的设计方法通常有两种：自底向上和自顶向下。自底向上的装配体设计是利用已设计好的零件，根据不同的位置和装配约束关系，将一个个零件安装成子装配体或夹具。自顶向下的设计则是在装配环境下，根据夹具总体构思和装配约束关系建立零件或特征，零件的特征要参考装配体中其他相关零件的轮廓和位置来确定，当装配体中其他相关零件的轮廓和位置发生变化时，所建立的零件及特征也要相应改变。

考虑到夹具中多数零件已标准化，并已经建立了相应的夹具元件库，因此更适于采用自底向上的装配体设计方法。TD-CAFD 系统就采用自底向上的方法和交互方式，以工件为基准逐渐展开，最终形成夹具装配体。下面以图 3-84 所示连杆零件加工螺纹底孔和螺钉过孔夹具设计为例来说明夹具装配体的设计过程。

（1）工艺分析　工序要求加工 M8 螺纹底孔 $\phi7\text{mm}$ 和过孔 $\phi9\text{mm}$，保证

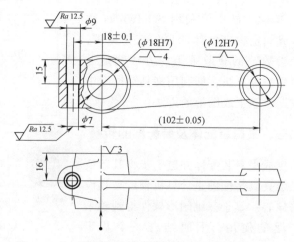

图 3-84 连杆零件钻孔工序图

其轴线与大、小孔轴线所在平面垂直，且与大孔轴线距离为（18±0.1）mm，与大孔端面距离为16mm。根据工序要求，应选择大头孔 φ18H7 为第一定位基准（四点定位），大头孔端面为第二定位基准（三点定位，采用轴向夹紧），以小头孔为第三定位基准（一点定位）。加工方法采用麻花钻钻孔。

（2）定位、夹紧装置设计　根据工艺分析，大头孔及其端面定位并轴向夹紧，适于采用带轴向夹紧装置的心轴。检索相应的夹具元件库，按定位件—心轴—轴向夹紧—拉杆式心轴的层次，选取拉杆式心轴作为主要定位和夹紧装置。输入相应参数（主参数为心轴定位部分直径及长度），获得相应规格的拉杆式心轴装置及其夹具元件，并派生出有关的尺寸，如心轴滑动部分直径及长度，滑套及端盖各部分尺寸及相关位置尺寸等。可以对这些尺寸进行修改，但其中有些尺寸是相互关联的，如改变心轴滑动部分长度，将牵动滑套的长度及滑套与端盖台肩之间的距离一起改变。小头孔一点定位，采用菱形销。在装配环境下，将有关零件插入，并通过同轴、平行、距离、重合等配合关系操作，确定其与工件的相互位置，完成子装配体一的组装，如图 3-85 所示。

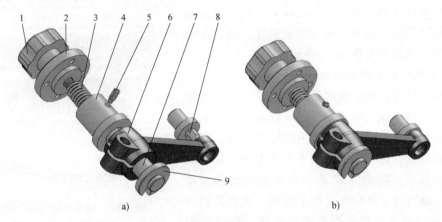

a) b)

图 3-85　子装配体一

a）子装配体一在装配过程中　b）装配完成后的子装配体一

1—手柄　2—端盖　3—弹簧　4—滑套　5—紧定螺钉　6—工件　7—心轴　8—菱形销　9—开口垫圈

（3）导向装置设计　根据工序要求，一次安装要完成 M8 螺纹底孔（φ7mm）和螺钉过孔（φ9mm）的加工，因而需选用快换钻套。检索相应的夹具元件库，选取快换钻套和固定钻模板，参考工序图及已建立的子装配体一的结构尺寸，输入相应参数，获得相应规格的夹具元件。在钻模板设计中，调出的钻模板模型是关于钻套孔中心线对称的，但考虑到本设计中钻模板上要留有紧定螺钉（图 3-85a 中件 5）过孔，且该孔与安装钻模板螺钉过孔相干涉，故对原钻模板的模板进行了修改，同时构成了新的（非对称）钻模板模型，丰富了夹具元件库。在子装配体一的基础上，将快换钻套、衬套、钻套螺钉和钻模板等元件插入，仍以工件为基准，同时兼顾与子装配

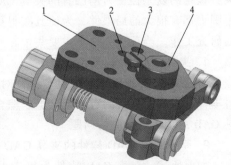

图 3-86　子装配体二

1—钻模板　2—紧定螺钉过孔

3—钻套螺钉　4—快换钻套

体一有关的约束（如钻模板的紧定螺钉过孔需与紧定螺钉同轴等），通过同轴、平行、距离、重合等配合关系操作，确定其与工件及子装配体一的相互位置，得到子装配体二，如图 3-86 所示。

（4）夹具体设计 子装配体二完成后，虽然已确定了主要定位元件、夹紧元件、导向元件与工件之间的相对位置，但这种位置关系是不稳定的，且相互之间仍有可能存在不协调甚至相干涉的情况，最终要通过夹具体将这些元件连成一个整体。检索夹具元件库，发现仅有一些底板类和支座类元件的拼装结构可供参考，考虑到工件及夹具整体尺寸不大，宜采用整体式结构，故确定重新设计夹具体。以子装配体二各元件及相互位置尺寸为依据，采用立板、支座、底板合成的方法构建夹具体。在夹具体设计过程中，要充分顾及已有各元件尺寸及其相互间的位置尺寸，同时也可能需要对已有各元件尺寸及其相互间的位置尺寸不匹配之处进行必要的修正，直至完全协调一致。这是一个设计—匹配—修改的反复过程，现代流行的三维图形软件的全相关、干涉检验、自动消隐、多种视图、特征管理树等功能为此提供了极大的便利。

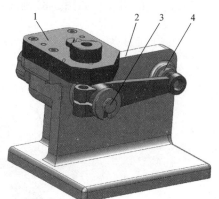

将设计好的夹具体插入子装配体二，再反复进行同轴、平行、垂直、重合等配合关系操作，最终生成完整的夹具装配体，如图 3-87 所示。

3. 二维夹具装配图的转换

目前在实际生产中，作为正式的工艺文件，三维实体图形还需转换成二维工程图。可以利用现有的三维图形软件将实体模型直接转换为二维工程图，但转换后的图形往往与国家制图标准不完全吻合，还需做一些必要的修正。将图 3-87 所示的夹具装配体直接在 SolidWorks 环境下转换为二维工程图，再将其引入到 AutoCAD 环境下进行适当调整和修正，最终得到的夹具装配图如图 3-88 所示。

图 3-87 钻连杆螺纹底孔夹具
1—钻模板组件 2—夹具体
3—拉杆式心轴组件 4—菱形定位销

四、计算机辅助夹具设计技术的发展方向

近年来，计算机辅助夹具设计技术有了迅速发展，并已在实际生产中获得应用。但由于夹具设计的复杂性，目前已有的夹具 CAD 系统无论在功能上、自动化程度上，还是在应用范围上都有很大的局限性。为使其获得更加广泛的应用，并发挥更大的效能，还需进行大量的研究工作。当前研究热点主要集中在以下几个方面。

1. 夹具 CAD 编码系统研究

目前夹具 CAD 编码系统大多是针对具体单位的具体情况而编制的，缺少普遍性。如何将零件、工序、夹具的有关信息加以综合考虑，使编码系统有广泛的适应性，是发展商用夹具 CAD 系统急需解决的问题。

2. 基于三维 CAD 软件的夹具 CAD 系统的改进与完善

如前所述，三维 CAD 软件为机床夹具计算机辅助设计提供了极大的方便，基于三维 CAD 软件的夹具 CAD 系统已得到实际应用。但仍有许多问题需要深入研究，如复杂三维装配体细部结构的表达，复杂三维图形向二维工程图的转换等。

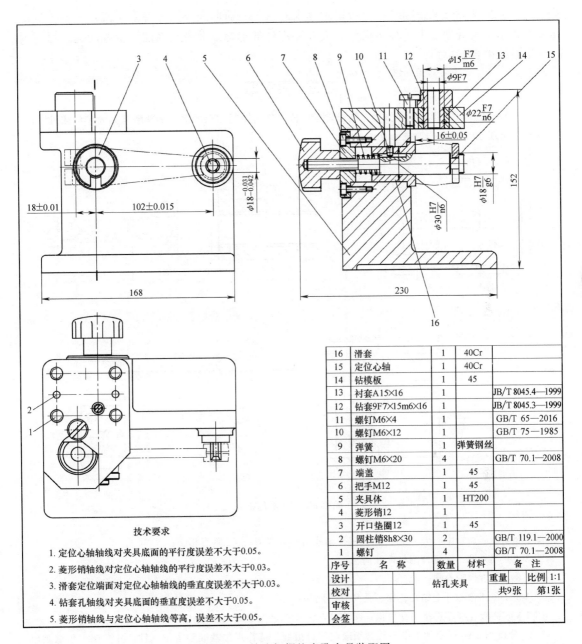

技术要求

1. 定位心轴轴线对夹具底面的平行度误差不大于0.05。
2. 菱形销轴线对定位心轴轴线的平行度误差不大于0.03。
3. 滑套定位端面对定位心轴轴线的垂直度误差不大于0.03。
4. 钻套孔轴线对夹具底面的垂直度误差不大于0.05。
5. 菱形销轴线与定位心轴轴线等高，误差不大于0.05。

16	滑套	1	40Cr	
15	定位心轴	1	40Cr	
14	钻模板	1	45	
13	衬套A15×16	1	JB/T 8045.4—1999
12	钻套9F7×15m6×16	1	JB/T 8045.3—1999
11	螺钉M6×4	1	GB/T 65—2016
10	螺钉M6×12	1	GB/T 75—1985
9	弹簧	1	弹簧钢丝
8	螺钉M6×20	4	GB/T 70.1—2008
7	端盖	1	45	
6	把手M12	1	45	
5	夹具体	1	HT200	
4	菱形销12	1		
3	开口垫圈12	1	45	
2	圆柱销8h8×30	2	GB/T 119.1—2000
1	螺钉	4	GB/T 70.1—2008
序号	名　　称	数量	材料	备　注
设计			钻孔夹具	重量	比例 1:1
校对					
审核			共9张	第1张
会签				

图 3-88　钻连杆螺纹底孔夹具装配图

3. 与 CAD、CAPP 系统的集成

夹具 CAD 系统要想发挥更大的功效，需要实现与 CAD 和 CAPP 系统的集成。这不仅是因为夹具 CAD 系统要从 CAD 和 CAPP 系统获得零件和工艺方面的信息，而且夹具 CAD 也是实现并行设计和计算机集成制造的重要组成部分。CAD 和 CAPP 系统同样要利用夹具 CAD 反馈信息验证和改进自身的设计与规划。

4. 发展夹具 CAD 专家系统

夹具设计中存在经验偏多和理论不够成熟的现象，是制约夹具 CAD 技术发展的主要障

碍。将夹具设计经验概括和总结，用以指导夹具设计，研制夹具设计专家系统是一种可取的方法。诸如夹具规划、夹具结构设计、夹具零部件的选择以及夹具性能评价等问题，可望通过专家系统得到解决。

习题与思考题

3-1　分析图 3-89 所示的定位方案：①指出各定位元件所限制的自由度；②判断有无欠定位或过定位；③对不合理的定位方案提出改进意见。

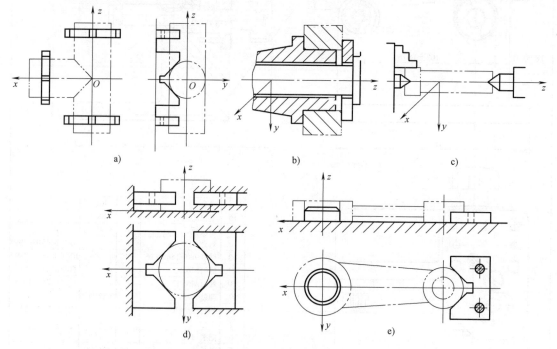

图 3-89　题 3-1 图

图 3-89a 过三通管中心 O 点钻一孔，使孔轴线与管轴线 Ox、Oz 垂直相交；

图 3-89b 车外圆，保证外圆与内孔同轴；

图 3-89c 车阶梯轴外圆；

图 3-89d 在圆盘零件上钻孔，保证孔与外圆同轴；

图 3-89e 钻铰连杆零件小头孔，保证小头孔与大头孔之间的距离及两孔的平行度。

3-2　分析图 3-90 所示加工中零件必须限制的自由度，选择定位基准和定位元件，并在图中示意画出；确定夹紧力作用点的位置和作用方向，并用规定的符号在图中标出。

图 3-90a 过球心钻一孔；

图 3-90b 加工齿轮坯两端面，保证尺寸 A 及两端面与内孔轴线的垂直度；

图 3-90c 在小轴上铣槽，保证尺寸 H 和 L；

图 3-90d 过轴心钻通孔，保证尺寸 L；

图 3-90e 在支座零件上加工两通孔，保证尺寸 A 和 H。

3-3　在图 3-91 所示的套筒零件上铣键槽，要求保证尺寸 $54_{-0.14}^{\ 0}$ mm。现有三种定位方案，分别如图 3-91b、c、d 所示。试计算三种不同定位方案的定位误差，并从中选择最优方案（已知内孔与外圆的同轴度误差不大于 0.02mm）。

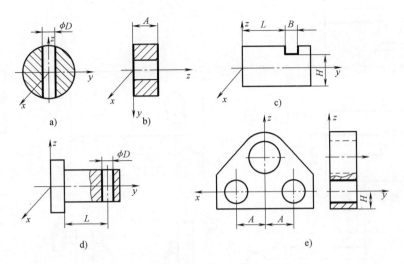

图 3-90 题 3-2 图

3-4 如图 3-92 所示齿轮坯，内孔和外圆已加工合格（$d=80_{-0.1}^{0}$mm，$D=35_{0}^{+0.025}$mm），现在插床上用调整法加工内键槽，要求保证尺寸 $H=38.5_{0}^{+0.2}$mm。试分析采用图示定位方法能否满足加工要求（要求定位误差不大于工件尺寸公差的 1/3）。若不满足，应如何改进？（忽略外圆与内孔的同轴度误差）

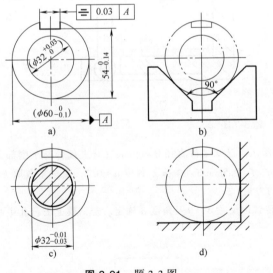

图 3-91 题 3-3 图

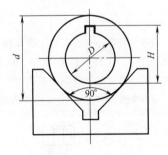

图 3-92 题 3-4 图

3-5 如图 3-93 所示零件，锥孔和各平面均已加工好，现在铣床上铣键宽为 $b_{-\Delta b}^{0}$ 的键槽，要求保证槽的对称线与锥孔轴线相交，且与 A 面平行，并保证尺寸 $h_{-\Delta h}^{0}$。试问图示定位方案是否合理？如不合理，如何改进？

3-6 如图 3-94 所示零件，用一面两孔定位加工 A 面，要求保证尺寸 (18 ± 0.05)mm。若两销直径为 $\phi16_{-0.02}^{-0.01}$mm，试分析该设计能否满足要求（要求工件安装无干涉，且定位误差不大于工件加工尺寸公差的 1/2）。若满足不了，提出改进办法。

3-7 指出图 3-95 所示各定位、夹紧方案及结构设计中不正确的地方，并提出改进意见。

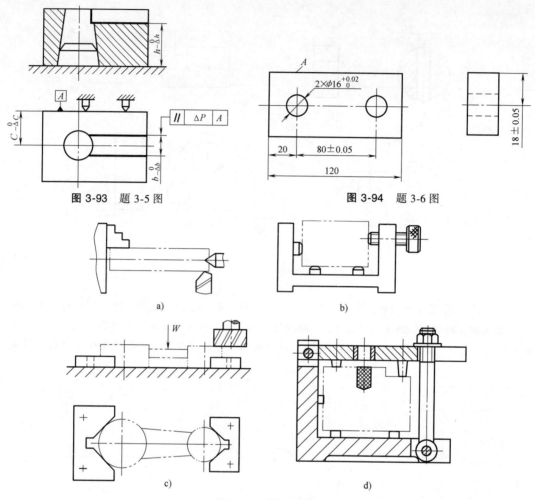

图 3-93 题 3-5 图

图 3-94 题 3-6 图

a)

b)

c)

d)

图 3-95 题 3-7 图

3-8 用鸡心夹头夹持工件车削外圆，如图 3-96 所示。已知工件直径 $d = 69\text{mm}$（装夹部分与车削部分直径相同），工件材料为 45 钢，切削用量为 $a_p = 2\text{mm}$，$f = 0.5\text{mm/r}$。摩擦系数取 $\mu = 0.2$，安全系数取 $k = 1.8$，$\alpha = 90°$。试计算鸡心夹头上夹紧螺栓所需作用的力矩。

3-9 图 3-97 所示为一斜孔钻模，工件上斜孔的位置由尺寸 A、B 及角度 α 确定。若钻模上工艺孔中心

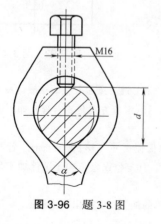

图 3-96 题 3-8 图

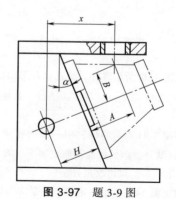

图 3-97 题 3-9 图

至定位面的距离为 H，试确定夹具上调整尺寸 x 的数值。

3-10 图 3-98b 所示钻模用于加工图 3-98a 所示工件上的两 $\phi 8^{+0.036}_{0}$ mm 孔，试指出该钻模设计的不当之处（图 3-98b）。

3-11 如图 3-99 所示拨叉零件，材料为 QT400-18L。毛坯为精铸件，生产批量为 200 件。试设计铣削叉口两侧面的铣夹具和钻 M8-6H 螺纹底孔的钻床夹具（工件上 $\phi 24$H7 孔及两端面已加工好）。

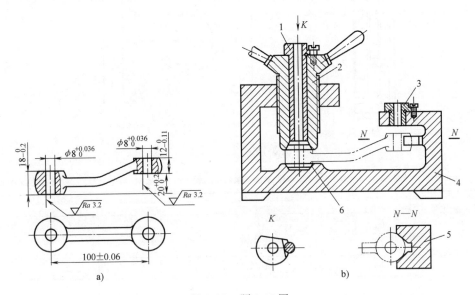

图 3-98 题 3-10 图

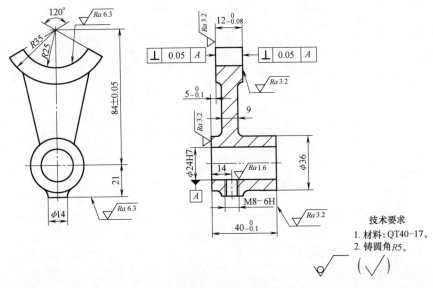

图 3-99 题 3-11 图

3-12 如图 3-100 所示为一组端盖零件图，该组零件有 4 种规格，有关尺寸见表 3-8（图与表中只给出了与夹具设计有关的尺寸及技术要求）。零件要求以 D_3 孔（精度为 H7）和端面 A 定位，加工四个孔 D_1。试设计一成组钻夹具，用于完成这一组零件的 D_1 孔的加工。

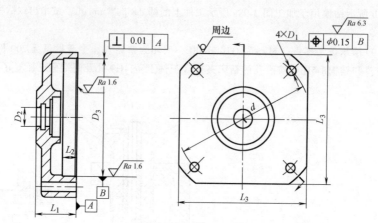

图 3-100　题 3-12 图

表 3-8　题 3-12 表　　　　　　　　　　　　　（单位：mm）

零件编号	参　数						
	D_1	D_2	D_3	d	L_1	L_2	L_3
1	φ6	φ10	φ50H7	φ58	17	7	55
2	φ6	φ12	φ60H7	φ68	21	7	65
3	φ7	φ14	φ70 H7	φ80	24	8	75
4	φ7	φ16	φ85 H7	φ98	32	10	85

第四章

机械加工精度及其控制

第一节 概　　述

零件的加工质量是保证机械产品质量的基础。零件的加工质量包括零件的机械加工精度和加工表面质量两大方面。本章的任务是讨论零件的机械加工精度问题，它是机械制造工艺学主要研究的问题之一。

一、机械加工精度

机械加工精度是指零件加工后的实际几何参数（尺寸、形状和表面间的相互位置）与理想几何参数的符合程度。符合程度越高，加工精度就越高。在机械加工过程中，由于各种因素的影响，使得加工出的零件不可能与理想的要求完全符合。

加工误差是指加工后零件的实际几何参数（尺寸、形状和表面间的相互位置）对理想几何参数的偏离程度。从保证产品的使用性能分析，没有必要把每个零件都加工得绝对精确，可以允许有一定的加工误差。

加工精度和加工误差是从两个不同的角度来评定加工零件的几何参数的，加工精度的低和高就是通过加工误差的大和小来表示的。所谓保证和提高加工精度问题，实际上就是限制和降低加工误差问题。

零件的加工精度包含三个方面：尺寸精度、形状精度和位置精度。这三者之间是有联系的。通常形状公差应限制在位置公差之内，而位置公差一般应限制在尺寸公差之内。当尺寸精度要求高时，相应的位置精度和形状精度也要求高。但形状精度要求高时，相应的位置精度和尺寸精度有时不一定要求高，这要根据零件的功能要求来决定。

一般情况下，零件的加工精度越高则加工成本相对地越高，生产效率则相对地越低。因此设计人员应根据零件的使用要求，合理地规定零件的加工精度。工艺人员则应根据设计要求、生产条件等采取适当的工艺方法，以保证加工误差不超过允许范围，并在此前提下尽量提高生产效率和降低成本。

在机械加工中，零件的尺寸、几何形状和表面间相对位置的形成，归结到一点，就是取决于工件和刀具在切削运动过程中相互位置的关系，而工件和刀具又安装在夹具和机床上，并受到夹具和机床的约束。因此，在机械加工时，机床、夹具、刀具和工件就构成了一个完整的系统，称之为工艺系统。加工精度问题也就牵涉到整个工艺系统的精度问题。工艺系统中的种种误差，就在不同的具体条件下，以不同的程度和方式反映为加工误差。工艺系统的误差是"因",是根源;加工误差是"果",是表现,因此,把工艺系统的误差称为原始误差。

研究加工精度的目的,就是要弄清各种原始误差的物理、力学本质,以及它们对加工精度影响的规律,掌握控制加工误差的方法,以期获得预期的加工精度,并在需要时能找出进一步提高加工精度的途径。

二、影响机械加工精度的原始误差及分类

零件在加工过程中可能出现各种原始误差,它们会引起工艺系统各环节相互位置关系的变化而造成加工误差。下面以活塞加工中精镗销孔工序的加工过程为例,分析影响工件和刀具间相互位置的种种因素,使我们对工艺系统的各种原始误差有一个初步了解。

1. 装夹

活塞以止口及其端面为定位基准,在夹具中定位,并用菱形销插入经半精镗的销孔中作周向定位。固定活塞的夹紧力作用在活塞的顶部(图4-1)。这时就产生了由于设计基准(顶面)与定位基准(止口端面)不重合,以及定位止口与夹具上凸台、菱形销与销孔的配合间隙而引起的定位误差,还存在由于夹紧力过大而引起的夹紧误差。这两项原始误差统称为工件的装夹误差。

2. 调整

装夹工件前后,必须对机床、刀具和夹具进行调整,并在试切几个工件后再进行精确微调,才能使工件和刀具之间保持正确的相对位置。例如,本例需进行夹具在工作台上的位置调整,菱形销与主轴同轴度的调整,以及对刀调整(调整镗刀切削刃的伸出长度,以保证镗孔直径)等。由于调整不可能绝对精确,因而会产生调整误差。另外机床、刀具、夹具本身的制造误差在加工前就已经存

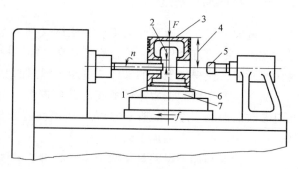

图4-1 活塞销孔精镗工序示意图
1—定位止口 2—对刀尺寸 3—设计基准 4—设计尺寸
5—定位用菱形销 6—定位基准 7—夹具

在了。这类原始误差称为工艺系统的几何误差。

3. 加工

由于在加工过程中产生了切削力、切削热和摩擦,它们将引起工艺系统的受力变形、受热变形和磨损,这些都会影响在调整时所获得的工件与刀具之间的相对位置,造成各种加工误差。这类在加工过程中产生的原始误差称为工艺系统的动误差。

在加工过程中,还必须对工件进行测量,才能确定加工是否合格,工艺系统是否需要重新调整。任何测量方法和量具、量仪不可能绝对准确,因此测量误差也是一项不容忽视的原始误差。

测量误差是工件的测量尺寸与实际尺寸的差值。加工一般精度的零件时,测量误差可占到工序尺寸公差的1/10~1/5;加工精密零件时,测量误差可占到工序尺寸公差的1/3左右。

此外,工件在毛坯制造(铸、锻、焊、轧制)、切削加工和热处理时产生的力和热的作用下产生的内应力,将会引起工件变形而产生加工误差。有时由于采用了近似的成形方法进

行加工，还会造成加工原理误差。因此，由工件内应力引起的变形及原理误差也是原始误差。

最后，为清晰起见，可将加工过程中可能出现的各种原始误差归纳于表 4-1 中。

表 4-1 原始误差的归纳

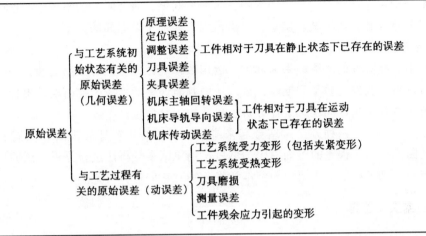

三、误差的敏感方向

切削加工过程中，由于各种原始误差的影响，会使刀具和工件间正确的几何关系遭到破坏，引起加工误差。通常，各种原始误差的大小和方向是各不相同的，而加工误差必须在工序尺寸方向度量。因此，不同的原始误差对加工精度有不同的影响。当原始误差方向与工序尺寸方向一致时，其对加工精度的影响最大。下面以外圆车削为例进行说明。

如图 4-2 所示，车削时工件的回转轴心是 O，刀尖的正确位置在 A 点。设某一瞬时由于各种原始误差的影响，使刀尖位移到 A' 点。$\overline{AA'}$ 即为原始误差 δ，它与 OA 间的夹角为 ϕ。由此引起工件加工后的半径由 $R_0 = \overline{OA}$ 变为 $R = \overline{OA'}$，故半径上（即工序尺寸方向上）的加工误差 ΔR 为

$$\Delta R = \overline{OA'} - \overline{OA} = \sqrt{R_0^2 + \delta^2 + 2R_0\delta\cos\phi} - R_0 \approx \delta\cos\phi + \frac{\delta^2}{2R_0}$$

可以看出：当原始误差方向恰为加工表面的法线方向时（$\phi = 0$），引起的加工误差

$\Delta R_{\phi=0} = \delta$ 为最大$\left(忽略 \dfrac{\delta^2}{2R_0} 项\right)$；当原始误差方向恰为加工表面的切线方向时（$\phi = 90°$），引起的加工误差 $\Delta R_{\phi=90°} = \dfrac{\delta^2}{2R_0}$ 为最小，通常可以忽略。为了便于分析原始误差对加工精度的影响，我们把对加工精度影响最大的那个方向（即通过切削刃的加工表面的法向）称为误差的敏感方向。

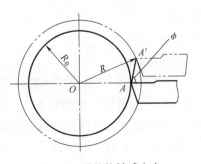

图 4-2 误差的敏感方向

四、研究加工精度的方法

研究加工精度的方法有以下两种。

1. 单因素分析法

研究某一确定因素对加工精度的影响，为简单起见，研究时一般不考虑其他因素的同时作用。通过分析计算，或测试、实验，得出该因素与加工误差间的关系。

2. 统计分析法

以生产中一批工件的实测结果为基础，运用数理统计方法进行数据处理，用以控制工艺过程的正常进行。当发生质量问题时，可以从中判断误差的性质，找出误差出现的规律，以指导解决有关的加工精度问题。统计分析法只适用于批量生产。

在实际生产中，这两种方法常结合起来应用。一般先用统计分析法寻找误差的出现规律，初步判断产生加工误差的可能原因，然后运用单因素分析法进行分析、试验，以便迅速有效地找出影响加工精度的主要原因。本章将分别对它们进行讨论。

五、全面质量管理

（一）全面质量管理的概念

ISO 9000：2015《质量管理体系　基础和术语》对全面质量管理（TQM）的定义是："一个组织以质量为中心，以全员参与为基础，目的在于通过让顾客满意和本组织所有成员及社会受益而达到长期成功的管理途径"。

全面质量管理并不等同于传统意义上的质量管理。传统意义上的质量管理只是作为组织所有管理职能之一，与其他管理职能（如财务管理、物资管理、生产管理、劳动人事管理和后勤保障管理等）并存。而全面质量管理是质量管理更深层次、更高境界的管理，它将上述组织的所有管理职能均纳入质量管理的范畴（当然并不是以全面质量管理取代企业的所有管理）。全面质量管理特别强调了一个组织必须以质量为中心，否则就不是全面质量管理。

全面质量管理源于美国，在日本得到重视与发展，并取得极其明显的效果，最后又由日本推向全世界。

全面质量管理与其说是质量管理方法的进步，不如说是质量管理理论与思想的突破性变革。以前的质量管理着重于生产现场的控制与产品成品检验，其理论依据是认为产品质量是生产出来的，即产品质量取决于生产过程的好坏。全面质量管理则认为，产品质量不仅由生产过程决定，它实际上是企业各项管理工作、设计工作和生产经营活动共同决定的，是企业全部经济活动的综合反映。也就是说，企业里任何一项经济活动都有可能影响着，甚至决定着产品质量。

（二）全面质量管理的基本观点

1. "质量第一"的观点

产品质量的好坏，关系到企业的生存和发展。在实际生产经营活动中，质量和数量的矛盾是经常发生的，应该以"质量第一"作为解决矛盾的基本思想，认真贯彻"质量第一"的方针。

2. 一切为用户服务的观点

这是进行全面质量管理的基本出发点。产品是为用户服务的，用户的要求就是产品质量的目标，也是检验质量好坏的客观标准。全面质量管理把这一思想推而广之：每一后续工作都是前道工作的用户，后续工作的要求就是前道工作质量好坏的目标。因此，企业里每个人员都应该明确自己的下道工序，也就是明确自己的用户，然后再考虑如何为他服务。这样，"质量第一""为用户服务"就都有了具体落实的内容。

3. "质量形成于生产全过程"的观点

产品质量是经过市场调查、设计、试制把质量规定下来，再经过制造、装配把规定的质量兑现出来的。因此，产品质量需要通过设计去体现，更需要通过原材料、设备、工艺和加工去实现，还需要通过各种服务去保证它的表现，即产品质量与其生命周期的全部阶段有关。但这绝不是否认或者轻视有关产品质量的检查、试验工作的必要性和重要性。没有检查、试验，就无法判断设计所体现的产品质量是否被制造实现了，就无法判断制造所实现了的产品质量是否由服务保证了它的表现。"产品质量形成于生产全过程"的观点，强调了产品质量归根结底是由前、后方的生产人员用他们的劳动来实现的。

4. 质量好坏要凭数据说话的观点

质量好坏的重要依据是数据。在进行质量分析时，需要有准确的数据，有了准确的数据，才能把握现状，分析问题，改进管理，调整生产过程中的问题，把质量控制在一定范围之内。

5. 预防为主，防检结合的观点

全面质量管理要求把质量管理工作的重点从事后"把关"转移到事前"预防"为主，从对产品结果进行管理变为对质量形成因素进行控制，这样可以把废次品杜绝在出现之前，减少了因废次品出现而造成的经济损失，更重要的是使生产过程形成一个稳定的生产优质产品的系统。

6. 全面质量管理是一种以人为本的管理

全面质量管理强调在质量管理中要调动人的积极性，发挥人的创造性。产品质量不仅要使用户满意，而且要使本组织的每个员工满意。以人为本，就是要使企业的全体员工，特别是生产第一线的员工齐心协力，努力提高质量。

7. 全面质量管理是一种突出质量改进的动态性管理

传统质量管理思想的核心是"质量控制"，是一种静态的管理。全面质量管理强调有组织、有计划、持续地进行质量改进，不断地满足变化着的市场和用户的需求，是一种动态性的管理。

本章内容仅限于生产过程中的加工质量控制。

第二节　工艺系统的几何误差对加工精度的影响

一、加工原理误差

加工原理误差是指采用了近似的成形运动或近似的切削刃轮廓进行加工而产生的误差。例如，在三坐标数控铣床上铣削复杂型面零件时，通常要用球头刀并采用"行切法"加工。

所谓行切法，就是球头刀与零件轮廓的切点轨迹是一行一行的，而行间距 s 是按零件加工要求确定的。究其实质，这种方法是将空间立体型面视为众多的平面截线的集合，每次走刀加工出其中的一条截线。每两次走刀之间的行间距 s 可以按下式确定（图4-3）

$$s = \sqrt{8Rh}$$

式中　R——球头刀半径；

　　　h——允许的表面不平度。

由于数控铣床一般只具有空间直线插补功能，所以即便是加工一条平面曲线，也必须用许多很短的折线段去逼近它。当刀具连续地将这些小线段加工出来，也就得到了所需的曲线形状。逼近的精度可由每根线段的长度来控制。因此，就

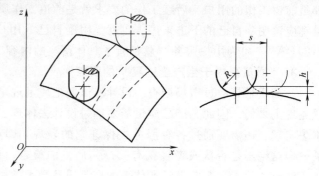

图4-3　空间复杂曲面的数控加工

整个曲面而言，在三坐标联动数控铣床上加工，实际上是以一段一段的空间直线逼近空间曲面，或者说，整个曲面就是由大量加工出来的小直线段逼近的（图4-4）。这说明，在曲线或曲面的数控加工中，刀具相对于工件的成形运动是近似的。

又如，滚齿用的齿轮滚刀，就有两种误差，一是为了制造方便，采用阿基米德蜗杆或法向直廓蜗杆代替渐开线基本蜗杆而产生的切削刃齿廓近似误差；二是由于滚刀刀齿有限，实际上加工出的齿形是一条由微小折线段组成的曲线，这和理论上的光滑渐开线有差异。这些都会产生加工原理误差。再如，用模数铣刀成形铣削齿轮，也采用近似切削刃齿廓，同样会产生加工原理误差。

采用近似的成形运动或近似的切削刃轮廓，虽然会带来加工原理误差，但往往可简化机床结构或刀具

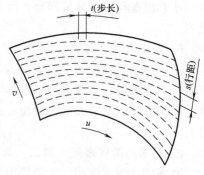

图4-4　曲面数控加工的实质

形状，或可提高生产效率，有时甚至能得到高的加工精度。因此，只要其误差不超过规定的精度要求（一般原理误差应小于 10%~15% 工件的公差值），在生产中仍能得到广泛的应用。

二、调整误差

在机械加工的每一个工序中，总是要对工艺系统进行这样或那样的调整工作。由于调整不可能绝对地准确，因而产生调整误差。

工艺系统的调整有两种基本方式，不同的调整方式有不同的误差来源。

（一）试切法调整

单件小批生产中普遍采用试切法加工。加工时先在工件上试切，根据测得的尺寸与要求尺寸的差值，用进给机构调整刀具与工件的相对位置，然后进行试切、测量、调整，直至符合规定的尺寸要求。此后再正式切削出整个待加工表面。显然，这时引起调整误差的因素有以下三方面：

1. 测量误差

测量误差指量具本身的精度、测量方法或使用条件下的误差（如温度影响、操作者的细心程度）等，它们都能影响调整精度，因而产生加工误差。

2. 机床进给机构的位移误差

当试切最后一刀时，往往要按刻度盘的显示值来微量调整刀架的进给量，这时常会出现进给机构的"爬行"现象，结果使刀具的实际位移与刻度盘显示值不一致，造成加工误差。

3. 试切时与正式切削时切削层厚度不同的影响

不同材料的刀具的刃口半径是不同的，也就是说，切削加工中切削刃所能切除的最小切削层厚度是有一定限度的。切削厚度过小时，切削刃就会在切削表面上打滑，切不下金属。精加工时，试切的最后一刀往往很薄，而正式切削时的背吃刀量一般要大于试切部分，所以与试切时的最后一刀相比，切削刃不容易打滑，实际切深就大一些，因此工件尺寸就与试切部分不同；粗加工时，试切的最后一刀切削层厚度还较大，切削刃不会打滑，但正式切削时，背吃刀量更大，受力变形也大得多，因此正式切削时切除的金属层厚度就会比试切时小一些，故同样会引起工件的尺寸误差。

（二）调整法

在成批大量生产中，广泛采用试切法（或样件、样板），预先调整好刀具与工件的相对位置，并在一批零件的加工过程中保持这种相对位置不变来获得所要求的零件尺寸。与采用样件（或样板）调整相比，采用试切调整比较符合实际加工情况，故可得到较高的加工精度，但调整费时。因此实际使用时可先根据样件（或样板）进行初调，然后试切若干工件，再据之做精确微调。这样既缩短了调整时间，又可得到较高的加工精度。

由于采用调整法对工艺系统进行调整时，也要以试切为依据，因此上述影响试切法调整精度的因素，同样也对调整法有影响。此外，影响调整精度的因素还有：

（1）定程机构误差 在大批大量生产中广泛采用行程挡块、靠模、凸轮等机构来保证加工尺寸。这时，这些定程机构的制造精度与调整，以及与它们配合使用的离合器、电气开关、控制阀等的灵敏度就成为调整误差的主要来源。

（2）样件或样板的误差 此误差包括样件或样板的制造误差、安装误差和对刀误差。这些也是影响调整精度的重要因素。

（3）测量有限试件造成的误差 工艺系统初调好以后，一般都要试切几个工件，并以其平均尺寸作为判断调整是否准确的依据。由于试切加工的工件数（称为抽样件数）不可能太多，因此不能把整批工件切削过程中各种随机误差完全反映出来。故试切加工几个工件的平均尺寸与总体尺寸不可能完全符合，因而造成误差。

三、机床误差

引起机床误差的原因是机床的制造误差、安装误差和磨损。机床误差的项目很多，这里着重分析对工件加工精度影响较大的导轨导向误差、主轴回转误差和传动链的传动误差。

（一）机床导轨导向误差

1. 导轨导向精度及其对加工精度的影响

导轨导向精度是指机床导轨副的运动件实际运动方向与理想运动方向的符合程度，这两者之间的偏差值称为导向误差。

导轨是机床中确定主要部件相对位置的基准，也是运动的基准，它的各项误差都直接影响被加工工件的精度。在机床的精度标准中，直线导轨的导向精度一般包括下列主要内容：

1）导轨在水平面内的直线度 Δy（弯曲）（图 4-5）；

2）导轨在垂直面内的直线度 Δz（弯曲）（图 4-5）；

3）前后导轨的平行度 δ（扭曲）；

4）导轨对主轴回转轴线的平行度（或垂直度）。

导轨的导向误差对不同的加工方法和加工对象，将会产生不同的加工误差。在分析导轨导向误差对加工精度的影响时，主要应考虑导轨误差引起刀具与工件在误差敏感方向的相对位移。

例如，在车床上车削圆柱面时，误差的敏感方向在水平方向。如果床身导轨在水平面内存在导向误差 Δy，在垂直面内存在导向误差 Δz，则在加工工件直径为 D 时（图 4-6），由 Δy 引起的加工半径误差 ΔR_y 和加工表面圆柱度误差 $\Delta R_{\max}$ 分别为

$$\Delta R_y = \Delta y \qquad\qquad (4\text{-}1)$$

$$\Delta R_{\max} = \Delta y_{\max} - \Delta y_{\min}$$

式中 $\Delta y_{\max}$、$\Delta y_{\min}$——工件全长范围内，刀尖与工件在水平面内相对位移的最大值和最小值。

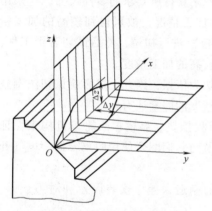

图 4-5 导轨的直线度

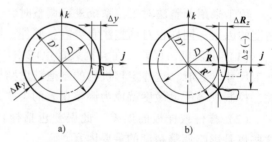

图 4-6 导向误差对车削圆柱面精度的影响

由 Δz 引起的加工半径误差 ΔR_z 为

$$\Delta R_z = (\Delta z)^2 / D \qquad (4\text{-}2)$$

Δz 在误差的非敏感方向上，ΔR_z 为 Δz 的二次方误差，数值很小，可以忽略，故只需考虑由 Δy 引起的加工误差。

如果前后导轨不平行（扭曲），则加工半径误差为（图 4-7）

$$\Delta R = \Delta y_r = \alpha H \approx \delta H / B \qquad (4\text{-}3)$$

式中 H——车床中心高；

B——导轨宽度；

α——导轨倾斜角；

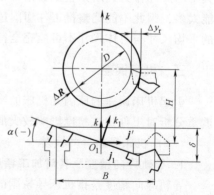

图 4-7 导轨扭曲引起的加工误差

δ——前后导轨的扭曲量。

一般车床 $H/B \approx 2/3$，外圆磨床 $H \approx B$，因此导轨扭曲量 δ 引起的加工误差不可忽略。当 α 角很小时，该误差不显著。

刨床的误差敏感方向为垂直方向。因此，床身导轨在垂直平面内的直线度误差影响较大，它引起加工表面的直线度及平面度误差（图 4-8）。

镗床误差敏感方向是随主轴回转而变化的，故导轨在水平面及垂直面内的直线度误差均直接影响加工精度。在普通镗床上镗孔时，如果以镗刀杆为进给方式进行镗削，那么导轨不直、扭曲或者与镗杆轴线不平行等误差，都会引起所镗出的孔与其基准的相互位置误差，而不会产生孔的形状误差；如果工作台进给，那么导轨不直或扭曲，都会引起所加工孔的轴线不直。当导轨与主轴回转轴线不平行时，则镗出的孔呈椭圆形。图 4-9 中导轨与主轴回转轴线的夹角为 α，则椭圆长短轴之比为

$$a/b = \cos\alpha$$

机床安装不正确引起的导轨误差，往往远大于制造误差。特别是长度较长的龙门刨床、龙门铣床和导轨磨床等，它们的床身导轨是细长的结构，刚性较差，在本身自重的作用下就容易变形。如果安装不正确，或者地基不良，更易造成导轨弯曲变形（严重的可达 $2 \sim 3\text{mm}$）。

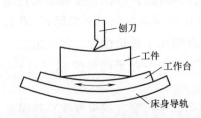

图 4-8 刨床导轨在垂直面内的
直线度误差引起的加工误差

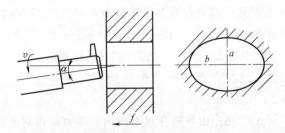

图 4-9 镗床镗出椭圆孔

导轨磨损是造成导轨误差的另一重要原因。由于使用程度不同及受力不均，机床使用一段时间后，导轨沿全长上各段的磨损量不等，并且在同一横截面上各导轨面的磨损量也不相等。导轨磨损会引起床鞍在水平面和垂直面内发生位移，且有倾斜，从而造成切削刃位置误差。

机床导轨副的磨损与工作的连续性、负荷特性、工作条件、导轨的材质和结构等有关。一般卧式车床，两班制使用一年后，前导轨（三角形导轨）磨损量可达 $0.04 \sim 0.05\text{mm}$；粗加工条件下，磨损量可达 $0.1 \sim 0.2\text{mm}$。车削铸铁件，导轨的磨损更大。

影响导轨导向精度的因素还有加工过程中力、热等方面的原因。

为了减小导向误差对加工精度的影响，机床设计与制造时，应从结构、材料、润滑、防护装置等方面采取措施，以提高导向精度；机床安装时，应校正好水平和保证地基质量；使用时，要注意调整导轨配合间隙，同时保证良好的润滑和维护。

2. 导轨导向误差的理论分析方法

床鞍在床身或立柱的导轨上做直线运动时，有五个自由度被导轨约束，即两个方向的平移和三个方向的转动，而床鞍前进方向的自由度由进给系统控制。

179

为了计算导轨的导向误差，建立如下坐标系（图4-10）：直角坐标系 σ〔O；i，j，k〕与床身（或立柱）导轨相固连，其中坐标轴 i 通常应与机床主轴平行或垂直；直角坐标系 σ_1〔O_1；i_1，j_1，k_1〕与床鞍相固连；直角坐标系 σ'〔O_1；i'，j'，k'〕为床鞍上的参考坐标系，它的坐标轴与 σ 的坐标轴相应平行，并随床鞍平移而不旋转。点 P 为与床鞍相固连的一个点（刀具或工件上的任意点），它在三个坐标系的坐标分别记为 $(x，y，z)$、$(x_1，y_1，z_1)$ 和 $(x'，y'，z')$。

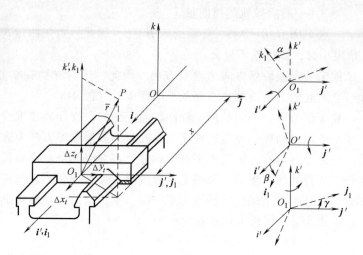

图 4-10　导轨副导向误差与坐标系

假定床鞍（σ_1）行进到 x 处，导轨无导向误差，即 σ_1 与 σ' 重合，O_1 在坐标轴 i 上，那么点 P 处于理论位置。由于此时 $(x'，y'，z')=(x_1，y_1，z_1)$，因此 P 点在 σ 坐标系的理论坐标为 $(x'+x，y'，z')=(x_1+x，y_1，z_1)$。如果此时导轨存在导向误差：点 P 随同 σ_1 沿 j、k 方向平移 Δy_t、Δz_t；绕 i'、j'、k' 转动 α、β、γ 角，则 P 点偏离了理论位置，将产生加工误差。此时 P 点在 σ 坐标系的实际坐标为 $(x'+x，y'，z')$，它不等于理论坐标 $(x_1+x，y_1，z_1)$。

Δy_t、Δz_t 由导轨在水平面内和垂直面内对坐标轴 i 的偏离、平行度（或垂直度）等误差造成；α 由前、后导轨的平行度误差（扭曲）造成；β 和 γ 分别由导轨在垂直面和水平面内的直线度误差（弯曲）造成。

假定在 x 处导轨仅有导向误差 α（为 σ_1 绕 i' 的转角），由解析几何知，P 点在 σ' 和 σ_1 中的坐标关系为

$$\begin{bmatrix} x' \\ y' \\ z' \end{bmatrix} = \begin{bmatrix} 1 & 0 & 0 \\ 0 & \cos\alpha & -\sin\alpha \\ 0 & \sin\alpha & \cos\alpha \end{bmatrix} \begin{bmatrix} x_1 \\ y_1 \\ z_1 \end{bmatrix} = E^{i'\alpha} \begin{bmatrix} x_1 \\ y_1 \\ z_1 \end{bmatrix}$$

记列矩阵为

$$r' = \begin{bmatrix} x' & y' & z' \end{bmatrix}^T, \quad r_1 = \begin{bmatrix} x_1 & y_1 & z_1 \end{bmatrix}^T$$

坐标变换矩阵为

$$E^{i'\alpha} = \begin{bmatrix} 1 & 0 & 0 \\ 0 & \cos\alpha & -\sin\alpha \\ 0 & \sin\alpha & \cos\alpha \end{bmatrix}$$

则

$$r' = E^{i'\alpha} r_1$$

同理，σ_1 绕 j' 轴旋转 β 角、绕 k' 轴旋转 γ 角的坐标变换矩阵分别为

$$E^{j'\beta} = \begin{bmatrix} \cos\beta & 0 & \sin\beta \\ 0 & 1 & 0 \\ -\sin\beta & 0 & \cos\beta \end{bmatrix}$$

$$E^{k'\gamma} = \begin{bmatrix} \cos\gamma & -\sin\gamma & 0 \\ \sin\gamma & \cos\gamma & 0 \\ 0 & 0 & 1 \end{bmatrix}$$

当 σ_1 顺次绕 i'、j'、k' 轴旋转 α、β、γ 角时，P 点在 σ' 和 σ_1 中的坐标关系可通过矩阵相乘得出

$$\boldsymbol{r}' = E^{k'\gamma}E^{j'\beta}E^{i'\alpha}\boldsymbol{r}_1 = E\boldsymbol{r}_1$$

其中，$E = E^{k'\gamma}E^{j'\beta}E^{i'\alpha}$。

由于导轨导向误差中角位移误差 α、β、γ 的数值非常微小，可做如下近似：$\sin\alpha \approx \alpha$，$\sin\beta \approx \beta$，$\sin\gamma \approx \gamma$，$\cos\alpha = \cos\beta = \cos\gamma \approx 1$，$\alpha\beta = \beta\gamma = \gamma\alpha \approx 0$。因此，三个旋转坐标变换矩阵任意交换相乘都得到同一结果，亦不论 σ_1 的旋转顺序如何，都有

$$E = \begin{bmatrix} 1 & -\gamma & \beta \\ \gamma & 1 & -\alpha \\ -\beta & \alpha & 1 \end{bmatrix}$$

其中，α、β、γ 的正负号按右手定则确定。

在不考虑 σ_1 的平移误差的情况下，在 x 处，P 点的线位移误差为 P 点在 σ 中的实际坐标 $(x'+x,\ y',\ z')$ 与理论坐标 $(x_1+x,\ y_1,\ z_1)$ 之差，即

$$\begin{bmatrix} \Delta x_r \\ \Delta y_r \\ \Delta z_r \end{bmatrix} = \begin{bmatrix} x'+x \\ y' \\ z' \end{bmatrix} - \begin{bmatrix} x_1+x \\ y_1 \\ z_1 \end{bmatrix} = \begin{bmatrix} x' \\ y' \\ z' \end{bmatrix} - \begin{bmatrix} x_1 \\ y_1 \\ z_1 \end{bmatrix} = \boldsymbol{r}' - \boldsymbol{r}_1 = E\boldsymbol{r}_1 - \boldsymbol{r}_1 = [E-I]\boldsymbol{r}_1$$

式中 I——单位矩阵；

Δx_r、Δy_r、Δz_r——由角位移造成的线性误差。

综合考虑所有导向误差及进给系统的线位移误差 Δx_t，则床鞍行进到某处 x，固连于床鞍的任意点 P 的线性误差为

$$\begin{bmatrix} \Delta x \\ \Delta y \\ \Delta z \end{bmatrix}_x = \begin{bmatrix} \Delta x_t \\ \Delta y_t \\ \Delta z_t \end{bmatrix}_x + \begin{bmatrix} \Delta x_r \\ \Delta y_r \\ \Delta z_r \end{bmatrix}_x = \begin{bmatrix} \Delta x_t \\ \Delta y_t \\ \Delta z_t \end{bmatrix}_x + \begin{bmatrix} 0 & -\gamma & \beta \\ \gamma & 0 & -\alpha \\ -\beta & \alpha & 0 \end{bmatrix}_x \begin{bmatrix} x_1 \\ y_1 \\ z_1 \end{bmatrix} \tag{4-4}$$

或

$$\begin{cases} \Delta x(x) = \Delta x_t(x) - \gamma(x)y_1 + \beta(x)z_1 \\ \Delta y(x) = \Delta y_t(x) + \gamma(x)x_1 - \alpha(x)z_1 \\ \Delta z(x) = \Delta z_t(x) - \beta(x)x_1 + \alpha(x)y_1 \end{cases} \tag{4-5}$$

注意 α、β、γ 是依位移 x 不同而异的。

【例 4-1】 利用式 (4-5) 推导式 (4-3)。

【解】 由前述知，在车床上车削光轴类零件时，Δx 不产生加工误差，Δz 产生的加工误差可忽略不计。在仅考虑由于前、后导轨不平行而引起的加工误差时，则 $\Delta y_t = 0$。于是由式 (4-5) 可得工件的加工误差为

$$\Delta R = \Delta y_r = \gamma x_1 - \alpha z_1$$

设 σ、σ_1 坐标系定在图 4-7 所示位置，并调整刀尖到 $j_1 - k_1$ 平面内，则刀尖在 σ_1 中的坐标为 $(x_1, y_1, z_1) = (0, D/2, H)$。代入上式得

$$\Delta R = \Delta y_r = \alpha H$$

由于 $\delta/B \approx \alpha$，所以

$$\Delta R \approx \delta H/B$$

【例 4-2】 分析在车床上车削丝杠时，导轨导向误差在螺纹中径处引起的螺距误差。

【解】 在车床上车削丝杠时，Δx、Δy、Δz 都会造成螺纹导程误差和牙型误差。假设坐标系 σ 和 σ_1 选定在图 4-11 所示位置，车刀右侧刀位于中径（d_2）上的一点 A_1 在 σ_1 中的坐标 $(x_1, y_1, z_1) = (0,$

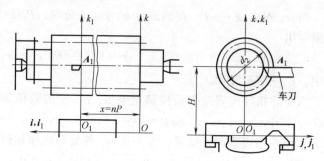

图 4-11 车削丝杠时导轨副的坐标系

$d_2/2, H)$。将 A_1 点的坐标值代入式(4-5)，得到 $\Delta x = \Delta x_t - \gamma d_2/2 + \beta H$（其中 Δx_t 为机床传动链误差），直接产生螺距误差 $\Delta P_x = \Delta x$，而 $\Delta y = \Delta y_t - \alpha H$ 和 $\Delta z = \Delta z_t + \alpha d_2/2$ 将分别间接产生螺距误差 ΔP_y 和 ΔP_z。

由图 4-12 可知

$$\Delta P_y = \Delta y \tan \frac{\alpha_x}{2} = (\Delta y_t - \alpha H) \tan \frac{\alpha_x}{2}$$

由于

$$\frac{\Delta P_z}{\phi} = -\frac{P}{2\pi}, \quad \phi \approx \Delta z / \left(\frac{d_2}{2}\right)$$

所以

$$\Delta P_z = -\frac{P}{2\pi}\phi \approx -\frac{P}{\pi d_2}\Delta x = -\frac{P}{\pi}\left(\frac{\Delta z_t}{d_2} + \frac{\alpha}{2}\right)$$

式中 P——工件螺距；

α_x——螺纹牙型角。

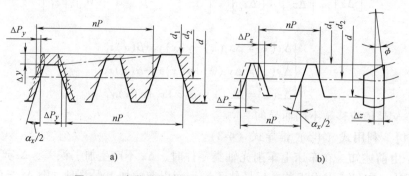

图 4-12 床鞍的线位移误差引起的丝杠螺距误差

a) Δy 引起的螺距误差　b) Δz 引起的螺距误差

导轨导向误差以及机床传动链误差综合引起的中径上的螺距误差为

$$\Delta P = \Delta P_x + \Delta P_y + \Delta P_z$$

即

$$\Delta P(x) = \Delta x_t(x) + \Delta y_t(x) \tan \frac{\alpha_x}{2} - \Delta z_t(x) \frac{P}{\pi d_2} - \gamma(x) \frac{d_2}{2} -$$

$$\alpha(x)\left(H \tan \frac{\alpha_x}{2} + \frac{P}{2\pi}\right) + \beta(x) H$$

如果测得了机床传动链误差 $\Delta x_t(x)$ 和导轨导向误差 $\Delta y_t(x)$、$\Delta z_t(x)$、α、β、γ，就可以采用校正装置，按床鞍移动到不同位置 x，附加转动车床传动螺母，使床鞍产生相应的附加位移 $-\Delta P(x)$，以达到补偿工件加工误差的目的。

（二）机床主轴的回转误差

1. 主轴回转误差的基本概念

机床主轴是用来装夹工件或刀具并传递主要切削运动的重要零件。它的回转精度是机床精度的一项重要指标，主要影响零件加工表面的几何形状精度、位置精度和表面粗糙度。

理想状态下的主轴回转时，其回转轴线的空间位置应该固定不变，即回转轴线没有任何运动。实际上，由于主轴部件中轴承、轴颈、轴承座孔等的制造误差和配合质量、润滑条件，以及回转时动力因素的影响，主轴瞬时回转轴线的空间位置都在周期性地变化。

所谓主轴回转误差，是指主轴实际回转轴线对其理想回转轴线的漂移。

理想回转轴线虽然客观存在，但却无法确定其位置，因此通常是以平均回转轴线（即主轴各瞬时回转轴线的平均位置）来代替。

主轴回转轴线的运动误差可以分解为径向圆跳动、轴向圆跳动和倾角摆动三种基本形式，如图 4-13 所示。

（1）径向圆跳动 它是主轴回转轴线相对于平均回转轴线在径向的变动量（图 4-13a）。

（2）轴向圆跳动 它是主轴回转轴线沿平均回转轴线方向的变动量（图 4-13b）。

（3）倾角摆动 主轴回转轴线相对于平均回转轴线成一倾斜角度的运动（图 4-13c）。

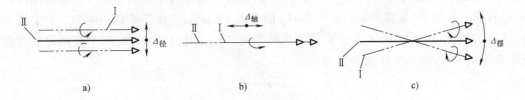

a)　　　　　　　　　　b)　　　　　　　　　　c)

图 4-13 主轴回转误差的基本形式

a) 径向圆跳动　b) 轴向圆跳动　c) 倾角摆动

Ⅰ—主轴回转轴线　Ⅱ—主轴平均回转轴线

2. 主轴回转误差对加工精度的影响

对于不同的加工方法，不同形式的主轴回转误差所造成的加工误差通常是不相同的。

主轴的轴向圆跳动对圆柱面的加工精度没有影响，但在加工端面时，会使车出的端面与圆柱面不垂直，如图 4-14a 所示。如果主轴回转一周，来回跳动一次，则加工出的端面近似为螺旋面：向前跳动的半周形成右螺旋面，向后跳动的半周形成左螺旋面。端面对轴线的垂

直度误差随切削半径的减小而增大，其关系为

$$\tan\theta = A/R$$

式中　A——主轴轴向圆跳动的幅值；

　　　R——工件车削端面的半径；

　　　θ——端面切削后的垂直度偏角。

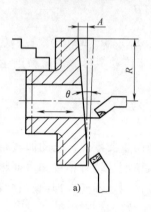
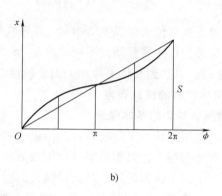

a)　　　　　　　　　　　　　　　　b)

图 4-14　主轴轴向圆跳动对加工精度的影响

a) 工件端面与轴线不垂直　b) 螺距周期误差

加工螺纹时，主轴的轴向圆跳动将使螺距产生周期误差（图 4-14b）。因此，对机床主轴轴向圆跳动的幅值通常都有严格的要求，如精密车床的主轴轴向圆跳动规定为 $2\sim3\mu m$，甚至更严。

主轴的径向圆跳动会使工件产生圆度误差，但加工方法不同（如车削和镗削），影响程度也不尽相同。

假设在主轴任一端截面上，主轴的径向回转误差表现为其实际轴线在 y 坐标方向上做简谐直线运动，即原始误差 $h = A\cos\phi$，其中，A 为径向误差的幅值，ϕ 为主轴转角，如图 4-15 所示。当镗刀回转进行镗孔到某一时刻（$\phi = \phi$），镗刀相应从位置 a_1（$\phi = 0$）绕实际回转中心 O_1 转到 a_1'，而 O_1 偏离平均回转中心 O_m 的距离 $h = A\cos\phi$。由于在任一时刻，刀尖到主轴的实际回转中心 O_1 的距离 R 是一定值，因此刀尖切到 a_1' 处时，a_1' 在与加工面相固连的直角坐标系 $[O_m;\ x,\ y,\ z]$ 中的坐标为

$$z = R\sin\phi$$

$$y = h + R\cos\phi = (A+R)\cos\phi$$

这是椭圆的参数方程，其长半轴为 $(A+R)$，短半轴为 R。此式说明，镗刀镗出的孔是椭圆形的，其圆度误差为 A。

车削时，上述形式的主轴径向回转误差对工件的圆度影响很小，这可以用图 4-16 来说明。此时，车刀刀尖到平均回转轴线 O_m 的距离 R 为定值，实际回转轴线 O_1 相对于 O_m 的变动 $h = A\cos\phi$。若车刀切在工件表面 a_1 处时 $\phi = 0$，则切出的实际半径为 $r_{\phi=0} = R-A$（图 4-16a）；过某一时刻（$\phi = \phi$），车刀切在工件表面的 a_1' 处，切出的实际半径 $r_{\phi=\phi} = R-h = R-A\cos\phi$（图 4-16b）。现将工件返回到图 4-16a 所示的位置，显然 a_1' 到 O_1 的距离仍为 $r_{\phi=\phi} = R-h$。因此，表面 a_1' 点在与车刀相固连的坐标系 $[O_m;\ x,\ y,\ z]$ 中的坐标为

$$y = A + (R-h)\cos\phi = A\sin^2\phi + R\cos\phi$$
$$z = (R-h)\sin\phi = R\sin\phi - A\cos\phi\sin\phi$$

因此有

$$y^2 + z^2 = R^2 + A^2\sin^2\phi$$

若略去二次误差 A^2，则

$$y^2 + z^2 \approx R^2$$

这表明，车削出的工件表面接近于正圆。

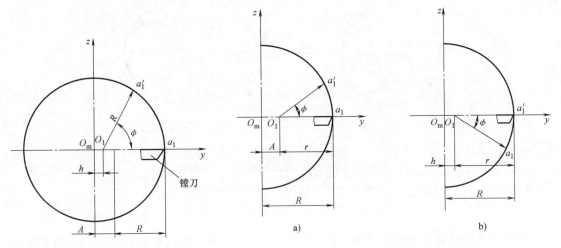

图 4-15　主轴纯径向圆跳动对镗孔精度的影响　　　　图 4-16　主轴纯径向圆跳动对车削圆度的影响

由上面的分析可知，若主轴几何轴线做偏心运动，则无论是车削还是镗削，都能得到一个半径为刀尖到平均轴线距离的圆。

一般精密车床的主轴径向圆跳动误差应控制在 $5\mu m$ 以内。

当主轴几何轴线具有倾角摆动时，可区分为两种情况：一种是几何轴线相对于平均轴线在空间成一定锥角 α 的圆锥轨迹。若沿与平均轴线垂直的各个截面来看，相当于几何轴心绕平均轴心做偏心运动，只是各截面的偏心量有所不同而已。因此，无论是车削还是镗削，都能获得一个正圆锥。另一种是几何轴线在某一平面内做角摆动，若其频率与主轴回转频率相一致，沿与平均轴线垂直的各个截面来看，车削表面是一个圆，以整体而论，车削出来的工件是一个圆柱，其半径等于刀尖到平均轴线的距离；镗削内孔时，在垂直于主轴平均轴线的各个截面内都形成椭圆，就工件内表面整体来说，镗削出来的是一个椭圆柱。

必须指出，实际上主轴工作时其回转轴线的漂移运动总是上述三种形式的误差运动的合成，故不同横截面内轴心的误差运动轨迹既不相同，又不相似，既影响所加工工件圆柱面的形状精度，又影响端面的形状精度。

3. 影响主轴回转精度的主要因素

引起主轴回转轴线漂移的原因主要是：轴承的误差、轴承间隙、与轴承配合零件的误差及主轴系统的径向不等刚度和热变形。主轴转速对主轴回转误差也有影响。

（1）轴承误差的影响　主轴采用滑动轴承时，轴承误差主要是指主轴颈和轴承内孔的圆度误差和波纹度。

对于工件回转类机床（如车床、磨床等），切削力的方向大体上是不变的，主轴在切削力的作用下，主轴颈以不同部位和轴承内孔的某一固定部位相接触。因此，影响主轴回转精度的，主要是主轴轴颈的圆度和波纹度，而轴承孔的形状误差影响较小。如果主轴轴颈是椭圆形的，那么，主轴每回转一周，主轴回转轴线就径向圆跳动两次，如图 4-17a 所示。主轴轴颈表面如有波纹度，主轴回转时将产生高频的径向圆跳动。

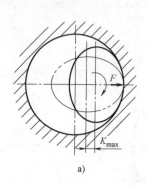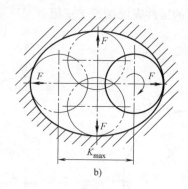

图 4-17 主轴采用滑动轴承的径向圆跳动
a）工件回转类机床 b）刀具回转类机床
K_{max}—最大跳动量

对于刀具回转类机床（如镗床等），由于切削力方向随主轴的回转而回转，主轴颈在切削力作用下总是以其某一固定部位与轴承内表面的不同部位接触。因此，对主轴回转精度影响较大的是轴承孔的圆度和波纹度。如果轴承孔是椭圆形的，则主轴每回转一周，就径向圆跳动一次，如图 4-17b 所示。轴承内孔表面如有波纹度，同样会使主轴产生高频径向圆跳动。

以上分析适用于单油楔动压轴承。如采用多油楔动压轴承，主轴回转时周围产生几个油楔，把轴颈推向中央，油膜刚度也较单油楔高，故主轴回转精度较高。而影响回转精度的，主要是轴颈的圆度。

由于动压轴承必须在一定运转速度下才能建立起压力油膜，因此主轴起动和停止过程中轴线都会发生漂移。如果采用静压轴承（特别是反馈节流的静压轴承），由于油膜压力是液压泵提供的，与主轴转速无关，同时轴承的油腔对称分布，外载荷由油腔间的压力变化差来平衡，因此油膜厚度变化引起的轴线漂移小于动压轴承。而且，静压轴承的承载能力与油膜厚度的关系较小，油膜厚度较厚，能对轴承孔或轴颈的圆度误差起均化作用，故可得到较高的主轴回转精度。

主轴采用滚动轴承时，由于滚动轴承由内圈、外圈和滚动体等组成，影响的因素更多。

轴承内、外圈滚道的圆度误差和波纹度对回转精度的影响，与前述单油楔动压滑动轴承的情况相似。分析时可视外圈滚道相当于轴承孔，内圈滚道相当于轴。因此，对工件回转类机床，滚动轴承内圈滚道圆度对主轴回转精度影响较大，主轴每回转一周，径向圆跳动两次；对刀具回转类机床，外圈滚道圆度对主轴回转精度影响较大，主轴每回转一周，径向圆跳动一次。

滚动轴承的内、外圈滚道如有波纹度，则不管是工件回转类机床还是刀具回转类机床，主轴回转时都将产生高频径向圆跳动。

滚动轴承滚动体的尺寸误差会引起主轴回转的径向圆跳动。最大的滚动体通过承载区一次，就会使主轴回转轴线发生一次最大的径向圆跳动。回转轴线的跳动周期与保持架的转速有关。由于保持架的转速近似为主轴转速的 1/2，所以主轴每回转两周，主轴轴线就径向圆跳动一次。

推力轴承滚道端面误差会造成主轴的轴向圆跳动。圆锥滚子轴承、角接触球轴承的内、外滚道的倾斜既会造成主轴的轴向圆跳动，又会引起径向圆跳动和倾角摆动。

（2）轴承间隙的影响　主轴轴承间隙对回转精度也有影响，如轴承间隙过大，会使主轴工作时油膜厚度增大，油膜承载能力降低，当工作条件（载荷、转速等）变化时，油楔厚度变化较大，主轴轴线漂移量增大。

（3）与轴承配合的零件误差的影响　由于轴承内、外圈或轴瓦很薄，受力后容易变形，因此与之相配合的轴颈或箱体支承孔的圆度误差，会使轴承圈或轴瓦发生变形而产生圆度误差。与轴承圈端面配合的零件如轴肩、过渡套、轴承端盖、螺母等的有关端面，如果有平面度误差或与主轴回转轴线不垂直，会使轴承圈滚道倾斜，造成主轴回转轴线的径向、轴向漂移。箱体前、后支承孔，主轴前、后支承轴颈的同轴度会使轴承内、外圈滚道相对倾斜，同样也会引起主轴回转轴线的漂移。总之，提高与轴承相配合零件的制造精度和装配质量，对提高主轴回转精度有很密切的关系。

（4）主轴转速的影响　由于主轴部件质量不平衡、机床各种随机振动以及回转轴线的不稳定都会随主轴转速增加而增加，使主轴在某个转速范围内的回转精度较高，超过这个范围时，误差就会增大。

（5）主轴系统的径向不等刚度和热变形　主轴系统的刚度，在不同方向上往往不等，当主轴上所受外力方向随主轴回转而变化时，就会因变形不一致而使主轴轴线漂移。

机床工作时，主轴系统的温度将升高，使主轴轴向膨胀和径向位移。由于轴承径向热变形不相等，前、后轴承的热变形也不相同，在装卸工件和进行测量时，主轴必须停车而使温度发生变化，这些都会引起主轴回转轴线的位置变化和漂移而影响主轴的回转精度。

4. 提高主轴回转精度的措施

（1）提高主轴部件的制造精度　首先应提高轴承的回转精度，如选用高精度的滚动轴承，或采用高精度的多油楔动压轴承和静压轴承；其次是提高箱体支承孔、主轴轴颈和与轴承相配合零件的有关表面的加工精度；此外，还可在装配时先测出滚动轴承及主轴锥孔的径向圆跳动，然后调节径向圆跳动的方位，使误差互补或抵消，以减少轴承误差对主轴回转精度的影响。

（2）对滚动轴承进行预紧　对滚动轴承适当预紧以消除间隙，甚至产生微量过盈。由于轴承内、外圈和滚动体弹性变形的相互制约，既增加了轴承刚度，又对轴承内、外圈滚道和滚动体的误差起均化作用，因而可提高主轴的回转精度。

（3）使主轴的回转误差不反映到工件上　直接保证工件在加工过程中的回转精度而不依赖于主轴，是保证工件形状精度的最简单而又有效的方法。例如，在外圆磨床上磨削外圆柱面时，为避免工件头架主轴回转误差的影响，工件采用两个固定顶尖支承，主轴只起传动作用（图 4-18），工件的回转精度完全取决于顶尖和中心孔的形状误差和同轴度误差，而提

187

高顶尖和中心孔的精度要比提高主轴部件的精度容易且经济得多。又如，在镗床上加工箱体类零件上的孔时，可采用前、后导向套的镗模（图4-19），刀杆与主轴浮动连接，所以刀杆的回转精度与机床主轴回转精度也无关，仅由刀杆和导套的配合质量决定。

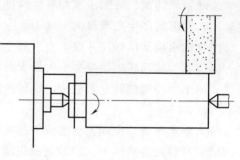

图4-18 用固定顶尖支承磨外圆

（三）机床传动链的传动误差

1. 传动链精度分析

传动链的传动误差是指内联系的传动链中首末两端传动件之间相对运动的误差。它是螺纹、齿轮、蜗轮以及其他传动件按展成原理加工时，影响加工精度的主要因素。例如，在滚齿机上用单头滚刀加工直齿轮时，要求滚刀与工件之间具有严格的运动关系：滚刀转一转，工件转过一个齿。这种运动关系由刀具与工件间的传动链来保证。对于图4-20所示的机床传动系统，可具体表示为

$$\phi_n(\phi_g) = \phi_d \times \frac{64}{16} \times \frac{23}{23} \times \frac{23}{23} \times \frac{46}{46} \times i_c \times i_f \times \frac{1}{96}$$

式中　$\phi_n(\phi_g)$——工件转角；

　　　　ϕ_d——滚刀转角；

　　　　i_c——差动轮系的传动比，在滚切直齿时，$i_c = 1$；

　　　　i_f——分度挂轮传动比。

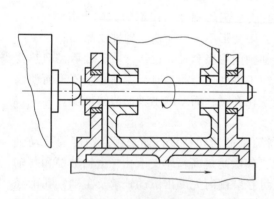

图4-19 用镗模镗孔

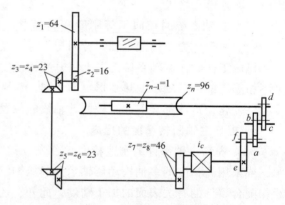

图4-20 滚齿机传动链图

当传动链中各传动件如齿轮、蜗轮、蜗杆、丝杠、螺母等有制造误差（主要是影响运动精度的误差）、装配误差（主要是装配偏心）和磨损时，就会破坏正确的运动关系，使工件产生误差。

传动链传动误差一般可用传动链末端元件的转角误差来衡量。由于各传动件在传动链中所处的位置不同，它们对工件加工精度（即末端件的转角误差）的影响程度是不同的。假设滚刀轴均匀旋转，若齿轮 z_1 有转角误差 $\Delta\phi_1$，而其他各传动件无误差，则传到末端件（亦即第 n 个传动件）上所产生的转角误差 $\Delta\phi_{1n}$ 为

$$\Delta\phi_{1n} = \Delta\phi_1 \times \frac{64}{16} \times \frac{23}{23} \times \frac{23}{23} \times \frac{46}{46} \times i_c \times i_f \times \frac{1}{96} = k_1\Delta\phi_1$$

式中　k_1——z_1到末端件的传动比。由于它反映了z_1的转角误差对末端元件传动精度的影响，故又称为误差传递系数。

同样，对于z_2有

$$\Delta\phi_{2n} = \Delta\phi_2 \times \frac{23}{23} \times \frac{23}{23} \times \frac{46}{46} \times i_c \times i_f \times \frac{1}{96} = k_2\Delta\phi_2$$

对于分度蜗杆有

$$\Delta\phi_{(n-1)n} = \Delta\phi_{n-1} \times \frac{1}{96} = k_{n-1}\Delta\phi_{n-1}$$

对于分度蜗轮有

$$\Delta\phi_{nn} = \Delta\phi_n \times 1 = k_n\Delta\phi_n$$

式中　$k_j(j=1、2、\cdots、n)$——第j个传动件的误差传递系数。

由于所有传动件都存在误差，因此，各传动件对工件精度影响的总和$\Delta\phi_\Sigma$为各传动件所引起末端元件转角误差的叠加，即

$$\Delta\phi_\Sigma = \sum_{j=1}^{n}\Delta\phi_{jn} = \sum_{j=1}^{n}k_j\Delta\phi_j \tag{4-6}$$

如果考虑到传动链中各传动件的转角误差都是独立的随机变量，则传动链末端元件的总转角误差可用概率法进行估算，即

$$\Delta\phi_\Sigma = \sqrt{\sum_{j=1}^{n}k_j^2\Delta\phi_j^2} \tag{4-7}$$

鉴于传动件如齿轮、蜗轮等所产生的转角误差，主要是由制造时的几何偏心或运动偏心，以及装配到轴上时的安装偏心所引起的，因此，可以认为各传动件的转角误差是转角的正弦函数

$$\Delta\phi_j = \Delta_j\sin(\omega_j t + \alpha_j) \tag{4-8}$$

式中　Δ_j——第j个传动件转角误差的幅值；

α_j——第j个传动件转角误差的初相角；

ω_j——第j个传动件的角速度。

于是式（4-6）可以写成

$$\Delta\phi_\Sigma = \sum_{j=1}^{n}\Delta\phi_{jn} = \sum_{j=1}^{n}k_j\Delta_j\sin(\omega_j t + \alpha_j)$$

又

$$\omega_j t = \frac{\omega_j}{\omega_n}\omega_n t = \frac{1}{k_j}\omega_n t$$

所以

$$\Delta\phi_\Sigma = \sum_{j=1}^{n}k_j\Delta_j\sin\left(\frac{1}{k_j}\omega_n t + \alpha_j\right) \tag{4-9}$$

可以看出，传动链传动误差（即末端元件总转角误差）也是周期性变化的。如以末端元件的圆频率为基准，各传动件引起末端元件的转角误差$k_j\Delta_j\sin\left(\dfrac{1}{k_j}\omega_n t + \alpha_j\right)$就是它的各次谐

波分量。或者说，幅值为 Δ_j、圆频率为 ω_j 的第 j 个元件的转角误差 $\Delta\phi_j$ 将在工件上造成幅值为 $k_j\Delta_j$、频率为在工作台每转中出现 $\frac{1}{k_j}$ 次的转角误差 $\Delta\phi_{jn}$。具体地说，对于分度蜗轮，$k_j = k_n = 1$，即其偏心带来的误差是工作台每转出现一次，通常称为基波分量；对于分度蜗杆，$k_j = k_{n-1} = 1/96$，即其偏心带来的误差是工作台每转出现 96 次。其余可类推，它们就是各次谐波分量。

2. 传动精度的测量与信号处理

传动链的传动误差可以用误差频谱图来表示。误差频谱图的横坐标表示误差的各次谐波的频率，纵坐标表示误差的各次谐波的幅值，如图 4-21a 所示。

对滚齿机传动链来说，当滚刀轴均匀转动时，直接测量工作台的转角误差，可得到一条复杂的周期性的传动误差曲线，如图 4-21b 所示。如果将其各种频率成分的分量分解出来，如图 4-21c 所示，并作出频谱图，就可以根据频率的大小判断每种误差分量来自传动链中的哪一个传动件，并可根据各种误差分量幅值的大小找出影响传动误差的主要环节。这种分析方法称为传动误差的谐波分析法。

测量传动链传动精度的常用方法是用磁分度仪或光栅式分度仪。有关滚齿机传动精度的测量系统如图 4-22 所示。其磁分度的传感元件是两副磁盘和磁头，两个磁盘上分别录有波数不同的、准确的正弦波。疏波数的磁盘安装在工作台上，密波数的磁盘安装在滚刀轴上。在机床开动后，相应的磁头分别拾取两路正弦信号，经过放大、滤波，其中一路信号还经过变频，使之与另一路信号的频率相同后进行比相。相位差就反映了随工作台转动角度 ϕ_n 而产生的传动误差 $\Delta\phi_\Sigma$。在记录仪上便可绘出图 4-21b 所示的传动误差曲线。

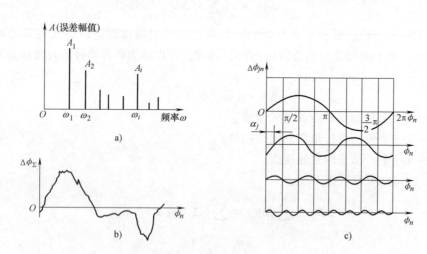

图 4-21　传动链误差的频谱分析

a）误差的频谱图　b）实测出的传动误差曲线　c）分解出的各种频率分量

如果把 $\Delta\phi_\Sigma$ 的信号输入频谱分析仪（图 4-23），通过若干并联的窄带滤波器，把各阶谐波分解开，再经过检波、积分电路，得到相应的各阶谐波值，接着由开关电路顺次取样，以频谱图方式显示在荧光屏上或用电平记录仪绘出。分解出的各阶谐波也可以由仪器进行显示。

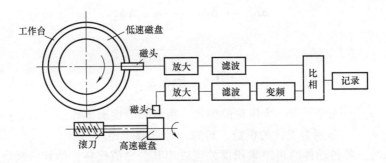

图 4-22　传动精度的测量系统原理图

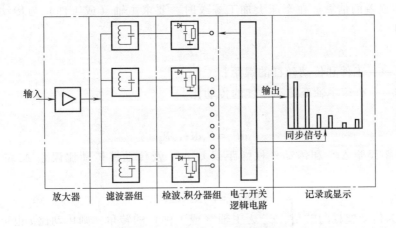

图 4-23　频谱分析仪工作原理图

3. 传动误差的估算和对加工精度的影响

在实际生产中，各传动件转角误差的幅值 Δ_j 虽可测得，但由于初相角 α_j 往往是随机变化的，很难一一确定，因此一般都是采用测试手段实测整个传动链的总误差，然后进行谐波分析。如果没有精确测量传动链误差和进行谐波分析的条件，那么也可根据各传动件的齿距累积误差来估算其转角误差的幅值以及对工件加工精度的影响。

（1）齿轮转角误差的估算　设齿轮加工的内联传动链中，第 j 个齿轮的齿距累积误差为 Δt_{Σ_j}，转角误差的幅值为 Δ_j，则有

$$\Delta_j = \frac{\Delta t_{\Sigma_j}}{r_j} = \frac{2\Delta t_{\Sigma_j}}{m_j z_j} \quad (r_j = m_j z_j / 2) \tag{4-10}$$

于是传动链总的转角误差为

$$\Delta\phi_\Sigma = \sum_{j=1}^{n} k_j \Delta_j = 2\sum_{j=1}^{n} \frac{k_j \Delta t_{\Sigma_j}}{m_j z_j} \tag{4-11}$$

或者

$$\Delta\phi_\Sigma = \sqrt{\sum_{j=1}^{n} (k_j \Delta_j)^2} = 2\sqrt{\sum_{j=1}^{n} \left(\frac{k_j \Delta t_{\Sigma_j}}{m_j z_j}\right)^2} \tag{4-12}$$

因此工件的齿距累积误差为

$$\Delta t_{\Sigma_g} = r_g \Delta \phi_\Sigma = \frac{1}{2} m_g z_g \Delta \phi_\Sigma$$

$$= m_g z_g \sqrt{\sum_{j=1}^{n} \left(\frac{k_j \Delta t_{\Sigma_j}}{m_j z_j} \right)^2} \tag{4-13}$$

式中　m_j、z_j、r_j——分别为第 j 个齿轮的模数、齿数和分度圆半径；

　　　　m_g、z_g、r_g——分别为工件的模数、齿数及分度圆半径。

　　实际计算时，各传动件的齿距累积误差可以用其公差值代替，估算传动链总的转角误差时也宜按概率原则相加。

　　（2）螺距误差的估算　在车床上加工螺纹时，要求主轴（或工件）与传动丝杠的转速之比恒定，即

$$P_g = iP_s \tag{4-14}$$

式中　P_g、P_s——工件和传动丝杠的螺距；

　　　　i——机床主轴至传动丝杠的传动比。

对上式微分得

$$\mathrm{d}P_g = P_s \mathrm{d}i + i \mathrm{d}P_s$$

因此，工件螺距误差 ΔP_g 和传动丝杠螺距误差 ΔP_s 及传动链传动比误差 Δi 的相互关系可近为

$$\Delta P_g = P_s \Delta i + i \Delta P_s \tag{4-15}$$

　　若记 ϕ_Σ 为传动丝杠的转角、ϕ_g 为主轴（或工件）的转角，则传动比 i 也可写作为

$$i = \phi_\Sigma / \phi_g$$

通常以主轴（或工件）转一转为周期来计算传动误差，即当 $\phi_g = 2\pi$ 时，传动比误差为

$$\Delta i = \Delta \phi_\Sigma / 2\pi$$

可见，Δi 与传动丝杠转角误差 $\Delta \phi_\Sigma$ 成正比，于是式（4-15）最后可写成

$$\Delta P_g = \frac{P_s}{2\pi} \Delta \phi_\Sigma + \frac{P_g}{P_s} \Delta P_s \tag{4-16}$$

其中，机床传动丝杠总的转角误差 $\Delta \phi_\Sigma$ 可用式（4-11）式（4-12）求出。

　　4. 减少传动链传动误差的措施

　　1）越少传动件数，传动链越短，$\Delta \phi_\Sigma$ 就越小，因而传动精度就高。

　　2）传动比 i 越小，特别是传动链末端传动副的传动比越小，则传动链中其余各传动件误差对传动精度的影响就越小。因此，采用降速传动（$i < 1$），是保证传动精度的重要原则。对于螺纹或丝杠加工机床，为保证降速传动，机床传动丝杠的螺距应大于工件螺纹螺距；对于齿轮加工机床，分度蜗轮的齿数一般比被加工齿轮的齿数多，也是为了得到很大的降速传动比。同时，传动链中各传动副传动比应按越接近末端的传动副，其降速比越小的原则分配，这样有利于减少传动误差。

　　3）传动链中各传动件的加工、装配误差对传动精度均有影响，但影响的大小不同，最后的传动件（末端件）的误差影响最大，故末端件（如滚齿机的分度蜗轮、螺纹加工机床的最后一个齿轮及传动丝杠）应做得更精确些。

4）采用校正装置。校正装置的实质是在原传动链中人为地加入一误差，其大小与传动链本身的误差大小相等而方向相反，从而使之相互抵消。

例如，高精度螺纹加工机床常采用的机械式校正机构原理如图 4-24 所示。根据测量被加工工件 1 的螺距误差，设计出校正尺 5 上的校正曲线 7。校正尺 5 固定在机床床身上。加工螺纹时，机床传动丝杠带动螺母 2 及与其相固连的刀架和杠杆 4 移动，同时，校正尺 5 上的校正曲线 7 通过触头 6、杠杆 4 使螺母 2 产生一附加运动，而使刀架得到一附加位移，以补偿传动误差。

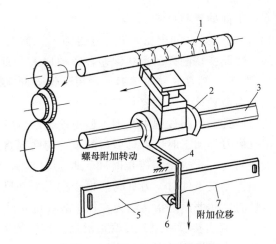

图 4-24 机械式校式机构
1—工件 2—螺母 3—母丝杠 4—杠杆
5—校正尺 6—触头 7—校正曲线

采用机械式校正机构只能校正机床静态的传动误差。如果要同时校正机床静态及动态传动误差，则需采用计算机控制的传动误差补偿装置。

四、夹具的误差与磨损

夹具的误差主要是指：

1）定位元件、刀具导向元件、分度机构、夹具体等的制造误差。

2）夹具装配后，以上各种元件工作面间的相对尺寸误差。

3）夹具在使用过程中工作表面的磨损。

夹具误差将直接影响工件加工表面的位置精度或尺寸精度。在图 4-25 中，钻套中心线至夹具体上定位平面间的距离误差，直接影响工

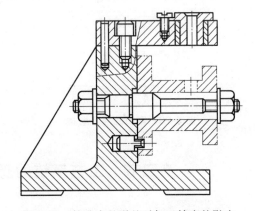

图 4-25 钻孔夹具误差对加工精度的影响

件孔至工件底平面的尺寸精度；钻套中心线与夹具体上定位平面间的平行度误差，直接影响工件孔中心线与工件底平面的平行度；钻套孔的直径误差亦将影响工件孔至底平面的尺寸精度与平行度。

一般来说，夹具误差对加工表面的位置误差影响最大。在设计夹具时，凡影响工件精度的尺寸应严格控制其制造误差，精加工用夹具一般可取工件上相应尺寸或位置公差的 1/3 ~ 1/2，粗加工用夹具则可取为 1/10 ~ 1/5。

五、刀具的误差与磨损

刀具误差对加工精度的影响，根据刀具的种类不同而异。

1）采用定尺寸刀具（如钻头、铰刀、键槽铣刀、镗刀块及圆拉刀等）加工时，刀具的尺寸精度直接影响工件的尺寸精度。

2）采用成形刀具（如成形车刀、成形铣刀、成形砂轮等）加工时，刀具的形状精度将

直接影响工件的形状精度。

3）展成刀具（如齿轮滚刀、花键滚刀、插齿刀等）的切削刃形状必须是加工表面的共轭曲线。因此，切削刃的形状误差会影响加工表面的形状精度。

4）对于一般刀具（如车刀、镗刀、铣刀），其制造精度对加工精度无直接影响，但这类刀具的寿命较低，刀具容易磨损。

任何刀具在切削过程中都不可避免地会产生磨损，并由此引起工件尺寸和形状误差。例如，用成形刀具加工时，刀具刃口的不均匀磨损将直接复映在工件上，造成形状误差；在加工较大表面（一次进给需较长时间）时，刀具的尺寸磨损会严重影响工件的形状精度；用调整法加工一批工件时，刀具的磨损会扩大工件尺寸的分散范围。

刀具的尺寸磨损是指切削刃在加工表面的法线方向（亦即误差敏感方向）上的磨损量 μ（图 4-26），它直接反映出刀具磨损对加工精度的影响。

刀具尺寸磨损的过程可分为三个阶段（图 4-27）：初期磨损（切削路程 $l<l_0$）、正常磨损（$l_0<l<l'$）和急剧磨损（$l>l'$）。在正常磨损阶段，尺寸磨损与切削路程成正比。在急剧磨损阶段，刀具已不能正常工作，因此，在到达急剧磨损阶段前就必须重新磨刀。

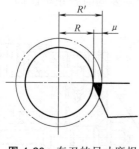

图 4-26 车刀的尺寸磨损

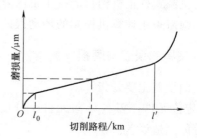

图 4-27 刀具的尺寸磨损过程

第三节 工艺系统的受力变形对加工精度的影响

一、基本概念

切削加工时，由机床、刀具、夹具和工件组成的工艺系统，在切削力、夹紧力以及重力等的作用下，将产生相应的变形，使刀具和工件在静态下调整好的相互位置，以及切削成形运动所需要的正确几何关系发生变化，而造成加工误差。

例如，在车削细长轴时，工件在切削力的作用下会发生变形，使加工出的轴出现中间粗、两头细的情况（图 4-28a）；在内圆磨床上以横向切入法磨孔时，由于内圆磨头主轴弯曲变形，磨出的孔会出现圆柱度误差（锥度）（图 4-28b）。

由此可见，工艺系统的受力变形是加工中一项很重要的原始误差。事实上，它不仅严重地影响工件加工精度，而且还影响加工表面质量，限制加工生产率的提高。

工艺系统受力变形通常是弹性变形。一般来说，工艺系统抵抗弹性变形的能力越强，则加工精度越高。工艺系统抵抗变形的能力用刚度 k 来描述。所谓工艺系统刚度，是指工件加工表面在切削力法向分力 F_p 的作用下，与刀具相对工件在该方向上位移 y 的比值，即

$$k = \frac{F_p}{y} \qquad (4\text{-}17)$$

必须指出，在上述刚度（N/mm）定义中，工件和刀具在 y 方向产生的相对位移 y，不只是 F_p 作用的结果，而是 F_f、F_p、F_c 同时作用的综合结果。

二、工艺系统刚度的计算

切削加工时，机床的有关部件、夹具、刀具和工件在各种外力作用下，都会产生不同程度的变形，使刀具和工件的相对位置发生变化，从而产生相应的加工误差。

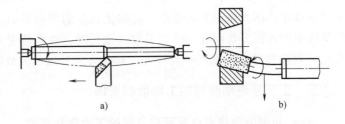

a)　　　　　　　　　b)

图 4-28　工艺系统受力变形引起的加工误差

很明显，工艺系统在某一处的法向总变形 y 是各个组成环节在同一处的法向变形的叠加，即

$$y = y_{jc} + y_{jj} + y_d + y_g \qquad (4\text{-}18)$$

式中　y_{jc}——机床的受力变形；

　　　y_{jj}——夹具的受力变形；

　　　y_d——刀具的受力变形；

　　　y_g——工件的受力变形。

类似于工艺系统刚度的定义可知，机床刚度 k_{jc}、夹具刚度 k_{jj}、刀具刚度 k_d 及工件刚度 k_g 亦可分别写为

$$k_{jc} = F_p / y_{jc}, \quad k_{jj} = F_p / y_{jj}, \quad k_d = F_p / y_d, \quad k_g = F_p / y_g$$

代入式（4-18）得

$$\frac{1}{k} = \frac{1}{k_{jc}} + \frac{1}{k_{jj}} + \frac{1}{k_d} + \frac{1}{k_g} \qquad (4\text{-}19)$$

此式表明，已知工艺系统各组成环节的刚度，即可求得工艺系统的刚度。

当工件和刀具的形状比较简单时，其刚度可以用材料力学中的有关公式求得，结果和实际出入不大。例如，装夹在卡盘中的棒料以及压紧在车床方刀架上的车刀，都可以按照悬臂梁公式把它们的刚度计算出来，即

$$y_1 = \frac{F_p L^3}{3EI}, \quad k_1 = \frac{3EI}{L^3}$$

又如，支承在两顶尖之间加工的棒料，可以用两支点梁的公式求出它的刚度，即

$$y_2 = \frac{F_p L^3}{48EI}, \quad k_2 = \frac{48EI}{L^3}$$

式中　L——工件（刀具）长度（mm）；

　　　E——材料的弹性模量（N/mm²），对于钢，$E = 2 \times 10^5 \, \text{N/mm}^2$；

　　　I——工件（刀具）的截面二次矩（mm⁴）；

195

y_1——外力作用在梁端点的最大位移（mm）；

y_2——外力作用在梁中点的最大位移（mm）。

对于由若干个零件组成的机床部件及夹具，其刚度多采用实验的方法测定，而很难用纯粹的计算方法求出。

在用式（4-19）计算工艺系统刚度时，应针对具体情况加以简化。例如，车削外圆时，车刀本身在切削力作用下的变形，对加工误差的影响很小，可略去不计，故工艺系统刚度的计算式中可省掉刀具刚度一项。再如，镗孔时，镗杆的受力变形严重地影响着加工精度，而工件（箱体零件）的刚度一般较大，其受力变形很小，故亦可忽略不计。

三、工艺系统刚度对加工精度的影响

（一）切削力作用点位置变化引起的工件形状误差

切削过程中，工艺系统的刚度会随切削力作用点位置的变化而变化，因此使工艺系统受力变形亦随之变化，引起工件形状误差。下面以在车床顶尖之间加工光轴为例来说明这个问题。

1. 机床的变形

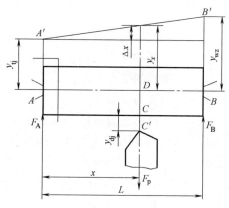

图4-29　工艺系统变形随切削力位置变化而变化

假定工件短而粗，同时车刀悬伸长度很短，即工件和刀具的刚度都好，其受力变形比机床的变形小到可以忽略不计。也就是说，假定工艺系统的变形只考虑机床的变形，又假定工件的加工余量很均匀，并且由于机床变形而造成的背吃刀量（切削深度）变化对切削力的影响也很小，即假定车刀进给过程中切削力保持不变。设当车刀以切削力 F_p 进给到图4-29所示的 x 位置时，车床主轴箱受到作用力 F_A，相应的变形 $y_{tj} = \overline{AA'}$；尾座受力 F_B，相应的变形 $y_{wz} = \overline{BB'}$；刀架受力 F_p，相应的变形 $y_{dj} = \overline{CC'}$。这时工件轴线 AB 位移到 $A'B'$，因而刀具切削点处工件轴线的位移 y_x 为

$$y_x = y_{tj} + \Delta x = y_{tj} + (y_{wz} - y_{tj})\frac{x}{L}$$

式中　L——工件长度；

　　　x——车刀至主轴箱的距离。

考虑到刀架的变形 y_{dj} 与 y_x 的方向相反，所以机床总的变形为

$$y_{jc} = y_x + y_{dj} \tag{4-20}$$

由刚度定义有

$$y_{tj} = \frac{F_A}{k_{tj}} = \frac{F_p}{k_{tj}}\left(\frac{L-x}{L}\right), \quad y_{wz} = \frac{F_B}{k_{wz}} = \frac{F_p}{k_{wz}}\frac{x}{L}, \quad y_{dj} = \frac{F_p}{k_{dj}}$$

式中　k_{tj}、k_{wz}、k_{dj}——主轴箱、尾座、刀架的刚度。

代入式（4-20），最后可得机床的总变形为

$$y_{jc} = F_p \left[\frac{1}{k_{tj}} \left(\frac{L-x}{L} \right)^2 + \frac{1}{k_{wz}} \left(\frac{x}{L} \right)^2 + \frac{1}{k_{dj}} \right] = y_{jc}(x)$$

这说明，随着切削力作用点位置的变化，工艺系统的变形是变化的。显然这是由于工艺系统的刚度随切削力作用点变化而变化所致。

当 $x = 0$ 时，$y_{jc} = F_p \left(\dfrac{1}{k_{tj}} + \dfrac{1}{k_{dj}} \right)$。

当 $x = L$ 时，$y_{jc} = F_p \left(\dfrac{1}{k_{wz}} + \dfrac{1}{k_{dj}} \right) = y_{max}$。

当 $x = L/2$ 时，$y_{jc} = F_p \left(\dfrac{1}{4k_{tj}} + \dfrac{1}{4k_{wz}} + \dfrac{1}{k_{dj}} \right)$。

还可以求出当 $x = \left(\dfrac{k_{wz}}{k_{tj}+k_{wz}} \right) L$ 时，机床变形最小，即

$$y_{jc} = y_{min} = F_p \left(\frac{1}{k_{tj}+k_{wz}} + \frac{1}{k_{dj}} \right)$$

由于变形大的地方，从工件上切去的金属层薄；变形小的地方，切去的金属层厚，因此因机床受力变形而使加工出来的工件呈两端粗、中间细的马鞍形，如图 4-30 所示。

2. 工件的变形

若在两顶尖之间车削刚度很差的细长轴时，工艺系统中的工件变形必须考虑。假设此时不考虑机床和刀具的变形，即可由材料力学公式计算工件在切削点的变形量

$$y_g = \frac{F_p (L-x)^2 x^2}{3EI} \frac{1}{L}$$

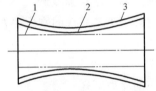

图 4-30 工件装夹在两顶
尖上车削后的形状
1—机床不变形的理想情况
2—考虑主轴箱、尾座变形的情况
3—包括考虑刀架变形在内的情况

显然，当 $x = 0$ 或 $x = L$ 时，$y_g = 0$；当 $x = L/2$ 时，工件刚度最小、变形最大，即 $y_{gmax} = \dfrac{F_p L^3}{48EI}$。因此加工后的工件呈鼓形。

3. 工艺系统的总变形

当同时考虑机床和工件的变形时，工艺系统的总变形为二者的叠加（对于本例，车刀的变形可以忽略），即

$$y = y_{jc} + y_g = F_p \left[\frac{1}{k_{tj}} \left(\frac{L-x}{L} \right)^2 + \frac{1}{k_{wz}} \left(\frac{x}{L} \right)^2 + \frac{1}{k_{dj}} + \frac{(L-x)^2 x^2}{3EIL} \right]$$

工艺系统的刚度为

$$k = \frac{F_p}{y_{jc}+y_g} = \frac{1}{k_{tj}} \left(\frac{L-x}{L} \right)^2 + \frac{1}{k_{wz}} \left(\frac{x}{L} \right)^2 + \frac{1}{k_{dj}} + \frac{(L-x)^2 x^2}{3EIL}$$

由此可知，测得了车床主轴箱、尾座、刀架三个部件的刚度，以及确定了工件的材料和尺寸，就可按 x 值，估算车削圆轴时工艺系统的刚度。当已知刀具的切削角度、切削条件和切削用量，即在知道切削力 F_p 的情况下，利用上面的公式就可估算出不同 x 处工件半径的变化。

工艺系统刚度随受力点位置变化而变化的例子很多，如立式车床、龙门刨床、龙门铣床

等的横梁及刀架，大型镗铣床滑枕内的主轴等，其刚度均随刀架位置或滑枕伸出长度的不同而异，对它们的分析也可参照上例方法进行。

（二）切削力大小变化引起的加工误差

在车床上加工短轴，工艺系统的刚度变化不大，可近似地看作常量。这时如果毛坯形状误差较大或材料硬度很不均匀，工件加工时切削力的大小就会有较大变化，工艺系统的变形也就会随切削力大小的变化而变化，因而引起工件加工误差。下面以车削一椭圆形横截面毛坯为例（图 4-31）来做进一步分析。

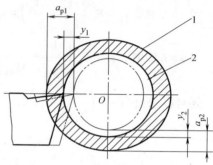

加工时，刀具调整到一定的背吃刀量（图 4-31 中双点画线圆的位置）。在工件每转一转中，背吃刀量发生变化，毛坯椭圆长轴方向处为最大背吃刀量 a_{p1}，椭圆短轴方向处为最小背吃刀量 a_{p2}。假设毛坯材料的硬度是均匀的，那么 a_{p1} 处的切削力 F_{p1} 最大，相应的变形 y_1 也最大；a_{p2} 处的切削力 F_{p2} 最小，相应的变形 y_2 也最小。由此可见，当车削具有圆度误差 $\Delta_m = a_{p1} - a_{p2}$ 的毛坯时，由于工艺系统受力变形的变化而使工件产生相应的圆度误差 $\Delta_g = y_1 - y_2$，这种现象称为"误差复映"。

图 4-31　车削时的误差复映
1—毛坯外形　2—工件外形

如果工艺系统的刚度为 k，则工件的圆度误差为

$$\Delta_g = y_1 - y_2 = \frac{1}{k}(F_{p1} - F_{p2}) \tag{4-21}$$

由切削原理可知

$$F_p = C_{Fp} a_p^{x_{Fp}} f^{y_{Fp}} (\mathrm{HBW})^{n_{Fp}}$$

式中　　　C_{Fp}——与刀具几何参数及切削条件（刀具材料、工件材料、切削种类、切削液等）有关的系数；

a_p——背吃刀量；

f——进给量；

HBW——工件材料硬度；

x_{Fp}、y_{Fp}、n_{Fp}——指数。

在工件材料硬度均匀，刀具、切削条件和进给量一定的情况下，$C_{Fp} f^{y_{Fp}} (\mathrm{HBW})^{n_{Fp}} = C$ 为常数。在车削加工中，$x_{Fp} \approx 1$，于是切削力 F_p 可写成

$$F_p = C a_p$$

因此

$$F_{p1} = C a_{p1}, \quad F_{p2} = C a_{p2}$$

代入式（4-21）得

$$\Delta_g = \frac{C}{k}(a_{p1} - a_{p2}) = \frac{C}{k}\Delta_m = \varepsilon \Delta_m \tag{4-22}$$

式中

$$\varepsilon = C/k \tag{4-23}$$

称为误差复映系数。由于 Δ_g 总是小于 Δ_m，所以 ε 是一个小于 1 的正数。它定量地反映了毛坯误差经加工后所减小的程度。减小 C 或增大 k 都能使 ε 减小。例如，减小进给量 f，即可减小 C，使 ε 减小，又可提高加工精度，但切削时间增长。如果设法增大工艺系统刚度 k，不但能减小加工误差 Δ_g，而且可以在保证加工精度的前提下相应增大进给量，提高生产率。

增加进给次数可大大地减小工件的误差复映。设 ε_1、ε_2、ε_3…分别为第一、第二、第三……进给时的误差复映系数，则

$$\Delta_{g1} = \varepsilon_1 \Delta_m$$
$$\Delta_{g2} = \varepsilon_2 \Delta_{g1} = \varepsilon_1 \varepsilon_2 \Delta_m$$
$$\Delta_{g3} = \varepsilon_3 \Delta_{g2} = \varepsilon_1 \varepsilon_2 \varepsilon_3 \Delta_m$$
$$\cdots$$

总的误差复映系数为

$$\varepsilon_{总} = \varepsilon_1 \varepsilon_2 \varepsilon_3 \cdots$$

由于 ε_i 是一个小于 1 的正数，多次进给后 $\varepsilon_{总}$ 就变成一个远远小于 1 的系数。多次进给可提高加工精度，但也意味着生产率降低。

由以上分析可知，当工件毛坯有形状误差（如圆度、圆柱度、直线度等）或相互位置误差（如偏心、径向圆跳动等）时，加工后仍然会有同类的加工误差出现。在成批大量生产中用调整法加工一批工件时，如毛坯尺寸不一，那么加工后这批工件仍有尺寸不一的误差。

毛坯硬度不均匀，同样会造成加工误差。在采用调整法成批生产的情况下，控制毛坯材料硬度的均匀性是很重要的。因为加工过程中进给次数通常已定，如果一批毛坯材料的硬度差别很大，就会使工件的尺寸分散范围扩大，甚至超差。

（三）夹紧力和重力引起的加工误差

工件在装夹时，由于工件刚度较低或夹紧力着力点不当，会使工件产生相应的变形，造成加工误差。图 4-32 所示为用自定心卡盘夹持薄壁套筒。假定坯件是正圆形，夹紧后坯件

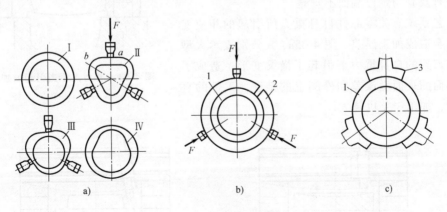

图 4-32 套筒夹紧变形误差

Ⅰ—毛坯　Ⅱ—夹紧后　Ⅲ—镗孔后　Ⅳ—松开后

1—工件　2—开口过渡环　3—专用卡爪

呈三棱形，虽然镗出的孔为正圆形，但松开后，套筒弹性回复使孔又变成三棱形（图4-32a）。为了减少加工误差，应使夹紧力均匀分布，可采用开口过渡环（图4-32b）或采用专用卡爪（图4-32c）夹紧。

又如磨削薄片零件，假定坯件翘曲，当它被电磁工作台吸紧时，产生弹性变形，磨削后取下工件，由于弹性回复，使已磨平的表面又产生翘曲（图4-33a、b、c）。改进的办法是在工件和磁力吸盘之间垫入一层薄橡胶垫（0.5mm以下）或纸片（图4-33d、e）。当工作台吸紧工件时，橡胶垫受到不均匀的压缩，使工件变形减少，翘曲部分就被磨去。如此进行，正、反面轮番多次磨削后，就可得到较平的平面。

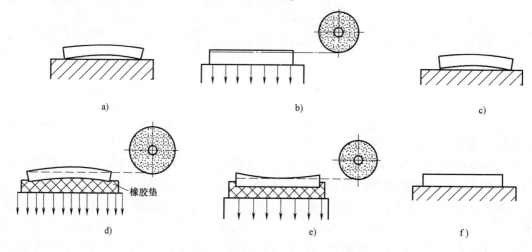

图 4-33　薄片工件的磨削

a）毛坯翘曲　b）吸盘吸紧　c）磨后松开，工件翘曲　d）磨削凸面
e）磨削凹面　f）磨后松开，工件平直

图 4-34 表示加工发动机连杆大头孔的装夹示意图，由于夹紧力着力点不当，造成加工后两孔中心线不平行及其与定位端面不垂直。

工艺系统有关零部件自身重力所引起的相应变形，也会造成加工误差。图4-35a、b分别表示大型立车在刀架的自身重力下引起了横梁变形，造成了工件端面的平面度误差和外圆上的锥度。工件的直径越大，加工误差也越大。

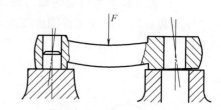

图 4-34　着力点不当引起的加工误差

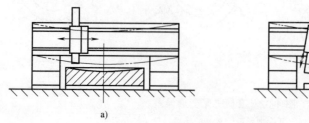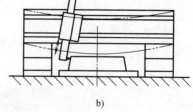

图 4-35　机床部件自身重力所引起的误差

对于大型工件的加工（如磨削床身导轨面），工件自身重力引起的变形有时会成为产生加工形状误差的主要原因。在实际生产中，装夹大型工件时，恰当地布置支承可以减小自身重力引起的变形。图 4-36 表示了两种不同支承方式下，均匀截面的挠性工件的自身重力变形规律：当支承在两个端点 A 和 B 时，自身重力变形量为 $y_1 = 5WL^3/(384EI)$；当支承在离两端 $2L/9$ 的 D 点和 E 点时，自身重力变形量为 $y_2 = 0.1WL^3/(384EI)$（式中，W 为工件质量，L 为工件长度，E 为材料弹性模量，I 为截面二次矩）。显然，第二种支承方式工件自身重力引起的变形仅为第一种方式的 1/50。

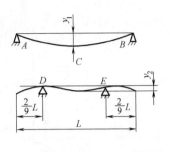

图 4-36 工件自重所造成的误差

（四）传动力和惯性力引起的加工误差

1. 传动力影响

当车床上用单爪拨盘带动工件时，传动力在拨盘的每一转中不断改变方向。图 4-37a 表示了单爪拨盘传动的结构简图和作用在其上的力：切削力 F_p、F_c 和传动力 F_e。图 4-37b 表示了切削力转化到作用于工件几何轴心 O 上而使之变形到 O'，又由传动力转化到作用于 O' 上而使之变形到 O'' 的位置。图中 k_s 为机床系统的刚度，k_e 为顶尖系统的接触刚度（包括顶尖与主轴孔、顶尖与工件顶尖孔之间的接触刚度）。由图有

$$r_0^2 = \overline{OA}^2 + \overline{OO'}^2 + 2\,\overline{OA}\ \overline{OO'}\cos\beta$$

$$\beta = \tan^{-1}\frac{F_c/k_s}{F_p/k_s} = \tan^{-1}\frac{F_c}{F_p}$$

只要切削力 F_c、F_p 不变，则 β、$\overline{OO'}$ 也不变，而 $\overline{OA}$ 又是恒值，所以 r_0 是恒值，它和传动力 F_e 无关。因此 O' 是工件的平均回转轴心，O'' 是工件的瞬时回转轴心，O'' 围绕 O' 做与主轴同频率的回转，恰似一个在 $y—z$ 平面内的偏心运动。整个工件则在空间做圆锥运动：固定的后顶尖为其锥角顶点，前顶尖带着工件在空间画出一个圆。这就是主轴几何轴线具有角度摆动的第一种情况——几何轴线（前、后顶尖的连线）相对于平均轴线（O' 与后顶尖的连线）在空间成一定锥角的圆锥轨迹。由此可以得出结论：在单爪拨盘传动下车削出来的工件是一个正圆柱，并不产生加工误差。在以前的某些论著中，认为将形成截面形状为心脏形的圆柱度误差的结论是不正确的。在圆度仪上对工件进行实测的结果也证明了这一点。

2. 惯性力的影响

在高速切削时，如果工艺系统中有不平衡的高速旋转的构件存在，就会产生离心力。它和传动力一样，在工件的每一转中不断变更方向，引起工件几何轴线做第一种形式的摆角运动，故理论上讲也不会造成工件圆度误差。但要注意的是当不平衡质量的离心力大于切削力时，车床主轴轴颈和轴套内孔表面的接触点就会不停地变化，轴套孔的圆度误差将传给工件的回转轴心。

周期变化的惯性力还常常引起工艺系统的强迫振动。

因此机械加工中若遇到这种情况，可采用"对重平衡"的方法来消除这种影响，即在不平衡质量的反向加装重块，使两者的离心力相互抵消。必要时亦可适当降低转速，以减少

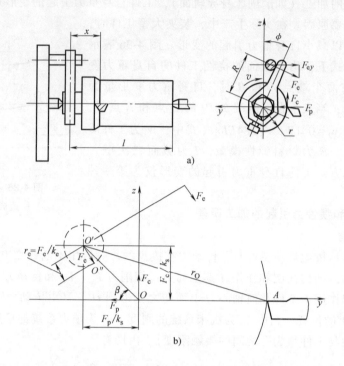

图 4-37 单爪拨盘传动下工件的受力与变形

离心力的影响。

四、机床部件刚度

(一) 机床部件刚度的测定

1. 静态测定法

刚度的静态测定法是在机床不工作状态下，模拟切削时的受力情况，对机床施加静载荷，然后测出机床各部件在不同静载荷下的变形，就可作出各部件的刚度特性曲线并计算出其刚度。

图 4-38 所示为一台中心高为 200mm 的车床的刀架部件刚度实测曲线。实验中进行了三次加载—卸载循环。由图可以看出机床部件的刚度曲线有以下特点：

1）变形与作用力不是线性关系，反映刀架变形不纯粹是弹性变形。

2）加载与卸载曲线不重合，两曲线间包容的面积代表了加载—卸载循环中所损失的能量，也就是消耗在克服部件内零件间的摩擦和接触塑性变形所做的功。

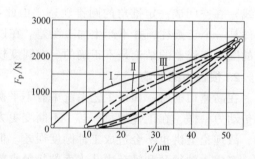

图 4-38 车床刀架的静刚度特性曲线
I——次加载　II—二次加载　III—三次加载

3）卸载后曲线不回到原点，说明有残留变形。在反复加载—卸载后，残留变形逐渐接近于零。

4）部件的实际刚度远比按实体所估算的小。

由于机床部件的刚度曲线不是线性的，其刚度 $k = \mathrm{d}F_\mathrm{p}/\mathrm{d}y$ 就不是常数。通常所说的部件刚度是指它的平均刚度——曲线两端点连线的斜率。对本例，刀架的（平均）刚度为

$$k = \frac{240}{0.052}\,\mathrm{N/mm} \approx 4600\,\mathrm{N/mm}$$

2．工作状态测定法

静态测定法测定机床刚度，只是近似地模拟切削时的切削力，与实际加工条件不完全一样。采用工作状态测定法，比较接近实际。

工作状态测定法的依据是误差复映规律。如图 4-39 所示，在车床顶尖之间装夹一根刚度极大的心轴。心轴在靠近前顶尖、后顶尖及中间三处各预先车出一台阶。三个台阶的尺寸分别为 H_{11}、H_{12}、H_{21}、H_{22}、H_{31}、H_{32}。经过一次进给后，由于误差复映，心轴上仍有台阶状残留误差，经测量，其尺寸分别为 h_{11}、

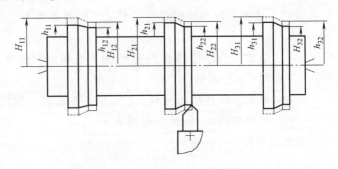

图 4-39　车床刚度的工作状态测定法

h_{12}、h_{21}、h_{22}、h_{31}、h_{32}，于是可计算出左、中、右台阶处的误差复映系数

$$\varepsilon_1 = \frac{h_{11}-h_{12}}{H_{11}-H_{12}}, \quad \varepsilon_2 = \frac{h_{21}-h_{22}}{H_{21}-H_{22}}, \quad \varepsilon_3 = \frac{h_{31}-h_{32}}{H_{31}-H_{32}}$$

三处系统的刚度分别为

$$k_{xt1} = C/\varepsilon_1, \quad k_{xt2} = C/\varepsilon_2, \quad k_{xt3} = C/\varepsilon_3$$

由于心轴刚度很大，其变形可忽略，车刀的变形也可忽略，故上面算得的三处系统刚度，就是三处的机床刚度。列出方程组为

$$\begin{cases} \dfrac{1}{k_{xt1}} = \dfrac{1}{k_{tj}} + \dfrac{1}{k_{dj}} \\[2mm] \dfrac{1}{k_{xt2}} = \dfrac{1}{4k_{tj}} + \dfrac{1}{4k_{wz}} + \dfrac{1}{k_{dj}} \\[2mm] \dfrac{1}{k_{xt3}} = \dfrac{1}{k_{wz}} + \dfrac{1}{k_{dj}} \end{cases}$$

解此方程组可得出车床主轴箱、尾座和刀架的刚度分别为

$$\frac{1}{k_{tj}} = \frac{1}{k_{xt1}} - \frac{1}{k_{dj}}, \quad \frac{1}{k_{wz}} = \frac{1}{k_{xt3}} - \frac{1}{k_{dj}}, \quad \frac{1}{k_{dj}} = \frac{2}{k_{xt2}} - \frac{1}{2}\left(\frac{1}{k_{xt1}} + \frac{1}{k_{xt2}}\right)$$

工作状态测定法的不足之处是：不能得出完整的刚度特性曲线，而且由于材料不均匀等所引起的切削力变化和切削过程中的其他随机性因素，都会给测定的刚度值带来一定的误差。

（二）影响机床部件刚度的因素

1．连接表面间的接触变形

零件表面总是存在着宏观的几何形状误差和微观的表面粗糙度，所以零件之间接合表面

的实际接触面积只是理论接触面积的一小部分，并且真正处于接触状态的，又只是这一小部分的一些凸峰。当外力作用时，这些接触点处将产生较大的接触应力，并产生接触变形，其中既有表面层的弹性变形，又有局部塑性变形。这就是部件刚度曲线不呈直线，以及远比同尺寸、无接触面的实体的刚度要低得多的原因，也是造成残留变形和多次加载—卸载循环以后，残留变形才趋于稳定的原因之一。

当接触表面间的名义压强增加时，接触变形也增大。名义压强增量 dp 与接触变形增量 dy 之比称为接触刚度 k_j（N/mm^3），即

$$k_j = dp/dy$$

又实验表明，接触变形与接触表面的名义压强的关系为

$$y = cp^m$$

式中　m——系数，当连接件材料为铸铁、钢和铜，接触表面粗糙度 Ra 值为 $0.1 \sim 1.6 \mu m$ 时，$m \approx 0.5$；

　　　　c——系数，由连接面材料、连接表面粗糙度、纹理方向等决定。当连接面材料为钢或铸铁时，c 的实测值见表 4-2。

代入上式可得

$$k_j = \frac{p^{(1-m)}}{cm}$$

由此可知，连接表面的接触刚度将随着法向载荷的增加而增大，并受接触表面材料、硬度、表面粗糙度、表面纹理方向，以及表面几何形状误差等因素的影响。

表 4-2　不同接触表面的 c 值

接触平面终加工方法	表面粗糙度/μm	接触点数 [点/(25mm×25mm)]	c
刮研—刮研	$Rz = 3 \sim 6$	$20 \sim 25$	0.3
	$Rz = 6 \sim 8$	$20 \sim 25$	0.5
	$Rz = 6 \sim 8$	$15 \sim 18$	$0.8 \sim 1.0$
	$Rz = 6 \sim 8$	$10 \sim 12$	$1.3 \sim 1.5$
	$Rz = 15 \sim 20$	$5 \sim 12$	$1.5 \sim 2.0$
刮研—磨削	$Rz = 6 \sim 8 - Ra = 1.0$	$15 \sim 18$	$0.8 \sim 1.0$
圆周磨—圆周磨	$Ra = 1.0$		$0.6 \sim 0.7$
精刨—精刨	$Ra = 1.25 \sim 2.5$		0.6

2. 零件间摩擦力的影响

机床部件受力变形时，零件间连接表面会发生错动，加载时摩擦力阻碍变形的发生，卸载时摩擦力阻碍变形的回复，故造成加载和卸载刚度曲线不重合。

3. 接合面的间隙

部件中各零件间如果有间隙，那么只要受到较小的力（克服摩擦力），就会使零件相互错动，故表现为刚度很小。间隙消除后，相应表面接触，才开始有接触变形和弹性变形，这时就表现为刚度较大（图 4-40）。如果载荷是单向的，那么在第一次加载消除间隙后对加工精度的影响较小；如果工作载荷不断改变方向（如镗床、铣床的切削力），那么间隙的影响

就不容忽视。而且，因间隙引起的位移在去除载荷后不会回复。

4. 薄弱零件本身的变形

在机床部件中，薄弱零件受力变形对部件刚度的影响最大。例如，溜板部件中的楔铁与导轨面配合不好（图 4-41a），或轴承衬套因形状误差而与壳体接触不良（图 4-41b），由于楔铁和轴承衬套极易变形，故造成整个部件刚度大大降低。当这些薄弱环节变形后改善了接触情况，部件的刚度就会明显提高。

五、减小工艺系统受力变形对加工精度影响的措施

减小工艺系统受力变形是保证加工精度的有效途径之一。在生产实际中，常从两个主要方面采取措施来予以解决：一是提高系统刚度；二是减小载荷及其变化。从加工质量、生产效率、经济性等问题全面考虑，提高工艺系统中薄弱环节的刚度是最重要的措施。

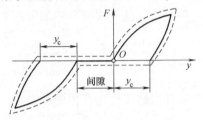

图 4-40　间隙对刚度曲线的影响

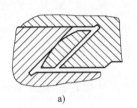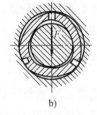

图 4-41　部件中的薄弱环节

（一）提高工艺系统的刚度

1. 合理的结构设计

在设计工艺装备时，应尽量减少连接面的数目，并注意刚度的匹配，防止有局部低刚度环节出现。在设计基础件、支承件时，应合理选择零件结构和截面形状。一般地说，截面积相等时，空心截面形状比实心截面形状的刚度高，封闭的截面形状又比开口的截面形状好。在适当部位增添加强肋也有良好的效果。

2. 提高连接表面的接触刚度

由于部件的接触刚度大大低于实体零件本身的刚度，所以提高接触刚度是提高工艺系统刚度的关键。特别是对在使用中的机床设备，提高其连接表面的接触刚度，往往是提高原机床刚度最简便、最有效的方法。

（1）提高机床部件中零件间接合表面的质量　提高机床导轨的刮研质量，提高顶尖锥柄同主轴和尾座套筒锥孔的接触质量等都能使实际接触面积增加，从而有效地提高表面的接触刚度。

（2）给机床部件以预加载荷　此措施常用在各类轴承、滚珠丝杠螺母副的调整之中。给机床部件以预加载荷，可消除接合面间的间隙，增加实际接触面积，减少受力后的变形量。

（3）提高工件定位基准面的精度和减小其表面粗糙度值　工件的定位基准面一般总是承受夹紧力和切削力。如果定位基准面的尺寸误差、形状误差较大，表面粗糙度值较大，就会产生较大的接触变形。如在外圆磨床上磨轴，若轴的中心孔加工质量不高，不仅影响定位精度，而且还会引起较大的接触变形。

3. 采用合理的装夹和加工方式

在卧式铣床上铣削角铁形零件，如按图 4-42a 所示方式装夹和加工，工件的刚度较低；

如改用图 4-42b 所示方式装夹和加工，则刚度可大大提高。再如加工细长轴时，如改为反向进给（从主轴箱向尾座方向进给），使工件从原来的轴向受压变为轴向受拉，也可提高工件刚度。

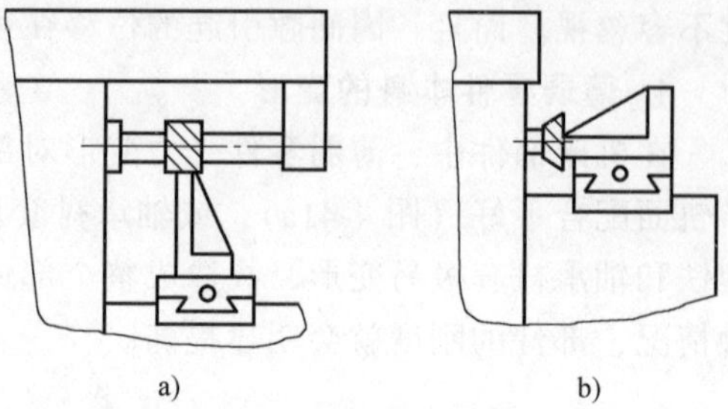

此外，增加辅助支承也是提高工件刚度的常用方法。如加工细长轴时采用中心架或跟刀架就是一个很典型的实例。

图 4-42　铣角铁形零件的两种装夹方式

（二）减小载荷及其变化

采取适当的工艺措施，如合理选择刀具几何参数（如增大前角、让主偏角接近 90°等）和切削用量（如适当减少进给量和背吃刀量），以减小切削力（特别是 F_p），就可以减少受力变形。将毛坯分组，使一次调整中加工的毛坯余量比较均匀，就能减小切削力的变化，减小误差复映。

六、工件残余应力引起的变形

残余应力也称为内应力，是指在没有外力作用下或去除外力后工件内存留的应力。

具有残余应力的零件处于一种不稳定状态。它的内部组织有强烈的倾向要回复到一个稳定的、没有应力的状态。即使在常温下，零件也会不断地、缓慢地进行这种变化，直到残余应力完全消失为止。在这一过程中，零件将会翘曲变形，原有的加工精度也会逐渐丧失。

残余应力是由于金属内部相邻组织发生了不均匀的体积变化而产生的。促成这种不均匀体积变化的因素主要来自冷、热加工。

（一）毛坯制造和热处理过程中产生的残余应力

在铸、锻、焊、热处理等加工过程中，由于各部分冷热收缩不均匀以及金相组织转变的体积变化，使毛坯内部产生了相当大的残余应力。毛坯的结构越复杂，各部分的厚度越不均匀，散热的条件相差越大，则在毛坯内部产生的残余应力也越大。具有残余应力的毛坯由于残余应力暂时处于相对平衡的状态，在短时间内还看不出有什么变化。当加工时某些表面被切去一层金属后，就打破了这种平衡，残余应力将重新分布，零件就明显地出现了变形。

如图 4-43 所示为一内、外厚薄相差较大的铸件在铸造过程中产生残余应力的情形。铸件浇注后，由于壁 A 和 C 比较薄，散热容易，所以冷却速度较 B 快。当 A、C 从塑性状态冷却

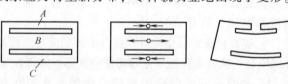

图 4-43　铸件残余应力的形成及变形

到弹性状态时（约 620℃），B 尚处于塑性状态。此时，A、C 继续收缩，B 不起阻止变形的作用，故不会产生残余应力。当 B 亦冷却到弹性状态时，A、C 的温度已降低很多，其收缩速度变得很慢，但这时 B 收缩较快，因而受到 A、C 的阻碍。这样，B 内就产生了拉应力，而 A、C 内就产生了压应力，它们形成相互平衡的状态。如果在 A 上开一缺口，A 上的压应力消失，铸件在 B、C 的残余应力作用下，B 收缩，C 伸长，铸件就产生了弯曲变形，直至残余应力重新分布达到新的平衡状态为止。

推广到一般情况，各种铸件都难免发生冷却不均匀而产生残余应力。如铸造后的机床床

身，其导轨面和冷却快的地方都会出现压应力。带有压应力的导轨表面在粗加工中被切去一层后，残余应力就重新分布，结果使导轨中部下凹。

（二）冷校直引起的残余应力

冷校直引起的残余应力可以用图 4-44 来说明。弯曲的工件（原来无残余应力）要校直，必须使工件产生反向弯曲（图 4-44a），并使工件产生一定的塑性变形。当工件外层应力超过屈服强度时，其内层应力还未超过弹性限，故其应力分布情况如图 4-44b 所示。去除外力后，由于下部外层已产生拉伸的塑性变形，上部外层已产生压缩的塑性变形，故里层的弹性回复受到阻碍。结果上部外层产生残余拉应力，上部里层产生残余压应力；下部外层产生残余压应力，下部里层产生残余拉应力（图 4-44c）。冷校直后虽然弯曲减小了，但内部组织处于不稳定状态，如再进行一次加工，又会产生新的弯曲。

（三）切削加工引起的残余应力

切削过程中产生的力和热，也会使被加工工件的表面层产生残余应力（参见第五章机械加工表面质量及其控制）。

要减少残余应力，一般可采取下列措施：

1）增加消除内应力的热处理工序。例如，对铸、锻、焊接件进行退火或回火；零件淬火后进行回火；对精度要求高的零件如床身、丝杠、箱体、精密主轴等在粗加工后进行时效处理。

2）合理安排工艺过程。例如，将粗、精加工分开并安排在不同工序中进行，使粗加工后有一定时间让残余应力重新分布，以减少对精加工的影响。在加工大型工件时，粗、精加工往往在一个工序中完成，这时应在粗加工后松开工件，让工件有自由变形的可能，然后再用较小的夹紧力夹紧工件，进行精加工。对于精密零件（如精密丝杠），在加工过程中不允许进行冷校直（可采用热校直）。

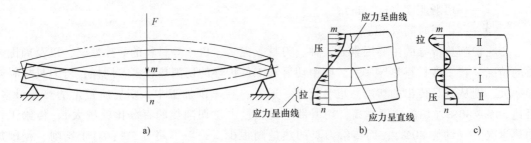

图 4-44 冷校直引起的残余应力

a）冷校直方法 b）加载时的应力分布 c）卸载后的残余应力分布

3）改善零件结构，提高零件的刚度，使壁厚均匀等均可减少残余应力的产生。

第四节 工艺系统的热变形对加工精度的影响

一、概述

在机械加工过程中，工艺系统会受到各种热的影响而产生温度变形，一般也称为热变形，这种变形将破坏刀具与工件的正确几何关系和运动关系，造成工件的加工误差。

热变形对加工精度影响比较大，特别是在精密加工和大件加工中，热变形所引起的加工误差通常会占到工件加工总误差的 40%~70%。

工艺系统热变形不仅影响加工精度，而且还影响加工效率。因为减少受热变形对加工精度的影响，通常需要预热机床以获得热平衡，或降低切削用量以减少切削热和摩擦热，或粗加工后停机，待热量散发后再进行精加工，或增加工序（使粗、精加工分开）等。

高精度、高效率、自动化加工技术的发展，使工艺系统热变形问题变得更加突出，成为现代机械加工技术发展必须研究的重要问题。工艺系统是一个复杂系统，有许多因素影响其热变形，因而控制和减小热变形对加工精度的影响往往比较复杂。目前，无论在理论上还是在实践上都有许多问题尚待研究与解决。

（一）工艺系统的热源

热总是由高温处向低温处传递的。热的传递方式有三种，即导热传热、对流传热和辐射传热。

引起工艺系统变形的热源可分为内部热源和外部热源两大类。内部热源主要指切削热和摩擦热，它们产生于工艺系统内部，其热量主要以热传导的形式传递。外部热源主要是指工艺系统外部的、以对流传热为主要形式的环境温度（它与气温变化、通风、空气对流和周围环境等有关）和各种辐射热（包括由阳光、照明、暖气设备等发出的辐射热）。

切削热是切削加工过程中最主要的热源，它对工件加工精度的影响最为直接。在切削（磨削）过程中，消耗于切削层的弹、塑性变形能及刀具、工件和切屑之间摩擦的机械能，绝大部分都转变成了切削热。切削热 Q（J）的大小与被加工材料的性质、切削用量及刀具的几何参数等有关。通常可按下式计算，即

$$Q = F_c vt$$

式中　F_c——主切削力（N）；

　　　v——切削速度（m/min）；

　　　t——切削时间（min）。

影响切削热传导的主要因素是工件、刀具、夹具、机床等材料的导热性能，以及周围介质的情况。若工件材料热导率大，则由切屑和工件传导的切削热较多；同样，若刀具材料热导率大，则从刀具传出的切削热也会较多。通常，在车削加工中，切屑所带走的热量最多，可达 50%~80%（切削速度越高，切屑带走的热量占总切削热的百分比就越大），传给工件的热量次之（约为 30%），而传给刀具的热量则很少，一般不超过 5%；对于铣削、刨削加工，传给工件的热量一般占总切削热的 30% 以下；对于钻削和卧式镗孔，因为有大量的切屑滞留在孔中，传给工件的热量就比车削时要高，如在钻孔加工中传给工件的热量往往超过 50%。磨削时磨屑很小，带走的热量很少（约为 4%），大部分热量（84% 左右）传入工件，致使磨削表面的温度高达 800~1000℃，因此磨削热既影响工件的加工精度，又影响工件的表面质量。

工艺系统中的摩擦热，主要是由机床和液压系统中的运动部件产生的，如电动机、轴承、齿轮、丝杠副、导轨副、离合器、液压泵、阀等各运动部分产生的摩擦热。尽管摩擦热比切削热少，但摩擦热在工艺系统中是局部发热，会引起局部温升和变形，破坏了系统原有的几何精度，对加工精度也会带来严重影响。

外部热源的热辐射及周围环境温度对机床热变形的影响，有时也是不容忽视的。例如，在加工大型工件时，往往要昼夜连续加工，由于昼夜温度不同，引起工艺系统的热变形就不

一样，从而影响了加工精度。又如，照明灯光、加热器等对机床的热辐射，往往是局部的，日光对机床的照射不仅是局部的，而且不同时间的辐射热量和照射位置也不同，因而会引起机床各部分不同的温升和变形，这在大型、精密加工时尤其不能忽视。

(二) 工艺系统的热平衡和温度场概念

工艺系统在各种热源作用下，温度会逐渐升高，同时它们也通过各种传热方式向周围的介质散发热量。当工件、刀具和机床的温度达到某一数值时，单位时间内散出的热量与从热源传入的热量趋于相等，这时工艺系统就达到了热平衡状态。在热平衡状态下，工艺系统各部分的温度就保持在一个相对固定的数值上，因而各部分的热变形也就相应地趋于稳定。

由于作用于工艺系统各组成部分的热源，其发热量、位置和作用时间各不相同，各部分的热容量、散热条件也不一样，因此各部分的温升是不相同的。即使是同一物体，处于不同空间位置上的各点在不同时间其温度也是不等的。物体中各点温度的分布称为温度场。当物体未达到热平衡时，各点温度不仅是坐标位置的函数，也是时间的函数。这种温度场称为不稳态温度场；物体达到热平衡后，各点温度将不再随时间而变化，而只是其坐标位置的函数，这种温度场称为稳态温度场。

目前，对于温度场和热变形的研究，仍然着重于模型试验与实测。热电偶、热敏电阻、半导体温度计是常用的测温手段。由于测量技术落后，效率低，精度差，已不能满足现代机床热变形研究工作的要求。近年来红外测温、激光全息照相、光导纤维等技术在机床热变形研究中已开始得到应用，成为深入研究工艺系统热变形的先进手段。例如，人们可以用红外热像仪将机床的温度场拍摄成一目了然的热像图，用激光全息技术拍摄变形场，用光导纤维引出发热信号传入热像仪测出工艺系统内部的局部温升。此外，由于计算机的广泛应用，对微分方程进行数值解的有限元法和有限差分法在热变形研究方面也有了很大的发展。

二、工件热变形对加工精度的影响

在工艺系统热变形中，机床热变形最为复杂，工件和刀具的热变形相对来说要简单一些。这主要是因为在加工过程中，影响机床热变形的热源较多，也较复杂；而对工件和刀具来说，热源比较简单。因此，工件和刀具的热变形常可用解析法进行估算和分析。

使工件产生热变形的热源，主要是切削热。对于精密零件，周围环境温度和局部受到日光等外部热源的辐射热也不容忽视。工件的热变形可以归纳为两种情况来分析。

(一) 工件比较均匀地受热

在对一些形状比较简单的轴类、套类、盘类零件的内、外圆加工时，切削热比较均匀地传入工件，如不考虑工件温升后的散热，其温度沿工件全长和圆周的分布都是比较均匀的，可近似地看成均匀受热，因此，其热变形可以按物理学计算热膨胀的公式求出。

长度上的热变形量（mm）为

$$\Delta L = \alpha_1 L \Delta t$$

直径上的热变形量（mm）为

$$\Delta D = \alpha_1 D \Delta t$$

式中　L、D——工件原有长度、直径（mm）；

α_1——工件材料的线膨胀系数（钢：$\alpha_1 \approx 1.17 \times 10^{-5} \mathrm{K}^{-1}$，铸铁：$\alpha_1 \approx 1.05 \times 10^{-5}$ K^{-1}，铜：$\alpha_1 \approx 1.7 \times 10^{-5} \mathrm{K}^{-1}$）；

Δt——温升（℃）。

加工盘类和长度较短的销轴、套类零件时，由于走刀行程很短，可以忽略在沿工件轴向位置上切削时间（即加热时间）有先后的影响，因此引起的工件纵向方向上的误差可以忽略。车削较长工件时，由于在沿工件轴向位置上切削时间有先后，开始切削时工件温升近于零，随着切削的进行，温升逐渐增加，工件直径随之逐渐胀大，至走刀终了时工件直径胀大最多，因而车刀的背吃刀量将随走刀而逐渐增大。工件冷却收缩后，外圆表面就会产生圆柱度误差 $\Delta R_{max} = \alpha_1(D/2)\Delta t$。

通常杆件的长度尺寸精度要求不高，热变形引起的伸长可以不予考虑。但当工件以两顶尖定位，工件受热伸长时，如果顶尖不能轴向位移，则工件受顶尖的压力将产生弯曲变形，这对加工精度影响就大了。因此，当加工精度较高的轴类零件时，如磨外圆、丝杠等，宜采用弹性或液压尾顶尖。

一般来说，工件热变形在精加工中影响比较严重，特别是长度长而精度要求很高的零件。磨削丝杠就是一个突出的例子。若丝杠长度为 2m，每磨一次其温度相对于机床母丝杠就升高约 3℃，则丝杠的伸长量为

$$\Delta L = 2000 \times 1.17 \times 10^{-5} \times 3 \, \text{mm} = 0.07 \, \text{mm}$$

而 6 级丝杠的螺距累积误差在全长上不允许超过 0.02mm，由此可见热变形的严重性。

工件热变形对粗加工的加工精度的影响通常可不必考虑，但是在工序集中的场合下，却会给精加工带来麻烦。例如，在一台三工位的组合机床上，第一个工位是装卸工件，第二个工位是钻孔，第三个工位是铰孔。工件尺寸为 $\phi 40\text{mm} \times 40\text{mm}$，欲加工孔的尺寸为 $\phi 20\text{mm}$，材料为铸铁。钻孔时转速 $n = 500\text{r/min}$，进给量 $f = 0.3\text{mm/r}$，温升达 100℃，则工件在直径上的膨胀量为

$$\Delta D = \alpha_1 D \Delta t = 1.05 \times 10^{-5} \times 20 \times 100 \, \text{mm} = 0.021 \, \text{mm}$$

钻孔完毕后接着铰孔，那么工件完全冷却后孔径收缩量已与 IT7 级的公差值相等了。所以说在这种场合下，粗加工的工件热变形就不能忽视了。

为了避免工件粗加工时热变形对精加工时加工精度的影响，在安排工艺过程时应尽可能把粗、精加工分开在两个工序中进行，以使工件粗加工后留有足够的冷却时间。

（二）工件不均匀受热

铣、刨、磨平面时，除在沿进给方向有温差外，更严重的是工件只是在单面受到切削热的作用，上、下表面间的温差将导致工件向上拱起，加工时中间凸起部分被切去，冷却后工件变成下凹，造成平面度误差。

磨削长 L、厚 s 的板类零件，其热变形挠度 x 可做如下近似计算（图 4-45）：由于中心角 ϕ 很小，故中性层的弦长可近似视为原长 L，于是

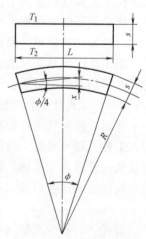

图 4-45 工件单面受热时的弯曲变形计算

$$x \approx \frac{L}{2}\sin\frac{\phi}{4} \approx \frac{L}{8}\phi$$

又由于

$$(R+s)\phi - R\phi = \alpha_1 L \Delta t$$

所以

$$x = \frac{\alpha_1 \Delta t L^2}{8s}$$

可以看出，虽然热变形挠度 x 随 L 的增长而急剧增大，但由于 L、s、α_1 均为工件上的定量，故欲控制热变形 x，就必须减小温差 Δt，亦即要减少热量的传入。

对于大型精密板类零件（如高为 600mm，长为 2000mm 的机床床身）的磨削加工，工件（床身）的温差为 2.4℃时，热变形可达 20μm。这说明工件单面受热引起的误差对加工精度的影响是很严重的。为了减少这一误差，通常采取的措施是在切削时使用充分的切削液，以减少切削表面的温升；也可采用误差补偿的方法：在装夹工件时使工件上表面产生微凹的夹紧变形，以此来补偿切削时工件单面受热而拱起的误差。

三、刀具热变形对加工精度的影响

刀具热变形主要是由切削热引起的。通常传入刀具的热量并不太多，但由于热量集中在切削部分，以及刀体小，热容量小，故刀具仍会有很高的温升。例如，车削时，高速钢车刀的工作表面温度可达 700~800℃，而硬质合金切削刃可达 1000℃ 以上。

连续切削时，刀具的热变形在切削初始阶段增加很快，随后变得较缓慢，经过不长的时间后（约 10~20min）便趋于热平衡状态。此后，热变形变化量就非常小（图 4-46）。刀具总的热变形量可达 0.03~0.05mm。

间断切削时，由于刀具有短暂的冷却时间，故其热变形曲线具有热胀冷缩双重特性，且总的变形量比连续切削时要小一些，最后趋于稳定在 δ 范围内变动。

当切削停止后，刀具温度立即下降，开始冷却较快，以后逐渐减慢。

加工大型零件，刀具热变形往往会造成几何形状误差。如车长轴时，可能由于刀具热伸长而产生锥度（尾座处的直径比主轴箱附近的直径大）。

为了减小刀具热变形，应合理选择切削用量和刀具几何参数，并给以充分冷却和润滑，以减少切削热，降低切削温度。

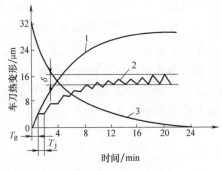

图 4-46 车刀热变形

1—连续切削 2—间断切削 3—冷却曲线

T_g—切削时间 T_j—间断时间

四、机床热变形对加工精度的影响

机床在工作过程中，受到内、外热源的影响，各部分的温度将逐渐升高。由于各部件的热源不同，分布不均匀，以及机床结构的复杂性，因此不仅各部件的温升不同，而且同一部件不同位置的温升也不相同，形成不均匀的温度场，使机床各部件之间的相互位置发生变化，破坏了机床原有的几何精度而造成加工误差。

机床空运转时，各运动部件产生的摩擦热基本不变。运转一段时间之后，各部件传入的热量和散失的热量基本相等，即达到热平衡状态，变形趋于稳定。机床达到热平衡状态时的几何精度称为热态几何精度。在机床达到热平衡状态之前，机床几何精度变化不定，对加工精度的影响也变化不定。因此，精密加工应在机床处于热平衡之后进行。

对于磨床和其他精密机床，除受室温变化等影响之外，引起其热变形的热量主要是机床空运转时的摩擦发热，而切削热影响较小。因此，机床空运转达到热平衡的时间及其所达到的热态几何精度是衡量精加工机床质量的重要指标。而在分析机床热变形对加工精度的影响时，亦应首先注意其温度场是否稳定。

机床各部件由于体积都比较大，热容量大，因此其温升一般不大。如车床主轴箱温升一般不大于60℃，磨床温升一般不大于15~25℃，车床床身与主轴箱接合处的温升一般不大于20℃，磨床床身的温升一般在10℃以下。其他精密机床部件的温升还要低得多。机床各部件结构与尺寸体积差异较大，各部分达到热平衡的时间也不相同。热容量大的部件达到热平衡的时间就长。

一般机床，如车床、磨床等，其空运转的热平衡时间为4~6h，中小型精密机床为1~2h，大型精密机床往往要超过12h，甚至达数十个小时。

机床类型不同，其内部主要热源也各不相同，热变形对加工精度的影响也不相同。

车、铣、钻、镗类机床，主轴箱中的齿轮、轴承摩擦发热，润滑油发热是其主要热源，使主轴箱及与之相联部分如床身或立柱的温度升高而产生较大变形。例如，车床主轴发热使主轴箱在垂直面内和水平面内发生偏移和倾斜，如图4-47a所示。在垂直平面内，主轴箱的温升将使主轴升高；又因主轴前轴承的发热量大于后轴承的发热量，主轴前端将比后端高。此外，由于主轴箱的热量传给床身，床身导轨将向上凸起，故加剧了主轴的倾斜。对卧式车床热变形试验结果表明，影响主轴倾斜的主要因素是床身变形，它约占总倾斜量的75%，主轴前、后轴承温度差所引起的倾斜量只占25%。

车床主轴温升、位移随运转时间变化的测量结果表明（图4-47b），主轴在水平方向不同测量点的位移 Δy 为10μm左右，在垂直方向不同测量点的位移 Δz 为150~200μm。虽然 Δz 较大，但在非误差敏感方向，对加工精度影响较小。而 Δy 由于是在误差敏感方向，因而对加工精度影响较大。

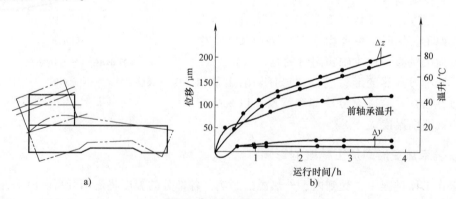

图 4-47　车床的热变形

a）车床受热变形示意图　b）温升热变形曲线

对于不仅在水平方向上装有刀具，在垂直方向和其他方向上也都可能装有刀具的自动车床、转塔车床，其主轴热位移，无论在垂直方向，还是在水平方向，都会造成较大的加工误差。

　　因此在分析机床热变形对加工精度的影响时，还应注意分析热位移方向与误差敏感方向的相对角位置关系。对于处在误差敏感方向的热变形，需要特别注意控制。

　　龙门刨床、导轨磨床等大型机床，它们的床身较长，如导轨面与底面间稍有温差，就会产生较大的弯曲变形，故床身热变形是影响加工精度的主要因素。例如，一台长 12m、高 0.8m 的导轨磨床床身，导轨面与床身底面温差 1℃ 时，其弯曲变形量可达 0.22mm。床身上、下表面产生温差，不仅是由于工作台运动时导轨面摩擦发热所致，环境温度的影响也是重要原因。例如，在夏天，地面温度一般低于车间室温，因此床身中凸（图 4-48a）；冬天则地面温度高于车间室温，使床身中凹。此外，如机床局部受到阳光照射，而且照射部位还随时间而变化，就会引起床身各部位不同的热变形。

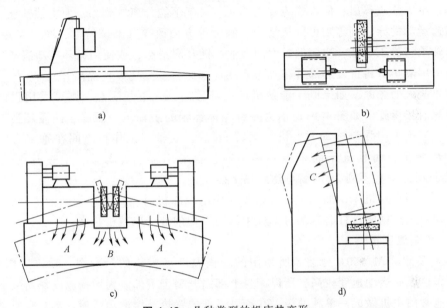

图 4-48　几种类型的机床热变形
a）大型导轨磨床　b）外圆磨床　c）双端面磨床　d）立式平面磨床

　　通常，各种磨床都有液压传动系统和高速回转磨头，并且使用大量的切削液，它们都是磨床的主要热源。砂轮主轴轴承发热，将使主轴轴线升高并使砂轮架向工件方向趋近。由于主轴前、后轴承温升不同，主轴侧母线还会出现倾斜。液压系统的发热使床身各处温升不同，导致床身的弯曲和前倾。

　　在热变形的影响下，外圆磨床的砂轮轴线与工件轴线之间的距离会发生变化（图 4-48b），并可能产生平行度误差。

　　平面磨床床身的热变形则受油池安放位置及导轨摩擦发热的影响。有些磨床利用床身作油池，因此床身下部温度高于上部，结果导轨产生中凹变形。有些磨床把油箱移到机外，由于导轨面的摩擦热，使床身上部温度高于下部，因此导轨就会产生中凸变形。

　　双端面磨床的切削液喷向床身中部的顶面，使其局部受热而产生中凸变形，从而使两砂轮的端面产生倾斜（图 4-48c）。

　　立式平面磨床主轴承和主电动机的发热传到立柱，使立柱里侧的温度高于外侧，因而引起立柱的弯曲变形，造成砂轮主轴与工作台间产生垂直度误差（图 4-48d）。

五、减少工艺系统热变形对加工精度影响的措施

(一) 减少热源的发热和隔离热源

工艺系统的热变形对粗加工加工精度的影响一般可不考虑,而精加工主要是为了保证零件的加工精度,工艺系统热变形的影响不能忽视。为了减少切削热,宜采用较小的切削用量。如果粗、精加工在同一个工序内完成,粗加工的热变形将影响精加工的精度。一般可以在粗加工后停机一段时间使工艺系统冷却,同时还应将工件松开,待精加工时再夹紧。这样就可减少粗加工热变形对精加工精度的影响。当零件精度要求较高时,则以粗、精加工分开为宜。

为了减少机床的热变形,凡是可能从机床分离出去的热源,如电动机、变速箱、液压系统、冷却系统等均应移出,使之成为独立单元。对于不能分离的热源,如主轴轴承、丝杠螺母副、高速运动的导轨副等则可以从结构、润滑等方面改善其摩擦特性,减少发热。例如,采用静压轴承、静压导轨,改用低黏度润滑油、锂基润滑脂,或使用循环冷却润滑、油雾润滑等;也可用隔热材料将发热部件和机床大件(如床身、立柱等)隔离开来。

对发热量大的热源,如果既不能从机床内部移出,又不便隔热,则可采用强制式的风冷、水冷等散热措施。如图 4-49 所示为一台坐标镗床的主轴箱用恒温喷油循环强制冷却的试验结果。当不采用强制冷却时,机床运转 6h 后,主轴与工作台之间在垂直方向发生了 190μm 的热变形,而且机床尚未达到热平衡;当采用强制冷却后,上述热变形减少到 15μm,而且机床运转不到 2h 时就可达到热平衡。

目前,大型数控机床、加工中心机床普遍采用冷冻机对润滑油、切削液进行强制冷却,以提高冷却效果。精密丝杠磨床的母丝杠中则通以切削液,以减少热变形。

(二) 均衡温度场

图 4-50 所示为 M7150A 型磨床所采用的均衡温度场措施的示意图。该机床床身较长,加工时工作台纵向运动速度较高,所以床身上部温升高于下部。为均衡温度场所采取的措施是:将油池搬出主机做成一单独油箱;在床身下部配置热补偿油沟,使一部分带有余热的回油经热补偿油沟后送回油池。采取这些措施后,床身上、下部温差降至 1~2℃,导轨的中凸量由原来的 0.0265mm 降为 0.0052mm。

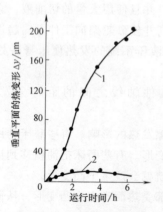

图 4-49 坐标镗床主轴箱
强制冷却试验

1—未强制冷却 2—强制冷却

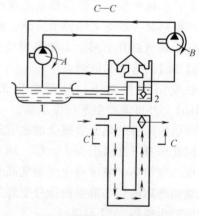

图 4-50 M7150A 型磨床的
热补偿油沟

A、B—油泵 1—油箱 2—热补偿油沟

图 4-51 所示的立式平面磨床采用热空气加热温升较低的立柱后壁,以均衡立柱前、后壁的温升,减小立柱向后倾斜。图中热空气从电动机风扇排出,通过特设的软管引向立柱的后壁空间。采取这种措施后,磨削平面的平面度误差可降到未采取措施前的 1/4~1/3。

(三) 采用合理的机床部件结构及装配基准

1. 采用热对称结构

在变速箱中,将轴、轴承、传动齿轮等对称布置,可使箱壁温升均匀,箱体变形减小。

机床大件的结构和布局对机床热态特性有很大影响。以加工中心机床为例,在热源影响下,单立柱结构会产生相当大的扭曲变形,而双立柱结构,由于左、右对称,仅产生垂直方向的热位移,很容易通过调整的方法予以补偿。因此,双立柱结构的机床主轴相对于工作台的热变形比单立柱结构小得多。

2. 合理选择机床零部件的装配基准

图 4-52 所示为车床主轴箱在床身上的两种不同定位方式。由于主轴部件是车床主轴箱的主要热源,故在图 4-52a 中,主轴轴线相对于装配基准 H 而言,主要在 z 方向产生热位移,对加工精度影响较小。而在图 4-52b 中,y 方向的受热变形直接影响刀具与工件的法向相对位置,故造成较大的加工误差。

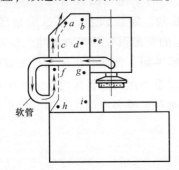

图 4-51 均衡立柱前、后壁的温度场

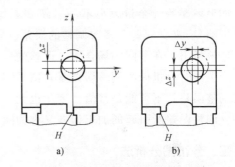

图 4-52 车床主轴箱定位面位置
对热变形的影响

(四) 加速达到热平衡状态

对于精密机床特别是大型机床,达到热平衡的时间较长。为了缩短这个时间,可以在加工前,使机床做高速空运转,或在机床的适当部位设置控制热源,人为地给机床加热,使机床较快地达到热平衡状态,然后进行加工。

(五) 控制环境温度

精密机床应安装在恒温车间,其恒温精度一般控制在 ±1℃ 以内,精密级为 ±0.5℃。恒温室平均温度一般为 20℃,冬季可取 17℃,夏季取 23℃。

第五节 加工误差的统计分析

前面已对影响加工精度的各种主要因素进行了分析,并提出了一些保证加工精度的措施。从分析方法上来讲,上述内容属于单因素分析法。而生产实际中,影响加工精度的因素往往是错综复杂的,有时很难用单因素分析法来分析、计算某一工序的加工误差,这时就必须通过对生产现场中实际加工出的一批工件进行检查、测量,运用数理统计的方法加以处理和分析,从中便可发现误差的规律，找出提高加工精度的途径。这就是加工误差的统计分析法。

一、加工误差的性质

根据加工一批工件时误差出现的规律，加工误差可分为以下两种。

（一）系统误差

在顺序加工一批工件中，其加工误差的大小和方向都保持不变，或者按一定规律变化，统称为系统误差。前者称为常值系统误差，后者称为变值系统误差。

加工原理误差，机床、刀具、夹具的制造误差，工艺系统的受力变形等引起的加工误差均与加工时间无关，其大小和方向在一次调整中也基本不变，因此都属于常值系统误差。机床、夹具、量具等磨损引起的加工误差，在一次调整的加工中也均无明显差异，故也属于常值系统误差。

机床、刀具和夹具等在热平衡前的热变形误差，刀具的磨损等，都是随加工时间而有规律地变化的，因此由它们引起的加工误差属于变值系统误差。

（二）随机误差

在顺序加工的一批工件中，其加工误差的大小和方向的变化是随机性的，称为随机误差。如毛坯误差（余量大小不一、硬度不均匀等）的复映、定位误差（基准面精度不一、间隙影响）、夹紧误差、多次调整的误差、残余应力引起的变形误差等都属于随机误差。

应该指出，在不同的场合下，误差的表现性质也有所不同。例如，机床在一次调整中加工一批工件时，机床的调整误差是常值系统误差。但是，当多次调整机床时，每次调整时发生的调整误差就不可能是常值，变化也无一定规律，因此对于经多次调整所加工出来的大批工件，调整误差所引起的加工误差又称为随机误差。

二、分布图分析法

（一）实验分布图

成批加工某种零件，抽取其中一定数量进行测量，抽取的这批零件称为样本，其件数 n 称为样本容量。

由于存在各种误差的影响，加工尺寸或偏差总是在一定范围内变动（称为尺寸分散），亦即为随机变量，用 x 表示。样本尺寸或偏差的最大值 $x_{\max}$ 与最小值 $x_{\min}$ 之差，称为极差 R，即

$$R = x_{\max} - x_{\min} \tag{4-24}$$

将样本尺寸或偏差按大小顺序排列，并将它们分成 k 组，组距为 d。d 可按下式计算

$$d = \frac{R}{k-1} \tag{4-25}$$

同一尺寸或同一误差组中的零件数量 m_i 称为频数。频数 m_i 与样本容量 n 之比称为频率 f_i，即

$$f_i = \frac{m_i}{n} \tag{4-26}$$

以工件尺寸（或误差）为横坐标，以频数或频率为纵坐标，就可作出该批工件加工尺

寸（或误差）的实验分布图，即直方图。

选择组数 k 和组距 d，对实验分布图的显示好坏有很大关系。组数过多，组距太小，分布图会被频数的随机波动所歪曲；组数太少，组距太大，分布特征将被掩盖。k 值一般应根据样本容量来选择（表 4-3）。

表 4-3　分组数 k 的选定

n	25~40	40~60	60~100	100	100~160	160~250
k	6	7	8	10	11	12

为了分析该工序的加工精度情况，可在直方图上标出该工序的加工公差带位置，并计算出该样本的统计数字特征：平均值 $\bar{x}$ 和标准差 S。

样本的平均值 $\bar{x}$ 表示该样本的尺寸分散中心。它主要取决于调整尺寸的大小和常值系统误差，即

$$\bar{x} = \frac{1}{n} \sum_{i=1}^{n} x_i \tag{4-27}$$

式中　x_i——各工件的尺寸。

样本的标准差 S 反映了该批工件的尺寸分散程度。它是由变值系统误差和随机误差决定的。误差大，S 也大，误差小，S 也小。S 由下式计算：

$$S = \sqrt{\frac{1}{n-1} \sum_{i=1}^{n} (x_i - \bar{x})^2} \tag{4-28}$$

当样本容量比较大时，为简化计算，可直接用 n 来代替上式中的 $n-1$。

为了使分布图能代表该工序的加工精度，不受组距和样本容量的影响，纵坐标应改成频率密度，即

$$\text{频率密度} = \frac{\text{频率}}{\text{组距}} = \frac{\text{频数}}{\text{样本容量×组距}}$$

下面通过一个实例来说明直方图的绘制步骤。

【例 4-3】　磨削一批轴径 $\phi 60^{+0.06}_{+0.01}$ mm 的工件，试绘制工件加工尺寸的直方图。

【解】

1）收集数据。在从总体中抽取样本时，确定样本的容量很重要。若样本容量太小，则样本不能准确反映总体的实际分布，就失去了抽样的本来目的；若样本容量太大，则又增加了分析与计算的工作量。通常取样本容量 $n = 50 \sim 200$。

本例取 $n = 100$ 件，实测数据列于表 4-4 中。找出最大值 $x_{max} = 54\mu m$，最小值 $x_{min} = 16\mu m$。

表 4-4　轴径尺寸实测值　　　　　　　　　　　　（单位：μm）

44	20	46	32	20	40	52	33	40	25	43	38	40	41	30	36	49	51	38	34
22	46	38	30	42	38	27	49	45	45	45	32	45	48	28	36	52	32	42	38
40	42	38	52	38	36	37	43	28	45	36	50	46	33	30	40	44	34	42	47
22	28	34	30	36	32	35	22	40	35	36	42	46	42	50	40	36	20	16 x_{min}	53
32	46	20	28	46	28	x_{max} 54	18	32	35	26	45	47	36	38	30	49	18	38	38

注：表中数据为实测尺寸与基本尺寸之差。

217

2）确定分组数 k、组距 d、各组组界和组中值。组数 k 可按表 4-3 选取。本例取 $k=9$。组距为

$$d = \frac{R}{k-1} = \frac{x_{\max} - x_{\min}}{k-1} = \frac{54-16}{8} \mu m = 4.75 \mu m$$

取 $d = 5 \mu m$。

各组组界为

$$x_{\min} + (j-1)d \pm \frac{d}{2} \qquad (j = 1、2、3、\cdots、k)$$

例如，第一组下界值为 $x_{\min} - \frac{d}{2} = \left(16 - \frac{5}{2}\right) \mu m = 13.5 \mu m$，第一组上界值为 $x_{\min} + \frac{d}{2} = \left(16 + \frac{5}{2}\right) \mu m = 18.5 \mu m$。其余类推。

各组组中值为

$$x_{\min} + (j-1)d$$

例如，第一组组中值为 $x_{\min} + (1-1)d = 16 \mu m$。

3）记录各组数据，整理成频数分布表（表 4-5）。

表 4-5 频数分布表

组号	组界/μm	中心值 x_1	频数统计	频数	频率 （%）	频率密度/μm^{-1} （%）
1	13.5~18.5	16	下	3	3	0.6
2	18.5~23.5	21	正丁	7	7	1.4
3	23.5~28.5	26	正下	8	8	1.6
4	28.5~33.5	31	正正下	13	13	2.6
5	33.5~38.5	36	正正正正正一	26	26	5.2
6	38.5~43.5	41	正正正一	16	16	3.2
7	43.5~48.5	46	正正正一	16	16	3.2
8	48.5~53.5	51	正正	10	10	2
9	53.5~58.5	56	一	1	1	0.2

4）根据表 4-5 所列数据画出直方图（图 4-53）。

5）在直方图上作出上极限尺寸 $A_{\max} = 60.06 mm$ 和下极限尺寸 $A_{\min} = 60.01 mm$ 的标志线，并计算 $\bar{x}$ 和 S。

由式（4-27）可得 $\bar{x} = 37.25 \mu m$。

由式（4-28）可得 $S = 9.06 \mu m$。

由直方图可以直观地看到工件尺寸或误差的分布情况：该批工件的尺寸有一分散范围，尺寸偏大、偏小者很少，大多数居中；尺寸分散范围（$6S = 54.36 \mu m$）略大于公差值（$T = 50 \mu m$），说明本工序的加工精度稍显不足；分散中心 $\bar{x}$ 与公差带中心 A_M 基本重合，表明机

床调整误差（常值系统误差）很小。

欲进一步研究该工序的加工精度问题，必须找出频率密度与加工尺寸间的关系，因此必须研究理论分布曲线。

（二）理论分布曲线

1. 正态分布

概率论已经证明，相互独立的大量微小随机变量，其总和的分布是符合正态分布的。在机械加工中，用调整法加工一批零件，其尺寸误差是由很多相互独立的随机误差综合作用的结果，如果其中没有一个是起决定作用的随机误差，则加工后零件的尺寸将近似于正态分布。

正态分布曲线的形状如图 4-54 所示。其概率密度函数表达式为

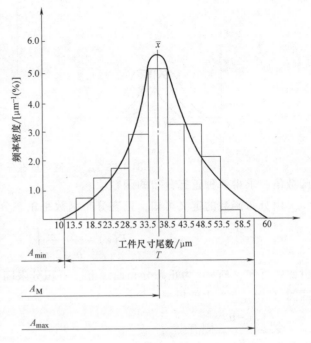

图 4-53　直方图

$$y = \frac{1}{\sigma\sqrt{2\pi}}\, e^{-\frac{1}{2}\left(\frac{x-\mu}{\sigma}\right)^2} \qquad (-\infty < x < +\infty\, ,\ \sigma > 0) \tag{4-29}$$

式中　y——分布的概率密度；

　　　x——随机变量；

　　　μ——正态分布随机变量总体的算术平均值；

　　　σ——正态分布随机变量的标准差。

由式（4-29）及图 4-54 可以看出，当 $x=\mu$ 时

$$y_{\max} = \frac{1}{\sigma\sqrt{2\pi}} \tag{4-30}$$

这是曲线的最大值。在它左右的曲线是对称的。

如果改变 μ 值，正态分布曲线将沿横坐标移动而不改变其形状（图 4-55a），这说明 μ 是表征正态分布曲线位置的参数。

从式（4-30）可以看出，正态分布曲线的最大值 $y_{\max}$ 与 σ 成反比。所以当 σ 减小时，正态分布曲线将向上伸

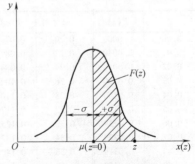

图 4-54　正态分布曲线

展。由于正态分布曲线所围成的面积总是保持等于 1，因此 σ 越小，正态分布曲线两侧越向中间收紧。反之，当 σ 增大时，$y_{\max}$ 减小，正态分布曲线越平坦地沿横轴伸展（图4-55b）。可见 σ 是表征正态分布曲线形状的参数，亦即它刻划了随机变量 x 取值的分散程度。

总体平均值 $\mu=0$，总体标准差 $\sigma=1$ 的正态分布称为标准正态分布。任何不同的 μ 与 σ 的正态分布都可以通过坐标变换 $z=\dfrac{x-\mu}{\sigma}$，变为标准的正态分布，故可以利用标准正态分布的

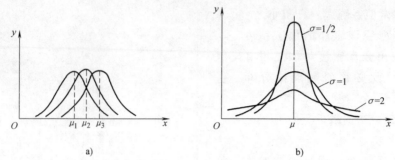

图 4-55 μ、σ 值对正态分布曲线的影响

函数值，求得各种正态分布的函数值。

由分布函数的定义可知，正态分布函数是正态分布概率密度函数的积分，即

$$F(x) = \frac{1}{\sigma\sqrt{2\pi}}\int_{-\infty}^{x} e^{-\frac{1}{2}\left(\frac{x-\mu}{\sigma}\right)^2} dx \tag{4-31}$$

由此式可知，$F(x)$ 为正态分布曲线上、下积分限间包含的面积，它表征了随机变量 x 落在区间 $(-\infty , x)$ 上的概率。

令 $z = \dfrac{x-\mu}{\sigma}$，则有

$$F(z) = \frac{1}{\sqrt{2\pi}}\int_{o}^{z} e^{-\frac{z^2}{2}} dz \tag{4-32}$$

$F(z)$ 为图 4-54 中有阴影线部分的面积。对于不同 z 值的 $F(z)$，可由表 4-6 查出。

当 $z = \pm 3$，即 $x-\mu = \pm 3\sigma$，由表 4-6 查得 $2F(3) = 2\times 0.49865 = 99.73\%$。这说明随机变量 x 落在 $\pm 3\sigma$ 范围以内的概率为 99.73%，落在此范围以外的概率仅为 0.27%，此值很小。因此，可以认为正态分布的随机变量的分散范围是 $\pm 3\sigma$。这就是所谓的 $\pm 3\sigma$ 原则。

表 4-6 $F(z)$ 的值

z	$F(z)$	z	$F(z)$	z	$F(z)$	z	$F(z)$	z	$F(z)$
0.00	0.0000	0.20	0.0793	0.60	0.2257	1.00	0.3413	2.00	0.4772
0.01	0.0040	0.22	0.0871	0.62	0.2324	1.05	0.3531	2.10	0.4821
0.02	0.0080	0.24	0.0948	0.64	0.2389	1.10	0.3643	2.20	0.4861
0.03	0.0120	0.26	0.1023	0.66	0.2454	1.15	0.3749	2.30	0.4893
0.04	0.0160	0.28	0.1103	0.68	0.2517	1.20	0.3849	2.40	0.4918
0.05	0.0199	0.30	0.1179	0.70	0.2580	1.25	0.3944	2.50	0.4938
0.06	0.0239	0.32	0.1255	0.72	0.2642	1.30	0.4032	2.60	0.4953
0.07	0.0279	0.34	0.1331	0.74	0.2703	1.35	0.4115	2.70	0.4965
0.08	0.0319	0.36	0.1406	0.76	0.2764	1.40	0.4192	2.80	0.4974
0.09	0.0359	0.38	0.1480	0.78	0.2823	1.45	0.4265	2.90	0.4981
0.10	0.0398	0.40	0.1554	0.80	0.2881	1.50	0.4332	3.00	0.49865
0.11	0.0438	0.42	0.1628	0.82	0.2039	1.55	0.4394	3.20	0.49931
0.12	0.0478	0.44	0.1700	0.84	0.2995	1.60	0.4452	3.40	0.49966
0.13	0.0517	0.46	0.1772	0.86	0.3051	1.65	0.4505	3.60	0.499841
0.14	0.0557	0.48	0.1814	0.90	0.3106	1.70	0.4554	3.80	0.499928
0.15	0.0596	0.50	0.1915	0.90	0.3159	1.75	0.4599	4.00	0.499968
0.16	0.0636	0.52	0.1985	0.92	0.3212	1.80	0.4641	4.50	0.499997
0.17	0.0675	0.54	0.2004	0.94	0.3264	1.85	0.4678	5.00	0.49999997
0.18	0.0714	0.56	0.2123	0.96	0.3315	1.90	0.4713	—	—
0.19	0.0753	0.58	0.2190	0.98	0.3365	1.95	0.4744	—	—

±3σ 的概念，在研究加工误差时应用很广，是一个重要的概念。6σ 的大小代表了某种加工方法在一定条件下（如毛坯余量，切削用量，正常的机床、夹具、刀具等）所能达到的加工精度。所以在一般情况下，应使所选择的加工方法的标准差 σ 与公差带宽度 T 之间具有下列关系：

$$6\sigma \leqslant T$$

正态分布总体的 μ 和 σ 通常是不知道的，但可以通过它的样本平均值 $\bar{x}$ 和样本标准差 S 来估计。这样，当成批加工一批工件，抽检其中的一部分，即可判断整批工件的加工精度。

2. 非正态分布

工件的实际分布，有时并不近似于正态分布。例如，将两次调整下加工的工件混在一起，由于每次调整时常值系统误差是不同的，如两次常值系统误差之差值大于 2.2σ，就会得到双峰曲线（图 4-56a）；假设把两台机床加工的工件混在一起，不仅调整时常值系统误差不等，机床精度也不同（随机误差的影响也不同，亦即 σ 不同），那么曲线的两个高峰也不一样。

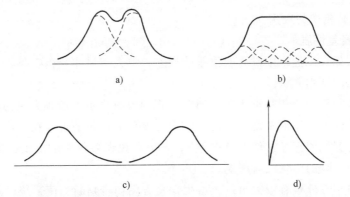

图 4-56 非正态分布
a）双峰曲线 b）平顶分布 c）不对称分布 d）瑞利分布

如果加工中刀具或砂轮的尺寸磨损比较显著，所得一批工件的尺寸分布如图 4-56b 所示。尽管在加工的每一瞬时，工件的尺寸呈正态分布，但是随着刀具或砂轮的磨损，不同瞬间尺寸分布的算术平均值是逐渐移动的（当均匀磨损时，瞬时平均值可看成是匀速移动），因此分布曲线为平顶。

当工艺系统存在显著的热变形时，分布曲线往往不对称，如刀具热变形严重，加工轴时曲线凸峰偏向左，加工孔时曲线凸峰偏向右（图 4-56c）。

用试切法加工时，操作者在主观上存在着宁可返修也不可报废的倾向性，所以分布图也会出现不对称情况：加工轴时宁大勿小，故凸峰偏向右；加工孔时宁小勿大，故凸峰偏向左。

对于轴向圆跳动和径向圆跳动一类的误差，一般不考虑正、负号，所以接近零的误差值较多，远离零的误差值较少，其分布（称为瑞利分布）也是不对称的（图 4-56d）。

对于非正态分布的分散范围，就不能认为是 6σ，而必须除以相对分布系数 k。即非正态分布的分散范围为

$$T = 6\sigma/k \qquad (4-33)$$

k 值的大小与分布图形状有关，具体数值可参考表 4-7。表中 e 为相对不对称系数，它是总

体算术平均值坐标点与总体分散范围中心的距离和一半分散范围（$T/2$）之比值。因此分布中心偏移量 Δ 为

$$\Delta = eT/2 \tag{4-34}$$

表 4-7 不同分布曲线的 e、k 值

分布特征	正态分布	三角分布	均匀分布	瑞利分布	偏态分布	
					外 尺 寸	内 尺 寸
分布曲线						
e	0	0	0	−0.28	0.26	−0.26
k	1	1.22	1.73	1.14	1.17	1.17

（三）分布图分析法的应用

1. 判别加工误差性质

如前所述，假如加工过程中没有变值系统误差，那么其尺寸分布应服从正态分布，这是判别加工误差性质的基本方法。

如果实际分布与正态分布基本相符，加工过程中没有变值系统误差（或影响很小），这时就可进一步根据样本平均值 $\bar{x}$ 是否与公差带中心重合来判断是否存在常值系统误差（$\bar{x}$ 与公差带中心不重合就说明存在常值系统误差）。常值系统误差仅影响 $\bar{x}$ 值，即只影响分布曲线的位置，对分布曲线的形状没有影响。

如实际分布与正态分布有较大出入，可根据直方图初步判断变值系统误差的性质。

2. 确定工序能力及其等级

所谓工序能力是指工序处于稳定状态时，加工误差正常波动的幅度。当加工尺寸服从正态分布时，其尺寸分散范围是 6σ，所以工序能力就是 6σ。

工序能力等级是以工序能力系数来表示的，它代表了工序能满足加工精度要求的程度。当工序处于稳定状态时，工序能力系数 C_p 按下式计算

$$C_p = T/6\sigma \tag{4-35}$$

式中　T——工件尺寸公差。

根据工序能力系数 C_p 的大小，可将工序能力分为五级，见表4-8。一般情况下，工序能力不应低于二级，即 $C_p > 1$。

表 4-8 工序能力等级

工序能力系数	工序等级	说　明
$C_p > 1.67$	特级	工艺能力过高，可以允许有异常波动，不一定经济
$1.67 \geqslant C_p > 1.33$	一级	工艺能力足够，可以允许有一定的异常波动
$1.33 \geqslant C_p > 1.00$	二级	工艺能力勉强，必须密切注意
$1.00 \geqslant C_p > 0.67$	三级	工艺能力不足，可能出现少量不合格品
$0.67 \geqslant C_p$	四级	工艺能力很差，必须加以改进

必须指出，$C_p>1$，只说明该工序的工序能力足够，至于加工中是否会出现废品，还要看调整得是否正确。如果加工中有常值系统误差，μ 就与公差带中心位置 A_M 不重合，那么只有当 $C_p>1$ 且 $T \geqslant 6\sigma+2\left|\mu-A_M\right|$ 时才不会出现不合格品。如 $C_p<1$，那么不论怎样调整，不合格品总是不可避免的。

3. 估算合格品率或不合格品率

不合格品率包括废品率和可返修的不合格品率。它可通过分布曲线进行估算，现举例说明如下。

【例 4-4】 在无心磨床上磨削销轴外圆，要求外径 $d=\phi 12_{-0.043}^{-0.016}$mm。抽样一批零件，经实测后计算得到 $\bar{x}=11.974$mm，$\sigma=0.005$mm，其尺寸分布符合正态分布，试分析该工序的加工质量。

【解】

（1）根据所计算的 $\bar{x}$ 及 6σ 作分布图（图 4-57）

（2）计算工序能力系数 C_p

$$C_p=\frac{T}{6\sigma}=\frac{-0.016-(-0.043)}{6\times 0.005}=0.9<1$$

工序能力系数 $C_p<1$ 表明该工序能力不足，产生不合格品是不可避免的。

（3）计算不合格品率 Q 工件要求最小尺寸 $d_{min}=11.957$mm，最大尺寸 $d_{max}=11.984$mm。

工件可能出现的极限尺寸为 $A_{min}=\bar{x}-3\sigma=(11.974-0.015)mm=11.959mm>d_{min}$，故不会产生不可修复的废品。

$A_{max}=\bar{x}+3\sigma=(11.974+0.015)mm=11.989mm>d_{max}$，故将产生可修复的不合格品。

不合格品率 $Q=0.5-F(z)$

$$z=\frac{x-\bar{x}}{\sigma}=\frac{11.984-11.974}{0.005}=2$$

查表 4-6，$z=2$ 时，$F(z)=0.4772$

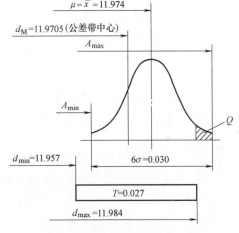

图 4-57 圆销直径尺寸分布图

$$Q=0.5-0.4772=2.28\%$$

（4）改进措施 重新调整机床，使分散中心 $\bar{x}$ 与公差带中心 d_M 重合，则可减小不合格品率。调整量 $\Delta=(11.974-11.9705)$mm$=0.0035$mm（具体操作时，使砂轮向前进刀 $\Delta/2$ 的磨削深度即可）。

分布图分析法的缺点在于：没有考虑一批工件加工的先后顺序，故不能反映误差变化的趋势，难以区别变值系统误差与随机误差的影响；必须等到一批工件加工完毕后才能绘制分布图，因此不能在加工过程中及时提供控制精度的信息。采用下面介绍的点图法，可以弥补上述不足。

三、点图分析法

工艺过程的分布图分析法是分析工艺过程精度的一种方法。应用这种分析方法的前提是工艺过程应该是稳定的。在这个前提下，讨论工艺过程的精度指标（如工序能力系数 C_p、废品率等）才有意义。

如前所述，任何一批工件的加工尺寸都有波动性，因此样本的平均值 $\bar{x}$ 和标准差 S 也会波动。假如加工误差主要是随机误差，而系统误差影响很小，那么这种波动属于正常波动，这一工艺过程也就是稳定的；假如加工中存在着影响较大的变值系统误差，或随机误差的大小有明显变化，那么这种波动就是异常波动，这样的工艺过程也就是不稳定的。

从数学的角度来讲，如果一项质量数据的总体分布的参数（如 μ、σ）保持不变，则这一工艺过程就是稳定的；如果有所变动，哪怕是往好的方向变化（如 σ 突然缩小），都算是不稳定的。

分析工艺过程的稳定性，通常采用点图法。点图有多种形式，这里仅介绍单值点图和 $\bar{x}$—R 图两种。

用点图来评价工艺过程的稳定性采用的是顺序样本，即样本是由工艺系统在一次调整中，按顺序加工的工件组成。这样的样本可以得到在时间上与工艺过程运行同步的有关信息，反映出加工误差随时间变化的趋势。而分布图分析法采用的是随机样本，不考虑加工顺序，而且是对加工好的一批工件有关数据处理后才能作出分布曲线。

（一）单值点图

如果按加工顺序逐个地测量一批工件尺寸，工件序号为横坐标，工件尺寸（或误差）为纵坐标，就可作出图 4-58a 所示的点图。为了缩短点图的长度，可将顺次加工出的几个工件编为一组，以工件组序为横坐标，而纵坐标保持不变，同一组内各工件可根据尺寸分别点在同一组号的垂直线上，就可以得到图 4-58b 所示的点图。

上述点图都反映了每个工件尺寸（或误差）与加工时间的关系，故称为单值点图。

假如把点图的上、下极限点包络成两根平滑的曲线，并作出这两根曲线的平均值曲线，如图 4-58c 所示，就能较清楚地揭示出加工过程中误差的性质及其变化趋势。平均值曲线 OO' 表示每一瞬时的分散中心，其变化情况反映了变值系统误差随时间变化的规律，其起始点 O 则可看成常值系统误差的影响；上、下限曲线 AA' 和 BB' 间的宽度表示每一瞬时的尺寸分散范围，也就是反映了随机误差的影响。

单值点图上画有上、下两条控制界限线（图 4-58 中用实线表示）和两极限尺寸线（用虚线表示），作为控制不合格品的参考界限。

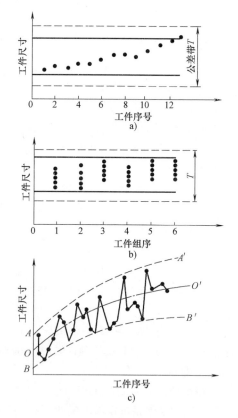

图 4-58　单值点图

（二）$\bar{x}$—R 图

1. 样组点图的基本形式及绘制

为了能直接反映出加工过程中系统误差和随机误差随加工时间的变化趋势，实际生产中常用样组点图来代替单值点图。样组点图的种类很多，目前使用得最广泛的是 $\bar{x}$—R 图。$\bar{x}$—

R 图是平均值 $\bar{x}$ 控制图和极差 R 控制图联合使用时的统称。前者控制工艺过程质量指标的分布中心，后者控制工艺过程质量指标的分散程度。

$\bar{x}$—R 图的横坐标是按时间先后采集的小样本的组序号，纵坐标为各小样本的平均值 $\bar{x}$ 和极差。在 $\bar{x}$—R 图上各有三根线，即中心线和上、下控制线。

绘制 $\bar{x}$—R 图是以小样本顺序随机抽样为基础的。在工艺过程进行中，每隔一定时间抽取容量 $n=2\sim10$ 件的一个小样本，求出小样本的平均值 $\bar{x}$ 和极差 R。经过若干时间后，就可取得若干个（如 k 个，通常取 $k=25$）小样本，将各组小样本的 $\bar{x}$ 和 R 值分别点在 $\bar{x}$—R 图上，即制成了 $\bar{x}$—R 图。

2. $\bar{x}$—R 图上、下控制线的确定

任何一批工件的加工尺寸都有波动性，因此各小样本的平均值 $\bar{x}$ 和极差 R 也都有波动性。要判别波动是否属于正常，就需要分析 $\bar{x}$ 和 R 的分布规律，在此基础上也就可以确定 $\bar{x}$—R 图中上、下控制线的位置。

由概率论可知，当总体是正态分布时，其样本的平均值 $\bar{x}$ 的分布也服从正态分布，且 $\bar{x}\sim N\left(\mu,\dfrac{\sigma^2}{n}\right)$（$\mu$、$\sigma$ 是总体的均值和标准差）。因此 $\bar{x}$ 的分散范围是 $\mu\pm3\sigma/\sqrt{n}$。

R 的分布虽然不是正态分布，但当 $n<10$ 时，其分布与正态分布也是比较接近的，因而 R 的分散范围也可取为 $\bar{R}\pm3\sigma_R$（$\bar{R}$、σ_R 分别是 R 分布的均值和标准差），而且 $\sigma_R=d\sigma$。式中 d 为常数，其值可由表 4-9 查得。

表 4-9　d、a_n、A_2、D_1、D_2 值

n(件)	d	a_n	A_2	D_1	D_2
4	0.880	0.486	0.73	2.28	0
5	0.864	0.430	0.58	2.11	0
6	0.848	0.395	0.48	2.00	0

总体的均值 μ 和标准差 σ 通常是未知的。但由数理统计可知，总体的均值 μ 可以用小样本平均值 $\bar{x}$ 的平均值 $\bar{\bar{x}}$ 来估计，而总体的标准差 σ 可以用 $a_n\bar{R}$ 来估计，即

$$\hat{\mu}=\bar{\bar{x}},\qquad \bar{\bar{x}}=\frac{1}{k}\sum_{i=1}^{k}\bar{x}_i$$

$$\hat{\sigma}=a_n\bar{R},\qquad \bar{R}=\frac{1}{k}\sum_{i=1}^{k}R_i$$

式中　$\hat{\mu}$，$\hat{\sigma}$——μ、σ 的估计值；

　　　$\bar{x}_i$——各小样本的平均值；

　　　R_i——各小样本的极差；

　　　a_n——常数，其值见表 4-9。

用样本极差 R 来估计总体的 σ，其缺点是不如用样本的标准差 S 来得可靠，但由于其计算很简单，所以在生产中经常采用。

最后便可确定 $\bar{x}$—R 图上的各条控制线，即

$\bar{x}$ 点图：

中线
$$\bar{x} = \frac{1}{k} \sum_{i=1}^{k} \bar{x}_i$$

上控制线
$$\bar{x}_s = \bar{\bar{x}} + A_2 \bar{R}$$

下控制线
$$\bar{x}_x = \bar{\bar{x}} - A_2 \bar{R}$$

式中 A_2——常数，$A_2 = 3a_n/\sqrt{n}$。a_n、A_2 可由表 4-9 查得。

R 点图：

中线
$$\bar{R} = \frac{1}{k} \sum_{i=1}^{k} R_i$$

上控制线
$$R_s = \bar{R} + 3\sigma_R = (1 + 3da_n)\bar{R} = D_1 \bar{R}$$

下控制线
$$R_x = \bar{R} - 3\sigma_R = (1 - 3da_n)\bar{R} = D_2 \bar{R}$$

式中 D_1、D_2——常数，可由表 4-9 查得。

在点图上作出中线和上、下控制线后，就可根据图中点的分布情况来判别工艺过程是否稳定（波动状态是否属于正常）。判别的标志见表 4-10。

表 4-10　正常波动与异常波动标志

正 常 波 动	异 常 波 动
1. 没有点子超出控制线	1. 有点子超出控制线
2. 大部分点子在中线上、下波动，小部分在控制线附近	2. 点子密集在中线上、下附近
3. 点子没有明显的规律性	3. 点子密集在控制线附近
	4. 连续 7 点以上出现在中线一侧
	5. 连续 11 点中有 10 点出现在中线一侧
	6. 连续 14 点中有 12 点以上出现在中线一侧
	7. 连续 17 点中有 14 点以上出现在中线一侧
	8. 连续 20 点中有 16 点以上出现在中线一侧
	9. 点子有上升或下降倾向
	10. 点子有周期性地波动

由上述可知，$\bar{x}$ 在一定程度上代表了瞬时的分散中心，故 $\bar{x}$ 点图主要反映系统误差及其变化趋势；R 在一定程度上代表了瞬时的尺寸分散范围，故 R 点图可反映出随机误差及其变化趋势。单独的 $\bar{x}$ 点图和 R 点图不能全面地反映加工误差的情况，因此这两种点图必须结合起来应用。

必须指出，工艺过程稳定性与出不出废品是两个不同的概念。工艺过程的稳定性用 $\bar{x}$—R 图判断，而工件是否合格则用公差衡量，两者之间没有必然的联系。例如，某一工艺过程是稳定的，但误差较大，若用这样的工艺过程来制造精密零件，则肯定都是废品。客观存在的工艺过程与人为规定的零件公差之间如何正确地匹配，即是前面所介绍的工序能力系数的选择问题。

【例 4-5】　磨削如图 4-59 所示挺杆球面 C。要求磨削后，C 面边缘对 B 面轴线的跳动不大于 0.05mm。试用 $\bar{x}$—R 图分析该工序工艺过程的稳定性。

【解】

（1）抽样、测量　严格按加工顺序依次抽取样组。本例取 100 件，25 个子样组。将所测样组中每个零件的误差值记录于表 4-11 中。

（2）绘制 $\bar{x}$—R 图　先计算出各子样组的平均值和极差，然后算出 $\bar{x}$ 的平均值 $\bar{\bar{x}}$ 和 R 的平均值 $\bar{R}$，以及 $\bar{x}$ 点图的上、下控制线 $\bar{x}_s$ 和 $\bar{x}_x$，R 点图的上、下控制线 R_s 和 R_x。将上述数据填入表 4-11 内，并据以作出 $\bar{x}$—R 点图（图 4-60）。

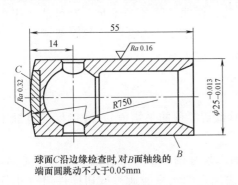

图 4-59　挺杆零件图

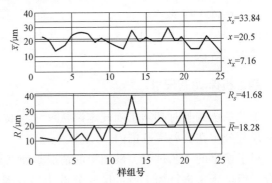

图 4-60　挺杆球面跳动量
的 $\bar{x}$—R 点图

（3）计算工序能力系数，确定工序能力等级　由式（4-28）可计算得

$$S = 8.96 \mu m$$

工序能力系数

$$C_p = \frac{0.05}{6 \times 0.00896} = 0.93$$

查表 4-8 可知属于三级工艺。

表 4-11　挺杆球面跳动量 $\bar{x}$—R 图记录表　　　　　（单位：μm）

样组号	观测值				平均值 $\bar{x}$	极差 R	样组号	观测值				平均值 $\bar{x}$	极差 R
	x_1	x_2	x_3	x_4				x_1	x_2	x_3	x_4		
1	30	18	20	20	22	12	14	30	10	10	30	20	20
2	15	22	25	20	20.5	10	15	30	30	20	10	22.5	20
3	15	20	10	10	13.75	10	16	30	10	15	25	20	20
4	30	10	15	15	17.5	20	17	15	10	35	20	20	25
5	25	20	20	30	23.75	10	18	30	10	20	30	30	20
6	20	35	25	20	25	15	19	20	40	20	20	20	20
7	20	20	30	30	25	10	20	10	35	10	40	23.75	30
8	10	30	20	20	20	20	21	20	10	10	30	15	10
9	25	20	25	15	21.25	10	22	10	20	10	30	15	20
10	20	30	10	15	18.75	20	23	15	10	45	20	25	30
11	10	10	20	25	16.25	15	24	10	20	20	30	20	20
12	10	10	10	30	15	20	25	15	10	15	20	15	10
13	10	50	30	20	27.5	40	总　和					512.5	457

	中　线	上控制线	下控制线
$\bar{x}$ 点图	$\bar{\bar{x}} = \dfrac{\sum \bar{x}}{k} = \dfrac{512.5}{25} = 20.5$	$\bar{x}_s = \bar{\bar{x}} + A_2\bar{R}$ $= 20.5 + 0.73 \times 18.28 = 33.84$	$\bar{x}_x = \bar{\bar{x}} - A_2\bar{R}$ $= 20.5 - 0.73 \times 18.28 = 7.16$
R 点图	$\bar{R} = \dfrac{\sum R}{k} = \dfrac{457}{25} = 18.28$	$R_s = D_1\bar{R} = 2.28 \times 18.28$ $= 41.68$	$R_x = D_2\bar{R} = 0$

（4）结果分析　由 $\bar{x}$ 点图可以看出，x 点在中线 $\bar{x}$ 附近波动，这说明分布中心稳定，无明显变值系统误差影响；R 点图上连续 8 个点子出现在 $\bar{R}$ 中线上侧，并有逐渐上升趋势，说明随机误差随加工时间的增加而逐渐增加，因此不能认为本工序的工艺过程非常稳定。

本工序的工序能力系数 $C_p = 0.93$，属于三级工艺，说明工序能力不足，有可能产生少量废品（尽管样本中未出现废品）。因此有必要进一步查明引起随机性误差逐渐增大的原因，并加以解决。

四、机床调整尺寸

工艺系统调整时必须正确规定调整尺寸（调整时试切零件的平均值），才能保证整批工件的尺寸分布在公差带范围内。

对于稳定的工艺过程，最理想的情况是使实际加工尺寸的分散中心 μ 与公差带中心 A_M 重合，但机床未进行加工前，尺寸分散中心 μ 是无法确定的，只能通过试切样件组（小样本），并用样件组的平均值 $\bar{x}$ 来估计。

如图 4-61 所示，当工件公差要求为 T，且工序加工误差的分散范围为 6σ 时，为保证调整后加工零件不出废品，调整机床时应使实际分布中心 μ 落在图上 AA 和 BB 之间。若实际分布中心 μ 偏在 AA 的左侧，或偏在 BB 的右侧，都将出现废品。

由于样本的均值 $\bar{x}$ 也是随机变量，并且是服从参数为 μ、$\sigma/\sqrt{n}$ 的正态分布。因此，如果工件尺寸的实际分散中心 μ 已经知道，则样本的均值 $\bar{x}$ 必然落在 $\mu \pm 3\sigma/\sqrt{n}$ 的范围内；反过来，如果已知的是一个样本的均值 $\bar{x}$，那么可以断定实际分布中心 μ 一定落在

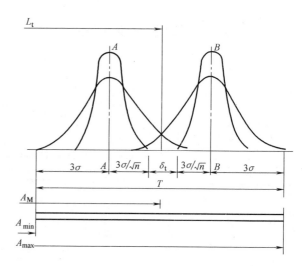

图 4-61　机床调整尺寸计算

$\bar{x} \pm 3\sigma/\sqrt{n}$ 的范围内。故调整机床时，只要使试切样件组的平均值 $\bar{x}$（即调整尺寸 L_t）落在图上 δ_t 的范围内，实际分布中心 μ 就必然落在 AA 与 BB 之间。因而也就能保证调整后加工的零件尺寸全部落在公差 T 的范围内。根据这一要求，由图 4-61 可得

$$L_t = A_M \pm \delta_t/2$$

$$\delta_t = T - 6\sigma - 6\sigma/\sqrt{n} = T - 6\sigma(1 + 1/\sqrt{n}) \tag{4-36}$$

式中　n——试切样件的个数；

σ——工序标准差（可由加工设备已知的工序能力系数 C_p 值计算得到）；

T——工序公差。

对于不稳定的工艺过程的调整，不仅要保证整批工件的尺寸分散不超出公差带范围，还要求两次调整间能加工尽可能多的工件，因此，不仅要考虑因随机误差引起的尺寸分散，还要考虑工艺系统热变形和刀具尺寸磨损等引起的变值系统误差的影响。

例如，车削一批工件的外圆，由于刀具受热变形和刀具尺寸磨损，存在变值系统误差，使总体瞬时分布中心随时间变化，同时瞬时分布范围也随时间变化，如图 4-62 所示。图中粗线代表 $\bar{x}$ 的变化规律，阴影部分代表各瞬间的分散范围。由于在开始加工的一段时间内刀具热伸长往往大于刀具尺寸磨损量，因此加工尺寸有逐渐减小的趋势（设根据以往的资料，这段时间里的工件直径减小量是 a）；刀具热平衡后，主要由于刀具尺寸磨损，加工尺寸又有逐渐增大的趋势（b 代表刀具尺寸磨损引起的误差）。与此同时，由于刀具磨损、切削力增大等原因，使工件尺寸的瞬时分散范围也逐渐扩大。开始调整时（t_1），瞬时尺寸分布的标准差为 σ_1，下次调整时间（t_2）的标准差为 σ_2。为保证下次调整时间（t_2）之前不会出现废品，此时调整尺寸的公差应为（图 4-63）

$$\delta_t = T - (a+b) - 6\sigma_1(1 + 1/\sqrt{n}) \tag{4-37}$$

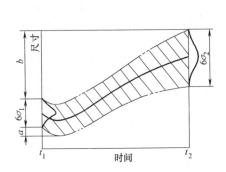

图 4-62　外圆车削加工的精度变化图

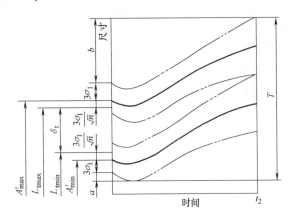

图 4-63　不稳定工艺过程机床调整尺寸

由式（4-36）和式（4-37）可见，试切样件组的件数 n 越少，δ_t 也越小，所以调整试切件稍多一些为好。

第六节　保证和提高加工精度的途径

为了保证和提高机械加工精度，必须找出造成加工误差的主要因素（原始误差），然后采取相应的工艺技术措施来控制或减少这些因素的影响。

生产实际中尽管有许多减少误差的方法和措施，但从误差减少的技术上看，可将它们分成两大类。

（1）误差预防　指减少原始误差或减少原始误差的影响，亦即减少误差源或改变误差源至加工误差之间的数量转换关系。实践与分析表明，当加工精度要求高于某一程度后，利用误差预防技术来提高加工精度所花费的成本将按指数规律增长。

（2）误差补偿　在现存的表现误差条件下，通过分析、测量，进而建立数学模型，并以这些信息为依据，人为地在系统中引入一个附加的误差源，使之与系统中现存的表现误差相抵消，以减少或消除零件的加工误差。在现有的工艺系统条件下，误差补偿技术是一种有效而经济的方法，特别是借助微型计算机辅助技术，可以达到很好的效果。

一、误差预防技术

1. 合理采用先进工艺与设备

这是保证加工精度的最基本方法。因此，在制定零件加工工艺规程时，应对零件每道加工工序的能力进行精确评价，并尽可能合理采用先进的工艺和设备，使每道工序都具备足够的工序能力。随着产品质量要求的不断提高，产品生产数量的增大和不合格率的降低，经过成本核算将会证明采用先进的加工工艺和设备，其经济效益是十分显著的。

2. 直接减少原始误差

这也是生产中应用较广的一种基本方法。它是在查明影响加工精度的主要原始误差因素之后，设法对其直接进行消除或减少。例如加工细长轴时，因工件刚度极差，容易产生弯曲变形和振动，严重影响加工精度。为了减少因背向力使工件弯曲变形所产生的加工误差，可采取下列措施：采用反向进给的切削方式（图 4-64），进给方向由卡盘一端指向尾座，使 F_f 力对工件起拉伸作用，同时将尾座改用可伸缩的弹性顶尖，就不会因 F_f 和热应力而压弯工件；采用大进给量和较大主偏角的车刀，增大 F_f 力，工件在强有力的拉伸作用下，具有抑制振动的作用，能使切削平稳。

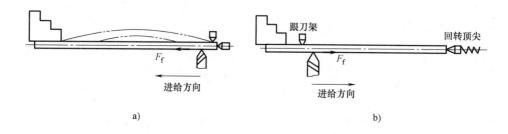

图 4-64　不同进给方向加工细长轴的比较

3. 转移原始误差

误差转移法是把影响加工精度的原始误差转移到不影响（或少影响）加工精度的方向或其他零部件上去。如图 4-65 所示就是利用转移误差的方法转移转塔车床刀架转位误差的例子。转塔车床的转塔刀架在工作时需经常旋转，因此要长期保持它的转位精度是比较困难的。假如转塔刀架上外圆车刀的切削基面也

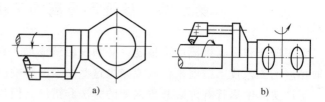

图 4-65　转塔车床刀架转位误差的转移

像卧式车床那样在水平面内（图 4-65a），那么转塔刀架的转位误差处在误差敏感方向，将严重影响加工精度。因此生产中都采用"立刀"安装法，把切削刃的切削基面放在垂直平面内（图 4-65b），这样就把刀架的转位误差转移到了误差的不敏感方向，由刀架转位误差引起的加工误差也就减少到可以忽略不计的程度。

又如，在成批生产中，用镗模加工箱体孔系的方法，也就是把机床的主轴回转误差、导轨误差等原始误差转移掉，工件的加工精度完全靠镗模和镗杆的精度来保证。由于镗模的结

构远比整台机床简单，精度容易达到，故在实际生产中得到广泛的应用。

4. 均分原始误差

生产中会遇到这样的情况：本工序的加工精度是稳定的，但由于毛坯或上工序加工的半成品精度发生了变化，故引起了很大的定位误差或误差复映，因而造成本工序的加工超差。解决这类问题最好采用分组调整（即均分误差）的方法：把毛坯按误差大小分为 n 组，每组毛坯的误差就缩小为原来的 $1/n$；然后按各组分别调整刀具与工件的相对位置，或选用合适的定位元件，就可大大缩小整批工件的尺寸分散范围。这个办法比起提高毛坯精度或上工序加工精度往往要简便易行。

例如，某厂在剃削 Y7520W 型齿轮磨床的交换齿轮时，出现了齿轮孔径（$\phi 25^{+0.013}_{0}$mm）和心轴（其实际直径为 $\phi 25.002$mm）配合间隙有时过大的问题。间隙过大会造成剃后的齿轮产生几何偏心，致使齿圈跳动超差；同时剃齿时容易产生振动，引起齿面的波纹度，增大齿轮工作时的噪声。为了保证工件与心轴有更高的同轴度，必须限制配合间隙，但工件孔的公差等级已经是 IT6 级，再要提高，势必大大增加成本。因此采用均分原始误差的方法，对工件孔进行分组，并用多档尺寸的心轴与工件孔配对，减少了由于间隙而产生的定位误差，从而解决了这个加工精度问题。数据分组情况如下：

心轴尺寸　第一组　$\phi 25.002$mm　配工件孔　$\phi 25.000 \sim \phi 25.004$mm　　配合间隙 ± 0.002mm

　　　　　第二组　$\phi 25.006$mm　　　　　　$\phi 25.004 \sim \phi 25.008$mm　　　　　　± 0.002mm

　　　　　第三组　$\phi 25.011$mm　　　　　　$\phi 25.008 \sim \phi 25.013$mm　　　　　$+0.002 \sim -0.003$mm

5. 均化原始误差

加工过程中，机床、刀具（磨具）等的误差总是要传递给工件的。机床和刀具的某些误差（如导轨的直线度、机床传动链的传动误差等）只是根据局部地方的最大误差值来判定的。利用有密切联系的表面之间的相互比较、相互修正，或者利用互为基准进行加工，就能让这些局部较大的误差比较均匀地影响到整个加工表面，使传递到工件表面的加工误差较为均匀，因而工件的加工精度也就相应地大为提高。

例如，研磨时，研具的精度并不很高，分布在研具上的磨料粒度大小也可能不一样，但由于研磨时工件和研具间有复杂的相对运动轨迹，使工件上各点均有机会与研具的各点相互接触并受到均匀的微量切削，同时工件和研具相互修整，精度也逐步共同提高，进一步使误差均化，因此就可获得精度高于研具原始精度的加工表面。

用易位法加工精密分度蜗轮是均化原始误差法的又一典型实例。影响被加工蜗轮精度中很关键的一个因素就是机床母蜗轮的累积误差，它直接地反映为工件的累积误差。所谓易位法，就是在工件切削一次后，将工件相对于机床母蜗轮转动一个角度，再切削一次，使加工中所产生的累积误差重新分布一次，如图 4-66示。曲线 l_1 为第一次切削后工件的累积误差曲线。经过易位，工件相对于机床母蜗轮转动一个角度 ϕ 后再切削一次，产生的误差就变为另一条曲线 l_2。l_1 和 l_2 的形状应该是一样的（近似于正弦曲线），只是在位置上相差一个相位角 ϕ。由于 l_2 曲线中误差最大部分落在没有余量可切的地方，而 l_1 曲线

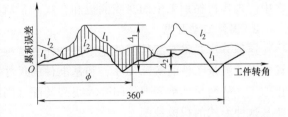

图 4-66　易位法加工时误差均化过程

中误差最大的一部分却在第二次切削时被切掉了（切去的部分用阴影表示），所以第二次切削后工件的误差曲线就如图 4-66 中的粗线所示，误差由此得到了均化。易位法的关键在于转动工件时必须保证 φ 角内包含着整数的齿，因为在第二次切削中只许修切去由误差本身造成的很小余量，不允许由于易位不准确而带来新的切削余量。理论上，易位角越小，即易位次数越多，则被加工蜗轮的误差也越小。但由于受易位时转位精度和滚刀刃最小切削厚度的限制，易位角太小也不一定好，一般可易位三次，第一次 180°，第二次再易位 90°（相对于原始状态易位了 270°），第三次再易位 180°（相对于原始状态易位 90°）。

6. 就地加工法

在机械加工和装配中，有些精度问题牵涉到很多零部件的相互关系，如果单纯依靠提高零部件的精度来满足设计要求，有时不仅很困难，甚至根本不可能。而采用就地加工法可以解决这种难题。例如，在转塔车床制造中，转塔上六个安装刀架的大孔轴线必须保证与机床主轴回转轴线重合，各大孔的端面又必须与主轴回转轴线垂直。如果把转塔作为单独零件加工出这些表面，那么在装配后要达到上述两项要求是很困难的。采用就地加工方法，把转塔装配到转塔车床上后，在车床主轴上装镗杆和径向进给小刀架来进行最终精加工，就很容易保证上述两项精度要求。

就地加工法的要点是：要保证部件间有什么样的位置关系，就在这样的位置关系上利用一个部件装上刀具去加工另一个部件。

这种"自干自"的加工方法，在生产中应用很多。如牛头刨床、龙门刨床，为了使它们的工作台面分别对滑枕和横梁保持平行的位置关系，都是在装配后在自身机床上进行"自刨自"的精加工。平面磨床的工作台面也是在装配后做"自磨自"的最终加工。

二、误差补偿技术

如前所述，误差补偿的方法就是人为地造出一种新的原始误差去抵消当前成为问题的原有的原始误差，并应尽量使两者大小相等，方向相反，从而达到减少加工误差，提高加工精度的目的。

用误差补偿的方法来消除或减小常值系统误差一般来说是比较容易的，因为用于抵消常值系统误差的补偿量是固定不变的。对于变值系统误差的补偿就不是用一种固定的补偿量所能解决的。于是生产中就发展了所谓积极控制的误差补偿方法。积极控制有三种形式。

1. 在线检测

这种方法是在加工中随时测量出工件的实际尺寸（形状、位置精度），随时给刀具以附加的补偿量，以控制刀具和工件间的相对位置。这样，工件尺寸的变动范围始终在自动控制之中。现代机械加工中的在线测量和在线补偿就属于这种形式。

2. 偶件自动配磨

这种方法是将互配件中的一个零件作为基准，去控制另一个零件的加工精度。在加工过程中自动测量工件的实际尺寸，和基准件的尺寸比较，直至达到规定的差值时机床就自动停止加工，从而保证精密偶件间要求很高的配合间隙。柴油机高压油泵柱塞的自动配磨采用的就是这种形式的积极控制。

高压油泵柱塞副（图 4-67）是一对很精密的偶件。柱塞和柱塞套本身的几何精度在 0.0005mm 以内，而轴与孔的配合间隙为 0.0015~0.003mm。以往在生产中一直采用放大尺寸公差，然后再分级选配和互研的方法来达到配对要求。现在研究制造成功了一种自动配磨装置，它以自动测量出柱塞套的孔径为基准去控制柱塞外径的磨削。该装置除了能够连续测量工件的尺寸和自动操纵机床动作以外，还能够按照偶件预先规定的间隙，自动决定磨削的进给量，在粗磨到一定尺寸后自动变换为精磨，再自动停车。自动配磨装置的原理框图如图 4-68 所示。当用测孔仪和测轴仪进行测量时，测头的机械位移就改变了电容发送器的电容量。孔与轴的尺寸之差转化成电容量变化之差，使电桥 2 的输入桥臂的电参数发生变化，在电桥的输出端形成一个输出电压。该电压经过放大器和交直流转换以后，控制磨床的动作和指示灯的明灭。

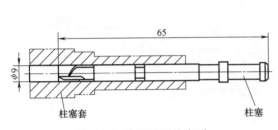

图 4-67 高压油泵柱塞副

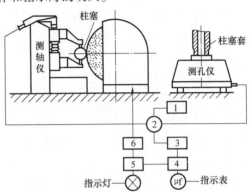

图 4-68 高压油泵偶件自动配磨装置原理框图
1—高频振荡发生器　2—电桥　3—三级放大器
4—相敏检波　5—直流放大器　6—执行机构

在工件配磨前，先用标准偶件调整仪器，使控制部分起作用的范围为 $C = D$（孔）$-d$（轴），于是在配磨时，仪器就能在 C 值的范围内自动控制磨削循环。不经过重新调整，C 值是不会改变的。所以，无论孔径 D 尺寸如何，磨出的轴径 d 都会随着孔径 D 相应改变，始终保持偶件轴孔间的间隙量。这样，测一个磨一个，避免了以往那样分级选配和互研等繁杂手续，提高了生产率，减小了在制品的积压。

3. 积极控制起决定作用的误差因素

在某些复杂精密零件的加工中，当无法对主要精度参数直接进行在线测量和控制时，就应该设法控制起决定作用的误差因素，并把它掌握在很小的变动范围以内。精密螺纹磨床的自动恒温控制就是这种控制方式的一个典型例子。

高精度精密丝杠加工的关键问题是机床的传动链精度，而机床母丝杠的精度更是关系重大。其原因是：机床的运转必然产生温升，螺纹磨床的母丝杠装在机床内部，很容易积聚热量，产生相当大的热变形。例如，S7450 大型精密螺纹磨床的母丝杠螺纹部分长 5.86m，温度每变化 1℃，母丝杠长度就要变化 70μm；被加工丝杠因磨削热而产生的热变形比车削要严重得多，一般在精磨时，1m 长的丝杠每磨一次其温度就要升高 3℃，约伸长 36μm，3m 长的丝杠则伸长 108μm。由于母丝杠和工件丝杠的温升不同，相对的长度变化也不同，这就使操作者无法掌握加工精度。

加工中直接测量和控制工件螺距累积误差是不可能的。采用校正尺的方法来补偿母丝杠的热伸长，只能消除常值系统误差，即只能补偿母丝杠和工件丝杠间温差的恒值部分，不能补偿各自温度变化而产生的变值部分。尤其是现在对精密丝杠的要求越来越高，丝杠的长度

233

也越做越长，利用校正尺补偿已不能满足加工精度要求。因此应设法控制影响工件螺距累积误差的主要误差因素——加工过程中母丝杠和工件丝杠的温度变化。具体方法如下：

1）母丝杠采用空心结构，通入恒温油使母丝杠恒温。从图4-69可以看出，油液从丝杠右端经中心管送入，然后从丝杠左端流出中心管，并沿着母丝杠的内壁流回右端，再回到油池。油液在母丝杠内一来一回，可使母丝杠的温度分布十分均匀。

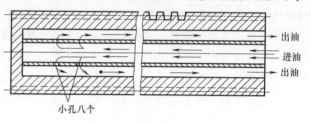

图 4-69　空心母丝杠内冷却

2）为了保证工件丝杠温度也相应地得到稳定，一方面采用淋浴的方法使工件恒温（图4-70），另一方面在砂轮的磨削区域用低于室温的油液做局部冷却，带走磨削所产生的热量。

3）用泵将已经冷冻机降温的油液从油池内抽出，并经自动温度控制系统使油液的温度达到给定值后再送入母丝杠和工件淋浴管道内，达到恒温的目的。

某工厂采用了这一恒温控制装置，分别

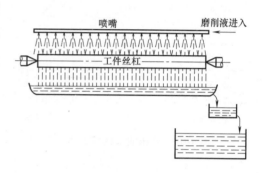

图 4-70　工件淋浴示意图

控制母丝杠和工件丝杠的温度，使其温差保持在±2℃以内，磨出了3m长的5级精度丝杠，全长螺距累积误差只有0.02mm。

第七节　加工误差综合分析实例

有关影响加工精度的各项主要因素都已在前面叙述，但是机械加工中的精度问题是一个综合性问题，解决精度问题的关键在于能否在具体条件下判断出影响加工精度的主要因素。因此在解决加工精度问题时，首先必须对具体情况做深入的调查，然后运用前面所学的知识进行理论分析，并配合必要的现场测试，以便摸清误差发生的规律，找出误差产生的主要原因，提出相应的解决措施。下面通过实例来做进一步说明。

车床尾座体孔精镗后圆柱度误差超差的原因分析。

【例 4-6】　某厂加工车床尾座体（图4-71）的工艺路线是：先粗、精加工底面，再粗镗、半精镗、精镗 $\phi70H7$ 孔，然后加工横孔，最后珩磨 $\phi70H7$ 孔。质量问题发生在精镗工序，精镗后孔有较大圆柱度误差（锥度），以致不得不加大珩磨的余量。这样不仅降低了生产率，而且有部分工件珩磨后因锥度超差而报废。

【解】　这个质量问题的分析解决过程如下：

1. 误差情况的调查

1）半精镗和精镗是在同一工序中用双工位夹具在专用镗床上进行的（图4-72）。精镗时采用双刃镗刀（图4-73），加工时主轴用万向接头带动镗杆旋转，工作台连同镗模夹具做进给运动，镗刀的进给方向是由工件尾部到头部。

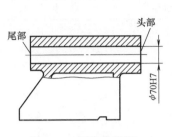

图 4-71 尾座体简图

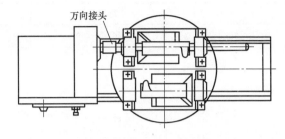

图 4-72 加工尾座体 φ70H7 孔的专用镗床

2）测量了顺序加工的 43 个工件，全部都是头部孔径大于尾部（称为正锥度）。测量数据和频数分布见表 4-12 和表 4-13。

由式（4-27）、式（4-28）可得

$$\bar{x} = 15, \quad S = 6.85$$

从表 4-12 可知，$x_{max} = 29\mu m$，$x_{min} = 0\mu m$；由于样本容量为 43，故分组数 $k = 7$。

组距 $h = \dfrac{x_{max} - x_{min}}{k-1} = \dfrac{29-0}{6} = 4.83 \approx 5$。为方便计算，取整数。

3）半精镗后工件孔也带有 0.13 ~ 0.16mm 的正锥度。

4）精镗工序采用现行工艺已有多年，开始时工件孔锥度很小，误差是逐渐增大的。

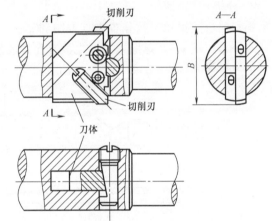

图 4-73 双刃镗刀

表 4-12　尾座体 φ70H7 孔的锥度误差　　　　　　（单位：μm）

组　号	测　定　值				平均值 $\bar{x}$	极　差 R
	x_1	x_2	x_3	x_4		
1	5	16	17	15	13.25	12
2	21	19	8	13	15.25	13
3	15	19	2	24	15	22
4	7	10	17	6	10	11
5	0	19	22	26	16.75	26
6	20	10	20	19	17.25	10
7	17	9	0	19	11.25	19
8	21	17	11	11	15	10
9	12	19	22	14	16.75	10
10	12	17	15	23	16.75	11
11	29	14	12	—	18.33	17
	$\bar{x}$ 图的控制线	$\bar{x}_s = 15.05 + 0.73 \times 14.6 = 25.7$				
		$\bar{x}_x = 15.05 - 0.73 \times 14.6 = 4.4$			$\bar{x} = 15.05$	$\bar{R} = 14.6$
	R 图的控制线	$R_s = 14.6 \times 2.28 = 33.3$				
		$R_x = 0$				

表 4-13　尾座体 φ70H7 孔锥度误差频数分布

组　号	组界/μm	组平均值/μm	频　数
1	-2.5~2.5	0	3
2	2.5~7.5	5	3
3	7.5~12.5	10	9
4	12.5~17.5	15	12
5	17.5~22.5	20	12
6	22.5~27.5	25	3
7	27.5~32.5	30	1

2. 分析

根据测量数据和频数分布作直方图和 $\bar{x}$—R 点图（图 4-74）。从直方图来看，误差近似于正态分布，从 $\bar{x}$—R 点图来看，也没有异常波动，但样本平均值 $\bar{x}$ 达 15μm，说明存在较大的常值系统误差。

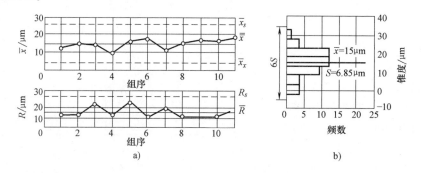

图 4-74　尾座体孔锥度的直方图和 $\bar{x}$—R 点图

a) $\bar{x}$—R 点图　b) 直方图

产生这项误差的可能原因分析如下：

（1）刀具尺寸磨损　由于精镗时是从孔尾部镗向孔头部，刀具尺寸磨损应使头部孔径小于尾部，这与实际情况恰好相反，故这个误差因素可以排除。

（2）刀具热伸长　刀具热伸长将使头部孔径大于尾部，与工件的误差情况一致，因此对刀具热伸长这一因素有继续进行研究的必要。

（3）工件热变形　如前所述，可以将该误差因素作为常值系统误差对待，但产生锥度的方向应与实际误差情况相反。因为开始镗削孔尾部时工件没有温升，其孔径以后也不会变化，在镗到孔头部时工件温升最高，加工后孔径还会缩小，结果将是头部孔径小于尾部，这与实际误差情况也不相符。

（4）毛坯误差的复映　半精镗后有较大的锥度误差，方向也与工件实际误差方向一致，因此加工误差似乎可能是该因素引起的。不过误差复映原因是根据单刃刀具加工情况推导而得的规律，而这里所用的是定尺寸（可调）双刃镗刀，镗刀和工件的径向刚度均很大，因此对像孔的尺寸、圆度、圆柱度等一类毛坯误差基本上是不会产生复映的。但为慎重起见，还是打算再用实验确认一下。

（5）工艺系统的几何误差　由于存在常值系统误差，而且在开始采用该工艺时加工质量是能满足要求的，因此有必要从机床、夹具、刀具的几何误差中去寻找原因。本例镗杆是用万向接头与主轴浮动连接，精度主要由镗模夹具保证，而与机床精度关系不大。例如，镗模的回转式导套有偏心或镗杆有振摆，都会引起工件孔径扩大而产生锥度误差，故必须对夹具和镗杆进行检查。

为了便于分析，最后作出因果分析图（图4-75）。

3. 论证

（1）测试刀具热伸长　用半导体点温计测量刀具的平均温升仅为5℃，所以刀具的热伸长为

$$\Delta D = \alpha D \Delta t = 1.1 \times 10^{-5} \times 70 \times 5 \text{mm} = 0.00385 \text{mm} = 3.85 \mu\text{m}$$

再用千分尺直接测量镗刀块在加工每一个工件前、后的尺寸，也无显著变化，故可断定刀具热伸长不是主要的误差因素。

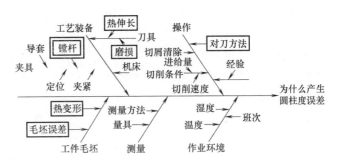

图4-75　因果分析图

（2）测试毛坯误差的复映　选取了四个半精镗后的工件，其中两个工件的锥度为0.15mm，另外两个工件的锥度仅为0.04～0.05mm。精镗后发现四个工件的锥度均在0.02mm左右，也无明显差别。这也证实了初步分析时的结论，即毛坯误差的复映也不是主要影响因素。

（3）测试夹具和镗杆　对镗模的回转式导套内孔检查，未发现有显著的径向圆跳动；但对镗杆在用V形架支承后检查（图

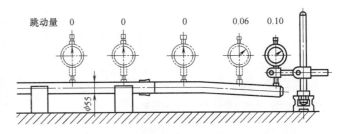

图4-76　镗杆弯曲检查

4-76）发现其前端（直径较细的一段）有较大的弯曲，最大跳动量为0.1mm。

为了检查镗杆弯曲对加工精度的影响，又进行了如下的测试：

首先借助千分表将图4-73所示的双刃镗刀块宽度 B 调整到与工件所需孔径相等。然后将镗刀块插入镗杆，并按加工时的对刀方法，移动工作台，使镗刀块处于工件孔的中间位置，用千分表测量两切削刃，使两切削刃对镗杆回转中心对称并固紧（图4-77a）。对好刀后，将镗刀块先后分别移到镗孔尾部和镗孔头部的位置（图4-77b、c），再测量两切削刃的高低差别。结果发现：在孔尾部，两切削刃高低相差5μm；而在孔头部，却相差30μm。这样显然会造成工件头部的孔径大于尾部。下面进一步说明为什么镗杆弯曲会造成镗刀两切削刃的高低差。

当镗杆有了弯曲时，在图4-77a所示的位置上，装刀块处的镗杆几何中心就偏离了其回转中心。设偏移量为 e。如上所述，切削刃的调整正是在这一位置上进行的。既然调整时是使两切削刃对镗杆回转中心相对称，那么两切削刃对镗杆的几何中心必然不对称，即有了

2e 的高低差。

　　由于镗杆主要是在前端弯曲，因此在镗削工件孔的头部时（图4-77c），镗杆的弯曲部分已经伸出右方导套之外，此时两个导套之间的镗杆已无弯曲，镗杆的几何中心也就与回转中心重合了。但是上面说过，两切削刃对镗杆几何中心是有着 2e 的高低差别的，因此这时两切削刃对镗杆回转中心也就产生了 2e 的高低差。这就是所测得的两切削刃高度差为 30μm 的原因。

　　镗削工件孔尾部时，镗杆弯曲仍在两个导套之间，因而其影响仍然存在，只是其影响大小略有变化，即此处两切削刃对镗杆回转中心的高低差为 5μm。

　　因此，由于镗杆弯曲引起的尾座体孔锥度误差（实际上是两端孔径差）为

$$(30-5)\mu m = 25\mu m$$

　　在实际加工中，由于两切削刃不对称，切削力也不相等，因而引起镗杆变形，故两端孔径差将小于 25μm。

　　由于引起锥度波动的主要原因之一是镗杆与导套间有切屑、杂物的影响，因此在每次装入镗杆前应仔细清理镗杆与导套，锥度误差的分散范围就会显著减少。

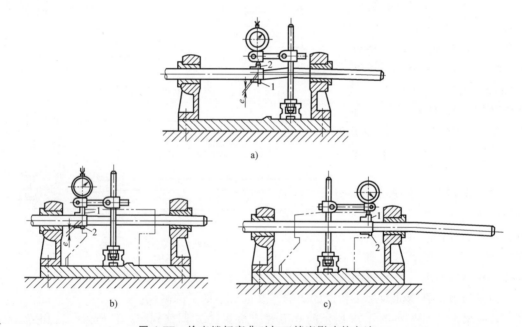

图 4-77　检查镗杆弯曲对加工精度影响的方法

a）在工件孔的中间位置检查，两切削刃高低差＝0μm　　b）在工件孔的尾端检查，
两切削刃高低差＝5μm　　c）在工件孔的头部检查，两切削刃高低差＝30μm
1—镗刀块切削刃之一　　2—镗刀块切削刃之二

4. 验证

　　要证实上述分析判断是否合乎实际，需要重新制造一根镗杆。在新镗杆制造好以前，也可用改进调整镗刀的方法来减少误差。假使在调整时（此时镗刀块在两导套间大致正中位置），把镗刀的几何中心调整到 O' 点（图4-78），那就可以使镗刀块在三个位置时两切削刃高低差绝对值的差值最小。即在镗工件孔头部和尾部时，两切削刃高低差均为 17.5μm，在

镗孔中部位置时，两切削刃高低差为 $12.5\mu m$，差值仅为 $5\mu m$。而能直接测量得到的两端孔径，理论上没有差值。按上述方法调整镗刀块后再加工一批工件，其结果见表 4-14。从中可以看出，两端孔径差的平均值只有 $1.13\mu m$，说明常值系统误差已基本消除。

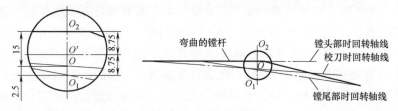

图 4-78 改进镗刀调整

O—原校刀时的中心 O_1—镗工件孔尾端时的中心 O_2—镗工件孔头部时的中心

O'—改进调刀方法后的镗刀中心

表 4-14 重新调整后的加工结果

工件序号	1	2	3	4	5	6	7	8
两端孔径差/μm	+5	−5	+5	+10	−6.5	0	−2	+5
工件序号	9	10	11	12	13	14	15	平均值
两端孔径差/μm	−20	+2.5	+5	+12.5	−6	+6.5	+5	+1.13

注："+"表示头部端孔径大于尾部端，"−"表示尾部端孔径大于头部端。

【例 4-7】 试做数控机床加工精度影响因素的分析。

【解】 生产中经常会遇到数控机床加工精度异常的故障。影响数控机床加工精度的因素与用普通机床加工相比较，既有相同点，又有不同之处。下面着重分析这些不同点。

归纳起来导致数控机床加工精度超差的原因主要有四个方面：

1）机床进给单位被改动，机床各轴的零点偏置（Null Offset）发生变化。

2）轴向的反向间隙（Backlash）过大。

3）电动机运行状态异常，即电气及控制部分有故障。

4）机械故障，如丝杆、轴承、轴联器等部件发生机械故障。

此外，加工程序的编制、刀具的选择等也可能导致加工精度异常。下面做进一步说明。

1. 系统参数发生变化或改动

系统参数主要包括机床进给单位、零点偏置、反向间隙等。一般数控机床数控系统（如 SIEMENS、FANUC 数控系统）进给单位有米制和寸制两种。机床修理过程中某些处理，常影响到零点偏置和间隙的变化，甚至进给单位的改变，故障处理完毕应做适时的调整和修改。此外，由于机械磨损严重或连接松动也可能造成参数实测值的变化，需对参数做相应的修改才能满足机床加工精度的要求。

2. 机械故障导致的加工精度异常

一台 THM6350 卧式加工中心，采用 FANUC 0i-MA 数控系统。一次在铣削汽轮机叶片的过程中，突然发现 z 轴进给异常，造成至少 1mm 的切削误差量（z 向过切）。调查中了解到故障是突然发生的。机床在 JOG（点动）、MDI（手动）操作方式下各轴运行正常，且回参考点正常；无任何报警提示，电气控制部分故障的可能性排除。对于此类问题，通常应从以下几方面逐一进行检查。

1）检查机床加工精度异常时正运行的加工程序段，特别是刀具长度补偿、加工坐标系（G54~G59）的校对及计算。

2）在 JOG 方式下，反复运动 z 轴，通过视、触、听对其运动状态诊断，发现 z 向运动声音异常，特别是快速点动，噪声更加明显。由此判断，机械方面可能存在隐患。

3）检查机床 z 轴精度。用手摇脉冲发生器移动 z 轴（将手脉倍率定为 1×100 的档位，即每变化一步，电动机进给量 0.1mm），配合百分表观察 z 轴的运动情况。在单向运动精度保持正常后作为起始点的正向运动，手脉每变化一步，机床 z 轴运动的实际距离 $d = d_1 = d_2 = d_3 = \cdots = 0.1$mm，说明电动机运行良好，定位精度良好。而返回机床实际运动位移的变化上，可以分为四个阶段：①机床运动距离 $d_1 > d = 0.1$mm（斜率>1）；②表现为 $d = 0.1$mm$> d_2 > d_3$（斜率<1）；③机床机构实际未移动，表现出最标准的反向间隙；④机床运动距离与手脉给定值相等（斜率=1），恢复到机床的正常运动。

无论怎样对反向间隙（参数 1851）进行补偿，其表现出的特征是：除第③阶段能够补偿外，其他各段变化仍然存在，特别是第①阶段严重影响到机床的加工精度。补偿中发现，间隙补偿越大，则第①阶段的移动距离也越大。

通过上述检查可以判断故障可能的原因：一是电动机有异常；二是机械方面有故障；三是丝杠存在一定的间隙。为了进一步诊断故障，将电动机和丝杠完全脱开，分别对电动机和机械部分进行检查。检查结果表明：电动机运行正常；在对机械部分诊断中发现，用手盘动丝杠时，返回运动初始有非常明显的空缺感。而在正常情况下，应能感觉到轴承有序而平滑的移动。经拆检发现其轴承确已受损，且有一颗滚珠脱落，更换后机床恢复正常。

3. 轴向的反向间隙（Backlash）过大，机床电气参数未优化，电动机运行异常

一台数控立式铣床，配置了 FANUC 0-MJ 数控系统。在加工连杆模具过程中，发现 x 轴误差过大。检查发现 x 轴存在一定间隙，且电动机起动时存在不稳定现象。用手触摸 x 轴电动机时感觉电动机振动比较严重，起停时不太明显，JOG 方式下较明显。

通常这类故障的原因有两点：一是机械反向间隙较大；二是 x 轴电动机工作异常。首先对存在的间隙进行补偿；然后利用 FANUC 系统的参数功能，对电动机进行调试，调整伺服增益参数及 N 脉冲抑制功能参数。调整后 x 轴电动机的振动消除，机床加工精度恢复正常。

4. 机床位置环异常或控制逻辑不妥

一台 TH61140 镗铣床加工中心，数控系统为 FANUC 18i，全闭环控制方式。在加工某箱体零件过程中，发现该机床 y 轴精度异常，精度误差最小在 0.006mm 左右，最大误差可达到 1.400mm。

检查中，机床已经按照要求设置了 G54 工件坐标系。在 MDI 方式下，以 G54 坐标系运行一段程序，即"G90 G54 Y80 F100；M30；"（按绝对值编程，设置工件坐标系，y 坐标移动 80mm，进给速度为 100mm/min；程序结束并返回程序起点），待机床运行结束后，显示器上显示的机械坐标值为"-1046.605"，记录下该值。再次在 MDI 方式下执行上面的语句，待机床停止后，发现此时机械坐标值显示为"-1046.992"，同第一次执行后的显示值相比相差了 0.387mm。

按照同样的方法，将 y 轴点动到不同的位置，反复执行该语句，显示值不确定。用百分表对 y 轴进行检测，发现机械位置实际误差同显示出的误差基本一致，由此可认为故障原因

是 y 轴重复定位误差过大。对 y 轴的反向间隙及定位精度进行仔细检查，重新做补偿，但均无效果。因此怀疑光栅尺及系统参数等有问题，但为什么产生如此大的误差，却未出现相应的报警信息呢？经进一步检查发现，该轴为垂直方向的轴，当 y 轴松开时，主轴箱向下掉，造成了超差。

对此机床的 PLC 逻辑控制程序做了修改，即在 y 轴松开时，先把 y 轴使能加载，再把 y 轴松开；而在夹紧时，先把 y 轴夹紧后，再把 y 轴使能去掉。调整后机床故障得以解决。

【例 4-8】 试做箱体零件孔系加工精度分析。

【解】 箱体零件是机械产品中最常见的一类零件，而孔系通常又是箱体零件上最重要的结构特征。箱体上孔系的加工精度（包括孔本身的加工精度，以及孔与孔之间、孔与平面之间的相互位置精度）较之箱体上平面的加工精度难以保证。孔系加工方式的不同（主要取决于生产规模、生产条件以及孔系的精度要求），各种因素对孔系加工精度的影响也不一样。下面仅就影响孔系加工质量的几个主要因素进行分析。

（一）镗杆受力变形的影响

镗杆受力变形是影响孔系加工质量的主要原因之一。尤其当镗杆与主轴刚性连接采用悬臂镗孔时，镗杆的受力变形最为严重。

悬臂镗杆在镗孔过程中，受到切削力矩 M、切削力 F 及镗杆自身重力 G 的作用，如图 4-79 所示。切削力矩 M 使镗杆产生弹性扭曲，主要影响工件的表面粗糙度和刀具的寿命；切削力 F 和自重 G 使镗杆产生弹性弯曲，对孔系加工精度的影响严重，下面分析 F 和 G 的影响。

1. 由切削力 F 所产生的弯曲变形

作用在镗杆上的切削力 F，随着镗杆的旋转不断地改变方向，由此而引起的镗杆的弯曲变形 f_F 也不断地改变方向，如图 4-80 所示，使镗杆的中心偏离了原来的理想中心。当切削力不变时，刀尖的运动轨迹仍呈正圆，只不过所镗出孔的直径比理想尺寸减少了 $2f_F$。f_F 的大小与切削力 F 和镗杆的伸出长度有关，F 越大或镗杆伸出越长，则 f_F 就越大。但应该指出，在实际生产中由于加工余量的变化和材质的不均匀，切削力 F 是变化的，因此刀尖运动轨迹不可能是正圆。同理，在被加工孔的轴线方向上，由于加工余量和材质的不均匀，或者采用镗杆进给，镗杆的弯曲变形也是变化的。

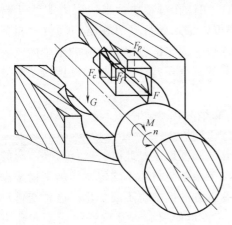

图 4-79 作用在镗杆上的力

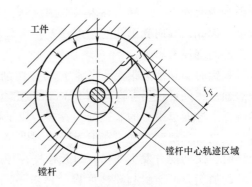

图 4-80 切削力对镗杆弯曲变形的影响

2. 镗杆自身重力 G 所产生的弯曲变形

镗杆自身重力 G 在镗孔过程中，其大小和方向不变。因此，由它所产生的镗杆弯曲变形 f_G 的方向也不变。高速镗削时，由于陀螺效应，自重所产生的弯曲变形很小；低速精镗时，自身重力对镗杆的作用相当于均布载荷作用在悬臂梁上，使刀尖处镗杆的实际回转中心始终低于理想回转中心一个 f_G 值。G 越大或镗杆悬伸越长，则 f_G 越大，如图 4-81 所示。

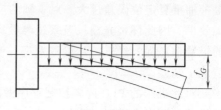

图 4-81　自身重力对镗杆弯曲变形的影响

3. 镗杆在自身重力 G 和切削力 F 共同作用下的弯曲变形

事实上，镗杆在每一瞬间所产生的弯曲变形，是切削力 F 和自身重力 G 所产生的弯曲变形的合成。可见，在 F 和 G 的综合作用下，刀尖处镗杆的实际回转中心偏离了理想回转中心。由于材质的不均匀、加工余量的变化、切削用量的不一致以及镗杆伸出长度的变化，使刀尖处镗杆的实际回转中心在镗孔过程中做无规律的变化，从而引起孔系加工的各种误差；对同一孔的加工，引起圆柱度误差；对同轴孔系引起同轴度误差；对平行孔系引起孔距误差和平行度误差。粗加工时，切削力大，这种影响比较显著；精加工时，切削力小，这种影响也就比较小。

因此，在镗孔中必须十分注意提高镗杆的刚度。提高镗杆刚度可采取下列措施：

1）尽可能加粗镗杆直径和减少悬伸长度。

2）采用导向装置，使镗杆的弯曲变形得以约束。

此外，也可通过减小镗杆自重和减小切削力对弯曲变形的影响来提高孔系加工精度。当镗杆的直径较大时（$\phi80mm$ 以上），应做成空心，以减轻重量；合理选择定位基准，使加工余量均匀；精加工时采用较小的切削用量，并使加工各孔所用的切削用量基本一致，以减小切削力的影响。

（二）镗杆与导向套的精度及配合间隙的影响

采用导向装置或镗模镗孔时，镗杆由导向套支承，镗杆的刚度较悬臂镗孔时大为提高。此时，镗杆与导向套的几何形状精度及其相互的配合间隙，将成为影响孔系加工精度的主要因素之一，现分析如下：

由于镗杆与导向套之间存在着一定的配合间隙，在镗孔过程中，当切削力 F 大于自身重力 G 时，刀具不管处在任何切削位置，切削力都可以推动镗杆紧靠在与切削位置相反的导向套内表面上。这样，随着镗杆的旋转，镗杆表面以一固定部位沿导向套的整个内圆表面滑动。因此，导向套内孔的圆度误差将引起被加工孔的圆度误差，而镗杆的圆度误差对被加工孔的圆度没有影响。

精镗时，切削力很小，通常 $F<G$，切削力 F 不能抬起镗杆。随着镗杆的旋转，镗杆轴颈表面以不同部位沿导向套内孔的下方摆动，如图 4-82 所示。显然，刀尖运动轨迹为一个圆心低于导向套中心的非正圆，直接造成了被加工孔的圆度误差；此时，镗杆与导向套的圆度误差也将反映到被加工孔上而引起圆度误差。当加工余量与材质不均匀或切削用量选取不一样时，使切削力发生变化，引起镗杆在导向套内孔下方的摆幅也不断变化。这种变化对同一孔的加工，可能引起圆柱度误差；对不同孔的加工，可能引起相互位置的误差和孔距误差。这些误差的大小与导向套和镗杆的配合间隙有关，配合间隙越大，在切削力作用下，镗

杆的摆动范围越大，所引起的误差也就越大。

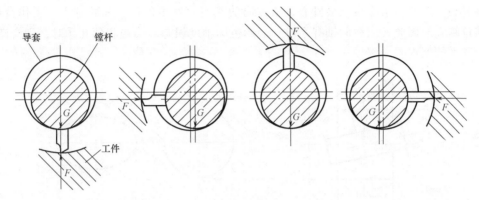

图 4-82 当 $F<G$ 时镗杆在导向套内孔下方摆动

综上所述，在有导向装置的镗孔中，为了保证孔系加工质量，除了要保证镗杆与导向套本身必须具有较高的几何形状精度外，还要注意合理地选择导向方式和保持镗杆与导向套的合理配合间隙。在采用前、后双导向支承时，应使前、后导向的配合间隙一致。此外，由于这种影响还与切削力的大小和变化有关，因此，在工艺上同样应注意合理地选择定位基准和切削用量，精加工时，应适当增加进给次数，减少切削力的影响。

（三）机床进给方式的影响

镗孔时常有两种进给方式，一种是由镗杆直接进给，另一种是由工作台在机床导轨上进给。当镗杆与机床主轴浮动连接采用镗模镗孔时，进给方式对孔系加工精度无明显的影响；而采用镗杆与主轴刚性连接悬臂镗孔时，进给方式对孔系加工精度有较大的影响。

悬臂镗孔时，若以镗杆直接进给（图 4-83a），在镗孔过程中，随着镗杆的不断伸长，刀尖处的弯曲变形量越来越大，使被加工孔越来越小，造成圆柱度误差；若用镗杆直接进给加工同轴线上的各孔，则会造成同轴度误差。反之，若镗杆伸出长度不变，而以工作台进给（图 4-83b），则在镗孔过程中，刀尖处的变形不变（假定切削力不变）。因此，镗杆的弯曲变形对

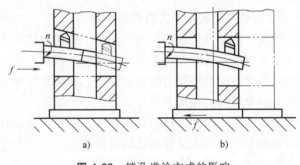

图 4-83 镗孔进给方式的影响
a）镗杆进给 b）工作台进给

被加工孔的几何形状精度和孔系的相互位置精度均无影响。

但是，当用工作台进给时，机床导轨的直线度误差会使被加工孔产生圆柱度误差，使同轴线上的孔产生同轴度误差。机床导轨与主轴轴线的平行度误差，使被加工孔产生圆度误差，如图 4-84 所示，在垂直于镗杆旋转轴线的截面 A—A 内，被加工孔呈正圆；而在垂直于进给方向的截面 B—B 内，被加工孔呈椭圆。不过所产生的圆度误差在一般情况下是极其微小的，可以忽略不计。例如，当机床导轨与主轴轴线在 100mm 长上倾斜 1mm，对直径为 100mm 的被加工孔，所产生的圆度误差仅为 0.005mm。此外，工作台与床身导轨的配合间

隙对孔系加工精度也有一定的影响，因为当工作台做正、反向进给时，通常是以不同部位与导轨接触的，这样，工作台就会随着进给方向的改变而发生偏摆，间隙越大，工作台越重，其偏摆量越大。因此，当镗同轴孔系时，会产生同轴度误差；当镗相邻孔系时，则会产生孔距误差和平行度误差。

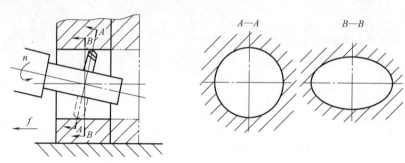

图 4-84　工作台进给方向与主轴轴线不平行

由于在悬臂镗孔中，镗杆的弯曲变形较难控制，而机床的导轨精度及工作台与床身导轨之间的配合间隙，可通过维修、调整方法来达到正常要求。因此以工作台进给，并采用合理的操作方式，比镗杆进给较易保证孔系的加工质量。故在一般有悬臂镗孔中，特别是当孔深大于 200mm 时，大都采用工作台进给。但当加工大型箱体时，镗杆的刚度好，而用工作台进给十分沉重，易产生爬行，反而不如镗杆直接进给轻快，此时宜用镗杆进给。另外，当孔深小于 200mm 时，镗杆悬伸短，也可直接采用镗杆进给。

（四）切削热和夹紧力的影响

箱体零件的壁薄且不均匀，加工中切削热和夹紧力对孔系的加工精度有较大的影响，必须引起注意。

1. 切削热对孔系加工精度的影响

粗加工时，有大量的切削热产生。同样的热量传递到箱体的不同壁厚处，会有不同的温升和变形产生：薄壁处的金属少，温度升得快，向外膨胀的热变形量大；厚壁处的金属多，温度升得慢，向外膨胀的热变形量小。粗加工后如果不等工件冷却下来就进行精加工，加工中在孔内薄壁处实际切去的金属要比厚壁处少。如果孔加工后呈正圆，那么冷却下来后就会产生圆度误差。因此，箱体孔系的粗、精加工通常分开进行，粗加工后，待工件充分冷却后再行精加工，以消除工件热变形的影响。

2. 夹紧力对孔系加工精度的影响

镗孔中若夹紧力过大或着力点不当，容易产生夹紧变形。例如，图 4-85 所示的箱体，在夹紧力作用下，毛坯孔变形产生圆度误差（图 4-85a），镗孔后变圆（图 4-85b），松夹后，孔径弹性回复而变形，被加工孔又产生了圆度误差（图 4-85c）。箱体的夹紧变形还会影响孔系的相互位置精度。

为了消除夹紧变形对孔系加工精度的影响，精镗时夹紧力要适当，不宜过大；夹紧力着力点应选择在图 4-86 所示的位置上。

影响孔系加工精度的其他因素有：工件内应力的影响、机床主轴旋转精度的影响以及机床受力变形和热变形的影响等。实际生产中分析孔系加工质量问题时，应针对不同的镗孔方式进行具体分析，找出其中最主要的影响因素，并采取相应的措施将它消除。

244

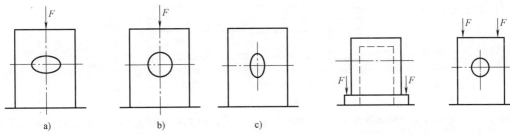

图 4-85 箱体的夹紧变形 图 4-86 正确的夹紧力着力点

习题与思考题

4-1 车床床身导轨在垂直平面内及水平平面内的直线度对车削圆轴类零件的加工误差有什么影响？影响程度各有何不同？

4-2 试分析滚动轴承的外环内滚道及内环外滚道的形状误差（图 4-87a、b）所引起主轴回转轴线的运动误差，对被加工零件精度有什么影响？

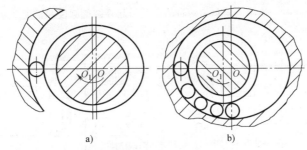

图 4-87 题 4-2 图

4-3 试分析在车床上加工时，产生下述误差的原因：

1）在车床上镗孔时，引起被加工孔圆度误差和圆柱度误差。

2）在车床自定心卡盘上镗孔时，引起内孔与外圆同轴度误差；端面与外圆的垂直度误差。

4-4 在车床上用两顶尖装夹并车削细长轴时，出现图 4-88a、b、c 所示的三种误差，原因是什么？分别采用什么办法来减少或消除？

4-5 试分析在转塔车床上将车刀垂直安装加工外圆（图 4-89）时，影响直径误差的因素中，导轨在垂直面内和水平面内的弯曲，哪个影响大？与卧式车床比较有什么不同？为什么？

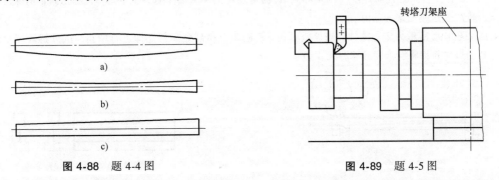

图 4-88 题 4-4 图 图 4-89 题 4-5 图

4-6 在磨削锥孔时，用检验锥度的塞规着色检验，发现只在塞规中部接触或在塞规两端接触（图 4-90）。试分析造成误差的各种因素。

4-7 如果被加工齿轮分度圆的直径 $D = 100mm$，滚齿机滚切传动链中最后一个交换齿轮的分度圆直径

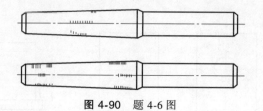

图 4-90 题 4-6 图

$d = 200$mm，分度蜗杆副的降速比为 1:96。若此交换齿轮的齿距累积误差 $\Delta F = 0.12$mm，试求由此引起的工件的齿距偏差。

4-8 设已知一工艺系统的误差复映系数为 0.25，工件在本工序前有圆度误差 0.45mm。若本工序形状精度规定公差 0.01mm，则至少进给几次方能使形状精度合格？

4-9 在车床上加工丝杠，工件总长为 2650mm，螺纹部分的长度 $L = 2000$mm，工件材料和母丝杠材料都是 45 钢，加工时室温为 20℃，加工后工件温升至 45℃，母丝杠温升至 30℃。试求工件全长上由于热变形而引起的螺距累积误差。

4-10 横磨工件时（图 4-91），设横向磨削力 $F_p = 100$N，头架刚度 $k_{tj} = 5000$N/mm，尾座刚度 $k_{wz} = 4000$N/mm，加工工件尺寸如图 4-91 所示，求加工后工件的锥度。

4-11 试说明磨削外圆时，使用固定顶尖的目的以及引起外圆的圆度和锥度误差的因素（图 4-92）。

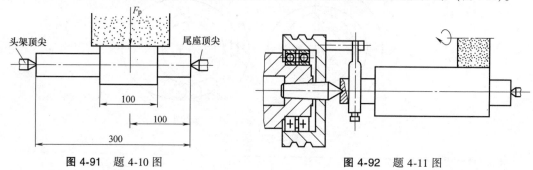

图 4-91 题 4-10 图   图 4-92 题 4-11 图

4-12 在车床或磨床上加工相同尺寸及相同精度的内、外圆柱表面时，加工内孔表面的进给次数往往多于外圆面，试分析其原因。

4-13 在车床上加工一长度为 800mm、直径为 60mm 的 45 钢光轴。现已知机床各部件的刚度分别为 $k_{tj} = 90000$N/mm，$k_{wz} = 50000$N/mm，$k_{dj} = 40000$N/mm，加工时的切削力 $F_c = 600$N，$F_p = 0.4F_c$。试分析计算一次进给后的工件轴向形状误差（工件装夹在两顶尖之间）。

4-14 在卧式铣床上铣削键槽（图 4-93），经测量发现工件两端深度大于中间，且都比调整的深度尺寸小。试分析产生这一现象的原因。

4-15 图 4-94 所示为床身零件。当导轨面在龙门刨床上粗刨之后便立即进行精刨。试分析若床身刚度较低，精刨后导轨面将会产生什么样的误差。

图 4-93 题 4-14 图   图 4-94 题 4-15 图

4-16 车削一批轴的外圆，其尺寸为 $\phi(25 \pm 0.05)$mm。已知此工序的加工误差分布曲线是正态分布曲线，其标准差 $\sigma = 0.025$mm，曲线的顶峰位置偏于公差带中值的左侧。试求零件的合格率和废品率。工艺系统经过怎样的调整可使废品率降低？

4-17 在无心磨床上用贯穿法磨削加工 $\phi20$mm 的小轴，已知该工序的标准差 $\sigma = 0.003$mm。现从一批工件中任取五件，测量其直径，求得算术平均值为 $\phi20.008$mm。试估算这批工件的最大尺寸及最小尺寸。

4-18 有一批零件，其内孔尺寸为 $\phi70^{+0.03}_{0}$mm，属于正态分布。试求尺寸在 $\phi70^{+0.03}_{+0.01}$mm 之间的概率。

4-19 在自动机上加工一批尺寸为 $\phi(8\pm0.09)$mm 的工件，机床调整完后试车 50 件，测得尺寸列于表 4-15 中。试绘制分布曲线图、直方图，计算工序能力系数和废品率，并分析误差产生的原因。

表 4-15 一批零件加工尺寸结果

试件号	尺寸 /mm	试件号	尺寸 /mm	试件号	尺寸 /mm	试件号	尺寸 /mm	试件号	尺寸 /mm
1	7.920	11	7.970	21	7.895	31	8.000	41	8.024
2	7.970	12	7.982	22	7.992	32	8.012	42	7.028
3	7.980	13	7.991	23	8.000	33	8.024	43	7.965
4	7.990	14	7.998	24	8.010	34	8.045	44	7.980
5	7.995	15	8.007	25	8.022	35	7.960	45	7.988
6	8.005	16	8.022	26	8.040	36	7.795	46	7.995
7	8.018	17	8.040	27	7.957	37	7.988	47	8.004
8	8.030	18	8.080	28	7.795	38	7.994	48	8.027
9	8.060	19	7.940	29	7.985	39	8.002	49	8.065
10	7.935	20	7.972	30	7.992	40	8.015	50	8.017

4-20 加工一批零件，其外径尺寸为 $\phi(28\pm0.6)$mm。已知从前在相同工艺条件下加工同类零件的标准差为 0.14mm，试设计加工该批零件的 $\bar{x}$—R 图。如该批零件尺寸见表 4-16，试分析该工序的工艺稳定性。

表 4-16 一批零件加工尺寸结果

试件号	尺寸 /mm	试件号	尺寸 /mm	试件号	尺寸 /mm	试件号	尺寸 /mm	试件号	尺寸 /mm
1	28.10	6	28.10	11	28.20	16	28.00	21	28.10
2	27.90	7	27.80	12	28.38	17	28.10	22	28.12
3	27.70	8	28.10	13	28.43	18	27.90	23	27.90
4	28.00	9	27.95	14	27.90	19	28.04	24	28.06
5	28.20	10	28.26	15	27.84	20	27.86	25	27.80

4-21 在车床上加工一批工件的孔。经测量，实际尺寸小于要求的尺寸而必须返修的工件数占 22.4%，大于要求的尺寸而不能返修的工件数占 1.4%。若孔的直径公差 $T = 0.2$mm，整批工件尺寸服从正态分布，试确定该工序的标准差 σ，并判断车刀的调整误差是多少。

第五章

机械加工表面质量及其控制

任何机械加工所得到的零件表面，实际上都不是完全理想的表面。实践表明，机械零件的破坏，一般都是从表面层开始的，这说明零件的机械加工表面质量至关重要，它对产品质量和使用寿命有很大影响。

研究加工表面质量的目的，就是要掌握机械加工中各种工艺因素对加工表面质量的影响规律，以便应用这些规律控制加工过程，最终达到提高加工表面质量，提高产品使用性能和使用寿命的目的。

第一节　加工表面质量及其对零件使用性能的影响

一、加工表面质量的概念

加工表面质量包括两个方面的内容：加工表面的几何形貌和表面层材料的力学物理性能和化学性能。

（一）加工表面的几何形貌

加工表面的几何形貌，是由加工过程中刀具与被加工工件的相对运动在加工表面上残留的切痕、摩擦、切屑分离时的塑性变形以及加工系统的振动等因素的作用，在工件表面上留下的表面结构。图5-1所示为在车床上用金刚石刀具车削无氧铜光学镜面所测得的工件表面三维形貌和其中的一个表面轮廓曲线。

加工表面的几何形貌（表面结构）包括表面粗糙度、表面波纹度、纹理方向和表面缺陷等四个方面的内容。

（1）表面粗糙度　表面粗糙度轮廓是加工表面的微观几何轮廓，其波长与波高比值一般小于50。

（2）波纹度　加工表面上波长与波高的比值等于50～1000的几何轮廓称为波纹度，它是由机械加工中的振动引起的。加工表面上波长与波高比值大于1000的几何轮廓，称为宏观几何轮廓。它属于加工精度范畴，不在本章讨论之列。

（3）纹理方向　纹理方向是指表面刀纹的方向，它取决于表面形成过程中所采用的加工方法。图5-2给出了各种纹理方向及其符号标注。

（4）表面缺陷　加工表面上出现的缺陷，如砂眼、气孔、裂痕等。

（二）表层金属的力学物理性能和化学性能

由于机械加工中力因素和热因素的综合作用，加工表层金属的力学物理性能和化学性能将发生一定的变化，主要反映在以下几个方面：

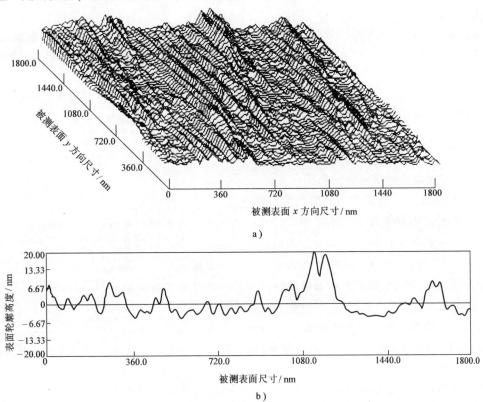

a)

b)

图 5-1　无氧铜镜面三维形貌和表面轮廓曲线图

a) 表面三维形貌　b) 表面轮廓曲线图

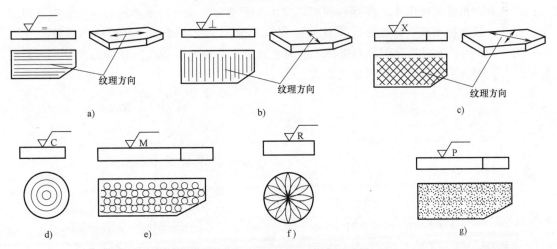

a)　　　　　　　　　　　b)　　　　　　　　　　c)

d)　　　　　e)　　　　　f)　　　　　　　g)

图 5-2　加工纹理方向及其符号标注

a) 纹理平行于视图所在的投影面　b) 纹理垂直于视图所在的投影面　c) 纹理呈斜向交叉
d) 纹理呈近似同心圆　e) 纹理呈多方向　f) 纹理呈近似放射状　g) 纹理呈微粒凸起，无方向

（1）表层金属的冷作硬化　表层金属硬度的变化用硬化程度和硬化层深度两个指标来
衡量。在机械加工过程中，工件表层金属都会有一定程度的冷作硬化，使表层金属的显微硬

度有所提高。一般情况下，硬化层的深度可达 0.05~0.30mm；若采用滚压加工，硬化层的深度可达几毫米。

（2）表层金属的金相组织变化　机械加工过程中，由于切削热的作用会引起表层金属的金相组织发生变化。在磨削淬火钢时，由于磨削热的影响会引起淬火钢马氏体的分解，或出现回火组织等。

（3）表层金属的残余应力　由于切削力和切削热的综合作用，表层金属晶格会发生不同程度的塑性变形或产生金相组织的变化，使表层金属产生残余应力。

二、加工表面质量对零件使用性能的影响

（一）表面质量对耐磨性的影响

1. 表面粗糙度、波纹度对耐磨性的影响

由于零件表面存在微观不平度和波纹度，当两个零件表面相互接触时，实际上有效接触面积只是名义接触面积的一小部分，表面波纹度越大、表面粗糙度值越大，有效接触面积就越小。在两个零件做相对运动时，开始阶段由于接触面积小，压强大，在接触点的凸峰处会产生弹性变形、塑性变形及剪切等现象，这样凸峰很快就会被磨掉。被磨掉的金属微粒落在相配合的摩擦表面之间，会加速磨损过程。即使是有润滑液存在的情况下，也会因为接触点处压强过大，破坏油膜，形成干摩擦。零件表面在起始磨损阶段的磨损速度很快，起始磨损量较大（图5-3）；随着磨损的发展，有效接触面积不断增大，压强也逐渐减小，磨损将以较慢的速度进行，进入正常磨损阶段；在这之后，由于有效接触面积越来越大，零件间的金属分子亲和力增加，表面的机械咬合作用增大，使零件表面又产生急剧磨损而进入快速磨损阶段，此时零件将不能继续使用。

表面粗糙度对零件表面磨损的影响很大。一般来说，表面粗糙度值越小，其耐磨性越好；但是表面粗糙度值太小，因接触面容易发生分子粘接，且润滑液不易储存，磨损反而增加。因此，就磨损而言，存在一个最优表面粗糙度值。表面粗糙度的最优值与零件工况有关，图5-4给出了不同工况下表面粗糙度值与起始磨损量的关系曲线。载荷加大时，起始磨损量增大，表面粗糙度最优值也随之加大。

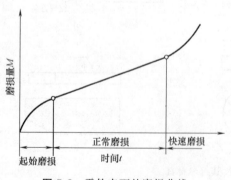

图 5-3　零件表面的磨损曲线

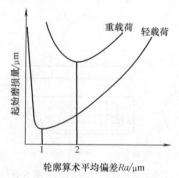

图 5-4　表面粗糙度值与起始磨损量的关系

2. 表面纹理对耐磨性的影响

表面纹理的形状及刀纹方向对耐磨性也有一定影响，其原因在于纹理形状及刀纹方向将影响有效接触面积与润滑液的存留。一般来说，圆弧状、凹坑状表面纹理的耐磨性好；尖峰

状的表面纹理由于摩擦副接触面压强大，耐磨性较差。在运动副中，两相对运动零件表面的刀纹方向均与运动方向相同时，耐磨性较好；两者的刀纹方向均与运动垂直时，耐磨性最差；其余情况居于上述两种状态之间。但在重载工况下，由于压强、分子亲和力及润滑液储存等因素的变化，耐磨性规律可能会有所不同。

3. 冷作硬化对耐磨性的影响

加工表面的冷作硬化，一般都能使耐磨性有所提高。其主要原因是：冷作硬化使表层金属的纤维硬度提高，塑性降低，减少了摩擦副接触部分的弹性变形和塑性变形，故可减少磨损。但并不是说冷

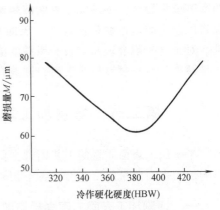

图 5-5 T7A 钢车削加工后冷硬程度与耐磨性的关系

作硬化程度越高，耐磨性也越高。图 5-5 所示为 T7A 钢的磨损量随冷作硬化程度的变化而变化的情况。当冷作硬化硬度达 380HBW 左右时，耐磨性最佳；如进一步加强冷作硬化，耐磨性反而降低，这是因为过度的硬化将引起金属组织疏松，在相对运动中可能会产生金属剥落，在接触面间形成小颗粒，这会加速零件的磨损。

(二) 表面质量对疲劳强度的影响

1. 表面粗糙度对疲劳强度的影响

表面粗糙度对承受交变载荷零件的疲劳强度影响很大。在交变载荷作用下，表面粗糙度的凹谷部位容易引起应力集中，产生疲劳裂纹。表面粗糙度值越小，表面缺陷越少，工件疲劳强度越好；反之，加工表面越粗糙，表面的纹痕越深，纹底半径越小，其抵抗疲劳破坏的能力越差。

表面粗糙度对疲劳强度的影响还与材料对应力集中的敏感程度和材料的强度极限有关。钢材对应力集中最为敏感，钢材的强度越高，对应力集中的敏感程度就越大，而铸铁和非铁金属对应力集中的敏感性相对较弱。

2. 表层金属的力学物理性质对疲劳强度的影响

表层金属的冷作硬化能够阻止疲劳裂纹的生长，可提高零件的疲劳强度。在实际加工中，加工表面在发生冷作硬化的同时，必然伴随着残余应力的产生。残余应力有拉应力和压应力之分，拉伸残余应力将使疲劳强度下降，而压缩残余应力可使疲劳强度提高。

(三) 表面质量对耐蚀性的影响

1. 表面粗糙度对耐蚀性的影响

零件的耐蚀性在很大程度上取决于表面粗糙度。大气里所含气体和液体与金属表面接触时，会凝聚在金属表面上使金属腐蚀。表面粗糙度值越大，加工表面与气体、液体接触的面积越大，腐蚀物质越容易沉积于凹坑中，耐蚀性能就越差。

2. 表层金属力学物理性质对耐蚀性的影响

当零件表面层有残余压应力时，能够阻止表面裂纹的进一步扩大，有利于提高零件表面抵抗腐蚀的能力。

(四) 表面质量对零件配合质量的影响

加工表面如果太粗糙，必然要影响配合表面的配合质量。对于间隙配合表面，起始磨损

的影响最为显著。零件配合表面的起始磨损量与表面粗糙度的平均高度成正比增加，原有间隙将因急剧的起始磨损而改变，表面粗糙度值越大，变化量就越大，从而影响配合的稳定性。对于过盈配合表面，表面粗糙度值越大，两表面相配合时表面凸峰易被挤掉，这会使过盈量减少。对于过渡配合表面，则兼有上述两种配合的影响。

第二节　影响加工表面质量的工艺因素及其改进措施

影响加工表面质量的工艺因素主要有几何因素和物理因素两个方面。不同的加工方式，影响加工表面质量的工艺因素各不相同。

一、切削加工表面的表面粗糙度

切削加工表面的表面粗糙度值主要取决于切削残留面积的高度。影响切削残留面积高度的因素主要包括刀尖圆弧半径 r_ε、主偏角 κ_r、副偏角 κ_r' 及进给量 f 等。

图 5-6 给出了车削、刨削时残留面积高度的计算示意图。图 5-6a 是用尖刀切削的情况，切削残留面积的高度为

$$H = \frac{f}{\cot\kappa_r + \cot\kappa_r'} \tag{5-1}$$

图 5-6b 是用圆弧切削刃切削的情况，切削残留面积的高度为 $H = \dfrac{f}{2}\tan\dfrac{\alpha}{4} = \dfrac{f}{2}\sqrt{\dfrac{1-\cos(\alpha/2)}{1+\cos(\alpha/2)}}$，

式中 α 为两相邻圆弧形刀痕交点到圆弧中心的包心角，如图 5-6b 所示。由图可知，$\cos(\alpha/2)=$ $\dfrac{\gamma_\varepsilon - H}{\gamma_\varepsilon} = 1 - \dfrac{H}{\gamma_\varepsilon}$，将它代入上式，略去二次微小量，整理得

$$H \approx \frac{f^2}{8r_\varepsilon} \tag{5-2}$$

从式 (5-1) 和式 (5-2) 可知，进给量 f 和刀尖圆弧半径 r_ε 对切削加工表面的表面粗糙度的影响比较明显。切削加工时，选择较小的进给量 f 和较大的刀尖圆弧半径 r_ε 将会使表面粗糙度得到改善。

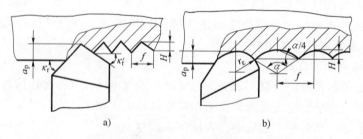

图 5-6　车削、刨削时残留面积的高度

切削加工后表面粗糙度的实际轮廓形状，一般都与纯几何因素所形成的理论轮廓有较大的差别，这是由于切削加工中有塑性变形发生。

图 5-7 描述了加工弹塑性材料时切削速度对表面粗糙度的影响。当切削速度 v 为 $20\sim50\text{m}/\text{min}$ 时，表面粗糙度值最大，因为此时常容易出现积屑瘤，使加工表面质量严重恶化；当切削速

度 v 超过 100m/min 时，表面粗糙度值下降，并趋于稳定。在实际切削时，选择低速、宽刀精切和高速精切，往往可以得到较小的表面粗糙度值。

加工脆性材料，切削速度对表面粗糙度的影响不大。一般来说，切削脆性材料比切削弹塑性材料容易达到表面粗糙度的要求。对于同样的材料，金相组织越是粗大，切削加工后的表面粗糙度值也越大。为减小切削加工后的表面粗糙度值，常在精加工前进行调质等处理，目的在于得到均匀细密的晶粒组织和较高的硬度。

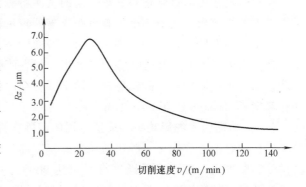

图 5-7 加工弹塑性材料时切削速度对表面粗糙度的影响

此外，合理选择切削液，适当增大刀具的前角，提高刀具的刃磨质量等，均能有效地减小表面粗糙度值。

二、磨削加工后的表面粗糙度

正像切削加工时表面粗糙度的形成过程一样，磨削加工表面的表面粗糙度的形成也是由几何因素和表层金属的塑性变形（物理因素）所决定的，但磨削过程要比切削过程复杂得多。

（一）几何因素的影响

磨削表面是由砂轮上的大量磨粒刻划出的无数极细的沟槽形成的。单纯从几何因素考虑，可以认为在单位面积上的刻痕越多，即通过单位面积的磨粒数越多，刻痕的等高性越好，则磨削表面的表面粗糙度值越小。

1. 磨削用量对表面粗糙度的影响

砂轮的速度越高，单位时间内通过被磨表面的磨粒数就越多，因而工件表面的表面粗糙度值就越小。

工件速度对表面粗糙度的影响刚好与砂轮速度的影响相反，增大工件速度时，单位时间内通过被磨表面的磨粒数减少，表面粗糙度值将增大。

砂轮的纵向进给减少，工件表面的每个部位被砂轮重复磨削的次数增加，被磨表面的表面粗糙度值将减小。

2. 砂轮粒度和砂轮修整对表面粗糙度的影响

砂轮的粒度不仅表示磨粒的大小而且还表示磨粒之间的距离。表 5-1 列出了 5 号组织、不同粒度砂轮的磨粒尺寸和磨粒之间的距离。

表 5-1　磨粒尺寸和磨粒之间的距离

砂轮粒度	磨粒的尺寸范围/μm	磨粒间的平均距离/mm
F36	500～600	0.475
F46	355～425	0.369
F60	250～300	0.255
F80	180～212	0.228

磨削金属时，参与磨削的每一颗磨粒都会在加工表面上刻出跟它的大小和形状相同的一

道小沟。在相同的磨削条件下，砂轮的粒度号数越大，参加磨削的磨粒越多，表面粗糙度值就越小。

修整砂轮的纵向进给量对磨削表面的表面粗糙度影响甚大。用金刚石修整砂轮时，金刚石在砂轮外缘打出一道螺旋槽，其螺距等于砂轮每转一转时金刚石笔在纵向的移动量。砂轮表面的不平整在磨削时将被复映到被加工表面上。修整砂轮时，金刚石笔的纵向进给量越小，砂轮表面磨粒的等高性越好，被磨工件的表面粗糙度值就越小。小表面粗糙度值磨削的实践表明，修整砂轮时，砂轮每转一转金刚石笔的纵向进给量如能减少到 0.01mm，磨削表面粗糙度 Ra 值就可达 0.1~0.2μm。

（二）物理因素的影响——表层金属的塑性变形

砂轮的磨削速度远比一般切削加工的速度高得多，且磨粒大多为负前角，磨削比压大，磨削区温度很高，工件表面温度有时可达 900℃，工件表面金属容易产生相变而烧伤。因此，磨削过程的塑性变形要比一般切削过程大得多。

由于塑性变形的缘故，被磨表面的几何形状与单纯根据几何因素所得到的原始形状大不相同。在力因素和热因素的综合作用下，被磨工件表面金属的晶粒在横向上被拉长了，有时还产生细微的裂口和局部的金属堆积现象。影响磨削表层金属塑性变形的因素，往往是影响表面粗糙度的决定性因素。

1. 磨削用量

图 5-8 所示为采用 GD60ZR2A 砂轮磨削 30CrMnSiA 材料时，磨削用量对表面粗糙度的影响曲线。

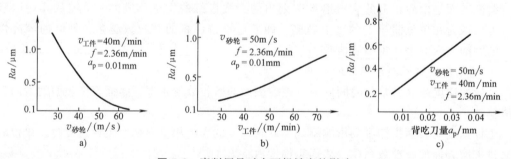

图 5-8 磨削用量对表面粗糙度的影响

砂轮速度越高，工件材料来不及变形，表层金属的塑性变形减小，磨削表面的表面粗糙度值将明显减小。

工件速度增加，塑性变形增加，表面粗糙度值将增大。

背吃刀量对表层金属塑性变形的影响很大。增大背吃刀量，塑性变形将随之增大，被磨表面的表面粗糙度值会增大。

2. 砂轮的选择

砂轮的粒度、硬度、组织和材料不同，都会对被磨工件表层金属的塑性变形产生影响，进而影响表面粗糙度。

单纯从几何因素考虑，砂轮粒度越细，磨削的表面粗糙度值越小。但磨粒太细时，不仅砂轮易被磨屑堵塞，若导热情况不好，反而会在加工表面产生烧伤等现象，使表面粗糙度值增大。砂轮粒度常取为 F46~F60 号。

砂轮的硬度是指磨粒在磨削力作用下从砂轮上脱落的难易程度。砂轮选得太硬，磨粒不易脱落，磨钝了的磨粒不能及时被新磨粒替代，使表面粗糙度值增大；砂轮选得太软，磨粒易脱落，磨削作用减弱，也会使表面粗糙度值增大。通常选用中软砂轮。

砂轮的组织是指磨粒、结合剂和气孔的比例关系。紧密组织中磨粒所占比例大、气孔小，在成形磨削和精密磨削时，能获得高精度和较小的表面粗糙度值；疏松组织的砂轮不易堵塞，适于磨削软金属、非金属软材料和热敏性材料（磁钢、不锈钢、耐热钢等），可获得较小的表面粗糙度值。一般情况下，应选用中等组织的砂轮。

砂轮材料的选择也很重要。砂轮材料选择适当，可获得满意的表面粗糙度。氧化物（刚玉）砂轮适于磨削钢类零件；碳化物（碳化硅、碳化硼）砂轮适于磨削铸铁、硬质合金等材料；用高硬材料（人造金刚石、立方氮化硼）砂轮磨削可获得极小的表面粗糙度值，但加工成本高。

此外，磨削液的作用也十分重要。对于磨削加工来说，由于磨削温度很高，热因素的影响往往占主导地位。必须采取切实可行的措施，将磨削液送入磨削区。

三、表面粗糙度和表面微观形貌的测量

（一）表面粗糙度的测量

表面粗糙度轮廓的测量方法主要有比较法、触针法、光切法和干涉法等。

1. 比较法

比较法是将被测表面与表面粗糙度样块进行对照，以确定被测表面的表面粗糙度等级。表面粗糙度样块的材料和加工纹理方向应尽可能与被测表面一致。

这种测量方法较为简便，适于在生产现场使用，但其评定的准确性在很大程度上取决于检测人员的经验，一般只用于测量表面粗糙度值较大的工件表面。

2. 触针法

触针法又称为针描法。图 5-9 所示为触针法工作原理框图。测量时让触针与被测表面接触，当触针在驱动器驱动下沿被测表面轮廓移动时，由于表面轮廓凹凸不平，触针便在垂直于被测表面轮廓的方向上做垂直起伏运动，该运动通过传感器转换为电信号，经放大和处理后，即可由显示器显示表面轮廓评定参数值，也可通过记录仪器输出表面轮廓图形。

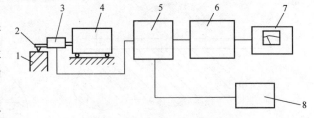

图 5-9　触针法工作原理框图

1—被测工件　2—触针　3—传感器　4—驱动器　5—放大器
6—处理器　7—显示器　8—记录仪器

用触针法检测被测表面轮廓参数属于接触式测量，其检测精度受触针针尖圆角半径、触针对被测表面轮廓的作用力以及传感信号随触针移动的非线性等因素的影响。它适于检测表面粗糙度 Ra 值为 $0.02 \sim 5\mu m$ 的轮廓。

3. 光切法

光切法是利用光切原理测量表面粗糙度轮廓的方法。双管显微镜就是运用光切原理制成的量仪，被测零件安放在带 V 形块的工作台上，转动纵向和横向千分尺，即可使工作台左右和前后运动。

图 5-10 所示为双管显微镜测量原理示意图。测量仪有两个轴线相互垂直的光管，左光管为照明光管，右光管为观测管。光源 1 通过聚光镜 2、窄缝 3 和透镜 5 射出一狭长光带，光带与工件表面的相交线即为被测工件表面在 45°斜截面上的表面轮廓曲线，如图 5-10b 所示。在一个取样长度范围内，通过移动被测表面轮廓线探寻该轮廓曲线的最大轮廓廓峰 S_1 点，S_1 点的反射光通过目镜透镜 5 成像在分划板 6 上的 S_1'' 点；接着再探寻被测轮廓线的最大轮廓廓谷，它在 S_2 点反射，并在分划板 6 上的 S_2'' 点成像。图 5-10a 中 h 是最大轮廓廓峰与最大轮廓廓谷影像的高度差。图 5-10c、d 所示为仪器的目测视场图，图 5-10c 所示为可动十字分划线的水平线与表面轮廓最大廓峰相切的情况，此时可在测微目镜鼓轮上读数 H_1；图 5-10d 所示为可动十字分划线的水平线与表面轮廓最大廓谷相切的情况，此时可在测微目镜鼓轮上读数 H_2。这样即可由上述两读数差 H（$H = H_1 - H_2$），通过计算求得所测表面轮廓的最大高度 Rz 值，即

$$Rz = \frac{H}{\beta}\cos45°$$

式中　β——物镜放大倍数。

光切法通常用于检测 Rz 值为 $0.5 \sim 60\mu m$ 的表面轮廓。Rz 值小于 $0.5\mu m$ 的表面轮廓需用干涉显微镜测量。

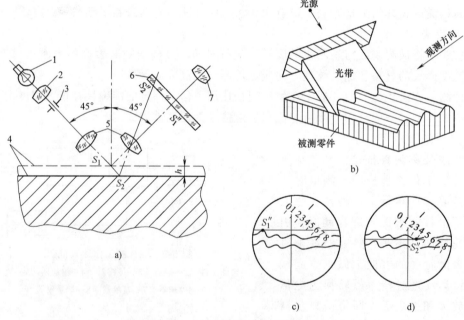

图 5-10　双管显微镜测量原理示意图
1—光源　2—聚光镜　3—窄缝　4—被测工件表面　5—透镜　6—分划板　7—目镜

4. 干涉法

干涉法用光波干涉原理测量表面粗糙度。常用仪器是干涉显微镜，适于测量 Rz 值为 $0.05 \sim 0.8\mu m$ 的光滑表面。图 5-11a 所示为干涉显微镜的光学系统示意图。光源 1 发出的光线经聚光镜 2、滤色片 3、光阑 4 及透镜 5 后成平行光线，射向半透半反的分光镜 7 后分成两束：一束光线通过补偿镜 8、物镜 9 到平面反射镜 10，被反射镜 10 反射又回到分光镜 7，再由分光镜 7 经

聚光镜 11 到反射镜 16，由反射镜 16 进入目镜 12；另一束光线向上通过物镜 6，投射到被测工件表面，由被测工件表面反射回来，通过分光镜 7、聚光镜 11 到反射镜 16，由反射镜 16 反射也进入目镜 12。这样，在目镜 12 的视场内可观察到这两束光线因光程差而形成的干涉带图形。若被测表面粗糙不平，则干涉带呈不规则波浪形，如图 5-11b 所示。在一个取样长度范围内，由测微目镜可读出相邻两干涉带距离 a 值及干涉带最大轮廓高度 b 值。由于光程差每增加半个波长即形成一条干涉带，故被测表面微观不平度的最大轮廓高度为

$$Rz = \frac{b}{a} \times \frac{\lambda}{2}$$

式中　λ——光波波长。

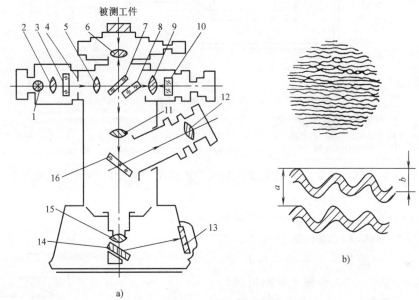

图 5-11　干涉显微镜

1—光源　2、11、15—聚光镜　3—滤色片　4—光阑　5—透镜　6、9—物镜
7—分光镜　8—补偿镜　10、14、16—反射镜　12—目镜　13—透光窗

（二）表面三维微观形貌的测量

测量表面三维微观形貌有两种不同的方法：一种是分段组装测量方法，其要点是先分段采集若干平行截面的表面轮廓信号，然后再运用信号处理的方法将所采集到的表面轮廓曲线按原采集顺序组合在一起，最终得到所测表面的三维表面形貌；另一种是整体（区域）测量方法，可直接测得加工表面某一区域的三维形貌。

图 5-12 所示为上海交通大学张鄂等开发的表面三维形貌测量与处理系统原理图。此系统由 Talysurf 6 型接触式电感轮廓仪、精密位移工作台和微机组成。被测工件 6 安装在精密工作台 5 上，精密触针 4 与被测表面相触。测量时，触针 4 由轮廓仪中的驱动元件驱动沿 x 方向做水平直线运动时，由于工件表面轮廓不平而使触针 4 在垂直表面轮廓方向（z 向）做上、下运动，此运动由电感传感器拾取经放大和模数转换后输入微机。每当触针 4 沿 x 方向运动一次，采集一个截面的表面轮廓信号后，步进电动机 7 便带动丝杠驱动精密工作台 5 沿 y 方向移动一个步距；轮廓仪再次驱动触针 4 沿被测表面做 x 方向水平运动，便又可采集到

一个截面的表面轮廓信号。如此不断重复，便可采集到被测表面一系列截面的表面轮廓信号，将所采集的表面轮廓曲线按原采集顺序组合起来，便可由微机打印输出所测工件表面三维形貌图和 Ra、Rz 值。

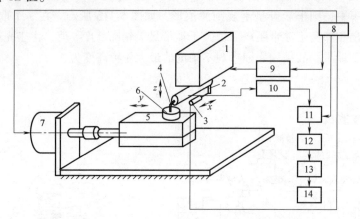

图 5-12 表面三维形貌测量与处理系统原理图

1—轮廓仪驱动部分 2—定位块 3—电触点 4—触针 5—精密工作台 6—工件

7—步进电动机 8—控制电路 9—轮廓仪驱动电路 10—轮廓仪放大电路 11—A/D 转换器

12—微机 13—显示器 14—打印机

上述测量装置的测量精度取决于电感轮廓仪的测量精度和分段测量的疏密程度。Talysurf 6 型电感轮廓仪的分辨力为 0.001μm。

美国 WYKO 公司生产的 TOPO—3D 移相干涉测量仪采用整体（区域）测量方法，它能直接测得加工表面某一区域的三维形貌。图 5-13 所示为 TOPO—3D 移相干涉测量仪的光学原理图。干涉显微镜由一个分光板 15 和一个参考基准板 14 组成。在参考基准板 14 的中心安装了基准反射镜 13，参考基准板 14 连同基准反射镜 13 一起被固定在筒状压电陶瓷管 11 上，对压电陶瓷管 11 施加电压控制，固定在压电陶瓷管 11 上的参考基准板 14、基准反射镜 13 将上、下移动。光源 1 发出的光线经透镜 2、视场光阑 3 和透镜 4 变成平行光，经分光镜 10 反射向下，经透镜 12 射向分光板 15，将光束分为两部分：一部分射向基准反射镜 13 再返回，另一部分射向被测工件 16 表面再反射回去。这两路反射光线在分光板 15 上重新会合后经透镜 12 由 CCD 面阵探测器 7 接受处理。

测量时，计算机按预定程序对压电陶瓷管 11 施加电压控制，使参考基准板 14 连同

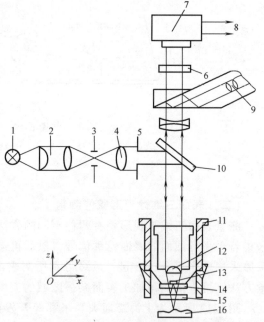

图 5-13 TOPO—3D 移相干涉测量仪的光学原理图

1—光源 2、4、12—透镜 3、5—视场光阑 6—干涉滤波片 7—CCD 面阵探测器 8—输出信号 9—目镜 10—分光镜 11—压电陶瓷管 13—基准反射镜 14—参考基准板 15—分光板 16—被测工件

基准反射镜 13 在初次探测的基础上沿光轴方向做三次等间隔移动，压电陶瓷管 11 每移动一个位置，CCD 面阵探测器 7 就对所接收到的两路反射光线因光程差引起的干涉条纹上各点的光强 $I(x, y)$ 进行一次测量。经四次测量，即可求得被测表面轮廓各点的高度 $Z(x, y)$，并输出表面三维形貌图。

设相移前干涉条纹图上各点的光强为

$$I_1(x, y) = I_0(x, y)[1+\gamma_0\cos\phi(x, y)]$$

式中　$I_0(x, y)$——干涉条纹图背景光强；

　　　γ_0——干涉光强的调制幅值；

　　　$\phi(x, y)$——干涉条纹图中与被测工件表面轮廓高度 $Z(x, y)$ 相对应的相位值。

计算机控制压电陶瓷管在前述位置的基础上向上伸长 $\lambda/8$（式中 λ 为光源波长），CCD 面阵探测器上干涉条纹随之移相 $\pi/2$，此时表面形貌干涉条纹图上 (x, y) 点的光强为

$$I_2(x, y) = I_0(x, y)\{1+\gamma_0\cos[\phi(x, y)+\pi/2]\}$$

让压电陶瓷管累计向上伸长 $\lambda/4$，干涉条纹随之移相 π，表面形貌干涉条纹图上 (x, y) 点的光强为

$$I_3(x, y) = I_0(x, y)\{1+\gamma_0\cos[\phi(x, y)+\pi]\}$$

让压电陶瓷管累计向上伸长 $3\lambda/8$，干涉条纹随之移相 $3\pi/2$，表面形貌干涉条纹图 (x, y) 点光强为

$$I_4(x, y) = I_0(x, y)\{1+\gamma_0\cos[\phi(x, y)+3\pi/2]\}$$

对所测得的工件表面形貌干涉条纹各点光强值 $I_1(x, y)$、$I_2(x, y)$、$I_3(x, y)$、$I_4(x, y)$ 进行数据处理，即可求得初次测量时被测工件表面轮廓高度 $Z(x, y)$ 相对应的相位值 $\phi(x, y)$ 为

$$\phi(x,y) = \tan^{-1}\frac{I_4(x, y)-I_2(x, y)}{I_1(x, y)-I_3(x, y)}$$

知道了 $\phi(x, y)$，便可由 $\phi(x, y)$ 求得被测表面各点的轮廓高度 $Z(x, y)$ 为

$$Z(x, y) = \frac{\lambda/2}{2\pi}\phi(x, y) = \frac{\lambda}{4\pi}\phi(x, y)$$

计算机将被测表面轮廓各点的高度 $Z(x, y)$ 综合起来就能输出加工表面三维形貌图，如图 5-14b 所示。还可由 $Z(x, y)$ 值进一步求得被测表面的表面粗糙度 Ra、Rz 值。图 5-14a 所示为从目镜 9 看到的工件表面形貌干涉条纹图。

用 TOPO—3D 移相干涉测量仪测量表面形貌的测量精度较高，垂直分辨力为 0.3nm，水平分辨力为 0.4μm；测量效率高，因为它属于整体（区域）测量方法，可直接测得表面三维形貌。但它只能测得 Rz 值 $\leqslant\lambda/2$ 的表面三维微观形貌。

由于受自身分辨力的限制，TOPO—3D 移相干涉测量仪不能用于测量 Rz 值 $\leqslant 0.3$nm 的高光洁表面的三维微观形貌。

扫描隧道显微镜、原子力显微镜的垂直分辨力达 0.01nm，水平分辨力达 0.1nm，它们可以胜任高光洁表面三维纳米形貌的分析任务。图 5-1 所示表面微观形貌就是用扫描隧道显微镜测得的光学镜面三维纳米形貌，与用 TOPO—3D 移相干涉测量仪测得的三维表

259

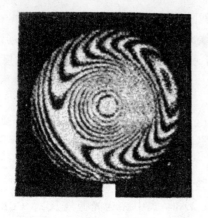

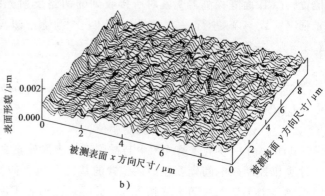

b)

a)

图 5-14　测出的表面微观形貌

a) 表面形貌的干涉条纹图　b) 表面的三维形貌图

面形貌相比，扫描隧道显微镜的分辨力高，但其测量范围相对较小。

第三节　影响表层金属力学物理性能的工艺因素及其改进措施

由于受到切削力和切削热的作用，表面金属层的力学物理性能会产生很大的变化，最主要的变化是表层金属显微硬度的变化、金相组织的变化和在表层金属中产生残余应力。

一、加工表面层的冷作硬化

（一）概述

机械加工过程中产生的塑性变形，使晶格扭曲、畸变，晶粒间产生滑移，晶粒被拉长，这些都会使表层金属的硬度增加，称为冷作硬化（或称为强化）。表层金属冷作硬化的结果，会增大金属变形的阻力，减小金属的塑性，金属的物理性质（如密度、导电性、导热性等）也会发生变化。

金属冷作硬化的结果，使金属处于高能位不稳定状态，只要一有条件，金属的冷硬结构就会本能地向比较稳定的结构转化，这些现象统称为弱化。机械加工过程中产生的切削热，将使金属在塑性变形中产生的冷硬现象得到恢复。

由于金属在机械加工过程中同时受到力因素和热因素的作用，机械加工后表层金属的最后性质取决于强化和弱化两个过程的综合。

评定冷作硬化的指标有下列三项：

1）表层金属的显微硬度 HV；

2）硬化层深度 $h(\mu m)$；

3）硬化程度 N 为

$$N = \frac{HV - HV_0}{HV_0} \times 100\% \tag{5-3}$$

式中　HV_0——工件内部金属原来的硬度。

（二）影响切削加工表面冷作硬化的因素

1. 切削用量的影响

切削用量中以进给量和切削速度的影响为最大。图 5-15 给出了在切削 45 钢时，进给量和切削速度对冷作硬化的影响。加大进给量时，表层金属的显微硬度将随之增加，这是因为随着进给量的增大，切削力也增大，表层金属的塑性变形加剧，冷硬程度增大。但是，这种情况只是在进给量比较大时才是正确的；如果进给量很小，比如切削厚度小于 0.05 ~ 0.06mm 时，若继续减小进给量，则表层金属的冷硬程度不仅不会减小，反而会增大。

增大切削速度，刀具与工件的作用时间减少，使塑性变形的扩展深度减小，因而冷硬层深度减小；但增大切削速度，切削热在工件表面层上的作用时间也缩短了，将使冷硬程度增加。在图 5-15 及图 5-16 所示加工条件下，增大切削速度，都出现了冷硬程度随之增大的情况。但在某些加工条件下，切削速度对冷硬的影响规律却与此相反。例如，车削 Q235A 钢，在切削速度为 14m/min 时，冷硬层深度达到 100μm；而当切削速度提高到 208m/min 时，冷硬层深度只有 38μm，冷硬程度也显著降低。切削速度对冷硬程度的影响是力因素和热因素综合作用的结果。

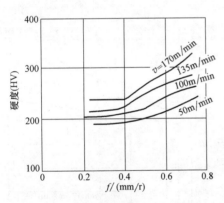

图 5-15　进给量对冷作硬化的影响

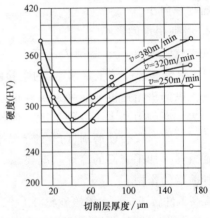

图 5-16　切削层厚度对冷作硬化的影响

背吃刀量对表层金属冷作硬化的影响不大。

2. 刀具几何形状的影响

切削刃钝圆半径的大小对切屑形成过程的进行有决定性影响。实验证明，已加工表面的显微硬度随着切削刃钝圆半径的加大而明显地增大。这是因为切削刃钝圆半径增大，径向切削分力也将随之加大，表层金属的塑性变形程度加剧，导致冷硬增大。

前角在 ±20° 范围内变化时，对表层金属的冷硬没有显著影响。

刀具磨损对表层金属的冷作硬化影响很大。图 5-17 所示为苏联学者 И. С. Штейнберг 所做试验得到的结果。刀具后刀面磨损宽度 VB 从 0 增大到 0.2mm，表层金属的显微硬度由 220HV 增大到 340HV。这是由于磨损宽度加大之后，刀具

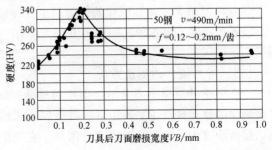

图 5-17　刀具后刀面磨损宽度对冷作硬化的影响

261

后刀面与被加工工件的摩擦加剧，塑性变形增大，导致表面冷硬增大，但磨损宽度继续加大，摩擦热将急剧增大，弱化趋势明显增大，表层金属的显微硬度逐渐下降，直至稳定在某一水平上。

刀具后角 α_o，主、副偏角 κ_r、κ_r' 以及刀尖圆弧半径 r_ε 等对表层金属的冷作硬化影响不大。

3. 加工材料性能的影响

工件材料的塑性越大，冷硬倾向越大，冷硬程度也越严重。碳钢中含碳量越高，强度越高，其塑性就越小，因而冷硬程度就越小。有色合金金属的熔点低，容易弱化，冷作硬化现象比钢材轻得多。

（三）影响磨削加工表面冷作硬化的因素

1. 工件材料性能的影响

分析工件材料对磨削表面冷作硬化的影响，可以从材料的塑性和导热性两个方面考虑。磨削高碳工具钢 T8，加工表面冷硬程度平均可达 60%～65%，个别可达 100%；而磨削纯铁时，加工表面冷硬程度可达 75%～80%，有时可达 140%～150%，其原因是纯铁的塑性好，磨削时的塑性变形大，强化倾向大。纯铁的导热性比高碳工具钢高，热量不容易集中于表面层，弱化倾向小。

2. 磨削用量的影响

加大背吃刀量 a_p，磨削力随之增大，磨削过程的塑性变形加剧，表面冷硬倾向增大。图5-18所示为磨削高碳工具钢 T8 的实验曲线。

加大纵向进给速度 v_{ft}，每颗磨粒的切屑厚度随之增大，磨削力加大，冷硬增大。但提高纵向进给速度，有时又会使磨削区产生较大的热量而使冷硬减弱。加工表面的冷硬状况要综合考虑上面两种因素的作用。

提高工件转速 v_w，会缩短砂轮对工件的作用时间，使软化倾向减弱，因而表面层的冷硬增大。

提高磨削速度，每颗磨粒切除的切削厚度变小，减弱了塑性变形程度；磨削区的温度增高，弱化倾向增大。高速磨削时加工表面的冷硬程度总比普通磨削时低，图 5-18 所示的实验结果就说明了这个问题。

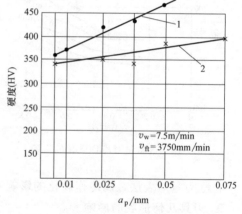

图 5-18 磨削深度对冷作硬化的影响
1—普通磨削 2—高速磨削

3. 砂轮粒度的影响

砂轮粒度越大，每颗磨粒的载荷越小，冷硬程度也越小。

表 5-2 列出了用各种机械加工方法（采用一般切削用量）加工钢件时，加工表面冷硬层深度和冷硬程度的部分数据。

（四）冷作硬化的测量方法

冷作硬化的测量主要是指表面层的显微硬度 HV 和硬化层深度 h 的测量，硬化程度 N 可由表面层的显微硬度 HV 和工件内部金属原来的显微硬度 HV_0 通过式（5-3）计算求得。表面层显微硬度 HV 常用显微硬度计测量。它的测量原理与维氏硬度计相同，都是采用顶角为 $136°$ 的金刚石压头在试件表面上打印痕，然后根据印痕的大小决定硬度值。所不同的只是显

表 5-2 用各种机械加工方法加工钢件的表面层冷作硬化情况

加工方法	材 料	硬化层深度 $h/\mu m$		硬化程度 $N(\%)$	
		平均值	最大值	平均值	最大值
车削		30~50	200	20~50	100
精细车削		20~60	—	40~80	120
端铣	低碳钢	40~100	200	40~60	100
圆周铣		40~80	110	20~40	80

微硬度计所用的载荷很小，一般都只在 2N 以内（维氏硬度计的载荷约为 50~1200N），印痕极小。

加工表面冷硬层很薄时，可在斜截面上测量显微硬度。对于平面试件，可按图 5-19a 磨出斜面，然后逐点测量其显微硬度，并将测量结果绘制成图 5-19b 所示图形。采用斜截面测量法，不仅可以测量显微硬度，还能较为准确地测出硬化层深度 h。由图 5-19a 可知

$$h = l\sin\alpha + Rz$$

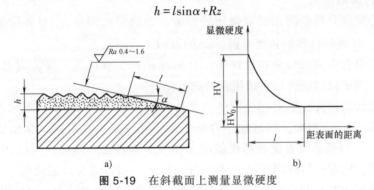

图 5-19 在斜截面上测量显微硬度

二、表面金属的金相组织变化

（一）机械加工表面金相组织的变化

机械加工过程中，在工件的加工区及其邻近的区域，温度会急剧升高，当温度升高到超过工件材料金相组织变化的临界点时，就会发生金相组织变化。对于一般的切削加工方法倒不至于严重到如此程度，但磨削加工不仅磨削比压特别大，而且磨削速度也特别高，切除单位体积金属的功率消耗远大于其他加工方法，而加工所消耗能量的绝大部分都要转化为热量，这些热量中的大部分（约 80%）将传给被加工表面，使工件表面具有很高的温度。对于已淬火的钢件，很高的磨削温度往往会使表层金属的金相组织产生变化，使表层金属硬度下降，使工件表面呈现氧化膜颜色，这种现象称为磨削烧伤。磨削加工是一种典型的容易产生加工表面金相组织变化的加工方法，在磨削加工中若出现磨削烧伤现象，将会严重影响零件的使用性能。

磨削淬火钢时，在工件表面形成的瞬时高温将使表层金属产生以下三种金相组织变化：

1）如果磨削区的温度未超过淬火钢的相变温度（碳钢的相变温度为 720℃），但已超过马氏体的转变温度（中碳钢为 300℃），工件表面金属的马氏体将转化为硬度较低的回火组织（索氏体或托氏体），这称为回火烧伤。

2）如果磨削区温度超过了相变温度，再加上切削液的急冷作用，表层金属会出现二次淬火马氏体组织，硬度比原来的回火马氏体高；在它的下层，因冷却较慢，出现了硬度比原来的回火马氏体低的回火组织（索氏体或托氏体），这称为淬火烧伤。

263

3）如果磨削区温度超过了相变温度，而磨削过程又没有切削液，表层金属将产生退火组织，硬度将急剧下降，这称为退火烧伤。

（二）减小磨削烧伤的工艺途径

1. 正确选择砂轮

磨削导热性差的材料（如耐热钢、轴承钢及不锈钢等），容易产生烧伤现象，应特别注意合理选择砂轮的硬度、结合剂和组织。硬度太高的砂轮，砂轮钝化之后不易脱落，容易产生烧伤。为避免烧伤，应选择较软的砂轮。选择具有一定弹性的结合剂（如橡胶结合剂、树脂结合剂），也有助于避免烧伤现象的产生。此外，为了减少砂轮与工件之间的摩擦热，在砂轮的孔隙内浸入石蜡之类的润滑物质，对降低磨削区的温度、防止工件烧伤也有一定效果。

2. 合理选择磨削用量

现以平磨为例来分析磨削用量对烧伤的影响。磨削背吃刀量 a_p 对磨削温度影响极大，如图 5-20 所示。从减轻烧伤的角度考虑，a_p 的取值不宜过大。

增大横向进给量 f_t 对减轻烧伤有好处。图 5-21 给出了横向进给量 f_t 对磨削温度分布影响的实验结果。为了减轻烧伤，宜选用较大的 f_t。

增大工件的回转速度 v_w，磨削表面的温度会升高，但其增长速度与磨削背吃刀量 a_p 的影响相比小得多；且 v_w 越大，热量越不容易传入工件内层，具有减小烧伤层深度的作用。增大工件速度 v_w，当然会使表面粗糙度值增大，为了弥补这一缺陷，可以相应提高砂轮速度 v_s。实践证明，同时提高砂轮速度 v_s 和工件速度 v_w，可以避免产生烧伤。

从减轻烧伤而同时又能有较高的生产率考虑，在选择磨削用量时，应选用较大的工件速度 v_w 和较小的磨削背吃刀量 a_p。

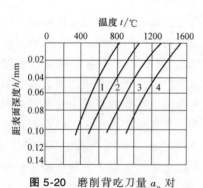

图 5-20 磨削背吃刀量 a_p 对
磨削温度分布的影响
1—$a_p = 0.01$mm 2—$a_p = 0.02$mm
3—$a_p = 0.04$mm 4—$a_p = 0.06$mm
实验条件：$v_s = 35$m/s，$v_w = 0.5$m/min
$f_t = 12$mm/单行程

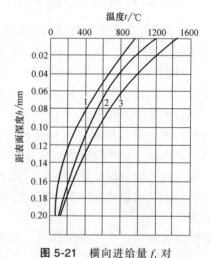

图 5-21 横向进给量 f_t 对
磨削温度分布的影响
1—$f_t = 24$mm/单行程 2—$f_t = 12$mm/单行程
3—$f_t = 6$mm/单行程
实验条件：$v_s = 35$mm/s，$v_w = 1$m/s
$a_p = 0.02$mm

3. 改善冷却条件

磨削时磨削液若能直接进入磨削区，对磨削区进行充分冷却，则能有效地防止烧伤现象的产生。因为水的比热和汽化热都很高，在室温条件下，1mL 水变成 100℃ 以上的水蒸气至少能带走 2512J 的热量；而磨削区热源每秒钟的发热量，在一般磨削用量下都在 4187J 以下。据此可以推测，只要设法在每秒钟时间内确有 2mL 的磨削液进入磨削区，将有相当可观的热量被带走，就可以避免产生烧伤。然而，目前通用的冷却方法（图 5-22）效果很差，实际上没有多少磨削液能够真正进入磨削区。需采取切实可行的措施，改善冷却条件，防止烧伤现象产生。

内冷却（图 5-23）是一种较为有效的冷却方法。其工作原理是，经过严格过滤的切削液通过中空主轴法兰套引入砂轮中心腔 3 内，由于离心力的作用，这些切削液就会通过砂轮内部的孔隙向砂轮四周的边缘洒出，因此切削液就有可能直接进入磨削区。目前，内冷却装置尚未得到广泛应用，其主要原因是使用内冷却装置时，

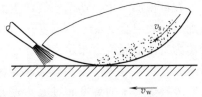

图 5-22 目前通用的冷却方法

磨床附近有大量水雾，操作工人劳动条件差，精磨时无法通过观察火花试磨对刀。

4. 选用开槽砂轮

在砂轮的圆周上开一些横槽，能使砂轮将切削液带入磨削区，对防止工件烧伤十分有效。开槽砂轮的形状如图 5-24 所示。目前常用的开槽砂轮有均匀等距开槽（图 5-24a）和在 90° 之内变距开槽（图 5-24b）两种形式。采用开槽砂轮，能将切削液直接带入磨削区，可有效改善冷却条件。在砂轮上开槽还能起到风扇作用，可改善磨削过程的散热条件。

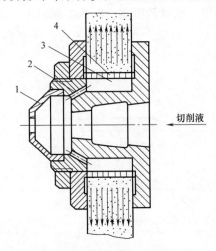

图 5-23 内冷却装置
1—锥形盖 2—通道孔 3—砂轮中心腔
4—有径向小孔的薄壁套

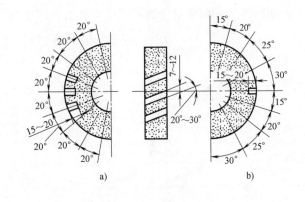

图 5-24 开槽砂轮
a) 槽均匀分布 b) 槽不均匀分布

三、表层金属的残余应力

在机械加工过程中，当表层金属组织发生形状变化、体积变化或金相组织变化时，将在表面层的金属与其基体间产生相互平衡的残余应力。

265

（一）表层金属产生残余应力的原因

机械加工时在加工表面的金属层内有塑性变形产生，使表层金属的比容增大。由于塑性变形只在表层中产生，而表层金属的比容增大和体积膨胀，不可避免地要受到与它相连的里层金属的阻碍，这样就在表层内产生了压缩残余应力，而在里层金属中产生拉抻残余应力。当刀具从被加工表面上切除金属时，表层金属的纤维被拉长，刀具后刀面与已加工表面的摩擦又加大了这种拉伸作用；刀具切离之后，拉伸弹性变形将逐渐回复，而拉伸塑性变形则不能回复，表层金属的拉伸塑性变形，受到与它相连的里层未发生塑性变形金属的阻碍，因此就在表层金属中产生了压缩残余应力，而在里层金属中产生拉伸残余应力。

在机械加工中，切削区会产生大量的切削热，工件表面的温度往往很高。例如，在外圆磨削时，表层金属的平均温度达 $300 \sim 400 ℃$，瞬时磨削温度则可高达 $800 \sim 1200 ℃$。图5-25a所示为工件上温度分布示意图。t_p 点相当于金属具有高塑性的温度，温度高于 t_p 的表层金属不会有残余应力产生；t_n 为标准室温，t_m 为金属熔化温度。由图 5-25a 所示温度分布图知，表层金属 1 的温度超过 t_p，表层金属 1 处于没有残余应力作用的完全塑性状态中；金属层 2 的温度在 t_n 和 t_p 之间，这层金属受热之后体积要膨胀，由于表层金属 1 处于完全塑性状态，故它对金属层 2 的受热膨胀不起任何阻止作用；但金属层 2 的膨胀要受到处于室温状态的里层金属 3 的阻止，金属层 2 由于膨胀受阻将产生瞬时压缩残余应力，而金属层 3 则受到金属层 2 的牵连产生瞬时拉伸残余应力，如图 5-25b 所示。切削过程结束之后，工件表面的温度开始下降，当金属层 1 的温度低于 t_p 时，将从完全塑性变形状态转变为不完全塑性状态，金属层 1 的冷却使其体积收缩，但它的收缩受到金属层 2 的阻碍，这样金属层 1 内就产生了拉伸残余应力，而在金属层 2 内的压缩残余应力将进一步增大，如图 5-25c 所示。表层金属继续冷却，表层金属 1 继续收缩，它仍将受到里层金属的阻碍，因此金属层 1 的拉伸应力还要继续加大，而金属层 2 内的压缩应力则扩展到金属层 2 和金属层 3 内。在室温下，由切削热引起的表层金属残余应力状态如图 5-25d 所示。

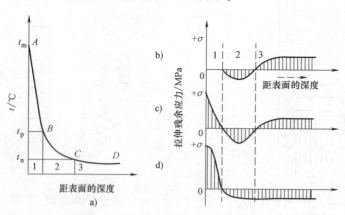

图 5-25　由于切削热在表层金属产生拉伸残余应力的示意图

不同的金相组织具有不同的密度（$\rho_{马氏体} = 7.75 t/m^3$，$\rho_{奥氏体} = 7.96 t/m^3$，$\rho_{铁素体} = 7.88 t/m^3$，$\rho_{珠光体} = 7.78 t/m^3$），也就会具有不同的比容。如果在机械加工中，表层金属产生金相组织的变化，它的比容将随之发生变化，而表层金属的这种比容变化必然会受到与之相连的基体金属的阻碍，因此就会有残余应力产生。如果金相组织的变化引起表层金属的比容增大，则表层金属将产生压缩残余应力，而里层金属产生拉伸残余应力；如果金相组织的变化引起表层金属的比容减小，则表层金属产生拉伸残余应力，而里层金属产生压缩残余应力。在磨削淬火钢时，因磨削热有可能使表层金属产生回火烧伤，工件表层金属组织将由马氏体转变为接近珠光体的托氏体或索氏体，表层金属密度从 $7.75t/m^3$ 增至 $7.78t/m^3$，比容减小。表层金属由于相变而产生的收缩受到基体金属的阻碍，因而在表层金属产生拉伸残余应力，里层金属则产生与之相平衡的压缩残余应力。如果磨削时表层金属的温度超过相变温度，且冷却又很充分，表层金属将因急冷形成淬火马氏体，密度减小，比容增大，这样，表面金属将产生压缩残余应力，而里层金属则产生拉伸残余应力。

（二） 影响切削加工表层金属残余应力的工艺因素

1. 切削速度和被加工材料的影响

用正前角车刀加工 45 钢的切削试验结果表明，在所有的切削速度下，工件表层金属均产生拉伸残余应力，这说明切削热在切削过程中起主导作用。在同样的切削条件下加工 18CrNiMoA 钢时，表面残余应力状态就有很大变化。图 5-26 所示为车削 18CrNiMoA 钢工件的残余应力分布图。在采用正前角车刀以较低的切削速度（6~20m/min）车削 18CrNiMoA 钢时，工件表面产生拉伸残余应力；但随着切削速度的增大，拉伸应力值逐渐减小，在切削速度为 200~250m/min 时表面层呈现压缩残余应力（图 5-26a）。高速（500~850m/min）车削 18CrNiMoA 时，表面产生压缩残余应力（图 5-26b），这说明在低速车削时，切削热的作用起主导作用，表层产生拉伸残余应力；随着切削速度的提高，表层温度逐渐提高至淬火温度，表层金属产生局部淬火，金属的比容开始增大，金相组织变化因素开始起作用，致使拉伸残余应力的数值逐渐减小。当高速切削时，表面金属的淬火进行得较充分，比容增大，金相组织变化起主导作用，因而在表层金属中产生了压缩残余应力。

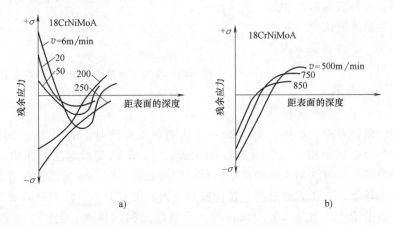

图 5-26 切削速度和被加工材料对残余应力的影响

2. 前角的影响

前角对表层金属残余应力的影响极大，图 5-27 所示为车刀前角对残余应力影响的试验曲线。以 150m/min 的切削速度车削 45 钢时，当前角由正值变为负值或继续增大负前角，拉伸残余应力的数值减小（图 5-27a）。当以 750m/min 的切削速度车削 45 钢时，前角的变化将引起残余应力性质的变化，刀具负前角很大（$\gamma = -30°$ 和 $\gamma = -50°$）时，表层金属发生淬火反应，产生压缩残余应力（图 5-27b）。

车削容易发生淬火反应的 18CrNiMoA 钢时，在 150m/min 的切削速度下，用前角 $\gamma=-30°$ 的车刀切削，就能使表面层产生压缩残余应力（图 5-27c）；而当切削速度加大到 750m/min 时，用负前角车刀加工都会使表面层产生压缩残余应力；只有在采用较大的正前角车刀加工时，才会产生拉伸残余应力（图 5-27d）。前角的变化不仅影响残余应力的数值和符号，而且在很大程度上影响残余应力的扩展深度。

此外，切削刃钝圆半径 r_n、刀具磨损状态等都对表层金属残余应力的性质及分布有影响。

（三）影响磨削加工表层金属残余应力的工艺因素

磨削加工中，塑性变形严重且热量大，工件表面温度高，热因素和塑性变形对磨削表面残余应力的影响都很大。在一般磨削过程中，若热因素起主导作用，工件表面将产生拉伸残余应力；若塑性变形起主导作用，工件表面将产生压缩残余应力；当工件表面温度超过相变温度且又冷却充分时，工件表面出现淬火烧伤，此时金相组织变化因素起主要作用，工件表面将产生压缩残余应力。在精细磨削时，塑性变形起主导作用，工件表层金属产生压缩残余应力。

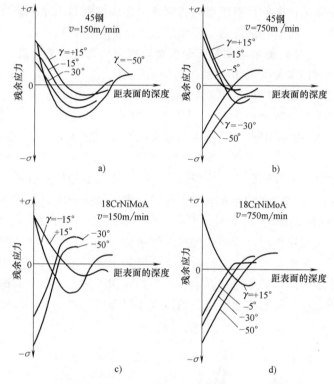

图 5-27 车刀前角对表层金属残余应力的影响

1. 磨削用量的影响

磨削背吃刀量 a_p 对表面层残余应力的性质、数值有很大影响。图 5-28 所示为磨削工业铁时，磨削背吃刀量对残余应力的影响。当磨削背吃刀量很小（如 $a_p=0.005$mm）时，塑性变形起主要作用，因此磨削表面形成压缩残余应力。继续加大磨削背吃刀量，塑性变形加剧，磨削热随之增大，热因素的作用逐渐占据主导地位，在表面层产生拉伸残余应力。随着磨削背吃刀量的增大，拉伸残余应力的数值将逐渐增大。当 $a_p>0.025$mm 时，尽管磨削温度很高，但因工业铁的含碳量极低，不可能出现淬火现象，此时塑性变形因素逐渐起主导作用，表层金属的拉伸残余应力数值逐渐减小；当 a_p 取值很大时，表层金属呈现压缩残余应力状态。

提高砂轮速度，磨削区温度升高，而每颗磨粒所切除的金属厚度减小，此时热因素的作用增大，塑性变形因素的影响减小，因此提高砂轮速度将使表面金属产生拉伸残余应力的倾向增大。图 5-28 中，给出了高速磨削（曲线 2）和普通磨削（曲线 1）的试验结果对比。

增大工件的回转速度和进给速度，将使砂轮与工件热作用的时间缩短，热因素的影响逐渐减小，塑性变形因素的影响逐渐加大。这样，表层金属中产生拉伸残余应力的趋势逐渐减小，而产生压缩残余应力的趋势逐渐增大。

2. 工件材料的影响

一般来说，工件材料的强度越高、导热性越差、塑性越低，在磨削时表面金属产生拉伸残余应力的倾向就越大。碳素工具钢 T8 比工业铁强度高，材料的变形阻力大，磨削时发热量也大，且 T8 的导热性比工业铁差，磨削热容易集中在表面金属层，再加上 T8 的塑性低于工业铁，因此在磨削时，热因素的作用比磨削工业铁明显，表层金属产生拉伸残余应力的倾向比磨削工业铁大，如图 5-29 所示。

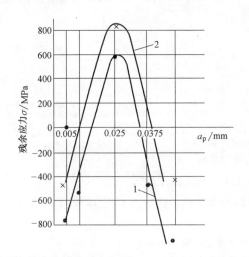

图 5-28　磨削背吃刀量对残余应力的影响
1—普通磨削　2—高速磨削

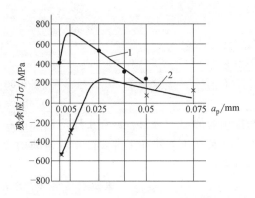

图 5-29　工件材料对残余应力的影响
1—碳素工具钢 T8　2—工业铁

（四）工件最终工序加工方法的选择

工件表层金属的残余应力将直接影响机器零件的使用性能。一般来说，工件表面残余应力的数值及性质主要取决于工件最终工序的加工方法。如何选择工件最终工序的加工方法，需要考虑该零件的具体工作条件及可能产生的破坏形式。

在交变载荷的作用下，零件表面上存在的局部微观裂纹，拉伸残余应力的作用会使原生裂纹扩大，最后导致零件断裂。从提高零件抵抗疲劳破坏的角度考虑，最终工序应选择能在加工表面（尤其是应力集中区）产生压缩残余应力的加工方法。

两个零件做相对滑动，滑动面将逐渐产生磨损。滑动磨损的机理十分复杂，它既有滑动摩擦的机械作用，又有物理化学方面的综合作用（如粘接磨损、扩散磨损、化学磨损）。滑动摩擦工作应力分布如图 5-30a 所示，当表面层的压缩工作应力超过材料的许用应力时，将使表层金属磨损。从提高零件抵抗滑动摩擦引起的磨损考虑，最终工序应选择能在加工表面上产生拉伸残余应力的加工方法。从抵抗扩散磨损、化学磨损、粘接磨损考虑，对残余应力的性质无特殊要求，但残余应力的数值要小，使表面金属处于低能位状态。

两个零件做相对滚动，滚动面也将逐渐磨损。滚动磨损主要来自滚动摩擦的机械作用，也有来自粘接、扩散等物理、化学方面的综合作用。滚动摩擦工作应力分布如图 5-30b 所示，引起滚动磨损的决定性因素是表面层下深度为 h 处的最大拉应力。从提高零件抵抗滚动

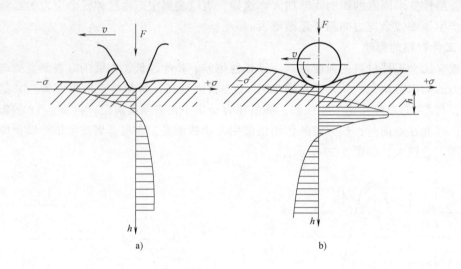

图 5-30 应力分布图

a) 滑动摩擦 b) 滚动摩擦

摩擦引起的磨损考虑，最终工序应选择能在表面层下产生压应力的加工方法。

各种加工方法在工件表面上残留的内应力情况见表 5-3。此表可供选择最终工序加工方法参考。

表 5-3 各种加工方法在工件表面上残留的内应力

加工方法	残余应力情况	残余应力值 σ/MPa	残余应力层深度 h/mm
车削	一般情况下，表面受拉，里层受压；$v_c > 500\text{m/min}$ 时，表面受压，里层受拉	$200 \sim 800$，刀具磨损后达 1000	一般情况下为 $0.05 \sim 0.10$；当用大负前角（$\gamma = -30°$）车刀，v_c 很大时，h 可达 0.65
磨削	一般情况下，表面受压，里层受拉	$200 \sim 1000$	$0.05 \sim 0.30$
铣削	一般情况下，表面受拉，里层受压；$V_e = 500\text{m/min}$ 时，表面受压，里层受拉	$600 \sim 1500$	
碳钢淬硬	表面受压，里层受拉	$400 \sim 750$	
钢珠滚压钢件	表面受压，里层受拉	$700 \sim 800$	
喷丸强化钢件	表面受压，里层受拉	$1000 \sim 1200$	
渗碳淬火	表面受压，里层受拉	$1000 \sim 1100$	
镀铬	表面受拉，里层受压	400	
镀铜	表面受拉，里层受压	200	

四、表面强化工艺

这里所说的表面强化工艺是指通过冷压加工方法使表层金属发生冷态塑性变形，以减小表面粗糙度值，提高表面硬度，并在表面层产生压缩残余应力的表面强化工艺。冷压加工强化工艺是一种既简便又有明显效果的加工方法，因而应用十分广泛。表 5-4 中列举了常用的机械强化加工方法。

表 5-4　常用机械强化加工方法

序号	加工方法	加工表面	加工效果				加工部位	工　序　简　图
			硬化深度/mm	硬化程度（%）	能达到的公差等级	表面粗糙度 Ra 值/μm		
1	单滚柱或滚珠、多滚柱或滚珠滚压	外圆柱面、平面或成形表面	0.2~1.5	10~40	IT6 ~IT7	0.08~0.63	轴、轴颈、平板、导轨等	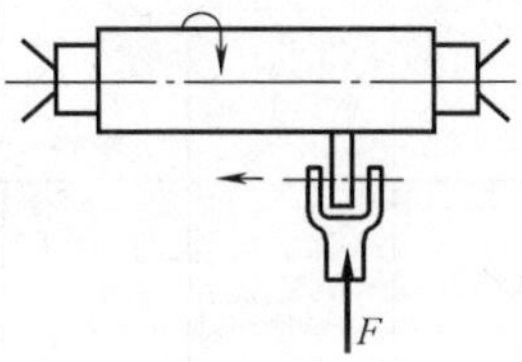
2	单滚柱或滚珠、多滚柱或滚珠扩压	内圆柱面	0.2 或更大	可达 40	IT6 ~IT7	0.08~0.63	大于 $\phi30$mm 的孔	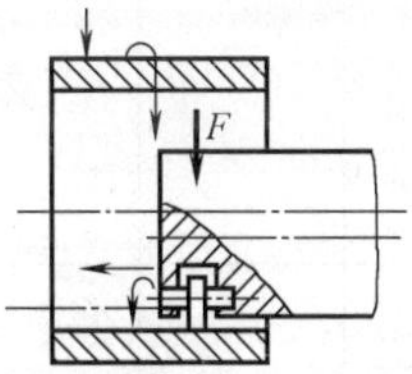
3	多滚珠或滚珠、单滚珠或滚珠弹性滚压	外圆柱面、平面或成形表面	—	可达 40	IT5 ~IT6	0.08~0.63	轴和轴颈等	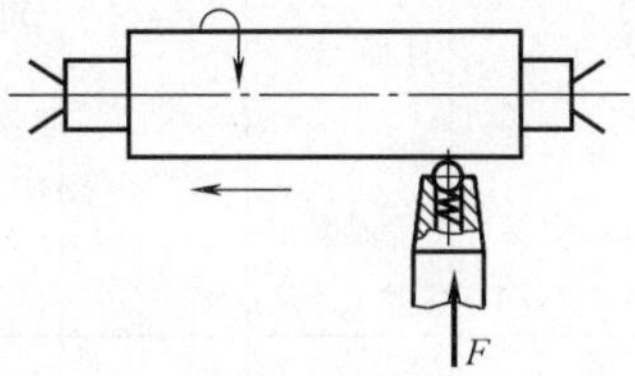
4	单滚珠弹性滚压	平面或成形表面	—	—	IT6	0.16~0.63	平面或成形表面	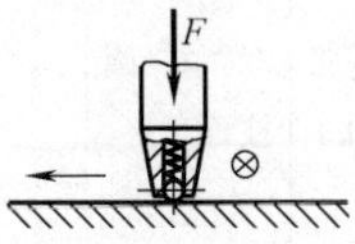
5	弹性滚珠扩压	内圆柱面	—	—	IT6	0.08~0.63	$\phi30$ ~ $\phi200$mm 的孔	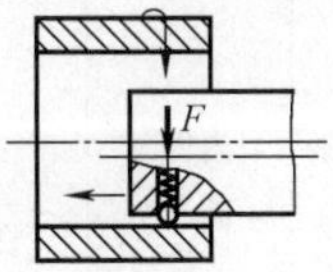

271

（续）

序号	加工方法	加工表面	加工效果				加工部位	工序简图
			硬化深度 /mm	硬化程度（%）	能达到的公差等级	表面粗糙度 Ra 值/μm		
6	滚珠弹性滚压	外圆柱面	0.5~1.0	20~80	IT6	0.08~0.63	轴和轴颈等	
7	滚珠弹性扩压	内圆柱面	0.2~1.0	20~80	IT6	0.08~0.63	大于 $\phi 50$mm 的孔	
8	钢球挤压	内圆柱面	—	可达40	IT5~IT6	0.08~0.63	圆孔	
9	单环胀孔（挤孔）	内圆柱面	—	可达40	IT5~IT6	0.08~0.63	圆孔	
10	多环胀孔（挤孔）	内圆柱面	—	20~40	IT5~IT6	0.04~0.16	圆孔	

（续）

序号	加工方法	加工表面	加工效果				加工部位	工序简图
			硬化深度/mm	硬化程度（%）	能达到的公差等级	表面粗糙度Ra值/μm		
11	喷丸强化	平面或成形面，各种旋转表面	可达0.7	—	—	1.25~20	各种形状表面	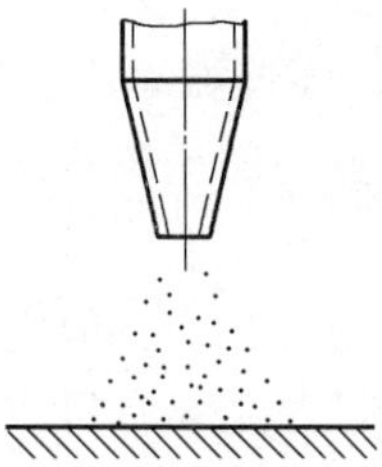 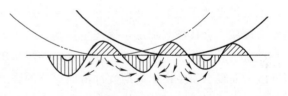

（一）喷丸强化

喷丸强化是利用大量快速运动的珠丸打击被加工工件表面，使工件表面产生冷硬层和压缩残余应力，可显著提高零件的疲劳强度和使用寿命。

珠丸可以是铸铁的，也可以切成小段的钢丝（使用一段之后，自然变成球状）。对于铝质工件，为避免表面残留铁质微粒而引起电解腐蚀，宜采用铝丸或玻璃丸。珠丸的直径一般为0.2~4mm。对于尺寸较小、表面粗糙度值要求较小的工件，采用直径较小的珠丸。

喷丸强化主要用于强化形状复杂或不宜用其他加工方法强化的工件，如板弹簧、螺旋弹簧、连杆、齿轮、焊缝等。

（二）滚压加工

滚压加工是利用经过淬硬和精细研磨过的滚轮或滚珠，在常温状态下对金属表面进行挤压，将表层的凸起部分向

图5-31 滚压加工原理图

下压，凹下部分往上挤（图5-31），逐渐将前工序留下的波峰压平，从而修正工件表面的微观几何形状。此外，它还能使工件表面金属组织细化，形成压缩残余应力。

滚压加工可减小表面粗糙度值，表面硬度一般可提高10%~40%，表面金属的耐疲劳强度一般可提高30%~50%。

第四节 机械加工过程中的振动

机械加工过程中产生的振动，是一种十分有害的现象。如果加工中产生了振动，刀具与工件间的相对位移会使加工表面产生波纹，将严重影响零件的表面质量和使用性能；工艺系统将持续承受动态交变载荷的作用，刀具极易磨损（甚至崩刃），机床联接特性受到破坏，严重时甚至使切削加工无法继续进行；振动中产生的噪声还将危害操作者的身体健康。为了减少振动，有时不得不减小切削用量，使机床加工的生产效率降低。学习这一节的目的在于了解机械加工振动的产生机理，掌握控制振动的途径，

273

以减小机械加工中的振动。

机械加工中产生的振动主要有强迫振动和自激振动（颤振）两种类型。

一、机械加工中的强迫振动

机械加工中的强迫振动是由于外界（相对于切削过程而言）周期性干扰力的作用而引起的振动。

（一）强迫振动产生的原因

强迫振动的振源有来自机床内部的，称为机内振源；也有来自机床外部的，称为机外振源。

机外振源甚多，但它们都是通过地基传给机床的，可以通过加设隔振地基加以消除。

机内振源主要有机床旋转件的不平衡、机床传动机构的缺陷、往复运动部件的惯性力以及切削过程中的冲击等。

机床中各种旋转零件（如电动机转子、联轴器、带轮、离合器、轴、齿轮、卡盘、砂轮等），由于形状不对称、材质不均匀或加工误差、装配误差等原因，难免会有偏心质量产生。偏心质量引起的离心惯性力与旋转零件的转速的平方成正比，转速越高，产生周期性干扰力的幅值就越大。

齿轮制造不精确或有安装误差会产生周期性干扰力。带传动中平带接头连接不良、V带的厚度不均匀、轴承滚动体大小不一、链传动中由于链条运动的不均匀性等机床传动机构的缺陷所产生的动载荷都会引起强迫振动。

油泵排出的压力油，其流量和压力都是脉动的。由于液体压差及油液中混入空气而产生的空穴现象，会使机床加工系统产生振动。

在铣削、拉削加工中，刀齿在切入工件或从工件中切出时，都会有很大的冲击发生。加工断续表面也会发生由于周期性冲击而引起的强迫振动。

在具有往复运动部件的机床中，最强烈的振源往往就是往复运动部件改变运动方向时所产生的惯性冲击。

（二）强迫振动的特征

机械加工中的强迫振动与一般机械振动中的强迫振动没有本质上的区别。

在机械加工中产生的强迫振动，其振动频率与干扰力的频率相同，或是干扰力频率的整数倍。此种频率对应关系是诊断机械加工中所产生的振动是否为强迫振动的主要依据，并可利用上述频率特征分析和查找强迫振动的振源。

强迫振动的幅值既与干扰力的幅值有关，又与工艺系统的动态特性有关。一般来说，在干扰力源频率不变的情况下，干扰力的幅值越大，强迫振动的幅值将随之增大。工艺系统的动态特性对强迫振动的幅值影响极大。如果干扰力的频率远离工艺系统各阶模态的固有频率，则强迫振动响应将处于机床动态响应的衰减区，振动响应幅值就很小；当干扰力频率接近工艺系统某一固有频率时，强迫振动的幅值将明显增大；若干扰力频率与工艺系统某一固有频率相同，系统将产生共振，若工艺系统阻尼系数不大，振动响应幅值将十分大。根据强迫振动的这一幅频响应特征，可通过改变运动参数或工艺系统的结构，使干扰力源的频率发生变化，或让工艺系统的某阶固有频率发生变化，使干扰力源的频率远离固有频率，强迫振动的幅值就会明显减小。

二、机械加工中的自激振动（颤振）

（一）概述

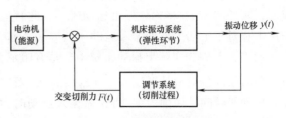

图 5-32　自激振动闭环系统

机械加工过程中，在没有周期性外力（相对于切削过程而言）作用下，由系统内部激发反馈产生的周期性振动，称为自激振动，简称为颤振。

既然没有周期性外力的作用，那么激发自激振动的交变力是怎样产生的呢？用传递函数的概念来分析，机床加工系统是一个由振动系统和调节系统组成的闭环系统，如图 5-32 所示。激励机床系统产生振动的交变力是由切削过程产生的，而切削过程同时又受机床系统振动的控制，机床系统的振动一旦停止，动态切削力也就随之消失。如果切削过程很平稳，即使系统存在产生自激振动的条件，也因切削过程没有交变的动态切削力，使自激振动不可能产生。但是，在实际加工过程中，偶然性的外界干扰（如工件材料硬度不均、加工余量有变化等）总是存在的，这种偶然性外界干扰所产生的切削力的变化，作用在机床系统上，会使系统产生振动运动；系统的振动运动将引起工件、刀具的相对位置发生周期性变化，使切削过程产生维持振动运动的动态切削力。如果工艺系统不存在产生自激振动的条件，这种偶然性的外界干扰，将因工艺系统存在阻尼而使振动运动逐渐衰减；如果工艺系统存在产生自激振动的条件，就会使机床加工系统产生持续的振动运动。

维持自激振动的能量来自电动机，电动机通过动态切削过程把能量输入振动系统，以维持振动运动。

与强迫振动相比，自激振动具有以下特征：机械加工中的自激振动是在没有外力（相对于切削过程而言）干扰下所产生的振动运动，这与强迫振动有本质的区别；自激振动的频率接近于系统的固有频率，这与自由振动相似（但不相同），而与强迫振动根本不同。自由振动受阻尼作用将迅速衰减，而自激振动却不因有阻尼存在而迅速衰减。

（二）产生自激振动的条件

1. 自激振动实例

图 5-33 所示为一个最简单的单自由度机械加工振动模型。设工件系统为绝对刚体，振动系统与刀架相连，且只在 y 方向做单自由度振动。为分析简便，暂不考虑阻尼力的作用。

在径向切削力 F_p 的作用下，刀架向外做振出运动 $y_{振出}$，振动系统将有一个反向的弹性回复力 $F_弹$ 作用在它上面。$y_{振出}$ 越大，$F_弹$ 也越大，当 $F_p = F_弹$ 时，刀架的振出运动停止（因为实际上振动系统中还是有阻尼力作用的）。在刀架做振出运动时，切屑相对于前刀面的相对滑动速度 $v_{振出} = v_0 - \dot{y}_{振出}$，其中 v_0 为切屑切离工件的速度。在刀架的振出运动停止时，切屑相对于前刀面的相对滑动速度 $v_停 = v_0$，显然 $v_停 > v_{振出}$。如果切削过程具有

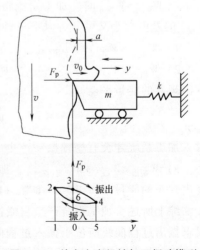

图 5-33　单自由度机械加工振动模型

负摩擦特性，即速度越大，摩擦（力）$F(v)$越小，如图5-34所示，则在刀架停止振动的瞬间，其切削力F_p将比做振出运动时小，此时呈现$F_弹 > F_p$的状态，于是刀架系统在$F_弹$的作用下相对于被切工件做振入运动$y_{振入}$。$y_{振入}$越大，$F_弹$就越小，当$F_弹 = F_p$时，刀架的振入运动停止（因为实际上振动系统中还是有阻尼力作用的）。在刀架做振入运动时，切屑相对于前刀面的相对滑动速度$v_{振入} = v_0 + \dot{y}_{振入}$；而在刀架的振入运动停止时，$v_停 = v_0$。在刀架停止振动的瞬间，切削力$F_p$将比做振入运动时大，此时$F_p > F_弹$，刀架便在$F_p$的作用下又开始做振出运动。综上分析可知，如果切削过程具有图5-34所示的负摩擦特性，图5-33所示单自由度系统将会有持续的自激振动产生。

2. 产生自激振动的条件

从上述自激振动运动的分析实例可知，刀架的振出运动是在切削力F_p作用下产生的，对振动系统而言，F_p是外力。在振出过程中，切削力F_p对振动系统做功，振动系统从切削过程中吸收了一部分能量（$W_{振出} = W_{12345}$），储存在振动系统中，如图5-33所示。刀架的振入运动则是在弹性回复力$F_弹$作用下产生的，振入运动与切削力方向相反，振动系统对切削过程做功，即振动系统要消耗能量（$W_{振入} = W_{54621}$）。

当$W_{振出} < W_{振入}$时，由于振动系统吸收的能量小于消耗的能量，故不会有自激振动产生，加工系统是稳定的。即使振动系统内部原来就储存一部分能量，在经过若干次振动之后，这部分能量也必将消耗殆尽，因此机械加工过程中不会有自激振动产生。

当$W_{振出} = W_{振入}$时，由于在实际机械加工系统中必然存在阻尼，系统在振入过程中为克服阻尼尚需消耗能量$W_{摩阻(振入)}$。由此可知，在每一个振动周期中振动系统从外界获得的能量为

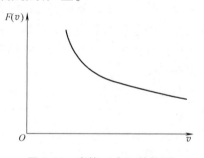

图 5-34 摩擦（力）特性图

$$\Delta W = W_{振出} - (W_{振入} + W_{摩阻(振入)})$$

若$W_{振出} = W_{振入}$，则$\Delta W < 0$，即振动系统每振动一次系统便会损失一部分能量，系统也不会有振动产生，加工系统仍是稳定的。

当$W_{振出} > W_{振入}$时，加工系统将有持续的自激振动产生，处于不稳定状态。根据$W_{振出}$与$W_{振入}$的差值大小又可分为以下三种情况：

1）$W_{振出} = W_{振入} + W_{摩阻(振入)}$，加工系统有稳幅自激振动产生。

2）$W_{振出} > W_{振入} + W_{摩阻(振入)}$，加工系统将出现振幅递增的自激振动，待振幅增至一定程度出现新的能量平衡

$$W'_{振出} = W'_{振入} + W'_{摩阻(振入)}$$

时，加工系统才会有稳幅振动产生。

3）$W_{振出} < W_{振入} + W_{摩阻(振入)}$，加工系统将出现振幅递减的自激振动，待振幅减至一定程度出现新的能量平衡$W''_{振出} = W''_{振入} + W''_{摩阻(振入)}$时，加工系统才会有稳幅振动产生。

综上所述，加工系统产生自激振动的基本条件为$W_{振出} > W_{振入}$，在力与位移的关系图中，要求振出过程曲线应位于振入过程曲线的上部，如图5-35所示。

进一步分析图5-35所示曲线可知，产生自激振动的条件还可做如下描述：对于振动轨

迹的任一指定位置 y_i 而言，振动系统在振出阶段通过 y_i 点的力 $F_{振出(yi)}$ 应大于在振入阶段通过同一点的力 $F_{振入(yi)}$。产生自激振动的条件还可归结为 $F_{振出(yi)} > F_{振入(yi)}$。

（三）自激振动的激振机理

对于自激振动的激振机理，许多学者曾提出过许多不同的学说，比较公认的有再生原理、振型耦合原理、负摩擦原理和切削力滞后原理。

1. 再生原理

在金属切削过程中，除极少数情况外，刀具总是

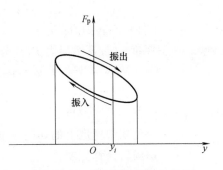

图 5-35 产生自激振动的条件

完全地或部分地在带有波纹的表面上进行切削。首先研究车刀做自由正交切削的情况，此时，车刀只做横向进给，车刀将完全在前一转切削时留下的波纹表面上进行切削，如图 5-36 所示。

假定切削过程受到一个瞬时的偶然性扰动（图 5-37a），刀具与工件便发生相对振动（自由振动），振动的幅值将因有阻尼存在而逐渐衰减。但此时会在加工表面上留下一段振纹，如图 5-37b 所示。当工件转过一转后，刀具要在留有振纹的表面上进行切削（图 5-37c），切削厚度将发生波动，这就有交变的动态切削力产生。如果切削过程中各种条件的匹配是促进振动的，那么将会进一步发展到图 5-37d 那样的颤振状态。通常，将这种由于切削厚度变化效应引起的自激振动，称为再生型颤振。

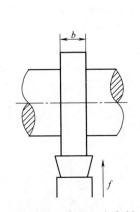

图 5-36 自由正交车削

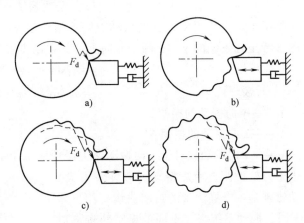

图 5-37 再生型颤振的产生过程

再生型颤振产生的条件，可由图 5-38 所示的再生切削效应加以说明。一般来说，本转（次）切削的振纹与前转（次）切削的振纹总不会完全同步，它们在相位上有一个差值 ψ。这里，相位差 ψ 被定义为本转（次）切削振纹滞后于前转（次）切削振纹的相位值。

设本转（次）切削的振动为

$$y(t) = A_n \cos\omega t \qquad (5-4)$$

则前一转（次）切削的振动为

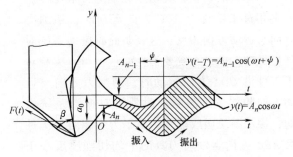

图 5-38 再生切削效应

$$y(t-T) = A_{n-1}\cos(\omega t + \psi) \tag{5-5}$$

式中　T——工件转一转的时间。

瞬时切削厚度 $a(t)$ 及切削力 $F(t)$ 分别为

$$a(t) = a_0 + [y(t-T) - y(t)] \tag{5-6}$$

$$F(t) = k_c b\{a_0 + [y(t-T) - y(t)]\} \tag{5-7}$$

式中　a_0——切削层公称厚度；

　　　k_c——单位切削宽度上的切削刚度；

　　　b——切削层公称宽度。

在振动的一个周期内，切削力对振动系统所做的功为

$$W = \int_0^{2\pi/\omega} F(t)\cos\beta\,\mathrm{d}y(t) = \pi k_c b A_{n-1} A_n \cos\beta\sin\psi \tag{5-8}$$

式中　β——$F(t)$ 与坐标轴 y 的夹角。

对于某一具体切削条件，k_c、b 均为正值，W 的符号取决于 ψ 值的大小，当 $0 < \psi < \pi$ 时，$W > 0$，这表示在每一振动周期内外界有能量输入振动系统，加工系统是不稳定的，将有再生型颤振产生；当 $\pi < \psi < 2\pi$ 时，$W < 0$，振动系统将消耗能量，加工系统是稳定的，不会有再生型颤振产生；当 $\psi = \pi/2$ 时，W 将有最大值，再生型颤振最为强烈。

2. 振型耦合原理

实际的振动系统一般都是多自由度系统。为便于分析，此处对图 5-39 所示的两自由度振动系统进行讨论。假设工件为绝对刚体，振动系统与刀架相连。如果切削过程中因偶然干扰使刀架系统产生角频率为 ω 的振动，则刀架将沿 x_1、x_2 两刚度主轴同时振动，在图 5-39 给定的参考坐标系的 y 和 z 两个方向上，其运动方程为

$$\begin{cases} y = A_y \sin\omega t \\ z = A_z \sin(\omega t + \varphi) \end{cases} \tag{5-9}$$

式中　A_y——y 向振动的振幅；

　　　A_z——z 向振动的振幅；

　　　φ——z 向振动相对于 y 向振动在主振频率 ω 上的相位差。

由于刀架做两自由度振动，刀具（刀尖）的振动轨迹是一个椭圆形的封闭曲线。相位差 φ 值不同，振动系统将有不同的振动轨迹。对图 5-39 所示椭圆形振动轨迹做两条与切削力 $F(t)$ 相垂直的切线，其切点分别为 A 和 C。当刀尖相对于工件沿 ABC 方向运动时，切削力方向与运动方向相反，这表明此时振动系统对外界做功，振动系统要消耗能量；当刀尖相对于工件沿 CDA 方向运动时，切削力方向与运动方向相同，这表明此时外界对振动系统做功，振动系统吸收能量；由于刀尖相对于工件沿 ABC 方向运动时刀具的平均切削厚度小于刀尖相对于工件沿 CDA 方向运动时刀具的平

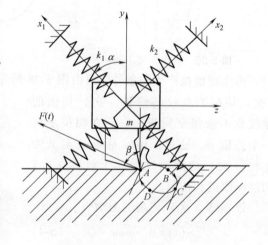

图 5-39　两自由度振动系统

均切削厚度，故振动系统每振动一个周期都将有一部分能量输入，满足产生自激振动的条件，故有自激振动产生。这种由于振动系统在各主振模态间相互耦合、相互关联而产生的自激振动，称为振型耦合型颤振。

由图 5-39 知，刀架沿 y 轴正向作振动，切削厚度变小，切削力将随之减小，动态切削力 $F(t)$ 与振动位移 $y(t)$ 的关系可表示为

$$F(t) = F_0 - k_c b y(t) = F_0 - k_c b A_y \sin\omega t$$

式中　F_0——稳态切削力。

$F(t)$ 在 y、z 两个方向上的分量分别为

$$F_p(t) = F(t)\cos\beta = (F_0 - k_c b A_y \sin\omega t)\cos\beta$$

$$F_c(t) = F(t)\sin\beta = (F_0 - k_c b A_y \sin\omega t)\sin\beta$$

式中　β——切削力 $F(t)$ 与 y 轴的夹角。

在一个振动周期内，外界对振动系统所做的功为

$$W = W_y + W_z = \int_{cyc} F_p \mathrm{d}y + \int_{cyc} - F_c \mathrm{d}z \tag{5-10}$$

由于 F_c 与图 5-39 中所标 z 向位移的方向相反，故在上式第二项中引入了一个负号。在式 (5-10) 中

$$W_y = \int_{cyc} F_p \mathrm{d}y = \int_0^{2\pi} (F_0 - k_c b A_y \sin\omega t)\cos\beta A_y \cos\omega t \mathrm{d}(\omega t) =$$

$$F_0 A_y \cos\beta \int_0^{2\pi} \cos\omega t \mathrm{d}(\omega t) - \frac{1}{4} k_c b A_y^2 \int_0^{2\pi} \sin 2\omega t \mathrm{d}(2\omega t) = 0$$

$$W_z = \int_{cyc} - F_c \mathrm{d}z = -\int_0^{2\pi} (F_0 - k_c b A_y \sin\omega t)\sin\beta A_z \cos(\omega t + \varphi)\mathrm{d}(\omega t) =$$

$$-\int_0^{2\pi} F_0 \sin\beta A_z \cos(\omega t + \varphi)\mathrm{d}(\omega t + \varphi) + \int_0^{2\pi} k_c b A_y \sin\beta \sin\omega t A_z \cos(\omega t + \varphi)\mathrm{d}(\omega t) =$$

$$0 + k_c b A_y A_z \sin\beta \int_0^{2\pi} \frac{1}{2}\left[\sin(2\omega t + \varphi) + \sin(-\varphi)\right]\mathrm{d}(\omega t) = -\pi k_c b A_y A_z \sin\beta \sin\varphi$$

将 W_y、W_z 代入式 (5-10) 得

$$W = -\pi k_c b A_y A_z \sin\beta \sin\varphi \tag{5-11}$$

分析上式可知，由于 β 值位于第 I 象限，$\sin\beta > 0$；k_c、b、A_y、A_z 均为正值，故 W 的符号仅取决于 φ 值的大小。若不考虑系统阻尼所消耗的能量，当 $0 < \varphi < \pi$ 时，$W < 0$，不满足产生振动的条件，系统不会有耦合型颤振发生；当 $\pi < \varphi < 2\pi$ 时，$W > 0$，这表示每振动一个周期，振动系统就能从外界得到一部分能量，满足产生振动的条件，系统将有耦合型颤振发生；当 $\varphi = 3\pi/2$ 时，W 将有最大值，此时振型耦合型颤振最为强烈。

3. 负摩擦原理

图 5-40 所示为在车床上用硬质合金车刀切削 45 钢试件所得到的试验曲线。在某些速度

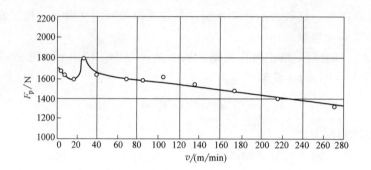

图 5-40 切削速度对切削力的影响

试件材料：45 钢（正火）；刀片材料：YT15；刀具几何形状：$\gamma = 18°$，$\alpha = 6° \sim 8°$，

$\kappa_r = 10° \sim 12°$，$\lambda_s = 0°$；切削用量：$\alpha_p = 3\text{mm}$，$f = 0.25\text{mm/r}$

区段内切削力 F_p 随切削速度 v 的增大而减小，具有下降特征。

在切削力与切削速度具有下降特性的速度范围内，研究图 5-41a 所示车床刀架在 y 方向上的振动运动。当刀架由于外界偶然干扰在 y 方向上做振动运动时，切屑相对刀具的相对运动速度（$v_0 - \dot{y}$）与振动位移 y 有如图 5-41b 所示的关系。对于刀具振动位移的任一指定位置 y_i 而言，刀具在振入阶段通过这一点时，切屑相对于刀具的相对速度总是大于振出阶段通过这一点的相对速度。因而，振出阶段的力总是大于振入阶段的力（图 5-41c），故加工系统有自激振动产生。这种由于切削过程中存在负摩擦特性而产生的自激振动，称为摩擦型颤振。

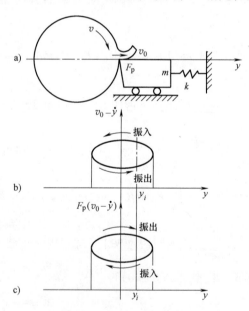

4. 切削力滞后原理

由于机床加工系统存在惯性与阻尼，因而实际作用在刀具上的切削力总是滞后于主振系统的振动运动。图 5-42 所示为切削动力学模型和滞后现象示意图。在振入过程中，名义切削厚度由小到大，但刀具实际感受到的切削厚度总小于名义切削厚度，因而实际作用在刀具上的切削力总小于名义切削力；而在振出过程中，名义切削厚度由大变小，刀具实际感受到的切削厚度总大于名义切削厚度，因而实际作用在刀具上的切削力总大于名义切削力。

图 5-41 负摩擦激振原理图

将图 5-42 中 y 与 F_p 的关系画成图形可得图 5-43 所示的图形。对于刀具的任一切削位置 y_i，都将会有 $F_{振出(yi)} > F_{振入(yi)}$，故有自激振动产生。这种由于切削力滞后于振动的滞后效应所引起的自激振动，称为滞后型颤振。

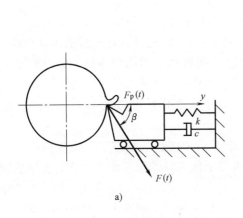
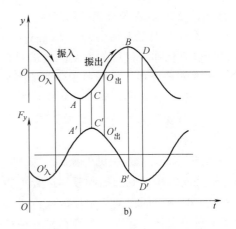

图 5-42 切削动力学模型和滞后现象示意图

a）动力学模型 b）滞后现象示意图

三、机械加工振动的诊断技术

机械加工中产生的振动可分为强迫振动和自激振动（颤振）两大类。在自激振动中又可分为再生型、振型耦合型、摩擦型、滞后型等几种不同的类型。从解决现场生产中发生的机械加工振动问题考虑，正确诊断机械加工振动的类别是十分重要的。一旦明确了现场生产中发生的振动主要是属于哪一类振动，便可有针对性地采取相应的减振、消振措施。

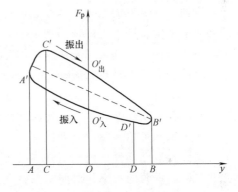

图 5-43 F_p 与 y 的关系

机械加工振动的诊断，主要包括两个方面的内容：一是首先要判定机械加工振动的类别，要明确指出哪些频率成分的振动属于强迫振动，哪些频率成分的振动属于自激振动；二是如果已知某个（或几个）频率成分的振动是自激振动，还要进一步判定它是属于哪一种类型的自激振动。研究自激振动类别诊断技术的关键在于确定诊断参数。所确定的诊断参数必须是能够充分反映并仅仅只是反映该类振动最本质、最核心的参数，同时还必须考虑实际测量的可能性。下面将分别就强迫振动和自激振动中的两种主要类型（再生型和振型耦合型切削颤振）的诊断技术进行讨论。

（一）强迫振动的诊断

强迫振动的诊断任务，首先是判别机械加工中所发生的振动是否为强迫振动。若是强迫振动，尚需查明振源，以便采取措施加以消除。

1. 强迫振动的诊断依据

从强迫振动的产生原因和特征可知，它的频率与外界干扰力的频率相同或是它的整倍数。强迫振动与外界干扰力在频率方面的对应关系是诊断机械加工振动是否属于强迫振动的主要依据。可以采用频率分析方法，对实际加工中的振动频率成分，逐一进行诊断与判别。

2. 强迫振动的诊断方法和诊断步骤

（1）采集现场加工振动信号　在加工部位振动敏感方向，用传感器（加速度计、力传感器等）拾取机械加工过程的振动响应信号，经放大和 A-D 转换器转换后输入计算机。

（2）频谱分析处理　对所拾得的振动响应信号做自功率谱密度函数处理，自谱图上各峰值点的频率即为机械加工的振动频率。自谱图上较为明显的峰值点有多少个，机械加工系统中的振动频率就有多少个；谱峰值最大的振动频率成分就是机械加工系统的主振频率成分。

（3）做环境试验，查找机外振源　在机床处于完全停止的状态下，拾取振动信号，进行频谱分析。此时所得到的振动频率成分均为机外干扰力源的频率成分。然后将这些频率成分与机床加工时测得的振动频率成分进行对比，如两者完全相同，则可判定机械加工中产生的振动属于强迫振动，且干扰力源在机外环境中。如现场加工的主振频率成分与机外干扰力频率不一致，则需继续进行空运转试验。

（4）做空运转试验，查找机内振源　机床按加工现场所用运动参数进行运转，但不对工件进行加工。采用相同的办法拾取振动信号，进行频谱分析，确定干扰力源的频率成分，并与机床加工时测得的振动频率成分进行对比。除已查明的机外干扰力源的频率成分之外，如两者完全相同，则可判定现场加工中产生的振动属于强迫振动，且干扰力源在机床内部。如两者不完全相同，则可判断在现场加工的所有振动频率中，除去强迫振动的频率成分外，其余频率成分有可能是自激振动。

（5）查找干扰力源　如果干扰力源在机床内部，还应查找其具体位置。可采用分别单独驱动机床各运动部件，进行空运转试验，查找振源的具体位置。但有些机床无法做到这一点，比如车床除可单独驱动电动机外，其余运动部件一般无法单独驱动，此时则需对所有可能成为振源的运动部件，根据运动参数（如传动系统中各轴的转速、齿轮齿数等）计算频率，并与机内振源的频率相对照，以确定机内振源的位置。

（二）再生型颤振的诊断

1. 再生型颤振的诊断参数

再生型颤振是由切削厚度变化效应产生的动态切削力激起的，而切削厚度的变化则主要是由切削过程中被加工表面前后两转（次）切削振纹相位上不同步引起的，相位差 ψ 的存在是引起再生型颤振的根本原因。

式（5-8）表明，相位差 ψ 的大小决定了机床加工系统的稳定性状态，因此，可以用相位差 ψ 作为诊断再生型颤振的诊断参数。

2. 相位差 ψ 的测量与计算

由于颤振信号通常都是混频信号，且一般来说遗留在工件表面上的振痕并不是刀具、工件间相对振动的简单再现，因而要想直接测量工件表面上前后两转（次）切削振纹的相位差 ψ 是不可能的。相位差 ψ 可通过测量颤振频率 f（Hz）及工件转速 n（r/min）间接求得。

以车削为例，车削时工件每转一转的切削振痕数 J 为

$$J = \frac{60f}{n} = J_z + J_w \tag{5-12}$$

式中　J_z——J 中的整数部分；

J_w——J 中的小数部分。

相位差 ψ 可通过 J_w 间接求得

$$\psi = 360° \times (1 - J_w) \tag{5-13}$$

对式（5-13）进行全微分、增量代换并取绝对值,可得相位差 ψ 的测量误差为

$$|\Delta\psi| \leq \frac{21600°}{n^2}(f|\Delta n| + n|\Delta f|) \tag{5-14}$$

式中 Δn——工件转速的测量误差；

Δf——颤振频率的测量误差。

如果测量误差 $\Delta\psi$ 的要求一定,由式（5-14）可计算确定转速 n 和颤振频率 f 的测量精度；如果测量误差 Δn 及 Δf 已确定,也可通过该式来估计相位差 ψ 的测量误差。

为了避免错判现象发生,相位差 ψ 的测量误差应不大于 10°。在通常的机床结构及常用的切削参数条件下,若满足 $|\Delta\psi| \leq 10°$ 的要求,应使工件转速的测量误差 $|\Delta n| \leq 0.01 r/min$；频谱处理中颤振频率 f 的频率分辨率应达到 $|\Delta f| \leq 0.02 Hz$。

一般来说,较高的转速测量精度比较容易获得,但采用通常的频谱分析技术,其频率分辨率是无法达到 0.02Hz 的。为获得较高的频率分辨率,在再生型颤振的诊断中,需采用频率细化处理技术。

在诊断过程中,振动信号的拾取与工件转速的测量应同步进行。由经频率细化处理所得颤振频率 f 和切削时实际测得的工件转速 n,通过式（5-12）和式（5-13）即可求得相位差 ψ。

3. 再生型颤振的诊断要领

如果加工过程中发生了强烈振动,可设法测得被加工工件前后两转（次）振纹的相位差 ψ。若相位差 ψ 位于 Ⅰ、Ⅱ 象限内,即 $0° < \psi < 180°$,则可判定加工过程中有再生型颤振产生；若相位差 ψ 位于 Ⅲ、Ⅳ 象限内,即 $180° < \psi < 360°$,则可判定加工过程中产生的振动不是再生型颤振。

（三）振型耦合型颤振的诊断

1. 振型耦合型颤振的诊断参数

由式（5-9）、式（5-11）知,当相位差 φ 位于 Ⅰ、Ⅱ 象限时,加工系统是稳定的,不会有振型耦合型颤振产生；当相位差 φ 位于 Ⅲ、Ⅳ 象限时,加工系统是不稳定的,有振型耦合型颤振产生。既然相位差 φ 与振型耦合型颤振是否发生有如此明显的对应关系,因此可以用 z 向振动相对于 y 向振动的相位差 φ 作为振型耦合型颤振的诊断参数。

2. 耦合型颤振的诊断要领

如果切削过程中发生了强烈颤振,可设法测得 z 向振动 $z(t)$ 相对于 y 向振动 $y(t)$ 在主振频率处的相位差 φ。φ 可通过求取振动信号 $y(t)$ 与 $z(t)$ 的互功率谱密度函数 $S_{yz}(\omega)$ 在主振频率成分上的相位值获取。若相位差 φ 位于 Ⅲ、Ⅳ 象限,则可判断加工过程有振型耦合型颤振产生；若相位差 φ 位于 Ⅰ、Ⅱ 象限,则可判断加工过程中产生的振动不是振型耦合型颤振。

（四）诊断实例

某市电动机厂生产特种电动机,电动机轴是一个带有若干轴台的细长轴。在加工电动机轴时,因无法架设跟刀架,粗、精车削中均有强烈振动产生,工件表面留有十分明显的振

痕。有些零件在精磨之后，工件表面仍残留有车削振痕。为寻找防治振动的途径，技术部门对电动机轴车削振动问题进行了诊断。

1. 工件条件与测试装置

电动机轴材料为 45 钢，轴台最大直径为 $\phi50\text{mm}$，轴长为 800mm；所用机床为 CA6140 型卧式车床，所用刀具为主偏角 $\kappa_r = 45°$ 的机夹不重磨 YT15 车刀；切削用量为 $v = 84.4$ m/min，$a_p = 0.40\text{mm}$，$f = 0.12\text{mm/r}$。

为拾取振动信号，将两个非接触式电容传感器相互垂直地安装在测试框架上，测试框架固定在溜板箱上。车削时测试框架及两个电容传感器与刀架一起做纵向进给运动。安装在尾座套筒上的两个压电式加速度传感器作监测用，图 5-44 所示为测振仪器框图。为测量车削时工件的实际转速，在主轴尾部安装了测速装置，如图 5-45 所示。

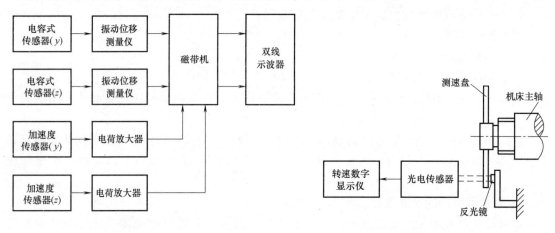

图 5-44　测振仪器框图　　　　　　　图 5-45　工件转速测量原理图

2. 诊断过程与诊断结果

为了判别电动机轴车削过程的振动类型，进行了切削试验和空运转试验。空运转试验时，各部件的运动参数与车削过程完全相同，只是刀具不对工件进行切削。

图 5-46 给出了车削过程及空运转试验的数据处理结果。图 5-46a 所示为车削过程 y 向和 z 向振动信号的自谱处理结果，图 5-46b 所示为空运转试验的自谱处理结果。其中 PA 为 y 向振动信号的自谱图，PB 为 z 向振动信号的自谱图；其横坐标均为振动信号的频率（Hz），纵坐标均为振动信号的幅值（V）。

分析图 5-46a 所示车削过程的自谱图可知，最大峰值的频率为 150Hz，而高频部分出现的两个峰值均为其倍频成分，故可判断车削振动的主振频率为 150Hz，而在图 5-46b 给出的空运转试验结果中，150Hz 处并无明显的峰值出现。由此可以判断，车削过程中频率为 150Hz 的振动成分不是强迫振动，而是自激振动。

为判别自激振动的类型，对车削过程中记录的振动信号进行了分析处理。图 5-47a 所示的下半部为 y 向和 z 向信号的互功率谱密度函数的相频特性处理结果，上半部为其凝聚函数图，其中纵坐标的取值范围为 $0 \leqslant \gamma_{yz}^2(f) \leqslant 1$（若 $\gamma_{yz}^2(f_0) = 1$，表示被测两信号完全相关；若 $\gamma_{yz}^2(f_0) = 0$，则表示被测两信号完全不相关）。图 5-47b 所示为 y 向振动信号的频率细化处理结果（中心频率 $f_0 = 150\text{Hz}$，频率分辨率为 $\Delta f = 0.01953\text{Hz}$），纵坐标为振动信号自功率谱幅值。

由图 5-47a 知，z 向振动相对于 y 向振动在主振频率成分上的相位差 φ 为 165.2°，凝聚

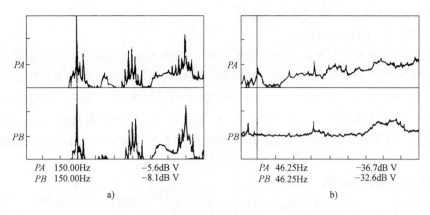

图 5-46 车削过程及空运转试验的数据处理结果

a) 车削过程振动信号的自谱图 b) 空运转信号的自谱图

函数 $\gamma_{yz}^2(f_0) = 0.9987$ 表明，上述相位测试结果是完全可信的。由于相位差 φ 处于第 II 象限，故可判断振动频率为 150Hz 的自激振动不是振型耦合型颤振。

由频率细化处理（图 5-47b）确定的 y 向颤振频率 $f = 150.1781\text{Hz}$ 和车削时测得的工件实际转速 $n = 536.99\text{r/min}$，可计算求得工件前后两转切削振纹的相位差 $\psi = 79.20°$，正好处于再生型颤振的不稳定区。由此可以判断该轴车削过程中产生的强烈振动是再生型颤振。

根据诊断结果，工厂随即针对再生型切削颤振的特性，更换了刀具（选用 $\kappa_r = 90°$ 的车刀），调整了切削用量（适当提高进给量，减小背吃刀量），改善了工件的支承装置，成功地解决了电机轴加工的振动问题。

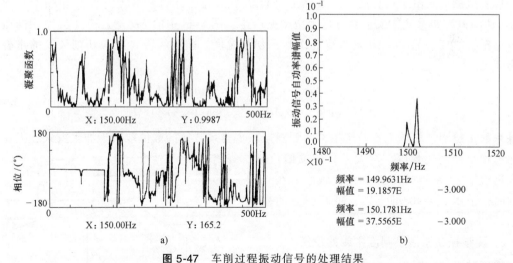

图 5-47 车削过程振动信号的处理结果

a) 互功率谱相频特性及凝聚函数 b) y 向振动信号频率细化处理结果

四、机械加工振动的防治

消减振动的途径主要有三个方面：消除或减弱产生机械加工振动的条件；改善工艺系统的动态特性，提高工艺系统的稳定性；采用各种消振、减振装置。

（一）消除或减弱产生强迫振动的条件

1. 减小机内外干扰力的幅值

高速旋转零件必须进行平衡，如磨床的砂轮、车床的卡盘及高速旋转的齿轮等。尽量减少传动机构的缺陷，设法提高带传动、链传动、齿轮传动及其他传动装置的稳定性。对于高精度机床，应尽量少用或不用齿轮、平带等可能成为振源的传动元件，并使动力源（尤其是液压系统）与机床本体分离，放在另一个地基基础上。对于往复运动部件，应采用较平稳的换向机构。在条件允许的情况下，适当降低换向速度及减小往复运动件的质量，以减小惯性力。

2. 适当调整振源的频率

在选择转速时，应使可能引起强迫振动的振源频率 f 远离机床加工系统薄弱模态的固有频率 f_n，一般应满足

$$\left|\frac{f_n-f}{f}\right| \geqslant 0.25 \tag{5-15}$$

3. 采取隔振措施

隔振有两种方式，一种是主动隔振，以阻止机床振源通过地基外传；另一种是被动隔振，能阻止机外干扰力通过地基传给机床。常用的隔振材料有橡皮、金属弹簧、空气弹簧、泡沫乳胶、软木、矿渣棉、木屑等。中小型机床多用橡皮衬垫，而重型机床多用金属弹簧或空气弹簧。

（二）消除或减弱产生自激振动的条件

1. 减小前后两转（次）切削的波纹重叠系数

再生型颤振是由于在有波纹的表面上进行切削引起的，如果本转（次）切削不与前转（次）切削振纹相重叠，就不会有再生型颤振产生。图 5-48 中的 ED 是上转（次）切削留下的带有振纹的切削宽度，AB 是本转（次）的切削宽度。前后两转（次）切削波纹的重叠系数为

$$\mu=\frac{CD}{AB}=\frac{ED-EC}{AB}=\frac{AB-EC}{AB}=1-\frac{\sin\kappa_r\sin\kappa_r'}{\sin\,(\kappa_r+\kappa_r')}\times\frac{f}{a_p} \tag{5-16}$$

重叠系数 μ 越小，就越不容易产生再生型颤振。重叠系数 μ 的数值取决于加工方式、刀具的几何形状及切削用量等。增大刀具的主偏角 κ_r，增大进给量 f，均可使重叠系数 μ 减小。在外圆切削时，采用 $\kappa_r=90°$ 的车刀，可有明显的减振作用。

2. 调整振动系统小刚度主轴的位置

理论分析和实验结果均表明，振动系统小刚度主轴 x_1 相对于 y 坐标轴的夹角 α（图 5-39）对振动系统的稳定性具有重要影响。当小刚度主

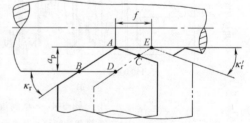

图 5-48　重叠系数 μ 计算图

轴 x_1 位于切削力 F 与 y 坐标轴的夹角 β 内时，机床加工系统就会有振型耦合型颤振产生。图 5-49a 所示尾座结构小刚度主轴 x_1 位于切削力 F 与 y 轴的夹角 β 范围内，容易产生振型耦合型颤振；图 5-49b 所示尾座结构较好，小刚度主轴 x_1 位于切削力 F 与 y 轴的夹角 β 范围

之外。除改进机床结构设计之外，合理安排刀具与工件的相对位置，也可以调整小刚度主轴的相对位置。

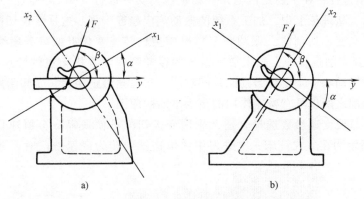

图 5-49　两种尾座结构

x_1—小刚度主轴　　x_2—大刚度主轴

3. 增加切削阻尼

适当减小刀具后角，可以加大工件和刀具后刀面之间的摩擦阻尼，对提高切削稳定性有利。但刀具后角过小会引起摩擦型颤振，一般后角取 2°~3° 为宜，必要时还可在后刀面上磨出带有负后角的消振棱，如图 5-50 所示。如果加工系统产生摩擦型颤振，需设法调整转速，使切削速度 v 处于 F-v 曲线的下降特性区之外。

4. 采用变速切削方法加工

再生型颤振是切削颤振的主要形态，变速切削对于再生型颤振具有显著的抑制作用。所谓变速切削就是人为地以各种方式连续改变机床主轴转速所进行的一种切削方式。在变速切削中，机床主轴转速将以一定的变速幅度 $\Delta n/n_0$、一定的变速频率、一定的变速波形围绕某一基本转速 n_0 做周期变化。图 5-51 所示为变速切削减振原理图。图 5-51a 所示为再生型颤振的稳定性极限图，其中的阴影部分为不稳定区，其余部分为稳定区，纵坐标 b 为切削宽度。图 5-51b 所示为变速切削时颤振频率 f 随机床主轴转速 n 的变化图。

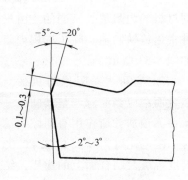

图 5-50　车刀消振棱

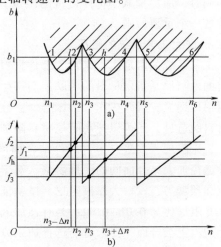

图 5-51　变速切削减振原理图

变速切削的减振机理可归结为以下两点：①采用变速切削方法加工时，只要变速幅度 Δn 足够大，切削过程将在不稳定区与条件稳定区内交替进行（图5-51a）。当切削加工在条件稳定区进行时，从理论上说，加工系统的振动响应趋近于零，这是变速切削具有减振作用的直接原因。②在变速切削时，振动频率随机床主轴转速变化近似呈分段线性锯齿状变化（图5-51b）。变速切削过程中，机床加工系统的振动频率随着机床主轴转速的变动而变动，变速切削系统的振动响应是变频激励的瞬间响应，与恒频激励相比，变频激励的振动响应要小，这是变速切削之所以具有减振作用的更为本质的原因。

一般来说，只要变速参数选择合适，采用变速切削可使振幅降至恒速切削时的10%～20%。图5-52所示为在立式铣床一次进刀中由恒速铣削转为变速铣削时所测得的振动波形

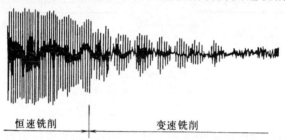

恒速铣削　　变速铣削

图 5-52　铣削振动波形图

试验条件　工件材料：45钢；刀具：ϕ200mm 镶齿不重磨铣刀（YT14）；切削用量：$a_p = 0.5$mm，$n_0 = 70$r/min，$f = 37.5$mm/min；变速幅度 $\Delta n/n_0 = \pm 15\%$；变速频率为 0.3Hz；变速波形为正弦波

图，变速切削具有十分明显的减振效果。

（三）改善工艺系统的动态特性，提高工艺系统的稳定性

1. 提高工艺系统的刚度

提高工艺系统的刚度，可以有效地改善工艺系统的抗振性和稳定性。在增强工艺系统刚度的同时，应尽量减小构件自身的质量。应把"以最小的质量获得最大的刚度"作为结构设计的一个重要原则。

2. 增大工艺系统的阻尼

工艺系统的阻尼主要来自零部件材料的内阻尼、结合面上的摩擦阻尼及其他附加阻尼。材料的内阻尼是指由材料的内摩擦而产生的阻尼，不同材料的内阻尼是不同的。由于铸铁的内阻尼比钢大，所以机床上的床身、立柱等大型支承件常用铸铁制造。除了选用内阻尼较大的材料制造外，还可以把高阻尼材料附加到零件上，如图5-53所示。

机床阻尼大多来自零、部件结合面间的摩擦阻尼，有时它可占总阻尼的90%，应通过各种途径加大结合面间的摩擦阻尼。对于机床的活动结合面，应当注意调整其间隙，必要时可施加预紧力，以增大摩擦阻尼。试验证明，滚动轴承在无预加载荷作用有间隙的情况下工作，其阻尼比为0.01～0.02；当有预加载荷而无间隙时，阻尼比可提高到0.02～0.03。对于机床的固定结合面，要求适当选择加工方法、表面粗糙度等级及结合面上的比压，结合面的固定方式也有很大影响。

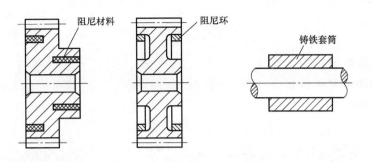

图 5-53 在零件上灌注阻尼材料和压入阻尼环

（四）采用各种消振、减振装置

如果不能从根本上消除产生切削振动的条件，又无法有效地提高工艺系统的动态特性时，为保证必要的加工质量和生产率，可以采用消振、减振装置。常用的减振器有以下三种类型。

1. 动力减振器

将弹性元件 k_2 和附加质量 m_2 连接到主振系统 m_1、k_1 上（图 5-54），利用附加质量的动力作用，使其加到主振系统上的作用力（或力矩）与激振力（或力矩）大小相等、方向相反，从而达到抑制主振系统振动的目的。

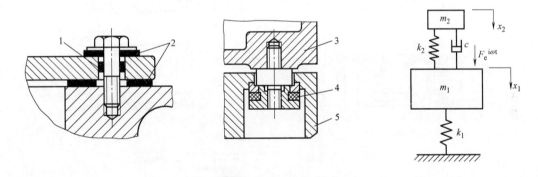

图 5-54 动力减振器

1—橡胶圈　2—橡胶垫　3—机床 m_1　4—弹簧阻尼元件　5—附加质量 m_2

2. 摩擦减振器

它利用摩擦阻尼来消散振动能量。图 5-55 所示为一个装在车床尾座上的摩擦减振器，它靠填料圈的摩擦阻尼减小振动。

3. 冲击式减振器

利用两物体相互碰撞要损失动能的原理，在振动体 M 上装上一个起冲击作用的自由质量（冲击块）m。系统以 $x = A \sin \omega t$ 振动时，自由质量将反复冲击振动体，以消散振动能量，达到减振的目的。图 5-56 所示为冲击式减振器的典型结构及动力学模型。为了获得最有利的碰撞条件，要求振动体 M 和冲击块 m 都能以其最大速度运动时发生相互碰撞，这样才能得到最大的动能损耗。间隙 δ 的大小对减振效果影响甚大，为获得最佳减振效果，间隙 δ 应满足下式要求

$$\delta = \frac{T}{2}\dot{x}_{max} = \frac{\pi}{\omega}A\omega = \pi A \tag{5-17}$$

式中　T——振动体 M 的振动周期；

　　　A——振动体 M 的振幅；

　　　ω——振动角频率。

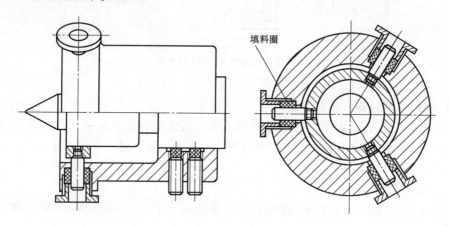

图 5-55　装在车床尾座上的摩擦减振器

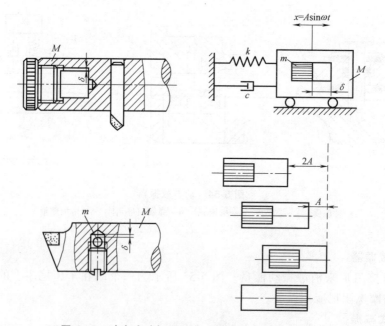

图 5-56　冲击式减振器的典型结构及其动力学模型

需要特别指出的是，式（5-17）中的幅值 A 是一个变值，当振动体 M 的振幅值 A 逐渐减小时，要求间隙值 δ 应随之减小，这样才能取得最佳的减振效果。除了间隙值之外，冲击块的材料选择也很重要，应选密度大、弹性回复系数大的材料（如淬硬钢或硬质合金）制造冲击块；必要时也可将冲击块挖空，内部注入密度比较大的铅以增加其质量。

冲击式减振器具有结构简单、质量小、体积小、减振效果好等优点，可以在较大的振动频率范围内使用。

习题与思考题

5-1 机械加工表面质量包含哪些具体内容？

5-2 为什么机器零件一般总是从表面层开始破坏的？加工表面质量对机器使用性能有哪些影响？

5-3 车削一铸铁零件的外圆表面，若进给量 $f = 0.40\text{mm/r}$，车刀刀尖圆弧半径 $r_\varepsilon = 3\text{mm}$，试估算车削后的表面粗糙度值。

5-4 高速精镗 45 钢工件的内孔时，采用主偏角 $\kappa_r = 75°$、副偏角 $\kappa_r' = 15°$ 的锋利尖刀，当要求加工表面粗糙度 Ra 值为 $3.2 \sim 6.3\mu\text{m}$ 时，问：

(1) 在不考虑工件材料塑性变形对表面粗糙度影响的条件下，进给量 f 应选择多大合适？

(2) 分析实际加工表面表面粗糙度值与计算值是否相同？为什么？

(3) 进给量 f 越小，表面粗糙度值是否越小？

5-5 在其他磨削条件均相同的条件下，采用 F60 号磨粒的砂轮磨削钢件外圆表面的粗糙度值比采用 F36 号磨粒的砂轮小，为什么？

5-6 为什么提高砂轮速度能减小磨削表面的表面粗糙度值，而提高工件速度却得到相反的结果？

5-7 为什么在切削加工中一般都会产生冷作硬化现象？

5-8 为什么切削速度增大，硬化现象减小？而进给量增大，硬化现象却增大？

5-9 为什么刀具的切削刃钝圆半径 r_n 增大及后刀面磨损 VB 增大，会使冷作硬化现象增大？而刀具前角 γ_o 增大，却使冷作硬化现象减小？

5-10 在相同的切削条件下，为什么切削钢件比切削工业纯铁冷作硬化现象小？而切削钢件却比切削非铁金属工件的冷硬现象大？

5-11 什么是回火烧伤、淬火烧伤和退火烧伤？

5-12 为什么磨削加工容易产生烧伤？如果工件材料和磨削用量无法改变，减轻烧伤现象的最佳途径是什么？

5-13 为什么磨削高合金钢比磨削普通碳钢容易产生烧伤现象？

5-14 磨削外圆表面时，如果同时提高工件和砂轮的速度，为什么能够减轻烧伤且又不会增大表面粗糙度值？

5-15 为什么采用开槽砂轮能够减轻或消除烧伤现象？

5-16 机械加工中，为什么工件表层金属会产生残余应力？

5-17 试述加工表面产生压缩残余应力和拉伸残余应力的原因。

5-18 应用图 5-23 所示内冷却装置磨削淬火钢件时，其表层金属如出现二次淬火组织（马氏体），在表层稍下深处出现回火组织（近似珠光体的托氏体或索氏体），试分析二次淬火层及回火层各产生何种残余应力。

5-19 试分析与解释磨削淬火钢件测得的磨削表面层应力随磨削深度变化的实验结果（图 5-57）。

5-20 什么是强迫振动？它有哪些主要特征？

5-21 如何诊断强迫振动的机内振源？

5-22 什么是自激振动？它与强迫振动、自由振动相比，有哪些主要特征？

5-23 试述机械加工中自激振动产生的条件，并用

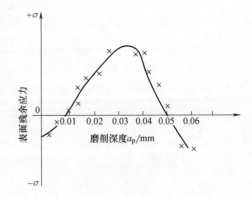

图 5-57 题 5-19 图

以解释再生型颤振、振型耦合型颤振、负摩擦型颤振、滞后型颤振的激振机理。

5-24 什么是再生型切削颤振？为什么说在机械加工中，除了极少数情况外，刀具总是在带有振纹的表面上进行切削？

5-25 试述自激振动诊断参数的选择原则。

5-26 简述再生型颤振的诊断原理与诊断程序。

5-27 车削时，当刀具处于水平位置（图 5-58a）时如有强烈振动产生；若将刀具反装（图 5-58b），或采用前后刀架同时切削（图 5-58c），或设法将刀具沿工件旋转方向转过某一角度（图 5-58d），振动可能会减弱或消失。试分析和解释上述三种情况的原因。

5-28 试分析、比较图 5-59 所示刀具结构中哪种结构对减振有利？为什么？

5-29 为什么变速切削对于再生型颤振具有减振效果？

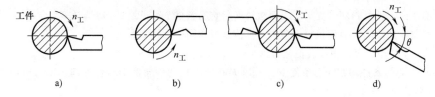

图 5-58 题 5-27 图

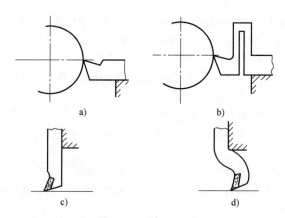

图 5-59 题 5-28 图

a）刚性车刀   b）弹性车刀   c）直杆刨刀   d）弯头刨刀

第六章
机器装配工艺过程设计

第一节 概 述

任何机器都是由许多零件装配而成的。装配是机器制造中的最后一个阶段，它包括装配、调整、检验、试验等工作。机器的质量最终是通过装配保证的，装配质量在很大程度上决定了机器的最终质量。另外，通过机器的装配过程，可以发现机器设计和零件加工质量等所存在的问题，并加以改进，以保证机器的质量。

目前，在许多工厂中，装配的主要工作是靠手工劳动完成的。所以，选择合适的装配方法，制定合理的装配工艺规程，不仅是保证机器装配质量的手段，也是提高产品生产效率、降低制造成本的有力措施。

一、机器装配的基本概念

任何机器都是由零件、套件、组件、部件等组成的。为保证有效地进行装配工作，通常将机器划分为若干能进行独立装配的部分，称为装配单元。

零件是组成机器的最小单元，它由整块金属或其他材料制成。零件一般都预先装成套件、组件、部件后才安装到机器上，直接装入机器的零件并不太多。

套件是在一个基准零件上，装上一个或若干个零件构成的。它是最小的装配单元。例如，装配式齿轮（图 6-1），由于制造工艺的原因，分成两个零件，在基准零件 1 上套装齿轮 3 并用铆钉 2 固定。为此进行的装配工作称为套装。

组件是在一个基准零件上，装上若干套件及零件而构成的。例如，机床主轴箱中的主轴，在基准轴件上装上齿轮、套、垫片、键及轴承的组合件称为组件。为此而进行的装配工作称为组装。

部件是在一个基准零件上，装上若干组件、套件和零件构成的。部件在机器中能完成一定的、完整的功用。把零件装配成为部件的过程，称为部装，如车床的主轴箱装配就是部装。主轴箱箱体为部装的基准零件。

在一个基准零件上，装上若干部件、组件、套件和零件就成

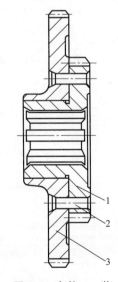

图 6-1 套件——装
配式齿轮

1—基准零件

2—铆钉 3—齿轮

为整台机器，把零件和部件装配成最终产品的过程，称为总装。例如，卧式车床就是以床身为基准零件，由主轴箱、进给箱、溜板箱等部件及其他组件、套件、零件组成的。

二、装配工艺系统图

在装配工艺规程制定过程中，表明产品零、部件间相互装配关系及装配流程的示意图称为装配系统图。每一个零件用一个方格来表示，在表格上表明零件名称、编号及数量，如图6-2所示。这种方框不仅可以表示零件，也可以表示套件、组件和部件等装配单元。

图6-3~图6-6分别表示套件、组件、部件和机器的装配工艺系统图。可以看出，装配时由基准零件开始，沿水平线自左向右进行，一般将零件画在上方，套件、组件和部件画在下方，其排列顺序表示了装配的顺序。零件、套件、组件和部件的数量，由实际装配结构来确定。

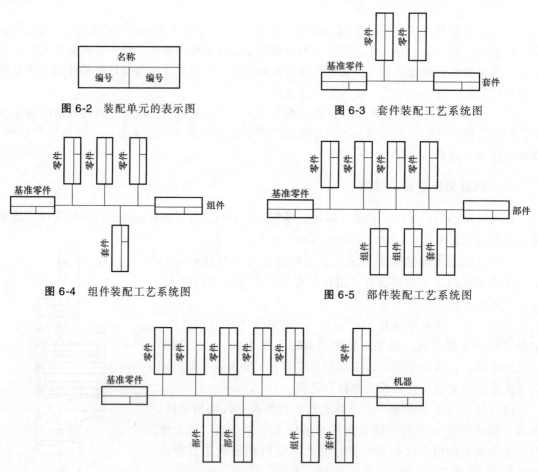

图 6-2 装配单元的表示图

图 6-3 套件装配工艺系统图

图 6-4 组件装配工艺系统图

图 6-5 部件装配工艺系统图

图 6-6 机器装配工艺系统图

装配工艺系统图配合装配工艺规程在生产中具有一定的指导意义。它主要应用于大批大量生产中，以便指导组织平行流水装配，分析装配工艺问题，但在单件小批生产中很少使用。

第二节 装配工艺规程的制定

装配工艺规程是指导装配生产的主要技术文件，制定装配工艺规程是生产技术准备工作的主要内容之一。

装配工艺规程对保证装配质量、提高装配生产效率、缩短装配周期、减轻工人劳动强度、缩小装配占地面积、降低生产成本等都有重要的影响。它取决于装配工艺规程制定的合理性，这就是制定装配工艺规程的目的。

装配工艺规程的主要内容是：

1）分析产品图样，划分装配单元，确定装配方法。

2）拟定装配顺序，划分装配工序。

3）计算装配时间定额。

4）确定各工序装配技术要求、质量检查方法和检查工具。

5）确定装配时零、部件的输送方法及所需要的设备和工具。

6）选择和设计装配过程中所需的工具、夹具和专用设备。

一、制定装配工艺规程的基本原则及原始资料

1. 制定装配工艺规程的基本原则

1）保证产品装配质量，力求提高质量，以延长产品的使用寿命。

2）合理安排装配顺序和工序，尽量减少钳工手工劳动量，缩短装配周期，提高装配效率。

3）尽量减少装配占地面积，提高单位面积的生产率。

4）尽量减少装配工作所占的成本。

2. 制定装配工艺规程的原始资料

在制定装配工艺规程前，需要具备以下原始资料：

（1）产品的装配图及验收技术标准　产品的装配图应包括总装图和部件装配图，并能清楚地表示出：所有零件相互连接的结构视图和必要的剖视图；零件的编号；装配时应保证的尺寸；配合件的配合性质及公差等级；装配的技术要求；零件的明细栏等。为了在装配时对某些零件进行补充机械加工和核算装配尺寸链，有时还需要某些零件图。

产品的验收技术条件、检验内容和方法也是制定装配工艺规程的重要依据。

（2）产品的生产纲领　产品的生产纲领就是其年生产量。生产纲领决定了产品的生产类型。生产类型不同，致使装配的生产组织形式、工艺方法、工艺过程的划分、工艺装备的多少、手工劳动的比例均有很大不同。

大批大量生产的产品应尽量选择专用的装配设备和工具，采用流水装配方法。现代装配生产中则大量采用机器人，组成自动装配线。对于成批生产、单件小批生产，则多采用固定装配方式，手工操作比重大。在现代柔性装配系统中，已开始采用机器人装配单件小批产品。

（3）生产条件　如果是在现有条件下来制定装配工艺规程，应了解现有工厂的装配工艺设备、工人技术水平、装配车间面积等。如果是新建厂，则应适当选择先进的装备和工艺方法。

二、制定装配工艺规程的步骤

根据上述原则和原始资料，可以按下列步骤制定装配工艺规程。

1. 研究产品的装配图及验收技术条件

审核产品图样的完整性、正确性；分析产品的结构工艺性；审核产品装配的技术要求和验收标准；分析与计算产品的装配尺寸链。

2. 确定装配方法与组织形式

装配方法和组织形式主要取决于产品的结构特点（尺寸和重量等）和生产纲领，并应考虑现有的生产技术条件和设备。

装配组织形式主要分为固定式和移动式两种。固定式装配是指全部装配工作在一个固定的地点完成，多用于单件小批生产，或质量大、体积大的产品批量生产中。移动式装配是将产品按装配顺序从一个装配地点移动到下一个装配地点，分别完成一部分装配工作，各装配地点工作的总和就完成了产品的全部装配工作。根据移动的方式不同又分为：连续移动、间歇移动和变节奏移动三种方式。这种装配组织形式常用于产品的大批大量生产中，以组成流水作业线和自动作业线。

3. 划分装配单元，确定装配顺序

将产品划分为套件、组件及部件等装配单元是制定工艺规程中最重要的一个步骤，这对大批大量生产结构复杂的产品尤为重要。无论是哪一级装配单元，都要选定某一零件或比它低一级的装配单元作为装配基准件。装配基准件通常应是产品的基体或主干零、部件。基准件应有较大的体积和质量，有足够的支承面，以满足陆续装入零、部件时的作业要求和稳定性要求。例如：

床身零件是床身组件的装配基准零件；

床身组件是床身部件的装配基准组件；

床身部件是机床产品的装配基准部件。

在划分装配单元，确定装配基准零件以后，即可安排装配顺序，并以装配系统图的形式表示出来。具体来说一般是先难后易、先内后外、先下后上，预处理工序在前。

图 6-7 所示为卧式车床床身装配简图，图 6-8 所示为床身部件装配系统图。

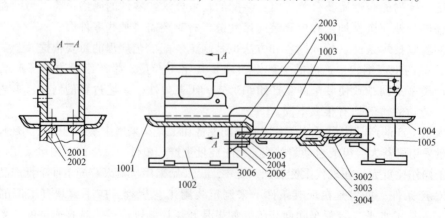

图 6-7　卧式车床床身装配简图

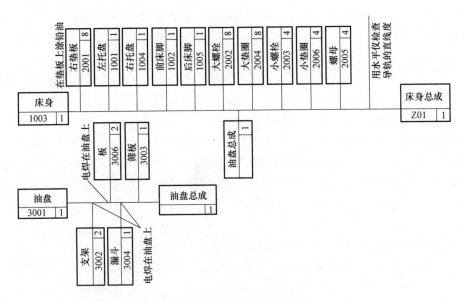

图 6-8 床身部件装配系统图

4. 划分装配工序进行装配工序设计

装配顺序确定后，就可将装配工艺过程划分为若干工序，其主要工作如下：

1）确定工序集中与分散的程度。

2）划分装配工序，确定工序内容。

3）确定各工序所需的设备和工具，如需专用夹具与设备，则应拟定设计任务书。

4）制定各工序装配操作规范，如过盈配合的压入力、变温装配的装配温度以及紧固件的力矩等。

5）制定各工序装配质量要求与检测方法。

6）确定工序时间定额，平衡各工序节拍。

5. 编制装配工艺文件

单件小批生产时，通常只绘制装配系统图。装配时，按产品装配图及装配系统图工作。

成批生产时，通常还制定部件、总装的装配工艺卡、写明工序顺序、简要工序内容、设备名称、工夹具名称与编号、工人技术等级和时间定额等项。

在大批大量生产中，不仅要制定装配工艺卡，而且要制定装配工序卡，以直接指导工人进行产品装配。

此外，还应按产品图样要求，制定装配检验及试验卡片。

297

第三节 机器结构的装配工艺性

机器结构的装配工艺性和零件结构的机械加工工艺性一样，对机器的整个生产过程有较大的影响，也是评价机器设计的指标之一。机器结构的装配工艺性在一定程度上决定了装配过程周期的长短、耗费劳动量的大小、成本的高低，以及机器使用质量的优劣等。

机器结构的装配工艺性是指机器结构能保证装配过程中使相互连接的零部件不用或少用

修配和机械加工，用较少的劳动量，花费较少的时间按产品的设计要求顺利地装配起来。

根据机器的装配实践和装配工艺的需要对机器结构的装配工艺性提出下述基本要求。

一、机器结构应能分成独立的装配单元

为了最大限度地缩短机器的装配周期，有必要把机器分成若干独立的装配单元，以便使许多装配工作能同时进行，它是评定机器结构装配工艺性的重要标志之一。

所谓划分成独立的装配单元，就是要求机器结构能划分成独立的组件、部件等。首先按组件或部件分别进行装配，然后再进行总装配。例如，卧式车床由主轴箱、进给箱、溜板箱、刀架、尾座和床身等部件组成。当这些独立的部件装配完之后，就可以在专门的试验台上检验或试车，待合格后再送去总装。各装配单元之间的装配及连接通常是很简单、很方便的装配过程。

把机器划分成独立装配单元，对装配过程有如下好处：

1）可以组织平行的装配作业，各单元装配互不妨碍，能缩短装配周期，或便于组织多厂协作生产。

2）机器的有关部件可以预先进行调整和试车，各部件以较完善的状态进入总装，这样既可保证总机的装配质量，又可减少总装配的工作量。

3）机器的局部结构改进后，整个机器只是局部变动，使机器改装起来方便，有利于产品的改进和更新换代。

4）有利于机器的维护检修，给重型机器的包装、运输带来很大方便。

另外，有些精密零部件不能在使用现场进行装配，而只能在特殊（如高度洁净、恒温等）环境下进行装配及调整，然后以部件的形式进入总装配。例如，精密丝杠车床的丝杠就是在特殊环境下装配的，以便保证机器的精度。

图 6-9a 所示的转塔车床，原先结构的装配工艺性较差，机床的快速行程轴的一端装在箱体 5 内，轴上装有一对圆锥滚子轴承和一个齿轮，轴的另一端装在拖板的操纵箱 1 内，这种结构装配起来很不方便。为此，将快速行程轴分拆成两个零件，如图 6-9b 所示。一段为带螺纹的较长的光轴 2，另一段为较短的阶梯轴 4，两轴用联轴器 3 联接起来。这样，箱体、操纵箱便成为两个独立的装配单元，分别平行装配。而且由于长轴被分拆为两段，其机械加工也较以前更容易了。

图 6-10 所示为轴的装配，当轴上齿轮直径大于箱体轴承孔时（图 6-10a），轴上零件需依次在箱内装配。当齿轮直径小于轴承孔时（图 6-10b），轴上零件可在组装成组件后，一次装入箱体内，从而简化装配过程，缩短装配周期。

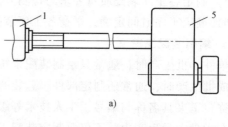

a)

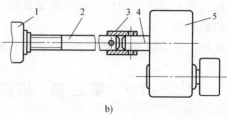

b)

图 6-9 转塔车床的两种结构比较

a）改进前结构 b）改进后结构

1—操纵箱 2—光轴 3—联轴器

4—阶梯轴 5—箱体

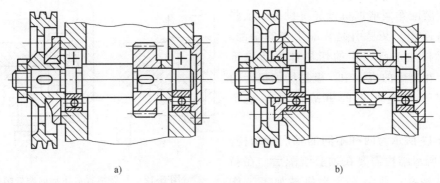

图 6-10 轴的两种结构比较

a）改进前结构 b）改进后结构

二、减少装配时的修配和机械加工

多数机器在装配过程中，难免要对某些零部件进行修配，这些工作多数由手工操作，不仅对技术要求高，而且难以事先确定工作量。因此，对装配过程有较大的影响。在机器结构设计时，应尽量减少装配时的修配工作量。

为了在装配时尽量减少修配工作量，首先要尽量减少不必要的配合面。因为配合面过大、过多，零件机械加工就困难，装配时修刮量也必然增加。

图 6-11 所示为车床主轴箱与床身的不同装配结构形式。主轴箱如采用图 6-11a 所示的山形导轨定位，装配时，基准面修刮工作量很大，现采用图 6-11b 所示的平导轨定位，则装配工艺得到明显的改善。

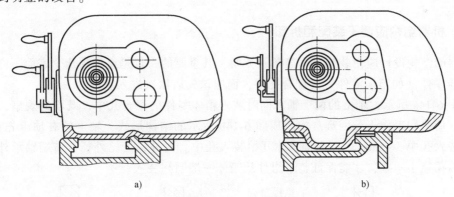

图 6-11 主轴箱与床身的不同装配结构形式

a）改进前结构 b）改进后结构

在机器结构设计上，采用调整装配法代替修配法，可以从根本上减少修配工作量。图 6-12a 所示为车床溜板和床身导轨后压板改进前的结构，其间的间隙是靠修配法来保证的。图 6-12b 所示结构是以调整法来代替修配法，以保证溜板压板与床身导轨间具有合理的间隙。

机器装配时要尽量减少机械加工，否则不仅影响装配工作的连续性，延长装配周期，而且还要在装配车间增加机械加工设备。这些设备既占面积，又易引起装配工作的杂乱。此外，机械加工所产生的切屑如果清除不净，残留在装配的机器中，极易增加机器的磨损，甚至产生严重的事故而损坏整个机器。

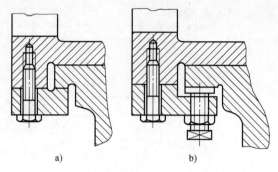

图 6-13 所示为两种不同的轴润滑结构，图 6-13a 所示结构需要在轴套装配后，在箱体上配钻油孔，使装配产生机械加工工作量。在轴套上预先加工好油孔，便可消除装配时的机械加工工作量。

图 6-12　车床溜板后压板的两种结构
a）改进前结构　b）改进后结构

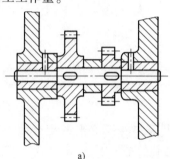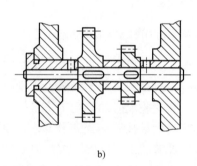

a)　　　　　　　　　　　　　　　b)

图 6-13　两种不同的轴润滑结构
a）改进前结构　b）改进后结构

三、机器结构应便于装配和拆卸

机器的结构设计应使装配工作简单、方便。其重要的一点是组件的几个表面不应该同时装入基准零件（如箱体零件）的配合孔中，而应该先后依次进入装配。

如图 6-14a 所示，轴上的两个轴承同时装入箱体零件的配合孔中，既不好观察，导向性又不好，使装配工作十分困难。如改成图 6-14b 所示的结构形式，轴上的右轴承先行装入，当轴承装入孔中 3～5mm 后，左轴承才开始装入孔中。此外，齿轮外径、右端轴承外径要比箱体左端孔径小一些，才能保证整个组件从箱体一端顺利装入。

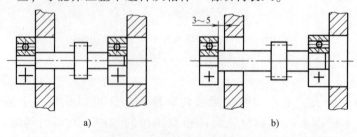

a)　　　　　　　　　　　　　　　b)

图 6-14　轴依次装配的结构
a）改进前结构　b）改进后结构

图 6-15 所示为车床床身、油盘和床腿的装配。图 6-15a 中设计者为了外观好看，将固定

螺栓放置在床腿空腔内，这就使装配工作十分困难。经按图 6-15b 所示改进设计后，螺栓置于外侧，使装配变得非常方便。

在机器设计过程中，如果一些容易被忽视的"小问题"处理不好，将给装配过程带来较大困难。例如，扳手空间过小，造成扳手放不进去或旋转范围过小，螺栓拧紧困难，如图 6-16a 所示。图 6-16b 中，左图也是扳手和紧固螺钉放入困难，而图右图则结构比较合理。图 6-16c 所示结构，由于螺栓长度 L_0 大于箱体凹入部分的高度 L，致使螺栓无法装入螺孔中，螺栓长度过短，则拧入深度不够，联接不牢固。

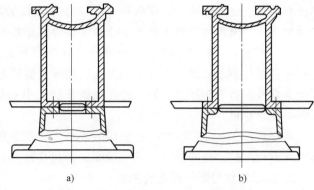

图 6-15 车床床身、油盘和床腿的装配
a）改进前结构 b）改进后结构

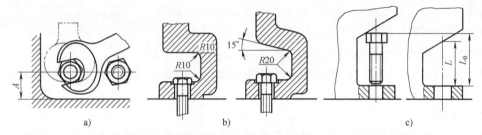

图 6-16 装配时应考虑装配工具与连接件的位置

第四节 装配尺寸链

机器的质量主要取决于机器结构设计的正确性、零件的加工质量，以及机器的装配精度，零件的精度又是影响机器装配精度的最主要因素。通过建立、分析计算装配尺寸链，可以解决零件精度与装配精度之间的关系。

一、装配精度

装配精度不仅影响机器或部件的工作性能，而且影响它们的使用寿命。对于机床，装配精度将直接影响在机床上加工零件的精度。

正确地规定机器、部件的装配精度要求，是产品设计的重要环节之一，它不仅关系到产品的质量，也关系到产品制造的难易程度和经济性。它是制定装配工艺规程的主要依据，也是确定零件加工精度的依据。

1. 装配精度的内容

产品装配精度所包括的内容可根据机械的工作性能来确定，一般可包括如下内容：

（1）相互位置精度 相互位置精度是指产品中相关零部件间的距离精度和相互位置精度。例如，机床主轴箱装配时，相关轴间的中心距尺寸精度和同轴度、平行度、垂直度等。

（2）相对运动精度 相对运动精度是产品中有相对运动的零部件之间在运动方向和相对运动速度上的精度。运动方向的精度常表现为部件间相对运动的平行度和垂直度，如机床溜板在导轨上的移动精度；溜板移动轨迹对主轴中心线的平行度。相对运动速度的精度即是传动精度，如滚齿机滚刀主轴与工作台的相对运动精度，它将直接影响滚齿机的加工精度。

（3）相互配合精度 相互配合精度包括配合表面间的配合质量和接触质量。配合质量是指零件配合表面之间达到规定的配合间隙或过盈的程度，它影响配合的性质。接触质量是指两配合或连接表面间达到规定的接触面积的大小和接触点分布的情况，它影响接触刚度，也影响配合质量。

不难看出，各装配精度间有密切的关系，相互位置精度是相对运动精度的基础，相互配合精度对相对位置精度和相对运动精度的实现有较大的影响。

2. 装配精度与零件精度的关系

机器和部件是许多零件装配而成的，所以，零件的精度特别是关键零件的精度会直接影响相应的装配精度。

例如，在卧式车床装配中，要满足尾座移动对溜板移动的平行度要求，只要保证床身上溜板移动的导轨 A 与尾座移动的导轨 B 相互平行即可，如图 6-17 所示。这种由一个零件的精度来保证某项装配精度的情况，称为"单件自保"。

但是，多数装配精度均与和它相关的零件或部件的加工精度有关，即这些零件的加工误差的累积将影响装配精度。例如，卧式车床主轴锥孔中心线和尾座顶尖套锥孔中心线对床身导轨的等高度要求。这项精度与床身 4、主轴箱 1、尾座 2、底板 3 等零部件的加工精度有关，如图 6-18 所示。

从上述分析中可以看出，在装配时零件的加工误差的累积将会影响产品的装配精度，在加工条件允许时，可以合理地规定有关零件的制造精度，使它们的累积误差仍不超出装配精度所规定的范围，从而简化装配过程，这对于大批大量生产过程是十分必要的。

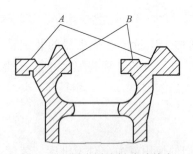

图 6-17 尾座对溜板移动精度
由床身导轨精度单件自保

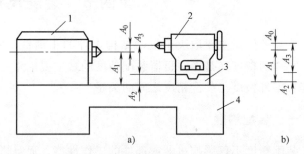

图 6-18 主轴箱主轴与尾座套筒中心线等高结构示意图
1—主轴箱 2—尾座 3—底板 4—床身

但是，零件的加工精度受工艺条件、经济性的限制，不能简单地按装配精度要求来加工，常在装配时采取一定的工艺措施（如修配、调整等）来保证最终装配精度。

产品的装配方法必须根据产品的性能要求、生产类型、装配的生产条件来确定。在不同的装配方法中，零件加工精度与装配精度间具有不同的相互关系，为了定量地分析这种关系，常将尺寸链的基本理论应用于装配过程，即建立装配尺寸链，通过解算装配尺寸链，最后确定零件精度与装配精度之间的定量关系。

二、装配尺寸链的建立

在解决具有累积误差的装配精度问题时，建立并解算装配尺寸链是最关键的问题。

1. 装配尺寸链的基本概念

在机器的装配关系中，由相关零件的尺寸或相互位置关系所组成的尺寸链，称为装配尺寸链。

装配尺寸链的封闭环就是装配所要保证的装配精度或技术要求。装配精度（封闭环）是零部件装配后才最后形成的尺寸或位置关系。

在装配关系中，对装配精度有直接影响的零、部件的尺寸和位置关系，都是装配尺寸链的组成环。如同工艺尺寸链一样，装配尺寸链的组成环也分为增环和减环。

例如，图 6-19 所示为轴、孔配合的装配尺寸链，装配后要求轴、孔有一定的间隙。轴、孔间的间隙 A_0 就是该尺寸链的封闭环，它是由孔尺寸 A_1 与轴尺寸 A_2 装配后形成的尺寸。在这里，孔尺寸 A_1 增大，间隙 A_0（封闭环）亦随之增大，故 A_1 为增环。反之，轴尺寸 A_2 为减环。其尺寸链方程为

$$A_0 = A_1 - A_2$$

图 6-19 轴、孔配合的装配尺寸链

2. 装配尺寸链的分类

装配尺寸链可以按各环的几何特征和所处空间位置不同而分为四类。

（1）直线尺寸链 由长度尺寸组成，且各环尺寸彼此平行，如图 6-19 所示。

（2）角度尺寸链 由角度、平行度、垂直度等构成。例如，卧式车床的第 18 项精度——精车端面的平面度要求；工件直径 $D \leqslant 200\text{mm}$ 时，端面只许凹 0.015mm。该项要求可简化为图 6-20 所示的角度尺寸链。其中 α_0 为封闭环，即该项装配精度 $T_{\alpha_0} = 0.015/100$。α_1 为主轴回转轴线与床身前棱形导轨在水平面内的平行度，α_2 为溜板的上燕尾导轨对床身棱形导轨的垂直度。

（3）平面尺寸链 由成角度关系布置的长度尺寸构成，且各环处于同一或彼此平行的平面内。例如，车床溜板箱装配在床鞍下面时，溜板箱齿轮 O_2 与床鞍横进给齿轮 O_1 应保持适当的啮合间隙，这个装配关系构成了平面尺寸链，如图 6-21 所示。其中 X_1、Y_1 为床鞍

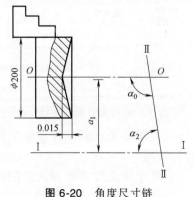

图 6-20 角度尺寸链

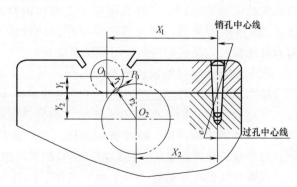

图 6-21 平面装配尺寸链

上齿轮 O_1 的坐标尺寸，X_2、Y_2 为溜板箱上齿轮 O_2 的坐标尺寸，r_1、r_2 分别为两齿轮的分度圆半径，P_0 为两齿轮的啮合侧隙，是封闭环。

（4）空间尺寸链　由位于三维空间的尺寸构成的尺寸链。在一般机器装配中较为少见，故这里不做介绍。

三、装配尺寸链的查找方法

正确地查明装配尺寸链的组成，并建立尺寸链是进行尺寸链计算的基础。

1. 装配尺寸链的查找方法

首先根据装配精度要求确定封闭环，再取封闭环两端的任一个零件为起点，沿装配精度要求的位置方向，以装配基准面为查找的线索，分别找出影响装配精度要求的相关零件（组成环），直至找到同一基准零件，甚至是同一基准表面为止。这一过程与查找工艺尺寸链的跟踪法在实质上是一致的。

当然，装配尺寸链也可从封闭环的一端开始，依次查找相关零部件直至封闭环的另一端。也可以从共同的基准面或零件开始，分别查到封闭环的两端。

2. 查找装配尺寸链应注意的问题

（1）装配尺寸链应进行必要的简化　机械产品的结构通常都比较复杂，对装配精度有影响的因素很多，在查找尺寸链时，在保证装配精度的前提下，可以不考虑那些影响较小的因素，使装配尺寸链适当简化。

例如，图 6-18a 所示为车床主轴与尾座中心线等高问题。影响该项装配精度的因素有：

A_1——主轴锥孔中心线至尾座底板距离；

A_2——尾座底板厚度；

A_3——尾座顶尖套锥孔中心线至尾座底板距离；

e_1——主轴滚动轴承外圆与内孔的同轴度误差；

e_2——尾座顶尖套锥孔与外圆的同轴度误差；

e_3——尾座顶尖套与尾座孔配合间隙引起的向下偏移量；

e_4——床身上安装主轴箱和尾座的平导轨间的高度差。

由上述分析可知，车床主轴与尾座中心线等高性的装配尺寸链如图 6-22 所示。但由于 e_1、e_2、e_3、e_4 的数值相对于 A_1、A_2、A_3 的误差而言是较小的，对装配精度影响也较小，故装配尺寸链可以简化成图 6-18b 所示的结果。但在精密装配中，应计入所有对装配精度有影响的因素，不可随意简化。

（2）装配尺寸链组成应该是"一件一环"　由尺寸链的基本理论可知，在装配精度既定的条件下，组成环环数越少，则各组成环所分配到的公差值就

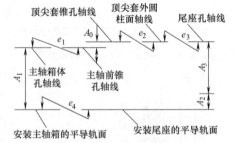

图 6-22　车床主轴与尾座中心线等高装配尺寸链

越大，零件加工越容易、越经济。这样，在产品结构设计时，在满足产品工作性能的条件下，应尽量简化产品结构，使影响产品装配精度的零件数尽量减少。

在查找装配尺寸链时，每个相关的零、部件只应有一个尺寸作为组成环列入装配尺寸链，即将两个装配基准间的位置尺寸直接标注在零件图上。这样，组成环的数目就等于有关

零、部件的数目，即"一件一环"，这就是装配尺寸链的最短路线（环数最少）原则。

图 6-23 所示齿轮装配后，轴向间隙尺寸链就体现了"一件一环"的原则。如果把其中的轴向尺寸标注成如图 6-24 所示的两个尺寸，则违反了"一件一环"的原则，其装配尺寸链的构成显然不合理。

（3）装配尺寸链的"方向性" 在同一装配结构中，在不同位置方向都有装配精度的要求时，应按不同方向分别建立装配尺寸链。例如，蜗杆副传动结构，为保证正常啮合，要同时保证蜗杆副两轴线间的距离精度、垂直度精度、蜗杆轴线与蜗轮中间平面的重合精度，这是三个不同位置方向的装配精度，因而需要在三个不同方向分别建立尺寸链。

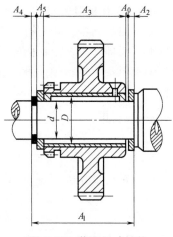

图 6-23 装配尺寸链的
一件一环原则

四、装配尺寸链的计算方法

装配方法与装配尺寸链的解算方法密切相关。同一项装配精度，采用不同装配方法时，其装配尺寸链的解算方法也不相同。

装配尺寸链的计算可分为正计算和反计算。已知与装配精度有关的各零部件的公称尺寸及其极限偏差，求解装配精度要求（封闭环）的公称尺寸及极限偏差的计

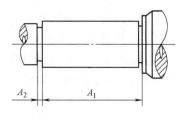

图 6-24 组成环尺寸的
不合理标法

算过程称为正计算，它用于对已设计的图样进行校核验算。当已知装配精度要求（封闭环）的公称尺寸及极限偏差，求解与该项装配精度有关的各零部件公称尺寸及极限偏差的计算过程称为反计算，它主要用于产品设计过程之中，以确定各零部件的尺寸和加工精度。

第五节 保证装配精度的装配方法

机械产品的精度要求，最终是靠装配实现的。用合理的装配方法来达到规定的装配精度，以实现用较低的零件精度，达到较高的装配精度，用最少的装配劳动量来达到较高的装配精度，即合理地选择装配方法，这是装配工艺的核心问题。

根据产品的性能要求，结构特点和生产形式，生产条件等，可采取不同的装配方法。保证产品装配精度的方法有：互换装配法、选择装配法、修配装配法和调整装配法。

一、互换装配法

互换装配法是在装配过程中，零件互换后仍能达到装配精度要求的装配方法。产品采用互换装配法时，装配精度主要取决于零件的加工精度，装配时不经任何调整和修配，就可以达到装配精度。互换装配法的实质就是用控制零件的加工误差来保证产品的装配精度。

根据零件的互换程度不同，互换装配法又可分为完全互换装配法和大数互换装配法。

1. 完全互换装配法

在全部产品中，装配时各组成环不需挑选或改变其大小或位置，装配后即能达到装配精度要求，这种装配方法称为完全互换装配法。

采用完全互换装配法时，装配尺寸链采用极值公差公式计算（与工艺尺寸链计算公式相同）。为保证装配精度要求，尺寸链各组成环公差之和应小于或等于封闭环公差（即装配精度要求），即

$$T_{01} \geqslant \sum_{i=1}^{m} |\xi_i| T_i \tag{6-1}$$

对于直线尺寸链，$|\xi_i| = 1$，则

$$T_{01} \geqslant \sum_{i=1}^{m} T_i = T_1 + T_2 + \cdots + T_m \tag{6-2}$$

式中　T_{01}——封闭环极值公差；

T_i——第 i 个组成环公差；

ξ_i——第 i 个组成环传递系数；

m——组成环环数。

在进行装配尺寸链反计算时，即已知封闭环（装配精度）的公差 T_{01}，分配有关零件（各组成环）公差 T_i 时，可按"等公差"原则（$T_1 = T_2 = \cdots = T_m = T_{av1}$）先确定它们的平均极值公差 T_{av1}，则

$$T_{av1} = \frac{T_0}{\sum\limits_{i=1}^{m} |\xi_i|} \tag{6-3}$$

对于直线尺寸链，$|\xi_i| = 1$，则

$$T_{av1} = \frac{T_0}{m} \tag{6-4}$$

然后根据各组成环尺寸大小和加工的难易程度，对各组成环的公差进行适当调整。在调整时可参照下列原则：

1）组成环是标准件尺寸（如轴承或弹性挡圈厚度等）时，其公差值及其分布在相应标准中已有规定，应为确定值。

2）组成环是几个尺寸链的公共环时，其公差值及其分布由其中要求最严的尺寸链先行确定，对其余尺寸链则应成为确定值。

3）尺寸相近、加工方法相同的组成环，其公差值相等。

4）难加工或难测量的组成环，其公差可取较大数值。易加工、易测量的组成环，其公差取较小数值。

在确定各组成环极限偏差时，对属于外尺寸（如轴）的组成环和属于内尺寸（如孔）的组成环，按偏差入体标注决定其公差分布，孔中心距的尺寸极限偏差按对称分布选取。

显然，当各组成环都按上述原则确定其公差时，按式（6-2）计算公差累积值常不符合封闭环的要求。因此，常选一个组成环，其公差与分布需经计算后最后确定，以便与其他组成环相协调，最后满足封闭环的精度要求。这个事先选定的在尺寸链中起协调作用的组成

环，称为协调环。不能选取标准件或公共环为协调环，因为其公差和极限偏差已是确定值。可选取易加工的零件为协调环，而将难加工零件的尺寸公差从宽选取；也可选取难加工零件为协调环，而将易于加工的零件的尺寸公差从严选取。

解算完全互换装配法装配尺寸链的基本公式和计算方法与第二章工艺尺寸链的公式和方法相同，这里不再介绍。

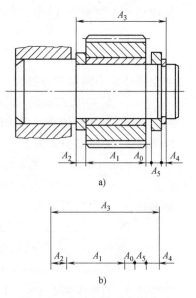

这种装配方法的特点是：装配质量稳定可靠；装配过程简单；生产效率高；易于实现装配机械化、自动化；便于组织流水作业和零部件的协作与专业化生产；有利于产品的维护和零部件的更换。但是，当装配精度要求较高，尤其是组成环数目较多时，零件难以按经济精度加工。

这种装配方法常用于高精度的少环尺寸链或低精度的多环尺寸链的大批大量生产装配中。

【例 6-1】 图 6-25a 所示为齿轮部件装配图，轴是固定不动的，齿轮在轴上回转，要求齿轮与挡圈的轴向间隙为 $0.1 \sim 0.35 \text{mm}$，已知：$A_1 = 30 \text{mm}$、$A_2 = 5 \text{mm}$、$A_3 = 43 \text{mm}$、$A_4 = 3_{-0.05}^{0} \text{mm}$（标准件）、$A_5 = 5 \text{mm}$，现采用完全互换装配法装配，试确定各组成环公差和极限偏差。

图 6-25 齿轮与轴的装配关系

【解】

1）画装配尺寸链图，校验各环公称尺寸。

依题意，轴向间隙为 $0.1 \sim 0.35 \text{mm}$，则封闭环 $A_0 = 0_{+0.10}^{+0.35} \text{mm}$，封闭环公差 $T_0 = 0.25 \text{mm}$。A_3 为增环，A_1、A_2、A_4、A_5 为减环，$\xi_3 = +1$，$\xi_1 = \xi_2 = \xi_4 = \xi_5 = -1$，装配尺寸链如图 6-25b 所示。

封闭环公称尺寸为

$$A_0 = \sum_{i=1}^{m} \xi_i A_i = A_3 - (A_1 + A_2 + A_4 + A_5)$$
$$= [43 - (30 + 5 + 3 + 5)] \text{mm} = 0$$

由计算可知，各组成环公称尺寸无误。

2）确定各组成环公差和极限偏差。

计算各组成环平均极值公差

$$T_{av1} = \frac{T_0}{\sum_{i=1}^{m} |\xi_i|} = \frac{T_0}{m} = \frac{0.25}{5} \text{mm} = 0.05 \text{mm}$$

以平均极值公差为基础，根据各组成环尺寸、零件加工难易程度，确定各组成环公差。

A_5 为一垫圈，易于加工和测量，故选 A_5 为协调环。A_4 为标准件，$A_4 = 3_{-0.05}^{0} \text{mm}$、$T_4 = 0.05 \text{mm}$，其余各组成环根据其尺寸和加工难易程度选择公差为：$T_1 = 0.06 \text{mm}$、$T_2 = $

0.04mm、$T_3 = 0.07$mm，各组成环公差等级约为IT9。

A_1、A_2 为外尺寸，按基轴制（h）确定极限偏差：$A_1 = 30_{-0.06}^{0}$mm，$A_2 = 5_{-0.04}^{0}$mm，A_3 为内尺寸，按基孔制（H）确定其极限偏差：$A_3 = 43_{0}^{+0.07}$mm。

封闭环的中间偏差 Δ_0 为

$$\Delta_0 = \frac{ES_0 + EI_0}{2} = \frac{0.35 + 0.10}{2} \text{mm} = 0.225\text{mm}$$

各组成环的中间偏差分别为

$$\Delta_1 = -0.03\text{mm}, \quad \Delta_2 = -0.02\text{mm}, \quad \Delta_3 = 0.035\text{mm}, \quad \Delta_4 = -0.025\text{mm}$$

3）计算协调环极值公差和极限偏差。

协调环 A_5 的极值公差为

$$T_5 = T_0 - (T_1 + T_2 + T_3 + T_4)$$
$$= [0.25 - (0.06 + 0.04 + 0.07 + 0.05)]\text{mm} = 0.03\text{mm}$$

协调环 A_5 的中间偏差为

$$\Delta_5 = \Delta_3 - \Delta_0 - \Delta_1 - \Delta_2 - \Delta_4$$
$$= [0.035 - 0.225 - (-0.03) - (-0.02) - (-0.025)]\text{mm}$$
$$= -0.115\text{mm}$$

协调环 A_5 的极限偏差 ES_5、EI_5 分别为

$$ES_5 = \Delta_5 + \frac{T_5}{2} = \left(-0.115 + \frac{0.03}{2}\right)\text{mm} = -0.10\text{mm}$$

$$EI_5 = \Delta_5 - \frac{T_5}{2} = \left(-0.115 - \frac{0.03}{2}\right)\text{mm} = -0.13\text{mm}$$

所以，协调环 A_5 的尺寸和极限偏差为

$$A_5 = 5_{-0.13}^{-0.10}\text{mm}$$

最后可得各组成环尺寸和极限偏差为

$$A_1 = 30_{-0.06}^{0}\text{mm}, \quad A_2 = 5_{-0.04}^{0}\text{mm}, \quad A_3 = 43_{0}^{+0.07}\text{mm}, \quad A_4 = 3_{-0.05}^{0}\text{mm}, \quad A_5 = 5_{-0.13}^{-0.10}\text{mm}$$

2. 大数互换装配法

完全互换装配法的装配过程虽然简单，但它是根据极大、极小的极端情况来建立封闭环与组成环的关系式，在封闭环为既定值时，各组成环所获公差过于严格，常使零件加工过程产生困难。由数理统计基本原理可知：首先，在一个稳定的工艺系统中进行大批大量加工时，零件加工误差出现极值的可能性很小。其次，在装配时，各零件的误差同时为极大、极小的"极值组合"的可能性更小。在组成环环数多，各环公差较大的情况下，装配时零件出现"极值组合"的机会就更加微小，实际上可以忽视不计。这样，完全互换装配法用严格零件加工精度的代价换取装配是不发生或极少出现的极端情况，显然是不科学、不经济的。

在绝大多数产品中，装配时各组成环不需挑选或改变其大小或位置，装配后即能达到装配精度的要求，但少数产品有出现废品的可能性，这种装配方法称为大数互换装配法（或部分互换装配法）。

采用大数互换装配法装配时，装配尺寸链采用统计公差公式计算。

在直线尺寸链中，各组成环通常是相互独立的随机变量，而封闭环又是各组成环的代数

和。根据概率论原理可知，各独立随机变量（组成环）的均方根偏差 σ_i 与这些随机变量之和（封闭环）的均方根偏差 σ_0 的关系可表示为

$$\sigma_0 = \sqrt{\sum_{i=1}^{m} \sigma_i^2}$$

当尺寸链各组成环均为正态分布时，其封闭环也属于正态分布。此时，各组成环的尺寸误差分散范围 w_i 与其均方根偏差 σ_i 的关系为

$$w_i = 6\sigma_i \qquad 即 \qquad \sigma_i = \frac{1}{6} w_i$$

当误差分散范围等于公差值，即 $w_i = T_i$ 时，有

$$T_0 = \sqrt{\sum_{i=1}^{m} T_i^2} \qquad\qquad (6\text{-}5)$$

若尺寸链为非直线尺寸链，且各组成环的尺寸分布为非正态分布时，上式适用范围可扩大为一般情况，但需引入传递系数 ξ_i 和相对分布系数 k_i，若 $A_0 = f(A_1、A_2、\cdots、A_m)$，则

$$\xi_i = \frac{\partial f}{\partial A_i}$$

$$k_i = \frac{6\sigma_i}{w_i} \qquad 即 \qquad \sigma_i = \frac{1}{6} k_i w_i$$

因此封闭环的统计公差 T_{0s} 与各组成环公差 T_i 的关系为

$$T_{0s} = \frac{1}{k_0} \sqrt{\sum_{i=1}^{m} \xi_i^2 k_i^2 T_i^2} \qquad\qquad (6\text{-}6)$$

式中　k_0——封闭环的相对分布系数；

　　　k_i——第 i 个组成环的相对分布系数。

对于直线尺寸链，$|\xi_i| = 1$，则

$$T_{0s} = \frac{1}{k_0} \sqrt{\sum_{i=1}^{m} k_i^2 T_i^2} \qquad\qquad (6\text{-}7)$$

如取各组成环公差相等，则组成环平均统计公差为

$$T_{avs} = \frac{k_0 T_0}{\sqrt{\sum_{i=1}^{m} \xi_i^2 k_i^2}} \qquad\qquad (6\text{-}8)$$

对于直线尺寸链，$|\xi_i| = 1$，则

$$T_{avs} = \frac{k_0 T_0}{\sqrt{\sum_{i=1}^{m} k_i^2}} \qquad\qquad (6\text{-}9)$$

上述式中，k_0 也表示大数互换装配法的置信水平 P。当组成环尺寸呈正态分布时，封闭环亦属于正态分布，此时相对分布系数 $k_0 = 1$，置信水平 $P = 99.73\%$，产品装配后不合格率为 0.27%。在某些生产条件下，要求适当放大组成环公差或组成环为非正态分布时，置信

水平 P 则降低，装配产品不合格率则大于 0.27%，P 与 k_0 的对应关系见表 6-1。

表 6-1 P 与 k_0 的对应关系

置信水平 $P(\%)$	99.73	99.5	99	98	95	90
封闭环相对分布系数 k_0	1	1.06	1.16	1.29	1.52	1.82

组成环尺寸为不同分布形式时，对应不同的相对分布系数 k 和不对称系数 e，见表 4-7。

当各组成环具有相同的非正态分布，且各组成环分布范围相差又不太大时，只要组成环数不太小（$m \geqslant 5$），封闭环亦趋近正态分布，此时，$k_0 = 1$，$k_i = k$，则封闭环当量公差 T_{0e} 为统计公差 T_{0s} 的近似值，于是有

$$T_{0e} = k\sqrt{\sum_{i=1}^{m} \xi_i^2 T_i^2} \tag{6-10}$$

此时各组成环平均当量公差为

$$T_{ave} = \frac{T_0}{k\sqrt{\sum_{i=1}^{m} \xi_i^2}} \tag{6-11}$$

对于直线尺寸链，$|\xi_i| = 1$，则

$$T_{0e} = k\sqrt{\sum_{i=1}^{m} T_i^2} \tag{6-12}$$

$$T_{ave} = \frac{T_0}{k\sqrt{m}} \tag{6-13}$$

当各组成环在其公差内呈正态分布时，封闭环也呈正态分布，此时，$k_0 = k_i = 1$，则封闭环平方公差为

$$T_{0q} = \sqrt{\sum_{i=1}^{m} \xi_i^2 T_i^2} \tag{6-14}$$

各组成环平均平方公差为

$$T_{avq} = \frac{T_0}{\sqrt{\sum_{i=1}^{m} \xi_i^2}} \tag{6-15}$$

对于直线尺寸链，$|\xi_i| = 1$，则

$$T_{0q} = \sqrt{\sum_{i=1}^{m} T_i^2} \tag{6-16}$$

$$T_{avq} = \frac{T_0}{\sqrt{m}} \tag{6-17}$$

在本章中，主要讲述直线装配尺寸链的解算方法，所采用的计算公式见表 6-2。

表 6-2 直线装配尺寸链计算公式

序号	计算内容			计 算 公 式	适 用 范 围	
1	封闭环公称尺寸			$A_0 = \sum\limits_{i=1}^{m} \xi_i A_i$	$|\xi_i| = 1$	
2	封闭环中间偏差			$\Delta_0 = \sum\limits_{i=1}^{m} \xi_i \left(\Delta_i + e_i \dfrac{T_i}{2} \right)$	$e_i \neq 0$ 各组成环尺寸为非对称分布	
				$\Delta_0 = \sum\limits_{i=1}^{m} \xi_i \Delta_i$	$e_i = 0$ 各组成环尺寸为对称分布	
3	封闭环极限偏差			$\mathrm{ES}_0 = \Delta_0 + T_0/2$	各种装配方法	
				$\mathrm{EI}_0 = \Delta_0 - T_0/2$		
4	封闭环极限尺寸			$A_{0\max} = A_0 + \mathrm{ES}_0$		
				$A_{0\min} = A_0 + \mathrm{EI}_0$		
5	封闭环公差	极值公差		$T_{01} = \sum\limits_{i=1}^{m} T_i$	除大数互换装配法以外任何装配方法	
		统计公差	统计公差	$T_{0s} = \dfrac{1}{k_0} \sqrt{\sum\limits_{i=1}^{m} k_i^2 T_i^2}$	$k_0 \neq 1$，$k_i \neq 1$，组成环尺寸、封闭环尺寸皆呈非正态分布	$T_{0e} = T_{0s}$ 给定组成环时 $T_{01} > T_{0s} > T_{0q}$ 大数互换装配法
			当量公差	$T_{0e} = k \sqrt{\sum\limits_{i=1}^{m} T_i^2}$	$k_0 = 1$，$k_i = k$，封闭环尺寸呈正态分布，各组成环尺寸分布曲线相同	
			平方公差	$T_{0q} = \sqrt{\sum\limits_{i=1}^{m} T_i^2}$	$k_0 = k_i = 1$，各组成环和封闭环尺寸均呈正态分布	
6	组成环平均公差	平均极值公差		$T_{av1} = \dfrac{T_0}{m}$	除大数互换装配法以外任何装配方法	
		统计公差	平均统计公差	$T_{avs} = \dfrac{k_0 T_0}{\sqrt{\sum\limits_{i=1}^{m} k_i^2}}$	$k_0 \neq 1$，$k_i \neq 1$，组成环尺寸、封闭环尺寸皆呈非正态分布	$T_{av1} = T_{avs}$ 给定封闭环时 $T_{av1} < T_{avs} < T_{avq}$ 大数互换装配法
			平均当量公差	$T_{ave} = \dfrac{T_0}{k \sqrt{m}}$	$k_0 = 1$，$k_i = k$，封闭环尺寸呈正态分布，各组成环尺寸分布曲线相同	
			平均平方公差	$T_{avq} = \dfrac{T_0}{\sqrt{m}}$	$k_0 = k_i = 1$，各组成环和封闭环尺寸均呈正态分布	
7	组成环极限偏差			$\mathrm{ES}_i = \Delta_i + T_i/2$	各种装配方法	
				$\mathrm{EI}_i = \Delta_i - T_i/2$		
8	组成环极限尺寸			$A_{i\max} = A_i + \mathrm{ES}_i$		
				$A_{i\min} = A_i + \mathrm{EI}_i$		

这种装配方法的特点是：零件规定的公差比完全互换装配法所规定的公差大，有利于零件的经济加工，装配过程与完全互换装配法一样简单、方便。但在装配时，应采取适当工艺措施，以便排除个别产品因超出公差而产生废品的可能性。这种装配方法适用于大批大量生

产，组成环较多、装配精度要求又较高的场合。

为了便于比较，本章中亦采用如图 6-25a 所示装配关系为例加以说明。

【例 6-2】　在图 6-25a 中，已知 $A_1 = 30\text{mm}$，$A_2 = 5\text{mm}$，$A_3 = 43\text{mm}$，$A_4 = 3_{-0.05}^{\ 0}\text{mm}$（标准件），$A_5 = 5\text{mm}$，装配后齿轮与挡圈间轴向间隙为 $0.1 \sim 0.35\text{mm}$。现采用大数互换装配法装配，试确定各组成环公差和极限偏差。

【解】

1）画装配尺寸链图，校验各环公称尺寸与例 6-1 过程相同。

2）确定各组成环公差和极限偏差。

该产品在大批大量生产条件下，工艺过程稳定，各组成环尺寸趋近正态分布，$k_0 = k_i = 1$，$e_0 = e_i = 0$，则各组成环平均平方公差为

$$T_{\text{avq}} = \frac{T_0}{\sqrt{m}} = \frac{0.25}{\sqrt{5}}\text{mm} \approx 0.11\text{mm}$$

A_3 为一轴类零件，较其他零件相比较难加工，现选择较难加工零件 A_3 为协调环。以平均平方公差为基础，参考各零件尺寸和加工难易程度，从严选取各组成环公差。

$T_1 = 0.14\text{mm}$，$T_2 = T_5 = 0.08\text{mm}$，其公差等级为 IT11。$A_4 = 3_{-0.05}^{\ 0}\text{mm}$（标准件），$T_4 = 0.05\text{mm}$，由于 A_1、A_2、A_5 皆为外尺寸，其极限偏差按基轴制（h）确定，则 $A_1 = 30_{-0.14}^{\ 0}\text{mm}$，$A_2 = 5_{-0.08}^{\ 0}\text{mm}$，$A_5 = 5_{-0.08}^{\ 0}\text{mm}$。各环中间偏差分别为

$\Delta_0 = 0.225\text{mm}$，$\Delta_1 = -0.07\text{mm}$，$\Delta_2 = -0.04\text{mm}$，$\Delta_4 = -0.025\text{mm}$，$\Delta_5 = -0.04\text{mm}$

3）计算协调环公差和极限偏差。

$$T_3 = \sqrt{T_0^2 - (T_1^2 + T_2^2 + T_4^2 + T_5^2)} =$$
$$\sqrt{0.25^2 - (0.14^2 + 0.08^2 + 0.05^2 + 0.08^2)}\ \text{mm} = 0.16\text{mm}（只舍不进）$$

协调环 A_3 的中间偏差为

$$\Delta_0 = \sum_{i=1}^{m} \xi_i \Delta_i = \Delta_3 - (\Delta_1 + \Delta_2 + \Delta_4 + \Delta_5)$$
$$\Delta_3 = \Delta_0 + (\Delta_1 + \Delta_2 + \Delta_4 + \Delta_5) =$$
$$[0.225 + (-0.07 - 0.04 - 0.025 - 0.04)]\text{mm} = 0.05\text{mm}$$

协调环 A_3 的上、下极限偏差 ES_3、EI_3 分别为

$$\text{ES}_3 = \Delta_3 + \frac{1}{2}T_3 = \left(0.05 + \frac{1}{2} \times 0.16\right)\text{mm} = 0.13\text{mm}$$

$$\text{EI}_3 = \Delta_3 - \frac{1}{2}T_3 = \left(0.05 - \frac{1}{2} \times 0.16\right)\text{mm} = -0.03\text{mm}$$

所以，协调环 $A_3 = 43_{-0.03}^{+0.13}\text{mm}$。

最后可得各组成环尺寸分别为

$A_1 = 30_{-0.14}^{\ 0}\text{mm}$，$A_2 = 5_{-0.08}^{\ 0}\text{mm}$，$A_3 = 43_{-0.03}^{+0.13}\text{mm}$，$A_4 = 3_{-0.05}^{\ 0}\text{mm}$，$A_5 = 5_{-0.08}^{\ 0}\text{mm}$

为了比较在组成环尺寸和公差相同条件下，分别采用完全互换装配法和大数互换装配法所获装配精度的差别，现采用例 6-1 计算结果为已知条件，进行正计算，求解此时采用大数互换装配法所获得封闭环公差及其分布。

【例 6-3】　在图 6-25a 中，已知 $A_1 = 30_{-0.06}^{\ 0}\text{mm}$，$A_2 = 5_{-0.04}^{\ 0}\text{mm}$，$A_3 = 43_{\ 0}^{+0.07}\text{mm}$，$A_4 =$

$3_{-0.05}^{0}$ mm，$A_5 = 5_{-0.13}^{-0.10}$ mm。现采用大数互换装配法装配，求封闭环公差及其分布。

【解】

1）封闭环公称尺寸为

$$A_0 = \sum_{i=1}^{m} \xi_i A_i = A_3 - (A_1 + A_2 + A_4 + A_5) =$$
$$[43 - (30+5+3+5)] \text{mm} = 0$$

2）封闭环平方公差为

$$T_{0q} = \sqrt{\sum_{i=1}^{m} \xi_i^2 T_i^2} = \sqrt{\sum_{i=1}^{m} T_i^2} = \sqrt{T_1^2 + T_2^2 + T_3^2 + T_4^2 + T_5^2}$$
$$= \sqrt{0.06^2 + 0.04^2 + 0.07^2 + 0.05^2 + 0.03^2} \text{mm} \approx 0.116 \text{mm}$$

3）封闭环中间偏差为

$$\Delta_0 = \sum_{i=1}^{m} \xi_i \Delta_i = \Delta_3 - (\Delta_1 + \Delta_2 + \Delta_4 + \Delta_5)$$
$$= [0.035 - (-0.03 - 0.02 - 0.025 - 0.115)] \text{mm} = 0.225 \text{mm}$$

4）封闭环上、下极限偏差为

$$\text{ES}_0 = \Delta_0 + \frac{1}{2} T_0 = \left(0.225 + \frac{0.116}{2}\right) \text{mm} = 0.283 \text{mm}$$

$$\text{EI}_0 = \Delta_0 - \frac{1}{2} T_0 = \left(0.225 - \frac{0.116}{2}\right) \text{mm} = 0.167 \text{mm}$$

则封闭环 $A_0 = 0_{+0.167}^{+0.283}$ mm。

经比较例 6-1 与例 6-3 计算结果可知：

在装配尺寸链中，当各组成环公称尺寸、公差及其分布固定不变的条件下，采用极值公差公式（用于完全互换装配法）计算的封闭环极值公差 $T_{01} = 0.25$ mm。采用统计公差公式（用于大数互换装配法）计算的封闭环平方公差 $T_{0q} \approx 0.116$ mm，显然 $T_{01} > T_{0q}$。但是 T_{01} 包括装配中封闭环所能出现的一切尺寸，取 T_{01} 为装配精度时，所有装配结果都是合格的，即装配之后封闭环尺寸出现在 T_{01} 范围内的概率为 100%。而当 T_{0q} 在正态分布下取值 $6\sigma_0$ 时，装配结果尺寸出现在 T_{0q} 范围内的概率为 99.73%。仅有 0.27% 的装配结果超出 T_{0q}，即当装配精度为 T_{0q} 时，仅有 0.27% 的产品可能成为废品，如图 6-26 所示。采用大数互换装配时，各组成环公差远大于采用完全互换装配法时各组成环的公差，其组成环平

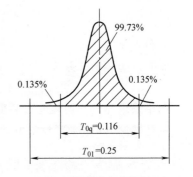

图 6-26 大数互换法与完全互换法的比较

均公差将扩大 $\sqrt{m}$ 倍。本例中，$\dfrac{T_{\text{avq}}}{T_{\text{av1}}} = \dfrac{0.11}{0.05} = 2.2 \approx \sqrt{5}$。由于零件平均公差扩大两倍多，使零件公差等级由 IT9 下降为 IT11，致使加工成本有所降低。

二、选择装配法

选择装配法是将尺寸链中组成环的公差放大到经济可行的程度，然后选择合适的零件进行装配，以保证装配精度的要求。

选择装配法有三种不同的形式：直接选配法、分组装配法和复合选配法。

1. 直接选配法

在装配时，工人从许多待装配的零件中，直接选择合适的零件进行装配，以保证装配精度的要求。

这种装配方法的优点是能达到很高的装配精度。其缺点是装配时，工人是凭经验和必要的判断性测量来选择零件。所以，装配时间不易准确控制，装配精度在很大程度上取决于工人的技术水平。这种装配方法不宜用于生产节拍要求较严的大批大量流水作业中。

另外，采用直接选配法装配，一批零件严格按同一精度要求装配时，最后可能出现无法满足要求的"剩余零件"，当各零件加工误差分布规律不同时，"剩余零件"可能更多。

2. 分组装配法

当封闭环精度要求很高时，采用完全互换装配法或大数互换装配法解尺寸链，组成环公差非常小，使加工十分困难而又不经济。这时，在加工零件时，常将各组成环的公差相对完全互换装配法所求数值放大数倍，使其尺寸能按经济精度加工，再按实际测量尺寸将零件分为数组，按对应组分别进行装配，以达到装配精度的要求。由于同组内零件可以互换，故这种方法又称为分组互换法。

在大批大量生产中，对于组成环环数少而装配精度要求高的部件，常采用分组装配法。例如，滚动轴承的装配、发动机气缸活塞环的装配、活塞与活塞销的装配、精密机床中某些精密部件的装配等。

现以汽车发动机中活塞销与活塞销孔的装配为例，说明分组装配法的原理和装配过程。

图 6-27 所示为活塞销与活塞的装配关系，按技术要求，销轴直径 d 与销孔直径 D 在冷态装配时，应有 $0.0025 \sim 0.0075\text{mm}$ 的过盈量（Y），即

$$Y_{\min} = d_{\min} - D_{\max} = 0.0025\text{mm}$$
$$Y_{\max} = d_{\max} - D_{\min} = 0.0075\text{mm}$$

此时封闭环的公差为

$$T_0 = Y_{\max} - Y_{\min} = (0.0075 - 0.0025)\text{mm} = 0.0050\text{mm}$$

如果采用完全互换装配法装配，则销与孔的平均公差仅为 0.0025mm。由于销轴是外尺寸，按基轴制（h）确定极限偏差，以销孔为协调环，则

$$d = 28_{-0.0025}^{0}\text{mm}, \quad D = 28_{-0.0075}^{-0.0050}\text{mm}$$

显然，制造这种精度的销轴与销孔既困难又不经济。在实际生产中，采用分组装配法，可将销轴与销孔的公差在相同方向上放大 4 倍（采取上极限偏差不动，变动下极限偏差），即

$$d = 28_{-0.010}^{0}\text{mm}, \quad D = 28_{-0.015}^{-0.005}\text{mm}$$

这样，活塞销可用无心磨加工，活塞销孔用金刚镗床加工，然后用精密量具测量其尺

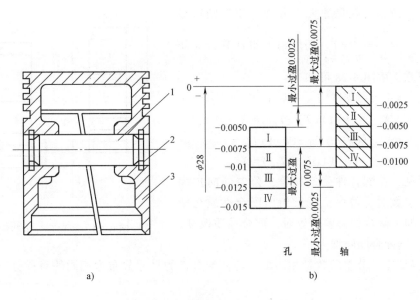

图 6-27 活塞销与活塞的装配关系

寸，并按尺寸大小分成 4 组，涂上不同颜色加以区别，或分别装入不同容器内，以便进行分组装配，具体分组情况可见表 6-3。

表 6-3 活塞销与活塞销孔直径分组 （单位：mm）

组别	标志颜色	活塞销直径 $d=\phi 28^{\ 0}_{-0.010}$	活塞销孔直径 $D=\phi 28^{-0.005}_{-0.015}$	配合情况	
				最小过盈	最大过盈
I	红	$\phi 28^{\ 0}_{-0.0025}$	$\phi 28^{-0.0050}_{-0.0075}$	0.0025	0.0075
II	白	$\phi 28^{-0.0025}_{-0.0050}$	$\phi 28^{-0.0075}_{-0.0100}$		
III	黄	$\phi 28^{-0.0050}_{-0.0075}$	$\phi 28^{-0.0100}_{-0.0125}$		
IV	绿	$\phi 28^{-0.0075}_{-0.0100}$	$\phi 28^{-0.0125}_{-0.0150}$		

　　正确地使用分组装配法，关键是保证分组后各对应组的配合性质和配合精度仍能满足原装配精度的要求，为此，应满足如下条件：

　　1）为保证分组后各组的配合性质及配合精度与原装配要求相同，配合件的公差范围应相等；公差应同方向增加；增大的倍数应等于以后的分组数。

　　从上例销轴与销孔的配合来看，它们原来的公差相等：$T_{轴}=T_{孔}=T=0.0025\text{mm}$。采用分组装配法后，销轴与销孔的公差在相同方向上同时扩大 $n=4$ 倍：$T_{轴}=T_{孔}=nT=0.010\text{mm}$，加工后再将它们按尺寸大小分为 $n=4$ 组。装配时，大销配大孔（I 组），小销配小孔（IV组），从而使各组内都保证销与孔配合的最小过盈量与最大过盈量皆符合装配精度要求，如图 6-27b 所示。

　　现取任意的轴、孔间隙配合加以说明：

　　设轴、孔的公差分别为 $T_{轴}$、$T_{孔}$，且 $T_{轴}=T_{孔}=T$。轴、孔为间隙配合，其最大间隙为 $X_{\max}$，最小间隙为 $X_{\min}$。

　　现采用分组装配法，把轴、孔公差同向放大 n 倍，则轴、孔公差为 $T'_{轴}=T'_{孔}=nT=T'$。

315

零件加工后，按轴、孔尺寸大小分为 n 组，则每组内轴、孔公差为 $\dfrac{T'}{n} = \dfrac{nT}{n} = T$。任取第 k 组计算最大间隙与最小间隙，由图 6-28 可知

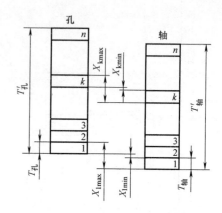

$$X_{k\max} = X_{\max} + (k-1)T_{孔} - (k-1)T_{轴} =$$
$$X_{\max} + (k-1)(T_{孔} - T_{轴}) = X_{\max}$$
$$X_{k\min} = X_{\min} + (k-1)T_{孔} - (k-1)T_{轴} =$$
$$X_{\min} + (k-1)(T_{孔} - T_{轴}) = X_{\min}$$

由此可见，在配合件公差相等，公差同向扩大倍数等于分组数时，可保证任意组内配合性质与精度不变。但如果配合件公差不等时，配合性质改变。如 $T_{孔} > T_{轴}$，则配合间隙增大。

图 6-28　轴与孔分组装配图

2）为保证零件分组后数量相匹配，应使配合件的尺寸分布为相同的对称分布（如正态分布）。

如果分布曲线不相同或为不对称分布曲线，将产生各组相配零件数量不等，造成一些零件的积压浪费，如图 6-29 所示。其中第一组与第四组中的轴与孔零件数量相差较大，在生产实际中，常专门加工一批与剩余零件相配的零件，以解决零件配套问题。

3）配合件的表面粗糙度、相互位置精度和形状精度不能随尺寸精度放大而任意放大，应与分组公差相适应，否则，将不能达到要求的配合精度及配合质量。

4）分组数不宜过多，零件尺寸公差只要放大到经济加工精度即可，否则，就会因零件的测量、分类、保管工作量的增加而使生产组织工作复杂，甚至造成生产过程混乱。

3. 复合选配法

复合选配法是分组装配法与直接选配法的复合，即零件加工后先检测分组，装配时，在各对应组内经工人进行适当的选配。

这种装配方法的特点是配合件公差可以不等，装配速度较快，质量高，能满足一定生产节拍的要求，如发动机气缸与活塞的装配多采用此种方法。

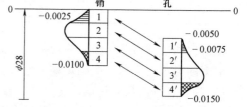

上述几种装配方法，无论是完全互换装配法、大数互换装配法还是分组装配法，其特点都是零件能够互换，这一点对于大批大量生产的装配来说，是非常重要的。

图 6-29　活塞销与活塞销孔的各组数量不等

这种选择装配法常用于装配精度要求高而组成环数较少的成批或大批量生产中。

三、修配装配法

在成批生产或单件小批生产中，当装配精度要求较高，组成环数目又较多时，若按互换法装配，对组成环的公差要求过严，从而造成加工困难。而采用分组装配法又因生产零件数量少、种类多而难以分组。这时，常采用修配装配法来保证装配精度的要求。

修配装配法是将尺寸链中各组成环按经济加工精度制造。装配时，通过改变尺寸链中某

一预先确定的组成环尺寸的方法来保证装配精度。装配时进行修配的零件称为修配件，该组成环称为修配环。由于这一组成环的修配是为补偿其他组成环的累积误差以保证装配精度，故又称为补偿环。

采用修配装配法装配时应正确选择补偿环。补偿环一般应满足以下要求：

1）便于装拆，零件形状比较简单，易于修配。如果采用刮研修配时，刮研面积要小。

2）不应为公共环，即该件只与一项装配精度有关，而与其他装配精度无关，否则修配后，虽然保证了一个尺寸链的要求，却又难以满足另一尺寸链的要求。

采用修配装配法装配时，补偿环被去除材料的厚度称为补偿量（或修配量）（F）。

设用完全互换装配法计算的各组成环公差分别为 T'_1、T'_2、$\cdots$、T'_m，则

$$T'_{01} = \sum_{i=1}^{m} |\xi_i| T'_i = T_0$$

现采用修配装配法装配，将各组成环公差在上述基础上放大为 T_1、T_2、$\cdots$、T_m，则

$$T_{01} = \sum_{i=1}^{m} |\xi_i| T_i \quad (T_i > T'_i)$$

显然，$T_{01} > T'_{01}$，此时最大补偿量为

$$F_{\max} = T_{01} - T'_{01} = \sum_{i=1}^{m} |\xi_i| T_i - \sum_{i=1}^{m} |\xi_i| T'_i$$
$$= T_{01} - T_0$$

采用修配装配法装配时，解尺寸链的主要问题是：在保证补偿量足够且最小的原则下，计算补偿环的尺寸。

补偿环被修配后对封闭环尺寸变化的影响有两种情况：一是使封闭环尺寸变大；一是使封闭环尺寸变小。因此，用修配装配法解装配尺寸链时，可分别根据这两种情况来进行计算。

1. 补偿环被修配后封闭环尺寸变大

现仍以如图 6-25 所示齿轮与轴的装配关系为例加以说明。

【例 6-4】 已知 $A_1 = 30$mm，$A_2 = 5$mm，$A_3 = 43$mm，$A_4 = 3_{-0.050}^{0}$mm（标准件），$A_5 = 5$mm，装配后齿轮与挡圈的轴向间隙为 0.1~0.35mm。现采用修配装配法装配，试确定各组成环的公差及其分布。

【解】

（1）选择补偿环 从装配图可以看出，组成环 A_5 为一垫圈，此件装拆较为容易，又不是公共环，修配也很方便，故选择 A_5 为补偿环。从尺寸链可以看出，A_5 为减环，修配后封闭环尺寸变大。由已知条件得

$$A_0 = 0_{+0.10}^{+0.35}\text{mm}, \quad T_0 = 0.25\text{mm}$$

（2）确定各组成环公差 按经济精度分配各组成环公差，各组成环公差相对完全互换装配法可有较大增加，即

$T_1 = T_3 = 0.20$mm，$T_2 = T_5 = 0.10$mm，A_4 为标准件，其公差仍为确定值 $T_4 = 0.05$mm，各加工件公差约为 IT11，可以经济加工。

（3）计算补偿环 A_5 的最大补偿量

$$T_{01} = \sum_{i=1}^{m} |\xi_i| T_i = T_1 + T_2 + T_3 + T_4 + T_5 =$$

$$(0.2 + 0.10 + 0.20 + 0.05 + 0.10)\,\text{mm} = 0.65\,\text{mm}$$

$$F_{max} = T_{01} - T_0 = (0.65 - 0.25)\,\text{mm} = 0.40\,\text{mm}$$

（4）确定各组成环（除补偿环外）极限偏差 A_3 为内尺寸，按 H 取 $A_3 = 43^{+0.20}_{0}\,\text{mm}$；$A_1$、$A_2$ 为外尺寸，按 h 取 $A_1 = 30^{0}_{-0.20}\,\text{mm}$，$A_2 = 5^{0}_{-0.10}\,\text{mm}$；$A_4$ 为标准件：$A_4 = 3^{0}_{-0.05}\,\text{mm}$。各组成环中间偏差为

$$\Delta_1 = -0.10\,\text{mm}, \quad \Delta_2 = -0.05\,\text{mm}, \quad \Delta_3 = +0.10\,\text{mm}, \quad \Delta_4 = -0.025\,\text{mm}, \quad \Delta_0 = +0.225\,\text{mm}$$

（5）计算补偿环 A_5 的极限偏差

$$\Delta_0 = \sum_{i=1}^{m} \xi_i \Delta_i = \Delta_3 - (\Delta_1 + \Delta_2 + \Delta_4 + \Delta_5)$$

$$\Delta_5 = \Delta_3 - (\Delta_1 + \Delta_2 + \Delta_4) - \Delta_0 =$$

$$[0.10 - (-0.10 - 0.05 - 0.025) - 0.225]\,\text{mm} = 0.05\,\text{mm}$$

补偿环 A_5 的极限偏差为

$$\text{ES}_5 = \Delta_5 + \frac{1}{2}T_5 = \left(0.05 + \frac{1}{2} \times 0.10\right)\text{mm} = 0.10\,\text{mm}$$

$$\text{EI}_5 = \Delta_5 - \frac{1}{2}T_5 = \left(0.05 - \frac{1}{2} \times 0.10\right)\text{mm} = 0\,\text{mm}$$

所以补偿环尺寸为

$$A_5 = 5^{+0.10}_{0}\,\text{mm}$$

（6）验算装配后封闭环极限偏差

$$\text{ES}_0 = \Delta_0 + \frac{1}{2}T_{01} = \left(0.225 + \frac{1}{2} \times 0.65\right)\text{mm} = 0.55\,\text{mm}$$

$$\text{EI}_0 = \Delta_0 - \frac{1}{2}T_{01} = \left(0.225 - \frac{1}{2} \times 0.65\right)\text{mm} = -0.10\,\text{mm}$$

由题意可知，封闭环极限偏差应为

$$\text{ES}'_0 = 0.35\,\text{mm}, \quad \text{EI}'_0 = 0.10\,\text{mm}$$

则

$$\text{ES}_0 - \text{ES}'_0 = (0.55 - 0.35)\,\text{mm} = +0.20\,\text{mm}$$

$$\text{EI}_0 - \text{EI}'_0 = (-0.10 - 0.10)\,\text{mm} = -0.20\,\text{mm}$$

故补偿环需改变 ±0.20mm，才能保证装配精度不变。

（7）确定补偿环（A_5）尺寸 在本例中，补偿环（A_5）为减环，被修配后，齿轮与挡环的轴向间隙变大，即封闭环尺寸变大。所以，只有装配后封闭环的实际最大尺寸（$A_{0max} = A_0 + \text{ES}_0$）不大于封闭环要求的最大尺寸（$A'_{0max} = A_0 + \text{ES}'_0$）时，才可能进行装配，否则不能进行修配，故应满足下列不等式

$$A_{0max} \leqslant A'_{0max} \quad \text{即} \quad \text{ES}_0 \leqslant \text{ES}'_0$$

根据修配量足够且最小原则，应有

$$A_{0max} = A'_{0max} \quad \text{即} \quad \text{ES}_0 = \text{ES}'_0$$

本例题则应

$$ES_0 = ES_0' = 0.35mm$$

当补偿环 $A_5 = 5^{+0.10}_{0}$ mm 时，装配后封闭环 $ES_0 = 0.55$ mm。只有 A_5（减环）增大后，封闭环才能减小。为满足上述等式，补偿环 A_5 应增加 0.20mm，封闭环将减小 0.20mm，才能保证 $ES_0 = 0.35$ mm，使补偿环具有足够的补偿量。

所以，补偿环最终尺寸为

$$A_5 = (5+0.20)^{+0.10}_{0}mm = 5.20^{+0.10}_{0}mm$$

2. 补偿环被修配后封闭环尺寸变小

【例 6-5】 现以图 6-18 所示卧式车床装配为例加以说明。在装配时，要求尾座中心线比主轴中心线高 0~0.06mm。已知 $A_1 = 202$ mm，$A_2 = 46$ mm，$A_3 = 156$ mm，现采用修配装配法，试确定各组成环公差及其分布。

【解】

（1）建立装配尺寸链 依题意可建立装配尺寸链，如图 6-18b 所示。其中，封闭环 $A_0 = 0^{+0.06}_{0}$ mm，$T_0 = 0.06$ mm，A_1 为减环，$\xi_1 = -1$，A_2、A_3 为增环，$\xi_2 = \xi_3 = +1$。

校核封闭环尺寸

$$A_0 = \sum_{i=1}^{m} \xi_i A_i = (A_2 + A_3) - A_1 = [(46+156) - 202]mm = 0$$

按完全互换装配法的极值公式计算各组成环平均公差为

$$T_{av1} = \frac{T_0}{m} = \frac{0.06}{3}mm = 0.02mm$$

显然，各组成环公差太小，零件加工困难。现采用修配装配法装配，确定各组成环公差及其极限偏差。

（2）选择补偿环 从装配图可以看出，组成环 A_2 为底板，其表面积不大，工件形状简单，便于刮研和拆装，故选择 A_2 为补偿环。A_2 为增环，修配后封闭环尺寸变小。

（3）确定各组成环公差 根据各组成环加工方法，按经济精度确定各组成环公差，A_1、A_3 可采用镗模镗削加工，取 $T_1 = T_3 = 0.10$ mm。底板采用半精刨加工，取 A_2 的公差 $T_2 = 0.15$ mm。

（4）计算补偿环 A_2 的最大补偿量

$$T_{01} = \sum_{i=1}^{m} |\xi_i| T_i = T_1 + T_2 + T_3 = (0.10+0.15+0.10)mm = 0.35mm$$

$$F_{max} = T_{01} - T_0 = (0.35-0.06)mm = 0.29mm$$

（5）确定各组成环（除补偿环外）的极限偏差

A_1、A_3 都是表示孔位置的尺寸，公差常选为对称分布

$$A_1 = (202 \pm 0.05)mm，A_3 = (156 \pm 0.05)mm$$

各组成环的中间偏差为

$$\Delta_1 = 0mm，\Delta_3 = 0mm，\Delta_0 = +0.03mm$$

（6）计算补偿环 A_2 的极限偏差 补偿环 A_2 的中间偏差为

$$\Delta_0 = \sum_{i=1}^{m} \xi_i \Delta_i = (\Delta_2 + \Delta_3) - \Delta_1$$

$$\Delta_2 = \Delta_0 + \Delta_1 - \Delta_3 = (0.03 + 0 - 0)\,\text{mm} = 0.03\,\text{mm}$$

补偿环 A_2 的极限偏差为

$$ES_2 = \Delta_2 + \frac{1}{2}T_2 = \left(0.03 + \frac{1}{2} \times 0.15\right)\text{mm} = 0.105\,\text{mm}$$

$$EI_2 = \Delta_2 - \frac{1}{2}T_2 = \left(0.03 - \frac{1}{2} \times 0.15\right)\text{mm} = -0.045\,\text{mm}$$

所以补偿环尺寸为

$$A_2 = 46^{+0.105}_{-0.045}\,\text{mm}$$

（7）验算装配后封闭环极限偏差

$$ES_0 = \Delta_0 + \frac{1}{2}T_{01} = \left(0.03 + \frac{1}{2} \times 0.35\right)\text{mm} = +0.205\,\text{mm}$$

$$EI_0 = \Delta_0 - \frac{1}{2}T_{01} = \left(0.03 - \frac{1}{2} \times 0.35\right)\text{mm} = -0.145\,\text{mm}$$

由题意可知，封闭环要求的极限偏差为

$$ES_0' = 0.06\,\text{mm}, \quad EI_0' = 0\,\text{mm}$$

则
$$ES_0 - ES_0' = (0.205 - 0.06)\,\text{mm} = +0.145\,\text{mm}$$

$$EI_0 - EI_0' = (-0.145 - 0)\,\text{mm} = -0.145\,\text{mm}$$

故补偿环需改变 ±0.145mm，才能保证原装配精度不变。

（8）确定补偿环（A_2）尺寸　在本装配中，补偿环底板 A_2 为增环，被修配后，底板尺寸减小，尾座中心线降低，即封闭环尺寸变小。所以，只有当装配后封闭环实际最小尺寸（$A_{0\min} = A_0 + EI_0$）不小于封闭环要求的最小尺寸（$A_{0\min}' = A_0 + EI_0'$）时，才可能进行修配，否则即便修配也不能达到装配精度要求。故应满足如下不等式

$$A_{0\min} \geq A_{0\min}' \qquad \text{即} \qquad EI_0 \geq EI_0'$$

根据修配量足够且最小原则，应有

$$A_{0\min} = A_{0\min}' \qquad \text{即} \qquad EI_0 = EI_0'$$

本例题则应

$$EI_0 = EI_0' = 0$$

为满足上述等式，补偿环 A_2 应增加 0.145mm，封闭环最小尺寸（$A_{0\min}$）才能从 -0.145mm（尾座中心低于主轴中心）增加到 0（尾座中心与床头主轴中心等高），以保证具有足够的补偿量。所以，补偿环最终尺寸为

$$A_2 = (46 + 0.145)^{+0.105}_{-0.045}\,\text{mm} = 46^{+0.25}_{+0.10}\,\text{mm}$$

由于本装配有特殊工艺要求，即底板的底面在总装时必须留有一定的修刮量，而上述计算是按 $A_{0\min} = A_{0\min}'$ 条件求出 A_2 尺寸的。此时最大修刮量为 0.29mm，符合总装要求，但最小修刮量为 0，这不符合总装要求，故必须再将 A_2 尺寸放大些，以保留最小修刮量。从底板修刮工艺来说，最小修刮量留 0.1mm 即可，所以修正后 A_2 的实际尺寸应再增加 0.1mm，即

$$A_2 = (46 + 0.10)^{+0.25}_{+0.10}\,\text{mm} = 46^{+0.35}_{+0.20}\,\text{mm}$$

3. 修配的方法

实际生产中，通过修配来达到装配精度的方法很多，但最常见的方法有以下三种。

（1）单件修配法　单件修配法是在多环装配尺寸链中，选定某一固定的零件作修配件（补偿环），装配时用去除金属层的方法改变其尺寸，以满足装配精度的要求。在例 6-4 中，齿轮与轴的装配以轴向垫圈为修配件，来保证齿轮的轴向间隙。在例 6-5 中，车床尾座与主轴箱装配，以底板为修配件，来保证尾座中心线与主轴中心线的等高性。这种修配方法在生产中应用最为广泛。

（2）合并加工修配法　这种方法是将两个或更多的零件合并在一起再进行加工修配，合并后的尺寸可看作为一个组成环，这样就减少了装配尺寸链组成环的数目，并可以相应减少修配的劳动量。如例 6-5 尾座装配时，也可以采用合并加工修配法，即把尾座体（A_3）与底板（A_2）相配合的平面分别加工好，并配刮横向小导轨，然后把两零件装配为一体，再以底板的底面为定位基准，镗削加工套筒孔，这样 A_2 与 A_3 合并为一环 A_{2-3}，此环公差可加大，而且可以给底板面留较小的刮研量，使整个装配工作更加简单。

合并加工修配法由于零件合并后再加工和装配，给组织装配生产带来很多不便，因此这种方法多用于单件小批生产中。

（3）自身加工修配法　在机床制造中，有些装配精度要求较高，若单纯依靠限制各零件的加工误差来保证，势必要求各零件有很高的加工精度，甚至无法加工，而且不易选择适当的修配件。此时，在机床总装时，用机床加工自己的方法来保证机床的装配精度，这种修配法称为自身加工修配法。例如，在牛头刨床总装后，用自刨的方法加工工作台表面，这样就可以较容易地保证滑枕运动方向与工作台面平行度的要求。

又如图 6-30 所示的转塔车床，一般不用修刮 A_3 的方法来保证主轴中心线与转塔上各孔中心线的等高要求，而是在装配后，在车床主轴上安装一把镗刀，转塔做纵向进给运动，依次镗削转塔上的六个孔。这种自身加工修配法可以方便地保证主轴中心线与转塔上的六个孔中心线的等高性。此外，平面磨床用本身的砂轮磨削机床工作台面也属于这种修配方法。

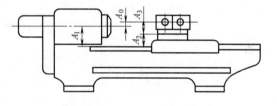

图 6-30　转塔车床的自身加工

四、调整装配法

对于精度要求高而组成环又较多的产品或部件，在不能采用互换装配法装配时，除了可用修配装配法外，还可以采用调整装配法来保证装配精度。

在装配时，用改变产品中可调整零件的相对位置或选用合适的调整件以达到装配精度的方法称为调整装配法。

调整装配法与修配装配法的实质相同，即各零件公差仍按经济精度的原则来确定，并且仍选择一个组成环为调整环（此环的零件称为调整件），但在改变补偿环尺寸的方法上有所不同：修配装配法采用机械加工的方法去除补偿环零件上的金属层；调整装配法采用改变补偿环零件的位置或更换新的补偿环零件的方法来满足装配精度要求。两者的目的都是补偿由于各组成环公差扩大后所产生的累积误差，以最终满足封闭环的要求。最常见的调整方法有固定调整法、可动调整法和误差抵消调整法三种。

1. 固定调整法

在装配尺寸链中,选择某一零件为调整件,根据各组成环形成累积误差的大小来更换不同尺寸的调整件,以保证装配精度要求,这种方法即为固定调整法。常用的调整件有轴套、垫片、垫圈等。

采用固定调整法时要解决如下三个问题:

1) 选择调整范围;

2) 确定调整件的分组数;

3) 确定每组调整件的尺寸。

现仍以图 6-25 所示齿轮与轴的装配关系为例加以说明。

【例 6-6】 在图 6-25 中,已知 $A_1 = 30\text{mm}$,$A_2 = 5\text{mm}$,$A_3 = 43\text{mm}$,$A_4 = 3_{-0.05}^{0}\text{mm}$(标准件),$A_5 = 5\text{mm}$,装配后齿轮轴向间隙为 0.1~0.35mm,现采用固定调整法装配,试确定各组成环的尺寸偏差,并求调整件的分组数及尺寸系列。

【解】

(1) 画装配尺寸链图,校核各环公称尺寸,与例 6-1 相同。

(2) 选择调整件 A_5 为一垫圈,其加工比较容易、装卸方便,故选择 A_5 为调整件。

(3) 确定各组成环公差 按经济精度确定各组成环公差:$T_1 = T_3 = 0.20\text{mm}$,$T_2 = T_5 = 0.10\text{mm}$,$A_4$ 为标准件,其公差仍为已知数 $T_4 = 0.05\text{mm}$。各加工件公差约为 IT11,可以经济加工。

(4) 计算调整件 A_5 的调整量

$$T_{01} = \sum_{i=1}^{m} |\xi_i| T_i = T_1 + T_2 + T_3 + T_4 + T_5 =$$
$$(0.20 + 0.10 + 0.20 + 0.05 + 0.10)\text{mm} = 0.65\text{mm}$$

调整量 F 为

$$F = T_{01} - T_0 = (0.65 - 0.25)\text{mm} = 0.40\text{mm}$$

(5) 确定各组成环极限偏差 按入体原则确定各组成环的极限偏差:$A_1 = 30_{-0.20}^{0}\text{mm}$,$A_2 = 5_{-0.10}^{0}\text{mm}$,$A_3 = 43_{0}^{+0.20}\text{mm}$,$A_4 = 3_{-0.05}^{0}\text{mm}$,则 $\Delta_1 = -0.10\text{mm}$,$\Delta_2 = -0.05\text{mm}$,$\Delta_3 = +0.10\text{mm}$,$\Delta_4 = -0.025\text{mm}$,$\Delta_0 = +0.225\text{mm}$。

(6) 计算调整件 A_5 的极限偏差 调整件 A_5 的中间偏差为

$$\Delta_0 = \sum_{i=1}^{m} \xi_i \Delta_i = \Delta_3 - (\Delta_1 + \Delta_2 + \Delta_4 + \Delta_5)$$

$$\Delta_5 = \Delta_3 - \Delta_0 - (\Delta_1 + \Delta_2 + \Delta_4) = [+0.10 - 0.225 - (-0.10 - 0.05 - 0.025)]\text{mm} = 0.05\text{mm}$$

调整件 A_5 的极限偏差为

$$\text{ES}_5 = \Delta_5 + \frac{1}{2}T_5 = \left(0.05 + \frac{1}{2} \times 0.10\right)\text{mm} = 0.10\text{mm}$$

$$\text{EI}_5 = \Delta_5 - \frac{1}{2}T_5 = \left(0.05 - \frac{1}{2} \times 0.10\right)\text{mm} = 0\text{mm}$$

所以,调整件 A_5 的尺寸为

$$A_5 = 5^{+0.10}_{0} \text{mm}$$

（7）确定调整件的分组数 Z　取封闭环公差与调整件公差之差作为调整件各组之间的尺寸差 S，则

$$S = T_0 - T_5 = (0.25 - 0.10)\text{mm} = 0.15\text{mm}$$

调整件的分组数 Z 为

$$Z = \frac{F}{S} + 1 = \frac{0.40}{0.15} + 1 = 3.67 \approx 4$$

分组数不能为小数，取 $Z = 4$。当实际计算的 Z 值和圆整数相差较大时，可通过改变各组成环公差或调整件公差的方法，使 Z 值近似为整数。另外，分组数不宜过多，否则将给生产组织工作带来困难。由于分组数随调整件公差的减小而减少，因此，如有可能，应使调整件公差尽量小些。一般分组数 Z 取 3~4 为宜。

（8）确定各组调整件的尺寸　在确定各组调整件尺寸时，可根据以下原则来计算：

1）当调整件的分组数 Z 为奇数时，预先确定的调整件尺寸是中间的一组尺寸，其余各组尺寸相应增加或减少各组之间的尺寸差 S。

2）当调整件的分组数 Z 为偶数时，则以预先确定的调整件尺寸为对称中心，再根据尺寸差 S 确定各组尺寸。

本例中分组数 $Z = 4$，为偶数，故以 $A_5 = 5^{+0.10}_{0}\text{mm}$ 为对称中心，各组尺寸差 $S = 0.15\text{mm}$，则各组尺寸分别为

$$A_5 = (5 - 0.075 - 0.15)^{+0.10}_{0}\text{mm}$$
$$(5 - 0.075)^{+0.10}_{0}\text{mm}$$
$$-\cdot-\cdot-\cdot-\cdot-\cdot-\cdot-5^{+0.10}_{0}\text{mm}$$
$$(5 + 0.075)^{+0.10}_{0}\text{mm}$$
$$(5 + 0.075 + 0.15)^{+0.10}_{0}\text{mm}$$

所以，$A_5 = 5^{-0.125}_{-0.225}\text{mm}$，$5^{+0.025}_{-0.075}\text{mm}$，$5^{+0.175}_{+0.075}\text{mm}$，$5^{+0.325}_{+0.225}\text{mm}$。

固定调整法装配多用于大批大量生产中。在产量大、装配精度要求高的生产中，固定调整件可以采用多件组合的方式，如预先将调整垫做成不同的厚度（1mm、2mm、5mm、10mm），再制作一些更薄的金属片（0.01mm、0.02mm、0.05mm、0.10mm 等），装配时根据尺寸组合原理（同量块使用方法相同），把不同厚度的垫片组成各种不同尺寸，以满足装配精度的要求。这种调整方法比较简便，它在汽车、拖拉机生产中广泛应用。

2. 可动调整法

采用改变调整件的相对位置来保证装配精度的方法称为可动调整法。

在机械产品的装配中，零件可动调整的方法有很多，如图 6-31 表示卧式车床中可动调整的应用实例。图 6-31a 是通过调整套筒的轴向位置来保证齿轮的轴向间隙；图 6-31b 表示机床中滑板采用调节螺钉使楔块上、下移动来调整丝杠和螺母的轴向间隙；图 6-31c 是主轴箱用螺钉来调整端盖的轴向位置，最后达到调整轴承间隙的目的；图 6-31d 表示小滑板上通过调整螺钉来调节镶条的位置，保证导轨副的配合间隙。

可动调整法能按经济加工精度加工零件，而且装配方便，可以获得比较高的装配精度。在使用期间，可以通过调整件来补偿由于磨损、热变形所引起的误差，使之恢复原来的精度

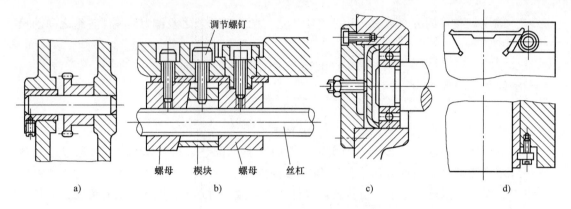

调节螺钉

螺母　楔块　螺母　丝杠

a)　　　　　　　　b)　　　　　　　　c)　　　　　　　　d)

图 6-31　卧式车床中可动调整法应用实例

要求。它的缺点是增加了一定的零件数目以及要具备较高的调整技术。这种方法优点突出，因而使用较为广泛。

3. 误差抵消调整法

在产品或部件装配时，通过调整有关零件的相互位置，使其加工误差相互抵消一部分，以提高装配精度，这种方法称为误差抵消调整法。这种方法在机床装配时应用较多，如在装配机床主轴时，通过调整前后轴承的径向圆跳动方向来控制主轴的径向圆跳动；在滚齿机工作台分度蜗轮装配中，采用调整两者偏心方向来抵消误差，最终提高了分度蜗轮的装配精度。

第六节　机器装配的自动化

在机械制造业中，20%左右的工作量是装配工作，有些产品的装配工作量可达到70%左右。但装配又是在机械制造生产过程中采用手工劳动较多的工序。由于装配技术上的复杂性和多样性，导致装配过程不易实现自动化。近年来，在大批大量生产中，加工过程自动化获得了较快的发展，大量零件在自动化高速生产出来以后，如果仍用手工装配，则劳动强度大，生产效率低，质量也不能保证，因此，迫切需要发展装配过程的自动化。

国外从 20 世纪 50 年代开始发展装配过程的自动化，60 年代发展了数控装配机、自动装配线，70 年代机器人已应用在装配过程中，近年来又研究应用了柔性装配系统（Flexible Assembling System，FAS）等。今后的趋势是把装配自动化作业与仓库自动化系统等连接起来，以进一步提高机械制造的质量和劳动生产率。

装配过程自动化包括零件的供给、装配对象的运送、装配作业、装配质量检测等环节的自动化。最初从零部件的输送流水线开始，逐渐实现某些生产批量较大的产品，如电动机、变压器、开关等的自动装配。现在，在汽车、武器、仪表等大型、精密产品中也已有应用。

一、自动装配机与装配机器人

自动装配机和装配机器人可用于如下各种形式的装配自动化。

1）在机械加工中工艺成套件装配。

2）被加工零件的组、部件装配。

3）用于顺序焊接的零件拼装。

4）成套部件的设备总装。

在装配过程中，自动装配机和装配机器人可完成以下形式的操作：零件传输、定位及其连接；用压装或由紧固螺钉、螺母使零件相互固定；装配尺寸控制，以及保证零件连接或固定的质量；输送组装完毕的部件或产品，并将其包装或堆垛在容器中等。

为完成装配工作，在自动装配机与装配机器人上必须装备相应的带工具和夹具的夹持装置，以保证所组装的零件相互位置的必要精度，实现单元组装和钳工操作的可能性，如装上—取下，拧出—拧入，压紧—松开，压入，铆接，磨光及其他必要的动作。

1. 自动装配机

产品的装配过程所包括的大量装配动作，人工操作时看来容易实现，但如用机械化、自动化代替手工操作，则要求装配机具备高度准确和可靠的性能。因此，一般可从生产批量大、装配工艺过程简单、动作频繁或耗费体力大的零部件装配开始，在经济、合理的情况下，逐渐实现机械化、半自动化和自动化装配。

首先发展的是各种自动装配机，它配合部分机械化的流水线和辅助设备实现了局部自动化装配和全自动化装配。自动装配机因工件输送方式不同，可分为回转型和直进型（图6-32）两类；根据工序繁简不同，又可分为单工位、多工位结构。回转型装配机常用于装配零件数量少、外形尺寸小、装配节拍短或装配作业要求高的装配场合。至于基准零件尺寸较大，装配工位较多，尤其是装配过程中检测工序多，或手工装配和自动装配混合操作的多工序装配时，则以选择直进型装配机为宜。图6-32所示为具有七个自动工位和三个并列手工工位的直进型装配系统。

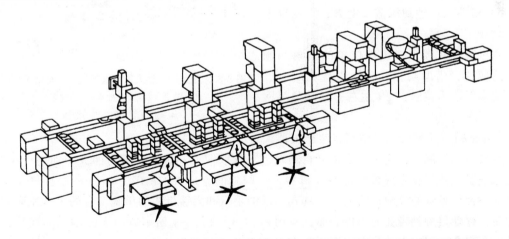

图 6-32 直进型装配系统

2. 装配机器人

自动装配机配合部分手工操作和机械辅助设备，可以完成某些部件装配工作的要求。但是，在仪器仪表、汽车、手表、电动机、电子元件等生产批量大、要求装配相当精确的产品时，不仅要求装配机更加准确和精密，而且应具有视觉和某些触觉传感机构，反应要灵敏，对物体的位置和形状具有一定的识别能力。这些功能一般自动装配机很难具备，而20世纪70年发展起来的工业机器人则完全具备这些功能。

例如，在汽车总装配中，点焊和拧螺钉的工作量很大（一辆汽车有数百甚至上千个焊点），又由于采用传送带流水作业，如果由人来进行这些装配作业，就会紧张到连喘气的时间都没有的程度。如果采用装配机器人，就可以轻松地完成这些装配任务。

又如，国外研制的精密装配机器人定位精度可高达 $0.02 \sim 0.05\text{mm}$，这是装配工人很难达到的。装配间隙为 $10\mu\text{m}$ 以下，深度达 30mm 的轴、孔配合，采用具有触觉反馈和柔性手腕的装配机器人，即使轴心位置有较大的偏离（可达 5mm），也能自动补偿，准确装入零件，作业时间仅在 4s 以内。

【例 6-7】 采用装配机器人进行小型电动机端盖与滚动轴承的精密装配。

电动机端盖 3 与滚动轴承 2 的配合间隙为 $10\mu\text{m}$，直径为 $\phi 32\text{mm}$，要求配合在 3s 内完成。图 6-33 表示采用装配机器人在定子、转子组合好以后，把端盖 3 与转子上部轴承 2 装配起来。装配机器人动作顺序如下：

1）机器人抓住滑槽 5 上供给的端盖 3。

2）把端盖 3 移到装配线上。

3）解出机械联锁，使顺序机构起作用。

4）靠机器人下方的触觉传感器动作，探索插入方向，使端盖 3 下降与转子上部轴承 2 装配起来。

5）配合作业完毕后，解除顺序性机构作用，恢复机械联锁。

6）机器人移动到滑槽 5 上方，重复以上各步动作。

由于装配机器人对零件位置的偏离和倾斜有适应性，借助触觉传感器进行装配力反馈，使接触压力控制在 2N 左右，来满足精密装配的要求。

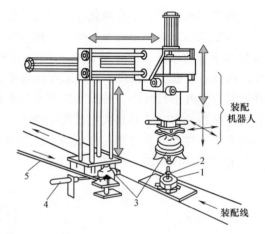

图 6-33 用装配机器人进行电动机端盖与轴承装配
1—定子 2—滚动轴承 3—端盖
4—定位液压缸 5—滑槽

【例 6-8】 手部带触觉的精密装配机器人。

在精密件装配时，要求装配机能自动识别、选取零件和感觉装配力的大小而进行装配，因此出现了一些带触觉或视觉的装配机器人。国外的"HI-T-HAND" Expart—2 型机器人就是这样一种带触觉的装配机器人。它具有力反馈手爪和柔性机构的手腕，它的手爪抓取轴类零件后，逐渐接触到带孔的工件表面，利用+x、−x、+y、−y 四个方向上的四个应变片，测得轴、孔配合过程中力的分布情况而控制装配动作，将轴装入孔内。图 6-34 所示为这种装配机器人工作的情况。

装配过程如图 6-35 所示，经过接近→探索→装入三个阶段。由于手腕具有柔性，在夹持轴类零件时，可以使轴与工件表面保持一定的倾斜度，逐渐接触到工件，并向孔内推进。由应变片测出 x、y 方向力的大小，机器人夹持着轴，向力变小的方向移动。在 z 方向，工件表面凹凸不平，z 方向的反力也不同，当轴边缘落入孔内时，z 向反力便产生急剧的变化。检测这一变化，就可以测出孔的位置，从而保持装配过程的顺利进行。

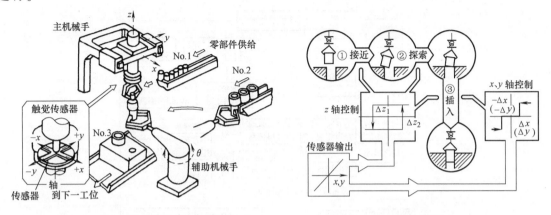

图 6-34 精密装配机器人工作情况   图 6-35 装配机器人自动装入
                                             轴的控制方法

二、装配自动线

相对于机械加工过程自动化而言，装配自动化在我国发展较晚。20 世纪 50 年代末以来在轴承、电动机、仪器仪表、手表等工业中逐步开始采用半自动和自动装配生产线。如球轴承自动装配生产线，可实现零件的自动分选、自动供料、自动装配、自动包装、自动输送等环节。

现代装配自动化的发展，使装配自动线与自动化立体仓库，以及后一工序的检验试验自动线连接起来，用以同时改进产品质量和提高生产率。美国福特汽车公司 ESSEX 发动机装配厂就采用这种先进的装配自动线生产 3.8L. V—6 型发动机。该厂每日班产 1300 台 V—6 型发动机，这样每天有数百万零部件上线装配，这些零部件中难免有不合格或损坏的。为了在线妥善处理这一复杂的技术问题，采用了装配和试验装置计算机控制系统（Assembly Inspection Device，AID），如图 6-36 所示。

该系统改进了设计、制造、试验等部门之间的联系，建立了计算机系统，以监视或控制各生产部门。在库存控制、生产计划、零件制造、装配和试验等环节采用计算机控制，形成管理信息系统（Management Information System，MIS），又采用多台可编程序控制器（Programmable Logic Controller，PLC）来自动控制生产线各机组，以保证其均衡生产。PLC 及智能装配机和试验机，可进行在线数据采集并与主计算机联系，并对各装配过程和零部件的缺陷进行连续监视，最后做出"合格通过"或"不合格剔除"的判定。不合格产品的缺陷数据自动打印输出给修理站，修复后的零件或产品可以再度送入自动线。

为了适应产品批量和品种的变化，国外研制了柔性装配系统（FAS），这种现代化的自动装配线，采用各种具有视觉、触觉和决策功能的多关节装配机器人及自动化的传送系统。它不仅可以保证装配质量和生产率，也可以适应产品种类和数量的变化。

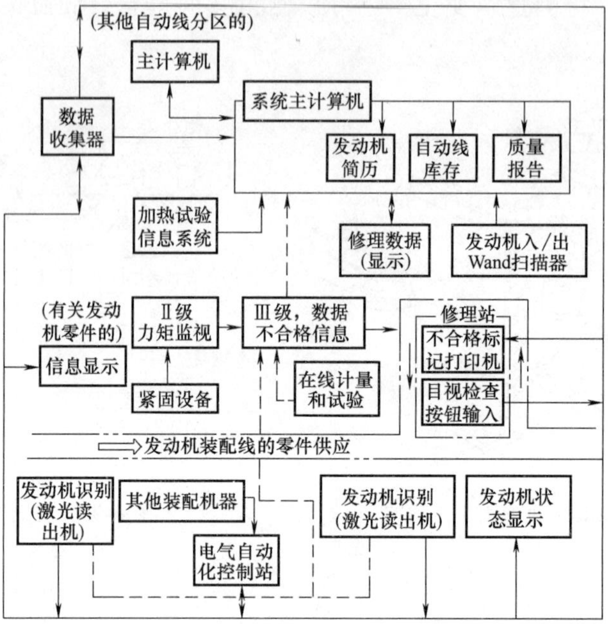

图 6-36　装配和试验装置计算机控制系统

第七节　机器的虚拟装配

　　随着计算机技术在制造业的应用和发展，把信息技术应用到机器装配过程有了很大进展，形成了以虚拟装配为主的装配新技术。虚拟现实技术的应用为解决装配规划问题提供了一种新的方法和手段，基于此技术的虚拟装配技术已经应用到机器装配过程之中，而且具有很好的发展前景。

　　早在 1995 年，福特汽车公司已经把虚拟装配技术用于轿车的装配设计，使设计改动减少了 20%，新车的开发周期从 36 周缩短到 24 周，每年为公司节约 2 亿美元成本。可见，虚拟装配技术对产品的开发具有重大意义。

一、虚拟现实与虚拟装配

　　(1) 虚拟现实 (Virtual Reality，VR)　它是采用计算机、多媒体、网络技术等多种高科技手段来构造虚拟境界，通过视、听、触觉等作用于人，使之产生身临其境感的交互仿真场景，进而使参与者获得与现实世界相类似的感觉，是一种可以创造和体验虚拟世界的计算机系统。

　　(2) 虚拟制造 (Virtual Manufacturing，VM)　它是采用数字化技术对机械产品的设计、制造及其性能进行全面仿真的过程，是在计算机上进行的设计与加工过程，是在实际物理样机的加工之前，建立虚拟样机的过程。

　　虚拟制造虽然不是实际的制造过程，但却实现了实际制造的本质过程，是一种通过计算机虚拟模型来模拟和预估机器功能、性能、可加工性等方面可能存在的问题，提高人们的预测和决策水平，使制造走出主要依靠经验的狭小天地，发展到全方位预报的新阶段。

　　(3) 虚拟装配 (Virtual Assembly，VA)　它是无需产品或支撑过程的物理实现，只需通过在虚拟现实环境下，以零部件的三维实体模型为基础，通过虚拟的实体模型在计算机上仿真操作装配的全过程及其相关特性的分析，实现产品的装配规划和评价，生成指导实际装配现场的工艺文件。

由于机器需要成千上万零件装配在一起，其配合设计、可装配性是设计人员常出现的错误，这些错误往往到装配时才能发现，导致零件报废和工期延误，造成企业的经济损失。

虚拟装配是虚拟现实在制造业中应用较早、较多的虚拟制造技术，在虚拟的装配环境中，用户根据需要能进行下述工作：装配工艺的规划与设计；在屏幕上实现零件到产品的预装配；装配过程的碰撞、干涉检查；可装配性评估；装配过程的优化分析；装配经济指标评价；装配可靠性评估等。

应用虚拟装配技术，可以从产品装配设计的角度出发，通过听觉、视觉、触觉的多模式虚拟环境，借助于虚拟现实的输入输出设备，设计者在虚拟环境中人机交互式地进行零件和产品的装配和拆卸操作，检验和评价产品的整体装配、拆卸和维护等装配性能，尽早发现设计上的错误，以保证制造的顺利进行。这样，在产品开发初期，采用虚拟装配技术，能为设计人员提供用于分析生产、装配和评价的虚拟样机，能及早发现和避免设计缺陷，提高设计质量，避免或减少物理样机的制造，有利于优化产品设计、缩短设计与制造的周期，对提高装配操作人员的培训速度、提高装配质量和效率、降低装配成本具有重要意义。

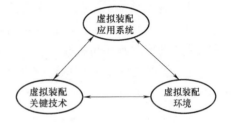

图 6-37 虚拟装配研究的主要内容

虚拟装配研究的主要内容是：虚拟装配环境的建立、虚拟装配关键技术和虚拟装配应用系统，如图 6-37 所示。

虚拟装配环境的建立是研究的基础和前提，一个良好的虚拟环境平台能使虚拟装配操作更加符合实际装配过程，虚拟装配结果对实际装配生产更具有指导意义。虚拟装配关键技术是研究的核心，只有解决虚拟装配过程中的各项关键技术，虚拟装配才能更加科学、更加适用。两者结合得是否合理，决定着虚拟装配应用系统是否成功和有实际意义。

二、虚拟装配的类型

按照实现功能和目的的不同，虚拟装配可以分为如下三种类型：

1. 以产品设计为中心的虚拟装配

虚拟装配是在产品设计过程中，为了更好地进行与装配有关的设计决策，在虚拟环境下对计算机数据模型进行装配关系分析的一项计算机辅助设计技术。

结合面向装配设计（DFA）的理论和方法，从设计方案出发，在各种因素制约下寻求装配结构的最优化，由此拟定装配草图。以产品可装配性的全面改善为目的，通过模拟试装和定量分析，找出零部件结构设计中不适合装配或装配性能不好的结构特征，进行设计、修改，最终保证设计的产品具有良好的可装配性。

2. 以装配工艺规划为中心的虚拟装配

基于产品的装配工艺规划问题，利用产品信息模型和装配资源模型，采用计算机仿真和虚拟现实技术进行产品的装配工艺规划，从而获得可行且较优的装配工艺方案，以指导实际装配生产。

根据涉及范围和层次的不同，虚拟装配又分为装配总体规划和装配工艺规划。

装配总体规划主要包括市场需求、投资状况、生产规模、生产周期、资源分配、装配车间布置、装配生产线平衡等内容，是装配生产的纲领性文件。

装配工艺规划主要指具体装配作业与过程规划，主要包括装配顺序的规划、装配路径的规划、工艺路线的制定、操作空间的干涉验证、工艺卡和文档的生成等内容。

工艺规划为中心的虚拟装配，以操作仿真的高逼真度为特色，主要体现在虚拟装配实施对象、操作过程以及所用的工装工具，均与生产实际情况高度吻合，因而可以生动、直观地反映产品装配的真实过程，使仿真结果具有高可信度。

3. 以虚拟原型为中心的虚拟装配

虚拟原型是利用计算机仿真系统在一定程度上实现产品的外形、功能和性能模拟，以产生与物理样机具有可比性的效果来检验和评价产品特性。

传统的虚拟装配系统都是以理想的刚性零件为基础，虚拟装配和虚拟原型技术的结合，可以有效分析零件制造和装配过程中的受力变形对产品装配性能的影响，为产品形状精度分析、公差优化设计提供可视化手段。

以虚拟原型为中心的虚拟装配主要研究内容包括考虑切削力、变形和残余应力的零件制造过程建模、有限元分析与仿真、配合公差与零件变形以及计算结果可视化等方面。

三、虚拟装配环境的建立

虚拟装配环境是将人与计算机系统集成到一个环境之中，由计算机生成交互式三维视景仿真，借助多种传感设备，用户通过视、听、触觉、动感等直观的实时感知，利用人的自然技能对虚拟环境中的零件进行观察和操作，来完成虚拟装配过程。

根据使用的显示设备和产生沉浸感程度的不同，虚拟环境可分为如下四种，它们各有不同的特点，可广泛应用于不同的场合。

1. 桌面式虚拟装配环境

桌面式虚拟现实系统采用普通计算机或低端工作站的显示器屏幕作为观察虚拟场景的窗口，操作者佩戴立体眼镜来观察三维图像。这种方式成本比较低、使用简单、操作方便，在不太复杂的机械产品装配设计与规划中得到广泛应用。但由于显示设备仅是相对比较小的计算机屏幕，因此沉浸感比较差，没有充分体现虚拟现实技术的交互性和想象性，不便于人的装配经验和知识的发挥，如图6-38所示。

图6-38　桌面式虚拟现实系统

2. 头盔式虚拟装配环境

头盔式虚拟装配系统利用头盔显示器和数据手套等交互设备，把用户的视觉、听觉和其他感觉封闭起来，从而使用户真正成为系统的一个参与者，产生比较强的沉浸感。但是，由于现有虚拟现实硬件能力的不足，导致目前头盔式显示器存在约束感较强，分辨率偏低，长时间易引起疲劳等问题，限制了头盔式系统的广泛应用，如图 6-39 所示。

3. 洞穴式（CAVE）虚拟装配环境

洞穴式（CAVE）虚拟装配环境的主体是由显示屏包围而成的一种像小房子一样的空间，这个空间通常是边长大于 2m 的立方体。房间的每一面墙、天花板、地板均由大屏幕组成，高分辨率投影仪将图像投影到这些屏幕上，用户戴上立体眼镜便能看到立体图像。洞穴式（CAVE）虚拟装配环境实现了大视角、全景、立体且支持多人共享的一个虚拟环境，但其价格昂贵，要求更大的空间和更多的硬件设备，同时参与者仍被限制在一个有限的狭小空间内，不能大距离行走，如图 6-40 所示。

图 6-39 头盔式虚拟装配系统

图 6-40 洞穴式（CAVE）虚拟装配
环境的应用场景

4. 可实现操作者自由行走的新型虚拟装配环境

以上三种虚拟装配系统存在的共同问题是操作人员或者被限制在原地不动，或者只能在有限的空间内行走，而现实世界中，人应该能够在更广阔的空间内活动，现有虚拟装配系统与之相比存在较大差距。特别是在大型复杂产品（如飞机、火箭、卫星等）的装配规划与训练中，这一问题更加突出，制约了虚拟装配技术的应用。

新型虚拟系统采用半透明的球形幕作为显示装置，操作者处于球体内部，自由行走要通过专门设计的全方位反行走机构完成。操作者的头部、手部与双脚分别装有 3D 位置跟踪器，反映其位姿变化，计算机根据操作者的肢体动作产生不断变化的图像，并通过投影系统显示在球体表面，操作者通过佩戴立体眼镜、数据手套与虚拟环境交互，如图 6-41 所示。

四、虚拟装配的关键技术

作为新兴的研究领域，虚拟装配技术的发展与虚拟现实技术、计算机技术、人工智能技术、工艺设计技术等多学科紧密相关，它涉及的关键技术可分为三大类，如图 6-42 所示。

1. 虚拟环境下的装配建模技术

第一类关键技术主要包括仿真与可视化、装配建模、约束定位、碰撞检测、路径规划等，这类技术目前基本成熟，在工业生产中得到广泛应用。

1）CAD 系统和虚拟现实系统之间的数据转换技术仿真与可视化、装配建模是虚拟装配的基础和信息来源，虚拟环境下的产品装配建模和 CAD 系统存在很大不同，由于虚拟现实软件建模能力的限制，CAD 系统仍是虚拟装配的主要建模手段，大多数虚拟装配系统需要

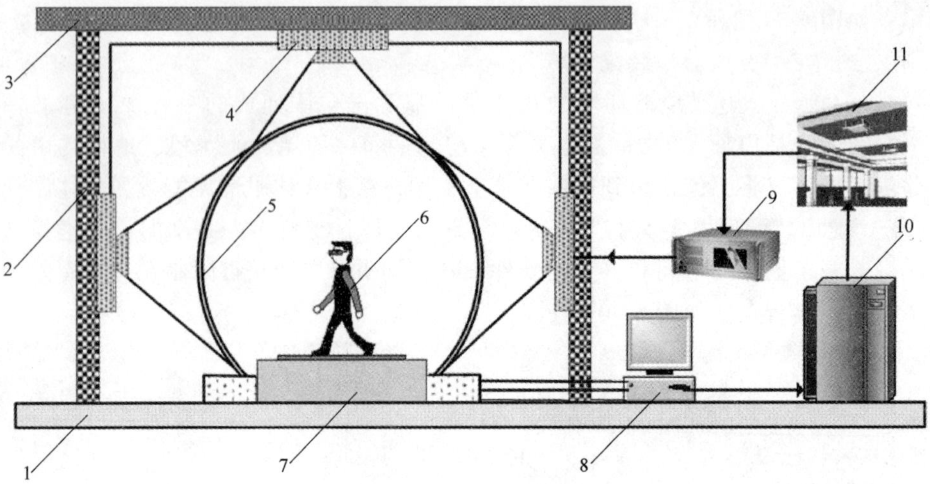

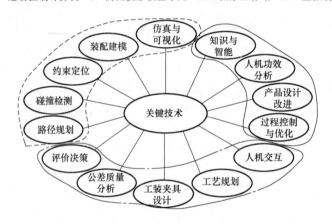

图 6-41 考虑人体活动的新型虚拟装配系统原理图

1—地基 2—墙壁 3—天花板 4—投影仪 5—球形显示屏 6—操作者 7—运动感知器

8—运动控制计算机 9—曲面投影校正单元 10—图形工作站 11—虚拟场景

图 6-42 虚拟装配的关键技术

将 CAD 系统中的相关信息转换到虚拟环境中，实现两者之间的集成。

2）基于几何约束的虚拟装配/拆卸过程仿真技术虚拟装配过程中零件之间依靠几何约束进行精确定位，由于虚拟环境缺乏像现实环境中那样存在的各种物理约束和感知能力，零件依靠几何约束相互装配到一起，工装工具操作仿真、零件自由度模拟、装配运动仿真都依赖于几何约束信息来实现。

3）基于虚拟现实的交互式装配规划技术设计人员在虚拟环境中，根据经验知识，采用人机交互对产品的三维模型进行试装，规划零部件装配顺序，记录并分析装配路径、选择工装夹具并确定装配操作方法，最终得到经济、合理、实用的装配方案。

2. 基于虚拟现实的交互式装配工艺规划与评价决策技术

第二类关键技术包括质量分析、工装夹具设计、工艺规划、人机交互、评价决策等，这类技术目前只能说初步成熟，在工业生产中还未获得大量应用。

1）基于虚拟装配的装配工艺规划技术根据经验、知识在虚拟装配环境中交互地对产品的三维模型进行试装/拆卸，规划零部件装配/拆卸顺序，记录并检查装配/拆卸路径，验证工装夹具的工作空间，并确定装配/拆卸操作方法，验证装配、拆卸方案，最终得到合理的装配工艺规划方案。

2）基于虚拟装配的评价决策技术装配的评价决策主要包括可装配/拆卸性评价、装配结果评价以及与装配相关的人机工程学分析等内容，其首要任务是零部件的可装配性评价，验证零部件设计的合理性。

采用虚拟装配规划技术可以大大缩短实际装配时间，减少实际装配过程中出现问题的数量和复杂工序的数量。

3）基于网络的协同装配规划技术随着产品复杂性增加，单个企业不可能完成整个产品的开发任务，不同企业之间的协同和交互成为必然趋势。装配作为产品功能的最终实现，要求设计、分析、规划、验证等团队人员通过网络进行协同，大家共同完成装配规划。

3. 装配过程中人机因素分析技术

第三类技术主要包括装配知识与智能、人机功效分析、过程控制与优化、产品设计改进等方面，这类技术目前还不成熟，在工业实际中未获得应用。

基于知识与智能的装配规划技术。通过虚拟现实技术，从人工智能的角度提出基于知识的虚拟装配规划，虚拟环境中设计者仅对复杂零件进行交互装配，简单零部件通过推理机自动规划，从而实现自动规划和交互规划相结合。

开发人员可以在产品开发阶段就对装配过程中涉及的人机因素进行分析，采用虚拟现实技术，定量评估人工装配中操作者的装配力与装配姿态，并分析装配所需的最大装配力以及每个装配循环过程中的平均装配力，以避免装配工人肌体的重复性劳损。

五、虚拟装配应用系统的实现

1. 虚拟装配应用系统的体系结构

建立一个完整的虚拟现实系统是成功进行虚拟装配应用的关键。一个完整的虚拟装配系统需要有一套功能完备的虚拟现实应用开发平台，该平台一般包括两部分，一部分是硬件开发平台，即高性能图像生成及处理系统，通常为高性能的图形计算机或虚拟现实工作站，如图 6-43 所示；另一部分为软件开发平台，即面向应用对象的虚拟装配应用软件平台，图 6-44 所示为通常使用的虚拟装配应用系统的体系结构。

虚拟装配应用系统的体系结构一般具有三个环境模块和两个接口部分。

（1）虚拟装配应用系统软件平台的组成模块

1）计算机辅助设计（CAD）建模环境。零件及工装工具首先在 CAD 系统中设计完成，通过定义一系列配合约束关系，这些零件被组装在一起，得到产品的装配模型。该装配建模过程只考虑零件的装配位置和约束关系，装配顺序等过程细节暂不考虑。

2）虚拟装配规划环境。建立基于几何约束的虚拟装配规划环境，用户根据经验和知识在该环境中进行交互式装配与拆卸，对装配顺序和路径进行规划、评价和优化，最后生成经济、合理、实用的装配方案。

3）现场应用和示教环境。基于虚拟现实的装配过程仿真，提供了一种极好的培训手段，可以先在虚拟环境中进行装配任务培训，然后再进行产品的实际装配。

（2）虚拟装配应用系统软件平台的接口

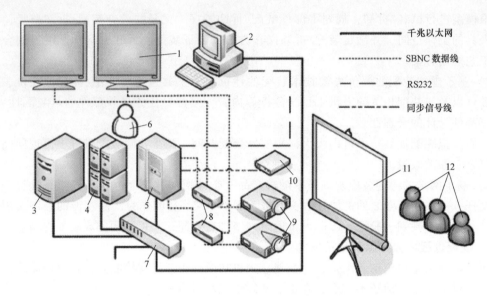

图 6-43　虚拟装配系统硬件平台结构图

1—CRT 显示器　2—开发维护端　3—数据服务器　4—应用服务器　5—Onyx4

6—操作者　7—交换机　8—视频分配器　9—投影机　10—同步信

号发射器　11—投影屏幕　12—戴立体眼镜的用户

1）CAD 接口。CAD 系统的设计模型装入虚拟环境后，一些有用的信息必须提取出来，包括零件的几何信息、拓扑信息以及装配约束信息等。

2）虚拟装配（VA）接口。虚拟环境下交互式规划得到产品的优化装配方案，相关的装配顺序、装配路径、工艺路线等过程信息应从虚拟环境中输出，输入培训和示教模块，一方面用来生成装配动画文件指导现场装配，另一方面生成装配工艺文件。

在虚拟装配应用系统中，常用的软件产品有 CATIA、UG、Pro/E 等，它们提供了对虚拟装配的支持。

2. 虚拟装配技术的实际应用

1）装配仿真建模。产品研发部门提供产品、工装、工具等三维模型，根据产品配合信息，按照运动部件、固定部件简化模型，并转换为装配仿真软件可识别的轻量化格式文件，同时，提供厂房的二维布局图（包括地面、墙壁工具等障碍物的几何尺寸和位置）。

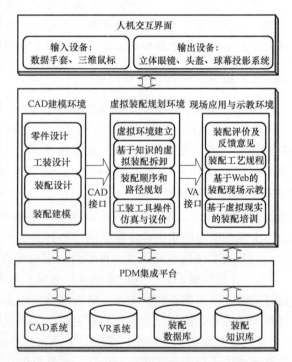

图 6-44　虚拟装配应用系统的体系结构

2）装配序列设计。工艺人员将所需装配的零部件、工装、工具等轻量化格式文件导入到装配仿真环境，采取人机交互的方式，可以直观、快速地完成仿真环境中的模型映射和模型定位，构建一个与装配现场高度相似的虚拟装配场景。

3）虚拟环境中装配语义识别。

4）可装配性分析。以装配精度模型为基础，利用属性拓扑图进行装配公差传播方向和公差累积的分析计算，解决产品的可装配性分析。

5）交互式装配顺序规划。

6）人体位姿分析。

7）装配仿真。基于虚拟环境，以装配顺序为基础，对初始路径及其关键点位姿、装夹工具的可达性、装配空间的可操作性进行仿真，检查各条装配路径上零件在装配过程中是否存在干涉情况。

8）输出仿真结果。通过对仿真平台的二次开发，输出能够被 CAPP 系统直接读取的装配工艺设计文件。

3. 虚拟装配应用的实例

目前，虚拟装配技术已经成功应用于大型企业的机器制造之中，如美国波音飞机公司的数字化代表产品——波音 787 飞机的装配过程。该飞机包括 300 万个零件，由于采用虚拟装配技术，设计师、工程师能穿行于虚拟飞机之中，并可以进行虚拟装配，检查零件之间的干涉情况，审查、修改各项设计，以保证飞机的可装配性和装配质量，如图 6-45 所示。

图 6-45　波音 787 飞机虚拟装配示意图

　　波音 787 飞机项目顺利完成的关键是依赖三维数字化设计与综合设计队伍［238 个群组（Team）］的有效实施，保证飞机设计、装配、测试以及试飞均在计算机上完成。研制周期从过去的 8 年时间缩减到 5 年，其中虚拟装配在研制过程中发挥了巨大的作用。

　　上海交通大学开发的集成虚拟装配系统（Integrated Virtual Assembly Environment，IVAE）为用户建立了一个基层集成化的虚拟装配环境，用户可以利用虚拟现实输入设备交互地进行装配建模、装配操作、装配序列规划和装配路径规划等装配工艺设计工作。

　　IVAE 装配操作中对约束的处理分为捕捉、确认和导航三个阶段。

　　在捕捉阶段，系统根据有约束关系的零件之间的相对位置，以及给定的捕捉误差，检验某个约束是否符合自动捕捉条件，若符合条件，则显示约束元素（点、线、面），但此时约束未能满足精度的要求。

　　在确认阶段，系统根据操作者的确认信号移动被抓取的零部件，使捕捉的约束精度得到满足。

　　在导航阶段，零部件在满足已确认的约束精度的条件下，根据数据手套的运动，完成装配动作。

　　下面以图 6-46 所示的压缩机部件为例，说明在 IVAE 环境下的虚拟装配过程。

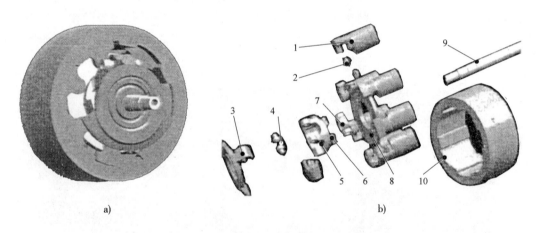

图 6-46　压缩机部件装配图及零件组成

a）压缩机部件最终装配状态　b）压缩机部件的组成零件及编号

　　压缩机由零件 1~9 组装成一个整体，然后与零件 10 组装成部件。虚拟装配过程为：虚拟手（图 6-46 零件 9 右端）抓取由零件 1~9 组成的子装配向零件 10 靠近，首先捕捉到轴线对齐约束，当系统显示轴线对齐标记后，操作者再确认零件相对位置正确，通过虚拟手使子装配进一步靠近零件 10，子装配只能沿轴线移动，但可以绕轴线转动，虚拟装配已经完成第一个捕捉、确认、导航阶段，如图 6-47a、b 所示。当子装配继续靠近零件 10 后，操作者可以捕捉到两个面贴合约束，面贴合标志出现表明子装配与零件 10 之间相对位置正确，此时，子装配只能沿轴线平移，不能再旋转，已经有两个约束参与导航，虚拟装配完成第二个捕捉、确认、导航阶段，如图 6-47c、d 所示。用户利用数据手套操纵虚拟手，抓取子装配继续向零件 10 靠近，最终完成压缩机的装配，如图 6-46a 所示。

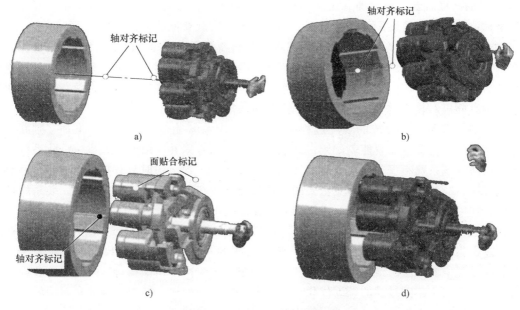

图 6-47 压缩机的虚拟装配过程

a）第一个捕捉零件、确认约束阶段 b）具有一个约束的导航阶段
c）第二个捕捉零件、确认约束阶段 d）具有两个约束的导航阶段

第八节 机器的智能装配

智能装配始终是工艺设计人员当前提高装配效率和自动化程度主要努力方向。

一、智能装配

1. 智能装配的内涵

智能装配（Intelligent Assembly，IA）就是通过智能化的感知、人机交互、决策和执行、虚拟现实等技术将装配工艺、人、设备和信息进行集成，并进行物理-信息的高度融合，构建智能装配系统，实现自动化与智能化的装配过程。

2. 智能装配的特征

智能装配是多学科交叉融合的高新技术，智能装配具有状态感知、实时分析、自主决策、高度集成和精准执行等特征，智能装配特征如图 6-48 所示。

（1）智能感知 通过装配过程配置的各类传感器和无线网络，采用传感器技术、激光跟踪技术、射频识别技术、物联网技术等，对装配现场的人员、设备、零部件、工装、量具等多类装配要素进行全面感知，建立装配过程中的人与人、物与物、人与物之间的广泛关联关系，实现装配过程中

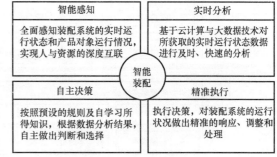

图 6-48 机器智能装配的特征

337

物埋-信息的高度融合，从而确保装配过程全部信息的实时、精准和可靠地获取，智能感知覆盖全部装配资源以及装配活动全过程，智能感知是实现智能装配的基础。

（2）实时分析 有关装配的所有数据都是进行决策与控制的基础，采用云计算、大数据技术，对装配过程中的海量数据分别进行实时分析、实时检测、传输与分发、处理与融合等，然后将多元、异构、分散的装配现场数据转化为可用于智能决策和精准执行的可视化的信息，实时分析对装配过程的准确性与精度起着决定性的作用。

（3）自主决策 在传统的装配过程中，人作为决策智能体进行分析、推理、判断、构思和决策等高级活动，而智能装配则由智能系统和人类专家共同组成的人机一体化系统实施上述的活动，该系统不仅是利用现有的知识库指导装配过程，同时具有自学习功能，能够在装配过程中不断地充实知识库，更重要的是还具有搜集与理解制造环境信息和工装系统信息的功能，并可以进行分析与判断，进而准确地完成全部智能装配过程。

（4）精准执行 通过传感器、射频识别（Radio Frequency Identification，RFID）等获取的装配过程实时数据是精准执行的依据，装配资源的互联感知、海量数据的实时采集与分析、装配过程中的自主决策都是为实现精准执行服务的。由于精准执行，才能保证装配设备运行的监测控制、装配过程的调度优化、装配零件的准确配送、装配质量的实时检测等。精准执行是使装配过程和装配系统处于最优状态、顺利实现智能装配的根本保障。

二、智能装配的关键技术

智能装配技术是传感技术、网络技术、自动化技术、拟人化智能等技术与先进制造技术的深度融合与集成，它们是实现装配过程自动化、智能化的主要技术支撑。智能装配关键技术涉及产品设计、智能装配工艺设计、虚拟装配、装配过程在线监测与监控、装配工艺的精准执行等装配的全过程。

飞机的装配最早采用智能装配技术，构建了飞机装配智能制造体系，本节中均以飞机智能装配为例进行阐述。

飞机智能化装配的技术体系主要包括：飞机智能装配支撑技术、飞机智能装配关键技术、飞机智能装配应用系统三个层级，如图6-49所示。

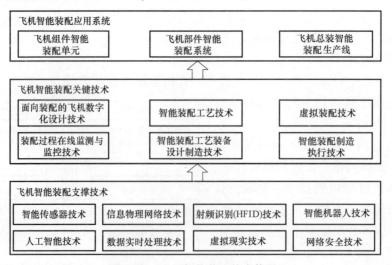

图 6-49 飞机智能装配技术体系

三、智能装配系统

智能装配可以实现装配过程和管理的自动化、数字化与可视化，从价值链、企业层、车间层和设备层 4 个层面，提升装备制造系统的状态感知、实时分析、自主决策和精准执行水平。

1. 智能装配系统的内涵

智能装配系统通过智能感知体系充分收集装配过程中的零部件、工装夹具、装配设备、物流、人、系统等信息，并进行实时分析与处理，建立装配过程中的生产模型和工艺模型，实现基于信息物理系统（CPS）技术的物理-信息高度融合，由人工智能进行自主决策，从而实施装配过程的技术体系。

智能装配系统侧重于智能工具的开发和集成，如传感器、无线网络、智能机器人、智能控制等，逐次建立自动化装配单元、装配生产线/车间与总装配生产线，最终形成产品智能装配系统，以适应产品种类的变化和装配的复杂性。

2. 智能装配系统设计与体系结构

智能化装配是将装配过程中的各个单元，包括相关系统、零部件、机器设备、工装夹具、人以及物流等，根据不同需求进行智能化调整，实现物理信息高度的融合，建立智能装配系统，其系统模型框架如图 6-50 所示。

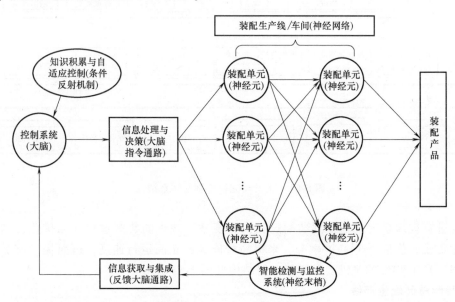

图 6-50　智能装配系统模型示意

此模型主要包括信息处理与决策单元、装配生产线或车间、知识累积与自适应控制单元、自动化装配单元、智能检测与监控系统以及信息获取与集成单元。

面向飞机智能装配的体系结构如图 6-51 所示。

3. 智能装配车间

飞机装配智能车间是由若干智能装配单元及相关技术支撑系统构成的，通过将先进工艺

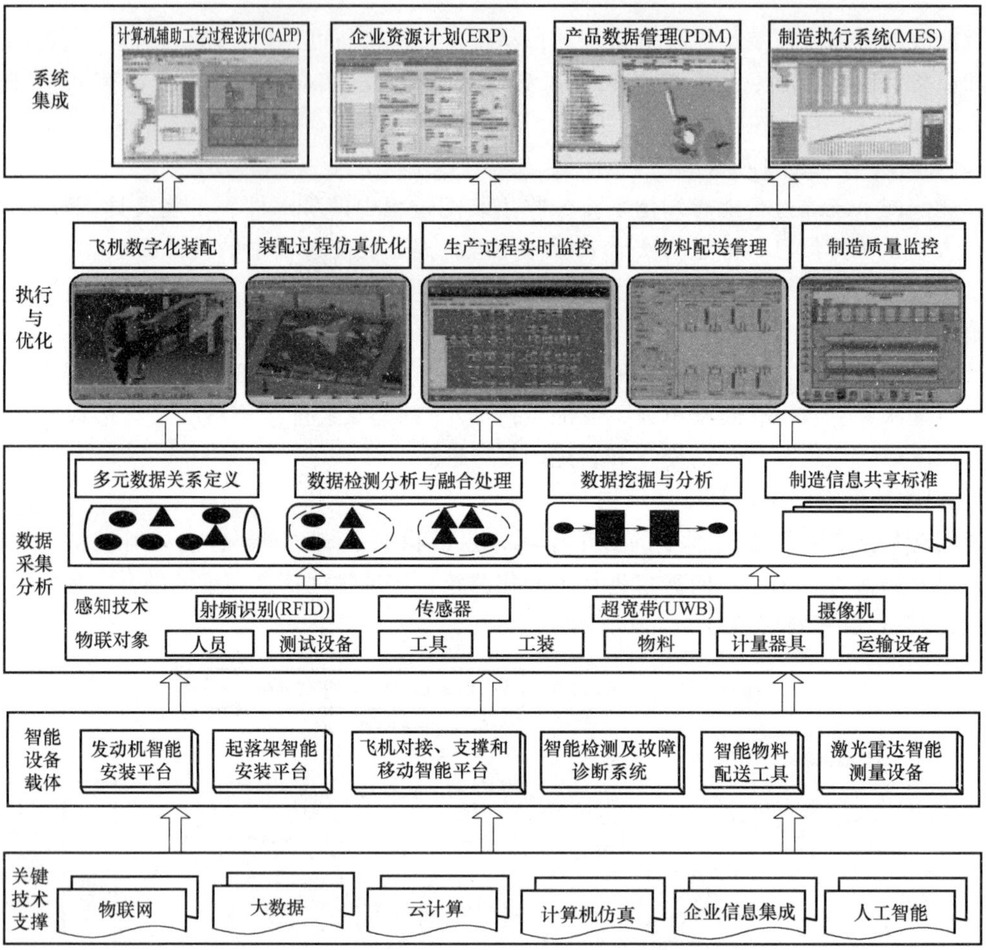

图 6-51 飞机装配智能制造体系结构

技术、先进管理理念集成融合到装配过程，实现基于知识的装配过程全面优化，基于信息流、物流集成的信息-物理高度融合，来提高智能装配车间运行速度，进而提升产品装配质量和效率。基于 CPS 的飞机装配智能车间结构如图 6-52 所示。

4. 智能总装配生产线

目前，飞机的连续移动式总装配生产线是智能装配应用的最好实例。连续移动式总装配生产线是指在整个装配过程中，生产线连续布置，相邻工序无缝连接，生产线没有截断或分流，飞机始终以平稳的速度在装配线上移动。

飞机移动式总装配生产线的智能装配管控的内容为：基于生产线装配过程建模与仿真、装配计划规划与调度、装配现场信息采集与可视化看板、库存管理与物料配送、现场多余物识别与控制、质量分析与问题管理、装配过程状态评价与优化等，构成飞机移动智能装配线控制系统，如图 6-53 所示。

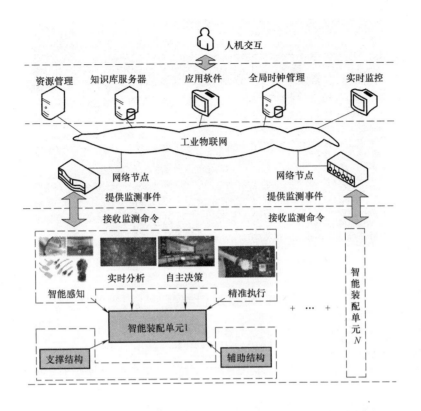

图 6-52　基于信息物理系统（CPS）的飞机装配智能车间的结构图

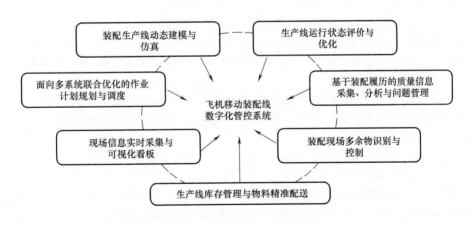

图 6-53　飞机移动智能装配线的控制系统

341

　　波音公司在 737、777、A380 及 F-35 等飞机的生产中，不同程度地采用了移动总装配生产线，实现了飞机总装配过程全自动控制、物流自动精确配送、信息智能处理等，最多可以达到年产 300 架的能力，将传统装配生产方式变革为智能装配生产方式，从而大大缩短飞机总装时间，降低了飞机制造成本，提高了装配质量，如图 6-54 所示。

图 6-54　波音公司多机型移动式总装配生产线

习题与思考题

6-1　何谓零件、套件、组件和部件？何谓机器的总装？

6-2　装配工艺规程包括哪些主要内容？它们是经过哪些步骤制定的？

6-3　装配精度一般包括哪些内容？装配精度与零件的加工精度有何区别？它们之间又有何关系？试举例说明。

6-4　装配尺寸链是如何构成的？装配尺寸链封闭环是如何确定的？它与工艺尺寸链的封闭环有何区别？

6-5　在查找装配尺寸链时应注意哪些原则？

6-6　保证装配精度的方法有哪几种？各适用于什么装配场合？

6-7　说明装配尺寸链中组成环、封闭环、协调环、补偿环和公共环的含义，它们各有何特点？

6-8　机械结构的装配工艺性包括哪些主要内容？试举例说明。

6-9　何谓装配单元？为什么要把机器划分成许多独立装配单元。

※　以下各计算题若无特殊说明，各参与装配的零件加工尺寸均为正态分布，且分布中心与公差带中心重合。

6-10　现有一轴、孔配合，配合间隙要求为 $0.04 \sim 0.26$ mm，已知轴的尺寸为 $\phi 50_{-0.10}^{0}$ mm，孔的尺寸为 $\phi 50_{0}^{+0.20}$ mm。若用完全互换装配法进行装配，能否保证装配精度要求？用大数互换装配法装配能否保证装配精度要求？

6-11　设有一轴、孔配合，若轴的尺寸为 $\phi 80_{-0.10}^{0}$ mm，孔的尺寸为 $\phi 80_{0}^{+0.20}$ mm，试用完全互换装配法和大数互换装配法装配，分别计算其封闭环公称尺寸、公差和分布位置。

6-12　在 CA6140 车床尾座套筒装配图中，各组成环零件的尺寸如图 6-55 所示，若分别按完全互换装配法和大数互换装配法装配，试分别计算装配后螺母在顶尖套筒内的轴向圆跳动量。

6-13　现有一活塞部件，其各组成零件的有关尺寸如图 6-56 所示，试分别按极值公差公式和统计公差公式计算活塞行程的极限尺寸。

6-14　减速器中某轴上零件的尺寸为 $A_1 = 40$ mm、$A_2 = 36$ mm，$A_3 = 4$ mm，要求装配后齿轮轴向间隙 $A_0 = 0_{+0.10}^{+0.25}$ mm，其结构如图 6-57 所示。试用极值法和统计法分别确定 A_1、A_2、A_3 的公差及其分布位置。

6-15　图 6-58 所示为轴类部件，为保证弹性挡圈顺利装入，要求保持轴向间隙 $A_0 = 0_{+0.05}^{+0.41}$ mm。已知各组成环的公称尺寸 $A_1 = 32.5$ mm，$A_2 = 35$ mm，$A_3 = 2.5$ mm，试用极值法和统计法分别确定各组成零件的上、下极限偏差。

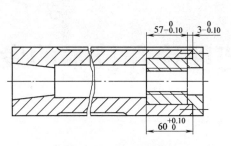

图 6-55 题 6-12 图

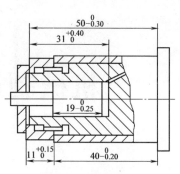

图 6-56 题 6-13 图

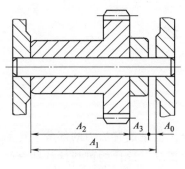

图 6-57 题 6-14 图

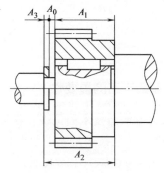

图 6-58 题 6-15 图

6-16 图 6-59 所示为车床床鞍与床身导轨装配图。为保证床鞍在床身导轨上准确移动，装配技术要求规定，其配合间隙为 0.1～0.3mm。试用修配法确定各零件的有关尺寸及其公差。

6-17 图 6-60 所示为传动轴装配图。现采用调整法装配，以右端垫圈为调整环 A_k，装配精度要求 $A_0 = 0.05～0.20$mm（双联齿轮的轴向圆跳动量）。试采用固定调整法确定各组成零件的尺寸及公差，并计算加入调整垫片的组数及各组垫片的尺寸及公差。

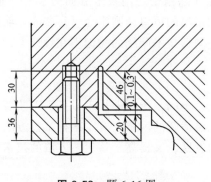

图 6-59 题 6-16 图

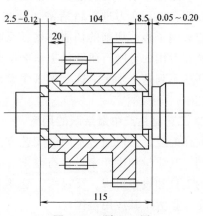

图 6-60 题 6-17 图

第七章
机械制造工艺理论和技术的发展

第一节 概　　述

一、制造工艺的重要性

1. 工艺是制造技术的灵魂、核心和关键

现代制造工艺技术是先进制造技术的重要组成部分，也是最有活力的部分。产品从设计变为现实必须通过加工才能实现，工艺是设计和制造的桥梁，设计的可行性往往会受到工艺的制约，工艺（包括检测）往往会成为"瓶颈"，因此，工艺方法和水平是至关重要的。不是所有设计的产品都能加工出来，也不是所有设计的产品通过加工都能达到预定的技术性能要求。

"设计"和"工艺"都是重要的，把"设计"和"工艺"对立和割裂开来是不对的，应该用广义制造的概念统一起来。人们往往看重产品设计师的作用，而未能正确评价工艺师的作用，这是当前影响制造技术发展的一个关键问题。

在用金刚石车刀进行超精密切削时，其刃口钝圆半径的大小与切削性能的关系十分密切，它影响了极薄切削的切屑厚度，反映了一个国家在超精密切削技术方面的水平。通常，刃口是在专用的金刚石研磨机上研磨出来的，国外加工出的刃口钝圆半径可达 2nm，而我国现在还达不到这个水平。这个例子生动地说明了有些制造技术问题的关键不在设计上，而是在工艺上。

2. 工艺是生产中最活跃的因素

同样的设计可以通过不同的工艺方法来实现。工艺不同，所用的加工设备、工艺装备也就不同，其质量和生产率也会有差别。工艺是生产中最活跃的因素，有了某种工艺方法才有相应的工具和设备出现，反过来，这些工具和设备的发展，又提高了该工艺方法的技术性能和水平，扩大了其应用范围。

加工技术的发展往往是从工艺突破的。在 20 世纪 40 年代，苏联的科学家拉查连科发明了电加工方法，此后就出现了电火花线切割加工、电火花成形加工、电火花高速打孔加工等方法，发展了一系列的相应设备，形成了一个新兴行业，对模具的发展产生了重大影响。当科学家们发现激光、超声波可以用来加工时，出现了激光打孔、激光焊接、激光干涉测量、超声波打孔、超声波探伤等方法，相应地发展了一批加工和检测设备，从而与其他非切削加工手段在一起，形成了特种加工技术，即非传统加工技术。这在加工技术领域，形成了一支

异军突起的局面。由于工艺技术上的突破和丰富多彩，使得设计也扩大了"眼界"，以前有些不敢涉及设计，变成现在敢于设计了。例如，利用电火花磨削方法可以加工直径为 0.1mm 以下的探针；利用电子束、离子束和激光束可以加工直径为 0.1mm 以下的微孔，而纳米加工技术的出现更是扩大了设计的广度和深度。

世界上制造技术比较强的国家如德国、日本、美国、英国、意大利等，他们的制造工艺比较发达，因此他们的产品质量上乘，受到普遍欢迎。产品质量是一个综合性问题，与设计、工艺技术、管理和人员素质等多个因素有关，但与工艺技术的关系最为密切。

二、现代制造工艺理论和技术的发展

工艺技术发展缓慢和工艺问题不被重视有密切关联。长期以来，人们认为工艺是手艺，是一些具体的加工方法，对它的认识未能上升到理论高度。但是在 20 世纪初，德国非常重视工艺，出版了不少工作手册。到了 20 世纪 50 年代，苏联的许多学者在德国学者研究的基础上，出版了《机械制造工艺学》《机械制造工艺原理》等著作，在大学里开设了机械制造专业，将制造工艺作为一门学问来对待，即将工艺提高到理论高度。此后，在 20 世纪 70 年代，又形成了机械制造系统和机械制造工艺系统，至此工艺技术形成一门科学。

近年来在制造工艺理论和技术上的发展比较迅速，除了传统的制造方法外，由于精度和表面质量的提高，又由于许多新材料的出现，特别是出现了不少新型产品的制造生产，如计算机、集成电路（芯片）、印制电路板等，与传统制造方法有很大的不同，从而开辟了许多制造工艺的新领域和新方法。这些发展主要可分为工艺理论、加工方法、制造模式、制造技术和系统等几个方面。

下面将从先进制造工艺理论、现代制造工艺方法、制造单元和制造系统、先进制造模式、智能制造技术几方面来分别论述。

第二节 机械制造工艺理论

制造工艺理论包括加工成形机理、精度原理、相似性原理和成组技术、工艺决策原理和优化原理等若干方面。

一、加工成形机理

1. 分层加工

零件的成形方法有分离（去除）加工、结合（堆积、分层）加工、变形（流动）加工等。在加工成形机理上已经从分离加工扩展到结合加工，形成了分层加工方法。并且从材料增减的角度又可分为增材制造、减材制造和等材制造。

分层加工和分离加工的原理正好相反，它是将零件在某一方向按一定层厚分为若干薄层，逐一加工这些薄层，并在加工的同时将这些薄层依次堆积起来，即可成形。按分层的形式又可分为平面分层和曲面分层，如图 7-1a、b 所示。另一方面，也可以将零件沿某方向按一定层厚展开成一条成形带子（通常为带材），将其加工（通常用数控剪切机）出来后，再卷绕成形，如图 7-1c 所示。

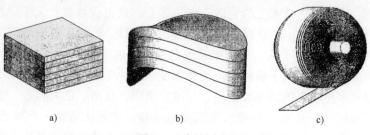

图7-1 分层加工

a）平面分层 b）曲面分层 c）卷绕分层

2．内加工

分离加工是将毛坯通过去除余量而总体成形为零件。材料的去除加工方式可分为外切削方式和内加工方式。图 7-2a 所示为利用激光束在一个透明塑料材料内加工一个球体工件的情况，激光光束通过聚集改变焦距，同时由数控系统控制其运动轨迹，加工完毕后，球体工件留在被加工材料内，不能取出。当将被加工材料一分为二时，球体工件才能出来，如图 7-2b 所示。这种加工方法的意义在于可发展成为一种原型制造方法。例如，要加工一个齿轮零件，可以用内方式先加工出齿轮，再将被加工材料切开，就可得到上、下模原型，经用其他材料翻制，便可得到齿轮的上、下模模具，从而可以制造齿轮零件。

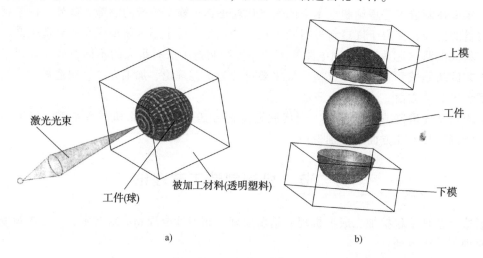

a） b）

图7-2 分离加工的内方式

a）激光内加工 b）激光内加工后，切开成为上、下模原型

3．各种能源的加工

零件成形所使用的能源有力、电、声、化学、电子、离子、激光等，十分丰富，从而发展了电火花加工、超声波加工、化学加工、电子束加工、离子束加工、激光束加工等。由于加工所使用的能源不同，其加工机理也就各不相同。

4．扫描探针显微加工

扫描探针显微加工包括扫描隧道显微加工和原子力显微加工等，如原子搬迁和排列重组，原子去除与增添，雕刻加工等。

5. 纳米生物加工

（1）生物去除成形加工　利用细菌生理特性进行生物加工，如用氧化亚铁硫杆菌去除纯铁、纯铜和铜镍合金等加工出微型齿轮。

（2）生物约束成形加工　控制微生物生长过程，用化学镀进行约束成形，制备出金属化微生物细胞，用于构造微结构。

二、精度原理

1. 机械加工原则

机械加工遵循的原则可分为继承性原则和创造性原则等。

继承性原则又称为"母性"原则、循序渐进原则或"蜕化"原则，它主要指加工用的机床（工作母机）精度一般应高于所加工工件的精度，这是很自然的，也是通常的选择，它能保证加工质量和效率。

创造性原则又称为"进化"原则，可分为直接创造性原则和间接创造性原则。

直接创造性原则是利用精度低于工件精度的机床，借助于工艺手段和特殊工具，直接加工出精度高于"工作母机"的工件。例如，"以粗干精"加工方法就是所用机床的精度可低于加工工件的精度，通过一些工艺措施来保证加工精度，如研磨、抛光等加工；"以小干大"原则是指加工的工件比机床要大，采用工件不动，靠机床移动来进行加工，即所谓"蚂蚁啃骨头"的办法。这种方法主要用于大型零件、重型零件的加工。

间接创造性原则是用较低精度的机床和工具，制造出加工精度能满足工件要求的高精度机床和工具，再用这些机床和工具去加工所要加工的工件。它是先用直接创造性原则，再用继承性原则。例如，滚齿机工作台中的分度蜗轮是影响齿轮加工精度的关键零件，若购买现成的加工分度蜗轮的机床是很昂贵的，而且可能买不到合适的，这时多采用自行研制的方法。

2. 定位原理

定位原理提出了定位与基准的概念和六点定位原理，其中包括完全定位、不完全定位、欠定位、过定位的判定，定位元件和各种基准的设计。

3. 尺寸链原理

论述了尺寸链的产生和分类，建立了尺寸链的数学模型，针对线性尺寸链和角度尺寸链、工艺尺寸链和装配尺寸链，提出了求解方法，并进行了计算机辅助建立和求解尺寸链的研究。

4. 质量统计分析原理

针对加工精度等质量问题，应用数理统计学提出了分布曲线法和精度曲线法（$\bar{x}$—R 图）等统计分析方法来分析和控制加工质量，取得了显著成效。

三、相似性原理和成组技术

从相似性发展到相似性工程，我国学者在这方面有颇多建树。相似性是成组技术的理论基础，成组工艺是成组技术的核心，零件的分类成组方法是成组技术的关键问题，其中常用的方法为建立零件分类编码系统，如我国建立了 JLBM—1 分类编码系统等。

在形状相似性的基础上提出了派生相似性的概念，即工艺相似性、装配相似性和测量相似性等，这是对相似性的发展。针对从工艺相似性来进行零件的分类成组，提出了生产流程分析法，其中有关键机床法、顺序分枝法、聚类分析法、编码分类法和势函数法等。

四、工艺决策原理

针对工艺问题的决策，提出了数学模型决策（数学模型的建立和求解）、逻辑推理决策（决策树、决策表）和智能思维决策等方法，使工艺问题的决策从主观、经验的判定走向客观、科学的判断，这是一个很大的进步，同时和计算机技术相结合，提高了判断的正确性和效率。

数学模型决策是以建立数学模型并求解作为主要的决策方式。数学模型泛指公式、方程式和由公式系列构成的算法等，可分为系统性数学模型、随机性数学模型和模糊性数学模型三类。

逻辑推理决策是采用确定性的逻辑推理来决策，常用的形式有决策树和决策表两种。决策树是用树状结构来描述和处理"条件"和"动作"之间的关系和方法，如图 7-3a 所示；决策表是用表格结构来描述和处理"条件"和"动作"之间的关系和方法，如图 7-3b 所示。图 7-3 中的尺寸单位均为 mm。

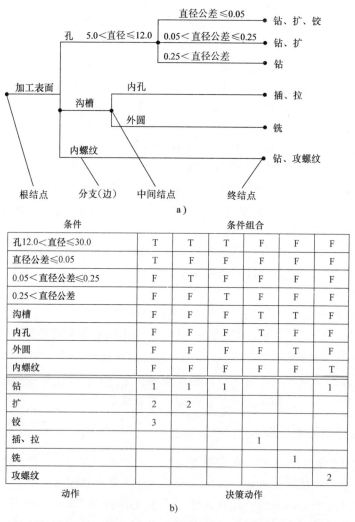

条件	条件组合					
孔12.0＜直径≤30.0	T	T	T	F	F	F
直径公差≤0.05	T	F	F	F	F	F
0.05＜直径公差≤0.25	F	T	F	F	F	F
0.25＜直径公差	F	F	T	F	F	F
沟槽	F	F	F	T	T	F
内孔	F	F	F	T	F	F
外圆	F	F	F	F	T	F
内螺纹	F	F	F	F	F	T
钻	1	1	1			1
扩	2	2				
铰	3					
插、拉				1		
铣					1	
攻螺纹						2

动作　　　　　　　　　　决策动作

b)

表中 T 表示"真"，F 表示假。决策动作中的 1、2、…表示动作顺序。

图 7-3　加工方法选择用的决策树和决策表

a）决策树　b）决策表

　　智能思维决策是依赖工艺技术人员的经验和智能思维能力来决策，即要应用人工智能。智能是运用知识来解决问题的能力，学习、推理和联想是智能的三大重要因素。智能思维决策的主要方法有：专家系统、模糊逻辑、人工神经网络和遗传算法等。

　　表 7-1 归纳了机械制造工艺设计中常用的决策方式。

表 7-1　机械制造工艺设计中常用的决策方式

制造工艺设计项目		决策方式		
		数学模型	逻辑推理	智能思维
加工工艺	结构工艺性检查		○	
	定位基准选择			○
	工艺路线设计		○	
	工艺方法确定		○	
	余量及工序间尺寸计算	○		
工艺装备	通用机床、刀具、夹具、量具选择		○	
	专用机床、刀具、夹具、量具、辅具设计			○
时间定额	工时分析研究	○		
	工时定额计算	○		
工厂、车间设计	工厂布局设计车间			○
	工段设计			○
	工作地设计	○		
供应计划	材料供应计划		○	
	生产设备供应计划		○	
	工艺装备供应计划		○	
	劳动力需求计划		○	
生产周期	生产周期设计	○		
	节拍（时间）设计		○	
生产成本	材料成本计算	○		
	设备成本计算	○		
	加工维持费用计算	○		
	劳动工资计算	○		

五、优化原理

　　将已有的优化方法应用到工艺问题的优化上，进行了单目标和多目标、单工序和多工序的工艺方案优化选择，对提高工艺方案的可行性和有效性、降低工艺成本、缩短生产周期有重要意义。这项技术也是与计算机技术密切结合的结果。

　　机械加工优化通常是要在保证质量的前提下，达到最高生产率、最低成本或最大利润率。

　　机械加工优化方法的实现首先要确定目标函数，然后选定控制参数，建立将选定控制参数引入到目标函数的数学模型中，再进行求解，即可得到优化的控制参数值。图 7-4 所示为单件加工成本与切削速度的关系；图 7-5 所示为单件加工成本与切削速度和进给的关系，它是多参数的优化问题。

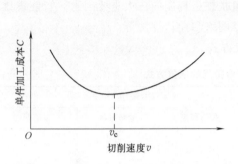

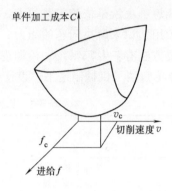

图 7-4　单件加工成本与切削速度的关系　　　图 7-5　单件加工成本与切削速度和进给的关系

第三节　现代制造工艺方法

一、特种加工技术

1. 特种加工的领域

特种加工是相对于常规加工而言的。由于早在第二次世界大战后期就发明了电火花加工，因此出现了电加工的名称，以后又出现了电解加工、超声波加工、激光加工等方法，提出了特种加工的名称，在欧美称为非传统性加工（Non-Traditional Manufacturing，NTM）。特种加工的概念应该是相对的，其内容将随着加工技术的发展而变化。

2. 特种加工方法的种类

特种加工方法的种类很多，根据加工机理和所采用的能源，可以分为以下几类。

（1）力学加工　应用机械能来进行加工，如超声波加工、喷射加工、喷水加工等。

（2）电物理加工　利用电能转换为热能、机械能或光能等进行加工，如电火花成形加工、电火花线切割加工、电子束加工、离子束加工等。

（3）电化学加工　利用电能转换为化学能进行加工，如电解加工、电镀、刷镀、镀膜和电铸加工等。

（4）激光加工　利用激光光能转化为热能进行加工，如激光束加工。

（5）化学加工　利用化学能或光能转换为化学能来进行加工，如化学铣削和化学刻蚀（即光刻加工）等。

（6）复合加工　将机械加工和特种加工叠加在一起就形成了复合加工，如电解磨削、超声电解磨削等。最多有四种加工方法叠加在一起的复合加工，如超声电火花电解磨削等。

3. 特种加工的特点及应用范围

1）特种加工不是依靠刀具和磨料来进行切削和磨削，而是利用电能、光能、声能、热能和化学能来去除金属和非金属材料，因此工件和工具之间并无明显的切削力，只有微小的作用力，在机理上与传统加工有很大不同。

2）特种加工的内容包括去除和结合等加工。去除加工即分离加工，如电火花成形加工等是从工件上去除一部分材料。结合加工又可分为附着、注入和结合。附着加工是使工件被加工表面覆盖一层材料，如镀膜等；注入加工是将某些元素离子注入工件表层，以改变工件表层的材料结构，达到所要求的物理力学性能，如离子束注入、化学镀、氧化等；结合加工是使两个工件或两种材料接合在一起，如激光焊接、化学粘接等。因此在加工概念的范围上又有了很大的扩展。

3）在特种加工中，工具的硬度和强度可以低于工件的硬度和强度，因为它不是靠机械力来切削，同时工具的损耗很小，甚至无损耗，如激光加工、电子束加工、离子束加工等，故适于加工脆性材料、高硬材料、精密微细零件、薄壁零件、弹性零件等易变形的零件。

4）加工中的能量易于转换和控制。工件一次装夹可实现粗、精加工，有利于保证加工质量，提高生产率。

二、特种加工方法

1. 电火花加工

（1）电火花加工基本原理　电火花加工是利用工具电极与工件电极之间脉冲性的火花放电，产生瞬时高温将金属蚀除。这种加工又称为放电加工、电蚀加工、电脉冲加工。

图 7-6 所示为电火花加工原理图。图中采用正极性接法，即工件接阳极，工具接阴极，由直流脉冲电源提供直流脉冲。工作时，工具电极和工件电极均浸泡在工作液中，工具电极缓缓下降与工件电极保持一定的放电间隙。电火花加工是电力、热力、磁力和流体力等综合作用的过程，一般可以分成四个连续的加工阶段。

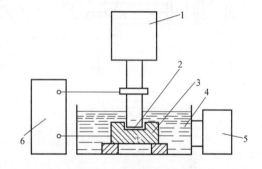

图 7-6　电火花加工原理图
1—进给系统　2—工具电极　3—工件电极　4—工作液　5—工作液泵站　6—直流脉冲电源

1）介质电离、击穿、形成放电通道。

2）火花放电产生熔化、气化、热膨胀。

3）抛出蚀除物。

4）间隙介质消电离。

由于电火花加工是脉冲放电，其加工表面由无数个脉冲放电小凹坑所组成，工具的轮廓和截面形状就在工件上形成。

（2）电火花加工的影响因素　影响电火花加工的因素有下列几项：

1）极性效应。单位时间蚀除工件金属材料的体积或重量，称为蚀除量或蚀除速度。由于正负极性的接法不同而蚀除量不一样，称为极性效应。将工件接阳极称为正极性加工，将工件接阴极称为负极性加工。

在脉冲放电的初期，由于电子重量轻、惯性小，很快就能获得高速度而轰击阳极，因此阳极的蚀除量大于阴极。随着放电时间的增加，离子获得较高的速度，由于离子的重量重，轰击阴极的动能较大，因此阴极的蚀除量大于阳极。控制脉冲宽度就可以控制两极蚀除量的大小。短脉宽时，选正极性加工，适合于精加工；长脉宽时，选负极性加工，适合于粗加工和半精加工。

2）工作液。工作液应能压缩放电通道的区域，提高放电的能量密度，并能加剧放电时流体动力过程，加速蚀除物的排出。工作液还应加速极间介质的冷却和消电离过程，防止电弧放电。常用的工作液有煤油、去离子水、乳化液等。

3）电极材料。电极材料必须是导电材料，要求在加工过程中损耗小，稳定，机械加工性好。常用的电极材料有纯铜、石墨、铸铁、钢、黄铜等。蚀除量与工具电极和工件材料的热学性能有关，如熔点、沸点、热导率和比热容等。熔点、沸点越高，热导率越大，则蚀除量越小；比热容越大，耐蚀性越高。

（3）电火花加工的类型　电火花加工的类型主要有电火花成形加工、电火花线切割加工、电火花回转加工、电火花表面强化和电火花刻字等。

1）电火花成形加工。电火花成形加工主要指穿孔加工、型腔加工等。穿孔加工主要是加工冲模、型孔和小孔（一般为$\phi 0.05 \sim \phi 2mm$）。冲模是指凹模。型腔加工主要是加工型腔模和型腔零件，相当于加工成形不通孔。其加工示意图如图7-6所示。

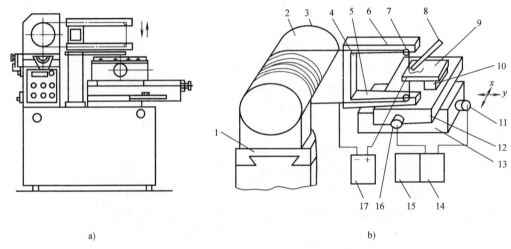

a)   b)

图7-7　高速走丝电火花线切割机床

a）机床外形　b）机床结构原理图

1—走丝溜板　2—卷丝筒　3—电极丝　4—丝架　5—下丝臂　6—上丝臂

7—导丝轮　8—工作液喷嘴　9—工件　10—绝缘垫块　11、16—伺服电动机

12—工作台　13—溜板　14—伺服电动机电源　15—数控装置　17—脉冲电源

2）电火花线切割加工。用连续移动的电极丝（工具）作为阴极，工件作为阳极，两极通以直流高频脉冲电源。电火花线切割加工机床可以分为两大类，即高速走丝和低速走丝。

高速走丝电火花线切割机床如图7-7所示，电极丝3绕在卷丝筒2上，并通过两个导丝轮7形成锯弓状。卷丝筒2装在走丝溜板1上，电动机带动卷丝筒2做周期正、反转，走丝溜板1相应于卷丝筒2的正、反转在卷丝筒2轴向与卷丝筒2一起做往复移动，使电极丝3总能对准丝架4上的导丝轮，并得到周期往复移动。同时丝架可绕两水平轴分别做小角度摆动，其中绕y轴的摆动是通过丝架的摆动而得到的，而丝架绕x轴的摆动是通过丝架上、下丝臂在y方向的相对移动得到的，这样可以切割各种带斜面的平面二次曲线型体。电极丝多用钼丝，走丝速度一般为$2.5 \sim 10m/s$。电极丝使用一段时间后要更换新丝，以免因损耗断丝而影响工作。

低速走丝电火花线切割机床的结构原理如图7-8所示。它以成卷筒丝作为电极丝，经旋紧机构和导丝轮、导向装置形成锯弓状，走丝做单方向运动，多用铜丝，为一次性使用，走丝速度一般低于 0.2m/min，但其导向、旋紧机构比较复杂。低速走丝电火花线切割机床由于电极丝走丝平稳、无振动、损耗小，因此加工精度高，表面粗糙度值小，同时断丝可自动停机报警，并有气动自动穿丝装置，使用方便，现已成为主流产品和发展方向。

目前，电火花线切割机床已经数控化。数控电火花线切割机床具有多维切割、重复切割、丝径补偿、图形缩放、移位、偏转、镜像、显示和加工跟踪、仿真等功能。

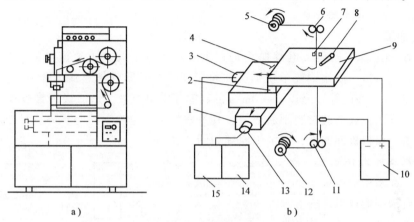

图 7-8 低速走丝电火花线切割机床的结构原理图

a）机床外形 b）机床结构原理图

1—溜板 2—绝缘垫块 3、13—伺服电动机 4—工作台 5—放丝卷筒

6、11—导丝轮和旋紧机构 7—导向装置 8—工作液喷嘴 9—工件

10—脉冲电源 12—收丝卷筒 14—数控装置 15—伺服电动机电源

无论是高速走丝还是低速走丝电火花线切割机床都具有四坐标数控功能，因此可加工各种锥面、复杂直纹表面。图 7-9 所示为用电火花线切割加工出来的一些零件。

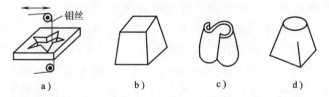

图 7-9 电火花线切割加工的一些零件

a）二维图形零件 b）带斜面立方体 c）带斜面曲线体 d）上、下面不同图形曲线体

（4）电火花加工的特点 不论材料的硬度、脆性、熔点如何，电火花加工可加工任何导电材料，现在已研究出加工非导体材料和半导体材料的方法。由于加工时工件不受力，适于加工精密、微细、刚性差的工件，如小孔、薄壁、窄槽、复杂型孔、型面、型腔等零件。加工时，加工参数调整方便，可在一次装夹下同时进行粗、精加工。电火花加工机床结构简单，现已几乎全部数控化，实现数控加工。

（5）电火花加工的应用 电火花加工的应用范围非常广泛，是特种加工中应用最为广泛的一种方法。

1）穿孔加工。可加工型孔、曲线孔（弯孔、螺旋孔）、小孔等。

2）型腔加工。可加工锻模、压铸模、塑料模、叶片、整体叶轮等零件。

3）线电极切割。可进行切断、开槽、窄缝、型孔、冲模等加工。

4) 回转共轭加工。将工具电极做成齿轮状和螺纹状，利用回转共轭原理，可分别加工模数相同，而齿数不同的内、外齿轮和相同螺距齿形的内、外螺纹。

5) 电火花回转加工。加工时工具电极回转，类似钻削、铣削和磨削，可提高加工精度。这时工具电极可分别做成圆柱形和圆盘形，称为电火花钻削、铣削和磨削。

6) 金属表面强化。

7) 打印标记、仿形刻字等。

2. 电解加工

（1）电解加工基本原理　电解加工是在工具和工件之间接上直流电源，工件接阳极，工具接阴极。工具极一般用铜或不锈钢等材料制成。两极间外加直流电压 6~24V，极间间隙保持 0.1~1mm，在间隙处通以 6~60m/s 的高速流动电解液，形成极间导电通路，产生电流。加工时工件阳极表面的材料不断溶解，其溶解物被高速流动的电解液及时冲走，工具阴极则不断进给，保持极间间隙，其加工原理如图7-10所示，可见其基本原理是阳极溶解，是电化学反应过程。它包括电解质在水中的电离及其放电反应、电极材料的放电反应和电极间的放电反应。

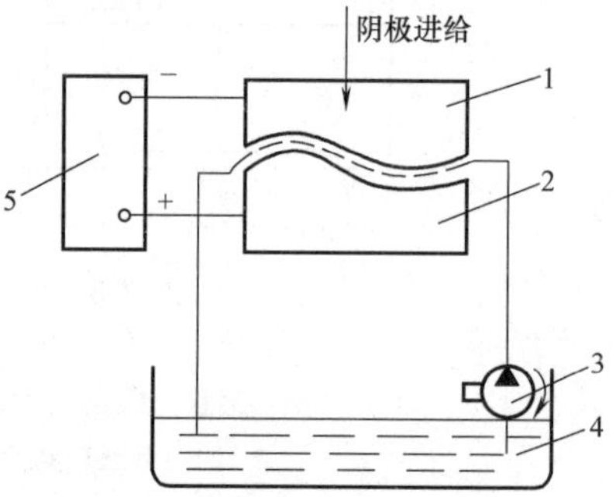

（2）电解加工的特点　电解加工的一些特点与电火花加工类似，不同之处有以下几点：

1) 加工型面、型腔生产率高，比电火花加工高 5~10 倍。

2) 阴极在加工中损耗极小，但加工精度不及电火花加工，棱角、小圆角（$r<0.2mm$）很难加工出来。

3) 加工表面质量好，表面无飞边、残余应力和变形层。

4) 加工设备要求防腐蚀、防污染，并应配置废水处理系统。因为电解液大多采用中性电解液（如 $NaCl$、$NaNO_3$ 等）、酸性电解液（如 HCl、HNO_3、H_2SO_4 等），对机床和环境有腐蚀和污染作用，应进行一些处理。

图 7-10　电解加工原理图

1—工具阴极　2—工件阳极　3—泵
4—电解液　5—直流电源

（3）电解加工方法及其应用　除上述基本方法外，尚有充气电解加工、振动进给脉冲电流电解加工以及电解磨削等复合加工。图7-11所示为中间电极法电解加工。中间电极对工件起电解作用，普通砂轮起磨削和刮削阳极薄膜作用。

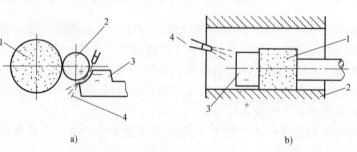

图 7-11　中间电极法电解加工

a）外圆加工　b）内圆加工

1—普通砂轮　2—工件（阳极）　3—中间电极　4—电解液

3. 超声波加工

（1）超声波加工基本原理 超声波加工是利用工具做超声振动，通过工件与工具之间的磨料悬浮液而进行加工，图7-12所示为其加工原理图。加工时，工具以一定的力压在工件上，由于工具的超声振动，使悬浮磨粒以很大的速度、加速度和超声频打击工件，工件表面受击处产生破碎、裂纹，脱离而成颗粒，这是磨粒撞击和抛磨作用。磨料悬浮液受工具端部的超声振动作用产生液压冲击和空化现象，促使液体渗入被加工材料的裂纹处，加强了机械破坏作用，液压冲击也使工件表面损坏而蚀除，这是空化作用。

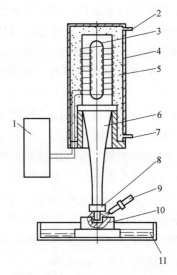

图7-12 超声波加工原理图

1—超声波发生器 2—冷却水入口 3—换能器 4—外罩 5—循环冷却水 6—变幅杆 7—冷却水出口 8—工具 9—磨料悬浮液 10—工件 11—工作槽

（2）超声波加工的设备 它主要由超声波发生器、超声频振动系统、磨料悬浮液系统和机床本体等组成。超声波发生器是将50Hz的工频交流电转变为具有一定功率的超声频振荡，一般为16000～25000Hz。超声频振动系统主要由换能器、变幅杆和工具所组成。换能器的作用是把超声频电振荡转换成机械振动，一般用磁致伸缩效应（图7-12）或压电效应来实现。由于振幅太小，要通过变幅杆放大，工具是变幅杆的负载，其形状为欲加工的形状。

（3）超声波加工的特点

1）适于加工各种硬脆金属材料和非金属材料，如硬质合金、淬火钢、金刚石、石英、石墨、陶瓷等。

2）加工过程受力小、热影响小，可加工薄壁、薄片等易变形零件。

3）被加工表面无残余应力，无破坏层，加工精度较高，表面粗糙度值较小。

4）可加工各种复杂形状的型孔、型腔和型面，还可进行套料、切割和雕刻。

5）生产率较低。

（4）超声波加工的应用 超声波加工的应用范围十分广泛。除一般加工外，还可进行超声波旋转加工。这时用烧结金刚石材料制成的工具绕其本身轴线做高速旋转，因此除超声撞击作用外，尚有工具回转的切削作用。这种加工方法已成功地用于加工小深孔、小槽等，且加工精度大大提高，生产率较高。此外尚有超声波机械复合加工、超声波焊接和涂敷、超声清洗等。

4. 电子束加工

（1）电子束加工基本原理 如图7-13所示，在真空条件下，利用电流加热阴极发射电子束，经控制栅极初步聚焦后，由加速阳极加速，并通过电磁透镜

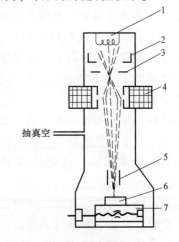

图7-13 电子束加工原理图

1—发射电子阴极 2—控制栅极 3—加速阳极 4—聚焦装置 5—偏转装置 6—工件 7—工作台位移装置

抽真空

聚焦装置进一步聚焦，使能量密度集中在直径为 $5 \sim 10 \mu m$ 的斑点内。高速而能量密集的电子束冲击到工件上，使被冲击部分的材料温度在几分之一微秒内升高到几千摄氏度以上，这时热量还来不及向周围扩散就可以把局部区域的材料瞬时熔化、气化，甚至蒸发而去除。

（2）电子束加工设备　它主要由电子枪系统、真空系统、控制系统和电源系统等组成。电子枪由电子发射阴极、控制栅极和加速阳极组成，用来发射高速电子流，进行初步聚焦，并使电子加速。真空系统的作用是造成真空工作环境，因为在真空中电子才能高速运动，发射阴极不会在高温下氧化，同时也能防止被加工表面和金属蒸气氧化。控制系统由聚焦装置、偏转装置和工作台位移装置等组成，控制电子束的束径大小和方向，按照加工要求控制工作台在水平面上的两坐标位移。电源系统用于提供稳压电源、各种控制电压和加速电压。

（3）电子束加工的应用　电子束可用来在不锈钢、耐热钢、合金钢、陶瓷、玻璃和宝石等材料上打圆孔、异形孔和槽。最小孔径或缝宽可达 $0.02 \sim 0.03mm$。电子束还可用来焊接难熔金属、化学性能活泼的金属，以及碳钢、不锈钢、铝合金、钛合金等。另外，电子束还用于微细加工中的光刻。

电子束加工时，高能量的电子会渗入工件材料表层达几微米甚至几十微米，并以热的形式传输到相当大的区域，因此将它作为超精密加工方法时要注意其热影响，但作为特种加工方法是有效的。

5. 离子束加工

（1）离子束溅射加工基本原理　在真空条件下，将氩（Ar）、氪（Kr）、氙（Xe）等惰性气体，通过离子源电离形成带有10keV数量级动能的惰性气体离子，并形成离子束，在电场中加速，经集束、聚焦后，射到被加工表面上，对加工表面进行轰击，这种方法称为"溅射"。由于离子本身质量较大，因此比电子束有更大的能量，当冲击工件材料时，有三种情况，其一是如果能量较大，会从被加工表面分离出原子和分子，这就是离子束溅射去除加工；其二是如果被加速了的离子从靶材上打出原子或分子，并将自身附着到工件表面上形成镀膜，则为离子束溅射镀膜加工（图7-14）；其三是用数十万电子伏特的高能量离子轰击工件表面，离子将打入工件表层内，其电荷被中和，成为置换原子或晶格间原子，留于工件表层内，从而改变了工件表层的材料成分和性能，这就是离子束溅射注入加工。

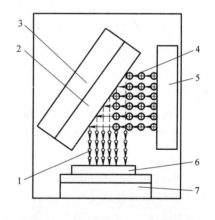

图 7-14　离子束溅射镀膜加工原理
1—溅射粒子　2—溅射材料　3—靶　4—离子束
5—离子束源　6—工件　7—工作台

离子束加工与电子束加工不同。离子束加工时，离子质量比电子质量大千倍甚至万倍，但速度较低，因此主要通过力效应进行加工；而电子束加工时，由于电子质量小，速度高，其动能几乎全部转化为热能，使工件材料局部熔化、气化，因此主要是通过热效应进行加工。

（2）离子束加工的设备　由离子源系统、真空系统、控制系统和电源组成。离子源又称为离子枪，其工作原理是将气态原子注入离子室，经高频放电、电弧放电、等离子体放电或电子轰击等方法被电离成等离子体，并在电场作用下使离子从离子源出口孔引出而成为离子束。图 7-15 所示为双等离子体离子束加工的基本原理图。图中首先将氩、氮或氙等惰性气体充入低真空（1.3Pa）的离子室中，利用阴极与阳极之间的低气压直流电弧放电，被电离成为等离子体。中间电极的电位一般比阳极低些，两者都由软铁制成，与电磁线圈形成很强的轴向磁场，所以以中间电极为界，在阴极和中间电极、中间电极和阳极之间形成两个等离子体区。前者的等离子体密度较低，后者在非均匀强磁场的压缩下，在阳极小孔附近形成了高密度、强聚焦的等离子体。经过控制电极和引出电极，只将正离子引出，使其呈束状并加速，从阳极小孔进入高真空区（1.3×10^{-6}Pa），再通过静电透镜所构成的聚焦装置形成高密度细束离子束，轰击工件表面。工件装夹在工作台上，工作台可做双坐标移动及绕立轴的转动。

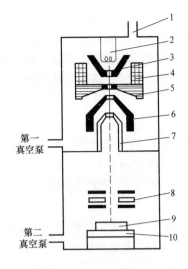

图 7-15 双等离子体离子束加工的基本原理

1—惰性气体入口 2—阴极 3—中间电极
4—电磁线圈 5—阳极 6—控制电极
7—引出电极 8—聚焦装置 9—工件
10—工作台

（3）离子束加工的应用　离子束加工被认为是最有前途的超精密加工和微细加工方法，其应用范围很广，可根据加工要求选择离子束直径和功率密度。例如，做去除加工时，离子束直径较小而功率密度较大；做注入加工时，离子束直径较大而功率密度较小。

离子束去除加工可用于非球面透镜的成形、金刚石刀具和压头的刃磨、集成电路芯片图形的曝光和刻蚀。离子束镀膜加工是一种干式镀，比蒸镀有较高的附着力，效率也高。离子束注入加工可用于半导体材料掺杂、高速钢或硬质合金刀具材料切削刃表面的改性等。

6. 激光加工

（1）激光加工基本原理　激光是一种通过受激辐射而得到的放大的光。原子由原子核和电子组成。电子绕核转动，具有动能；电子又被核吸引，而具有势能。两种能量的总称为原子的内能。原子因内能大小而有低能级、高能级之分。高能级的原子不稳定，总是力图回到低能级去，称为跃迁；原子从低能级到高能级的过程，称为激发。在原子集团中，低能级的原子占多数。氦、氖、氩原子，钕离子和二氧化碳分子等在外来能量的激发下，有可能使处于高能级的原子数大于低能级的原子数，这种状态称为粒子数的反转。这时，在外来光子的刺激下，导致原子跃迁，将能量差以光的形式辐射出来，产生原子发光，称为受激辐射发光。这些光子通过共振腔的作用产生共振，受激辐射越来越强，光束密度不断放大，形成了激光。由于激光是以受激辐射为主的，故具有不同于普通光的一些基本特性：

1）强度高、亮度大。

2）单色性好，波长和频率确定。

3）相干性好，相干长度长。

4）方向性好，发散角可达 0.1mrad，光束可聚集到 0.001mm。

当能量密度极高的激光束照射到加工表面上时，光能被加工表面吸收，转换成热能，使照射斑点的局部区域温度迅速升高、熔化、气化而形成小坑。由于热扩散，使斑点周围的金属熔化，小坑中的金属蒸气迅速膨胀，产生微型爆炸，将熔融物高速喷出，并产生一个方向性很强的反冲击波，这样就在被加工表面上打出一个上大下小的孔。因此激光加工的机理是热效应。

（2）激光加工的设备　它主要有激光器、电源、光学系统和机械系统等。激光器的作用是把电能转变为光能，产生所需要的激光束。激光器分为固体激光器、气体激光器、液体激光器和半导体激光器等。固体激光器由全反射镜 1、谐振腔 2、工作物质 4、玻璃套管 5、部分反射镜 6、聚光器 8、氙灯 9 和电源 11 所构成的如图 7-16 所示。固体激光器工作时，由管 3 进入的冷却水对工作物质进行冷却；由管 10 进入的冷却水对氙灯进行冷却，在两者冷却作用下，保证激光器的正常温度。常用的工作物质有红宝石、钕玻璃和掺钕钇铝石榴石（YAG）等。光泵是使工作物质产生粒子数反转，目前多用氙灯作为光泵。因它发出的光波中有紫外线成分，对钕玻璃等有害，会降低激光器的效率，故用滤光液和玻璃套管

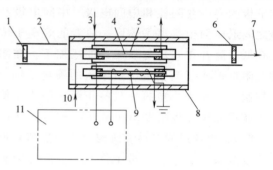

图 7-16　固体激光器结构示意图
1—全反射镜　2—谐振腔　3、10—冷却水
4—工作物质　5—玻璃套管　6—部分反射镜
7—激光束　8—聚光器　9—氙灯　11—电源

来吸收。聚光器的作用是把氙灯发出的光能聚集在工作物质上。谐振腔又称为光学谐振腔，其结构是在工作物质的两端各加一块相互平行的反射镜，其中一块做成全反射，另一块做成部分反射。受激光在输出轴方向上多次往复反射，正确设计反射率和谐振腔长度，就可得到光学谐振，从部分反射镜一端输出单色性和方向性很好的激光。气体激光器有氦-氖激光器和二氧化碳激光器等。

电源为激光器提供所需能量，有连续和脉冲两种。

光学系统的作用是把激光聚焦在加工工件上，它由聚集系统、观察瞄准系统和显示系统组成。

机械系统是整个激光加工设备的总成。先进的激光加工设备已采用数控系统。

（3）激光加工的特点和应用　激光加工是一种非常有前途的精密加工方法。

1）加工精度高。激光束斑直径可达 1μm 以下，可进行微细加工，它又是非接触方式，力、热变形小。

2）加工材料范围广。激光加工可加工陶瓷、玻璃、宝石、金刚石、硬质合金、石英等各种金属和非金属材料，特别是难加工材料。

3）加工性能好。工件可放置在加工设备外进行加工，可透过透明材料加工，不需要真空。可进行打孔、切割、微调、表面改性、焊接等多种加工。

4）加工速度快、效率高。

5）价格比较昂贵。

三、增材制造（3D 打印技术）和材料快速原型制造

（一）增材制造

材料成形制造方法从材料增减的角度可分为增材制造、减材制造和等材制造三类。

（1）增材制造 增材制造是在三维 CAD 技术的基础上，采用离散材料如粉末、线材、片材、块材和液体等逐层累加原理，制造实体零件的技术。

（2）减材制造 在零件加工过程中，采用如切削、电加工等方法使材料逐渐减少而成形。

（3）等材制造 材料快速原型制造在零件加工过程中，采用如铸造、锻造、冲压等方法使材料只是产生物理形态上的变化，而重（质）量上变化很少，或基本不变。

现在，在国内外大力发展 3D 打印技术，其发展速度很快，应用范围很广，深受制造业的重视。但究其原理和方法，它就是增材分层制造技术，然而 3D 打印的说法更通俗形象。

（二）材料快速原型制造和成形方法

材料快速原型制造和成形方法的提出已有数十年，并取得了很大的进展。零件是一个三维空间实体，它可由在某个坐标方向上的若干个"面"叠加而成。因此，利用离散/堆积成形概念，可以将一个三维实体分解为若干个二维实体制造出来，再经堆积而构成三维实体，这就是快速原型（零件）制造［Rapid Prototype（Part）Manufacturing，RPM］的基本原理，是一种分层制造方法。

快速原型制造是指先用一般材料如纸、塑料、低熔点合金等制造出一个原型，以便检验考核，再用合金钢等模具材料制造出模具，用该模具加工出产品，因此称为原型制造。现在的快速原型制造经过多年发展，已经可以直接加工产品，并且质量好、效率高，称为快速成形制造。

由于现在增材制造中的方法与快速原型制造中的方法相同，故都统一在增材制造方法中进行论述。

（三）增材制造方法

增材制造是一种分层制造方法，它是利用计算机控制技术，采用激光束、电子束等能源将材料加工成零件。常用的方法有光固化、热熔、喷印、粘接、焊接等。常用的材料有粉末、丝状、液态的金属、工程塑料等。

1. 分层实体制造

图 7-17 所示为分层实体制造（Laminated Object Manufacturing，LOM）示意图。根据零件分层几何信息，用数控激光器在铺上的一层箔材上切出本层轮廓，并将该层非零件图样部分切成小块，以便以后去除；再铺上一层箔材，用加热滚辗压，以固化粘接剂，使新铺上的一层箔材牢固地粘接在成形体上，再切割新层轮廓，如此反复直至加工完毕。所用的箔材通常为一种特殊的纸，也可用金属箔等。

2. 光固化立体造型

光固化立体造型（Stereo Lithography，SL）又称为激光立体光刻（Laser Photolithography，LP）、立体印制（Stereo Lithography Apparatus，SLA），图 7-18 所示为光固化立体造型（即分层高度）示意图。液槽中盛有紫外激光固化液态树脂，开始成形时，工作台台面在液面下一层高度，聚焦的紫外激光光束在液面上按该层图样进行扫描，被照射的

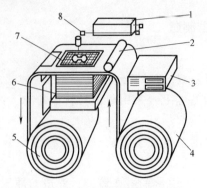

图 7-17　分层实体制造示意图

1—激光器　2—热压辊　3—计算机　4—供纸卷　5—收
纸卷　6—块体　7—层框和碎小纸块　8—透镜系统

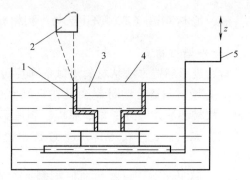

图 7-18　光固化立体造型示意图

1—成形零件　2—紫外激光器　3—环氧或丙烯
酸光敏树脂　4—液面　5—升降台

地方就被固化，未被照射的地方仍然是液态树脂。然后升降台带动工作台下降一层高度，第二层上布满了液态树脂，再按第二层图样进行扫描，新固化的一层被牢固地粘接在前一层上，如此重复直至零件成形完毕。

3. 激光选区熔化

选区内的金属或合金粉末利用直径为 $100\mu m$ 的激光束进行熔化和堆积，成形为金属零件，具有结构复杂、组织致密、冶金结合的特点，可用于加工高温合金、不锈钢和钛合金等难加工材料，但零件的内应力和性能稳定性却难以控制。图 7-19 为激光选区熔化示意图，图 7-20 所示为其成形的金属零件。

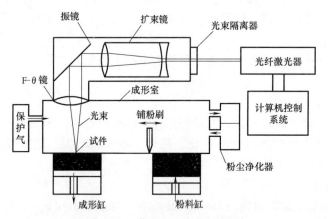

图 7-19　激光选区熔化示意图

4. 熔融沉积成形

熔融沉积成形（Fused Deposition Modeling，FDM）又称为熔融挤压成形（Melted Extrusion Modeling，MEM），图 7-21 所示为熔融沉积成形示意图。将丝状热熔性材料，通过一个熔化器加热，由一个喷头挤压出丝，按层面图样要求沉积出一个层面，然后用同样的方法生成下一个层面，并与前一个层面熔接在一起，这样层层扫描堆成一个三维零件。这种方法无需激光系统，设备简单，成本较低。其热熔性材料也比较广泛，如工业用蜡、尼龙、塑料等高分子材料，以及低熔点合金等，特别适合于大型、薄壁、薄壳成形件，可节省大量的填充过程，是一种有潜力、有希望的原型制造方法。它的关键技术是要控制好从喷头挤出的

图 7-20　激光选区熔化成形的金属零件

熔丝温度，使其处于半流动状态，既可形成层面，又能与前一层层面熔结。当然还需控制层厚。

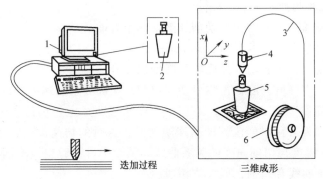

选加过程　　　　　三维成形

图 7-21　熔融沉积成形示意图

1—计算机　2—模型　3—丝　4—喷头　5—快速泵型　6—丝轮

5. 喷射印制成形

喷射印制成形（Jet Printing Modeling，JPM）是将热熔成形材料如工程塑料等熔融后由喷头喷出，扫描形成层面，经逐层堆积而形成零件。也可以在工作台上铺上一层均匀的密实的可粘接粉末，由喷头喷射粘接剂而形成层面，再逐层叠加形成零件，如图 7-22 所示。喷头可以是单个，也可以是多个。这种方法不采用激光，成本较低，但精度不够高。

现在已有电子束选区熔化（EBSM）的增材制造问世，采用电子束加热，可成形难熔材料，制品热应力小，成分纯净，精度高，并可进行多束加工，成形效率高，但电子束成本比较昂贵，且要在真空环境下工作，因此目前多用于精密零件的成形制造。

增材制造由于零件需要分层，计算复杂且工作量大，与计算机、数控、CAD/CAM、高能束流和材料等技术关系密切，不仅可以制造单一材质的制品，而且可以制造不同密度同一材料和不同材料构成的制品，在机械工程、生物工程（如人体器官、骨骼）、材料工程等制造中应用前景广阔，成效突出，然而目前在加工质量（零件精度、表面完整性）和材质

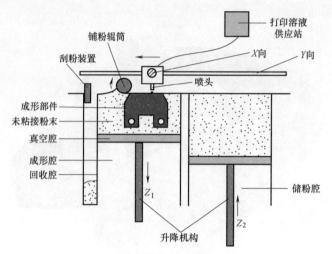

图 7-22 喷射印刷成形示意图

（品种、性能）等方面有待进一步研究和提高。

四、高速加工和超高速加工

（一）高速加工和超高速加工的概念

高速加工和超高速加工通常包括切削和磨削两个方面。

高速切削的概念来自德国的 Carl J. Salomon 博士。他在 1924~1931 年间，通过大量的铣削实验发现，切削温度会随着切削速度的不断增加而升高，当达到一个峰值后，却随着切削速度的增加而下降，该峰值速度称为临界切削速度。在临界切削速度的两边，形成一个不适宜切削区，称为"死谷"或"热沟"。当切削速度超过不适宜切削区，继续提高切削速度，则切削温度下降，称为适宜切削区，即高速切削区，这时的切削即为高速切削。图 7-23 所示为 Salomon 的切削温度与切削速度的关系曲线。从图中可以看出，不同加工材料的切削温度与切削速度的关系曲线有差别，但大体相似。

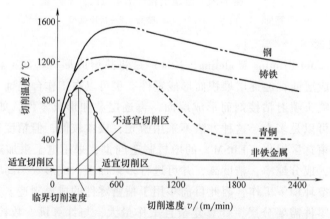

图 7-23 Salomon 的切削温度与切削速度的关系曲线

高速切削加工的速度由于切削方法、被加工材料和刀具材料等多个因素的影响而难于确定其具体数值。1978 年国际生产工程学会的切削委员会提出线速度为 500~7000m/min 的切削加工为高速切削加工，这可以作为一条重要的参考。当前实验研究的高速切削速度已达到45000m/min，但在实际生产中所用的要低得多。

高速磨削由于超硬磨料的出现得到了很大发展。通常认为，砂轮的线速度高于90～150m/s时即为高速磨削。当前高速磨削速度的实验研究已达到500m/s，甚至更高。

超高速加工是高速加工的进一步发展，其切削速度更高。目前高速加工和超高速加工之间没有明确的界限，两者之间只是一个相对的概念。

（二）高速加工的特点和应用

1）随着切削速度的提高，单位时间内的材料切除量增加，切削加工时间减少，提高了加工效率，降低了加工成本。

2）随着切削速度的提高，切削力减小，切削热也随之减少，从而有利于减少工件的受力变形、受热变形和减小内应力，提高加工精度和表面质量。可用于加工刚性较差的零件和薄壁零件。

3）由于高速切削时切削力减小和切削热减少，可用来加工难加工材料和淬硬材料，如淬硬钢等，扩大了加工范畴，可部分替代磨削加工和电火花加工等。

4）在高速磨削时，在单位时间内参加磨削的磨粒数大大增加，单个磨粒的切削厚度很小，从而改变了切屑形成的形式，对硬脆材料能实现延性域磨削，表面质量好，对高塑性材料也可获得良好的磨削效果。

5）随着切削速度的提高，切削力随之减小，因而减少了切削过程中的激振源。同时由于切削速度很高，切削振动频率可远离机床的固有频率，因此使切削振动大大降低，有利于改善表面质量。

6）高速切削时，切削刃和单个磨粒所受的切削力减小，可提高刀具和砂轮等的使用寿命。

7）高速切削时，可以不加切削液，是一种干式切削，符合绿色制造要求。

8）高速切削加工的条件要求是比较严格的，需要有高质量的高速加工设备和工艺装备。设备要有安全防护装置，整个加工系统应有实时监控，以保证人身安全和设备的安全运行。

由于高速加工具有明显的优越性，在航空、航天、汽车、模具等制造行业中已推广使用，并取得了显著的技术经济效果。

（三）高速加工的机理

高速切削加工时，在切削力、切削热、切屑形成和刀具磨损、破损等方面均与传统切削有所不同。

在切削加工的开始，切削力和切削温度会随着切削速度的提高而逐渐增加，在峰值附近，被加工材料的表层不断软化而形成了黏滞状态，严重影响了切削性，这就是"热沟"区。这时切削力最大，切削温度最高，切削效果最差。切削速度继续提高时，切屑变得很薄，摩擦系数减小，剪切角增大，同时在工件、刀具和切屑中，传入切屑的切削热比例越来越大，从而被切屑带走的切削热也越来越大。这些原因致使切削力减小，切削温度降低，切削热减少，这就是高速切削时产生峰值切削速度的原因。实验证明，在高速切削范围，尽可能提高切削速度是有利的。

在高速范围内，由于切削速度比较高，在其他加工参数不变的情况下，切屑很薄，对铝合金、低碳钢、合金钢等低硬度材料，易于形成连续带状切屑；而对于淬火钢、钛合金等高硬度材料，则由于应变速度加大，使被加工材料的脆性增加，易于形成锯齿状切屑。随着切削速度的增加，甚至出现单元切屑。

在高速切削时，由于切削速度很高，切屑在极短的时间内形成，应变速度大，应变率很高，对工件表面层的深度影响减少，因此表面弹性、塑性变形层变薄，所形成的硬化层减小，表层残余应力减小。

高速磨削时，在砂轮速度提高而其他加工参数不变的情况下，单位时间内磨削区的磨粒数增加，单个磨粒切下的切屑变薄，从而使单个磨粒的磨削力变小，使得总磨削力必然减小。同时，由于磨削速度很高，磨屑在极短的时间内形成，应变率很高，对工件表面层的影响减少，因此表面硬化层、弹性、塑性变形层变薄，残余应力减小，磨削犁沟隆起高度变小，犁沟和滑擦距离变小。而且由于磨削热降低，不易产生表面磨削烧伤。

（四）高速加工的体系结构和相关技术

进行高速切削和磨削并非一件易事。图 7-24 所示为高速加工的体系结构和相关技术，可见其系统比较复杂，涉及的技术面较宽。

高速加工时要有高速加工机床，如高速车床、高速铣床和高速加工中心等。机床要有高速主轴系统和高速进给系统，具有高刚度和抗振性，并有可靠的安全防护装置。刀具材料通常采用金刚石、立方氮化硼、陶瓷等，也可用硬质合金涂层刀具、细粒度硬质合金刀具。对于高速铣刀要进行动平衡。高速砂轮的磨料多用金刚石、立方氮化硼等。砂轮要有良好的抗裂性、高的动平衡精度、良好的导热性和阻尼特性。高速加工时，高速回转的工件需要严格的动平衡，整个加工系统应有实时监控系统，以保证正常运行和人身安全。在加工工艺方面，如切削方式应尽量采用顺铣加工，进给方式应尽量减少刀具的急速换向，以及尽量保持恒定的去除率等。

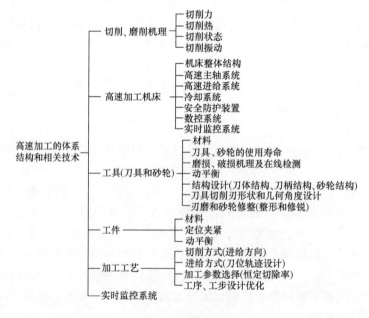

图 7-24　高速加工的体系结构和相关技术

高速加工的关键技术主要是高速加工设备的制造、刀具和砂轮的制作、加工工艺的制定、安全防护装置和实时监测系统的设置安装等。

五、精密工程和纳米技术

（一）精密加工和超精密加工

1. 精密加工和超精密加工的概念

精密加工和超精密加工代表了加工精度发展的不同阶段。从一般加工发展到精密加工，再到超精密加工，由于生产技术的不断发展，划分的界限将随着发展进程而逐渐向前推移，因此划分是相对的，很难用数值来表示。现在，精密加工通常是指加工精度为 $1\sim0.1\mu m$、表面粗糙度 Ra 值小于 $0.01\sim0.1\mu m$ 的加工技术；超精密加工是指加工精度高于 $0.1\mu m$、表面粗糙度 Ra 值小于 $0.025\mu m$ 的加工技术。当前，超精密加工的水平已达到纳米级，形成了纳米技术，而且正在向更高水平发展。

精密加工和超精密加工是由日本提出的。在欧洲和美国，通常将精密加工（Precision Machining，PM）技术和超精密加工（Ultra-Precision Machining，UPM）技术统称为精密工程（Precision Engineering，PE）。

2. 精密加工和超精密加工的特点

（1）创造性原则 对于精密加工和超精密加工，由于被加工零件的精度要求很高，有时已不可能采用现有的机床，因此应考虑采用直接创造性原则。现在，精密机床和超精密机床已有不少可选品种问世，但大多为通用型，价格相当昂贵，交货期也较长，因此在可能的条件下，是可以考虑直接购买的。对于一些特殊的高精度零件加工，可能要用间接创造性原则进行专门研制。

（2）微量切除(极薄切削) 超精密加工时，背吃刀量极小，属于微量切除和超微量切除，因此对刀具刃磨、砂轮修整和机床精度均有很高要求。

（3）综合制造工艺系统 精密加工和超精密加工是一门多学科交叉的综合性的高技术，要达到高精度和高表面质量，涉及被加工材料的结构及质量（如材料结构中的微缺陷等）、加工方法的选择、工件的定位与夹紧方式、加工设备的技术性能和质量、工具及其材料选择、测试方法及测试设备、恒温、净化、防振的工作环境，以及人的技艺等诸多因素，因此，精密加工和超精密加工是一个系统工程，不仅复杂，而且难度很大。

（4）精密特种加工和复合加工方法 在精密加工和超精密加工方法中，不仅有传统的加工方法，如超精密车削、铣削和磨削等，而且有精密特种加工方法，如精密电火花加工、激光加工、电子束加工、离子束加工等，还有一些精密复合加工方法。

（5）自动化技术 现代精密加工和超精密加工应用计算机技术、在线检测和误差补偿、适应控制和信息技术等，使整个系统工作自动化，减少了人的因素影响，提高了加工质量。

（6）加工检测一体化 精密加工和超精密加工中，不仅要进行离线检测，而且有时要采用在位检测（工件加工完后不卸下，在机床上直接检测）、在线检测和误差补偿，以提高检测精度。

3. 精密加工和超精密加工方法

根据加工方法的机理和特点，精密加工和超精密加工方法可分为刀具切削加工、磨料磨削加工、特种加工和复合加工等，如图 7-25 所示。从图中可以看出，有些方法是传统加工

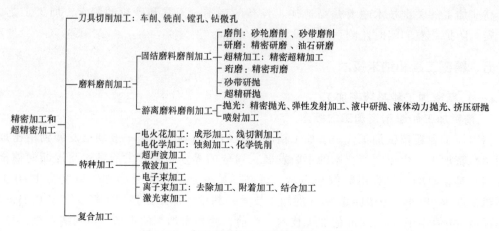

图 7-25　各种精密加工和超精密加工方法

方法、是特种加工方法的精密化，有些方法是复合加工方法，其中包括传统加工方法的复合、特种加工方法的复合，以及传统加工方法与特种加工方法的复合（如机械化学抛光、精密电解磨削、精密超声珩磨等）。

由于精密加工和超精密加工方法很多，现择其主要的几种方法进行论述。

（1）金刚石刀具超精密切削

1）金刚石刀具超精密切削的机理。金刚石刀具超精密切削是极薄切削，其背吃刀量可能小于晶粒的大小，切削就在晶粒内进行。这时，切削力一定要超过晶体内部非常大的原子、分子结合力，切削刃上所承受的切应力会急速增加并变得非常大。例如，在切削低碳钢时，其应力值将接近该材料的抗剪强度。因此，切削刃将会受到很大的应力，同时产生很大的热量，切削刃切削处的温度将极高，要求刀具材料应有很高的高温强度和硬度。金刚石刀具不仅有很高的高温强度和硬度，而且由于金刚石材料本身质地细密，经过精细研磨，切削刃钝圆半径可达 $0.005 \sim 0.02 \mu m$，切削刃的几何形状可以加工得很好，表面粗糙度值可以很小，因此能够进行 Ra 值为 $0.008 \sim 0.05 \mu m$ 的镜面切削，并达到比较理想的效果。

通常，精密切削和超精密切削都是在低速、低压、低温下进行的，这样切削力很小，切削温度很低，工件被加工表面塑性变形小，加工精度高，表面粗糙度值小，尺寸稳定性好。金刚石刀具超精密切削是在高速、小背吃刀量、小进给量下进行的，是在高应力、高温下切削，由于极薄切削，切速高，不会波及工件内层，因此塑性变形小，同样可以获得高精度，小表面粗糙度值的加工表面。

目前，金刚石刀具主要用来切削铜、铝及其合金。当切削钢铁等含碳的金属材料时，由于会产生亲和作用，产生碳化磨损（扩散磨损），不仅刀具易于磨损，而且影响加工质量，切削效果不理想。

2）影响金刚石刀具超精密切削的因素。影响金刚石刀具超精密车削的因素可以从图7-26中看出。对表面粗糙度影响最大的是主轴回转精度，因此，主轴采用液体静压轴承或空气静压轴承，其回转精度高于 $0.05 \mu m$。振动对表面粗糙度极其有害，工件与刀具切削刃之间不允许振动，因此工艺系统应有较大的动刚度，同时电动机和外界的振源应严格隔离。热变形对形状误差影响很大，特别是主轴的热变形影响更大，因此应设置冷却系统来控制机床

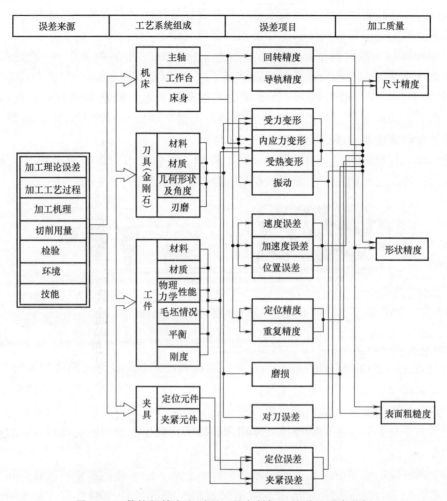

图 7-26 数控超精密金刚石刀具车削加工的误差因素分析

及其切削区域的温度，并应在恒温室中工作。机床工作台和床身导轨的几何精度、位置精度，以及进给传动系统的结构尺寸误差和形状误差有较大影响，应有较高的系统刚度。工件材料的种类、化学成分、性质和质量对加工质量有直接影响。金刚石刀具的材质、几何形状、刃磨质量和安装调整对加工质量有直接影响。对于数控超精密加工机床，除一般精度外，尚有随动（伺服）精度，它包括速度误差（跟随误差）、加速度误差（动态误差）和位置误差（反向间隙、死区、失动），这些误差都会影响尺寸精度和形状精度。

总结起来，影响金刚石刀具超精密切削的因素有以下几点：

1）金刚石刀具材料的材质、几何角度设计、晶面选择、刃磨质量及其对刀。

2）金刚石刀具超精密切削机床的精度、刚度、稳定性、抗振性和数控功能。机床的关键部件是主轴系统、导轨及进给驱动装置。机床上都设有性能良好的温控系统。机床结构上已广泛采用花岗石材料。

3）被加工材料的均匀性和微观缺陷。

4）工件的定位和夹紧。

5）工作环境应具备恒温、恒湿、净化和抗振条件，才能保证加工质量。

金刚石刀具超精密切削铜、铝及其合金等软金属是当前最有成效的精密和超精密加工方法，钢铁等材料的金刚石刀具超精密切削正在研究之中。

（2）精密磨削　精密磨削是指加工精度为 $1 \sim 0.1\mu m$、表面粗糙度 Ra 值达到 $0.025 \sim 0.2\mu m$ 的磨削方法。它又称为小粗糙度磨削。

1）精密磨削机理。精密磨削主要是靠砂轮的精密修整，使磨粒具有微刃性和等高性。磨削后，加工表面留下大量极微细的磨削痕迹，残留高度极小，加上无火花磨削阶段的作用，最终获得高精度和小表面粗糙度值的加工表面。

精密磨削的机理归纳为：①微刃的微切削作用，磨粒的微刃性和等高性，如图 7-27 所示。②微刃的等高切削作用。③微刃的滑挤、摩擦、抛光作用。

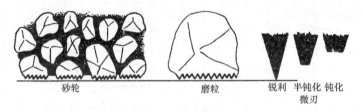

图 7-27　磨粒的微刃性和等高性

2）精密磨削砂轮及其修整。精密磨削时，砂粒上大量的等高微刃是金刚石修整工具以极低而均匀的进给（$10 \sim 15mm/min$）精细修整而得到的。砂轮修整是精密磨削的关键之一。精密磨削砂轮选择的原则应是易产生和保持微刃。砂轮的粒度可选择粗粒度和细粒度两种。粗粒度砂轮经过精细修整，微刃的切削作用是主要的；细粒度砂轮经过精细修整，半钝态微刃在适当压力下与工件表面的摩擦抛光作用比较显著，其加工表面粗糙度值较粗粒度砂轮所加工的要小。

精密磨削砂轮的修整方法有单粒金刚石修整、金刚石粉末烧结型修整器修整和金刚石超声波修整等，如图 7-28a、b、c 所示。一般修整时，修整器应安装在低于砂轮中心 $0.5 \sim 1.5mm$ 处，尾部向上倾斜 $10° \sim 15°$，使金刚石受力小，寿命长，如图 7-28d 所示。砂轮修整

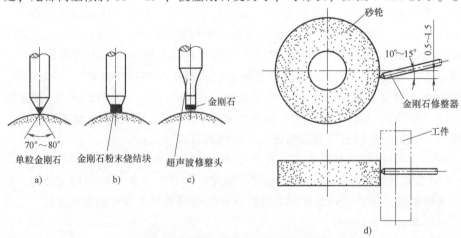

图 7-28　精密磨削时的砂轮修整

a）单粒金刚石修整　b）金刚石粉末烧结型修整器修整　c）金刚石超声波修整
d）金刚石修整器修整砂轮时的安装位置

的规范为：修整器进给速度 10~15mm/min，修整深度 2.5μm/单行程，修整 2~3 次/单行程，光修（无修整深度）1 次/单行程。

3）精密磨床的结构。磨床应有高几何精度，如主轴回转精度、导轨直线度，以保证工件的几何形状精度要求；应有高精度的横向进给机构，以保证工件的尺寸精度，以及砂轮修整时的修整深度；还应有低速稳定性好的工作台纵向移动机构，不能产生爬行、振动，以保证砂轮的修整质量和加工质量。由于砂轮修整时的纵向进给速度很低，其低速稳定性对砂轮修整的微刃性和等高性非常重要，是一定要保证的。

影响精密磨削质量的因素很多，除上述分析的砂轮选择及其修整、磨床精度及其结构外，尚有磨削工艺参数的选择和工作环境等诸多因素的影响。

（3）超硬磨料砂轮精密和超精密磨削 超硬磨料砂轮主要指金刚石砂轮和立方氮化硼（CBN）砂轮。它们主要用来加工难加工材料，如各种高硬度、高脆性材料，其中有硬质合金、陶瓷、玻璃、半导体材料及石材等。这些材料的加工一般要求较高，故多属于精密和超精密加工范畴。

1）超硬磨料砂轮磨削的特点：

①可用来加工各种高硬度、高脆性金属和非金属难加工材料。对于钢铁等材料适用于用立方氮化硼砂轮磨削。②磨削能力强，耐磨性好，使用寿命长，易于控制加工尺寸及实现加工自动化。③磨削力小，磨削温度低，加工表面质量好。④磨削效率高。⑤加工综合成本低。

现在，金刚石砂轮、立方氮化硼砂轮已广泛用于精密加工。近年来发展起来的金刚石微粉砂轮超精密磨削已日趋成熟，已在生产中推广应用。金刚石砂轮精密磨削和超精密磨削已成为陶瓷、玻璃、半导体、石材等高硬脆材料的主要加工手段。

超硬磨料砂轮磨削时，也有砂轮选择、机床结构、磨削工艺、砂轮修整和平衡、磨削液等问题。其中砂轮修整问题比较突出，故做一简要论述。

2）超硬磨料砂轮的修整。分析超硬磨料砂轮的修整（Dressing）过程，一般将它分为整形（Truing）和修锐（Sharpening）两个阶段。整形是使砂轮达到一定几何形状的要求（砂轮出厂时，其几何形状不够精确，砂轮安装在机床主轴上时也会有偏差）。修锐是去除磨粒间的结合剂，使磨粒突出结合剂一定高度（一般是磨粒尺寸的1/3 左右），形成足够的切削刃和容屑空间。普通砂轮的修整是整形和修锐合为一步进行，而超硬磨料砂轮的修整由于超硬磨料很硬，修整困难，故分为整形和修锐两步进行。整形要求几何形状和高效率，修锐要求磨削性能。修整机理是除去金刚石颗粒之间的结合剂，使金刚石颗粒露出来，而不是把金刚石颗粒修锐出切削刃。

超硬磨料砂轮的修整方法很多，视不同的结合剂材料而不同，目前，有以下几种方法：

①车削法。用单点、聚晶金刚石笔修整。其特点是修整精度和效率较高，但砂轮切削能力低。②磨削法用碳化硅砂轮修整。其特点是修整质量较好，效率较高，但碳化硅砂轮磨损很快，是目前最广泛采用的方法。③电加工法有电解修锐法、电火花修正法等。但只适用于金属（或导电）结合剂砂轮。电解修锐法的效果比较突出，已广泛应用于金刚石微粉砂轮的超精密加工中，并易于实现在线修锐，其原理如图 7-29 所示。

（4）精密和超精密砂带磨削 砂带磨削是一种高效磨削方法，能得到高的加工精度和表面质量，具有广阔的应用范围，可补充或部分代替砂轮磨削。

1）砂带磨削方式。它可分为闭式和开式两大类，如图 7-30 所示。

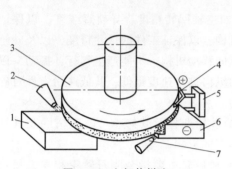

图 7-29　电解修锐法
1—工件　2—冷却液　3—超硬磨
料砂轮（正电极）　4—电刷　5—支架
6—负电极　7—电解液

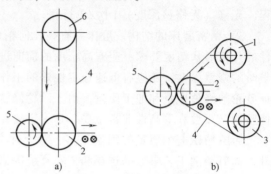

图 7-30　砂带（振动）磨削（研抛）方式
a）闭式砂带　b）开式砂带
1—砂带轮　2—接触轮　3—卷带轮
4—砂带　5—工件　6—张紧轮

① 闭式砂带磨削采用无接头或有接头的环形砂带，通过张紧轮撑紧，由电动机通过接触轮带动砂带高速回转。砂带线速度为 30m/s，工件回转或移动（加工平面），接触轮外圆以一定的工作压力与工件被加工表面接触，砂带头架做纵向及横向进给，从而对工件进行磨削。砂带磨钝后，换上一条新砂带。这种方式效率高，但噪声大，易发热，可用于粗加工和精加工。

② 开式砂带磨削采用成卷砂带，由电动机经减速机构通过卷带轮带动砂带做缓慢移动，砂带绕过接触轮外圆以一定的工作压力与工件被加工表面接触，工件回转或移动（加工平面），砂带头架或工作台做纵向及横向进给，从而对工件进行磨削。由于砂带在磨削过程中的连续缓慢移动，切削区域不断出现新砂粒，旧砂粒不断退出，因而磨削工作状态稳定，磨削质量和效果好，多用于精密和超精密磨削中，但效率不如闭式砂带磨削高。

砂带振动磨削是通过接触轮带动砂带做沿接触轮的轴向振动，可减小表面粗糙度值和提高效率，如图 7-30 所示。

砂带磨削按砂带与工件接触的形式来分，可分为接触轮式、支承板（轮）式、自由浮动接触式和自由接触式等。图 7-30 所示为接触式。按照加工表面的类型来分，可分为外圆、内圆、平面、成形表面等磨削方式。

2）砂带磨削的特点及其应用范围。可归纳为以下几点：

① 砂带本身具有弹性，接触轮外圆有橡胶或塑料等弹性层，因此砂带与工件是柔性接触，磨粒载荷小而均匀，具有抛光作用，同时又能起减振作用，故称为"弹性"磨削。

② 用静电植砂法制作砂带，磨粒有方向性，同时磨粒的切削刃间隔长，摩擦生热少，散热时间长，切削不易堵塞，力、热作用小，有较好的切削性，能有效地减少工件变形和表面烧伤，故又有"冷态"磨削之称。

③ 强力砂带磨削的效率可与铣削、砂轮磨削媲美。砂带又不需修整，磨削比（切除工件的重量与磨料磨损的重量之比）较高，因此又有"高效"磨削之称。

④ 砂带制作比砂轮制作简单，无烧结、修整工艺问题，易于批量生产，价格便宜，使用方便，是一种"廉价"磨削。

⑤ 可生产各种类型的砂带磨床，用于加工外圆、内圆、平面和成形表面。砂带磨削头架可作为部件安装在车床、立式车床上进行磨削加工。砂带磨削可加工各种金属和非金属材料，有很强的适应性，是一种"适应"磨削。

砂带磨削的关键部件是磨削头架，磨削头架的关键零件是接触轮（板）。

（5）精密研磨抛光方法　近年来，在磨削和抛光方法上出现了许多方法，如油石研磨、磁性研磨、电解研磨、化学机械抛光、机械化学抛光、软质磨粒抛光（弹性发射加工）、浮动抛光、液中研抛、喷射加工、砂带研抛、超精研抛等。现仅以磁性研磨和软质磨粒抛光为例进行阐述。

1）磁性研磨。工件放在两磁极之间，工件和极间放入含铁的刚玉等磁性磨料，在直流磁场的作用下，磁性磨料沿磁力线方向整齐排列，如同刷子一般对被加工表面施加压力，并保持加工间隙。研磨压力的大小随磁场中磁通密度及磁性磨料填充量的增大而增大，因此可以调节。研磨时，工件一面旋转，一面沿轴线方向振动，使磁性磨料与被加工表面之间产生相对运动。这种方法可研磨轴类零件的内外圆表面，也可以用来去飞边。对钛合金的研磨效果较好，如图 7-31 所示。

2）软质磨粒抛光。软质磨粒抛光的特点是可以用较软的磨粒，甚至比工件材料还要软的磨粒（如 SiO_2、ZrO_2 等）来抛光。抛光时工件与抛光器不接触，不产生机械损伤，可大大减少一般抛光中所产生的微裂纹、磨粒嵌入、洼坑、麻点、附着物、污染等缺陷，能获得极好的表面质量。

典型的软质磨粒机械抛光是弹性发射加工（Elastic Emission Machining，EEM），它是一种无接触的抛光方法，是利用水流加速微小磨粒，使磨粒与工件被加工表面产生很大的相对运动，并以很大的速率撞击工件表面的原子晶格，使表层不平处的原子晶格受到很大的剪切力，致使这些原子被移去。图 7-32 所示为弹性发射加工原理图，抛光液的入射角（与水平面的夹角）要尽量小，以增加剪切力，抛光器为聚氨酯球，抛光时抛光器与工件不接触。

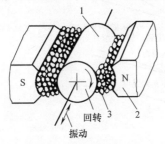

图 7-31　磁性研磨原理
1—工件　2—磁极　3—磁性磨料

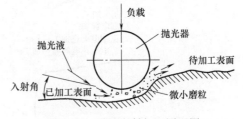

图 7-32　弹性发射加工原理图

（二）微细加工技术

1. 微细加工的概念及其特点

微细加工技术是指制造微小尺寸零件的生产加工技术。从广义的角度来说，微细加工包含了各种传统的精密加工方法（如切削加工、磨料加工等）和特种加工方法（如外延生产、光刻加工、电铸、激光束加工、电子束加工、离子束加工等），它属于精密加工和超精密加工范畴；从狭义的角度来说，微细加工主要指半导体集成电路制造技术，因为微细加工技术的出现和发展与大规模集成电路有密切关系，其主要技术有外延生产、氧化、光刻、选择扩散和真空镀膜等。

微小尺寸加工和一般尺寸加工是不同的，主要表现在精度的表示方法上。一般尺寸加工时，精度是用加工误差与加工尺寸的比值来表示的。在现行的公差标准中，公差单位是计算标准公差的基本单位，它是公称尺寸的函数。公称尺寸越大，公差单位也越大，因此属于同一公差等级的公差，公差单位数相同，但对于不同的公称尺寸，其公差数值就不同。在微细加工时，由于加工尺寸很小，精度用尺寸的绝对值来表示，即用去除的一块材料的大小来表示，从而引入了加工单位尺寸（简称加工单位）的概念。加工单位就是去除的一块材料的大小。

微细加工的特点与精密加工类似，可参考精密加工和超精密加工部分的论述。

目前，通过各种微细加工方法，在集成电路基片上制造出的各种各样的微型机械，发展得十分迅速。

2. 微细加工方法

微细加工方法的分类可参考精密加工的分类方法，分为切削加工、磨料加工、特种加工和复合加工。考虑到微细加工与集成电路的关系密切，从分离（去除）加工、结合加工和变形加工来分类更好。

微细加工技术的各种加工方法可用树状结构表示，如图 7-33 所示。目前微细加工正向着高深宽比三维工艺方向发展。

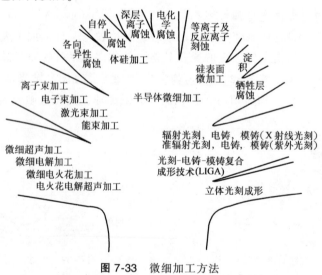

图 7-33　微细加工方法

在微细加工中，光刻加工是其主要的加工方法之一。它又称为光刻蚀加工或刻蚀加工，简称刻蚀。它主要制作由高精度微细线条所构成的高密度微细复杂图形。

光刻加工可分为两个阶段。第一阶段为原版制作，生成工作原版或称工作掩膜，即光刻时的模板；第二阶段为光刻。

光刻过程如图 7-34 所示，分为涂胶、曝光、显影与烘片、刻蚀、剥膜与检查等工作。

（1）涂胶　把光致抗蚀剂涂敷在已镀有氧化膜的半导体基片上。

（2）曝光　由光源发出的光束，经掩膜在光致抗蚀剂涂层上成像，称为投影曝光。或将光束聚焦成细小束斑通过扫描在光致抗蚀剂涂层上绘制图形,称为扫描曝光。两者统称为曝光。常用的光源有电子束、离子束等。

(3)显影与烘片 曝光后的光致抗蚀剂在特定溶剂中把曝光图形显示出来,即为显影。其后进行200~250℃的高温处理,以提高光致抗蚀剂的强度,称为烘片。

(4)刻蚀 利用化学或物理方法,将没有光致抗蚀剂部分的氧化膜除去,称为刻蚀。刻蚀的方法有化学刻蚀、离子刻蚀、电解刻蚀等。

(5)剥膜与检查 用剥膜液去除光致抗蚀剂的处理称为剥膜。剥膜后进行外观、线条、断面形状、物理性能和电学特性等检查。

20世纪80年代中期由德国 W. Ehrfeld 教授等人发明的光刻-电铸-模铸复合成形技术(LIGA)是当前的微细加工发展方向,它是由深度同步辐射 X 射线光刻、电铸成形和模铸成形等技术组合而成的综合性技术,可制作高宽比大的立体微结构,加工精度可达 $0.1\mu m$,可加工的材料有金属、陶瓷和玻璃等。

3. 集成电路芯片的制造

现以一个集成电路芯片的制造工艺为例来说明微细加工的应用。图 7-35 所示为一块集成电路芯片的主要工艺方法。

(1)外延生长 外延生长是在半导体晶片表面沿原来的晶体结构晶轴方向通过气相法(化学气相沉积)生长出一层厚度为 $10\mu m$ 以内的单晶层,以提高晶体管的性能。外延生长层的厚度及其电阻率由所制作的晶体管的性能决定。

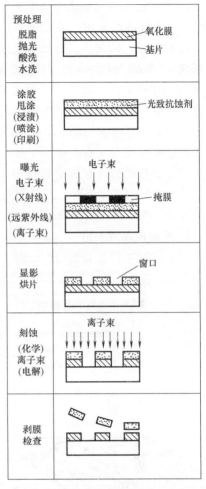

图 7-34 光刻过程

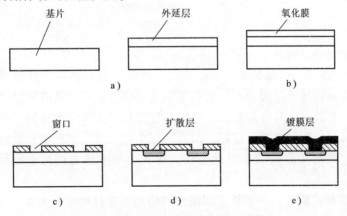

图 7-35 集成电路芯片的主要工艺方法
a)外延生长 b)氧化 c)光刻 d)选择扩散 e)真空镀膜

（2）氧化　氧化是在外延生长层表面通过热氧化法生成氧化膜。该氧化膜与晶片附着紧密，是良好的绝缘体，可做绝缘层防止短路和电容绝缘介质。

（3）光刻　即刻蚀，是在氧化膜上涂覆一层光致抗蚀剂，经图形复印曝光（或图形扫描曝光）、显影、刻蚀等处理后，在基片上形成所需要的精细图形，并在端面上形成窗口。

（4）选择扩散　基片经外延生长、氧化、光刻后，置于惰性气体或真空中加热，并与合适的杂质（如硼、磷等）接触，则窗口处的外延生长表面将受到杂质扩散，形成 $1\sim3\mu m$ 深的扩散层，其性质和深度取决于杂质种类、气体流量、扩散时间和扩散温度等因素。选择扩散后就可形成半导体的基区（P结）或发射区（N结）。

（5）真空蒸镀　在真空容器中，加热导电性能良好的金、银、铂等金属，使之成为蒸气原子而飞溅到芯片表面，沉积形成一层金属膜，即为真空蒸镀。完成集成电路中的布线和引线准备，再经过光刻，即可得到布线和引线。

4. 印制电路板制造

（1）印制电路板的结构与分类　印制电路板是用一块板上的电路来连接芯片、电器元件和其他设备的，由于其上的电路最早是采用筛网印刷技术来实现的，因此通常称为印制电路板。图 7-36a、b、d 所示分别为单面板、双面板和多层板。

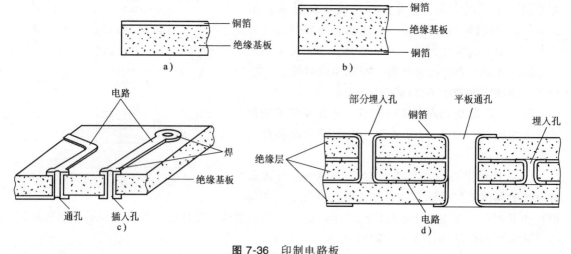

图 7-36　印制电路板

a）单面板　b）双面板　c）双面板电路结构　d）多层板电路结构

单面印制电路板是最简单的一种印制电路板，它是在一块厚 $0.25\sim0.3mm$ 的绝缘基板上粘一层厚度为 $0.02\sim0.04mm$ 的铜箔而构成的。绝缘基板是将环氧树脂注入多层薄玻璃纤维板，然后经热镀或辊压的高温和高压使各层固化并硬化，形成既耐高温又抗弯曲的刚性板材，以保证芯片、电器元件和外部输入、输出装置等接口的位置和连接。双面印制电路板是在基板的上、下两面均粘有铜箔，这样，两面均有电路，可用于比较复杂的电路结构。由于电路越来越复杂，因此又出现了多层电路板。现在多层电路板的层数已可达到 16 层甚至更多。

（2）印制电路板的制造　一块单层印制电路板的制造过程可分为以下几道工序。

1）剪切。通过剪切得到规定尺寸的电路板。

2）钻定位孔。通常在板的一个对角边上钻出两个直径为 3mm 的定位孔，以便以后在不同工序加工时采用一面两销定位，同时加上条形码以便识别。

3）清洗。表面清洗去油污，以减少以后加工出现缺陷。

4）电路制作。早期的电路制作是先画出电路放大图，经照相精缩成要求大小，作为原版，在印制电路板上均匀涂上光敏抗蚀剂，照相复制原版，腐蚀掉不需要的部分，清洗后就得到所需的电路。现在多采用光刻技术来制作电路，这在微型化和质量上均有很大提高。

5）钻孔或冲孔。用数控高速钻床或压力机加工出通道孔、插件孔和附加孔等。

6）电镀。由于在绝缘基板上加工出的孔是不导电的，因此对于双层板要用非电解电镀（在含有铜离子的水溶液中进行化学镀）的方法将铜积淀在通孔内的绝缘层表面上。

7）镀保护层。如镀金等。

8）测试。

多层电路板的制造是在单层电路板的基础上进行的。即首先要制作单层电路板，然后将它们粘合在一起而制成。图 7-36d 所示为三层电路板，其中有平板通孔、埋入孔和部分埋入孔等。多层电路板制造的关键技术有：各层板间的精密定位、各层板间的通孔连接等。

（三）纳米技术

纳米技术是当前先进制造技术发展的热点和重点，它通常是指纳米级 0.1～100nm 的材料、产品设计、加工、检测、控制等一系列技术。它是科技发展的一个新兴领域，它不是简单的"精度提高"和"尺寸缩小"，而是从物理的宏观领域进入到微观领域，一些宏观的几何学、力学、热力学、电磁学等都不能正常地描述纳米级的工程现象与规律。

纳米技术主要包括纳米材料、纳米级精度制造技术、纳米级精度和表面质量检测、纳米级微传感器和控制技术、微型机电系统和纳米生物学等。

微型机电系统（Micro Electro Mechanical Systems，MEMS）是指集微型机构、微型传感器、微型执行器、信号处理、控制电路、接口、通信、电源等于一体的微型机电器件或综合体，它是美国的惯用词，日本仍习惯地称为微型机械（Micromachine），欧洲称为微型系统（Microsystem），现在大多称为微型机电系统。微型机电系统可由输入、传感器、信号处理、执行器等独立的功能单位组成，其输入是力、光、声、温度、化学等物化信号，通过传感器转换为电信号，经过模拟或数字信号处理后，由执行器与外界作用。各个微型机电系统可以采用光、磁等物理量的数字或模拟信号，通过接口与其他微型机电系统进行通信，如图 7-37 所示。微型机械可以认为是一个产品，其特征尺寸范围应为 1μm～1mm。考虑到当前的技术水平，尺寸在 1～10mm 的小型机械和将

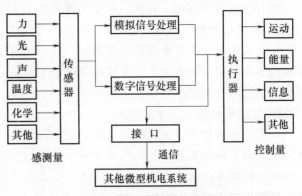

图 7-37　微型机电系统的结构

来利用生物工程和分子组装可实现的 1nm～1μm 的纳米机械或分子机械，均可属于微型机械范畴。

微型机电系统在生物医学、航空航天、国防、工业、农业、交通、信息等多个部门均有广泛的应用前景，已有微型传感器、微型齿轮泵、微型电动机、电极探针、微型喷嘴等多种

微型机械问世，今后将在精细外科手术、微卫星的微惯导装置、狭窄空间及特殊工况下的维修机器人、微型仪表、农业基因工程等各个方面显现出巨大潜力。

目前，微型机电系统的发展前沿主要有：微型机械学研究、微型结构加工技术（高深宽比多层微结构的表面加工和体加工技术）、微装配、微键合、微封装技术、微测试技术、典型微器件、微机械的设计技术等。

六、复合加工技术

（一）复合加工技术含义的扩展

1. 传统复合加工技术

传统复合加工是指两种或更多加工方法或作用组合在一起的加工方法，可以发挥各自加工的优势，使加工效果能够叠加，达到高质高效加工的目的。在加工方法或作用的复合上，可以是传统加工方法的复合，也可以是传统加工方法和特种加工方法的复合，应用力、热、光、电、磁、流体、声波等多种能量综合加工。

2. 广义复合加工技术

由于多位机床、多轴机床、多功能加工中心、多面体加工中心和复合刀具的发展，工序集中也是一种复合加工，如车铣复合加工中心、铣镗复合加工中心、铣镗磨复合加工中心等；工件一次定位，在一次行程中加工多个工序的复合工序加工，如利用复合刀具进行加工等；多面体加工；多工位顺序加工或同时加工以及多件加工等。这些复合加工技术与传统复合加工技术集合在一起，就形成了广义复合加工技术。

20世纪80年代，复合加工技术逐渐向工序集中型复合加工发展，追求在一台加工中心上能够进行车削、铣削、镗削等多功能加工，并力求在工件一次装夹下加工尽量多的加工表面，甚至在多面体加工夹具结构的支持下，能够加工全部加工表面，从而可以避免工件多次装夹所造成的误差，提高加工精度、表面质量和生产率，所以称为完整加工和完全加工。

（二）复合加工的类型

复合加工技术按加工表面、单个工件和多个工件来分，可以分为以下三大类。

1. 作用叠加型

两种或多种加工方法或作用叠加在一起，同时作用在同一加工表面上，强调了一个加工表面的多作用组合同时加工，主要解决难加工材料的加工难题。例如，车铣加工可认为是车削和铣削同时共同形成被加工表面的。

2. 功能集合型（工序集中型）

两种或多种加工方法或作用集合在一台机床上，同时或有时序地作用在一个工件的同一加工表面或不同加工表面上，强调了一个工件的多功能集中加工，主要解决复杂结构件的加工难题，特别是保证工件的尺寸、几何精度和生产率。例如，车铣复合加工中心既可车又可铣，多面体加工中心的五面体加工或六面体加工，组合机床的加工，复合工序和复合工步中，如加工埋头螺钉孔时，螺钉孔与沉头孔的复合加工，以及转塔车床的顺序加工等。

值得提出的是，车铣复合加工中心可以分为三种类型：第一类可称为车铣复合加工中心，它以车削加工为基础，集合了铣削加工功能；第二类可称为铣车复合加工中心，它以铣削加工为基础，集合了车削加工功能；第三类称为车铣加工中心，是单指车削和铣削复合加工的。三类加工中心的性能特点、结构各有不同，名称上也应有所区别，前两类可称为车铣复合加工，后一类可称为车铣加工。当然也可以有混合型的，如既是车铣复合，又是车铣加工。

目前，以铣削为主体的复合加工发展很快，如车铣加工、镗铣加工、插铣加工等，值得注意。

3. 多件并行型

多个相同工件在各自工位上，在相同或不同的加工表面上，同时进行相同或不相同的加工或作用，强调了多个工件的同时加工，主要解决简单结构件的多件多表面的同时加工问题，以提高生产率。例如，立式或卧式多轴自动机床的多个相同工件在不同工位上的不同加工、多轴珩磨机床的多个相同工件相同加工等。

（三）复合加工技术的应用

复合加工技术在汽车、拖拉机和航空工业中已有广泛的需求和应用，如曲轴和凸轮轴等是发动机的典型重要零件，现在可在车铣复合加工中心上经一次装夹即完成大部分加工，从而大大地提高了加工质量和生产率。

沈阳机床［集团］生产的五轴车铣复合加工中心，以车削功能为主，集成了铣削和镗削等功能，至少具有三个直线进给轴和两个圆周进给轴，配有自动换刀系统。这种车铣复合加工中心是在三轴车削中心基础上发展起来的，相当于一台车削中心和一台铣镗加工中心的复合，工件可以在一次装夹下，完成全部车、铣、钻、镗、攻螺纹等加工。图 7-38 所示为其加工的典型零件。复合加工技术在汽车、拖拉机工业中也有

图 7-38　五轴车铣复合加工中心加工的典型零件

广泛的需求和应用。曲轴和凸轮轴等是发动机的典型重要零件，以前虽有自动机床进行车削和磨削，但也是单功能加工，现在可在车铣复合加工中心上经一次装夹完成大部分加工，大大地提高了加工质量和生产率。

第四节　制造单元和制造系统

一、制造单元和制造系统的自动化

（一）制造单元和制造系统自动化的目的和举措

1. 制造单元和制造系统自动化的目的

1）加大质量成本的投入，提高或保证产品的质量。

2）提高对市场变化的响应速度和竞争能力，缩短产品上市时间。

3）减少人的劳动强度和劳动量，改善劳动条件，减少人为因素对生产的影响。

4）提高劳动生产率。

5）减少生产面积、人员，节省能源消耗，降低生产成本。

2. 制造单元和制造系统自动化的举措

制造单元和制造系统的自动化大多体现在与计算机技术和信息技术的结合上，形成了计算机控制的制造系统，即计算机辅助制造系统。但系统规模、功能和结构要视具体需求而定，可以是一个联盟、一个工厂、一个车间、一个工段、一条生产线，甚至是一台设备（机床等）。制造系统自动化可分为单一品种大批量生产自动化和多品种单件小批生产自动化，由于两类生产的特点不同，所采用的自动化手段也各异。

（1）单一品种大批量生产自动化 单一产品大批量生产时，可采用自动机床、专用机床、专用流水线、自动生产线等措施来实现。早在20世纪30年代开始便在汽车制造业中逐渐发展，成为当时先进生产方式的主流，但其缺点是一旦产品变化，则不能适应，一些专用设备只能报废。而产品总是要不断更新换代的，生产者总希望能使生产设备有一定的柔性，能适应生产品种变化时的自动化要求。

通常单一品种大批量生产自动化所采取的措施有：①通用机床的自动化改造。②采用半自动机床和自动机床。③采用组合机床。④采用数控机床或加工中心。⑤构建自动生产线。⑥构建柔性生产线等。

（2）多品种单件小批生产自动化 在机械制造业中，大部分企业都是多品种单件小批生产，多年来，实现多品种单件小批生产的自动化是一个难题。

由于计算机技术、数控技术、工业机器人和信息技术的发展，使得多品种单件小批生产自动化的举措十分丰富，主要有：

1）成组技术。可根据零件的相似性进行分类成组，编制成组工艺，设计成组夹具和成组生产线。

2）数控技术和数控机床。现代数控机床已向多坐标、多工种、多面体加工和可重组（更换主轴箱等部件）等方向发展，如车铣加工中心、铣镗磨加工中心、五面体加工中心和五坐标（多坐标）加工中心等，数控系统也向开放式、分布式、适应控制、多级递阶控制、网络化和集成化等方向发展，因此数控加工不仅可用于单件小批生产自动化，同时也可用于单一产品大批量生产的自动化。

3）制造单元。将设备按不同功能布局，形成各种自动化的制造单元，如装配、加工、传输、检测、储存、控制等，各种零件按其工艺过程在相应制造单元上加工生产。

4）柔性制造系统。它是针对刚性自动生产线而提出的，全线由数控机床和加工中心组成，无固定的加工顺序和节拍，能同时自动加工不同工件，具有高度的柔性，它体现了生产线（工段）的柔性自动化。

5）计算机集成制造系统。它由网络、数据库、计算机辅助设计、计算机辅助制造和管理信息系统组成，强调了功能集成、信息集成，是产品设计和加工的全盘自动化系统。

（二）计算机辅助制造系统的概念

计算机辅助制造系统是一个计算机分级结构控制和管理制造过程中多方面工作的系统，是制造系统自动化的具体体现，是制造技术与信息技术相结合的产物。

图7-39所示为一个典型的计算机辅助制造系统的分级结构，具有工程分析与设计、生产管理与控制、财会与供销三大功能。该子系统功能全面、广泛，涉及面大。但不是所有的计算机辅助制造系统都要如此复杂。

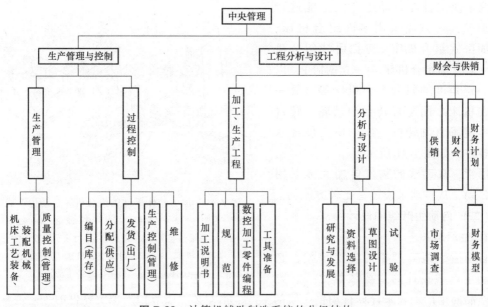

图 7-39　计算机辅助制造系统的分级结构

（三）制造单元和生产单元

现代制造业多采用制造单元（Manufacturing Cell，MC）的结构形式。各制造单元在结构和功能上有并行性、独立性和灵活性，通过信息流来协调各制造单元间协调工作的整体效益，从而改变了制造企业传统生产的线性结构。制造单元是制造系统的基础，制造系统是制造单元的集成，强调各单元独立运行、并行决策、综合功能、分布控制、快速响应和适应调整等。制造单元的这种结构使生产具有柔性，易于解决多品种单件小批生产的自动化。

现代制造业的发展，对机械产品的生产提出了生产系统的概念，强调生产是一个系统工程，认为企业的功能应依次为销售—设计—工艺设计—加工—装配，把销售放在第一位，这对企业的经营是一个很大的变化，强调了商品经济意识。从功能结构上看，加工系统是生产系统的一部分，可以认为加工系统是一个生产单元，今后的生产单元是一个闭环自律式系统。

二、自动生产线

（一）自动生产线的组成

自动生产线简称自动线，它由若干台组合机床、工件传输系统和控制系统等组成，如图 7-40 所示。它具有严格的加工顺序和生产节拍，是一种专用的零件自动生产线，即刚性自动生产线。

图 7-40　自动生产线的组成

为了使工件在自动生产线上能进行多面加工，一方面采用多面组合机床，如双面卧式组合机床、三面卧式组合机床、立卧三面组合机床（一立两卧），以及带一定角度的斜台组合机床等，另一方面在机床之间配置转台和鼓轮，转台使工件绕垂直轴转位，鼓轮使工件绕水平轴转位，如图7-41所示。

通常，自动线的物流传输大多采用液压传动，从传动来说还是比较方便的。

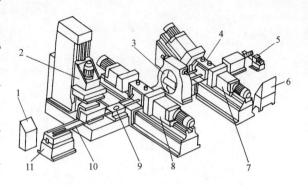

图7-41　加工箱体零件的组合机床自动生产线

1—控制台　2—立式组合机床　3—鼓轮　4—夹具

5—切屑输送装置　6—液压泵站　7—平斜双面卧

式组合机床　8—双面卧式组合机床　9—转台

10—工件传送带　11—传送带传动装置

（二）自动生产线的设计要点

1. 生产节拍

自动生产线有严格的生产节拍，它是自动生产线设计的主要依据之一。要根据产品的生产纲领来计算自动生产线的生产节拍，必须按节拍来拟定零件的工艺过程，安排工序、工位、工步和走刀。在加工过程中，某一工序时间超过节拍就意味着整个自动生产线的不平衡，会严重影响生产效率，而某一工序时间过短也意味着整个自动生产线的不平衡，需加以改进。

2. 全线分段

自动生产线在工作时，如果某一环节出现故障就会影响全线的正常工作，自动线会被迫停工。因此对于一些容易出现故障的关键设备，可在其旁设置储料装置，存储一定数量的合格工序间工件，以便当该设备出现问题时能维持一定时间的正常生产运行，并在这段时间内进行故障排除。对于比较长的自动线（通常其组成设备可达到100台左右），在设计时，按工艺可将其分成若干段，每段设备数不等（大约6~10台），每段之间配置储料装置，以便于分段生产，这样可以避免因故障造成全线停工而带来的重大损失。

3. 定位和安装

在自动生产线上加工时，多采用单一基准原则，工件在机床夹具上直接定位夹紧。若工件不能用单一基准，则可将工件安装在随行夹具（又称为托盘或托板）上，工件连同随行夹具一起在自动线上传输，由随行夹具在机床上进行单一基准的定位夹紧，这样使得全线的传输装置结构简单。但要制造若干套随行夹具。

4. 结构布局形式

自动生产线的结构布局形式应考虑零件工艺过程、机床数量、厂房面积大小和形状等因素，有直线形、折线形、框形和环形等。机床可排列在线的一边，即单面排列，也可排列在线的两边，即双面排列。

（三）自动生产线的应用

早在20世纪30年代的汽车工业，由于是大量生产，在生产中大量使用了零件生产流水线的形式，逐渐形成了自动生产线，以后在拖拉机、轴承等制造业中也得到广泛应用。图7-41所示就是一个加工箱体零件的典型组合机床自动生产线。

我国在1957年建成的第一汽车制造厂的发动机车间，有了第一条气缸加工自动生产线。

到了 20 世纪 60 年代中期，我国自行建设的第二汽车制造厂中就有了一百多条自动生产线，可见其发展速度十分惊人。由于自动生产线仅适用于大批量生产，从而限制了其应用范围，制造工作者一直在寻求新的柔性生产线方式，出现了柔性制造系统。但直至现在，在大批量生产中自动生产线仍是主要的、有效的生产形式之一。

三、柔性制造系统

（一）柔性制造系统的概念、特点和适应范围

柔性制造系统（Flexible Manufacturing System，FMS）由多台加工中心或数控机床，自动上、下料装置，储料和输送系统等组成，没有固定的加工顺序和节拍，受计算机及其软件系统的集中控制，能在不停机的情况下进行调整、更换工件和工夹具，实现加工自动化。它在时间和空间（多维性）上都有高度的柔性，是一种由计算机直接控制的自动化可变加工系统。

与传统的刚性自动生产线相比，它具有以下突出的特点：

1）具有高度的柔性，能实现有多种不同工艺要求的不同"类"的零件加工，进行自动更换工件、夹具、刀具和自动装夹，有很强的系统软件功能。为了简化系统结构，提高加工效率，降低成本，最好还是构成进行同"类"零件加工的系统。

2）具有高度的自动化程度、稳定性和可靠性，能实现长时间的无人自动连续工作（如连续 24h 工作）。

3）提高设备利用率，减少调整、准备和终结等辅助时间。

4）具有很高的生产率。

5）降低直接劳动费用，增加经济收益。

柔性制造系统的适应范围很广，如图 7-42 所示。如果零件的生产批量很大而品种较少，则可用专用机床或自动生产线生产；如果零件生产批量很小而品种较多，则可用数控机床或通用机床生产；介于两者中间这一段，均适于用柔性制造系统来加工。

柔性制造系统包括的范围很广，它将高柔性、高质量和高效率结合和统一起来，具有很强的生命力，是当前最有生产实效的生产手段之一。它解决了单件小批生产的自动化，并逐渐向中大批多品种生产的自动化发展。

（二）柔性制造系统的类型

柔性制造系统是一个统称，其类型很多，可分为柔性制造单元、柔性制造系统、柔性传输线、可变生产线和可重组生产线等，现分述如下。

1. 柔性制造单元

柔性制造单元（Flexible Manufacturing Cell，FMC）是一个可变加工单元，由单台计算机控制的加工中心或数控机床、环形（圆形、角形或长圆形等）托盘输送装置或机器人组成。它采用实时监控系统实现自动加工，能

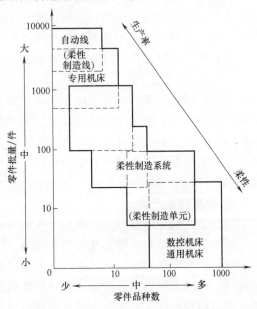

图 7-42 柔性制造系统的适应范围

在不停机的情况下更换工件,进行连续生产（图7-43）。它是组成柔性制造系统的基本单元。

2. 柔性制造线

柔性制造线（Flexible Manufacturing Line，FML）由两台或两台以上的加工中心、数控机床或柔性制造单元组成，配置有自动输送装置（有轨、无轨输送车或机器人），工件自动上、下料装置（托盘交换或机器人）和自动化仓库等，并具有计

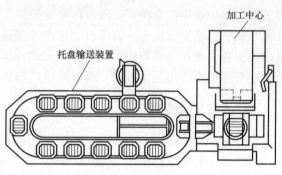

图 7-43 柔性制造单元

算机递阶控制功能、数据管理功能、生产计划和调度管理功能，以及实时监控功能等。图7-44所示为典型的柔性制造系统，通常所说的柔性制造系统就是指的这种类型。

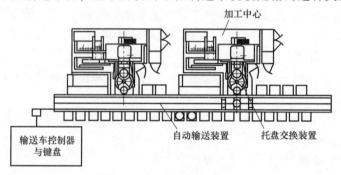

图 7-44 柔性制造系统

3. 柔性传输线

柔性传输线（Flexible Transmission Line，FTL）是由若干台加工中心组成的。但物料系统不采用自动化程度很高的自动输送车、工业机器人和自动化仓库等，而是采用自动生产线所用的上、下料装置，如各种送料槽等。它不追求高度的柔性和自动化程度，而取其经济实用。这种柔性制造系统又称为准柔性制造系统或柔性生产线。

4. 可变生产线

它是一种有限柔性制造系统。它由若干台带有可更换部件的加工中心或数控机床组成，可用于成批生产。当加工工件变化时，可更换机床的某些部件，如主轴箱等，以形成另一种零件的生产线，进行零件的自动加工。目前对于一些品种有限的批量生产产品多采用这种形式。它的好处是既有较高的自动化程度，又能适应品种需求，比较经济实用。例如，摩托车发动机、拖拉机等的箱体零件生产中已广泛采用，且效益显著。

5. 可重组生产线

这种生产线中的设备可按所加工范围内零件的工艺过程来安排，机床布局确定后不再变动。加工不同零件时，根据该零件的加工工艺过程，由计算机调度在所要加工的机床上加工，因此这些零件就不一定是在生产线布局排列的机床上顺序加工，而是跳跃式地和选择性地穿梭在机群之间，具有柔性。这种柔性制造系统根据零件的品种、数量和加工工艺，决定机床的品种和数量，而且机床的负荷率要进行平衡，计算机的调度功能应比较强，这是一种柔性物料输送的制造系统。

（三）柔性制造系统的组成和结构

柔性制造系统由物质系统、能量系统和信息系统三部分组成，各个系统又由许多子系统构成，如图 7-45 所示。各个系统间的关系如图 7-46 所示。

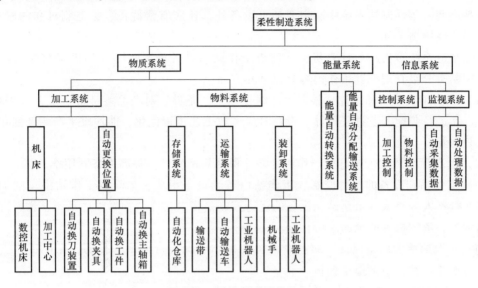

图 7-45 柔性制造系统的组成

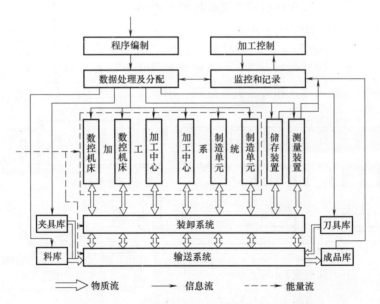

图 7-46 柔性制造系统中各个系统间的关系

柔性制造系统的主要加工设备是加工中心和数控机床，目前以铣镗加工中心（立式和卧式）和车削加工中心占多数，一般由 3～6 台组成。柔性制造系统常用的输送装置有输送带、有（无）轨输送车、行走式工业机器人等，也可用一些专用输送装置。在一个柔性制造系统中可以同时采用多种输送装置形成复合输送网。输送方式可以是线形、环形和网形的。柔性制造系统的储存装置可采用立体仓库和堆垛机，也可采用平面仓库和托盘站。托盘是一种随行夹具，其上装有工件夹具（组合夹具或通用、专用夹具），工件装夹在工件夹具上，托盘、工件夹具和工件形成一体，由输送装置输送，托盘装夹在机床的工作台上。托盘站还可以起暂时的存储作用；若配置在机床附近，可起缓冲作用。仓库可分为毛坯库、零件库、刀具库和夹具库等。其中刀具库有集中管理的中央刀具库和分散在各机床旁边的专用刀具库两种类型。柔性制造系统中除主要加工设备外，还应有清洗机、去毛刺机和测量机等，它们都是柔性制造单元。

柔性制造系统多由小型计算机、计算机工作站、设备控制装置（如机床数控系统）形成递阶控制、分级管理，其工作内容有以下几方面。

（1）生产工程分析和设计　根据生产纲领和生产条件，对产品零件进行工艺过程设计，对整个产品进行装配工艺过程设计。设计时应考虑工艺过程优化，能适应生产调度变化的动态工艺等问题。

（2）生产计划调度　制订生产作业计划，保证均衡生产，提高设备利用率。

（3）工作站和设备的运行控制　工作站由若干设备组成，如车削工作站由车削加工中心和工业机器人等组成。工作站和设备的运行控制是指对机床、物料输送系统、物料存储系统、测量机、清洗机等的全面递阶控制。

（4）工况监测和质量保证　对整个系统的工作状况进行监测和控制，保证工作安全可靠，运行连续正常，质量稳定合格。

（5）物资供应与财会管理　使柔性制造系统产生实际运行的技术经济效果。因为柔性制造系统的投资比较大，实际运行效果是必须要考虑的。

（四）柔性制造系统的实例分析

图 7-47 所示为一个比较完善的柔性制造系统平面布置图，整个系统由三台组合铣床、两台双面镗床、一台双面多轴钻床、一台单面多轴钻床、一台车削加工中心、一台装配机、一台测量机、一台装配机器人和清洗机等组成，用于加工箱体零件并进行装配。物料输送系

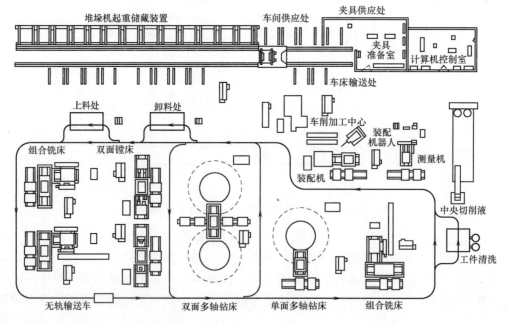

图 7-47　典型柔性制造系统实例

统由主通道和区间通道组成，通过沟槽内隐藏着的拖曳传动链带动无轨输送车运动。若循环时间较短，区间通道还可作为临时寄存库。整个系统由计算机控制，有些工作由手工完成，如工件在随行夹具上的安装、组合夹具的拼装等。

第五节　先进制造模式

自20世纪60年代以来，制造技术飞速发展，涌现出各种各样的生产模式及其制造系统，如柔性制造、集成制造、并行工程、协同制造、精益生产、敏捷制造、虚拟制造、智能制造、大规模定制制造、企业集群制造、网络化制造、全球制造，以及绿色制造等，非常丰富。它们强调的重点和特色不同，但有很多在思路上是相通的，现择其主要的内容进行论述。

一、计算机集成制造系统

（一）计算机集成制造系统的概念

计算机集成制造系统（Computer Integrated Manufacturing System，CIMS）又称为计算机综合制造系统，它是在制造技术、信息技术和自动化技术的基础上，通过计算机硬、软件系统，将制造工厂全部生产活动所需的分散自动化系统有机联系起来，进行产品设计、加工和管理的全盘自动化。

计算机集成制造系统是在网络、数据库的支持下，由以计算机辅助设计（Computer Aided Design，CAD）为核心的产品设计和工程分析系统、以计算机辅助制造（Computer Aided Manufacturing，CAM）为中心的加工、装配、检测、储运、监控自动化工艺系统和以计算机辅助生产经营管理为主的管理信息系统（Management Information System，MIS）所组成的综合体。

（二）计算机集成制造系统的结构体系

计算机集成制造系统的结构体系可以从功能、层次和学科等不同角度来论述。

1. 层次结构

企业采用层次结构可便于组织管理，但各层的职能及其信息特点有所不同。计算机集成制造系统可以由公司、工厂、车间、单元、工作站和设备六层组成，也可以由公司以下的五层或工厂以下的四层组成。设备是最下层，如一台机床、一台输送装置等；工作站是由两台或两台以上设备组成的；两个或两个以上工作站组成一个单元，单元相当于生产线，即柔性制造系统（"单元"名称是由英文"Cell"翻译过来的）；两个或两个以上单元组成一个车间，如此类推就组成了工厂、公司。总的职能有计划、管理、协调、控制和执行等，各层有所不同。"层"又可称为"级"。

计算机集成制造系统的各层之间进行递阶控制，公司层控制工厂层，工厂层控制车间层，车间层控制单元层，单元层控制工作站层，工作站层控制设备层。递阶控制是通过各级计算机进行的。上层的计算机容量大于下层的计算机容量。

2. 功能结构

计算机集成制造系统包含了一个制造工厂的设计、制造和经营管理三大基本功能，在分布式数据库和计算机网络等支撑环境下将三者集成起来。图7-48所示为计算机集成制造系统的功能结构，通常可归纳为五大功能。

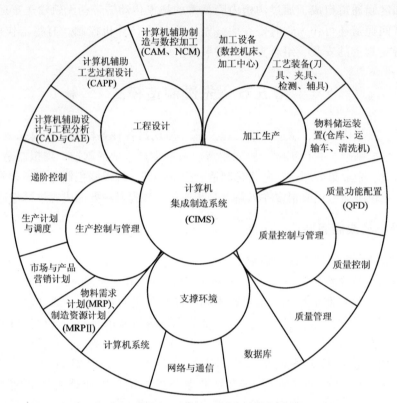

图 7-48　计算机集成制造系统的功能结构

（1）工程设计功能　工程设计功能包括计算机辅助设计、计算机辅助工艺过程设计、计算机辅助制造、计算机辅助装备（机床、刀具、夹具、检具等）设计和工程分析（有限元分析和优化等）。

（2）加工生产功能　计算机集成制造系统实际上是一个柔性制造系统，由若干加工工作站、装配工作站、夹具工作站、刀具工作站、输送工作站、存储工作站、检测工作站和清洗工作站等完成产品的加工制造。同时应有工况监测和质量保证系统，以便稳定、可靠地完成加工制造任务。加工的任务一般比较复杂，涉及面广，物料流与信息流交汇，要将加工信息传输到各有关部门，以便及时处理，解决加工制造中发生的问题。

（3）生产控制与管理功能　其任务主要有市场需求分析与预测、制订发展战略计划、产品经营销售计划、生产计划（年、季、月、周、日、班）、物料需求计划（Manufacturing Resource Planning，MRP）和制造资源计划（Manufacturing Resource Planning Ⅱ，MRPⅡ）等，进行具体的生产调度、人员安排、物资供应管理和产品营销等管理工作。

制造资源计划是将物料需求计划，生产能力（资源）平衡和仓库、财务等管理工作结合起来而形成的，是更实际、更深层次的物料需求计划。

（4）质量控制与管理功能　它是用质量功能配置（Quality Function Deployment，QFD）方法规划产品开发过程中各阶段的质量控制指标和参数，以保证产品的用户需求。当前已发展为包括全面质量管理和产品全生命周期的质量管理。全面质量管理是指"一个组织以质量为中心，以全员参加为基础，目的在于通过让顾客满意和本组织所有成员及社会受益而达到长期成功的管理途径"。它是质量管理更高层次、更高境界的管理。

（5）支撑环境功能 它主要是指计算机系统、网络与通信、数据库，以及一些工程软件系统和开发平台等。

3. 学科结构

从学科看，计算机集成制造系统是制造技术与系统科学、计算机科学技术、信息技术等交叉融合的集成。

此外，计算机集成制造系统的集成结构还有多方面的含义，如信息集成、物流集成、人机集成等。

（1）信息集成 它是指在工程信息、管理信息、质量管理等方面的集成，并通过信息集成做到从设计到加工的无图样自动化生产。

（2）物流集成 它是指在从毛坯到成品的制造过程中，各个组成环节的集成，如储存、运输、加工、监测、清洗、检测、装配以及刀、夹、量具工艺装备等的集成，通常又称为底层集成。

（3）人机集成 它强调了"人的集成"的重要性以及人、技术和管理的集成，提出了"人的集成制造（Human Integrated Manufacturing，HIM）"和"人机集成制造（Human and Computer Integrated Manufacturing——HCIM）"等概念，代表了今后集成制造的发展方向。

（三）计算机辅助设计、计算机辅助工艺过程设计和计算机辅助制造之间的集成

计算机辅助设计（CAD）、计算机辅助工艺过程设计（CAPP）和计算机辅助制造（CAM）称为3C工程，它们之间的集成是计算机集成制造系统的信息集成主体和关键技术。

在计算机集成制造系统中，计算机辅助设计是计算机辅助工艺过程设计的输入，它的输出主要有零件的工艺过程和工序内容。因此计算机辅助工艺过程设计的工作属于设计范畴。而在集成制造系统中的计算机辅助制造，从狭义来说，主要指数控加工，它的输入是零件的工艺过程和工序内容，输出是刀位文件和数控加工程序。

工艺过程设计是设计与制造之间的桥梁，设计信息只能通过工艺过程设计才能形成制造信息。因此，在集成制造系统中，自动化的工艺过程设计是一个关键，占有很重要的地位。

图7-49所示为采用集成的计算机辅助制造定义方法绘制的 CAD、CAPP 和 CAM 之间的

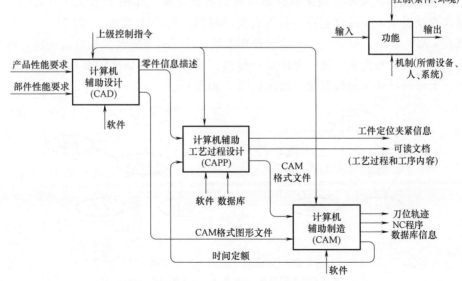

图 7-49 CAD、CAPP 和 CAM 之间的集成

集成关系。

1. CAD、CAPP 与 CAM 之间的集成过程

（1）CAD 和 CAPP 之间的集成　在进行 CAD 时，其输出主要是零件的几何信息，缺少工艺信息，这是由于设计与工艺的分离，设计人员不熟悉工艺而造成的，从而使得在进行 CAPP 时，由于缺少工艺信息而不能进行；另一方面，由于 CAD 和 CAPP 分别由各自的人员开发，使得 CAD 的输出信息，其数据内涵和格式不能被 CAPP 所接收。以上两点造成了 CAD 和 CAPP 之间集成的困难，至今未能很好地解决，成为关键技术问题。

（2）CAPP 和 CAM 之间的集成　由于 CAPP 和 CAM 都是制造工艺方面的问题，信息上易于集成；同时两者大多由工艺技术人员开发，数据内涵和格式易于统一，因此两者之间的集成易于解决。

2. CAD、CAPP、CAM 三者之间的信息集成途径

（1）采用统一数据交换标准进行相互间的直接交换　初始图形交换规范（Initial Graphics Exchange Specification，IGES）是美国制定的中性格式数据交换标准，可以用它来进行信息集成，但由于它主要是传输几何图形及其尺寸标注，即几何信息，缺少工艺信息，因此不能满足信息集成的要求。解决的办法是，在 CAD 中自行开发符合 IGES 的工艺信息，并提供给 CAPP 进行集成。这是一种可行的方法，早期的信息集成有所采用。

产品模型数据交换标准（Standard for the Exchange of Product Model Data，STEP）是近年来由国际标准化组织（ISO）制定的一个比较理想的国际标准，现正在进一步开发中。它采用应用层（信息结构）、逻辑层（数据结构）、物理层（数据格式）三级模式，定义了 EX-PRESS 语言作为描述产品数据的工具；它包含了几何信息、工艺信息、检测和商务信息等，在当前的集成制造系统中已广泛采用。它不仅使所有的集成环节均有统一的数据标准，而且在进行 CAD 时，可输出几何信息和工艺信息，解决了 CAD 与 CAPP 之间的信息集成问题。因此采用统一的产品模型数据交换标准是解决信息集成的根本出路。

（2）采用数据格式变换模块来进行相互间的数据交换　在两个集成环节之间，开发一个数据格式变换模块，并通过它进行数据交换。例如，在 CAD 之后，要开发一个后置处理模块，或在 CAPP 之前，要开发一个前置处理模块，进行相互间的数据格式变换。其关键问题是变换。不得丢失和失真。这一办法是可行的，而且至今还是比较有效的，但比较麻烦，不尽理想。上述两种办法的数据交换情况如图 7-50 所示。

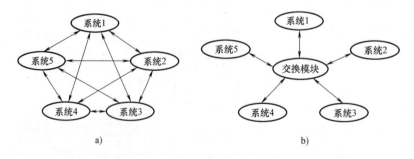

图 7-50　集成环节之间的数据交换

a）点对点的数据交换　b）基于中性数据的数据交换

3. 计算机集成制造环境下的 CAPP

计算机集成制造环境下的 CAPP 如图 7-51 所示，其输入方式有两种：一种是由 CAD 直接输入零件的几何信息和工艺信息，进行工艺过程设计工作；另一种是根据零件图样，用本系统中的零件信息描述方法，通过人机交互输入零件信息，这主要是在无 CAD 集成系统的情况下采用。

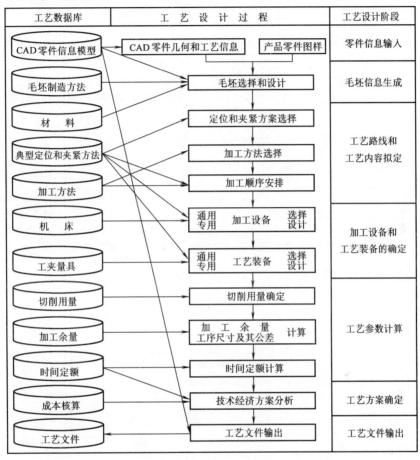

图 7-51 计算机集成制造环境下的 CAPP

图 7-52 所示为用该集成的计算机辅助制造定义方法绘制的 CAPP 的功能模块图。该系统共有六个功能模块。

4. 计算机集成制造环境下的 CAM

图 7-53 所示为用集成的计算机辅助制造定义方法绘制的计算机辅助制造系统功能模块图。实际上它是计算机数控加工的主要工作内容，共有五个功能模块。其中工艺分析和加工参数设置模块是对工艺过程中各工序设定切削用量、刀具补偿和刀具起点等。几何分析模块是分析零件的图形文件，得到图形的一些特征参数，并将这些参数传递给需要它的加工子程序，用以协助加工的自动完成。刀位轨迹生成模块是设计刀具运动轨迹，产生历史文件［用数控语言，如自动编程语言（APT 语言）描述的文件］和刀位文件（用二进制或 ASCⅡ格式描述的文件）。加工仿真模块是检验刀位轨迹，避免刀具与工件被加工轮廓干涉，优化刀具行程路径等；最后加工仿真模块是检查数控程序编制的加工正确性和刀具与机床、夹具、工件之间的运动干涉碰撞。后置处理模块是产生所用具体数控机床的数控程序。

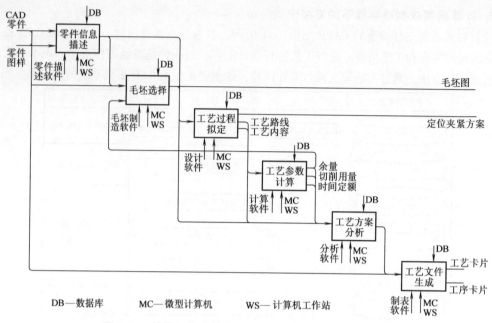

图 7-52　计算机集成制造环境下的 CAPP 的功能模块图

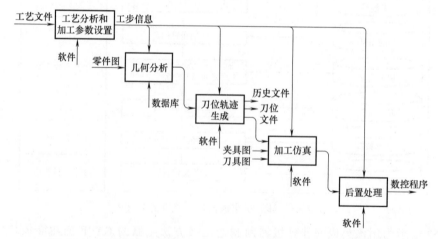

图 7-53　计算机集成制造环境下的计算机辅助制造系统功能模块图

（四）计算机集成制造的发展和应用

1. 计算机集成制造的发展

20 世纪 70 年代初期，美国 Joseph Harrington 博士首先提出了计算机集成制造的概念，其核心思想就是强调在制造业中充分利用计算机的网络、通信技术和数据处理技术，实现产品信息的集成。他提出的概念基于两个观点：①企业的各个环节是不可分割的，需要统一考虑。②整个生产过程的实质是对信息的采集、传递和加工处理过程。此后，计算机集成制造在世界各国发展起来。美国商业部原国家标准局（National Bureau of Standards，NBS），现为国家标准和技术研究所（National Institute of Standard & Technology，NIST）的自动化制造研究实验室基地（Automated Manufacturing Research Facility，AMRF）于 1981 年提出研究计算机集成制造的计划并开始实施，随后于 1986 年底完成全部工作。由此 AMRF 成为美国计算机集成制造技术的实验研究中心。欧洲共同体把工业自动化领域的计算机集成制造作为信息技术战略的一部分，制定了欧洲信息技术研究发展战略计划（Europe Strategic Programmed-for Research and Development in Information Technology，ESPRIT），以及有欧洲 19 个国家参加的高技术合作发展计划（European Research Combination Agency，EURECA），即尤里卡计划。ESPRIT 计划包括微电子技术、软件技术、先进信息处理技术、办公室自动化、计算机集成化生产五个部分。

我国从 1986 年开始酝酿、筹备进行计算机集成制造的研究工作，将它列入高技术研究发展计划（863 计划）的自动化领域中，成立了计算机集成制造系统（CIMS）主题专家组，提出了建立计算机集成制造系统实验研究中心（Computer Integrated Manufacturing System Experiment Research Center，CIMS-ERC）、单元技术网点和应用工厂等举措。

2. 计算机集成制造系统的实例分析

1987～1992 年建立在国家计算机集成制造系统工程技术研究中心的计算机集成制造系统实验工程是由清华大学等 12 个单位共 200 多位工程技术人员参加研究的，总共投资 3700 万人民币，是我国第一个计算机集成制造系统。

图 7-54 所示为该系统的主要结构示意图，该系统由车间、单元、工作站、设备四层组

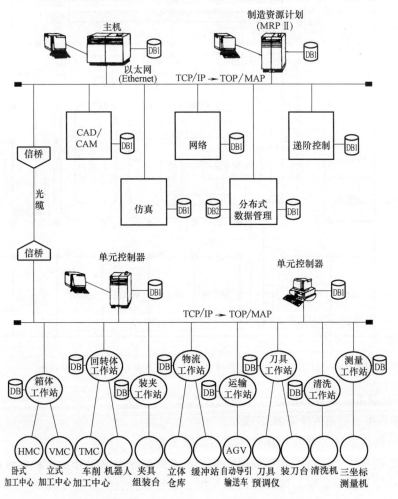

图 7-54 计算机集成制造系统实验工程系统结构

成，在网络和分布式数据库管理的支撑环境下，进行计算机辅助设计、计算机辅助制造、仿真、递阶控制等工作。网络通信采用传输控制协议和内部协议（TCP/IP）、技术和办公室协议以及制造自动化协议（TOP/MAP）。网络为以太网（Ethernet）。

车间层由两台计算机控制，其中一台为主机，一台专管制造资源计划。单元层由两台计算机（单元控制器）来控制各工作站及设备。单元是一个制造系统，用于加工回转体零件（如轴类、盘套类）和非回转体零件（如箱体），故有一台卧式加工中心、一台立式加工中心和一台车削加工中心来完成加工任务。加工后进行清洗，清洗完毕后在三坐标测量机（测量工作站）上检测。夹具在装夹工作站上进行计算机辅助组合夹具设计及人工拼装。卧式加工中心和立式加工中心都是铣镗类机床，其所用刀具由中央刀具库提供，并由刀具预调仪测量尺寸，所测尺寸应输入刀具数据库内。单元内有立体仓库，由自动导引输送车（Automatic Guide Vehicle，AGV）输送工件、夹具和托盘等物体。对于卧式和立式加工中心，用托盘装置进行上、下料；对于车削加工中心，则用机器人进行下料。图 7-55 所示为其单元平面布局图。

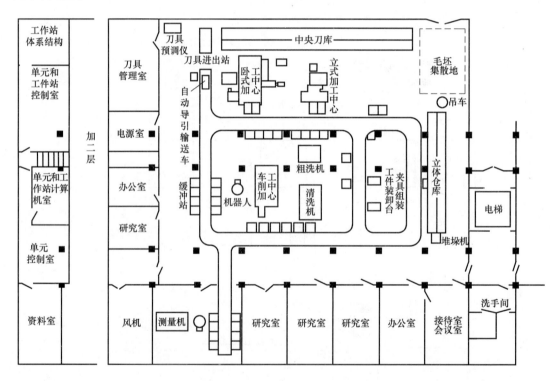

图 7-55　计算机集成制造系统实验工程制造系统单元平面布局图

计算机集成制造系统分为信息系统和制造系统两大部分。

（1）信息系统　它由六个系统组成。

1）计算机网络系统。进行计算机网络与通信工作。

2）数据管理系统　进行由共享数据库和分布式数据库组成的分布式数据管理。

3）信息管理与决策系统。即管理信息系统，进行物料、生产等管理。

4）仿真系统。进行生产调度、生产计划、加工过程等仿真工作。

5）软件工程系统。负责整个工程在功能、信息等方面的软件设计，协调各系统工作。

6）计算机辅助设计和计算机辅助制造系统。进行 CAD、CAPP、CAM 及其之间的集成工作。

（2）制造系统　它由两个系统组成。

1）递阶控制系统。进行车间、单元、工作站、设备等各层的控制。

2）柔性制造系统。它是一个单元级的、由一条柔性制造系统构成的系统。

计算机集成制造系统实验工程是一个新事物，研究工作占比例较大，因此建立了网络、数据管理、递阶控制、仿真技术、信息管理与决策、CAD/CAM、柔性制造系统、软件工程八个研究室，开展相应的研究工作。整个计算机集成制造系统缺少工况监控系统，在保证系统安全、正常、可靠工作上有缺陷；同时中央刀具库与各加工中心刀具库间的刀具交换靠手工进行，不够理想，这些都应该改进。

二、并行工程

（一）并行工程的概念

并行工程（Concurrent Engineering，CE）又称为同步工程（Simultaneous Engineering，SE）或同期工程，是针对传统的产品串行开发过程而提出的一个强调并行的概念、哲理和方法。

可以认为：并行工程是在集成制造的环境下，集成地、并行有序地设计产品全生命周期及其相关过程的系统方法，应用产品数据管理（Production Date Management，PDM）和数字化产品定义（Digital Product Definition，DPD）技术，通过多学科的群组协同工作，使产品在开发的各阶段既有一定的时序，又能并行交错。

并行工程采用计算机仿真等各种计算机辅助工具、手段、使能技术和上、下游共同决策方式，通过宏循环和微循环的信息流闭环体系进行信息反馈，在开发的早期就能及时发现产品开发全过程中的问题。

并行工程要求产品开发人员在设计的一开始就考虑产品整个生命周期中从概念形成到报废处理的所有因素，包括用户需求、设计、生产制造计划、质量和成本等。

综上所述，并行工程缩短了产品开发周期，提高了产品质量，降低了成本，缩短了产品上市时间，增强了企业的竞争能力，具有显著的经济效益和社会效益。

并行工程的主体是并行设计，是用计算机仿真技术设计开发产品的全过程。

（二）并行工程的体系结构

并行工程通常由过程管理与控制、工程设计、质量管理与控制、生产制造和支撑环境等五个分系统组成，如图 7-56 所示。

并行工程是在计算机集成制造的基础上发展起来的。并行并非指齐头并进，而是并行有序地工作，具有并行处理产品全生命周期各阶段问题的能力。并行工程强调了过程管理与控制、群组协同工作（Teamwork）和上、下游共同决策的机制，以及计算机仿真等使能技术。

（三）并行工程的应用和发展

并行工程问世以后，受到国内外工业界、学术界和政府部门的高度重视，在一些企业获得了成功的应用，在航空、航天、机械、电子、汽车、建筑、化工等行业中的应用已越来越广泛，成为现代制造技术的重要内容之一。

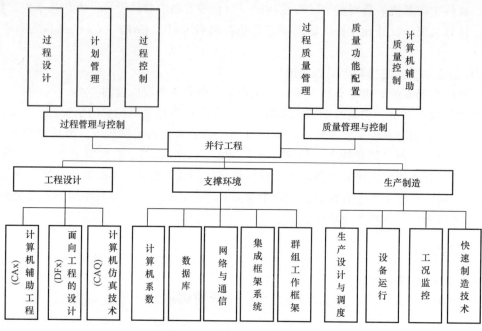

图 7-56 并行工程的体系结构

1. 波音 777 大型民用客机并行工程

波音公司是美国民航喷气飞机制造的最大基地，也是最早开发应用计算机集成制造和并行工程的航空企业。但它的地理位置分布广泛，因此造成信息集成和群组协同工作的困难。由于计算机辅助技术的高速发展和广泛应用，在 20 世纪 90 年代针对波音 777 大型民用客机的研制，进行了以国际流行的 CATIA 三维实体造型系统为核心的同构 CAD/CAM 系统的信息集成。

波音 777 大型民用客机的研制具有以下特点：

1）对产品进行数字化定义，为"无图样"研制的飞机。

2）建立电子样机，取消原型样机的研制，仅对一些关键部件，如起落架轮舱做了全尺寸模型，采用计算机预装配，查出零件干涉 2500 多处，使工程更改减少 50%。

3）采用群组协同工作。参加该机研制的工程技术人员、部门代表、用户、供应商及转包商等各类人员共有 7000 多人，组成了 200 多个研制小组。

4）利用并行工程，使该机在设计时就能充分考虑工艺、加工、材料等下游的各种因素，提高了飞机研制的成功率。

5）改变研制流程，缩短研制周期。将波音 777 飞机与波音 767 飞机的研制周期相比，缩短了一年以上，其中装配和飞行试验时间相同，而主要差别在设计和出图上，波音 767 飞机用了 40 个月，而波音 777 飞机只用了 27 个月。

2. 典型复杂机械结构件并行工程

这是我国在 1995 年由国家科学技术委员会立项的关键技术攻关项目，是针对某航天典型复杂机械结构件的并行工程，由清华大学、航天工业总公司第二研究院等单位承担。

并行工程的体系结构如图 7-57 所示，由管理与质量、工程、制造、支撑环境四个分系统组成。其中支撑环境分系统由计算机系统、网络与通信、数据库、集成框架系统、群组工

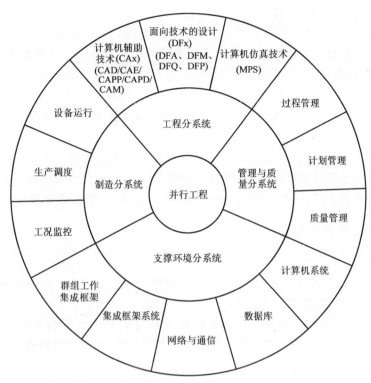

图 7-57 某航天典型复杂机械结构件并行工程的体系结构

作集成框架等层次构成。

并行工程实施后效益显著，其中产品设计周期缩短了 60%，工程绘图周期从两个月减少到三周，工艺检查周期减少 50%，更改反馈工艺设计（规划）时间减少 30%，工装准备周期减少 30%，数控加工编程与调试周期减少 50%，毛坯成品率由 30%～50% 提高到 70%～80%，降低成本 20%。同时提高了产品开发能力，加强了团队协作精神，实现了网络环境下的并行设计工作。

三、精益生产

精益生产（Lean Production，LP）是 20 世纪 50 年代由日本丰田汽车公司工程师丰田英二和大野耐一根据当时日本的实际情况所提出的一种新的生产方式。当时日本正处于第二次世界大战之后，国内市场很小，汽车种类繁多，无足够资金和外汇购买西方的生产技术。精益生产综合了单件生产和大批大量生产方式的优点，使工人、设备投资以及开发新产品的时间等一切投入都大为减少，而生产出的产品品种和质量却又多又好。这种生产方式到 20 世纪 60 年代已发展成熟，到 20 世纪 80 年代中期受到美国重视，认为它会真正改变世界的生产和经济形势，对人类社会产生深远影响。分析表明，当今世界汽车制造业的生产水平相差甚为悬殊的根本原因不在于企业自动化水平的高低，不在于生产批量的大小，也不在于产品品种的多少，而是生产方式的不同。日本汽车业能发展到今天的水平是因为采用了这种新型生产方式。这种生产方式被称为精益生产，也有人称为无故障生产。

精益生产的主导思想是以"人"为中心，以"简化"为手段，以"尽善尽美"为最终目标，因此，精益生产的特点是：

1）强调人的作用，以"人"为中心。工人是企业的主人，他们在生产中享有充分的自主权。所有工作人员都是企业的终身雇员，企业把雇员看作是比机器更为重要的固定资产。要充分发挥他们的创造性。

2）以"简化"为手段，去除生产中一切不增值的工作。要简化组织机构，简化与协作厂的关系，简化产品的开发过程、生产过程和检验过程。减少非生产费用，强调一体化质量保证。

3）精益求精，以"尽善尽美"为最终目标。持续不断地改进生产、降低成本、力争无废品、无库存和产品品种多样化。所以精益生产不仅是一种生产方式，而且是一种现代制造企业的组织管理方法。可以说，精益生产的核心是"精益"，它已受到世界各国的注视。

四、敏捷制造和虚拟制造

（一）敏捷制造

美国在1994年底出版了《21世纪制造企业战略》报告，它是美国国防部根据国会的要求拟定一个较长时期的制造技术规划而委托里海（Lehigh）大学编定的。报告中提出了既能体现国防部与工业界的各自利益，又能获取共同利益的一种新的制造模式，即敏捷制造（Agile Manufacturing，AM），并将它作为制造企业战略，在2006年以前通过它夺回美国制造业在世界上的领先地位。

敏捷制造是将柔性生产技术、有生产技能和知识的劳动力与企业内部和企业之间相互合作的灵活管理集成在一起，通过所建立的共同基础结构，对迅速改变或无法预见的用户需求和市场时机做出快速响应，其核心是"敏捷"。

敏捷制造的特点可归纳为以下几点：

1）能迅速推出全新产品。随着用户需求的变化和产品的改进，用户容易得到欲买的重新组合产品或更新换代产品。

2）形成信息密集的、生产成本与批量无关的柔性制造系统，即可重新组合、可连续更换的制造系统。

3）生产高质量的产品，在产品全生命周期内使用户感到满意，不断发展的产品系列具有相当长的寿命，与用户和商界建立长远关系。

4）建立国内或国际的虚拟企业（公司）或动态联盟，它是靠信息联系的动态组织结构和经营实体，权力是集中与分散相结合的，建有高度交互性的网络，实现企业内和企业间全面的并行工作。通过人、管理、技术三结合，要充分调动人的积极性，最大限度地发挥雇员的创造性。以其优化的组织成员、柔性的生产技术和管理、丰富的资源优势，提高新产品投放市场的速度和竞争能力，实现敏捷性。

（二）虚拟制造

虚拟制造（Virtual Manufacturing，VM）技术的本质是以计算机支持的仿真技术为前提，对设计、制造等生产过程进行统一建模，在产品设计阶段，适时地、并行地模拟出产品未来制造全过程及其对产品设计的影响，预测产品性能、产品加工技术、产品的可制造性，从而更有效、更经济、柔性灵活地组织生产，使工厂和车间的设计和布局更合理、更有效，以达到产品的开发周期和成本的最小化，产品设计质量的最优化，生产效率的最高化。

虚拟制造是敏捷制造的核心，是其发展的关键技术之一。敏捷制造中的虚拟企业在正式运行之前，必须分析这种组合是否最优，能否正常、协调工作，以及对这种组合投产后的效益及风险进行切实有效的评估。实现这种分析和有效评估，就必须把虚拟企业映射为虚拟制造系统，通过运行虚拟制造系统进行实验。

虚拟制造系统是基于虚拟制造技术实现的制造系统，是现实制造系统在虚拟环境下的映射，它不消耗现实资源和能量，所生产的产品是可视的虚拟产品，具有真实产品所必须具有的特征，它是一个数字产品。

随着虚拟制造的发展，又出现了拟实制造，即虚拟现实制造，操作者戴上专门的头盔和手套可在计算机上模拟出现实情况。另外虚拟仪器的出现可代替一些实际仪器的工作。它已经商品化，具有广泛的应用前景。

五、大规模定制制造

在制造业中，客户需求的多样化和竞争的全球化对制造企业提出了更高的要求，如多样化产品品种、更短的交货期、更低的产品成本和更高的产品质量，使企业面临新的挑战，从而产生了大规模定制的生产方式。

大规模定制是一种将企业、用户、供应商和环境集成于一体，形成一个系统。用整体优化的观点，充分利用企业的各种资源，在成组技术、现代设计方法学、先进加工技术、计算机技术、信息技术等支持下，根据用户的个性化需要，采用大批量生产的方法，以高质量、高效率和低成本提供定制产品和服务。

大规模定制的关键技术是如何解决用户个性需求所造成的产品多样性和生产批量化的矛盾，使用户和企业都能满意，这就要求采用柔性化的制造技术、虚拟制造技术等，如大规模定制的产品的模块化设计、大规模定制的成组制造和大规模定制的管理等。

大规模定制又称为大批量定制、批量定制、大规模用户化生产和批量用户化生产等，它是 21 世纪的主要制造模式之一。

六、企业集群制造

企业集群是指众多生产相同或相似产品的企业在某个地区内聚集的现象。集群制造是指企业集群生产的制造模式，正在逐渐发展为世界经济的一种重要形式。例如，美国加州硅谷的微电子、生物技术企业集群，意大利北部以米兰为中心的机器制造和皮革加工企业的"第三意大利现象"，我国的珠江三角洲地区的计算机、服装、家具等企业集群和长江三角洲地区的集成电路、轻工产品等企业集群等。

企业集群制造是通过企业集群制造系统来实现的。企业集群制造系统是企业虚拟化和集群化的结果。企业虚拟化使产品的制造过程分解成多个独立的制造子过程，企业集群化使每个制造子过程都聚集了大量的同构企业并形成企业族。企业集群制造系统的结构如图 7-58 所示。

企业集群制造与虚拟企业有所不同，其基本思想是：

1）制造资源的开放利用。在企业集群制造系统中，产品的每个制造子过程都存在许多同构企业，每个企业的制造资源对所有企业都是开放的。在选择合作伙伴时，各企业形成一种双向多选择的机制，从而降低了专业化分工的资产专用性风险和互相之间的依赖关系。

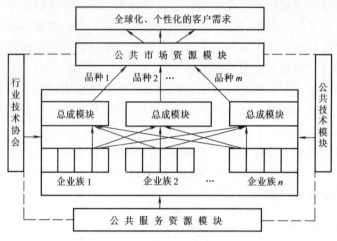

图 7-58　企业集群制造系统的结构

2）不断优化的资源环境。制造资源的开放利用有赖于在企业集群制造系统中形成一个不断优化配置的资源环境。由于企业集群制造系统的生产任务是一个动态产品族，各企业为了保持和提高竞争力，都会在技术上不断进步和创新，主动为制造资源的开放利用创造一个不断优化配置的环境。

3）市场化的运行机制。在企业集群制造系统内，区域性的市场竞争有效地检验了各企业的实力，使企业可供选择的各种信息都得以集中而且公开，形成一种公开竞争的市场化定价、合作伙伴选择、利益分配、合作和信任机制，提高了企业间的交易效率，降低了交易成本。

企业集群制造系统的构建包括同类企业的区域集群和集群内制造资源的模块化整合及其优化等内容。

七、绿色制造

绿色制造（Green Manufacturing，GM）是一种综合考虑环境影响和资源利用的现代制造模式，其目标是使产品在从市场需求、设计、制造、包装、运输、使用到报废处理的全生命周期中，对环境的负面影响最小，而资源利用率最高。绿色制造的含义很广，且十分重要，涉及以下一些方面。

1. 环境保护

制造是永恒的，产品的生产会造成对环境的污染和破坏，人类的生存环境面临日益增长的产品废弃物危害和资源日益匮乏的局面。要以产品全生命周期来考虑，从市场需求开始，进行设计、制造，不仅要考虑它如何满足使用要求，而且要考虑它生命终结时如何处置，使它对自然界的污染和破坏最小，而利用率最大，如工业废液、粉尘的排放，一些产品如电池、印制电路板、计算机等在报废后元件中有害元素的处理。

2. 资源利用

世界上的资源从再生的角度来分类，可分为不可再生资源与可再生资源，如石油、矿产等都是不能再生的，而树木等是可再生的。因此在产品设计时，应尽量选择可再生材料，产品报废后，要考虑资源的回收和再利用问题。为此，机械产品从设计开始就要考虑拆卸的可能性与经济性，在产品建模时，不仅要考虑加工、装配结构的工艺性，而且要考虑拆卸结构的工艺性，把拆卸作为计算机辅助装配工艺设计的一项重要内容。

3. 清洁生产

在产品生产加工过程中，要减少对自然环境的污染和破坏。例如，切削、磨削加工中的切削液，电火花加工、电解加工的工作液都会污染环境，为此，出现了干式切削和干式磨削加工，而这两种加工中的切屑、粉尘会造成对人体的伤害，需要配置有效的回收装置；热处理废液会造成严重的水污染和腐蚀，对人体有害，应进行处理后才能排放；又如，机械加工中的噪声也是一种环境污染，需要控制，不能超标。

为了进行清洁生产，需要研究产品全生命周期设计和并行工程，它能有效地处理与生命周期有关的各因素，其中包括需求、设计和开发、生产、销售、使用、处理和再循环，如图7-59所示。

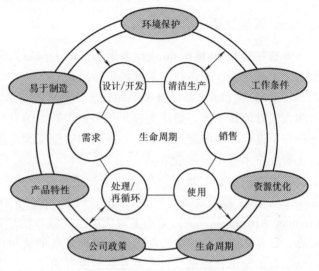

图 7-59 产品全生命周期设计

图7-60所示为产品制造技术的全过程，它包括产品技术、生产技术、拆卸技术和再循环技术。

除上述制造模式外，还有：

（1）协同制造 由于现代制造技术的复杂性，通常要涉及多个学科的交叉融合、多个行业和企业的合作支持，才能解决工程实际问题，因此强调了协同性，提出了多学科设计优化（Multidisciplinary Design Optimization，MDO）技术。

（2）网络化制造 随着计算机技术和网络技术的发展和全球经济化，网络经济发展成为现代经济的主流，传统的制造模式产生了根本变化，逐步形成了网络化制造。网络化制造系统是网络化制造的具体体现，是企业在网络化制造集成平台和软件工具支持下，根据企业的经营业务需求，进行产品的开发、设计、制造、销售、报废处理等工作。

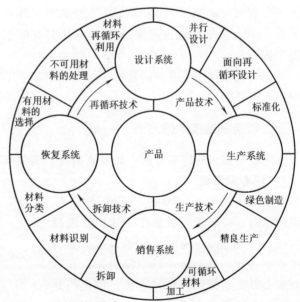

图 7-60 产品制造技术的全过程

（3）全球化制造 强调全球企业的合作和资源共享，选择最优的合作伙伴，采用最先进的技术，提高产品质量，加快产品的开发速度和上市时间，最大限度地满足用户需求。

第六节 智能制造技术

一、智能制造的含义

智能制造是 20 世纪 80 年代发展起来的一门新兴学科，具有广阔的前景，被公认为继柔性化、集成化后，制造技术发展的第三阶段。

智能制造（Intelligent Manufacturing，IM）源于人工智能的研究，强调发挥人的创造能力和人工智能技术。一般认为智能是知识和智力的总和，知识是智能的基础，智力是获取和运用知识进行求解的能力，学习、推理和联想三大功能是智能的重要因素。智能制造就是将人工智能技术运用于制造中。

智能制造由智能制造技术和智能制造系统组成。智能制造技术是将专家系统（Expert System，ES）、模糊逻辑（Fuzzy Logic，FL）、神经网络（Neural Networks，NN）和遗传算法（Genetic Algorithm，GA）等人工智能思维决策方法应用在制造中，进行分析、推理、判断、构思，运算和决策等智能活动，解决多种复杂的决策问题，提高制造系统的实用性和水平。智能制造系统由智能机器和人类专家组成。通过人与智能机器的结合，扩大、延伸和部分地取代人类专家在制造过程中的脑力劳动，能够在实践中不断地充实知识库，具有自学习能力。

人工智能（Artificial Intelligence，AI）系统呈现出与人类的智能行为如理解语言、学习、推理、联想和解决问题等有关特性。人工智能的作用是要代替熟练工人的技艺，具有学习工程技术人员实践经验和知识的能力，并用以解决生产实际问题，从而将工程技术人员、工人多年来累积起来的丰富而又宝贵的实际经验保存下来，并能在生产实际中长期发挥作用。

工艺过程设计中，有些问题的决策往往依赖于工艺人员的经验和智能思维能力，因此需要应用人工智能。

二、智能制造技术的方法

智能制造技术有许多方法，如专家系统、模糊推理、神经网络和遗传算法等。

（一）专家系统

专家系统是当前主要的人工智能技术，它由知识库、推理机、数据库、知识获取设施（工具）和输入/输出接口等组成，如图 7-61 所示。知识库是将领域专家的知识经整理分解为事实与规则并加以存储；推理机是根据知识进行推理和做出决策；数据库是存放已知事实和由推理得到的事实；知识获取设施（工具）是采集领域专家的知识；输入/输出接口是与用户进行联系的窗口。它首先是要采集领域专家的知识，分解为事实与规则，存储于知识库中，通过推理做出决策。要使得到的决策与专家所做的相同，不仅要有正确的推

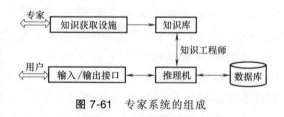

图 7-61 专家系统的组成

理机，而且要有足够的专家知识。

专家系统的工作过程如下：

1）明确所要解决的问题。

2）提取知识库中相应的事实与规则。

3）进行推理，做出决策。

设计专家系统的推理机（Inference-Engine）时，应考虑推理方式，因为它会影响推理的效果。推理方式一般有以下四种：

1）正向推理。它是从初始状态向目标状态的推理，其过程是从一组事实出发，一条条地执行规则，而且不断加入新事实，直至问题的解决。这种方式适用于初始状态明确，而目标状态未知的场合。

2）反向推理。它是从目标状态向初始状态的推理，其过程是从已定的目标出发，通过一组规则，寻找支持目标的各个事实，直至目标被证明为止。这种方式适用于目标状态明确，而初始状态不清楚的场合。

3）混合推理。它是从初始状态和目标状态出发，各自选用合适的规则进行推理，当正向推理和反向推理的结果能够匹配时，推理结束。这种正、反向混合推理必须明确在规则中哪些是处理事实的，哪些是处理目标的，多用于一些复杂问题的推理中。

4）模糊推理。它是不精确推理，适用于解决一些不易确定现象或要用经验感知来决策的场合。常用的方法有概率法、可信度法、模糊集法等。

计算机辅助工艺过程设计专家系统常用的知识表达方法有谓词逻辑、框架、语义网络、产生式系统等。其中产生式系统的应用比较广泛，它由一系列产生式规则来描述，即假如…，则…（If…，then…）。例如，假如孔的直径小于 $\phi30\text{mm}$，则用钻、扩、铰方法加工。

（二）模糊推理

模糊推理又称模糊逻辑，它是依靠模糊集和模糊逻辑模型（多用关系矩阵算法模型）进行多个相关因素的综合考虑，采用关系矩阵算法模型、隶属度函数、加权、约束等方法，处理模糊的、不完全的乃至相互矛盾的信息。它主要解决不确定现象和模糊现象，需要多年经验的感知判断问题。

1. 知识的模糊表达

（1）模糊概念和模糊集合　任何一个概念总有它的内涵和外延。内涵是这一概念的本质属性，外延是指符合这一概念的全体对象，讨论概念外延的范围称为论域。一个精确的概念，其外延实际上就是一个普通集合。

设论域 U 由若干元素 u 组成，普通集合 A 的特征函数为 μ_A，则普通集合 A 的特征函数 μ_A 在 u 处的值 μ_A 称为 u 对 A 的隶属度。当 u 不属于 A 时，隶属度是 0，表示 u 绝对不隶属于 A。其数学表示为

$$\mu_A: U \rightarrow \{0, 1\}$$

$$\mu_A(u) = \begin{cases} 1 & u \in A \\ 0 & u \notin A \end{cases}$$

但世界上的许多概念都是模糊的，不能用绝对属于或绝对不属于来描述，因而出现了模糊概念和模糊集合。例如，在生产中的"批量"就是一个模糊概念，大批大量生产、成批

生产和单件小批生产之间没有明确界限和数字关系，其论域中的元素有产量、产品大小、产品复杂程度等。

设论域 U，其映射 $\mu_{\tilde{A}}$ 确定了 U 的模糊子集，简称模糊集，即模糊集合。$\mu_{\tilde{A}}$ 称为模糊集 $\tilde{A}$ 的隶属函数，$\mu_{\tilde{A}}(u)$ 为元素 u 隶属于 $\tilde{A}$ 的程度，简称 u 对于 $\tilde{A}$ 的隶属度。

知识的模糊表达可由模糊关系来实现。

设 X、Y 为普通集合，称 $X \times Y$ 的模糊集 $\tilde{R}$ 为从 X 到 Y 的模糊关系，$\mu_{\tilde{R}}$ 称为模糊集 $\tilde{R}$ 的隶属函数，$\mu_{\tilde{R}}(x, y)$ 为 (x, y) 隶属于模糊关系 $\tilde{R}$ 的程度。

设 $\tilde{R}$ 为从 X 到 Y 的模糊关系，$\tilde{S}$ 为从 Y 到 Z 的模糊关系，则 $\tilde{R} \circ \tilde{S}$ 是从 X 到 Z 的一个模糊关系，$\mu_{\tilde{R} \circ \tilde{S}}$ 为其隶属函数。$\tilde{R} \circ \tilde{S}$ 称为 $\tilde{R}$ 与 $\tilde{S}$ 的合成，模糊集之间的各种合成运算方法是用算子 "$\circ$" 来表示的，常用的算子有：

Zadeh 算子："$\vee$" 与 "$\wedge$"。

"$\vee$" 表示取大运算，即

$$a \vee b = \max(a, b)$$

"$\wedge$" 表示取小运算，即

$$a \wedge b = \min(a, b)$$

概率算子："$\cdot$"，"$\hat{+}$" 或 "$+$"。

"$\cdot$" 表示概率积运算，即

$$a \cdot b = ab$$

"$\hat{+}$" 或 "$+$" 表示概率和运算，即

$$a + b = a + b - ab$$

有界算子："$\oplus$"，"$\otimes$"，"$\ominus$" 或 "$-$"。

"$\oplus$" 表示有界和运算，即

$$a \oplus b = 1 \wedge (a + b)$$

"$\otimes$" 表示有界积运算，即

$$a \otimes b = 0 \vee (a + b - 1)$$

"$\ominus$" 或 "$-$" 表示有界差运算，即

$$a \ominus b = 0 \vee (a - b)$$

（2）知识模糊表达方法

1）产生式规则的模糊关系表达。产生式规则的形式是：规则，"如果—则"，即 "条件—行动"。先将条件和行动用模糊集表示出来，再根据具体规则中条件与行动的关联程度及特征选择合适的模糊算子，通过模糊算子做相应的计算，便可得到用模糊关系来表达的规则。

例如，如果工件的形状为矩形，厚度 ≥20mm，长度较长或很长，宽度很宽，无内形面，则用半自动切割方法下料。

在这条规则中，形状为矩形，厚度 ≥20mm，无内形面和半自动切割都是精确概念，其隶属度不是 1 就是 0，而长度较长或很长，宽度很宽是模糊概念，其隶属度可按前述的模糊综合评判中所述的方法来确定，如可按下式计算：

$$\mu_{长度较长}(l) = \begin{cases} \dfrac{l}{200} & 0 < l \leqslant 200 \\ 1 & 200 < l \leqslant 500 \\ \dfrac{4000 - l}{3500} & 500 < l \leqslant 4000 \\ 0 & l > 4000 \end{cases}$$

$$\mu_{长度很长}(l) = \begin{cases} 0 & 0 < l \leqslant 500 \\ \dfrac{l - 500}{3500} & 500 < l \leqslant 4000 \\ 1 & l > 4000 \end{cases}$$

$$\mu_{宽度很宽}(w) = \begin{cases} 0 & 0 < w \leqslant 100 \\ \dfrac{w - 100}{100} & 100 < w \leqslant 200 \\ 1 & w > 200 \end{cases}$$

取模糊算子 "∧、∨"（取小取大），该规则可表示的多元模糊关系为

$$\mu_{下料方法}(f, t, l, w, i, c) = \mu_{形状}(f) \wedge \mu_{厚}(t) \wedge [\mu_{长度较长}(l) \vee \mu_{长度很长}(l)]$$
$$\wedge \mu_{宽度很宽}(w) \wedge \mu_{内形面}(i) \wedge \mu_{半自动切割}(c)$$

半自动切割的可能性为

$$\mu_{半自动切割} = \mu_{形状}(f) \wedge \mu_{厚}(t) \wedge [\mu_{长度较长}(l) \vee \mu_{长度很长}(l)] \wedge \mu_{宽度很宽}(w) \wedge \mu_{内形面}(i)$$

2）事实的模糊关系表达。事实的模糊关系表达就是用隶属度。

例如，轴和盘均为回转体类零件，要表达"轴与盘类零件相似"就是一个模糊概念，可以赋予这件事实一定的程度，用模糊关系来描述。

相似（轴类零件，盘类零件）= 0.7

2. 模糊推理

目前主要有模糊评判、模糊统计判决、模糊优化等。其中模糊评判的应用比较广泛。模糊评判可分为单因素评判和多因素评判。多因素评判又称为综合评判。

（1）单因素评判 利用一个因素去评价一个事物时，对事物某个方面的评价能获得较好的效果，但也往往会出现违背客观实际的结果。

单因素评价比较简单。例如，要评价某厂生产机床的精度保持性，先给出评价等级，取 $W = \{好，一般，不好\}$，然后邀请了解该机床的各界人士来打分。若评价结果是：30%的人说"好"，40%的人说"一般"，其余30%的人说"不好"，则可用模糊集来表示其评价结果，即

$$\widetilde{A}_{精度保持性} = 0.3/好 + 0.4/一般 + 0.3/不好$$

根据最大隶属原则，该模糊集 $\widetilde{A}$ 的隶属度为 0.4，即

$$\mu_{\widetilde{A}精度保持性}（机床）= 0.4$$

所以该机床的精度保持性为 0.4。

（2）多因素评判 模糊综合评判就是对多种因素所影响的事物或现象做出总的评价，可分为一级（单级）评判和二级（多级）评判。现举一个例子：从一个油缸零件的 3 个加

工方案中，利用模糊逻辑方法来评判最优。

方案 1（u_1）：在 1 台卧式加工中心上用通用夹具进行定位夹紧，但要装夹 2 次。

方案 2（u_2）：在 1 台卧式加工中心上用专用夹具进行定位夹紧，只要装夹 1 次。

方案 3（u_3）：在 1 台卧式加工中心和 1 台立式加工中心上各用通用夹具进行定位夹紧，也要装夹 2 次。

模糊综合评判的步骤如下：

1）确定对象集。

$$U = (u_1, u_2, \cdots, u_m)$$

表示论域 U 有 m 个方案参评备选，即对象集有 m 个对象，或有 m 个元素。在该例中，零件的加工方案有 u_1、u_2、u_3 三种选择，$U = \{u_1, u_2, u_3\}$，$m = 3$，现在要评判采用哪种方案最优。

2）确定因素集。

$$V = (v_1, v_2, \cdots, v_n)$$

表示影响评判的因素有 n 个。在该例中，影响机械加工方案选择的因素有工件的装夹次数 v_1、定位面的表面粗糙度 v_2、定位面的相对面积 v_3、夹具的种类（通用还是专用）v_4、夹紧力方向 v_5 共五个，$V = (v_1, v_2, v_3, v_4, v_5)$，$n = 5$。

3）确定因素评价集。

$$R_i = (r_{i1}, r_{i2}, \cdots, r_{in}) \qquad i = 1, 2, \cdots, m$$

表示某个因素对每个对象的评价指数。由于共有 n 个因素，故可列出 n 个评价集。在该例中：

① 工件的装夹次数：用二元对比法直接确定 3 种定位夹紧在装夹次数上的隶属度。二元对比法是将两个因素进行主观对比确定每一元素的顺序或优先程度，并做数量估计，然后取平均值作为隶属度。r_{11}，r_{12}，r_{13} 为因素 1 分别在 3 个方案上的隶属度，其中第 1 方案要在同一机床上装夹 2 次，故为 2/3，第 2 方案只要装夹 1 次，故为 1，第 3 方案要在不同机床上各装 1 次，共 2 次，故为 1/2，可见对第 2 方案评价较高。

因素 1 在 3 个方案上的评价集为 $R_1 = (r_{11}, r_{12}, r_{13}) = (2/3, 1, 1/2)$。

② 定位面的表面粗糙度：取 $r_{ij} \in [0, 1]$，用升指数型模糊分布来确定隶属度，该值越小，表示该定位夹紧方案的隶属度越大。

$$r_{ij} = \begin{cases} 0 & Ra \geq 100 \\ 1 - \ln Ra / \ln 100 & 1.0 \leq Ra < 100 \\ 1 & Ra < 1.0 \end{cases}$$

如果多次装夹所用的主定位面不同，可用各次装夹所算隶属度的平均值作为该定位夹紧方案的隶属度。由计算可得 $R_2 = (r_{21}, r_{22}, r_{23}) = (0.566, 0.4, 0.566)$。

③ 主定位面的相对面积：取 $r_{ij} =$ 定位面的面积/与主定位面垂直方向上零件的最大面积，当每次装夹的定位面不同时，可用各次装夹所算隶属度的平均值作为该定位夹紧方案的隶属度。由计算可得 $R_3 = (r_{31}, r_{32}, r_{33}) = (0.828, 0.842, 0.828)$。

④ 夹具状况：若只用通用夹具，可取夹具状况上的隶属度为 1；若用专用夹具，则取隶属度为 0.5。若一个定位夹紧方案中有用通用夹具和专用夹具的多次装夹，则隶属度可取平均值。由计算可得 $R_4 = (r_{41}, r_{42}, r_{43}) = (1, 0.5, 1)$。

⑤ 夹紧方向：如果夹紧力正对主定位面，与主切削力方向一致，则取本夹紧方向上的

隶属度为 1；如果夹紧力在主定位面的侧面，与主切削力方向垂直，则其隶属度为 0.6；如果有多次定位夹紧，则取平均值。由计算可得 $R_5 = (r_{51}, r_{52}, r_{53}) = (1, 0.8, 1)$。

4）构造评价矩阵。

$$R = \begin{pmatrix} R_1 \\ R_2 \\ \vdots \\ R_n \end{pmatrix} = \begin{pmatrix} r_{11} & r_{12} & \cdots & r_{1m} \\ r_{21} & r_{22} & \cdots & r_{2m} \\ \vdots & \vdots & & \vdots \\ r_{n1} & r_{n2} & \cdots & r_{nm} \end{pmatrix} = (r_{ij})_{n \times m}$$

$$i = 1, 2, \cdots, n \qquad j = 1, 2, \cdots, m$$

式中　R——评价矩阵；

r_{ij}——对象 u_i 在因素 v_j 上的隶属度。

该例中的评判矩阵为

$$R = (r_{ij})_{5 \times 3} = \begin{pmatrix} 2/3 & 1 & 1/2 \\ 0.566 & 0.4 & 0.566 \\ 0.828 & 0.842 & 0.828 \\ 1 & 0.5 & 1 \\ 1 & 0.8 & 1 \end{pmatrix}$$

5）确定权数集。

$$A = (a_1, a_2, \cdots, a_n)$$

式中，$a_i \geq 0$，$i = 1、2、\cdots、n$。为了便于比较，可进行归一化处理，令 $\sum\limits_{i=1}^{n} a_i = 1$。

由于各因素对评价的影响不同，因此要对各因素权衡其相对重要性，可通过专家评估法、层次分析法等得到各因素的权数分配，即权数集。

采用层次分析法来确定。

① 确定目标和评价因素集。

$$V = \{v_1, v_2, \cdots, v_n\}$$

② 构造判断矩阵 P。按表 7-2 取判断矩阵标度，可得

表 7-2　判断矩阵标度及其含义

标　度	含　　义
1	因素 v_i 与 v_j 具有同等重要性
3	因素 v_i 比 v_j 稍微重要
5	因素 v_i 比 v_j 明显重要
7	因素 v_i 比 v_j 强烈重要
9	因素 v_i 比 v_j 极端重要
2、4、6、8	2、4、6、8 分别表示相邻判断 1~3、3~5、5~7、7~9 的中值
倒数	若 v_i 与 v_j 比较得到判断 v_{ij}，则 v_j 与 v_i 比较得到判断 v_{ji}

$$P = \begin{pmatrix} v_{11} & v_{12} & v_{13} & v_{14} & v_{15} \\ v_{21} & v_{22} & v_{23} & v_{24} & v_{25} \\ v_{31} & v_{32} & v_{33} & v_{34} & v_{35} \\ v_{41} & v_{42} & v_{43} & v_{44} & v_{45} \\ v_{51} & v_{52} & v_{53} & v_{54} & v_{55} \end{pmatrix} = \begin{pmatrix} 1 & 3 & 3 & 2 & 2 \\ 1/3 & 1 & 1 & 1/2 & 1/2 \\ 1/3 & 1 & 1 & 1/2 & 1/2 \\ 1/2 & 2 & 2 & 1 & 1 \\ 1/2 & 2 & 2 & 1 & 1 \end{pmatrix}$$

③ 计算重要性排序。根据判断矩阵求出最大特征根所对应的特征向量，该特征向量即为各评价因素的重要性排序，也就是权数分配。采用方根法，其步骤如下：

计算判断矩阵每一行元素的乘积 M_i，得

$$M_1 = 36, \quad M_2 = M_3 = 1/2, \quad M_4 = M_5 = 2$$

计算 M_i 的 n 次方根 $\overline{W}_i$，得

$$\overline{W}_1 = 2.048, \quad \overline{W}_2 = \overline{W}_3 = 0.608, \quad \overline{W}_4 = \overline{W}_5 = 1.149$$

对向量 $\overline{W} = [\overline{W}_1, \overline{W}_2, \cdots, \overline{W}_n]^1$ 做归一化处理，$W_i = \overline{W}_i / \left(\sum_{j=1}^{n} \overline{W}_j \right)$，可得

$$W_1 = 0.368, \quad W_2 = W_3 = 0.109, \quad W_4 = W_5 = 0.207$$

计算判断矩阵的最大特征根 λ_{max}：

$$PW = \begin{pmatrix} v_{11} & v_{12} & v_{13} & v_{14} & v_{15} \\ v_{21} & v_{22} & v_{23} & v_{24} & v_{25} \\ v_{31} & v_{32} & v_{33} & v_{34} & v_{35} \\ v_{41} & v_{42} & v_{43} & v_{44} & v_{45} \\ v_{51} & v_{52} & v_{53} & v_{54} & v_{55} \end{pmatrix} \begin{pmatrix} W_1 \\ W_2 \\ W_3 \\ W_4 \\ W_5 \end{pmatrix} = \begin{pmatrix} 1.850 \\ 0.548 \\ 0.548 \\ 1.034 \\ 1.034 \end{pmatrix}$$

$$\lambda_{max} = \frac{1}{5} \sum_{i=1}^{5} \frac{(PW)_i}{W_i} = 5.015$$

④ 一致性检验。对判断矩阵进行一致性检验，以探查权数分配的合理程度。一致性所用的公式为

$$C_R = C_I / R_I, \quad C_I = \frac{1}{n-1} (\lambda_{max} - n)$$

式中 C_R——判断矩阵的随机一致性比率；

　　　C_I——判断矩阵的一般一致性指标；

　　　R_I——判断矩阵的平均随机一致性指标，其值见表7-3。

表7-3　判断矩阵的平均随机一致性指标 R_I

n	1	2	3	4	5	6	7	8	9
R_I	0.00	0.00	0.58	0.90	1.12	1.24	1.32	1.41	1.45

当 $C_R < 0.10$ 时，即认为判断矩阵具有满意的一致性，说明权数分配合理，所求权数可用。否则，需调整判断矩阵直至取得满意的一致性为止。

$$C_I = \frac{1}{n-1} (\lambda_{max} - n) = \frac{1}{5-1} \times (5.015 - 5) = 0.004$$

$$C_R = \frac{C_I}{R_I} = \frac{0.004}{1.12} = 0.0036 < 0.10$$

说明权数分配合理，所设定的判断矩阵有满意的一致性，可得权数集。

为便于比较，可进行归一化处理，令 $\sum_{i=1}^{5} a_i = 1$，归一化后权数集为

$$A = (a_1, a_2, a_3, a_4, a_5) = (0.368, 0.109, 0.109, 0.207, 0.2070)$$

可见第1因素的权数最大。

6）合成运算决策集。

借助于模糊变换原理，进行合成运算，现采用加权平均型算法，并将"$\oplus$"运算蜕化为普通"$+$"运算，这时

$$B = A \circ R = (b_1, b_2, \cdots, b_m)$$

式中，$b_j \geqslant 0$，$j = 1, 2, \cdots, m$。

$$B = b_j = \sum_{i=1}^{5} a_i \cdot r_{ij} = (b_1, b_2, b_3) j = 1, 2, 3$$

为便于比较，可进行归一化处理，令 $\sum_{j=1}^{m} b_j = 1$。

经归一化后得 $B = (b_1, b_2, b_3) = (0.351, 0.329, 0.320)$。

7）确定最优对象。

$$b_k = \max b_j \qquad j = 1, 2, \cdots, m$$

根据决策集的结果和最大隶属度原则，选择决策集中的最大值为最优方案。由此可知该零件机械加工的三种方案中，方案一最优，方案二次之，方案三不可取。

3. 模糊逻辑的特点

1）模糊逻辑的理论基础是模糊数学。模糊逻辑主要解决不确定现象和模糊现象，需要具有多年经验的一种感知判断能力。

2）模糊逻辑决策过程由模糊化、模糊推理、逆模糊化三部分组成。输入零件信息的精确量通过模糊化转化成模糊量，模糊化是通过隶属度函数完成的，正确确定隶属度是至关重要的；模糊推理是通过产生式规则、模糊综合评判等完成的；逆模糊化采用最大隶属度法（极大平均法）、加权平均法等输出结论的精确量。

3）模糊推理常和专家系统相结合，构成所谓模糊（推理）决策专家系统。

4）模糊推理中的关键问题是隶属度的确定，它直接影响推理的结果，是一个值得深入研究的问题。

（三）神经网络

1. 神经网络的基本概念

神经网络是研究人脑工作过程、如何从现实世界获取知识和运用知识的一门新兴的多学科交叉学科。人工神经网络（Artificial Neural Network，ANN）是在神经网络前面冠以"人工"两字，以说明研究这一问题的目的在于寻求新的途径以解决目前计算机不能解决或不善于解决的大量问题。人工神经网络是人脑部分功能的某些抽象、简化的模拟，是用大量神经元（简单计算—处理单元）构成的非线性系统，具有学习、记忆、联想、计算和智能处

理功能，能在不同程度和层次上模仿人脑神经系统的信息处理、存储和检索等工作，最终形成神经网络计算机（Neurocomputer）。

人工神经网络主要用于以下三个方面：

（1）信号处理与模式识别　如机械结构部件（装配）工艺智能识别就可通过一定的算法学习工艺人员的分类识别过程等。

（2）知识处理工程或专家系统　如在零件的工艺过程设计中对加工方法的选择和加工工步的排序及其优化等，主要是进行决策。

（3）运动过程控制　如机器人的手、眼协调自适应控制等。

由于在计算机辅助工艺过程设计中，人工神经网络的应用十分广泛，因此形成了智能化CAPP系统。

2. 人工神经网络的结构

人工神经网络是由大量神经元（Neuron）组成的。神经元是一种多输入、单输出的基本单元。从信息处理的观点出发，为神经元构造了多种形式的数学模型，其中有经典的McCuloch-Pitts模型。图7-62所示为这种模型的结构示意图。

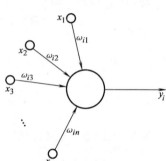

图 7-62　神经元结构示意图

该模型的数学表达式为

$$y_i = \text{sgn}\left(\sum_j \omega_{ij} x_j - \theta_i\right)$$

式中　y_i——神经元 i 的输出；

x_j——神经元 i 的输入，$j=1, 2, \cdots, n$；

ω_{ij}——神经元 j 对神经元 i 作用的权重；

$\sum_j \omega_{ij} x_j$——对神经元 i 的净输入，它是利用某种运算给出输入信号的总效果，最简单的运算是线性加权求和，即 $\sum_j \omega_{ij} x_j$；

sgn——符号函数，表示神经元的输出是其当前状态的函数；

θ——阈值，当净输入超过阈值时，该神经元输出取值+1，反之为-1。

每个神经元的结构和功能比较简单，但把它们连成一定规模的网络而产生的系统行为却非常复杂。人工神经网络是由大量神经元相互连接而成的自适应非线性动态系统，可实现大规模的并行分布处理，如信息处理、知识和信息存储、学习、识别和优化等，具有联想记忆（Associative Memory，AM）、分类（Classifier）、优化计算（优化决策）等功能。

图7-63所示为人工神经网络示意图，它是一个前馈型网络，网络分为若干层，各层之间无反馈，除输入、输出层外，其余均为隐含层。输入节点输入矢量各元素值，无计算功能。在反馈型神经网络中，每个节点都表示一个计算单元，接受外加输入和其他节点的反馈输入，

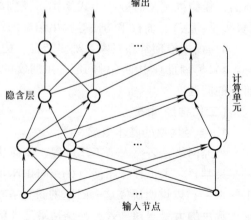

图 7-63　人工神经网络示意图

同时也直接向外部输出。

3. 人工神经网络中的知识表达

知识的表达可分为显式与隐式两类。

在专家系统中，知识多以产生式规则描述出来，直观、可读，易于理解，便于解释推理，这种形式是显式表达。

在人工神经网络中，知识是通过样本学习而获取的，这时是以隐式的方式表达出样本中所蕴含的知识，称为隐式表达。这种表达方式可以表达难以符号化的知识、经验和容易忽略的知识（如常识性知识），甚至尚未发现的知识，从而使人工神经网络具有通过现象（实例）发现本质（规则）的能力。

4. 人工神经网络的学习（训练）

人工神经网络中，知识来自于样本实例，是从用户输入的大量实例中通过自学习得到规律、规则，而不像专家系统那样由程序提供现成的规则。各种学习算法很多，如 Hebb 算法、误差修正法等。Hebb 算法的规则如下：

假定样本序号 s 从 0 至 $m-1$，$x_i^{(s)}$ 和 $x_j^{(s)}$ 分别表示第 s 样本矢量号的第 i 和第 j 个元素，以它们分别作为第 i 和 j 个神经元的输入，第 j 个神经元到第 i 个神经元的连接强度为 ω_{ij}，则有

$$\omega_{ij} = \sum_{s=0}^{m-1} x_i^{(s)} x_i^{(s)} \qquad (i \neq j)$$

$$\omega_{ij} = 0 \qquad\qquad (i = j)$$

将全部 m 个样本的第 i 与第 j 元素做相关运算，求得 ω_{ij} 值。两个元素连接强度越大，则 ω_{ij} 值越大。

所谓学习就是改变神经网络中各个神经元之间的权重，而自学习强调了根据样本不断地修正各个神经元之间权重的过程，所以是一种自动获取知识的形式。在样本集的支持下进行若干次离线学习，再逐步修正其权重值。如图 7-64 所示，将样本训练数据加到网络输入端，每个神经元对输入进行加权求和，对和进行阈值处理产生输出值，将相应的期望输出与网络输出相比较，得到误差信号，以此调整权重，经计算至收敛后给出确定的权重值。如果样本变化，则要再学习。

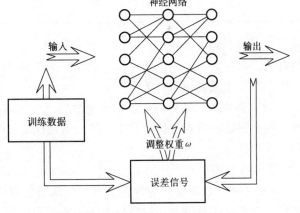

图 7-64　神经网络学习过程示意图

（四）遗传算法

1. 遗传算法的概念

遗传算法是模拟达尔文遗传选择和自然淘汰的生物进化过程的计算模型，它是一种全局优化搜索算法。它从任一初始化的群体出发，通过随机选择、交叉和变异等遗传操作，实现群体内个体结构重组的迭代处理过程，使群体一代一代地得到进化（优化），并逐渐逼近最优解。

生物中遗传物质的主要载体是染色体，基因是控制生物性状遗传物质的结构单位和功率单位，复数个基因组成染色体。染色体有表现型（指生物个体所表现出来的性状，即参数集、解码结构和候选解）和基因型（指与表现型密切相关的基因结构组成）两种表示模式，两者应能互相转换。在遗传算法中，染色体对应的是数据、数组或位串。

2. 标准遗传算法

标准遗传算法也称为简单遗传算法（Simple Genetic Algorithm，SGA）。

标准遗传算法以群体中所有个体为对象进行遗传操作，主要操作有选择、交叉和变异，其核心内容有编码、初始群体生成、适应度评估检测、遗传操作设计和控制参数设定等。为了说明遗传算法是如何进行的，下面举一个简单的例子（表7-4）。

（1）编码 由于遗传算法不能直接处理解空间的解数据，染色体通常用一维串结构数据来描述。因此必须通过编码将它们表示成遗传空间的基因型串结构数据，即把搜索空间中的参数或解转换成遗传空间中的染色体或个体。编码的形式很多，如表7-4是采用二进制码无符号整数表示。

表 7-4 遗传算法举例

串编号	初始群体 ($n=4$)	x 值	适应度 $f(x)=x^2$	选择概率 $P_s=f_i/\sum f$	适应度 期望值 f_i/f	实际计数	复制后 交配率	交叉后 新一代 群体	新一代 x 值	新一代 适应度
1	01110	14	196	0.161	0.644	1	011 10	01101	13	169
2	11001	25	625	0.513	2.052	2	110 01	11010	26	676
3	00110	6	36	0.030	0.118	0	11 001	11011	27	729
4	10011	19	361	0.296	1.186	1	10 011	10001	17	289
			$\sum f=1218$	$\sum P_s=1$						$\sum f=1863$
			$f_{平均}=304.5$	$\sum f_i/f=4$						$f_{平均}=465.75$

（2）初始群体的生成 在遗传算法的开始，要为操作准备一个由若干初始解组成的初始群体，也称为初始代或第一代，它的每个个体都是通过随机方法产生的。表7-4中选取了由四个个体组成的初始群体。

（3）适应度评估检测 适应度通常用适应度函数来表示，如$f(x)=x^2$，它是一个目标函数，用来评估在搜索进化过程中个体或解的优劣。遗传算法在搜索进化过程中一般不需要其他外部信息。

主要操作有：

1）选择（或复制）操作。其目的是从当前群体中选出优良的个性，使它们有机会作为父代并为下一代繁殖子孙。判断个体优良与否的准则就是各自的适应度值，适应度值越高，被选择的机会就越多。由表7-4可以看出个体2的适应度最大，其选择概率也最高，实际选择份数为两份，获得了最多的生存繁殖机会，而个体3则被淘汰，因此在复制后交配率中，个体3被个体2取代。这样得到四份复制送到配对库备用。

2）交叉。首先是对配对库中的个体进行随机配对，然后在配对个体中随机设定交叉处，配对个体彼此交换部分信息。交叉是遗传算法中最主要的操作，通过交叉得到新一代个体。新群体中个体适应度的平均值和最大值都会提高，说明新群体是进化了。表7-4中在随机配对中取个体1和个体2配对，交叉处为3；个体3和个体4配对，交叉处为2。交叉后生成新一代群体，即第二代群体。由此可以看出其中适应度的平均值由304.5提高到

465.75，适应度最大值由 625 提高到 729。

3）变异。它是按位进行的，把某一位的内容变化，在二进制编码中，即将某位由 0 变为 1，或由 1 变为 0，也是随机进行的。目的是挖掘群体中个性的多样性，克服可能得到局部解，应和交叉妥善配合使用。

3. 遗传算法的特点

（1）群体搜索策略　实际上是模拟由个体组成的群体的整体学习过程，其中每个个体表示给定问题搜索空间中的一个解点。

（2）全局最优搜索　与其他搜索优化方法相比，遗传算法具有以下特点：

1）在搜索过程中不易陷入局部最优，能以很大的概率找到全局最优解。

2）由于遗传算法固有的并行性，适合于大规模并行分布处理。

3）易于和神经网络、模糊推理等方法相结合，进行综合求解。

三、智能制造的形式

1. 智能机器

智能机器（Intelligent Machine，IM）主要是指具有一定智能的数控机床、加工中心、机器人等。其中包括一些智能制造的单元技术，如智能控制、智能监测与诊断、智能信息处理等。

2. 智能制造系统

智能制造系统（Intelligent Manufacturing System，IMS）由智能机器组成。整个系统包含制造过程的智能控制、作业的智能调度与控制、制造质量信息的智能处理系统、智能监测与诊断系统等。

当前，智能制造技术的研究主要有智能制造系统的构建技术、与生产有关的信息与通信技术、生产加工技术，以及与生产有关的人的因素等。

习题与思考题

7-1　试分析制造工艺的重要性。

7-2　试述分层加工（堆积加工）的原理。

7-3　试述"创造性原则"加工的原理和意义。

7-4　何谓派生相似性？它有何意义？

7-5　工艺决策方式可分为哪三类？试分析其各自特点及应用场合。

7-6　试用决策表方法将 100 个数按先大后小的顺序排列出来。

7-7　试论述特种加工的种类、特点和应用范围。

7-8　试述电火花成形加工原理及其极性效应。

7-9　试比较电火花线切割中高速走丝和低速走丝的优缺点及其发展态势。

7-10　试述电解加工的机理、特点及应用范围。

7-11　试述超声波加工的机理、设备组成、特点及应用。

7-12　试比较电子束加工和离子束加工的原理、特点和应用范围。

7-13　分析激光加工的特点和应用范围。

7-14　试比较分层实体制造、光固化立体造型、选择性激光烧结、熔融沉积成形、滴粒印制成形等快速原型制造和成形制造方法。

7-15 快速成形制造方法的特点及其应用场合。

7-16 试述高速切削和高速磨削的机理。

7-17 为什么要发展高速加工？

7-18 试论述精密和超精密加工的概念、特点及其重要性。

7-19 试分析金刚石刀具超精密切削的机理、条件和应用范围。

7-20 精密磨削为什么能加工出精度高、表面粗糙度值小的工件？

7-21 超硬磨料砂轮精密和超精密磨削中有哪些关键问题？

7-22 试论述砂带磨削的特点及其应用范围。

7-23 微细加工和一般加工在加工概念上有何不同？

7-24 试述集成电路的一般制造过程。

7-25 试述单层和多层印制电路板的制造过程。

7-26 试述纳米技术的含义。

7-27 何谓微型机电系统（微型机械）？

7-28 多品种小批量生产的自动化有哪些措施？

7-29 何谓制造单元和制造系统？

7-30 试论述计算机辅助制造的概念。从广义角度来看，计算机辅助制造系统有何特点？

7-31 试述自动生产线的结构组成及其作用。

7-32 试比较自动生产线和柔性制造系统的构成、特点和应用。

7-33 分析柔性制造系统的组成及其各组成部分的关系。

7-34 试总结柔性制造系统的各种形式及其特点。

7-35 何谓计算机集成制造系统？它有哪些功能？为什么它是现代制造技术的重要发展方向之一？

7-36 在计算机集成制造系统中，计算机辅助设计/计算机辅助工艺过程设计/计算机辅助制造之间是如何集成的？

7-37 为什么说工艺过程是设计与制造之间的桥梁？

7-38 试分析并行工程与计算机集成制造系统的相同点和不同点。

7-39 试分析并行工程的主要内容和关键技术。

7-40 试述敏捷制造的实质和手段。

7-41 为什么说虚拟制造是敏捷制造的核心？

7-42 试述精益生产的本质。

7-43 何谓大规模定制制造？其实质和关键技术是什么？

7-44 试述企业集群制造的意义。

7-45 绿色制造所涉及的内容有哪些方面？

7-46 智能制造有哪些方法？试分析它们的特点和应用范围。

7-47 试了解模糊评判的方法。

7-48 试述人工神经网络的结构和工作原理。

7-49 试述标准遗传算法的工作原理。

参 考 文 献

[1] 顾崇衔，等. 机械制造工艺学 [M]. 西安：陕西科学技术出版社，1987.

[2] 王先逵. 机械制造工艺学：上 [M]. 北京：清华大学出版社，1989.

[3] 王先逵. 机械制造工艺学：下 [M]. 北京：清华大学出版社，1989.

[4] 陈懋圻. 机械制造工艺学 [M]. 沈阳：辽宁科学技术出版社，1990.

[5] 王先逵. 机械制造工艺学 [M]. 3 版. 北京：机械工业出版社，2013.

[6] 于骏一，邹青. 机械制造技术基础 [M]. 北京：机械工业出版社，2004.

[7] 张世昌. 先进制造技术 [M]. 天津：天津大学出版社，2004.

[8] PAUL KENNETH WRIGH. 21 世纪制造 [M]. 冯常学，钟骏杰，范世东，等译. 北京：清华大学出版社，2004.

[9] 于骏一. 典型零件制造工艺 [M]. 北京：机械工业出版社，1989.

[10] 王先逵. 广义制造论 [J]. 机械工程学报，2003，39（10）：86-94.

[11] 王先逵. 计算机辅助制造 [M]. 2 版. 北京：清华大学出版社，2008.

[12] 许香穗，蔡建国. 成组技术 [M]. 2 版. 北京：机械工业出版社，2005.

[13] 蔡光起，冯宝富，赵恒华. 磨削磨料加工技术的最新发展 [J]. 航空制造技术，2003（4）：31-40.

[14] 王先逵. 机械加工工艺手册 [M]. 2 版. 北京：机械工业出版社，2007.

[15] 杨叔子. 机械加工工艺师手册 [M]. 2 版. 北京：机械工业出版社，2011.

[16] 王先逵，刘成颖，吴丹，等. 论制造技术的永恒性（上）[J]. 航空制造技术，2004（2）：22-25.

[17] 王先逵，刘成颖，吴丹，等. 论制造技术的永恒性（下）[J]. 航空制造技术，2004（3）：30-34.

[18] 孙德茂. 数控机床铣削加工直接编程技术 [M]. 北京：机械工业出版社，2004.

[19] 朱耀祥. 组合夹具 [M]. 北京：机械工业出版社，1990.

[20] 朱耀祥，融亦鸣，朱剑，等. 计算机辅助组合夹具设计系统的研究 [J]. 机械工程学报，1994（5）：40-46.

[21] 融亦鸣，朱耀祥，罗振璧. 计算机辅助夹具设计 [M]. 北京：机械工业出版社，2002.

[22] 傅蔡安. 基于 CATIA 平台的夹具快速设计与制造系统的构建 [J]. 现代制造工程，2004（12）：10-13.

[23] RONG YIMING, HUANG SAMUEL, HOU ZHIKUN. Advanced computer-aided fixture design [M]. Satl Lake City：Academic Press，2005.

[24] WANGHUI，RONG YIMING. Case based reasoning method for computer aided welding fixture design [J]. Computer-Aided Design，2008（40）：1121-1132.

[25] 陈旭东. 机床夹具设计 [M]. 北京：清华大学出版社，2010.

[26] 蔡瑾，段国林，姚涛，等. 计算机辅助夹具设计技术回顾与发展趋势综述 [J]. 机械设计，2010（2）：1-6.

[27] 王小华. 机床夹具图册 [M] 北京：机械工业出版社，1992.

[28] 王光斗，王春福. 机床夹具设计手册 [M]. 3 版. 上海：上海科学技术出版社，2011.

[29] 吴博达，于骏一，杨国辉. 变速切削系统振动频率的变化特征 [J]. 振动工程学报，1992，5（4）：391-395.

[30] 刘晋春，赵家齐. 特种加工 [M]. 4 版. 北京：机械工业出版社，2004.

[31] 艾兴，等. 高速切削加工技术 [M]. 北京：国防工业出版社，2004.

[32] 袁哲俊，王先逵. 精密和超精密加工技术 [M]. 3 版. 北京：机械工业出版社，2016.

[33] 日本微细加工技术编辑委员会. 微细加工技术 [M]. 朱怀义，等译. 北京：科学出版社，1983.

[34]　袁哲俊. 纳米科学和技术的新进展 [J]. 制造技术与机床，2004（8）：21-30.

[35]　国家自然科学基金委员会. 自然科学学科发展战略调研报告-机械制造科学：冷加工 [M]. 北京：科学出版社，1994.

[36]　杨海成，祁国宁. 制造业信息化技术的发展趋势 [J]. 中国机械工程，2004，15（19）：1693-1696.

[37]　李益民. 机械制造工艺学习题集 [M]. 北京：机械工业出版社，1987.

[38]　BOYLE IAIN，YIMING RONG，BROWN DAVID C. A review and analysis of current computer-aided fixture design approaches [J]. Robtics and Computer-Intergrated Manufacturing，2011，27（1）：1-12.

[39]　张胜文，苏延浩. 计算机辅助夹具设计技术发展综述 [J]. 制造技术与机床，2015（4）：50-54.